Mário Jorge Pereira

FACILITIES

Gestão & Manutenção de Infraestrutura

2ª Edição

EDITORA CIÊNCIA MODERNA

Editor: Paulo André P. Marques
Produção Editorial: Dilene Sandes Pessanha
Capa: Daniel Jara
Diagramação: Daniel Jara
Copidesque: Equipe Ciência Moderna

FICHA CATALOGRAFICA

PEREIRA, Mário Jorge da Silva.

Facilities - Gestão & Manutenção de Infraestrutura - 2ª edição

Rio de Janeiro: Editora Ciência Moderna Ltda., 2025.

1. Engenharia – Manutenção e Operação
I — Título

ISBN: **978-65-5842-478-9**

CDD 620

Editora Ciência Moderna Ltda.
R. Alice Figueiredo, 46 – Riachuelo
Rio de Janeiro, RJ – Brasil CEP: 20.950-150
Tel: (21) 2201-6662/ Fax: (21) 2201-6896
E-MAIL: LCM@LCM.COM.BR
WWW.LCM.COM.BR

08/25

Prefácio

Um breve relato sobre a Gestão de Infraestrutura

Entenda-se por "Gestão de Infraestrutura", em relação à edificação, como gerenciamento das atividades de operação e manutenção, cuja responsabilidade é a de assegurar, de uma maneira geral, a disponibilidade total dos ativos, limpeza e higienização, conforto ambiental (térmico e iluminação), controle de acesso e segurança de usuários e clientes.

Existem as rotinas diárias, entretanto há necessidade de pessoal especifico para recebimento de solicitação dos usuários (em geral, pessoas que possuem atividades profissionais na edificação). Em caso de software implementado na organização, a solicitação pode ser via abertura de Ordem de Serviço. O cadastro no sistema, desta solicitação, pode ser feito pelo próprio funcionário ou pelo agente administrativo de Facilities. Cabe aqui ressaltar que, com o avanço da tecnologia da comunicação, além da telefonia fixa ou móvel, há os ambientes de "*chat*", seja por meio de software corporativo, seja programas livres da internet (*Facebook*, por exemplo), que podem ser adaptados. O *Email* (correio eletrônico da empresa) ainda é muito utilizado, mas, com a inovação crescente dos *smarthphones*, o celular também pode ser outra ferramenta importante para *Facilities*. As pessoas usam aplicativos como o *WhatsApp* para troca de mensagens diariamente, inclusive para uso comercial. Portanto, a solicitação de serviço poderá ter inúmeros canais de comunicação, padronizado pela organização ou mais informal, este por sinal não recomendado.

As equipes operacionais, serviços e manutenção fazem uso de comunicação por meio de rádio comunicador (ou celulares) e, desta forma, reduzem a distância. A agilidade da equipe no atendimento, seja em serviços de rotina ou em emergências, é bem eficaz com este dispositivo.

Nas edificações, onde se concentram escritórios ou lojas, os problemas reportados pelos funcionários são necessidades muito próprias de seu posto de trabalho: iluminação deficiente, ajuste na condição térmica do ambiente (muito frio ou calor excessivo), mudança de local, cadeira danificada são alguns exemplos. Outras solicitações incluem situações de grupo, como vazamento de água em sanitário ou na sala destinada para lanches, máquina de café defeituosa etc.

Em seguimentos industriais, as situações são mais complexas, pois dizem respeito às utilidades e/ou instalações (hidráulica, pneumática, iluminação, predial etc.) as quais podem colocar em risco as operações em áreas de manufatura. Nas edificações, ocorrem também os problemas estruturais (rachadura ou falta de pintura), dos meios de transporte vertical (elevadores), escadas rolantes, são alguns exemplos.

Como o leitor pode observar, as ações de Facilities vão desde tarefas simples (*soft service)* até a ocorrência de questões bem complexas (*hard service),* e neste caso, não tendo equipe própria, a empresa terceirizada deve ser acionada o mais rápido possível.

Um dos grandes problemas que assombram a população é a falta de energia elétrica causada por falha na subestação elétrica da organização. Em geral, as falhas ocorrem surgidas durante as fortes tempestades ou por sobrecarga no sistema, em dias de alto consumo (geralmente, na estação Verão). Nestes casos em específico, há necessidade de acionar as equipes de emergência da concessionária. Caso a organização não disponha de grupo gerador que opere até que seja restabelecida a energia externa, a continuidade do negócio da organização corre sérios riscos. Para este e outros sinistros de grande impacto, um Plano de Contingência deve estar implementado, com responsáveis e ações bem definidas.

Ainda sobre as solicitações a *Facilities*, ocorrem pedidos administrativos, tais como de reserva de Sala de Reuniões (equipada com equipamentos de mídia que permitem teleconferência, seja entre funcionários da mesma companhia, com clientes ou fornecedores), locação de veículo, reserva em estacionamento ou ainda transferência de funcionários para outro local.

As companhias multinacionais, quando em instalação de filial no Brasil, trazem consigo os padrões do País de origem. Os funcionários brasileiros, além da exigência do conhecimento de outro idioma, precisam se adaptar às características próprias da organização. Os escritórios e demais salas são similares aos localizados na matriz, evidentemente adaptados em razão dos materiais e equipamentos disponíveis, bem como a mão de obra local.

As edificações de maior exigência dos serviços de Facilities, na minha opinião, são os serviços disponibilizados por: Hospitais e Hotéis. A limpeza, organização e função plena dos equipamentos e instalações são imprescindíveis para o atendimento aos clientes. O produto "serviço" nestes ambientes requer por parte dos clientes alto nível de satisfação. Estas edificações requerem uma grande variedade de energia e fluidos para operar: eletricidade, ar condicionado, ar comprimido, gás, água quente, água gelada e vapor. Por usa vez, as utilidades requerem eficácia na operação e manutenção: Subestação, *Chillers*, Caldeiras, *FanCoils*, Compressor, Central de Gás Natural ou GLP, Grupos Geradores etc. Somam-se os serviços de Portaria & Recepção, Jardinagem e Segurança, e o volume de atividades rotineiros requer planejamento e gerenciamento, ambos de excelência.

Em razão desta grande variedade, torna-se inviável uma equipe própria e multifuncional. Entra em cena a gestão de contratos de empresas subcontratadas. A Gestão de Facilities negocia e controla todos estes contratos e deve ajustar os valores em nível de mercado e dentro do plano de investimento. A redução de custos passa por uma relação "ganha-ganha", isto é, a empresa contratada precisa se manter, mas igualmente investir em qualificação de seus serviços e mão de obra para se qualificar. Para tal, será necessária a existência da listagem de equipamentos e ativos a manter ou a descrição exata dos serviços a realizar. Um dado importante a citar no escopo dos serviços é a definição do ciclo de vida dos ativos. Em dado momento, seria necessária a substituição e, se for possível, reforma total ou parcial. Para utilidades em estado funcional crítico, um plano de manutenção preventiva não terá efeito desejado, pois seria, do meu ponto de vista: fazer revisão anual em um veículo com mais de 20 anos de uso, com vários problemas mecânicos e com diversos pontos de corrosão.

Obrigado,
Mário Jorge Pereira, Engenheiro Mecânico.

Introdução

A origem de "*facility*" ou "facilidade" vem do latim "*facilitas*" ou "*facilitátis*"; já a palavra "facilidade" vem do latim *facilitas – atis* e já era utilizada no século XVI para denominar o ato de auxiliar e tornar mais fácil. Seguindo esse conceito, poderíamos dizer que é a combinação otimizada de esforços que visam facilitar as atividades de todas as áreas de uma organização. Dentro da cadeia de valores, esta é a área responsável pelas atividades de suporte e de infraestrutura, sendo mais um entre os elos da dinâmica organizacional, na busca de vantagem competitiva e sobrevivência das organizações.

Gestão de Facilities é a tradução mais adequada ao termo, no idioma inglês, "*Facilities Management*" (FM), a qual constitui um campo interdisciplinar que se ocupa da coordenação e manutenção de espaços, infraestruturas, pessoas e organizações, frequentemente associado a funções relacionadas com a gestão da prestação de serviços gerais a instalações, tais como Edifícios Comerciais, Shopping Centers, Hospitais, Hotéis, Estruturas Industriais, Estruturas para grandes eventos etc.

As instalações de organizações comerciais, serviços e industriais necessitam de suporte operacional e manutenção. Portanto, na Gestão de *Facilities* é preciso se obter novos conhecimentos a todo instante e por esta razão é considerada uma atividade dinâmica e agregadora, centrada em serviços. Atualmente é um dos seguimentos que mais gera vagas no mercado de trabalho.

Origem do termo *Facilities*

O uso do termo *Facilities Management* teve início por volta dos anos 1960, nos Estados Unidos da América, para descrever o crescimento de práticas de terceirização dos serviços bancários, responsáveis pelo processamento de cartões de créditos e outras transações. A sua definição é controversa tanto na Inglaterra como nos EUA - países pioneiros nas práticas de *Facilities* - pois poderia abranger uma série de atividades, dependendo da complexidade do negócio envolvido. Se imaginarmos que a ocupação do homem foi direcionada, ao longo dos tempos, para as áreas geográficas mais nobres como aquelas providas de água, de solo fértil, de alimentos e de outras comodidades, o surgimento informal do conceito nos segue desde os primórdios.

Mesmo em tempos recentes, podemos verificar, por exemplo, pelos dados demográficos do Brasil, que a concentração da população é mais intensa nas regiões costeiras ou nos grandes centros. Isso demonstra que o ser humano, naturalmente, sai em busca de locais com alto índice de desenvolvimento econômico. Foi no período Neolítico, aproximadamente 60.000 anos atrás, quando deixamos de ser nômades e foram criadas as comunidades. Na aldeia neolítica, os homens puderam transmitir para as gerações seguintes o conhecimento e a experiência adquiridos, como, por exemplo, a distinção entre plantas comestíveis e venenosas, a escolha das melhores pedras para a confecção de ferramentas, a escolha de cavernas, ou seja, distinguir atributos qualitativos da natureza. Aprendendo a viver nesse ambiente, esses indivíduos (antes nômades) puderam se fixar em grupos, gerando a chamada revolução agrícola do período Neolítico.

Nessa nova economia, agora produtora e não apenas extrativa, entrou em cena a concepção de produtividade dos primeiros agricultores que, segundo arqueólogos, viveram por volta de 8.000 a.C. no Oriente, espalhando-se por todo o Sudeste Asiático, o Sul da Europa e Norte da África, até meados de 6.000 a.C. As pessoas, agora em grandes aldeias, tiveram de aprimorar a produtividade agrícola, aprender a se organizar melhor, desenvolver técnicas de irrigação e criar novas ferramentas de trabalho. Com isso, as aldeias neolíticas transformaram-se em cidades com profissões, classes sociais e governo. É provável que técnicas sofisticadas de controle e planejamento tenham sido utilizadas no século XXVI a.C., no Egito, para construção das grandes pirâmides.

A China, uma das primeiras nações a desenvolver uma civilização, já propunha desde as primeiras dinastias inúmeras organizações chefiadas por oficiais e compostas por vários departamentos com funções específicas (coleta, armazenamento, distribuição, elaboração de normas para a qualidade e produtividade, inspeções e ensaios). Nesse contexto era proibida a venda de utensílios, tecidos e carros fora das dimensões ou requisitos da qualidade, estabelecidos por normas. Produtores de bens que não durassem o tempo determinado pelo controle da qualidade eram punidos na Dinastia Ming (1368 d.C. – 1644 d.C.). Por volta do século V a.C., na Grécia, noções sobre ética, democracia, teorização, método científico e qualidade ganharam importância e difundiram-se por outras civilizações. As indústrias manufatureiras de porcelana, pólvora, bússola, tecidos de seda, chá, papel e tipografia, reconhecidamente com altos padrões de excelência, sofriam um rígido controle da qualidade.

Portanto, fica demonstrado que a preocupação das sociedades contemporâneas estava muito mais centrada na construção de utensílios e edificações que exaltassem a grandiosidade humana. Qualidade de vida no trabalho era algo impensável, já que os trabalhadores eram escravos ou semiescravos (alguns creditavam a própria existência e destino aos deuses).

Estes e outros aspectos característicos das nações formaram, a longo de nossa existência, a necessidade da gestão da infraestrutura: os aspectos tecnológicos e as necessidades humanas.

Definições sobre *Facilities*

O termo "*Facilities*" é usado correntemente na língua inglesa para designar, em sentido restrito, um edifício ou outra instalação que suporte uma atividade militar, institucional ou comercial. Para o "**Comitê Europeu de Normalização**", este termo significa algo mais abrangente e é definido como "qualquer ativo tangível que suporta uma organização". Ainda podemos encontrar definições mais profissionais:

- **Definição da IFMA** - *Associação Internacional de Gestão de Facilidades: Facility management is a profession that encompasses multiple disciplines to ensure functionality of the built environment by integrating people, place, process and technology.* (A gestão de facilidades é uma profissão que abarca múltiplas disciplinas, para assegurar a funcionalidade do ambiente construído, por meio da integração de pessoas, locais, processos e tecnologia.);

- **Definição do CEN** - *Comitê Europeu de Normalização Facility management is the integration of processes within an organization to maintain and develop the agreed services, which support and improve the effectiveness of its primary activities.* (A gestão de facilidades é a integração de processos dentro de uma organização, para manter e desenvolver os serviços acordados que suportam e melhoram a eficácia das suas atividades primárias.);

- **Definição do BIFM - Instituto Britânico de Gestão de Facilidades:** *Facilities management is the integration of multi-disciplinary activities within the built environment and the management of their impact upon people and the workplace.* (A gestão de facilidades é a integração de atividades multidisciplinares dentro do ambiente construído e a gestão do seu impacto sobre as pessoas e o local de trabalho.)

Internacionalmente, encontramos ainda o termo "***Facility Management***". No Reino Unido e em outros países da "***Commonwealth of Nations***" (em português, "Comunidade das Nações"), que é uma organização intergovernamental composta por 53 países-membros independentes, preferem usar "*Facilities Management*", enquanto o termo "*Facility Management*" é o mais utilizado internacionalmente. Nos EUA, ambos são aceitos e utilizados indiferentemente.

Tenho a preferência pela expressão: "Gestão de Infraestrutura". A "**Associação Brasileira de *Facilities***" define "*Facility Management*" como: "*atividade de administração e gerenciamento de serviços e atividades de infraestrutura destinados a suportar a atividade fim de uma organização*".

As Novas Tendências da "Gestão de *Facilities*" ou de Infraestrutura

A evolução histórica contada até aqui nos coloca frente a um dos grandes desafios da Gestão de Infraestrutura: a inovação constante, tanto em serviços quanto das técnicas de manutenção. Ao longo das décadas, os profissionais buscam o desenvolvimento de atividades que visam o melhor em suporte e o conforto às áreas de negócios das organizações.

As exigências de usuários e clientes são proporcionais ao acesso dos melhores eletrodomésticos e aparelhos smartphones, só para citar exemplos de nosso cotidiano. Em nossas atividades profissionais queremos sempre o melhor! Desde mobiliário, passando pelo conforto térmico das salas, instalações sanitárias e de alimentação, limpas e higienizadas. E, claro, queremos equipamentos de trabalho de última geração. As falhas praticamente não são admitidas num mundo globalizado, de alto índice de concorrência. A alta administração das empresas cada vez exige mais em eficiência de recursos humanos e tecnológicos disponíveis. Sem o amplo conhecimento das motivações deste público alvo, *Facilities* não opera eficientemente. É bom lembrar que, no Brasil, estudos mais profundos sobre a gestão de infraestrutura são raros. Talvez esteja aí a dificuldade de introduzirmos conceitos estrangeiros na nossa realidade. Os que conseguem, por vezes, são distorcidas pela nossa cultura de sempre arranjar um "jeitinho" para solucionar algo. Os conceitos internacionais são extremamente baseados em normas e padrões rígidos de conduta. As motivações, interesses e conflitos nos países emergentes não são os mesmos, até porque nossas necessidades ainda estão num nível intermediário, mas com algumas exceções.

Ressalta-se que organizações oriundas nos países considerados desenvolvidos, e que possuem filiais instaladas em países em desenvolvimento, lidam com necessidades bem diferentes. A adaptação de seus padrões culturais por vezes é bem complicada, em razão não só pelo idioma, mas na dificuldade em lidar com as exigências da legislação local vigente. Outro fator citado refere-se às entidades sindicais e sociais destes países que começam a emergir retraindo o investimento dos principais acionistas que recuam diante do aumento das despesas com gastos em benefícios. No Brasil, nos diversos seguimentos, as filiais seguem as determinações da matriz, em busca dos melhores meios de se manter competitiva, fazendo uso dos recursos humanos e de materiais existentes, mais próximos do padrão internacional. Por esta razão, os brasileiros, além da qualificação exigida, precisam dominar o idioma nativo da organização. O inglês, pela facilidade de aprendizado, tem se mostrado a preferência das empresas multinacionais.

Essa discussão é pertinente, pois, em certas empresas, não são observados aspectos como conforto e melhoria do ambiente físico, haja vista ser o padrão internacional que se tenta implementar na filial, o qual exige alto investimento, tornando-se, por vezes, inviável. Esta necessidade por alto padrão se reflete na exigência de melhores serviços pelas empresas nacionais no seguimento de *Facilities*. E a tendência é sempre pelos altos padrões de qualidade, seja em instalações ou serviços. Um meio-termo é seguir as exigências de Normas regulamentadoras, tais como Ministério do Trabalho, vigilância sanitária, associações de normas técnicas etc., nos países em desenvolvimento.

A Gestão de *Facilities* necessita demonstrar o seu valor agregado, mesmo que as organizações globais estejam sempre em contenção de despesas, mais precisamente evitando aumento de quadro funcional. Aliás, precisa demonstrar que se trata de investimento, não despesa. Uma edificação, partindo de um projeto contendo tecnologias atuais que visam a máxima eficiência energética, é sinônimo de melhor rendimento, menor custo operacional e preservação do meio ambiente. Acredito ser esse o grande trunfo para gerar economia às organizações, isto é, que sua edificação seja de fácil conservação. Então, o investimento inicial é alto, mas ao longo do tempo trará lucro, uma vez que os gastos em manutenção serão reduzidos. Por isso a inovação é o grande desafio para arquitetos e engenheiros.

Em relação às instalações industriais, a energia e o movimento da matéria-prima determinaram o projeto das instalações. Em séculos passados, por exemplo, a indústria têxtil exigia grandes quantidades de água para gerar energia, já as primeiras indústrias de aço localizavam-se próximas a rios ou de ferrovias. No início do século XX, a evolução dos métodos de produção em grande escala exigiu instalações que aperfeiçoavam o fluxo de materiais. A microdivisão do trabalho se caracterizava por trabalhador executando pequenas tarefas, mas crítica era a movimentação eficiente do material em processo. Entretanto, foram estudiosos das ciências sociais como Merton, Selznick e Gouldner (entre os anos de 1940 e 1950) que identificaram reações imprevistas dos membros desse seguimento interagindo nos ambientes organizacionais. Então, observou-se como as condições de conforto térmico, acústico e segurança no trabalho eram importantes e de como as melhorias implementadas passaram a fazer diferença no rendimento dos operadores.

A Gestão de Facilities tem história recente, como a do *British Institute of Facilities Management,* inaugurado em 1993. No Brasil, a **ABRAFAC (Associação Brasileira de *Facilities*)** foi fundada em 2004. Em função da precocidade desse assunto, precisamos entender melhor a interação dos recursos humanos e da infraestrutura de uma organização. Nos Capítulos seguintes, irei abordar os principais sistemas mecânicos e elétricos relacionados à Gestão de Facilities, bem como configuração das estruturas organizacionais, escopo das atividades de operação, manutenção e gerenciamento.

Outras fontes de informação e conceitos sobre *Facilities* o caro leitor irá encontrar em:

- ABRAFAC – Associação Brasileira de *Facilities;*
- APFM – Associação Portuguesa de *Facility Management;*
- EuroFM – *European Facility Management Network*;

IFMA – *Internacional Facility Management Association*.

Sumário

Capítulo 1

Engenharia Mecânica

1.1. Sistemas para Condicionamento de Ar

Introdução

Nos últimos anos, os Sistemas Condicionadores de Ar tiveram melhorias significativas em relação à eficiência energética, seja no aprimoramento do conforto térmico, bem como na eficiência energética. Isto significa dizer que as organizações querem reduzir seus custos operacionais, mas sem com isso afetar a qualidade de vida dos clientes em suas residências ou no trabalho.

As performances dos equipamentos de condicionamento de ar devem atender a normas específicas, por exemplo, "NBR 6401:1980 Instalações Centrais de Ar Condicionado para Conforto, Parâmetros e Projeto". Já em relação à eficiência, devem seguir a Norma Internacional *"ASHRAE 90.1 Energy Standard for Buildings Except Low-Rise Residential Buildings"*. Ambas são a base da análise energética da Certificação "LEED", cujo objetivo é premiar as organizações que possuem ações implementadas responsável da energia disponível Soma-se a isso a lei de Eficiência Energética 10.295/2001 que gerou o programa para etiquetagem de Edificações (PROCEL Edifica).

Além do conforto térmico, muitas organizações incluíram atividades para controle de umidade e de bactérias no ar, tendo como objetivo uma perfeita higienização para a preservação da saúde. Este monitoramento é realizado por instrumentação especifica e calibrada, conforme padrões existentes que atestam sua eficiência.

1.1.1. HVAC: Heating, Ventilation & Air Conditioning

Se você não é profissional de *Facilities,* bem, vá se acostumando com a sigla. O termo é amplamente utilizado, pois os projetos e instalação de condicionamento de ar, em muitos casos, são determinados por normas internacionais, uma vez que as organizações no exterior foram pioneiras em criar, implementar e seguir rígidos padrões seja para projeto, instalação e manutenção.

A sigla HVAC (no idioma português é expressa por AVAC, Aquecimento, Ventilação e Ar Condicionado) vem do inglês e significa: Heating, Ventilating and Air Conditioning, referindo-se às três funções principais e intimamente relacionadas nesta tecnologia. Ocasionalmente, Refrigerating (Refrigeração) também é incluída, e, assim a sigla passa a ser referida por HVACR (ou AVACR).

Estes três sistemas condicionadores de ar integram um complexo denominado Central de Climatização, que está presente nas instalações, tais como: industrial, comercial, laboratório hospital, ou mesmo em residências mais amplas.

Para os estudantes, o Sistema **HVAC** irá exigir conhecimento nas disciplinas: Termodinâmica, Transferência de Calor e Massa, Mecânica dos Fluidos, Refrigeração, Condicionamento de Ar e evidentemente conhecimentos em Projetos de Instalações (Tubulações, Soldagem, Revestimento, Dimensionamento de Equipamentos etc.). Já para os profissionais de *Facilities*, estes conhecimentos específicos não são tão exigidos, todavia se faz necessário entender certas funções, padrões estabelecidos e principalmente, ter a capacidade de liderar projetos e instalações, geralmente, executadas por empresas terceirizadas, ficando para a equipe própria as ações de operação e inspeção & manutenção.

O sistema de condicionamento de ar é bem amplo, envolve as máquinas que geram ar para aquecimento e resfriamento, redes de tubos, sistema elétrico e/ou eletro-eletrônico, bem como para instrumentação de medição da temperatura, umidade e de outros parâmetros. Como podemos observar, desde a origem até o local onde se espera usufruir de ar em condições ambientais de excelência, há uma série de equipamentos e componentes passíveis de falha, o que gera rotinas de inspeção rigorosas e assertivas. Vale lembrar que, dependendo do local, o condicionamento de ar é prioridade e pode levar o ser humano a óbito. Cito aqui os ambientes hospitalares e em especial a sala de cirurgia, onde a determinadas temperaturas determinam um ambiente propicio para as bactérias e, sabemos, causam infecções no paciente, às vezes irreversíveis. Já em um ambiente comercial, tanto usuários como clientes no máximo passariam por um desconforto até certo ponto aceitável. Os grandes centros comerciais possuem temperatura ambiente controlada e, independente das condições externas, mantêm em seu interior o conforto térmico para que os clientes permaneçam lá por mais tempo e assim consumam mais em lojas ou na praça de alimentação.

A inovação tecnológica é constante, seja no quesito economia, atendimento às normas ambientais, mas principalmente em relação ao aumento da eficiência operacional, atualização de softwares e controladores automáticos. Todos estes itens são introduzidos pelos fabricantes, a cada novo modelo lançado no mercado, onde a exigência dos consumidores comanda a competitividade entre os fabricantes. Manter-se atualizado é obrigatório para os profissionais de *Facilities*, os quais, por meio de acompanhamento de desempenho ou de falhas, devem sugerir as melhorias necessárias aplicadas a todos os componentes do Sistema **HVAC**. Então, fica a sugestão para a participação em eventos, tais como feiras nacionais ou internacionais, visitas às organizações similares, mas que tenham avanços tecnológicos, e principalmente manter uma relação próxima com o fabricante fornecedor de seu sistema, através de reuniões regulares para avaliação de desempenho e possíveis componentes de alta performance para implementar.

O Sistema **HVAC** é composto por: Aquecimento, Ventilação e Condicionamento de Ar. Sua função principal é proporcionar o conforto térmico, observando a qualidade do ar em níveis aceitáveis, através de uma ventilação e filtração do ar eficientes, mantendo as relações de pressão entre espaços. Hoje em dia, na maioria dos países, há legislação para definir os padrões mínimos e de excelência, contribuindo para o sucesso nas etapas: projeto, instalação e operação. Concluindo, o sistema deve estar habilitado a suprir todas as necessidades requeridas por usuários e clientes. Para tanto, as exigências de inspeção e manutenção devem estar agregadas ao processo de gestão.

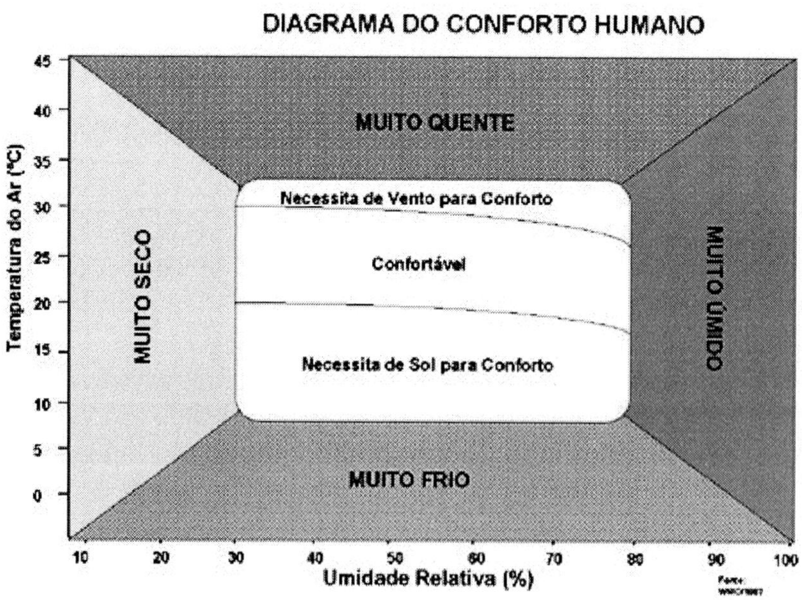

Figura 1.1 Gráfico demonstrando como são definidos os critérios para conforto térmico de um local. Fonte: WWC, 1987.

1.1.2. O Conforto Térmico

Considerando determinado ambiente, o conforto térmico pode ser definido "*como a sensação de bem-estar experimentada por uma pessoa, como resultado da combinação satisfatória, nesse ambiente, da temperatura (°C), umidade relativa (UR), temperatura do ambiente (Ta) e velocidade relativa do ar (vr) com a atividade lá desenvolvida* e com a *vestimenta usada pelas pessoas*".

As sensações térmicas são subjetivas, isto é, dependem de cada indivíduo. O ambiente confortável termicamente para um usuário (ou cliente) pode ser frio ou quente para outro. Agregamos fatores de saúde, por exemplo, um indivíduo com temperatura corporal acima de 35,5°C (estado febril) terá maior sensibilidade ao ambiente mais frio. Outros fatores, como idade e sexo, também podem contribuir.

Sem entrar no mérito discriminatório, sabe-se na prática que as mulheres, em sua maioria, são mais sensíveis às alterações de temperatura. Aqueles que trabalham em escritórios, por exemplo, já tiveram aquela "briga" com sua colega sobre quem deve ficar com o controle remoto do ar condicionado (este exemplo foi apenas para descontrair; fato é que as diferenças influenciam a condição ideal de temperatura e umidade de determinado local).

Os índices de conforto térmico foram desenvolvidos para se estimar a sensação térmica das pessoas quando expostas a determinadas combinações de variáveis ambientais e pessoais. A maioria dos índices expressa a sensação de conforto como uma temperatura de referência que combina o efeito da temperatura do ar, umidade, radiação e movimento do ar. Esta estimativa possibilita a avaliação da condição de conforto térmico de um ambiente.

Há a "Teoria Adaptativa de Conforto Térmico" baseada em diversas pesquisas que demonstraram que os tradicionais índices de conforto, como o PMV e o PPD (FANGER, 1970), adotado pelas normas internacionais **ASHRAE 55 – 1992 e ISO 7730 – 1994**, não são adequados aos ambientes ventilados naturalmente, principalmente por não considerarem que as pessoas, quando submetidas a condições de desconforto térmico, podem tomar medidas para melhor se a adaptarem aos ambientes.

Portanto, entende-se como condições ambientais de conforto aquelas que propiciam bem-estar ao maior número possível de pessoas. Evidentemente, os casos especiais não são tratados pela Gestão de Facilities, que busca obter a melhor solução. Em certos casos, a solução aplicada (caso os ajustes na temperatura não resolvam) é a mudança do posto de trabalho.

1.1.3. O Metabolismo Humano

Por definição, "*é a energia produzida pelo corpo humano como resultado da reação exotérmica de oxidação dos alimentos, por unidade de área superficial do corpo humano*", sendo esta energia que diferencia os indivíduos em situações seja de temperaturas normais ou extremas. Por exemplo, quando estamos em ambiente frio, e ao ingerirmos alimento ou bebidas quentes, a sensação de frio é mitigada, e em alguns casos chegamos a suar.

É importante que, quando tratamos das condições ambientais próximas às que permitem o conforto térmico, isso não implica avaliar a exposição do indivíduo a temperaturas extremas. Em grande parte dos Estados do Brasil, pela predominância do clima quente e úmido, os esforços são focados na melhoria das condições que provocam o desconforto pela sensação de calor. Já nas condições de baixas temperaturas, em boa parte das situações, o uso de roupas apropriadas já soluciona o problema, mas nos ambientes de trabalho esta condição não é ideal, pois causa igualmente desconforto.

Por todas estas razões vistas, os Sistemas **HVAC** foram projetados para adequar o ambiente a uma temperatura agradável, isto é, que cause o conforto térmico exigido pela maioria dos usuários e/ou clientes de um determinado local. Aqueles que ficam fora deste público-alvo terão que se adequar ou obter recursos extras.

Para sua orientação, segue a tabela com dados de projetos para conforto ambiental em ambientes de trabalho, levando em conta a quantidade de energia gasta pelo usuário em atividades físicas (Metabolismo).

Metabolismo Humano - Tabela 1.1			
Atividade	**Metabolismo [W]**	**Dióxido de carbono[L/s]**	**Vapor de água [g/h]**
Repouso	100	0,0040	40
Trabalho leve	160 a 320	0,0064 a 0,0128	50
Trabalho moderado	320 a 480	0,0128 a 0,0192	50
Trabalho pesado	480 a 650	0,0192 a 0,0260	50
Trabalho Muito Pesado	650 a 800	0,0260 a 0,0320	50

Tabela 1.1 Mais sobre conforto térmico: www.fundacentro.gov.br/confortotermico

1.1.4. Sistemas para Aquecimento de Água

Caldeiras a Gás e Boilers

A função "Aquecimento" ocorre quando é requerido aumento de temperatura em condições climáticas mais frias, e neste caso causam desconforto num primeiro momento, podendo chegar a casos mais graves, como hipotermia. Nas instalações industriais, comerciais e de serviço, o aquecimento tem a função de contribuir para o conforto térmico de usuários e clientes nas mais diversas situações. A água aquecida é fundamental para determinadas situações, tais como banho ou mesmo em equipamentos que necessitam de água quente para compor, juntamente com outros componentes, o condicionamento de ar aquecido.

As caldeiras a gás são os equipamentos mais comuns para gerar água quente. Existem ainda, menos usuais, as fornalhas e bombas de calor. Para a utilização de Caldeiras, devem-se observar critérios de segurança previstos por Normas que inclui critérios rígidos para operação, manutenção e principalmente inspeção. A mais conhecida e aplicada é a "**NR 13 Caldeiras e Vasos de Pressão**". Cada sistema de aquecimento também inclui tubulações, pressurização mediante bombas, radiadores para troca térmica, instrumentos de medição etc.

Figura 1.2 Caldeira modelo a Gás Natural. Internamente, há conjuntos de tubos por onde circula água. Fonte: Fabricante WECO.

Figura 1.3 Detalhe interno de uma Caldeira modelo a Gás Natural: o prolongamento das chamas percorre todo interior da caldeira Fonte: Fabricante WECO.

Em sistemas alimentados por caldeira e de aquecimento por radiação, todos os sistemas – exceto os muito simples – incluem uma ou mais bombas para fazerem a água circular e assegurarem uma distribuição igual de calor por todos os radiadores. A água aquecida também pode servir para alimentar outro permutador de calor (secundário) dentro de Reservatório Térmico ou Boiler para proporcionar águas quentes sanitárias. Os elementos de troca térmica (radiadores) deverão ser instalados em local mais arejado, preferencialmente externo – de modo a minimizar o efeito da Condensação.

Figura 1.4 Figura Ilustrativa de Reservatório Térmico de água (Boiler) Fonte: Fabricante HELIOTEK.

Figura 1.5 Figura ilustrativa de Radiador Industrial Fonte: Fabricante CATERMO.

Já os sistemas de ar aquecido e forçado são conduzidos, igualmente, através de tubulações, geralmente revestidos para manter o calor. Este ainda pode contribuir para o sistema de condicionamento de ar. Aqui ressalto a necessidade da filtragem que contribui para a qualidade do ar.

Figura 1.6 Conjunto de tubos para transporte de água quente (todos possuem revestimento térmico para manter a temperatura). Fonte: Não informada.

Outra forma de aquecimento pode ser obtida por meio de Resistências Elétricas, o qual consiste de filamentos que aquecem ao serem atravessados por corrente elétrica. Este tipo de aquecimento é frequentemente encontrado em aquecedores portáteis e como sistema de reserva ou suplementar do sistema de bomba de calor.

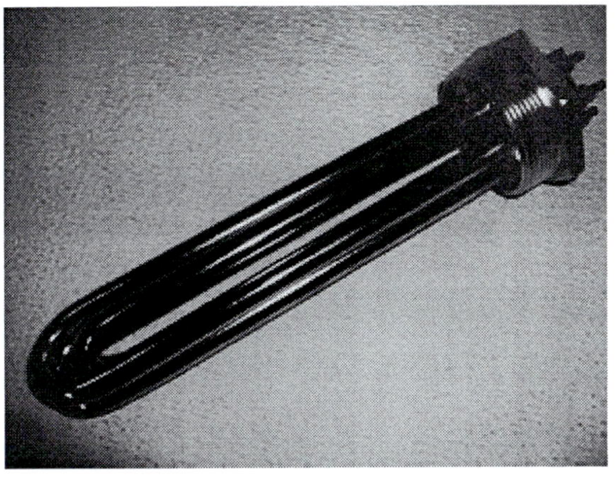

Figura 1.7 - Figura 1.8 Modelos de resistências elétricas para aplicação industrial em Boiler ou Máquinas de Lavar Componentes. Fonte: Fabricante ENGETHERM.

Uma pequena curiosidade a ser citada é por conta da invenção o aquecimento central, a qual é credita ao povo da antiga Roma. Os romanos faziam uso dutos de ar – chamadas "hipocaustos" – em paredes e pavimentos que serviam a locais de banhos públicos ou em certas residências da alta classe.

1.1.5 Manutenção aplicada às Caldeiras a Gás

Para sua orientação, segue exemplo de um plano de manutenção preventiva. Obviamente a experiência prática dos técnicos de manutenção, aliada às recomendações do fabricante, é suficiente para elaborar um plano eficaz. Caso este serviço seja terceirizado e a Gestão de *Facilities* gerencie o contrato, observe se estes itens são observados:

É recomendada por todos os fabricantes que se faça a manutenção preventiva uma vez a cada ano, a fim de prolongar a vida útil do aquecedor a gás. Itens executados na manutenção preventiva do seu aquecedor a gás:

- Inspeção visual para identificar danos aparentes ao equipamento, tubulações, componentes, instrumentação etc.;
- Executar limpeza total do equipamento, se necessário e possível (por segurança, o sistema deve estar inoperante);
- Inspeção dos injetores de gás;
- Limpeza, inspeção e regulagem do Queimador (seguir orientação do fabricante. Normalmente a cor da chama é um indicativo se a queima está eficiente, isto é, proporção correta de entrada de ar e gás);
- Teste e Calibração da instrumentação de controle (Válvulas, medidores de vazão, etc.);
- Verificação e/ou testes de vazamento de gás, água entrada e saída);
- Aplicar itens da NR 13: Verificação do Vaso de Pressão (Caldeira e/ou Boiler);
- Verificação do sistema de exaustão: saída de gases;
- Se aplicável, verificação do sistema de fornecimento de gás (válvulas, termostatos, instrumentação etc.). Na instalação industrial a frente da edificação, se fornecimento seja por meio do Gás Natural, a manutenção é realizada pela concessionária;
- Providencie a substituição de peças "quebradas" ou ineficientes;

- A Manutenção Elétrica: Executar todos os testes previstos e substituição de componentes inoperantes (em certos casos, botões sinalizadores estão com lâmpadas queimadas. Não permita que situações como essa permaneçam assim por longos períodos).

Dicas do Autor para a Gestão de Facilities

Ao final, verifique se as tarefas previstas foram executadas. As que não foram questione e registre a causa. Muitas vezes, o tempo previsto não foi suficiente ou há necessidades especificas para a execução, por exemplo, o equipamento deve estar totalmente desenergizado. Obtenha as assinaturas e arquive o documento. De vez em quando, execute auditorias, acompanhando os técnicos. Em certos casos, o técnico registra ações corretivas que necessita de maior tempo para execução. Programe, adquira as peças de reposição. Não deixe passar muito tempo, ou o problema irá causar falha "não programada". Em manutenção, "não empurre com a barriga". Isto é, não faça pouco caso sobre o alerta da equipe, seja própria ou subcontratada. Caso sejam verificadas melhorias, por exemplo, reforma do ativo ou atualização de componente eletrônico (necessidade de um CLP Controlador Lógico Programável mais atual) ou mecânico (Válvula de Controle mais eficaz e moderna), solicite orçamento e avalie a implementação juntamente com os departamentos correlatos (Financeiro, Contabilidade, Diretoria etc.) e avalie o custo x benefício. Mensalmente faça reuniões sobre o contrato. Avalie o plano, custos e demais correções na gestão (limpeza do local após o serviço, maior compromisso com horário etc.)

1.1.6. Sistemas para Ventilação Industrial e Comercial

Esta função é constituída pelo processo de troca ou substituição do ar local, mediante sistema forçado (mecânica) ou naturalmente tendo como objetivos:

- Controlar a temperatura;
- Renovar ar local: troca com ambiente externo;
- Remover resíduos ou odores;
- Manter a circulação de ar local.

Ventilação Natural

Consiste, basicamente, em utilizar o ar exterior para arejar ambiente interno. É o condicionamento térmico de menor investimento. Em certos casos, a simples abertura de uma janela faz com que o ar circule de fora para dentro. Portanto, neste sistema não há aplicação de qualquer tipo de ventilação forçada (Ventilador).

O aproveitamento das brisas como ventilação natural, aliado a locais com sombra (cobertos e isentos de luz solar), tem eficiência em apenas curtos períodos do dia e em certas épocas do ano, mas se no projeto for considerado seu uso é um meio bastante efetivo de climatização das edificações. Em locais de clima quente, pode ocorrer a vantagem do aproveitamento das brisas, através de elementos arquitetônicos que podem captar e fazer com que seja direcionada e captadas por meio de janelas ou demais aberturas.

Ao leitor, algumas dicas para aumentar o nível de ventilação natural, através da captação das brisas ou ventos com baixa velocidade:

- Aproveite possíveis brisas nos períodos frescos do dia. Em razão da segurança, avalie a necessidade de instalar telas ou redes;
- Considere a aplicação da técnica de "ventilação cruzada (envolvendo janelas em fachadas opostas da casa) ou janelas e outras aberturas a diferentes alturas;

- Utilize janelas com sistema de abertura em ângulo, de modo a regular a melhor posição para entrada de ventilação;
- Avalie a aplicação de sobra artificial (*insulfim*) em partes da edificação com posição na qual o Sol incide.

A norma ASHRAE 55 – 2004 "*Thermal Environmental Conditions for Human Occupancy*" apresenta os benefícios de se oferecer o controle de abertura das janelas aos usuários e aumentar os limites de velocidades internas do ar. A norma baseia-se na suposição de um ambiente termicamente uniforme e na possibilidade de se prover controle deste ambiente aos usuários, e estabelece que, desta forma, os usuários irão tolerar maiores flutuações nas condições ambientais. Assim, os projetistas têm maiores condições de estabelecer quando o condicionamento artificial é requerido num edifício e, quando é possível incorporar a ventilação natural, para se proporcionar o conforto térmico.

Além da utilização de janelas, existem componentes mecânicos denominados por Funil de Vento ou Respiradouro, que são instalados para aproveitamento do vento e por meio de diferencial de pressão canalizam entrada do ar externo para meio interno.

Figura 1.9 Figura ilustrativa de aplicação de Funil de Vento (estruturas tubulares ao lado do prédio) em Edificações. Fonte: http://in-pictures.photoshelter.com

A ventilação natural deve ter projetos de um modo a assegurar o conforto térmico necessário para os usuários que trabalham e/ou apenas visitam o local. Em determinadas localidades ou ainda em meses mais quentes ou mais úmidos, o conforto térmico, utilizando apenas a ventilação natural, pode não ser possível, obrigando à utilização de sistemas elétricos para obter o conforto térmico.

A Ventilação Forçada

Um sistema amplamente aplicado em indústrias de manufatura, as quais precisam melhorar a qualidade do ar e também para conforto térmico dos operadores e igualmente reduzir a temperatura ambiente que é danosa para as máquinas operatrizes que possuem alto índice de automação. Os componentes eletro-eletrônicos ficam sujeitos a falhas quando funcionam a altas temperaturas, uma vez que, por si sós, já geram calor quando ligados. A ventilação atende a ambientes tais como cozinhas industriais, instalações sanitárias e certos setores hospitalares onde a ventilação forçada é aplicada para reduzir/eliminar a umidade, os odores e os contaminantes que podem ser controlados através de diluição ou de substituição pelo ar exterior. Em locais muito úmidos, a função ventilação pode não ser tão eficiente, pois se faz necessária muita energia para remover o excesso da umidade contida ar da ventilação ou circulação.

Figura 1.10 Detalhe de ventiladores horizontais industriais de parede. Fonte: Não informada.

Os denominados Ventiladores de Teto são instalados e seu objetivo é causar uma melhor sensação térmica, isto é, fazer o ar circular no ambiente e causar a sensação de "bem-estar". Isso ocorre através da evaporação da transpiração dos usuários. O ar aquecido tem a tendência de subir, então os ventiladores podem ser utilizados em locais de baixa temperatura. O efeito é obter ar quente estratificado, do teto para o ambiente. Este tipo de ventilação não dever aplicado quando é requerida a troca de ar com meio externo, pois é ineficaz.

O ventilador de teto tem uma aplicação bem ampla, desde uso residencial, instalações comerciais de pequeno porte, chegando até os grandes setores industriais.

Figura 1.11 Figura ilustrativa de aplicação de ventilador de teto em indústria. Fonte: Não informada.

Existe ainda uma modalidade de ventilação de teto mais eficaz, a Ventilação Eólica, que consiste em equipamento motorizado, mas, diferente do Ventilador de Teto, este por sua vez infla ar externo para o ambiente, potencializado a condição de ar mais arejado e sensação térmica mais agradável, permitindo uma condição térmica mais eficaz. Muito aplicado em indústrias de grande porte onde se faz necessário reduzir a temperatura, dias quentes a baixo custo (se comparados ao sistema de ar condicionado). Igualmente estes modelos de ventilação servem para reduzir a temperatura dos equipamentos eletro-eletrônicos.

Figura 1.12 Figura ilustrativa de um conjunto de Exaustores Eólicos sobre telhado industrial. Fonte: Não informada.

Modelos de Ventiladores e Exaustores

Os diversos modelos são selecionados para determinadas situações em que se é exigida ventilação forçada. Em edificações comerciais ou de serviços fazem parte do projeto do Sistema de HVCA, pois estão combinados com os outros tipos de condicionamento de ar. Em relação às Centrais de Aparelhos de Ar Condicionado, o investimento é menor e de manutenção igualmente.

Nas edificações mais simples, não há um projeto específico. Uma simples aquisição e instalação de ventiladores já são suficientes para que o ambiente esteja agradável para os usuários. Contudo, em ambientes onde existe alguma fonte importante de vapor de água, fuligem ou gordura, é conveniente instalar também exaustores, para que a ventilação tome o caminho bem definido e garanta a boa qualidade do ar.

Os Ventiladores de Teto permitem inversão de rotação. Isto significa que nos dias quentes ele resfria (forçando o ar em determinada direção) o ambiente e nos dias frios suga o vento frio para cima misturando com o ar quente. Este tipo de ventilador é muito utilizado em residências.

Já o Exaustor de Eólico (de Teto) funciona de modo inverso, isto é, o ar ambiente é sugado para cima (ar vertical: o ar quente que sobe é expelido), enquanto o ar fresco se infiltra pelas aberturas nas paredes espalhadas por todo o ambiente. O porte destes aparelhos está diretamente associado à vazão de ar produzida.

Em ambos os casos, a instalação deve ser feita por profissional capacitado e ferramentas adequadas, possibilitando uma fixação segura para evitar possíveis acidentes. Além dos ambientes comerciais e serviço, algumas escolas adotaram ventiladores de teto, e a responsabilidade sobre a condição da instalação e manutenção não deve ser menosprezada. Outra aplicação de exaustão são as academias de ginástica, onde se sabe que os usuários executam tarefas físicas e estão sujeitos a gerar calor e umidade corporal e, neste caso, a circulação de ar irá amenizar a sensação de calor e tornar o ambiente mais agradável. Pode-se ainda executar um projeto combinado Ventilador e Exaustor.

Em sanitários e/ou em cozinhas, a eficiência está diretamente proporcional ao nível de saturação do ar por odores desagradáveis. Nestes casos específicos, os projetos devem considerar Normas e Legislação que definem parâmetros, tais como a "Taxa de Renovação do Ar". Os cuidados para se obter maior eficiência são a limpeza periódica das grades e a substituição das malhas de filtragem, que podem estar saturadas de gordura. Para avaliar a eficiência do exaustor, é bom lembrar que o ar quente, mesmo contendo mais vapor, sobe. Então, a abertura deve estar posicionada próxima à fonte geradora do odor desagradável.

Para o profissional de Facilities ou não, mas sendo estudante, entendo ter acesso aos conhecimentos teóricos que compõem as questões relacionadas a conforto térmico. Este acesso pode ser útil, por exemplo, ao acompanhar projetos de HVAC, os quais, geralmente, são executados por empresas contratadas. Evidentemente, há outros elementos a considerar, por exemplo, quantidade de usuários, geração de calor por equipamentos e iluminação. Então, para não "fazer feio" seja na análise escopo ou reuniões sobre as tratativas, segue então:

Cálculo da Taxa de Renovação de Ar
(por www.exaustoresventisilva.com.br)

Vazão: Q

É um volume de ar que se deslocou num ambiente ou numa tubulação na unidade de tempo, sendo v o volume medido em:

Q = V/ T

Sendo **V** o **volume** medido em **m³ (metros cúbicos)** e o **T** o **tempo** medido em: **h (hora) ou min. (minutos)**.
Dessa forma, a vazão de ar será medida nas unidades: m^3/h (metros cúbicos por hora).

Velocidade: V

É a distância percorrida por um ponto material na unidade de tempo.

V= d/t

Sendo **d** a **distância medida em: m (metros)**, e **t o tempo medido em: s (segundos) ou min (minutos)**.
Dessa forma, as unidades de velocidade de ar serão: n/s (metros por segundo).

Taxa de renovação de ar: T

Entende-se por taxa de renovação ou número de trocas de ar num ambiente o número de vezes que o volume de ar desse ambiente é trocado na unidade de tempo.

T = Q/V

Sendo **Q a vazão** e **V o volume**.

A relação entre a vazão e o volume resulta em um número que depende somente do tempo. Por exemplo, quando a vazão é expressa em m/h e o volume em m3/ h, e o volume em m^3, resulta um número T expresso por hora.

Área Funcional	Taxa de Renovação (Trocas/hora)
Hospitais (sala de anestesia)	8-12
Salas de animais	12-16
Auditórios	10-20
Hospitais (salas de autopsia)	8-12
Padaria e confeitaria	20-60
Boliches	15-30
Igrejas	15-25
Hospitais (salas de citoscopia)	8-10
Salas de aula	10-30
Salas de conferencia	25-35
Corredores	3-10
Leiterias	2-15
Lavagem de pratos	30-60
Lavagem a seco	20-40
Fundições	5-20
Ginásios	5-30
Garagens	6-10
Hospitais (salas hidroterapia)	6-10
Hospitais (salas de isolamento)	8-12
Cozinhas	10-30
Lavanderias	10-60
Bibliotecas	15-25
Bibliotecas	15-25
Salas de deposito	2-15
Pequenas oficinas	8-12
Hospitais (suprimentos)	6-10
Berçários	10-15
Escritórios	6-20
Hospitais (salas de operação)	10-15

Tabela 1.2 Alguns valores de Área ocupada x Taxa de Renovação de Ar. (sugeridos para projetos de Ventilação. Fonte: *ASHRAE – American Society of Heating Refrigerating and Air Conditioning Engineering, Guide a Data Book)*

Renovação do Ar Ambiente: Considerações Finais

A renovação do ar ambiente, por meio de ventilação, tem limitações, mas se bem projetada e conforme as condições da estrutura e instalação da edificação, pode ser eficiente. Outras medidas podem ser adotadas relacionadas aos usuários, os quais podem se adequar ao ambiente seja ele frio ou quente. O uso de vestuários adequado, por exemplo, é uma delas. Evitar exposição demasiada à fonte geradora do desconforto térmico. Outras adequações se referem as barreiras de proteção.

A opção por ventilação depende do volume de deslocamento de ar, porque, quanto maior a sua capacidade, maior a sua área de ventilação. Portanto, não se deve restringir ao diâmetro da hélice e sim, também, ao seu volume de deslocamento de ar=m^3/min.

A diferença entre os modelos de ventilador: fixo ou "circulador de ar" diz respeito à eficácia de cada um e resultados esperados. O primeiro concentra o vento numa única direção, enquanto o segundo distribui melhor o vento no ambiente. Nos ventiladores o vento é mais concentrado e direcionado. Já nos circuladores, o vento é espraiado, visando, como o próprio nome diz, circular o ar.

A aplicação da ventilação é destinada ao conforto térmico, muitas vezes se torna opção pelo baixo valor de investimento. Outras razões são fornecidas durante o planejamento e projeto (dados e cálculos, como já visto da Taxa de Renovação de Ar requerida) e tipo de ambiente ocupado pelo usuário e cliente (simples circulação de ar ou redução dos efeitos de odores indesejáveis. Estes e outros fatores compõem os dados para que se obtenha o conforto ambiental exigido por norma e/ou determinado pelos padrões da organização.

Em relação ao Brasil, as temperaturas mais extremas se concentram nos Estados do Sul, com exceção de alguns casos esporádicos em outras regiões próximas. Dessa forma, a ventilação é aplicada para promoção do conforto térmico, sem considerar o aquecimento, uma vez que a simples utilização da vestimenta adequada soluciona os problemas usualmente encontrados.

A manutenção eficaz é a ação esperada por usuários e clientes. A Gestão de Facilities tem como responsabilidade prover planos e/ou rotinas de verificação a frequências determinadas. A equipe técnica pode recorrer às recomendações do fabricante e igualmente histórico de manutenção. Propositalmente, não vou abordar a manutenção corretiva, uma vez que se houve a falha só resta retirar equipamento para conserto ou consertar no próprio local.

1.1.7. Manutenção aplicada aos Sistemas de Ventilação

Plano de Manutenção Preventiva: Recomendado
Limpeza: item isento de sujidade.

A limpeza é simples, mas não menos importante, e primeira ação de conservação. Antes de iniciar, desconectar o plug da fonte de eletricidade. Após, faça uso de pano úmido (água + produto detergente neutro) e inicie a limpeza das pás e demais partes fixas do conjunto. Caso haja excesso de pó/poeira (não deixe chegar a este ponto, mantenha frequência que evite acúmulo de sujidade), utilize aspirador de pó para facilitar a remoção no compartimento do motor. Para proteção das partes plásticas, utilize silicone em aerossol e em seguida passe uma flanela seca.

A limpeza evita falhas e problemas maiores ao equipamento. Portanto, adote frequências adequadas, tanto em relação a manter os componentes limpos, como não exceder em serviço a mão de obra disponível (Valor HH compatíveis).

Dicas para aumentar conservação: limpe as partes do ventilador e em seguida passe uma cera automotiva nas peças metálicas e pintadas, nas partes cromadas utilize (limpa cromo).

Plano de Manutenção Preventiva: Recomendado

- Verificação Anual: substitua a graxa na caixa do giratório, se aplicável. Evite excesso (por exemplo, deixar transbordar);
- Verificação Semestral: aplique produto desengripante (Modelo Aerossol) nas partes móveis e no sistema giratório, se aplicável;
- Verificação Trimestral:
- Verificar suporte e parafusos de sustentação;
- Verificar a folga nas partes que se movimentam ex.: eixo do motor, pino do suporte da cabeça do ventilador, braço do oscilante, antebraço etc.;

- Verificar se alguma parte do sistema giratório está prendendo o movimento;
- Verificar se o eixo do motor está rodando livremente;
- Verificar ruído e estado dos rolamentos, mancais etc. (se existir).

1.1.8. Sistema de Refrigeração

Introdução

É o sistema mais sofisticado para conforto térmico, pode manter o ambiente aquecido ou frio, conforme a necessidade e ainda mantém o controle sobre a umidade. É amplamente aplicado em residências, salas comerciais, hotéis, grandes centros de compras, hospitais e em alguns tipos de empresa de manufatura de produtos eletrônicos, indústrias: alimentícia, informática, automobilística, farmacêutica etc. Enfim, a aplicação em escritórios é praticamente obrigatória, pois permite alta produtividade no trabalho e sensação de bem estar para os demais usuários. Contudo, há que se observar os cuidados de manutenção e higienização não tão somente com equipamentos, mas com os dutos que levam o ar até o ambiente. (Ver NBR 14.679:2001 Condicionamento de Ar, Ventilação e Higienização).

A temperatura ambiente, juntamente com o fornecimento de eletricidade, são itens críticos para determinados ambientes. Cito por exemplo os ambientes onde há equipamentos de informática, as salas onde estão instalados os Data Centers e demais equipamentos que compõem a central de dados da organização.

No início dos anos 90, quando iniciei a minha carreira em Engenharia de Manutenção, este escopo, condicionamento de ar para estes ambientes, era gerenciado pelo Setor de Tecnologia da Informação. Com a profissionalização da Manutenção Predial e em razão da necessidade de maior confiabilidade, somado a estruturas das grandes companhias internacionais, os padrões e normas para manutenção dos sistemas de condicionamento migraram para os Departamentos de Manutenção, mais precisamente para o setor de Utilidades. Atualmente, o termo *Facilities* está mais presente e engloba: Predial & Civil, Utilidades (Subestação, Grupos Geradores etc.) e os equipamentos e demais instalações que integram o sistema de informática da edificação.

O condicionamento de ar com objetivo de refrigerar o ambiente ocorre por meio da remoção do calor. A definição de frio é a de «ausência de calor», sendo este o princípio básico de funcionamento dos equipamentos refrigeradores. O calor pode ser removido, por irradiação, por convecção ou por aquecimento-arrefecimento, através de um processo conhecido por "ciclo de refrigeração". Denominam-se por "Fluido Refrigerante" os meios de condução – incluindo: água, ar e produtos químicos.

Um sistema integrado de ar condicionado (Central de Máquinas) ou um equipamento individual fornece Aquecimento, Ventilação, Ar Frio e mais o diferencial, o controle de umidade de uma sala ou total de uma edificação. Os sistemas de ar condicionado central, totalmente a ar, são frequentemente instalados em grandes centros comerciais ou de eventos. Além da conservação e manutenção dos equipamentos, inclui os dutos que levam o fluido até o destino. Estes, por sua vez, precisam estar revisados em relação ao crescimento de bactérias patogênicas no seu interior. Equipamentos condicionadores de ar, sem a devida higienização e limpeza química adequada, podem causar sérios danos à saúde.

O Ciclo de Refrigeração

Os ciclos de refrigeração são ciclos termodinâmicos, onde o calor é extraído do ambiente a ser refrigerado e é enviado para o ambiente externo. É utilizado para o conforto térmico ambiente, para o resfriamento e também congelamento de produtos. O ciclo padrão é composto por quatro etapas principais: Evaporação, Compressão, Condensação e Expansão.

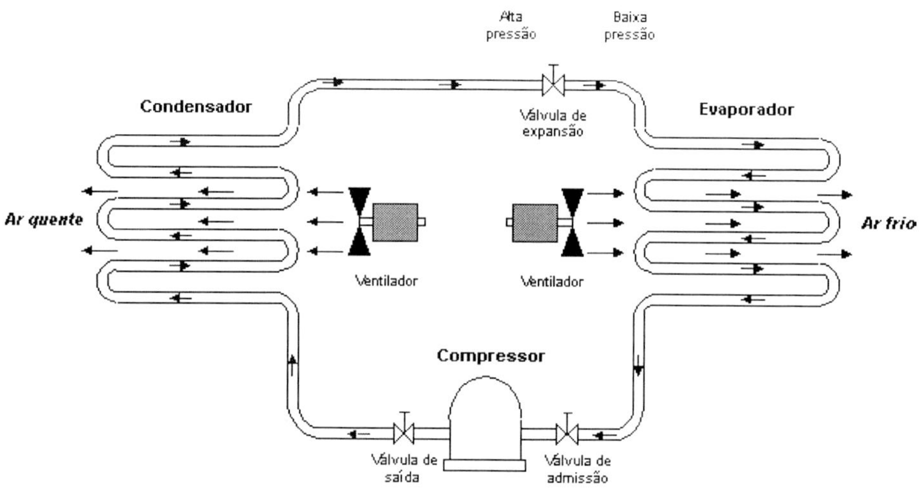

Figura 1.13 Figura ilustrativa do Ciclo de Refrigeração por compressão de vapor. Fonte: www.ebah.com.br

A Compressão faz com que o refrigerante vaporizado se torne mais denso, libertando calor neste processo. O vapor comprimido é então aquecido, através da troca de calor com o ar exterior e se condensa na serpentina e se transforma em solução liquida (Condensação). O refrigerante líquido segue para evaporador, onde pequenos bicos pulverizam o refrigerante líquido para uma câmara, no interior da qual a pressão se reduz, permitindo que o refrigerante se evapore (Evaporação). Como a evaporação absorve o calor em seu redor, essa área em redor arrefece, com o evaporador a retirar, portanto, calor ao ambiente e a colocá-lo no sistema (Expansão). O refrigerante na forma de vapor volta então a ser enviado para o compressor, repetindo-se assim o ciclo.

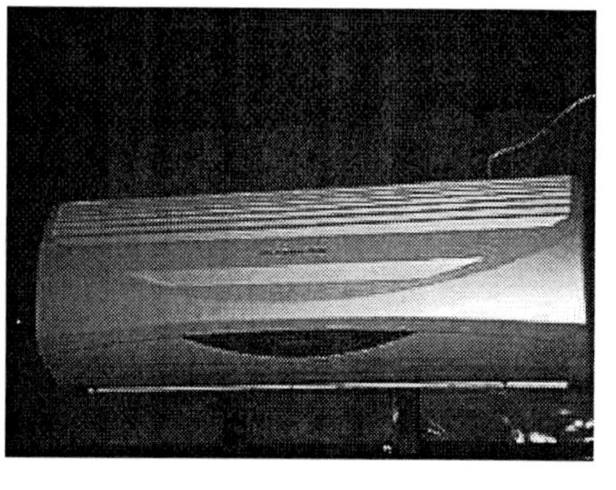

Figura 1.14 - Figura 1.15 Figuras ilustrativas para exemplificar a Condensação (Condensadora, unidade externa) e a Vaporização (unidade interna). Ambos fazem parte do Condicionador de Ar tipo Split, este bem conhecido no mercado e amplamente utilizado tanto em ambientes comerciais, serviços, como em residências. Fonte: não informada.

As edificações cujo interior é refrigerado não devem ter aberturas sob pena de reduzir a eficiência e, como consequência, o equipamento opera de forma a compensar as perdas, sobrecarregando o sistema HVAC. Isto implica alto custo operacional e redução da vida útil dos componentes, gerando gastos elevados para a sua conservação.

Os sistemas HVAC possuem filtros nas saídas de ar e são constituídos de materiais e dimensões conforme projeto. Boa parte dos modelos é substituída, em certos casos pode ser higienizada (limpa ou lavada com produtos químicos). A frequência de troca é diretamente proporcional ao nível de sujidade do ambiente. Escritórios terão período de substituição de filtragem maior do que um ambiente industrial. A não substituição dos filtros conforme o necessário irá contribuir para uma taxa de permutação de calor inferior, resultando no desperdício de energia, no encurtamento da vida do equipamento e, consequentemente, no aumento dos custos. Além disso, a não substituição provocará uma diminuição do fluxo de ar, resultando no congelamento das serpentinas do evaporador, o que poderá provocar o impedimento da passagem de qualquer ar. Adicionalmente, filtros muito sujos podem provocar sobreaquecimento durante a fase de aquecimento do ciclo de refrigeração, resultando em danos possíveis nos componentes eletromecânicos ou mesmo num incêndio.

Figura 1.16 Figura ilustrativa de um condutor de ar refrigerado. Fonte: Não informada.

O ar novo exterior é normalmente captado para dentro do sistema através de um ventilador na secção do evaporador. O ajustamento da percentagem do ar de retorno composto por ar novo pode ser normalmente ajustado através da manipulação da abertura do ventilador.

Como já descrito, a refrigeração consiste no processo de remoção de calor. Para além de ser uma das funções do ar condicionado e mesmo da ventilação, existe também uma tecnologia específica de refrigeração, direcionada para a conservação de alimentos ou outros produtos perecíveis. Portanto, esta tecnologia consiste em baixar a temperatura do local ou substância ou produto sólida a refrigerar e o de manter essa baixa temperatura.

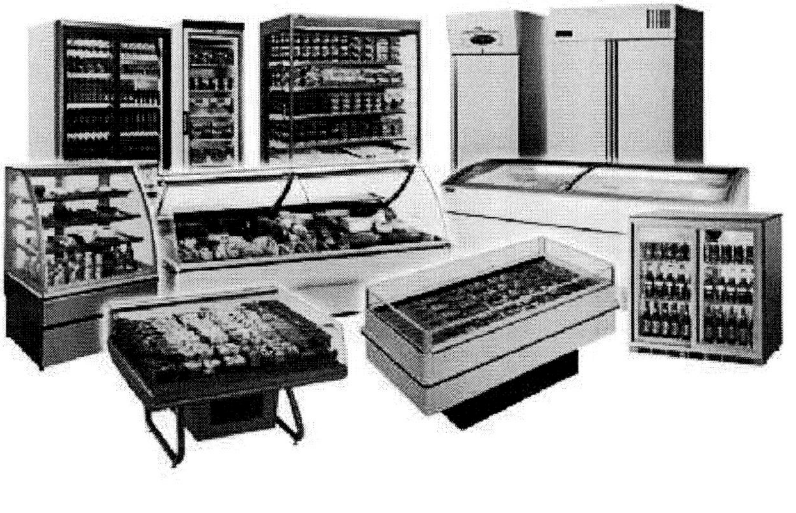

Figura 1.17 Exemplo de Equipamentos de Refrigeração para conservação de alimentos e bebidas nos ambienteis residências, supermercados, salas para *coffee break* nas empresas etc. Fonte: http:// www.acadvantageinc.com

Além da eficiência energética, as ações em apoio à sustentabilidade ambiental têm sido tomadas, entre elas é aplicável aos Sistemas HVAC, que é a eliminação dos fluidos refrigerantes prejudiciais à camada de ozônio, substituindo por outros fluidos, os quais seguem as normas ambientais aplicáveis e atuais.

Aspectos Gerais sobre Projeto e Instalação

As exigências relacionadas aos valores requeridos para: temperatura, umidade relativa do ar, nível de partículas em suspensão, diferencial de pressão e renovação de ar são alguns dos parâmetros para a definição e instalação de Sistemas Condicionadores de Ar.

Os sistemas, equipamentos, dutos, instrumentação e demais utilidades variam de acordo com o ambiente a ser refrigerado. Escritórios têm uma necessidade de conforto térmico diferente de uma indústria e igualmente de um ambiente hospitalar. Os tipos de sistemas podem ser por "Expansão Direta" (Edificações de pequeno porte) ou por "Expansão Indireta", o qual utiliza água gelada (Grandes Centros Comerciais ou Industriais). Outros aspectos influenciam no projeto, tais como a classe de limpeza do ar, filtragem, número de renovações do ar no sistema, número de movimentações de usuários, tipo de atividade etc.

Existem ambientes com exigências específicas tanto para a qualidade do ar quanto para a temperatura, denominadas "Salas Limpas", as quais são ambientes adequados para a fabricação de produtos eletrônicos, medicamentos, laboratórios etc. Além da alta qualidade do condicionamento de ar, os dados construtivos também são especiais. Para tanto, existem legislação vigente, tais como a "Resolução RDC 17/2010", e o novo "Guia da Qualidade para Sistemas de Tratamento de Ar e Monitoramento Ambiental na Indústria Farmacêutica", onde preveem parâmetros predefinidos para condições ambientais para renovação de ar, classificações de ar mais apuradas, sistemas com exaustões de ar localizadas, aplicação de estágios de filtragem na exaustão, áreas com níveis de biossegurança, sistemas com controles rígidos de umidade relativa, alguns exemplos.

A unidade de medida utilizada para classificar estes equipamentos é a TR (Tonelada de Refrigeração), sendo 1 TR equivalente a 12.000 BTU/h (British Termal Unit) ou, em termos mais leigos, é o efeito refrigerador de uma tonelada de gelo derretendo por um período de 24 horas. A Geradora dispõe para locação modelos de ar condicionado tipo *Rooftop* que variam de 5 a 33TR.

Estes são alguns dos fatores relevantes nas fases de anteprojeto e o projeto, nas quais se faz necessária uma análise crítica sobre as atividades, número de pessoas, dados construtivos do ambiente que ser quer refrigerar e controlar a qualidade do ar. Quando estas etapas são gerenciadas por *Facilities* (ou mesmo representantes envolvidos), há um significativo ganho que é a observância da manutenção do sistema. Então, aspectos como qualidade e padronização de componentes, acessos facilitados para ajuste e conserto, obediência a normas técnicas e de segurança são alguns exemplos a serem citados. Em geral, na gestão da *Facilities*, há equipe multifuncional, há os de formação em arquitetura, mecânica, elétrica, civil etc. e juntos irão determinar as melhores condições para o sucesso do projeto. Portanto, o envolvimento de todos se torna fundamental, o individualismo é uma opção que leva direto a riscos desnecessários.

A fase inicial inclui a de receber, por parte do Cliente, os requisitos específicos que irão direcionar o dimensionamento do Sistema Condicionador de Ar. Este documento contém descrição, sendo algumas delas sobre as dimensões do local, disposição (*layout*) do mobiliário, equipamentos, atividades e quantidade de usuários e as condições ambientais necessárias. Segue-se a elaboração do projeto, constituído de, por exemplo, Cálculos de Dimensionamento da Carga Térmica, de Pressurização, Fluxo de Ar, etc. Após, com base na memória de cálculo e demais especificações técnicas (Desenhos Técnicos em cópia física e eletrônica), é determinado o tipo de Sistema de Condicionamento de Ar mais adequado, observando orçamento previsto, mas sem deixar de avaliar modelos (preferencialmente optar de fabricante com larga experiência no mercado), alto nível de qualidade e eficiência energética, garantias. Incluir nesta avaliação criteriosa, do Serviço de Assistência Técnica, a qualificação dos técnicos e disponibilidade de peças sobressalentes. Outros requisitos, como a elaboração e execução de protocolos de qualificação e comissionamento e fiscalização na fase de instalação. Nesta etapa define-se nível de automação e controle, isto é, como o sistema deve operar, o que deve controlar e quais alarmes e falhas devem ser relatados etc.

Em certos casos, pode-se exigir do Fabricante dados estatísticos do desempenho de equipamentos (Gestão de Manutenção), por exemplo, itens de controle como MTBF (Tempo Médio entre Falhas) ou MTTR (Tempo Médio para o Reparo). Esta prática eu tive a oportunidade de conhecer e aplicar quando no desenvolvimento do processo de aquisição de máquinas operatrizes. O fornecimento destes dados estava no escopo das exigências de qualidade e garantia, incluindo igualmente o treinamento para os técnicos de manutenção.

A terceira etapa constitui-se projeto executivo detalhado, os desenhos executivos e dados de seleção dos equipamentos, desenhos e especificações das redes de dutos de ar, redes de hidráulica, elétrica e de automação e controle. Deve conter também os projetos dos painéis elétricos e de automação dos sistemas. Basicamente, a documentação de Projeto inclui: Requisitos do Cliente, cálculos de carga térmica, desenhos conceituais de pressão dos ambientes e classes de limpeza, fluxogramas de ar, folhas de dados dos equipamentos, memorial descritivo do sistema, plantas que contenham o encaminhamento dos dutos de ar, hidráulica, elétrica, cortes e elevações, planta detalhada da sala de máquinas, desenhos típicos por disciplina, dentre outros que venham a ser exigidos seja pelo Cliente ou ainda pelas Normas ou Legislação específica.

Na fase de Instalação, o denominado "canteiro de obra" deve atender aos padrões de organização e limpeza, bem como observados os itens de segurança, armazenamento dos materiais (cuidado especial para os elementos filtrantes, instrumentação de controle, componentes eletroeletrônicos etc. para que não acumulem pó e poeira provenientes da obra e isentos de contaminação). É nesta fase que são testados, antes da instalação, os dutos de ar (estanqueidade), pois eles deverão garantir que a vazão de ar (gerada nas unidades de tratamento de ar) chegue às salas, garantindo a pressurização dos ambientes e a manutenção das condições exigidas nas salas. O acompanhamento a frequências determinadas pelos gestores de *Facilities* e alta administração do Cliente são determinantes para o sucesso da instalação. Igualmente, determinar líderes de projeto com conhecimento em gestão de projetos (preferencialmente em nível de pós-graduação), claro com o conhecimento "na prática", isto é, já ter tido experiência nesta área agrega para o resultado esperado. Quanto mais a fase de Instalação estiver em acordo com o projeto, menor serão os problemas quando o sistema entrar na fase de Operação. Então, nada das famosas "gambiarras"! Caso sejam necessárias adequações, o projeto também deve ser atualizado, isto é fazer um *"as built"* (expressão inglesa que significa "como construído"). Desta forma, todos dos desenhos e especificações a serem arquivados após a conclusão da obra permanecem atualizados, e a consulta posterior será de grande utilidade pela Gestão de Facilities, seja para manutenção e/ou ampliação da local, ou mesmo da edificação.

Principais Problemas na fase: Instalação

De acordo com os especialistas, boa parte das falhas ocorre justamente na rede dutos: vazamento. Por isso, os testes de estanqueidade numa fase pré-instalação são importantes. Neste, podem ser verificados se houve erro construtivo ou na montagem dos dutos (falha na aplicação de vedante, de flanges etc.).

Outro ponto que merece bastante atenção é à conexão entre o sistema de distribuição de ar e local a ser condicionado, principalmente se for nas denominadas "salas limpas". Não é admissível a existência de abertura que acidentalmente comunique a sala e o "entreforro", por isso a atenção redobrada na execução dessa conexão.

O armazenamento dos filtros absolutos é outro ponto crítico, citado pelos especialistas em projetos de refrigeração, pois, se não houver um cuidado em mantê-los em condições adequadas, pode ocorrer a sua contaminação por fungos, o que provocará a perda desse componente e necessidade da aquisição de novo filtro. Erros, por exemplo, numa torção acidental aplicada à estrutura dos mesmos ou manuseio incorreto, podem causar vazamento.

Há ocorrência de falhas durante o balanceamento e pressurização da rede de distribuição de ar. Diferentemente do que se pensa, os registros que vêm instalados nos difusores e grelhas possuem um vazamento intrínseco significativo e às vezes, mesmo com esses registros fechados totalmente, não é possível ajustar a vazão de ar de projeto.

As chances são mínimas, mas se erros forem cometidos na fase de projeto irão acarretar parâmetros inadequados à fase de Instalação. Por esta razão, o detalhamento do projeto e o cronograma (levando em consideração atrasos e retrabalhos) podem amenizar os problemas.

Por último, mas não menos importante, a falha na contratação. Mão de obra sem qualificação ou formação insuficiente irá acarretar grandes problemas. Este, na minha opinião, talvez seja o principal problema numa fase tão crítica como a da Instalação. No Brasil há carência de profissionais qualificados, em sua maioria, são aprendizes que com o tempo passam a exercer funções que exigem maior conhecimento técnico. Evidentemente há atividades que não requerem um técnico qualificado. Mas, em pontos críticos da Instalação, um profissional habilitado deve conduzir o serviço. Aqui a atenção redobrada é pertinente.

Muitas organizações, na ânsia de reduzir custos, optam por materiais fora de especificação ou marcas de qualidade duvidosa, mão de obra sem qualificação, profissionais sem experiência, entre outras decisões errôneas. Felizmente, essa prática não é aplicável às grandes e conceituadas empresas, cujos padrões de *Facilities* são rígidos, por vezes sobrepujando as Normas existentes.

Concluindo, as falhas irão acontecer. Muitas acontecem por erro humano (é inerente). Estudos de Engenharia comprovam com muita propriedade falhas: no uso de ferramentas e de ergonomia, em componentes, decisões equivocadas, falha de segurança, dentre outros. Portanto, a Gestão de Facilities deve saber lidar com estas adversidades e buscar as melhores soluções para contornar o problema. Aqui, ressalto mais uma vez a importância do trabalho em equipe. Reunir os principais envolvidos e cada qual com a sua *expertise* definir e implementar a melhor solução para corrigir o problema, dar seguimento à Instalação e, por fim, obter a satisfação do Cliente.

1.1.9. Classificação dos Condicionadores de Ar

Os Sistemas Condicionadores de Ar são classificados pela forma como funcionam:

a) Por Expansão:

1. Expansão Direta (ou de Evaporação): quando a Serpentina (conjunto de tubos geralmente em material Cobre, mas há modelos em Alumínio e Aço Inox) instalada internamente no Condicionador recebe diretamente a carga de ar frio ou quente.
2. Expansão Indireta: quando a Serpentina do condicionador de ar utiliza um meio intermediário (água, por exemplo) para retirar a carga térmica que é transmitida pelo ar frio ou quente.

Figura 1.18 Figura ilustrativa de um trocador de calor com serpentina (o material é Cobre). Fonte: http://www.agraz.ind.br

b) Por Condensação:

1. Condensação a Ar: em circulação natural ou forçada; nesse caso, a temperatura admitida para o fluido frigorífico deve ser superior à de bulbo seco do ar exterior considerado nos cálculos.
2. Condensação a Água: que pode ser sem retorno, usando água corrente, ou com recirculação, utilizando uma torre de resfriamento. Nesse caso, a temperatura do bulbo úmido do ar exterior deve ser inferior à temperatura da água de circulação, para que haja transferência de calor da água para o ar exterior.
3. Condensação Evaporativa: nesse caso também a Temperatura de Bulbo Úmido (TBU) do ar exterior deve ser inferior à estabelecida para o fluido frigorífico.

As unidades de refrigeração do ar podem ser do tipo:

- *Self Contained* (compacta): aquela que traz incorporada em si mesma todos os componentes de um sistema de condicionamento de ar, exceto dutos e tubulação de água de condensação (quando condensação a água); são também denominadas como unidades compactas, porque em seu invólucro contêm o compressor de refrigeração, ventilador e motor, condensador (a água ou a ar), filtros de ar e controles.
- *Fan Coil* (ventilador-serpentina): aquela que consiste apenas do invólucro, o ventilador e motor, a serpentina e o filtro de ar e controles são unidades utilizadas nos sistemas de água gelada ou quente.

Figura 1.19 - **Figura 1.20** Exemplos de modelos de *Fan Coil*. Fonte: Não informada.

Figura 1.21 Figura ilustrativa de uma Aplicação de *FanCoil*. Fonte: Não informada.

Nota: O *FanCoil*, em certas instalações, recebe fluido de equipamento denominado por *Chiller* (ou Resfriador, a ser abordado mais adiante), o qual fornece o líquido refrigerante (água gelada) ao *Fancoil*, num ciclo que inclui ainda sistema externo, as torres de resfriamento.

Para a escolha do sistema de climatização mais indicado, o primeiro passo para definição do sistema deve partir do cliente, em face do que pode gastar, ou seja, após uma análise do custo/benefício. Em seguida, entra o projetista que, pela sua experiência, pode definir o sistema mais indicado e tecnicamente possível.

Os sistemas de expansão direta são empregados para instalações pequenas e médias; e o de expansão indireta, para grandes instalações.

1.1.10. Equipamentos Condicionadores de Ar

Tipos de equipamentos que possuem Sistemas por Expansão Direta com Condensação Ar ou Água. O insuflamento é de modo a "plenum" ou através de dutos.

Equipamentos de Sistema de Expansão Direta (Condensação à Água)

Self-Contained (modelo Compacto): são unidades compactas, de médio porte, que une os dois conjuntos mecânicos no mesmo gabinete, ou seja, o evaporador (o conjunto que insufla o ar refrigerado/aquecido) e o condensador a água ou ar (composto por compressor, serpentina e ventilador, e motor), filtros de ar e painel de controles; gases refrigerantes e manutenção.

No sistema dos selfs são usados dois gases refrigerantes: o R22 ou o 410A (gás ecológico). Porém, a tendência é que, daqui a alguns anos, seja usado somente o 410A. Existem dois tipos de *Self Contained*, um com condensador à água que requer uma torre de resfriamento e outro com condensador a ar, podendo esse último ainda ser na própria Self ou ser um condensador remoto.

Figura 1.22 - Figura 1.23 Modelos de *Self Contained.* As unidades Evaporadora e Condensadora (a água) no mesmo gabinete. (por isso a denominação "modelo compacto"). Fonte: Fabricante TRAINE.

Equipamentos de Sistema de Expansão Direta (Condensação a Ar)

Self-Contained (modelo Condensadora): onde a unidade evaporadora encontra-se separada da unidade condensadora e interligadas pelas linhas de refrigeração, podendo ainda ser do tipo *Split*, quando o compressor ficar junto à unidade condensadora. São unidades dimensionadas para operar em ambientes com temperaturas elevadas, possuem ventiladores e motores que combinados com a serpentina para a rejeição de calor. Os motores são protegidos para que operem em ambientes úmidos e diversidade de sujidade. As aplicações são amplas, tais como câmaras frigoríficas, salas comerciais e escritórios, restaurantes, hospitais, centro de eventos etc.

Figura 1.24 Modelo de *Self Contained* tipo Condensadora (a ar), interligada por tubulação refrigerada até a Evaporadora (tipo *Split*, por exemplo). Fonte: Fabricante YORK.

Condicionador de Ar "Janela"–Tipo de condicionador de ar bem conhecido, pois foi pioneiro para refrigerar (ou aquecer) residências e escritórios. As Unidades Evaporadora e Condensadora encontram-se no mesmo gabinete.

Figura 1.25 - Figura 1. 26 Aparelho Condicionador de "Janela" ou de "Parede". Na Figura 26, instalação típica deste modelo. Fonte: Fabricante SPRINGER .

Condicionador de Ar Portátil – opção interessante, pois evita os gastos provenientes da instalação com instaladores. Este tipo de condicionador de ar também possui as Unidades Evaporadora e Condensadora no mesmo gabinete.

Figura 1.27 - Figura ilustrativa de equipamento Condicionador de Ar Portátil. Fonte: www.portaleletecista.com.br

Condicionador de Ar *Split System*: a unidade evaporadora encontra-se separada da unidade condensadora e interligada pelas linhas frigoríficas, e o compressor fica junto à unidade condensadora. O Modelo Split é amplamente conhecido, pois está presente em ambientes residenciais, escritórios, lojas, farmácias, ambulatórios, clínicas, pet shops etc. O dimensionamento segue os critérios do projeto. Contudo, em vários casos, a empresa instaladora, por experiência, já indica o modelo conforme dimensão do local, carga térmica e número de pessoas. Já nas grandes organizações, os critérios seguem os padrões de *Facilities* (Normas e Procedimentos Internos da Companhia). É um equipamento que não possui alto grau de dificuldade de instalação, por isso, aliada a fatores como baixo valor aquisitivo e nível de ruído, tornou-se uma grande opção para Refrigeração ou Aquecimento de ambientes diversos.

Figura 1.28 *Split System* e seus componentes (Console, Condensadora e Controle Remoto). Para sua instalação, ainda necessita de dutos de refrigeração, válvulas, instalação elétrica (Tensão: 220 V) etc. Fonte: Fabricante ELETROLUX.

Unidade *Rooftop*: é uma unidade evaporadora e condensadora contida num mesmo gabinete, e as saídas de ar são instaladas no alto e no teto *(roof top)*. É indicada para ambientes de grandes proporções, mas tendo limitações quanto a paredes ou divisórias: Salão de Festas ou Eventos, Edificações com escritórios por andar como área de passeio em Shopping Center, longos corredores, entre outros. O equipamento pode ser instalado no exterior da edificação, isto é, fora do ambiente que será climatizado, dispensando uso de "casa de máquinas" (termo utilizado pelo pessoal de operação e manutenção, o mesmo Central de Equipamentos Condicionadores de Ar). Os principais fabricantes descrevem como sendo "equipamentos com alto índice de tecnologia envolvida, portanto garantem excelente eficiência energética e consequente redução dos custos de operação. Eles são fáceis de instalar e somente um ponto de energia basta para ligar o ar condicionado. Os *Rooftops* são resistentes ao tempo, compactos e possuem saída para tubulação, que pode ser ajustada de forma prática".

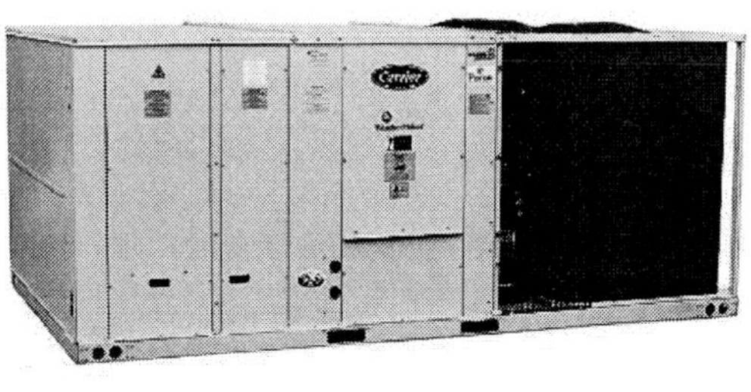

Figura 1.29 - Figura 1.30 - Figura 1.31 Modelos de *RoofTops* fabricados pela POLISERVICE (Fig .29) e CARRIER (Fig. 30 e Fig. 31). Fontes: www.ageradora.com.br e Carrier.

Condicionador de Ar Modelo *Cassette*: o modelo *Cassette Carrier* da Carrier permite uma distribuição de ar uniforme por todo o ambiente, podendo ser embutido no teto ou em forro rebaixado. Utilizam o gás refrigerante HFC R-410A (PURON®), gás ecológico. Este modelo é bem versátil, com renovação de ar opcional e distribuição em 360 graus; com bomba de dreno incorporada, não permite acumular água na unidade interna, com isso evita gotejamento; dispõe de diversas funções funcionais, tais como Função "*swing*", distribuição uniforme do ar para os quatro lados do ambiente, completam as características técnicas.

Figura 1.32 - Figura 1.33 Condicionador de Ar Casset Carrier. Fonte: Fabricante CARRIER.

Equipamentos Condicionadores de Ar (Expansão Indireta: Condensação à Água)

Chiller de Compressão: também denominado *Chiller* Centrífugo (ou apenas "Centrífuga"), ou ainda por *Chiller* Elétrico. Este tipo de Resfriador faz uso de Compressor (usualmente acionado por um motor eléctrico), e aumenta a pressão em determinada fase do ciclo termodinâmico do sistema. O *Chiller* fornece água gelada à temperatura em torno de 7° unidades centrais de água gelada e/ou para unidades *Fan Coil.* O princípio do funcionamento está baseado no efeito Joule-Thompson, onde o gás refrigerante é comprimido e posteriormente resfriado. Segue para a fase de Expansão, após a fase de Vaporização e, assim, encerra o processo do gás refrigerante, o qual retorna ao Compressor para reiniciar o ciclo. Na fase de Compressão (por intermédio do Compressor) há aumento da pressão e temperatura do fluido refrigerante e desta forma ativa o funcionamento do sistema.

Principais tipos de Gás utilizados em Chiller de Compressão:

- R-22 – HCFC Hidroclorouorcarbono ou Potencial de destruição da camada de Ozônio= 0,05 (CFC-11 = 1);
- R-407C (gás Ecológico, não agride a camada de Ozônio, HFC Hidrofluocarbono: Potencial de destruição da camada de ozônio= 0).

Principais testes de detecção de vazamento: por imersão; por bolhas de sabão; com detector eletrônico (aplicado para hidrocarbonetos halogenados). A mão de obra tanto para a operação quanto manutenção deve ser altamente treinada e capacitada, muito em razão da complexidade que envolve não só o Resfriador, mas os demais equipamentos, instrumentação de controle e instalações que compõem o sistema de fornecimento de água gelada, por meio dos *Chillers*.

Figura 1.34 Chiller de Compressor (ou Centrífugo) de Condensação à Água, modelo da Carrier. Unidade instalada em uma das agências da Caixa Econômica Federal. Fornecimento de água gelada para HVAC de Data Center. Fonte: http://www.engenhariaearquitetura.com.br/noticias

Chiller de Parafuso (Condensação à Água): este tipo de Resfriador é versátil, uma vez que foi projetado para uso Comercial ou Industrial. É considerado como alternativa segura para o controle preciso de temperatura em diversas aplicações. Ele possui compressor com dois eixos em formato de parafusos interligados que giram em direções opostas. O gás refrigerante que entra na câmara é comprimido entre os parafusos. Alguns modelos dispõem de possibilidades de controle, monitoramento e diagnóstico remoto (local distante da instalação). Algumas das características são armazenamento térmico e produção de gelo, recuperação de calor, operação em ciclo reverso com arrefecimento a seco, são relacionadas a ele. Em relação à manutenção, alguns modelos exigem apenas uma revisão anual de nível do óleo. É isento, não possui selo mecânico e não apresenta alta frequência, por exemplo, problema de alinhamento de eixo ou mesmo na caixa de engrenagens. Sua aplicação é a de fornecer água gelada tanto para sistemas de conforto quanto para resfriamento de processos de fabricação.

Figura 1.35 Este tipo de Chiller tem um diferencial para Condensação. O fabricante descreve como sendo "do "tipo *microchannel. A tecnologia Novation®*, para troca de calor, inclui serpentinas com microcanais de altíssima eficiência, sendo mais leves (60%) do que os convencionais, além de requerer uma menor carga de refrigerante e contarem com maior facilidade de manutenção e limpeza". Potências disponíveis entre 120 a 350 TR; Fonte: Fabricante CARRIER.

Equipamentos Condicionadores de Ar (Expansão Indireta: Condensação a Ar)

Chiller de Parafuso (Condensação a Ar): modelo de Resfriador muito utilizado no seguimento industrial. Apresenta operação silenciosa e várias opções de tratamento acústico, garantindo maior flexibilidade para atender às necessidades específicas da edificação. Fornece água gelada tanto para sistemas de ar condicionado de conforto térmico quanto para os de resfriamento de processos diversos de fabricação. E uma das principais vantagens é que ele oferece um fluxo contínuo de ar. Para amortecer as pulsações de descarga e reduzir ainda mais o nível de ruído, alguns modelos contam também com compressores livres de vibrações e equipados com dois silenciadores, além de chave padronizada com uma única entrada de energia trifásica. Esse sistema facilita os processos de instalação e manutenção.

Figura 1.36 *Chiller* de Parafuso, Condensação a Ar. Modelo utiliza Gás R134a, possui compressor de parafuso com apenas três elementos de rotação. Fonte: Fabricante CARRIER.

Figura 1.37 *Chiller* Condensado a Ar. Este modelo é um compressor centrífugo com rolamento magnético sem atrito. É totalmente livre de óleo. Possui controle que permite aos compressores sejam ligados e desligados individualmente. Fonte: Fabricante INDUSTRIAS TOSI.

Chiller modelo *Scroll*: este Resfriador opera com compressor "Scroll" (Caracol Excêntrico), o qual possui uma alta eficiência energética e trabalha sobre diversas variações de temperaturas e relações de compressão. Uma das vantagens é de possuir até 10% de rendimento dos modelos com compressão rotativos de pistão. Por isso são menos propensos a ter vazamento de gás e perdas de fluxo.

Uma de suas características técnicas é o fato de o motor ser refrigerado por gás de sucção, permitindo até 12 partidas por hora. Ainda possui controle microprocessado que facilita a operação e aumento de performance. O fornecimento de água gelada vai tanto para unidades de tratamento de ar do tipo *Air Handler* quanto para unidades *Fan Coil*. Possui ainda o módulo *Inverter* que possibilita partida suave (corrente "i" de partida é reduzida) e ajusta o sistema às necessidades de capacidades intermediárias, impossíveis de se atingir com compressores fixos,

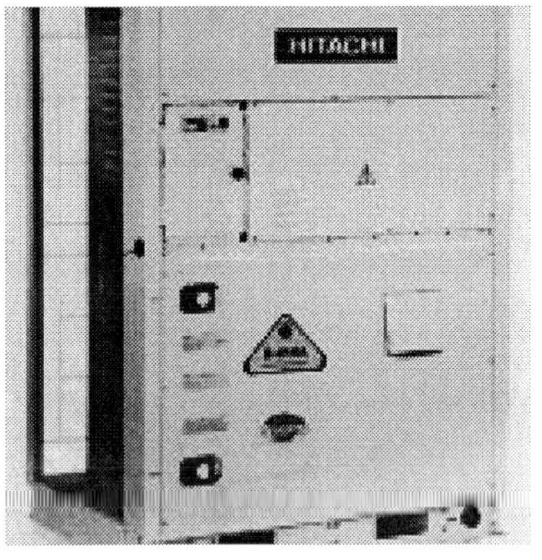

Figura 1.38 - Figura 1.39 Modelos de *Chiller tipoScroll*. Fonte: Fabricantes HITACHI (Fig. 38) e CARRIER (Fig. 39).

Outros tipos de Chillers utilizados em Edificações:

Figura 1.40 Este *Chiller* é um modelo compacto, então possui pequena capacidade de condensação a Ar. Contudo, sua versatilidade se traduz na facilidade de operação a partir de sistema digital de baixa complexidade. Conforme descrição do fabricante, "é constituído por aletas de alumínio com tratamento Pre-Coated, o que triplica a vida útil do trocador de calor. Possui compressor tipo Scroll e apresenta baixo peso e área de piso reduzida". Potências disponíveis entre 4 a 10 TR. Fonte: Fabricante CARRIER.

Figura 1.41 *Chiller* com troca térmica de máxima eficiência. Possui trocadores de calor de máxima e baixo nível de ruído. Dimensões compactas possibilitam a instalação em lugares de pouco espaço. Outras opções conforme fabricante: "Kit hidrônico integrado: Todas as unidades vêm com bomba de água baixa ou alta pressão, simples ou dupla, filtro de tela, válvula de segurança, tanque de expansão (opcional), chave de fluxo, manômetro e válvula de controle de vazão d'água". Utiliza Gás Puron® HFC R-410ª livre de cloro, o exclusivo refrigerante da Carrier possui índice zero de ODP. Potências disponíveis entre 100 a 300 TR; Fonte: Fabricante CARRIER.

1.1.11. As Bombas Centrífugas

Não poderia deixar de citar este equipamento inserido nos diversos sistemas hidráulicos existentes e por vezes não é dada a devida importância no que se refere à manutenção preventiva adequada. Seu componente mecânico mais sujeito à falha é o selo mecânico. Já na parte elétrica a sobrecarga ocasiona um curto circuito interno e consequentemente a queima do vulgarmente conhecido "bobinado". Portanto, se parou de funcionar e não existe *back up*, irá afetar seriamente o abastecimento.

A Bomba centrífuga é considerada uma turbo-máquina e sua função é bombear fluidos elevando, pressurizando e transferindo-os de um local para outro, sendo utilizada no saneamento básico, na irrigação de lavouras, nos edifícios residenciais e na indústria em geral.

O componente Rotor é uma turbina que cede energia para o fluido à medida que este escoa continuamente pelo interior das Palhetas, embora seja a Força Centrífuga a força de inércia que descreve classe de bombas.

A potência a ser fornecida é externa à bomba, seja através de um motor elétrico (mais comum), mas para aplicações de grande porte pode ser através de motor diesel, ou turbina a vapor etc. A transferência de energia é efetuada por um ou mais Rotores que giram dentro do corpo da bomba, movimentando o fluido e transferindo a energia sob a forma de energia cinética – aumento de velocidade – e esta pode ser convertida em energia de pressão.

Figura 1.42 Modelo Bomba Centrifuga muito utilizado em diversos sistemas para movimento de fluidos líquidos. Possui uma larga amplitude de aplicação para o abastecimento de água na indústria, serviços públicos, agricultura em geral, a irrigação, a circulação de condensação, sistemas de incêndio, serviços de refrigeração e ar condicionado, entre muitas outras utilidades. Fonte: Fabricante KSB, Bomba centrifuga KSB modelo Hydrobloc MA / MB.

O fluido entra na bomba por um orifício (ou bocal) de sucção, via superior (pressão positiva ou manométrica) ou via inferior (pressão negativa ou sob vácuo) à atmosférica. Do bocal de sucção o fluido é encaminhado a um ou mais rotores que cedem energia ao fluido, seguindo-se um dispositivo de conversão de energia cinética em energia potencial de pressão. O fluido sai da bomba pelo bocal de recalque. A energia cedida ao fluido se apresenta sob a forma de diferença de pressão entre a sucção e o recalque da bomba. Esta energia específica (energia por unidade de massa) é conhecida como altura manométrica total. Em função desta transferência de energia é que podemos elevar, pressurizar ou transferir fluidos.

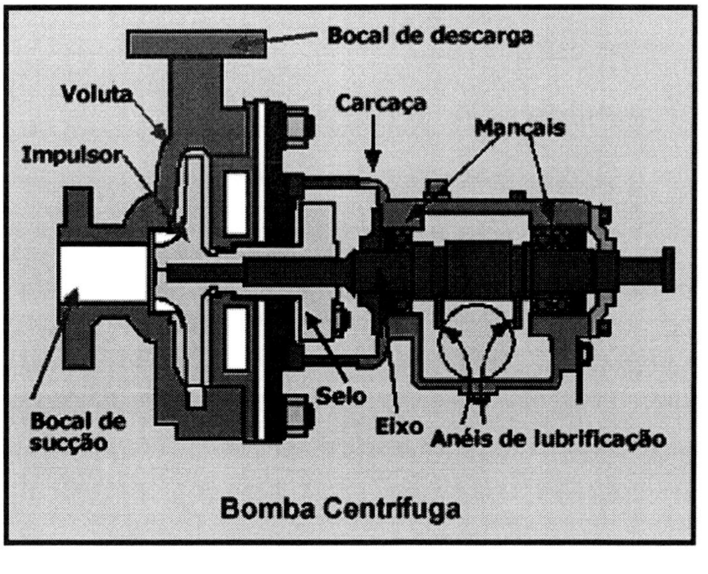

Figura 1.43 Figura Ilustrativa do interior de uma Bomba Centrífuga demonstrando seus principais componentes internos. Fonte: não informada.

Tipos de Bombas Centrífugas mais comercializadas:

- Bomba Centrífuga Vertical: em sua maioria são fabricadas tendo eixos na posição horizontal. Há uma classe de bombas verticais na qual o rotor fica instalado na extremidade inferior de um eixo prolongado e assim mergulhado no fluido. Esta construção é conveniente quando, por exemplo, desejamos elevar água de um rio ou lago sem submergir o acionador, geralmente um motor elétrico que não suporta a imersão. Estas bombas verticais são destinadas à instalação em um poço inundado com água.
- Bombas Centrífugas Verticais "de poço úmido": também denominadas Bombas Verticais Tipo Turbina. Como as turbinas hidráulicas requerem a presença de pás diretoras para controle, as bombas dotadas de difusores com palhetas fixas eram denominadas bombas tipo turbina.
- Bombas Centrífugas Multiestágios: é quando o modelo contém mais de um rotor. Cada estágio fornece ao fluido uma determinada energia, sendo que estas se adicionam. Havendo necessidade de maior energia – mais pressão –, aumenta-se o número de rotores dispostos em série. Os rotores podem estar montados no mesmo eixo ou, mais raramente, em eixos distintos. A energia para movimentação dos rotores vem do acionador que pode ser fornecida: motor elétrico, motor de combustão interna, turbina a vapor etc.

Figura 1.44 Modelo de Bomba Centrífuga Multiestágios (em corte). Fonte: www.vanbro.com.br

- Bombas Centrífugas Rotores de Dupla Ação: as bombas de um estágio com rotores de dupla sucção são frequentemente consideradas equilibradas axialmente e por simetria, reduzindo os esforços a serem absorvidos nos mancais.

Caro leitor, a título de ampliar seu conhecimento, seguem alguns modelos de Bombas Centrífugas comercializadas e suas principais aplicações.

Figura 1.45 Modelo de Bomba Centrífuga utilizada para abastecimento de água, auxiliando no aumento de pressão nas áreas de irrigação, alimentação de caldeiras, circulação de condensados indústria, solventes, sistemas de incêndio, filtros de osmose reversa, fundição entre outras. Fonte: Fabricante KSB.

Figura 1.46 Modelo de Bomba Centrífuga recomendada para o bombeamento de produtos químicos agressivos, produtos químicos orgânicos, inorgânicos e indústria petroquímica, irrigação, refinarias de circuitos auxiliares para as indústrias de papel e celulose, açúcar, alimentos, fibras sintéticas,circulação de óleo térmico e condensados. Fonte: Fabricante KSB.

Figura 1.47 Modelo de Bomba Centrífuga recomendada para aplicação em processos industriais em geral, onde há lama com alta concentração de areia, em bombeamento estoque de fibras em indústrias de álcool e açúcar, química de efluentes, refinarias de petróleo, líquido contendo fibras em suspensão. Fonte: Fabricante KSB.

1.1.12. *Chiller* por Absorção

Introdução

Os *Chillers* por Absorção (ou Resfriadores) são utilizados nos Sistemas de Cogeração[1], sendo esta uma das grandes alternativas para geração de energias elétrica, vapor, água gelada e água quente. Como o enfoque é condicionamento de ar, este item do capítulo abordará o Chiller por Absorção, equipamento que não utiliza Compressão Mecânica, mas gera água gelada mediante processo químico e outras condições específicas de pressão e temperatura.

Basicamente a diferença entre a Absorção e Compressão é que no primeiro necessita de energia térmica e o segundo de energia elétrica (como foi apresentado anteriormente) para gerar água.

No sistema de absorção é necessária energia, sobre a forma de calor, para que seja possível acionar o ciclo termodinâmico. O princípio básico na Absorção é operar na condição de vácuo, onde o refrigerante evapora a cerca de 4ºC. O líquido refrigerante é a água, 100% ecológico, sendo desenvolvido para garantir a eliminação ou redução dos riscos com cristalização, perda de vácuo e congelamento de tubos de cobre.

Tipos de Chiller por Absorção

Por necessitar de calor para dar início ao processo, o *Chiller* por Absorção é o mais indicado para Sistema de Cogeração. Há dois tipos básicos:

---

1 Mais sobre Cogeração a Gás Natural indico ao caro leitor, de minha autoria, "Energia Eficiência e Alternativas", Ed. Ciência Moderna, RJ. Inclui o "Case" de Cogeração a Gás Natural existente na Universidade ULBRA, Canoas. Esta unidade abastece ao Campus da Universidade e Hospital Universitário.

- Por queima Direta: é fornecido através da queima direta, de um Queimador de Gás, normalmente Gás Natural (GN). E desta forma é inserindo calor (combustível) para o interior do *Chiller.*
- Por queima Indireta: o calor necessário (combustível) é fornecido na forma de vapor de baixa pressão (fornecido por Caldeira) ou água quente (Boiler). Em ambos os casos, os equipamentos ficam equidistantes e o fornecimento ocorre por meio de Bombas e Tubulações especificas, sendo os fluxos controlados por válvulas e instrumentação.

Portanto, estes modelos de resfriadores são muitas vezes integrados em sistemas de cogeração, de forma a permitir o aproveitando do calor que de outra forma seria desperdiçado, isto é, descartado para o meio ambiente.

No sistema por queima indireta, o absorvente mais utilizado é o Brometo de Lítio, essencialmente, há melhor relação custo x benefício e a sua alta eficiência energética. Há sistemas, menos comuns, onde o absorvente é o Amoníaco, devido ao alto custo de aquisição é mais indicado apenas em instalações de grande capacidade.

Principais componentes e princípio de funcionamento:

1. Secção do evaporador: zona onde é arrefecida a água a gelar. O fluido refrigerante (normalmente água) evapora ao absorver calor dos tubos onde circula a água a gelar.
2. Secção do absorvedor: zona onde o vapor de água evaporada é absorvido pela substância absorvente (solução de brometo de lítio). O calor libertado no processo de absorção é dissipado através da passagem dos tubos de água do condensador ao atravessarem o absorvedor.
3. Secção do gerador: zona onde é fornecido o calor pela fonte quente, de forma a separar novamente o vapor de água da substância absorvente e a "re-concentrar" a solução.
4. Secção do condensador: zona onde o vapor de água produzido no gerador é condensado pela água do condensador que circula nesta secção.

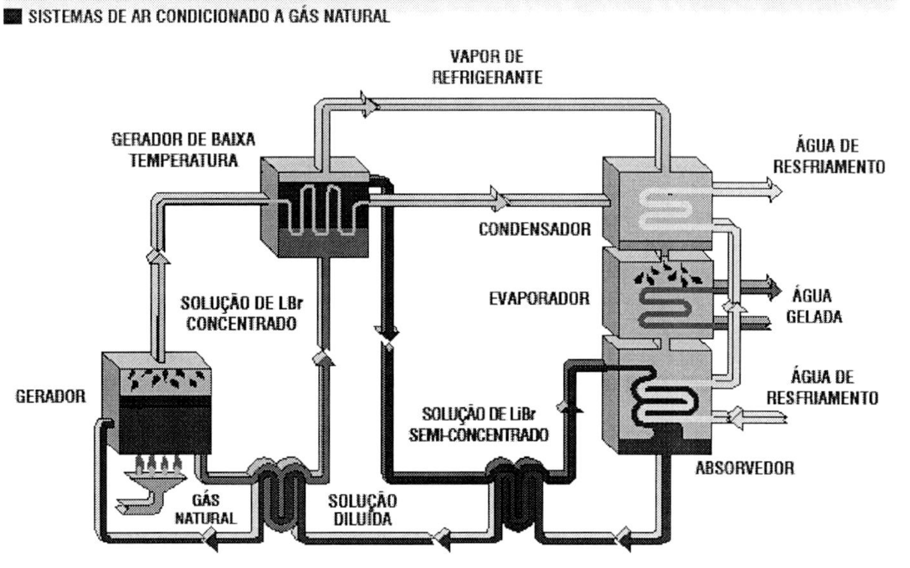

Figura 1.48 Ciclo de um *Chiller* de Absorção (modelo por queima direta de gás Natural). Fonte: Não informada.

A principal vantagem desse tipo de equipamento é o custo benefício, pois seu consumo elétrico é cerca de ~10% do consumo dos *Chillers* de Compressão.

A Cogeração teve o auge no início dos anos 2000, onde a crise energética afetou o Brasil, através de apagões sucessivos. Os fabricantes de Grupos Geradores não conseguiam atender a grande demanda, principalmente nos Estados da Região Sudeste. A continuidade do negócio passou a ser prioridade, uma vez que a falta de energia podia ser suprida seja nos períodos de emergência ou mesmo no chamado horário de ponta. O Grupo Gerador a Diesel requer abastecimento por meio de instalações que inclui tanques e bombas, já os movidos à queima Gás Natural (ou GLP e até Óleo, mas pouco utilizados), sistema tubular (até a central de fornecimento) com instrumentos de controle de vazão e pressão. Uma extensão até o Chiller de Absorção por queima direta já permite a operação. Importante salientar que este tipo de Resfriador necessidade de eletricidade, mas para o painel elétrico. Diferentemente do Chiller de Compressor que consome bem mais energia elétrica. Nas instalações de Cogeração os dois modelos podem ser utilizados, pois na falta de gás ou outro problema de fornecimento o Chiller de Compressor é acionado, sem prejuízo ao fornecimento. Este é uma tática interessante, isto é, equipamentos em "stand by", prontos para operar em caso de emergência. Desta forma, é permitida a continuidade do negócio, sem prejuízo ao cliente e demais usuários da Edificação.

Equipamentos reserva, gestão de peças de reposição são ações importantes para a Gestão de *Facilities*. Mas quando o assunto é Grupo Gerador um equipamento que permanece, boa parte do tempo inoperante pode fazer parte de um sistema maior, sendo a Cogeração uma grande estratégia para redução de custos operacionais e aproveitamento energético.

Assim como os outros tipos de *Chillers*, o de Absorção igualmente gera água gelada para as centrais de ar condicionado e/ou *fan coils*. Outros componentes da instalação são: termostatos, válvulas de controle de vazão de água, instrumentação de controle, central de bombas de água gelada e torres de arrefecimento etc.

A Cogeração é aplicada a grandes áreas, tais como Shopping Centers, Supermercados, Hospitais, e demais Edificações que necessitam de Energia Elétrica e Água Gelada, mas para isso podemos aplicar um sistema que reaproveite a energia a ser descartada para o meio ambiente. Basta que haja gás natural disponível e próximo à instalação. Em geral utilizam-se com os *Chillers* por absorção por queima de gás direta ou a Vapor, embora existam modelos cujo compressor é movido por um motor de explosão ciclo Otto, mas o combustível é o gás.

Figura 1.49 *Chiller* de Absorção, Modelo YPC,Duplo Estagio. Combustíveis: Gás Natural, Propano ou Óleo. Pode ainda ser abastecido por Vapor a Alta Pressão. Fonte: Fabricante YORK.

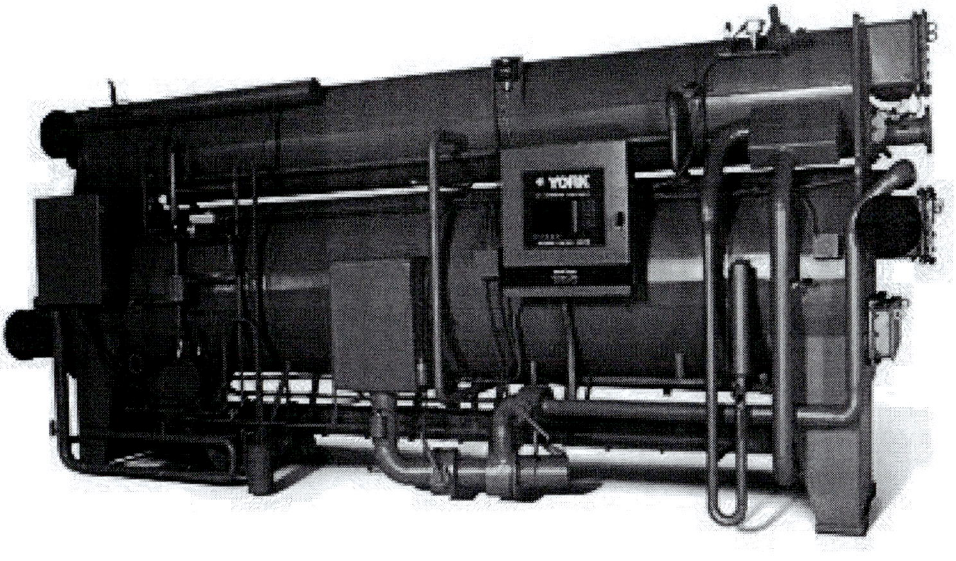

Figura 1.50 *Chiller* de Absorção, Modelo YIC. Combustíveis: Água Quente, Vapor e Gás Natural. Fonte: Fabricante YORK.

1.1.13. *Chillers* de Adsorção

A adsorção é um fenômeno de adesão reversível, da qual resulta a acumulação de substância gasosa ou dissolvida na superfície de um corpo, tipicamente uma superfície constituída por um material poroso. Quando as moléculas da substância são fixadas, liberam energia térmica: a adsorção é um processo exotérmico. Na Absorção, o fluído mistura-se com o absorvente para formar uma solução.

Este tipo de Resfriador utiliza apenas água como refrigerante e, no processo, um tipo Gel Sílica como adsorvente. O carvão ativo ou resina sintética é utilizado como absorvente nos processos industriais, para purificar a água ou para secar (com a adsorção da água).

Os modelos de *Chiller* de Adsorção com Gel **Sílica** podem funcionar com temperaturas inferiores a 80º C, diferentemente do tipo por Absorção em que a fonte de calor é de baixa temperatura.

Para obter uma grande capacidade de adsorção, é necessário ter uma grande superfície de adsorvente disponível. Assim, a dimensão dos "micro-póros" determina a capacidade de adsorção do adsorvente.

Algumas das vantagens do *Chiller* de Adsorção, referentes à manutenção:

- O consumo de eletricidade gira em torno dos ~6% da capacidade total do equipamento;
- Não há elementos de máquinas móveis, então não há a preocupação do desgaste de peças de reposição;
- O custo de manutenção é menor que os modelos a compressão;
- Os modelos que usam Sílica Gel não apresentam riscos ao ambiente, pois é quimicamente neutro (Si O2).

Sua desvantagem reside justamente no alto investimento para adquiri-lo, por sua tecnologia inovadora, no uso de Gel Sílica, impacta no valor que gira em torno dos 500 €/kW, segundo sites especializados.

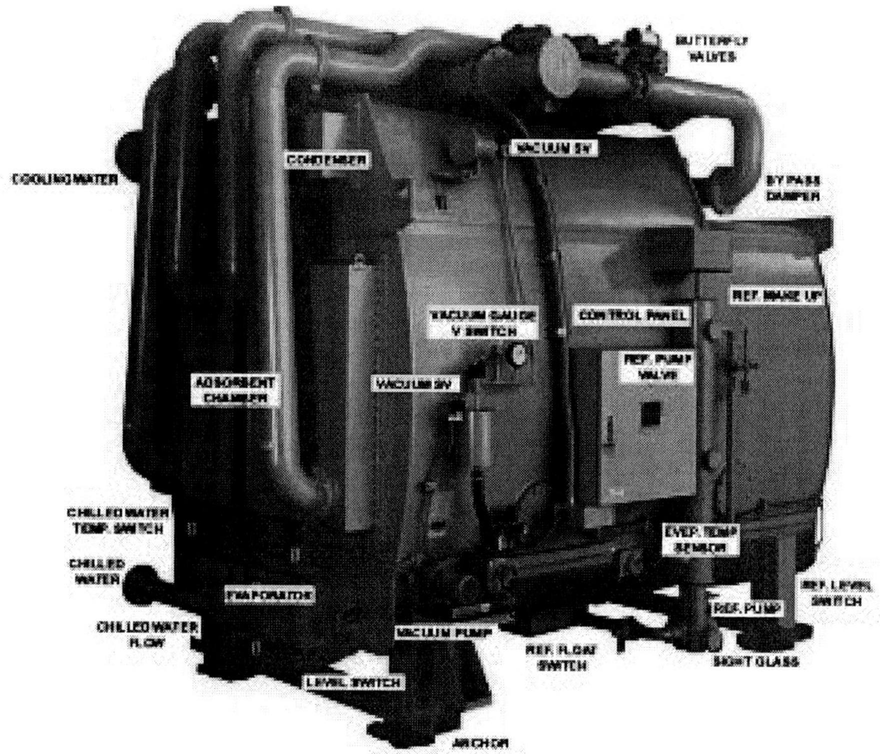

Figura 1.51 Figura Ilustrativa de *Chiller* por Adsorção que converte calor em frio, utilizando como fonte o calor inutilizado. Fonte: não informada.

1.1.14. Fluidos Refrigerantes utilizados por *Chillers*

Introdução

São substâncias empregadas como veículos térmicos na realização dos ciclos de refrigeração. Em ciclos de compressão a vapor, o refrigerante é o fluido de trabalho que alternadamente vaporiza e condensa quando absorve e libera energia térmica. Um refrigerante satisfatório deveria possuir certas propriedades químicas, físicas e termodinâmicas que faz o seu uso seguro e econômico, no entanto, não existe um refrigerante ideal. As largas diferenças entre as condições operacionais e as exigências das várias aplicações fazem com que o refrigerante ideal seja uma meta impossível de se alcançar. Então, um refrigerante só se aproxima das condições ideais somente quando suas propriedades satisfazem as condições e exigências de uma determinada aplicação.

O refrigerante deve ser "não inflamável", não explosivo, não tóxico em seu estado puro ou quando misturado com o ar, e também não deve contaminar alimentos ou outros produtos armazenados no espaço refrigerado se ocorrer um vazamento no sistema. As pressões correspondentes às temperaturas disponíveis com os meios de condensação normais não devem ser excessivas, para assim eliminar a necessidade de construção extremamente pesada.

As pressões correspondentes às temperaturas, necessárias para maior parte dos processos de condicionamento de ar e refrigeração, devem ser acima da pressão atmosférica e assim evitar a penetração de ar e vapor d' água. Um calor de vaporização relativamente grande é desejável para que as capacidades necessárias possam ser obtidas com o menor peso do fluxo de refrigerante. O vapor deve ter um volume específico relativamente baixo, porque é este volume que estabelece a dimensão necessária ou deslocamento do compressor.

Esta propriedade é mais importante para o compressor alternativo do que para a máquina centrífuga, a qual é uma bomba de baixa pressão e grande volume. É desejável que o refrigerante tenha um baixo calor específico no estado líquido para que menos calor seja necessário para esfriar o líquido partindo da temperatura de condensação até a temperatura na qual o resfriamento deve ser realizado. O calor necessário para este resfriamento resulta num fluido refrigerante (denominado, pelo termo "Flash Gas") na forma de líquido saturado passa pelo dispositivo de expansão (restrição), onde é submetido a uma queda de pressão brusca, onde passa a ter dois estados: predominantemente líquido e gasoso, o qual diminui o efeito de refrigeração ou capacidade de resfriamento do refrigerante que circula no sistema.

Os coeficientes de transferência de calor e a viscosidade devem contribuir para boas proporções de transferência de calor. O refrigerante deve ser compatível com os óleos lubrificantes e não contribuir para a corrosão dos metais usualmente empregados. Em complemento, deve ser facilmente disponível, baixo custo, ambientalmente seguro, não contribuir para a destruição da camada de ozônio ou para aumentar o efeito estufa e ser de fácil manuseio. A ***American Society of Heating, Rerigeration and Air-Conditioning Engineers, (ASHRAE)*** determina mais de cem (100) tipos de refrigerantes e todos com as designações específicas.

Em geral, os fluidos refrigerantes alternativos não podem simplesmente ser carregados em um sistema destinado ao uso de **CFC** (**clorofluorocarboneto**, **clorofluorcarboneto** ou ainda **clorofluorcarbono**, é um composto baseado em carbono que contém cloro e flúor). Dependendo das características específicas da máquina, é possível que os materiais precisem ser substituídos e que o compressor, em muitos casos, precise ser modificado. Quando se converte, por exemplo, um *Chiller* de **CFC** para HFC-134a, é necessário substituir o lubrificante. Os registros de manutenção devem conter quaisquer modificações que tenham sido feitas nos componentes originais do sistema.

1.1.15. Outras Tecnologias de Refrigeração

Evaporativos

Para locais com grande número de pessoas, como restaurantes, casas de espetáculos, aeroportos, academias de ginástica, indústrias de confecções, supermercados etc., pode ser indicado o sistema evaporativo, que tem como principal vantagem uma grande economia de energia elétrica. Este sistema se baseia em uma propriedade que a natureza oferece: a transformação do calor sensível em calor latente, quanto posto em contato ar ou água pulverizada ou espargida por lâminas de celulose corrugadas e tratada quimicamente de modo a evitar decomposição pelo ar e pela água. Quando a temperatura da água é mais baixa do que a temperatura do bulbo úmido do ar, ela se evapora, baixando a temperatura de bulbo seco do ar, ou seja, houve mudança de calor sensível para calor latente. Este sistema apresenta como vantagens a economia de energia elétrica, a facilidade de manutenção e o não retorno do ar, o que permite fumantes, porém este sistema não é recomendado em locais em que a umidade relativa é muito alta ou onde a umidade precisa ser controlada.

Em resumo, o processo de resfriamento evaporativo converte calor sensível em calor latente, de modo que o calor total permanece o mesmo. Por essa razão é muito econômico, onde é exigido apenas o trabalho mecânico.

Volume de Refrigerante Variável (VRF)

Uma tecnologia recente no mundo trata-se do sistema de volume de refrigerante variável (VRF). O VRF é um sistema de fluxo de gás refrigerante variável. Consiste de um condensador dotado de compressor scroll com velocidade variável via um controlador de capacidade denominado inversor de frequência (Inverter). O Inverter é um componente que, através da variação da frequência da energia fornecida ao compressor, permite controlar a capacidade adequando-a às variações de demanda da carga térmica durante o dia. No sistema VRF, cada condensadora pode manejar uma quantidade máxima de evaporadoras (dependendo do modelo e fabricante). Isto permite ao sistema manter um equilíbrio constante entre a demanda do sistema e a capacidade fornecida a cada unidade evaporadora.

O sistema VRF apresenta vantagens, tais como:

- Dispõe de controle individual e por ambiente;
- Sua instalação não desfigura as fachadas dos prédios;
- Os reparos, em sua maioria, podem ser executados externamente;
- Reduzido nível de ruído;
- Consumo individualizado quando todos os evaporadores atendem a um mesmo usuário;

Desvantagens do sistema VRF:

- Há certa dificuldade de se ajustar às necessidades específicas do ambiente (projetado para fator de calor sensível padronizado);
- O projeto e instalação requerem longas tubulações de refrigerante.

O sistema VRF trata-se de uma evolução do sistema "*Split*" individual, com maior capacidade, com um menor consumo de energia, capaz de ajustar as unidades internas à carga total do sistema.

Termo-acumuladores

O resfriamento, por meio do sistema de termo-acumulação, ocorre quando é requerida a transferência de parte (ou em sua totalidade) da carga de resfriamento de uma instalação de alta demanda (horário de "pico") para baixa demanda (custo de fora do horário de "pico"). Tradicionalmente, isso reduz os custos energéticos nas operações das instalações. Horário de "Pico"= 18h até 21h, intervalo quando ocorrem os valores elevando a demanda de energia e consumo.

Portando, as centrais de fornecimento de água gelada (*Chillers*), incluindo as Torres de Refrigeração, funcionarão de forma reduzida no Horário de "Pico". Para que isso ocorra, o resfriamento poderá operar em um resfriador com menor capacidade, visando atender a carga média, reduzindo os gastos operacionais.

1.1.16. Manutenção aplicada a Condicionador de Ar

Recomendações para Instalação:

1. A unidade condensadora é projetada somente para instalação externa. Os ventiladores das condensadoras do tipo axial não são adaptados para trabalhar com dutos.
2. As condensadoras e evaporadoras devem ser instaladas de forma que as linhas de refrigeração tenham o menor número de curvas e o menor comprimento possível.
3. As unidades devem ser instaladas em bases niveladas e que suportem o peso dos equipamentos. Veja o peso dos equipamentos na tabela de características técnicas.
4. A unidade condensadora não deve ser instalada em áreas sensíveis a ruídos. Em instalações na laje ou no solo, calços de borracha podem ser aplicados para minimizar a transmissão de vibração.
5. Nunca instale uma unidade condensadora com insuflamento no retorno de outra condensadora.
6. Instale o termostato a aproximadamente 1.5m acima do piso e numa área de boa circulação de ar. Evite lugares que possam afetar o termostato, como: – Em pontos mortos atrás de portas, cantos e frestas. – Próximo ao

insuflamento de ar. – Chaminés e dutos de ar. – Próximo de janelas e lugares com incidência de Raios Solares. O diâmetro dos tubos da linha de drenagem deve ser, no mínimo, de 25mm. A linha deve ser isolada se os respingos puderem causar algum dano ao local atingido. Deve ser instalado um sifão adequado na linha de dreno para evitar o acúmulo de água na bandeja de recolhimento de condensado.

Recomendações para Manutenção:

1. Para uma correta e segura manutenção de uma unidade condicionadora de ar, deve haver certas intervenções que devem ser executadas em condições de segurança em relação aos equipamentos e às pessoas. As operações de manutenção devem ser efetuadas regularmente para preservar as características de operação. O acesso à unidade deve ocorrer somente quando os ventiladores não estão em operação. Devem-se tomar todas as providências contra um eventual choque elétrico. Desligue e trave a chave geral antes de operar qualquer serviço na unidade. As informações descritas a seguir representam rotinas mínimas e básicas.

2. O asseio do ambiente e o número de horas de operação são alguns dos fatores que determinam a frequência e a extensão dos procedimentos de manutenção a serem executados.

3. A norma NBR13.971 da ABNT e demais normas de técnicas aplicáveis devem ser obedecidas. Antes de começar algum serviço de manutenção, vale lembrar que o ventilador foi selecionado de acordo com certas condições de vazão e pressão. Tudo quanto contribuir para alterar a pressão estática interna, tal como a obstrução dos filtros e das serpentinas, faz a unidade funcionar em condições diferentes das originalmente desenhadas.

4. Transmissão (polias e correias): verificar bimestralmente a tensão e o desgaste das correias. Se certas correias precisarem ser substituídas por causa do seu desgaste, deve-se trocar o conjunto inteiro por correias com as mesmas especificações. Antes de instalar correias novas, verificar se os sucos das polias estão lisos, limpos, sem rachaduras, saliências e livres de torção, graxa, ferrugem ou outros corpos estranhos. Ajuste a distância entre as polias de maneira a poder instalar as correias sem necessidade de forçar, jamais utilize uma chave de fenda ou qualquer outro tipo de alavanca para inserir ou retirar as correias. Tensione as correias deslocando o motor em seu suporte e, se necessário, ajuste o alinhamento da polia antes de fixar o motor em sua devida posição. Utilizar uma régua ao longo das duas polias para conferir seu alinhamento. As correias devem estar paralelas.

5. Importante: deve-se ter atenção especial às correias, pois em regime inadequado de operação poderão ocorrer a quebra, o travamento, a redução da vida útil da correia e/ou a redução da vida útil do conjunto de ventilação. Uma observação é o cuidado com o tensionamento, nas 20 primeiras horas de funcionamento de correias novas. O desgaste deve ser simétrico em ambos os flancos, caso contrário, o alinhamento das polias não está correto e deverá ser imediatamente corrigido. Cuide para manter as correias e os sulcos das polias sempre limpos. Não utilize adesivos ou solventes adesivos.

6. Sistema de Filtragem (Filtros): é difícil determinar a exata frequência com que um filtro deve ser limpo ou substituído, pois a mesma depende essencialmente do ambiente. Ainda assim, recomenda-se efetuar uma inspeção mensal ou semanal, no caso de ambientes com muita sujeira. A contar da partida, os filtros correm o risco de ficar rapidamente obstruídos devido ao acúmulo das poeiras nos dutos durante sua instalação (cimento, gesso). Os filtros devem ser substituídos quando a diferença de pressão através deles for duas vezes a do filtro limpo. Cuide para respeitar a orientação dos filtros, a qual é indicada no alojamento do filtro. O ar deve entrar do lado oposto à grade que contém o meio do filtro.

7. Limpeza da serpentina: deve ser conferida bimestralmente. Aletas sujas tendem a restringir o fluxo de ar e a desestabilizar o funcionamento da unidade. Além disso, serpentinas sujas levam a uma menor eficiência na transferência do calor e, consequentemente, mais energia será utilizada para alcançar a refrigeração ou o

aquecimento desejado. Adicionalmente, serpentinas dos evaporadores sujas representam um perigo para a saúde. Assim sendo, mantenha-as limpas. Para a limpeza das serpentinas, não utilize nem vapor, água quente ou jato com água de pressão. No caso de aletas ficarem significativamente deformadas em sua superfície frontal, é possível endireitá-las com um pente com intervalo de dentes igual ao das aletas.

8. Bandeja de dreno: inspecione bimestralmente o funcionamento da bandeja de dreno e do sifão para evitar o acúmulo de água. Limpe se necessário.

9. Conexões elétricas: mensalmente, verifique se a tensão e corrente elétrica dos motores e compressores trifásicos estão balanceadas e aperte todos os parafusos dos Contactoras, réguas de borne e demais conexões elétricas. Acompanhe as condições operacionais e o consumo elétrico das unidades.

10. Circuito frigorífico: meça bimestralmente as temperaturas e pressões de operação, verificando a presença de vazamentos e se existe a necessidade de ajustar o superaquecimento e sub-resfriamento.

Normas Aplicáveis aos Sistemas Condicionadores de Ar

Caro leitor, para sua orientação, cito algumas das Normas e/ou Resoluções existentes e aplicáveis aos cuidados com o Sistema de Condicionamento de Ar. Caso sua organização possua procedimentos (Sistema da Qualidade, por exemplo a ISO 9001 etc.), verifique aplicação destes. Se o ambiente for de alto risco à saúde humana, hospitalar ou mesmo farmacêutico, verifique igualmente. Cito por exemplo: "Boas Práticas de Fabricação na Indústria Farmacêutica", onde há ações e cuidados especiais para equipe de manutenção quando for atuar em equipamento.

Normas e Resoluções:

a) NBR 6401:1980 – Instalações Centrais de Ar-Condicionado para Conforto – Parâmetros de Projeto.

b) NBR 13971:1997 – Sistemas de refrigeração, Condicionamento de Ar e Ventilação;

c) Para obter padrões de Qualidade do Ar: PMOC é o Plano de Manutenção Operação e Controle. Trata-se de um conjunto de medidas legais estipuladas para monitorar, adequar e assegurar os padrões de qualidade do ar em ambientes climatizados de uso coletivo. A suspeita de que bactéria *Legionella pneumophila* no gabinete do ministro das comunicações Sergio Motta agravou as condições que levaram a sua morte em abril de 1998 incentivou a criação da **portaria nº 3.523**.

d) PORTARIA 3.523/GM, de 28 de agosto de 1998, MANUTENÇÃO DOS SISTEMAS DE AR CONDICIONADO, determina procedimentos de limpeza e manutenção da integridade e eficiência dos componentes dos sistemas de climatização de uso coletivo.

e) Resolução – RE nº 9, de 16 de janeiro de 2003, TRATA DOS PADRÕES REFERENCIAIS DE QUALIDADE DO AR INTERIOR EM AMBIENTES CLIMATIZADOS ARTIFICIALMENTE DE USO PÚBLICO E COLETIVO.

f) NBR 14679:2001 Sistemas de Condicionamento de Ar e Ventilação – Execução de Serviços de Higienização,

g) NR 7: Programa de Controle Médico de Saúde Operacional,

h) NR9: Programa de Prevenção de Riscos Ambientais,

i) Resolução nº 218 de 28/06/73 do Conselho Federal de Engenharia, Arquitetura e Agronomia – CONFEA Portaria 3523, de 28/08/1998, do Ministério da Saúde.

j) Resolução RE 176, de 24/10/2000, da Secretaria Nacional de Vigilância Sanitária do Ministério da Saúde.

k) SBCC – RN 005:1997 – Teste em Áreas Limpas.

Aspectos Gerais da Manutenção em Chillers

O *Chiller* é instalado em locais afastados, longe da circulação de pessoas. Geralmente, ficam em salas especialmente construídas, principalmente os modelos de Compressão, Scroll, por Absorção e Adsorção. Como visto, devido a sua grande capacidade de geração de água gelada, são ideais para fazerem parte do sistema de Condicionamento de Ar em: Grandes Centros Comerciais (Shopping Centers), Grandes Lojas de Departamento, Escritórios, Centro de Eventos, Hotéis, Hospitais, Aeroportos etc. Na indústria, destacamos a Farmacêutica, Alimentícia, Petroquímica, Telecomunicação, componentes eletrônicos etc.

Portanto, para a Gestão de Facilities estas máquinas devem fazer parte do grupo de equipamentos contidos no Sistemas Críticos. A manutenção preventiva se torna obrigatória. É a revisão executada periodicamente (sistemática), com intervalos de tempo de acordo com as recomendações do fabricante, ou quando existem indicações técnicas, como análises de vibrações, análise térmica da instalação elétrica (identificar curtos ou mau contato) e do estado geral do equipamento (condicional). Soma-se a técnica de Melhoria Contínua que visa tornar o desempenho do equipamento mais eficiente, ajustando-o. Deixemos as ações corretivas para os reparos em decorrência dos erros operacionais, mau funcionamento ou outro inconveniente não previsto.

A gestão das peças de reposição também requer cuidado especial. Em relação aos *Chillers* e demais instalações, podemos citar: filtros, válvulas, instrumentação de controle, selos e rolamentos para bombas e motores, dentre outros.

A tubulação interna (serpentinas) necessita de limpeza, para retirar detritos e sujeiras, que fazem com que se perca eficiência e energia. As bombas exigem atenção para evitar a cavitação, problema causado pela erosão de seus componentes e que pode ser solucionado se a pressão de sucção for mantida no mínimo ideal. Já os motores precisam de limpeza regular, lubrificação adequada e revisão elétrica, como o Teste Resistência a Isolação.

Além de garantir que os equipamentos de refrigeração estejam em pleno funcionamento, a manutenção evita que o ar condicionado seja um meio de propagação de doenças. Por isso, além da climatização correta, mediante a higienização de dutos e troca de filtros, proporciona ambientes saudáveis.

Em geral estes serviços de manutenção são conduzidos por empresas terceirizadas, através da assistência técnica autorizada pelo fabricante. A Gestão de *Facilities* deve manter reuniões a frequências determinadas, avaliar o relatório dos serviços executados, bem como avaliar se o plano preventivo contém todos os itens necessários para que o equipamento se mantenha confiável e disponível conforme percentuais definidos pela alta administração.

1.2. Central de Ar Comprimido

1.2.1. Introdução

O ar comprimido é um dos fluidos importantes para o funcionamento dos denominados Sistema e/ou Equipamentos Pneumáticos, é amplamente utilizado no seguimento industrial. A composição é uma mistura de oxigênio (~20,5%), nitrogênio (~79%) e alguns gases raros. Na indústria, um metro cúbico de ar à pressão de 7 bar custa cerca de meio centavo de dólar (1,0 m^3 ar ~ R$ 0,025) apenas em energia. Esta, por sua vez, em determinadas situações, pode ser substituída por eletricidade. Então, se faz necessária uma análise crítica tanto na fase de projeto de uma unidade fabril, ou mesmo durante o planejamento da reforma de máquinas ou equipamentos, linhas de manufatura etc. O investimento, custos operacionais e de manutenção entram na análise. De qualquer forma, o ar comprimido é uma opção (em relação aos sistemas hidráulicos, por exemplo) de energia usual na movimentação de ferramentas manuais e automáticas, igualmente de máquinas. O avanço da tecnologia para qualidade do fornecimento de ar comprimido tem contribuído para a escolha deste tipo de energia. Em paralelo, as ferramentas e maquinário também evoluíram, proporcionando facilidade para a execução de diversas tarefas.

Principais Equipamentos da Central

A figura 1.52 ilustra um típico sistema de fornecimento confiável ar comprimido: Compressor, Reservatório e Secador de Ar, importante para reduzir a umidade, corrosão interna da tubulação e falhas nos componentes e ferramentas pneumáticas.

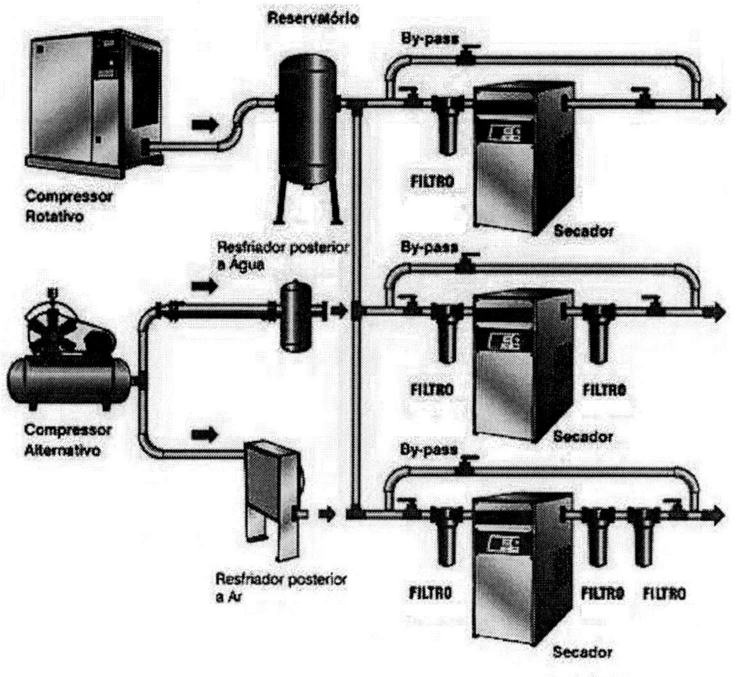

Figura 1.52 Figura ilustrativa de uma Rede de Distribuição de Ar Comprimido. Fonte: www.kranyack.com.br

Como podemos observar, a quantidade equipamentos necessários e tipo (potência e demais características técnicas), dimensionamento da rede, bem como componentes (filtros, válvulas etc.) e instrumentação de controle (manômetros, fluxímetros etc.) irão depender da infraestrutura e maquinário que utiliza ar comprimido, pressão de trabalho exigida e a ser mantida durante uma determinada quantidade de horas (turno operacional em indústria, por exemplo). Aplicações mais críticas exigem sistemas redundantes, com fontes de energia alternativas, para garantir o suprimento de ar comprimido em situações de emergência. Outras aplicações irão requerer um sistema de purificação do ar mais sofisticado, com monitoração constante do nível de contaminação, a fim de evitar danos irreversíveis aos usuários

1.2.2. Sala dos Compressores

Os Compressores e demais equipamentos de geração, tratamento e armazenamento de ar comprimido situam-se na categoria: Utilidades inclui ainda a Sala de Caldeiras, de Grupos Geradores, Centrais de Bombas para movimentação de fluidos, Centrais de Gás, Estação de Tratamento de Efluentes, entre outros. Em empresas em que atuei, era denominado por "Central de Utilidades". Já os profissionais, por: "Operador de Utilidade" e, obviamente, os técnicos para atuar na manutenção dos equipamentos e instalações

Existem algumas orientações iniciais a serem observadas:

- Local apropriado para a instalação dos equipamentos, preferencialmente distante da edificação (unidade principal, isto é, que receberá o fluido).
- O local definido deverá ser construído ou adaptado, observando revestimento acústico, sistema de ventilação e exaustão, igualmente o piso para suportar a carga, avaliação de forro e teto etc.
- A captação do ar atmosférico deve ficar distante de quaisquer tipos de fontes de contaminação ou calor, tais como: torres de resfriamento de água, ruas sem calçamento, banhos químicos, chaminés, caldeiras, escapes de motores de combustão, etc.
- Definir acesso limitado de pessoal, bem como os EPI exigidos por lei a partir dos níveis de ruído a que estarão sujeitos seja pelos operadores e/ou técnicos de manutenção.
- Avaliar as questões relacionadas aos rejeitos do processo, como óleo contaminado em relação à legislação ambiental vigente. Gestão do descarte de resíduos sólidos e líquidos.
- Observar se a instalação elétrica está adequada a carga instalada e sistema de proteção em caso de ocorrência de sinistro, bem como iluminação adequada e de emergência.
- Observar a legislação vigente para instalação e aprovação do Sistema de Proteção contra Incêndio junto aos órgãos responsáveis, em geral o Corpo de Bombeiros.
- Plano de Treinamento para Operadores sobre as utilidades instaladas e características técnicas, modos de operação, cuidados diários e manutenção.
- Plano de Contingência: ações necessárias em caso de emergência. Se houver, um sistema de fornecimento de ar comprimido alternativo até que os equipamentos principais estejam em condições de operar novamente, por exemplo.
- Observar legislação/normas vigentes e integrar às fases de projeto e instalação.
- Outros.

Exemplo de áreas típicas onde são instalados os Compressores em edificações industriais:

Figura 1.53 Em certos casos, a área externa destinada aos Compressores e ao lado da edificação. Fonte: www.consultoriaindustrial.site.com.br

Figura 1.54 Interior de uma sala de Compressores (Fig. à Esq.) e lado externo (Fig. à Dir.). Em geral, é destinado um local fechado, com dutos de ventilação e exaustão. A Sala dos compressores e demais equipamentos não ficam sujeitos às intempéries do meio externo. Fonte: www.nccnat.com.br

Já as empresas com sistemas de controle a distância (remotos) incluem a gerenciamento da operação dos compressores. A fabricante *Energy Centrifugal Compressors ENERGYCC* viabiliza o uso de protocolos de comunicação (ModBus RTU e Profibus DB) que permitem este tipo controle diferenciado, através da leitura de dados e comandos remotos.

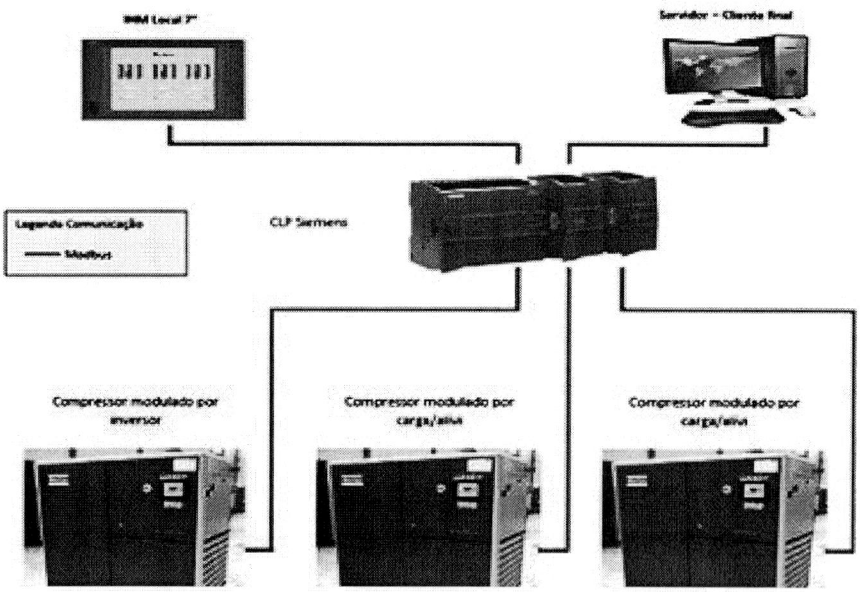

Figura 1.55 Ilustração de como pode ser um sistema de monitoramento da operação de Compressores a distância. Fonte: www.energycc.com.br

1.2.3. Tipos de Compressores

Os compressores são classificados pelo sistema como funcionam: "por descolamento positivo" e "dinâmico".

1. Por Deslocamento Positivo: onde a compressão do ar é obtida pela redução de seu volume, de forma alternada (por meio de pistão) ou contínua (por meio de parafuso);

a) Compressores de Deslocamento Positivo: Ainda são subdivididos em Alternativo e Rotativo:

a.1 Compressores Alternativos (de Pistão): é um dos mais antigos modelos de compressores. Por sua versatilidade e eficiência, é amplamente utilizado por diversas organizações em operações que utilizam ar comprimido. A compressão do ar é feita em uma câmara de volume variável por um pistão, ligado a um mecanismo bem conhecido, a Biela. Quando o pistão no movimento de subida comprime o ar a um determinado valor, uma válvula abre deixando o ar escapar, praticamente com pressão constante. Ao final do movimento de ascensão, a válvula de exaustão se fecha, e a de admissão se abre, preenchendo a câmara, à medida que o pistão se move. São comumente utilizados nos dois extremos, baixa vazão ou alta pressão e podem ser isentos ou não de óleo na área de compressão. Se apenas um lado do pistão é utilizado para a compressão, é denominado por Ação Simples. Se ambos os lados do pistão, o superior e o inferior, são utilizados, é de Ação Dupla. Este tipo de compressor também comprime também gases, sendo necessárias pequenas alterações funcionais. É o único modelo com capacidade para comprimir ar e gases a altas pressões, tal como em aplicações de ar de respiração. A configuração de um compressor de pistões pode ir de um único cilindro de baixa pressão/baixo volume a uma configuração de fases múltiplas com capacidade de comprimir a uma pressão muito alta.

Capacidade de Compressão: de 1,5 bar até 414 bar. (consulte manual do Fabricante).
Aplicações: os compressores são aplicados para pequenas vazões (até 100 m^3/h), tais como as *Fábricas de pequeno porte, Borracharias, Consultórios Odontológicos, Hospitais, Oficinas Automobilísticas,* Compressão de Gás (GNC, Nitrogênio, Gás Inerte, Gás de Aterro Sanitário) etc.

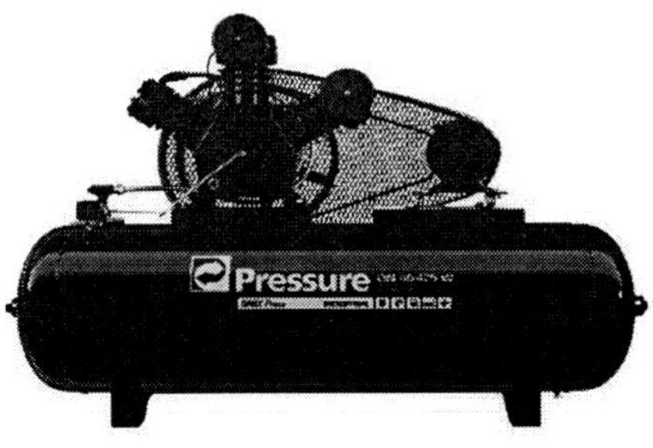

Figura 1.56 - Figura 1.57 Exemplos modelos de Compressores Alternativos (de Pistão). Fonte: Fabricantes: PRESSURE (fig. à esq.) e ATLAS COPCO (fig. à dir.).

a.2 São dois tipos de Compressores Rotativos: "Parafuso" e "Palhetas":

a.2.1 Compressores de Parafuso: são dois rotores (macho e fêmea) em forma de parafusos que giram em sentido contrário. A conexão é através das aberturas de sucção e descarga, diametralmente opostas: O ar penetra pela abertura de sucção e ocupa os intervalos entre os filetes dos rotores. A partir do momento em que há o engrenamento de um determinado filete, o ar nele contido fica encerrado entre o rotor e as paredes da carcaça. A rotação faz então com que o ponto de engrenamento vá se deslocando para a frente, reduzindo o espaço disponível para o ar e provocando a sua compressão. Finalmente, é alcançada a abertura de descarga, e o ar é liberado. A relação de pressão deste modelo de compressor depende do comprimento e perfil do parafuso e da forma da porta de descarga. O elemento de parafuso não está equipado com nenhuma válvula e não existem forças mecânicas que criem qualquer desequilíbrio. Pode, portanto, funcionar com uma alta velocidade do veio e combinar uma elevada taxa de fluxo com reduzidas dimensões exteriores. É o tipo de compressão com maior utilização nas grandes organizações.

Capacidade de Compressão: entre 5 bar e 13 bar. (Consulte manual do Fabricante).

Aplicações: Praticamente em todos os seguimentos industriais de grande porte, tais como: Metalúrgicas, Produtos Manufaturados (linhas de montagem); Máquinas Ferramentas, Indústrias Petroquímicas, Unidades Hospitalares, Farmacêutica, Ar Instrumental etc.

Figura 1.58 Modelo de Compressor Rotativo Pressão de trabalho entre 7,50 bar e 10,40 bar e Potência instalada do Motor entre de 55 kW a 935 kW. Fonte: Fabricante ATLAS COPCO.

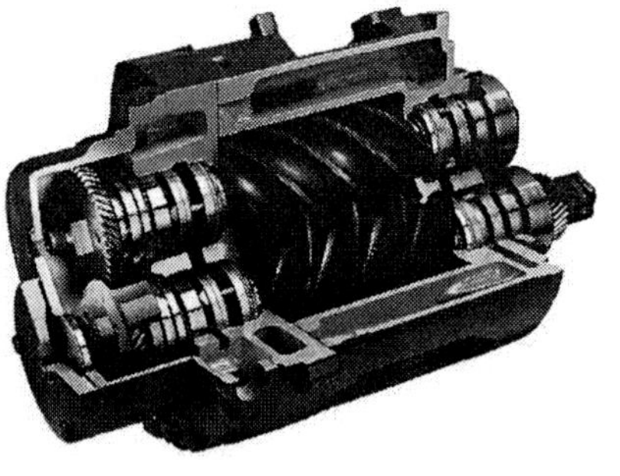

Figura 1.59 Figura ilustrativa de um sistema de compressão de parafusos. São indicados quando requeridas vazões de ar entre 50 m³/h até 2000 m³/h. Fonte: www.mecatronicaatual.com.br

a.2.2 Compressor de Palhetas: é acionado diretamente a uma velocidade muito baixa (1450 rpm). O rotor, a única peça em movimento contínuo, possui várias ranhuras ao longo do seu comprimento, nas quais se encaixam as palhetas que deslizam numa película de óleo. O rotor gira no interior do dentro de um Estator Cilíndrico. Durante a rotação, a força centrífuga prolonga as palhetas a partir das ranhuras, formando células de compressão individuais. A rotação reduz o volume das células, aumentando a pressão do ar. O calor gerado pela compressão é controlado por injeção de óleo pressurizado. O ar comprimido a alta pressão é libertado pela porta de saída, sendo os resíduos restantes de óleo removidos pelo separador final do óleo.

Capacidade de Compressão: entre 8bar até 10bar. (Consulte especificações dos Fabricantes).

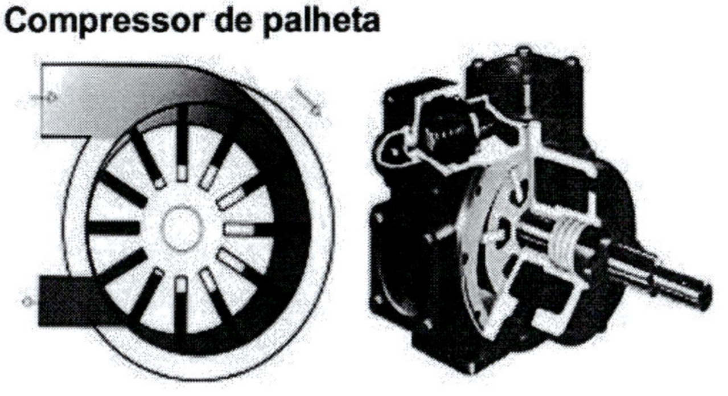

Figura 1.60 Figura Ilustrativa de um sistema de Compressão por Palhetas. Fonte: Slide de aula técnica SENAI.

2. Compressores Dinâmicos: são também denominados por Compressor Centrífugo, onde a compressão ocorre pela transformação da energia cinética (velocidade) do ar em energia potencial (pressão).

Comercialmente conhecidos por "Compressores Isentos de Óleo", isto é, são sempre 100% isentos. Também são denominados por turbo-compressores e possuem dois componentes principais: Impelidor e Difusor.

Impelidor: é um componente rotativo munido de pás que transfere ao ar a energia recebida de um acionador (motor elétrico, turbina a vapor, motor a gás). Essa transferência de energia se faz em parte na forma cinética e em outra parte na forma de entalpia. Posteriormente, o escoamento estabelecido no impelidor é recebido por um componente fixo denominado por difusor.

Difusor: tem a função de promover a transformação da energia cinética do ar em Entalpia, com consequente ganho de pressão. Os compressores dinâmicos efetuam o processo de compressão de maneira contínua.

Portanto, correspondem exatamente ao que se denomina, em termodinâmica, por um volume de controle. Pode-se dizer que dois terços da pressão são feitos pelo Difusor e 1/3 pelo Impelidor.

Figura 1.61 Modelo de Compressor Dinâmico isento de óleo. Possui pressão de trabalho entre 2 bar e 12,50 bar e potência instalada do motor de 315 kW até 2750 kW. Fonte: Fabricante ATLAS COPCO.

Linha de compressor de ar portátil médio de 8,6-12bar: com seu motor Stage IV MTU, os compressores portáteis XA (M,H)S 287-237 Md estão em conformidade com as normas de emissão mais recentes. A linha consome menos combustível e trabalha de forma eficiente, resultando em maior produtividade. Desenvolvido especialmente para aplicações como perfuração de construção, explosão abrasiva e aliado aos serviços utilitários, esses compressores garantem um desempenho confiável e potente.

Figura 1.62 Linha de compressor de ar portátil. Capacidade: 8,6-12bar. Modelo XAHS. Fabricante: ATLAS COPCO.

Estes são alguns dos tipos e modelos comerciais de Compressores mais utilizados. Ainda existem os tipos/modelos Scroll, o Virgula e outros menos usuais em indústrias. Os modelos apresentados estão baseados em sua maior vazão e eficiência. As pressões atingidas pelos compressores variam, em geral, entre 6 bar até 40 bar, sendo a pressão de trabalho na ordem de 7 bar a mais utilizada pelos equipamentos pneumáticos dos mais diversos seguimentos, principalmente utilizados pelas indústrias de manufatura.

Contudo, os compressores centrífugos são mais indicados para grandes vazões (> 1500 m^3/h).

1.2.4. A Geração de Ar Comprimido Seco

Introdução

O fluído Ar Comprimido, antes de chegar ao destino, passa por um conjunto de etapas que se iniciam na produção e tratamento, chegando ao reservatório antes de seguir para a rede de distribuição. O Projeto Pneumático (logo a seguir) apresenta exemplo de um sistema completo, essenciais para fornecer ar comprimido de qualidade (seco e isento de óleo). Portanto, após a compressão o ar passa por outros equipamentos e componentes cujo processo executa eliminação de impurezas.

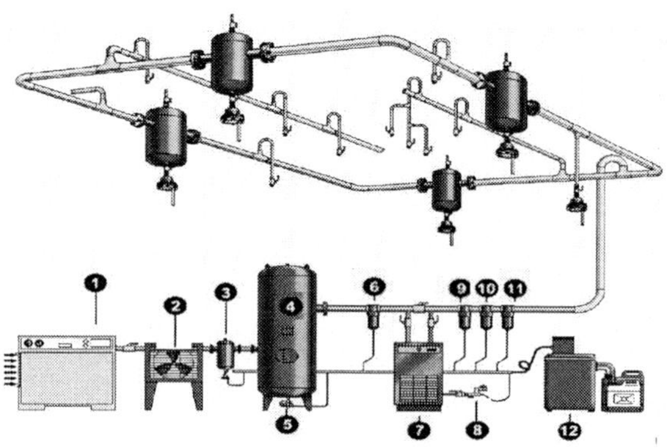

Figura 1.63 Projeto Pneumático de um sistema de "Produção e Tratamento de Ar Comprimido", antes de seguir para a Distribuição. Fonte: Introdução à Pneumática.http://docplayer.com.br/3519807-Introducao-a-pneumatica.html

1. Compressor
2. Resfriador posterior ar/ar
3. Separador de condensados
4. Reservatório
5. Purgador automático
6. Pré-filtro coalescente
7. Secador
8. Purgador automático eletrônico
9. Pré-filtro coalescente grau x
10. Pré-filtro coalescente grau y
11. Pré-filtro coalescente grau z
12. Separador de água e óleo

Principais Componentes do Processo de Tratamento de Ar Comprimido

Resfriador Posterior (*After Cooler*): é um trocador de calor que resfria o ar comprimido após sua compressão. Neste processo tem-se o surgimento do condensado, que deve ser retido evitando que a água permaneça nas tubulações, o que é prejudicial para um bom funcionamento do sistema. O resfriamento do ar comprimido pode ser feito de duas maneiras: por ar ou água.

Figura 1.64 Resfriador (After Cooler) posterior de Ar Comprimido. Fonte: Fabricante ABERKO.

Separador de Condensado: sua função é remover a umidade do ar comprimido (aquecido), a qual causa problemas quando é arrefecido, gerando o vapor que condensa em forma de gotículas. É a expansão do ar comprimido que origina condensação. A utilização do separador de condensados permite expandir o ar dentro do reservatório e eliminar do sistema a umidade. A captação da umidade no interior do separador é efetuada por intermédio de um elemento coalescente em aço inox, sendo a descarga por meio de uma válvula macho-esfera montada no fundo.

Figura 1.65 Separador de Condensados para Linha de Ar Comprimido. Fonte: http://www.arxostore.com

Reservatório: é considerado como vaso de pressão e, portanto, deve ser calculado, projetado e construído conforme as normas dos países em que é construído, vem como a frequências determinadas ser inspecionado. No Brasil, a Norma Regulamentadora é a NR-13 (segue norma americana da ASME - *American Society of Mechanical Engineers*). A Gestão de *Facilities*, pessoal da Manutenção Mecânica, deve estar atenta aos riscos, caso não sejam seguidas as exigências da NR-13, em relação à Capacitação da Operação, Inspeção por Engenheiro de Segurança (emissão de laudos técnicos) e Manutenção.

Itens a serem observados:

- Válvula ou outro dispositivo de segurança com pressão de abertura ajustada em valor igual ou inferior à Pressão Máxima de Trabalho Admissível (PMTA), instalada diretamente no vaso ou no sistema que o inclui.

- Dispositivo de segurança contra bloqueio inadvertido da válvula quando esta não estiver instalada diretamente no vaso.

- Instrumento que indique a pressão de operação. Ainda, conforme NR-13, os reservatórios devem ser instalados de forma que sua inspeção e manutenção sejam facilitadas, de modo que os drenos, respiros, indicadores de nível, pressão e temperatura sejam acessíveis.

O reservatório possui outras funções, tais como de amortecer as oscilações da tubulação de descarga, resultando numa pressão estável no sistema; serve como reservatório para tomar conta de consumos repentinos ou não usuais pesados, mas mais elevados que a capacidade do compressor; elimina ou reduz a troca muito frequente das operações em carga ou em alívio do compressor. Adicionalmente serve para condensar alguma umidade que possa estar presente no ar comprimido que sai do compressor ou que não foi separada no resfriador posterior.

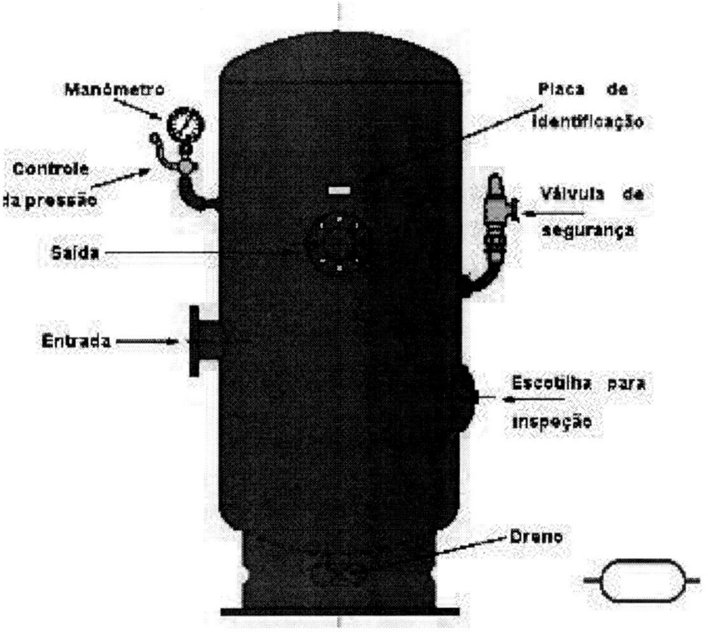

Figura 1.66 Figura ilustrativa de um Reservatório e seus principais componentes. Fonte: http://www.ebah.com.br

Figura 1.67 Exemplo de uma instalação de Reservatório de Ar Comprimido (são fabricados modelos para uso na posição horizontal). Fonte: http://www.kcal-engenharia.blogspot.com

Filtros (Elementos Filtrantes): componentes responsáveis pela filtragem do ar e sua instalação, em linhas de ar, é obrigatória. São capazes de reter umidade e partículas presentes no ar. É oportuno lembrar que o filtro de ar é empregado em três posições diferentes na rede de distribuição. Um filtro antes e um depois do secador de ar comprimido e outro no ponto de uso (ou ainda conforme projeto). Há os elementos denominados por "pré-filtro, cuja função é separar o restante do condensado e sujeira que não foram totalmente eliminadas pelo resfriador posterior, aumentando assim a capacidade do secador de resfriar o ar comprimido. Já o filtro instalado após o secador de ar (pós-filtro) tem a função de eliminar a umidade residual e as partículas sólidas, nos secadores por refrigeração. Nos secadores por adsorção, o pós-filtro retém apenas as partículas sólidas.

Figura 1.68 Modelo de Filtro de Ar para linha de Ar Comprimido (1/2"). Fonte: Fabricante FLUIR.

Secador de Ar: sua função básica é retirar a umidade existente do ar via câmera fria, sendo que em seu interior deverá manter a temperatura baixa (cerca de 3ºC) para que a umidade condense e envie ar comprimido seco para a linha pneumática. O ar possui vapor d'água que pode condensar devido a variação da pressão e temperatura ao longo da rede de distribuição do ar comprimido. Drenos e filtros separadores de água apenas retiram esse condensado da linha e não são capazes de retirar vapor d'água. Um secador pode representar ~25% do valor total da instalação do ar comprimido. No entanto, o custo da aquisição do secador é compensado pelos inúmeros benefícios que ele traz, minimizando os prejuízos causados pelo ar úmido, como por exemplo: substituição de componentes pneumáticos, corrosão na tubulação etc.

Figura 1.69 Secador utilizado em linhas de Ar Comprimido. Fonte: Fabricante ATLAS COPCO.

Tipos de Secagem de Ar (determina a forma de operação do equipamento):

- Secagem por refrigeração: é o tipo mais utilizado nas indústrias atualmente. O ar comprimido quente entra e atravessa um trocador de calor ar/ar, onde é pré-resfriado pelo ar frio que está saindo do secador. Depois é deslocado para outro trocador de calor fazendo com que sua temperatura diminua para cerca de 3ºC. Isso faz com que o vapor d'água presente no ar seja condensado e eliminado do sistema. Para que o ar possa ser filtrado, ele deve ser aquecido, passando novamente pelo trocador de calor ar/ar, resfriando o ar que está entrando e, consequentemente, aumentando sua temperatura.
- Secagem por Absorção: utilizam um dessecante (agente de secagem) para absorver a umidade. O dessecante possui inúmeros pequenos poros nos quais a água é retida. Assim, uma pequena parte do dessecante pode coletar uma grande quantidade de água. Suas vantagens são: baixo ponto de orvalho e custo de operação moderado.
- Secagem por Adsorção: atuam através de substâncias secadoras que adsorvem (ou seja, admitem uma substância à superfície da outra) o vapor d'água, que com o auxílio do ar quente podem ser regeneradas. Para efetuar a limpeza do elemento secador, o sistema de adsorção possui um arranjo de circulação de ar quente em paralelo. Enquanto um lado é regenerado (limpo), o outro pode ser utilizado. A substância normalmente usada é a Sílica Gel (Dióxido de Silício). É o modelo de maior valor aquisitivo, mas é muito eficaz para reter a umidade

1.2.5. Rede de Distribuição de Ar Comprimido

Em termos gerais, a pressão de fornecimento em rede de distribuição, considerando uma indústria de manufatura, é na ordem de ~7,0 bar, a uma vazão máxima de 10,0 m^3/h e ponto de condensação de +3 C.

As redes de distribuição podem adquirir formatos diferentes em razão do layout fabril. Em geral, os circuitos fechados são preferencialmente utilizados pelas indústrias.

Figura 1.70 A rede de distribuição em circuito possibilita distribuição de ar mais uniforme, a pressão se mantém constante. Contudo, a desvantagem reside no fato da dificuldade de controle do condensado. Fonte: não informada.

A tubulação deve ter características, entre outras características: resistência à corrosão e de fácil manuseio, assim como as uniões, flanges, curvaturas. Obviamente, é no projeto que são avaliados estes e outros detalhes construtivos, bem como especificação de material, qualidade de solda (se aplicável), montagem e principalmente cuidados com os acessos para a equipe de manutenção. Uma rede com componentes de fácil reparo não afetará a continuidade do negócio.

Um dos detalhes construtivos se deve a dois itens críticos: Inclinação e Tomadas de Ar. Ambos devem ser sempre feitos pela parte superior da tubulação principal, para evitar os problemas de condensados (os danos maiores são em componentes e/ou ferramental pneumáticos, muitas vezes de alto valor aquisitivo). Recomenda-se não utilizar o ar, diretamente, no ponto terminal de uso, isto é, melhor instalar uma pequena válvula de drenagem. Assim, a utilização deve ser feita um pouco mais acima, onde o ar, antes de ir para o destino, passa através de uma Unidade de Conservação de Ar (comercialmente conhecida por LUBREFIL). Em geral, as tubulações são montadas com uma pequena inclinação 0,5 a 2%, em função do comprimento do tubo, para que a coleta do condensado e impureza seja mais eficaz.

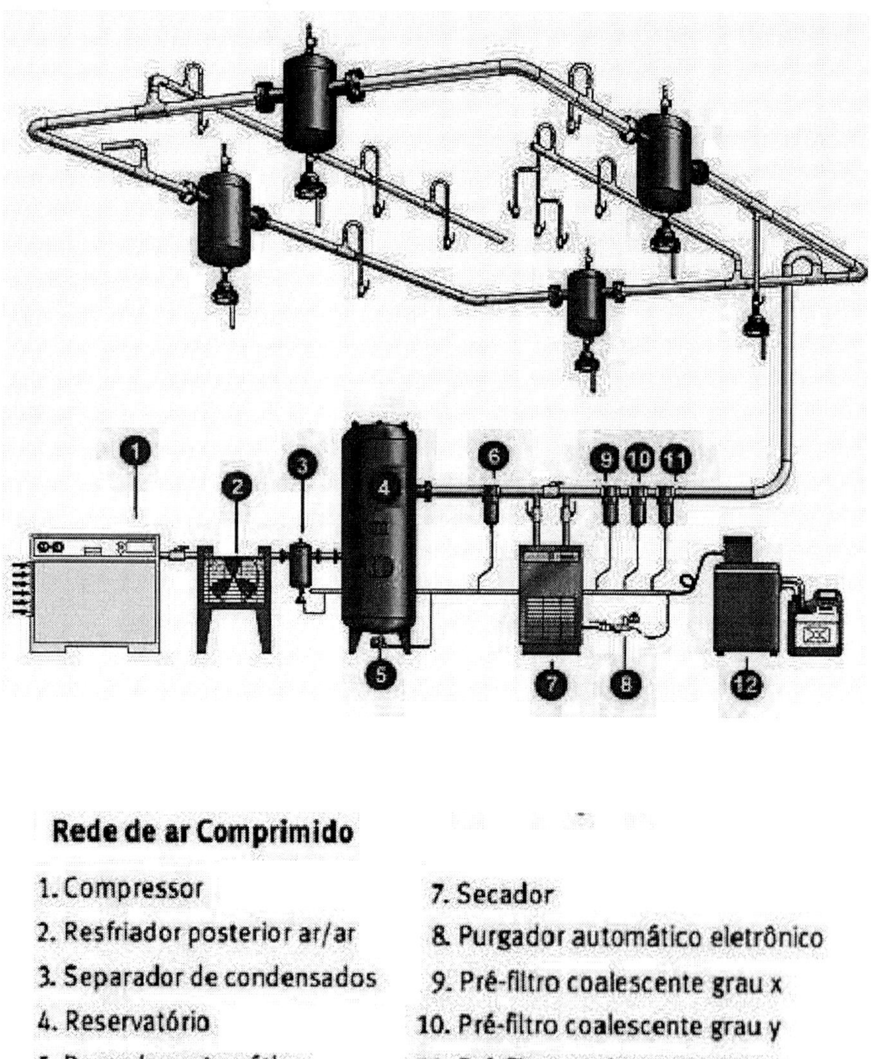

Figura 1.71 Exemplo de uma típica Rede de Distribuição de Ar Comprimido e principais componentes Fonte: http://www.ebah.com.br

As perdas de ar reduzem a eficiência da rede, bem como aumentam os custos de energia, uma vez que os compressores precisam operar em carga mais tempo para compensar as quedas de pressão. A quantidade de ar perdida através de pequenos furos, acoplamentos com folgas, vedações defeituosas etc. alcançam valores elevados quando somados aos custos operacionais e de manutenção. A importância econômica da perda contínua de ar torna-se mais evidente quando comparada ao consumo e da potência necessária para realizar a compressão.

Para sua orientação, e de como os vazamentos na rede representam desperdício considerável, veja os dados comparativos a seguir no item 1.7.6, sobre manutenção em sistema de ar comprimido no qual estão inseridos aspectos gerais sobre vazamentos da ar.

Obviamente, é impossível eliminar por completo todos os vazamentos, porém estes devem ser reduzidos ao máximo com uma manutenção preventiva do sistema, de 3 a 5 vezes por ano, sendo verificados, por exemplo: substituição de juntas de vedação defeituosa, engates, mangueiras, tubos, válvulas, apertos das conexões, refazendo vedações nas uniões roscadas, eliminando ramais de distribuição fora de uso e outras que podem aparecer dependendo da rede construída.

1.2.6. Manutenção do Sistema de Ar Comprimido

Introdução

As utilidades contidas no sistema de fornecimento de ar comprimido necessitam de planos de manutenção adequados, os quais devem contribuir para a alta performance requerida pela organização, uma vez que este fluido é uma importante forma de energia, insubstituível em diversas aplicações. Na indústria, um metro cúbico de ar à pressão de 7 bar custa cerca de meio centavo de dólar (1,0 m^3 ar ~ R$ 0,025) apenas em energia. Portanto, este sistema requer importância tanto quanto os demais sistemas de fornecimento de energia e este é o alerta para a Gestão de *Facilities*.

Distribuição de Ar Comprimido

Uma rede de ar comprimido corretamente dimensionada garante baixa perda de carga (queda de pressão) entre a geração e o consumo, resultando num suprimento de ar adequado, além de uma significativa economia de energia. Ocorre que as indústrias adquirem novos equipamentos, então a capacidade da rede precisa ser reavaliada e em certos casos isso não ocorre. Além disso, o fator vida útil também determina desgaste tanto da tubulação e seus componentes, acrescidos das utilidades tais como compressores, secadores de ar etc.

Em relação à rede de distribuição, sempre que possível, interligue entre si as extremidades da rede de ar, a fim de facilitar a equalização das pressões. O circuito em anel fechado é um *layout* de rede mais comum na indústria. Verifique se no projeto e na fase de montagem da rede tem uma pequena inclinação no sentido do fluxo de ar e se serão instaladas algumas válvulas nos pontos inferiores da mesma, visando captar o condensado, formado durante eventuais paradas dos equipamentos de tratamento. Se a Gestão de *Facilities* executa manutenção em rede já construída, verifique estes detalhes. Aliás, assumir a conservação de um sistema de fornecimento de ar com diversos problemas, requer um levantamento prévio e planejamento da recuperação, iniciando pelos pontos críticos e finalmente por executar melhorias para aumento de performance e redução de custos operacionais. Os materiais da rede, preferencialmente, devem ser resistentes à oxidação/corrosão, tais como Aço Galvanizado, Aço Inoxidável, Alumínio, Cobre e materiais plásticos. Outro detalhe construtivo se refere às conexões que devem ter raio de curvatura longo o bastante para minimizar a perda de carga. Finalmente, para um bom desempenho de todo o sistema, não permita que os vazamentos ultrapassem até 5% da vazão total.

Todos os sistemas de ar comprimido estão sujeitos a vazamentos e não são raras perdas de até 40% de todo o ar comprimido produzido. Portanto, identificar, eliminar e reduzir os vazamentos de ar comprimido são uma das maneiras mais simples e eficientes de economizar energia. Válvulas, tubos, mangueiras e conexões mal vedados, corroídos, furados e sem manutenção são responsáveis por vazamentos de enormes proporções num sistema pneumático.

Dica importante: um método simples para estabelecer a grandeza dessas perdas é interromper o consumo de todo o ar comprimido do sistema, mantendo os compressores em operação. Com isso, a pressão na rede chegará ao seu limite máximo. Dependendo do tipo de controle de cada compressor, eles deveriam se desligar ou entrar em alívio, pois não haveria consumo de ar. Se existirem vazamentos, a pressão na rede cairá e os compressores (total ou parcialmente) voltarão a comprimir.

Sobre perdas de pressões admissíveis, os seguintes valores são adotados, na prática, para não comprometer a eficiência do sistema:

- Perda máxima de pressão para o ponto mais afastado do compressor: 0,3 bar;
- Tubulações principais (mestras): 0,02 bar para cada 100 metros de tubo;
- Tubulações secundárias: 0,08 bar para cada 100 metros de tubo;
- Tubulações de acesso direto ao consumidor: 0,2 bar para cada 100 metros de tubo; – mangueiras de alimentação de marteletes, perfuratrizes etc.: 0,4 bar para cada 100 metros de mangueira.

Medindo-se os tempos carga/alívio dos mesmos e sabendo-se sua vazão efetiva, pode-se deduzir a magnitude total dos vazamentos:

Diâm. orifício do vazamento (pol.):	1/32"	1/16"	1/8"	1/4"	3/8"
m^3/h (vazamento)	2,72	10,9	44,2	174,0	397,5
R$/ano	340,00	1.360,00	5.515,00	21.715,00	49.610,00

Considerando: pressão de 7 bar, durante 16h/dia, 300 dias/ano (1,0kWh ~ R$ 0,25).
(Dados de 2010, US$ aprox. ~R$ 1,66)
Fonte: http://www.metalplan.com.br/

Além da redução da pressão do ar comprimido provocada por uma rede de distribuição inadequada (diâmetro da tubulação inferior ao necessário, lay-out incorreto da tubulação, curvas e conexões em excesso, etc.), um sistema de ar comprimido também pode estar operando numa pressão muito superior à exigida pela aplicação. A manutenção (substituição) periódica de elementos filtrantes saturados, a regulagem precisa da pressão de cada ponto de consumo, a escolha de componentes e acessórios com menor restrição ao fluxo de ar, bem como a seleção correta do compressor em função das necessidades de pressão do sistema poderão contribuir de forma fundamental para a redução do consumo de energia associado à perda de carga.

Os valores abaixo apresentam alguns custos com a queda de pressão, em relação à vazão:

Vasão (m^3/h):	340	800	1700
R$/ano	215,00 até 430,00	505,00 até 1.010,00	1.075,00 até 2.150,00

Considerando: pressão de 7 bar, durante 16h/dia, 300 dias/ano (1,0kWh ~ R$ 0,25).
(Dados de 2010, US$ aprox. ~R$ 1,66)
Fonte: http://www.metalplan.com.br/

Em função das perdas decorrentes da transformação de energia, o ar comprimido pode custar de sete a dez vezes mais do que a energia elétrica para realizar uma aplicação similar, embora isso seja normalmente compensado pelas vantagens de flexibilidade, conveniência e segurança proporcionadas pela energia pneumática. De qualquer forma, convém fazer um estudo mais detalhado para avaliar se o ar comprimido pode ou não ser substituído pela eletricidade.

Outro fator importante, no sistema de distribuição, é a temperatura de admissão do ar. A elevação da temperatura ambiente diminui a densidade do ar, provocando uma redução da massa aspirada pelo compressor. Em consequência, a eficiência do compressor fica comprometida. Admite-se que uma redução de até 3°C (temperatura de admissão do ar ambiente) pelo compressor o que implica uma economia de energia de ~1%.

Sobre a quantidade de Compressores necessária ao Sistema

Assim que a vazão total do sistema for definida, estabeleça um fator entre 20% e 50% para futuras ampliações e selecione dois compressores que, somados, atendam a essa vazão. Um terceiro compressor, da mesma capacidade, pode ser adicionado ao sistema como *"stand by"* (pronto para entrar em operação). Em conjunto, os três compressores podem ser programados para operar num sistema de rodízio, proporcionando o mesmo nível de utilização para todos.

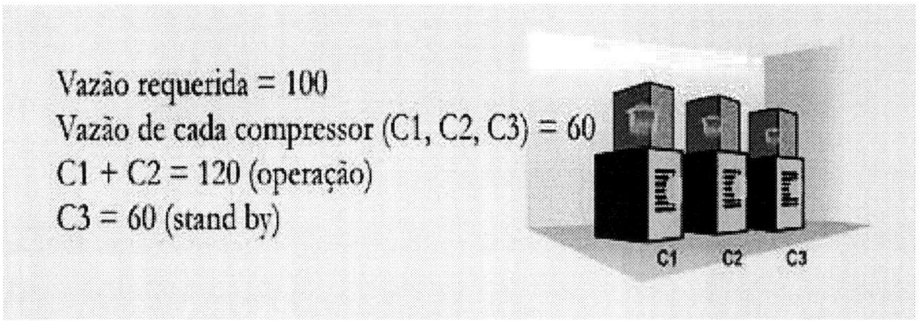

Figura 1.72 Exemplo de uma condição de utilização de compressores, na condição em stand by. Fonte: http://www.metalplan.com.br/

Um rodízio bem planejado permite, inclusive, que as manutenções preventivas aconteçam em intervalos defasados, gerando menor concentração de custos para essa tarefa. Essa configuração é, sob qualquer aspecto, a mais vantajosa para o usuário, pois garante o suprimento de ar comprimido, presente e futuro, com o menor risco de falha. Verifique a potência e a vazão efetivamente produzida pelo compressor. Cuidado com informações do tipo "volume deslocado", pois costumam omitir as perdas ocorridas no processo de compressão. De qualquer maneira, a definição da quantidade correta de compressores e seu regime de trabalho será fortemente influenciada pelo perfil de consumo de ar comprimido, que deverá ser traçado com a melhor precisão possível no momento do projeto.

Condições ideais para um Tratamento de Ar Comprimido eficaz

A contaminação do ar comprimido é a *soma* da contaminação do ar ambiente com outras substâncias que são introduzidas durante o processo de compressão. O ar ambiente é contaminado por partículas sólidas (poeira, micro-organismos etc.), vapor d'água (umidade relativa), vapores de hidrocarbonetos (fumaça de óleo diesel, etc.), dióxido de carbono, monóxido de carbono, dióxido de enxofre, etc.

Durante o processo de compressão, o ar comprimido também é contaminado pelo óleo lubrificante do compressor e por partículas sólidas provenientes do desgaste das peças móveis do mesmo. Na tubulação de distribuição, o ar comprimido ainda pode arrastar ferrugem e outras partículas. A Norma ISO-8573-1 classifica os contaminantes do ar comprimido e suas unidades de medida (não valendo para usos muito particulares, como ar medicinal, respiração humana e alguns outros). A pressão e a temperatura do ar comprimido potencializam os efeitos prejudiciais de todos esses contaminantes.

CLASSE DE QUALIDADE	CONTAMINANTES		
	Sólidos dimensão máxima da partícula (μm)	Água ponto de orvalho (°C)	Óleo concentração residual (mg/m^3)
1	0,1	-70	0,01
2	1	-40	0,1
3	5	-20	1
4	15	+3	5
5	40	+7	25
6	-x-	+10	-x-
7	-x-	não especific.	-x-

Figura 1.73. Fonte: http://www.metalplan.com.br/

O resultado da mistura de todos os contaminantes é uma emulsão ácida e abrasiva que compromete o correto funcionamento de um sistema de ar comprimido em qualquer tipo de aplicação. A análise do ar ambiente de uma região industrial típica encontra as seguintes taxas aproximadas de contaminação, considerando-se uma temperatura ambiente de 38 °C e umidade relativa de 100%:

Contaminante	Dimensão	Concentração
Sólidos	0,01 a 2,0 μm	10^{2o} partículas/m^3
Água	-x-	46,3 g/m^3
Óleo	-x-	15 mg/m^3

Esses contaminantes serão aspirados por qualquer compressor de ar, *seja lubrificado ou isento de óleo,* juntamente com os gases citados anteriormente. A título de ilustração, tomemos um sistema de ar comprimido com um compressor de 5100 m^3/h operando em três turnos. Num ambiente sob temperatura de 25°C e umidade relativa de 75%, este compressor introduzirá 2.106 litros de água por dia, no sistema.

Há também uma norma própria, a Norma ISO-7183, que trata do projeto e testes de desempenho de secadores de ar. Secadores instalados em climas temperados devem obedecer à norma ISO- 7183-A, que especifica a temperatura ambiente em 25°C e a temperatura de entrada do ar no secador em 35°C. Secadores instalados em climas tropicais devem obedecer à norma ISO- 7183-B, que especifica a temperatura ambiente em 38°C e a temperatura de entrada do ar no secador em 38°C.

Condições ideais da filtragem do ar comprimido

Os filtros são elementos críticos em sistemas de fluidos. Da experiência prática em nosso dia a dia, cito os veiculares: Óleo, Combustível e Ar, os quais estão entre os itens substituíveis a cada 5.000 km (em média). Sua eficiência contribui para aumento de vida útil do motor e bom desempenho em geral. Ao contrário, se deixados ao acaso, causam diversos problemas, podendo inclusive danificar outras partes do motor, cuja manutenção é de alto custo. Trazendo este raciocínio para o sistema de distribuição de ar, entenderemos melhor a necessidade de substituição a frequências definidas pelo plano de manutenção. Outra questão a considerar é a qualidade. As marcas definidas em projeto devem permanecer, isto é, a substituição deve ser feita pelo mesmo modelo e com as mesmas características técnicas, preferencialmente. A mudar de fornecedor, execute teste de desempenho e somente após aprovação, faça a troca de fabricante. Sabemos que os custos devem ser reduzidos, mas a qualidade deve permanecer a bem do sistema. Falhas nos elementos filtrantes, fatalmente ocasionaram problemas maiores em Compressores, Secadores de Ar etc.

O filtro de ar comprimido, geralmente, é instalado em três posições diferentes: antes e depois do secador de ar comprimido e junto ao ponto-de-uso:

Filtro instalado antes do secador (pré-filtro): nos modelos por refrigeração é separar o restante da contaminação sólida e líquida (~30%) não totalmente eliminada pelo separador de condensados do resfriador-posterior, protegendo os trocadores de calor do secador contra o excesso de óleo oriundo do compressor de ar, o que poderia impregná-los, prejudicando sua eficiência. O excesso de condensado no secador também reduz sua capacidade de resfriamento do ar comprimido, pois consome-se energia para resfriar um condensado que já poderia ter sido eliminado do sistema. Já nos modelos de Secador por adsorção, o pré-filtro deverá garantir que nenhuma quantidade de contaminação líquida, inclusive os aerossóis de água e óleo, atinja o material "adsorvedor", obstruindo seus poros e impedindo a sua reativação.

Filtro instalado após o secador (pós-filtro): responsável pela eliminação da umidade residual (~30%) não removida pelo separador mecânico de condensados do secador por refrigeração, além da contenção dos sólidos não retidos no pré-filtro. A capacidade, do componente "pós-filtro", de eliminar qualquer umidade residual, é seriamente afetada pela temperatura do ar comprimido, na saída do secador. Em qualquer secador por refrigeração, o ar comprimido sofre um reaquecimento antes de voltar à tubulação. Esse reaquecimento é intencional (economiza energia e evita que a tubulação fique gelada), mas provoca a completa "re-evaporação" da umidade residual que não foi removida pelo separador de condensados. No estado gasoso, essa umidade não pode ser eliminada pelo pós-filtro. Na prática, o pós-filtro instalado após o secador por refrigeração retém apenas partículas sólidas. No caso de sistemas dotados de secadores por adsorção, o pós-filtro destina-se apenas à retenção das partículas sólidas produzidas pela abrasão do material (pó, poeira) "adsorvedor".

Os filtros instalados no ponto-de-uso: são utilizados para evitar que os contaminantes presentes ao longo da tubulação de ar comprimido atinjam a aplicação final do mesmo.

Filtragem do ar comprimido e terminologia dos filtros coalescentes:

- Filtros coalescentes grau AO: usados para a remoção de partículas de até 1 micron, inclusive água e óleo condensado. A remoção de óleo prescreve um residual máximo de óleo de 0,5 mg/m^3 de ar a 21ºC.

- Filtros coalescentes grau AA: usados para a remoção de partículas de até 0,01 micron, inclusive água e óleo condensado. A remoção de óleo prescreve um residual máximo de óleo de 0,01 mg/ m^3 de ar a 21ºC. A instalação deste filtro deve ser precedida em série por um filtro coalescente do grau AO.

- Filtros coalescentes grau ACS e AC (carvão ativo): usados para a remoção de vapores de óleo, propiciando um conteúdo remanescente máximo de óleo menor que 0,003 mg/m^3 de ar (0,003 ppm) a 21ºC. A instalação deste filtro deve ser precedida em série por um filtro coalescente do grau AA. Os filtros ACS e AC não removem CO/ CO_2 ou qualquer outro gás tóxico.

A concentração é usualmente medida pela proporção do peso das impurezas pelo volume[mg/m3] do ar comprimido. Para concentrações muito baixas, a medida de concentração é usualmente definida pelo número de partículas por unidade de volume [nº de partículas/ cm^3]. A quantidade de partículas por unidade de volume como medida de concentração é utilizada para medir a eficiência de filtragem de filtros de alto desempenho. A medição precisa e acurada do peso e ou quantidade de partículas por unidade de volume envolve muito trabalho e instrumentos de medição delicados.

Os elementos coalescentes são descartáveis e ainda não existe um método para reciclá-los. Todavia, sua durabilidade (entre 4.000h e 6.000h) compensa essa limitação. Essa vida útil está baseada no período mais econômico de utilização do elemento coalescente, quando sua maior perda de carga ainda está limitada em 0,45~0,55 bar (6~8 psi), sendo que grande parte de sua operação esteve situada na faixa média de 0,2 bar (~3 psi). Após esse período, manter um elemento coalescente em operação torna-se muito desvantajoso do ponto de vista energético.

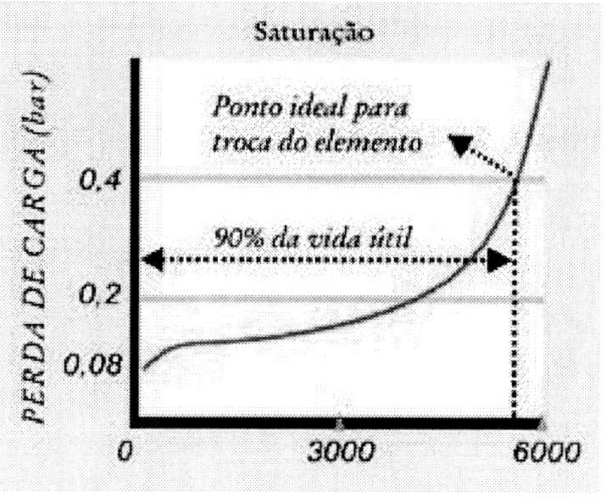

Figura 1.74 Ilustração gráfica contendo informações sobre "perda de carga X vida útil de um filtro". Fonte: http://www.metalplan.com.br/

Embora um elemento filtrante deva ser construído para suportar perdas de carga entre 2,5 bar até ~3,0bar, recomenda-se sua substituição com no máximo 1,0bar, pois a perda de carga aumenta exponencialmente no final de sua vida útil, chegando rapidamente nos limites de resistência mecânica do elemento. Portanto, pelas razões acima, a coalescência ainda é a forma mais econômica de separar os aerossóis de água e óleo de um sistema de ar comprimido.

Armazenamento de Ar Comprimido

Para o cálculo rápido do volume de um reservatório de ar, adota-se a seguinte regra referencial que deve ser verificada:

- Para compressores de pistão:

  Volume do reservatório = 20% da vazão total do sistema medida em m^3/min.
  Exemplo: para uma Vazão total = 5 m^3/min, o Volume do reservatório será = 20% x 5 m^3/min = 1,0 m^3.

- Para compressores rotativos:

  Volume do reservatório = 10% da vazão total do sistema medida em m^3/min.
  Exemplo: para uma Vazão total = 5 m^3/min, o Volume do reservatório será = 10% x 5 m^3/min = 0,5 m^3.

Contundo, para a obtenção de cálculos mais precisos, devemos considerar a vazão de ar requerida pelo sistema num determinado intervalo de tempo e em função da queda máxima de pressão aceitável nesse intervalo. Encontrado o volume total de armazenamento de ar necessário, recomenda-se dividi-lo em dois reservatórios menores, de igual capacidade, sendo o primeiro instalado logo após o compressor de ar e antes do pré-filtro e o segundo logo após o pós-filtro.

Esse arranjo – um reservatório de ar úmido e um reservatório de ar puro e seco – traz inúmeros benefícios, como o ajuste perfeito do ciclo carga/alívio dos compressores, a proteção de todo o sistema contra vazamentos de óleo acidentais pelos compressores, o amortecimento de pulsações, a proteção dos rolamentos dos compressores, o fornecimento adequado de ar tratado para o consumo e a proteção dos equipamentos de tratamento de ar contra picos de vazão que viriam do primeiro reservatório, caso não houvesse o segundo.

Finalmente, um aspecto fundamental na seleção de reservatórios de ar comprimido é a segurança. A ocorrência de acidentes fatais, envolvendo reservatórios fora de normas técnicas e sem as inspeções periódicas obrigatórias pela legislação brasileira, é mais frequente do que se imagina. Um reservatório deve sempre atender a PMTA (Pressão Máxima de Trabalho Admissível) do sistema, ser projetado, fabricado e testado conforme um conjunto de normas nacionais e internacionais (NR-13, ASME, etc.), possuir instalados seus acessórios mínimos obrigatórios (manômetro e válvula de segurança) e receber uma proteção anticorrosiva interna e externa de acordo com sua exposição à oxidação.

Plano de Manutenção Recomendável

A manutenção em um sistema de ar comprimido requer cuidado com os equipamentos, exigindo atenção às mudanças e tendências, e respondendo prontamente para manter as operações confiáveis e eficientes. Um plano de manutenção adequado requer tarefas com frequências: diária, semanal, mensal, quadrimestral, semestral e anual. A excelência na manutenção é fator chave para aumentar a disponibilidade e confiabilidade de um sistema, reduzindo o consumo de energia, economizando tempo, cortando custos operacionais e qualidade de produtos e serviços que dependem de ar comprimido.

PLANO DE MANUTENÇÃO PREVENTIVA SENAI

EQUIPAMENTO: COMPRESSOR ATLAS COPCO CÓDIGO: GA1407 PÁGINA: 001

ÍTEM	CHECKLIST	NÍVEL	DI	SE	QU	ME	BM	TM	SM	AN
			FREQUÊNCIA DE MANUTENÇÃO							
001	VERIFICAR NÍVEL DE ÓLEO	I	X							
002	[illegible]	I	X							
003	VERIFICAR OPERAÇÃO DO SISTEMA DE REGULAGEM	I	X							
004	VERIFICAR OPERAÇÃO DO SEPARADOR DE CONDENSADO	I	X							
005	VERIFICAR TEMPERATURA DO AR DE DESCARGA	I	X							
006	VERIFICAR TEMPERATURA AR / ÓLEO NA SAÍDA DO ELEMENTO COMPRESSOR	I	X							
007	VERIFICAR PAINEL DE INSTRUMENTOS	I	X							
008	VERIFICAR A EXISTÊNCIA DE RUÍDOS ESTRANHOS	I	X							
009	VERIFICAR FILTRO DE ÓLEO	I	X							
001	LIMPAR O ELEMENTO DO FILTRO DE ADMISSÃO DE AR	I		X						
002	LIMPAR E LUBRIFICAR ORIFÍCIOS DOS MANCAIS DE ROLAMENTOS	II		X						
003	LIMPAR FILTRO DA LINHA DE DRENO E DE ÁGUA DE REFRIGERAÇÃO	I		X						
001	TROCAR O ELEMENTO DO FILTRO DE AR	I				X				
002	LUBRIFICAR AS JUNTAS ESFÉRICAS DO ELEMENTO COMPRESSOR	II				X				
003	VERIFICAR SE O RESFRIAMENTO ESTÁ SENDO INSUFICIENTE OU SE A									
	TEMPERATURA AMBIENTE ESTÁ MUITO ALTA	I				X				
004	LIMPAR GABINETE DO COMPRESSOR	I				X				
001	AJUSTAR O PRESSOSTATO	I							X	
002	SUBSTITUIR O ANEL DE VEDAÇÃO DA VÁLVULA DE PRESSÃO MÍNIMA	II							X	
003	SUBSTITUIR O DIAFRAGMA DA VÁLVULA REGULADORA DE PRESSÃO	II							X	
001	SUBSTITUIR O ELEMENTO DO FILTRO DE ADMISSÃO DE AR	II								X
002	TROCAR O ÓLEO	II								X
003	SUBSTITUIR O ELEMENTO DO FILTRO DE ÓLEO	II								X
004	TESTAR VÁLVULA DE SEGURANÇA	II								X
005	TESTAR TERMOSTATO DE AR	II								X
006	TESTAR TERMOSTATOS DIFERENCIAIS DE PRESSÃO	II								X
007	DESMONTAR, VERIFICAR E LIMPAR A BÓIA DO SEPARADOR DE CONDENSADO	II								X
008	VERIFICAR APERTO DE PARAFUSOS E PORCAS	II								X
009	SUBSTITUIR OS ROLAMENTOS DO MOTOR ELÉTRICO	II								X

OBS.:

NÍVEL - I - OBSERVAR, VERIFICAR, NÃO PRECISA PARAR A MÁQUINA
NÍVEL - II - VERIFICAR, INSPECIONAR, PARADA MÍNIMA
NÍVEL - III - SUBSTITUIÇÃO, TROCA, PARADA PROGRAMADA

DI - DIÁRIO
SE - SEMANAL
QU - QUINZENAL
ME - MENSAL
BM - BIMESTRAL
TM - TRIMESTRAL
SM - SEMESTRAL
AN - ANUAL

POR
COSME

Figura 1.75 Plano de Manutenção para Sistema de Fornecimento de Ar Comprimido. Fonte: http://pt.slideshare.net/thaisvieira58511/planodemanutencao, Prof. Cosme.

Recomendações operacionais para sistema de fornecimento de ar comprimido com secador modelo: "condensação a ar" e "condensação a água". Para sua orientação, seguem as Figuras 1.108 e 1.109:

LUMA-AR COMPRIMIDO E GASES.
COMPRESSORES, SECADORES DE AR, GERADORES DE GASES

- VERIFICAR A TEMPERATURA DE ENTRADA DO AR COMPRIMIDO NO SECADOR. **(45º. C. – (MAXIMA)**.
- ACIMA DESTA TEMPERATURA, É **OBRIGATÓRIO** O USO DE UM RESFRIADOR DE AR ENTRE O COMPRESSOR E O SECADOR.
- TEMPERATURA ACIMA DA ESPECIFICADA COMPROMETE O SISTEMA FRIGORÍFICO DO SECADOR BEM COMO, A QUALIDADE DO TRATAMENTO.
- **NUNCA LIGAR O COMPRESSOR DE AR SEM O SECADOR DE AR.**
- A falta do secador, ira contaminar todo o sistema, mesmo que seja por um curto período de tempo.
- **SECADOR COM CONDENSAÇÃO A AR.**
- **Verifique o sentido de rotação da hélice do ventilador e se não há nada que possa interferir no fluxo do ar de entrada e saída para o condensador. Bem como, fonte de calor direta no condensador. (Ar do trocador de calor do compressor de ar, de outro secador em paralelo, exaustores, tubulações de vapor, etc.)**
- OBS. 1: Espaço livre de pelo menos, uma vez (1x) a altura do condensador na entrada do ar e de (2x) o comprimento da unidade para o ar de saída.

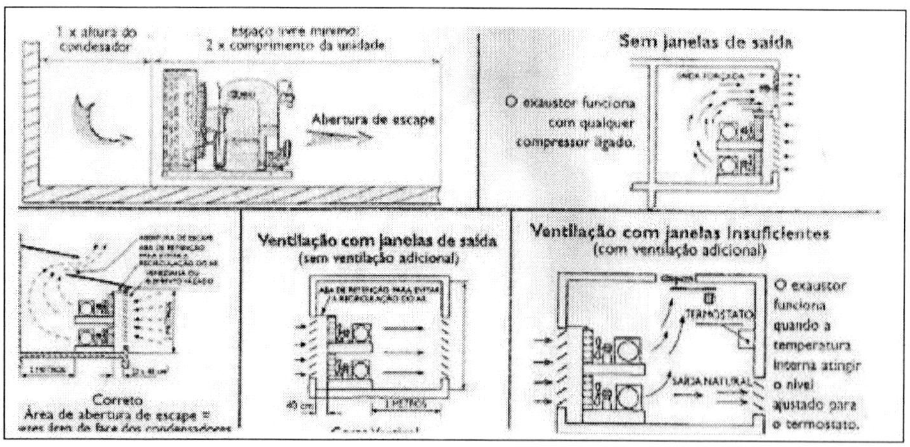

Fonte: Danfoos –Manual de instalação de compressores e unidades de condensação.

- OBS. 2: Ambiente limpo, bem ventilado e se a temperatura na sala do secador não ultrapassa a **38º. C (máxima)**.

Figura 1.76

LUMA-AR COMPRIMIDO E GASES.
COMPRESSORES, SECADORES DE AR, GERADORES DE GASES

- **ACIMA DESTA TEMPERATURA, MELHORAR AS CONDIÇÕES DO LOCAL DA INSTALAÇÃO, OU REMOVER O SECADOR PARA LOCAL MAIS ADEQUADO.**

- Proceder à limpeza do condensador pelo menos uma (01) vez por semana com jato de ar comprimido.

- **SECADOR COM CONDENSAÇÃO A ÁGUA.**

- Os cuidados serão menores, devido ao tratamento dado a água. Recomendamos, no entanto, que se proceda a uma limpeza do condensador, **por técnico habilitado**, a cada **4000 horas de uso**, com uma escova apropriada, para a remoção das impurezas que se fixam nas paredes dos tubos de cobre, obtendo assim, melhor troca de calor e maior eficiência do trocador.

- **Temperatura de entrada da água: 28°.C. (+/- 2°. C.) Pressão: 2 a 3 Kg.**

- OBS.: É recomendável à instalação de **válvula automática** reguladora de fluxo de água na rede junto ao secador, a fim de evitar desligamentos pela variação de temperatura da água da torre no condensador.
- Caso tenha válvula reguladora, ajuste-a para que trabalhe dentro da pressão recomendada, conforme manual do equipamento.
- Verificar sempre o correto funcionamento e limpeza da torre de resfriamento.

- **PONTO DE ORVALHO EM OPERAÇÃO: Entre 3°. C e 9°. C.**

- A temperatura do ponto de orvalho pode variar devido a temperatura da agua de resfriamento acima do recomendado na entrada do condensador, ar comprimido na entrada do secador com temperatura acima do especificado, volume de ar maior que a capacidade de tratamento do secador, condensador sujo, entre outros.

- **VERIFICAR DIARIAMENTE O PURGADOR DO SECADOR.**

- O não funcionamento ou o funcionamento incorreto fará com que apareça água na linha de ar comprimido. Verifique se o intervalo de tempo ajustado atende a instalação. Se necessário ajuste um novo intervalo de acordo com sua necessidade.

- **VERIFICAR SE AS PRESSÕES NOS MANÔMETROS ESTÃO DENTRO DOS PARÂMETROS DO MANUAL DO EQUIPAMENTO, EVITANDO ASSIM, POSSÍVEIS DESLIGAMENTOS.**

- Se houver o desligamento do secador, seja por falta de energia elétrica ou por problema de ordem técnica, o mesmo **deverá ser religado** pelo pessoal da operação, pois, por motivo de segurança, alguns secadores não partem automaticamente.

Figura 1.77 Fonte: Empresa LUMAR – Ar Comprimido e Gases.

Finalmente, para orientação do caro leitor, segue uma análise contendo oportunidades de melhoria para aumento de eficiência do sistema de ar comprimido de sua organização. Recomendo sempre consultar o fabricante e/ou fornecedor de serviços para orientação e elaboração de ações precisas, contendo informações tais como, valores de mão de obra e materiais para compor o investimento e o mais importante adorar uma sistemática de cálculo de *payback* (retorno do investimento):

Medidas de economia de energia	Aplicabilidade(1)	Ganho(2)	Potencial de contribuição(3)
Instalação ou renovação do sistema			
Melhoria dos acionamentos (motores de alta eficiência)	25 %	2 %	0,5 %
Melhoria dos acionamentos (Reguladores de velocidade)	25 %	15 %	3,8 %
Troca de compressores por versões mais modernas (aperfeiçoamento)	30 %	7 %	2,1 %
Uso de sistema de controle sofisticado	20 %	12 %	2,4 %
Recuperação de calor rejeitado para uso em outras funções	20 %	20 %	4,0 %
Melhoria no resfriamento, secagem e filtragem do ar	10 %	5 %	0,5 %
Projeto global do sistema, incluindo sistema de multipressões	50 %	9 %	4,5 %
Redução na perda por queda de pressão	50 %	3 %	1,5 %
Otimização de dispositivos (equipamentos) de uso final	5 %	40 %	2,0 %
Manutenção e operação do sistema			
Redução de vazamentos de ar	80 %	20 %	16 %
Substituição de filtros mais freqüente	40 %	2 %	0,8 %
TOTAL			**32,9 %**

(1) Percentual de situações onde esta medida é aplicável
(2) Percentual de redução no consumo anual de energia
(3) Potencial de contribuição = aplicabilidade x ganho

Exemplo de economia de energia no Brasil - A avaliação das condições operacionais de um dos três sistemas de ar comprimido da fábrica da DAIMLER-CHRYSLER de São Bernardo do Campo (SP), por iniciativa da ELETROBRÁS/PROCEL, permitiu a identificação de oportunidades para a redução do consumo de energia elétrica. As soluções técnicas com maior potencial de economia de energia propostas possibilitarão redução da ordem de

Figura 1.78 Avaliação das condições operacionais de um sistema de ar comprimido da Fábrica DAIMLER-CHRYSLER localizada em São Bernardo (SP). Por inciativa da Eletrobrás/PROCEL. Fonte:File/Facilities, CAP 20 Ar Comprimido – Escola SENAI.

1.3. A Energia Solar – Aquecimento e Eletricidade

1.3.1. Introdução

A Energia Solar é uma das fontes consideradas auto-sustentáveis, tanto para Aquecimento de Fluido e Geração de Eletricidade. No ano de 2012 a ANEEL (Agência Nacional de Energia Elétrica) publicou uma resolução criando um sistema de compensação de créditos na fatura de energia elétrica ("conta de luz"), a Resolução Normativa RN 482/2012. Este crédito é fornecido em razão da energia gerada e não consumida, a qual será reenviada para a rede elétrica – Concessionária.

O aquecimento por meio solar é um grande exemplo de aproveitamento de energia limpa e renovável e mais importante é gratuita. A utilização desta matriz energética ainda representa um percentual significativo no atual mercado de geração elétrica no Brasil. Por esta razão, entendo ser importante que a Gestão de *Facilities* tenha conhecimentos básicos sobre o assunto.

A aplicação residencial, comercial e na área de serviços são alguns dos exemplos, tanto para produção de energia elétrica, quanto para aquecimento d'água.

Para geração de eletricidade, os módulos solares convertem energia solar (luz) em energia elétrica. Já o coletor solar faz uso do calor (radiação infravermelha) para aquecimento de água. Basicamente, há dois modelos de Energia Solar:

1. Energia Solar Fotovoltaica: relacionada aos painéis e células que convertem luz em eletricidade.
2. Energia Solar Térmica: Utiliza a radiação solar para aquecimento de fluidos.

Energia solar é a energia que vem da luz e do calor do sol. Sendo uma fonte alternativa, renovável e sustentável de energia que provém da radiação eletromagnética (luz e calor) emanada diariamente pelo sol. Essa energia pode ser utilizada por diferentes tecnologias, tais como: Aquecedor Solar, Painéis Fotovoltaicos e até Usinas Termossolar.

Simplificando, no processo de Energia Solar por modelo Fotovoltaica, as partículas de energia vindas da luz solar (fótons) incidem sobre os painéis solares. Ocorre então, a geração de uma corrente elétrica, sendo direcionada e utilizada em residências, empresas, indústrias ecomércios em geral, tanto em cidades quanto em áreas rurais.

Sempre busque orientação na Documentação Técnica fornecida pelo Fabricante e Normas e/ou Padrões da Organização. A norma que se aplica a Sistema Solar, durante o projeto e instalação, é a "**NBR 15569 – Sistema de aquecimento solar de água em circuito direto – Projeto e Instalação**". Contudo, há outras Normas e até Legislação aplicáveis muito importantes as quais devem ser observadas. Então, tanto profissionais que atuam neste segmento como os Gestores de *Facilities* precisam ficar atentos tanto ao surgimento de novas ou atualizações das regras vigentes. O cumprimento das normas técnicas da ABNT é muitas vezes voluntário, mas pode ser incentivado por regulamentações governamentais, especificações de clientes, contratos e outros documentos.

A Lei 14.300/2022 (também conhecida como Lei da Energia Solar) "*institui o marco legal da microgeração e minigeração distribuída, o Sistema de Compensação de Energia Elétrica (SCEE) e o Programa de Energia Renovável Social (PERS); altera as Leis nºs 10.848, de 15 de março de 2004, e 9.427, de 26 de dezembro de 1996; e dá outras providências.*" *Ela estabelece novas regras para a geração de Energia Solar no Brasil.*

Algumas das novidades inclui:

- Taxa "Fio B"
- A taxa "Fio B" é cobrada quando há novas instalações de Sistemas Fotovoltaicos, tendo iniciado a partir de 7 de janeiro de 2023 – observar evolução de valores e atualizações da regra de aplicação;
- Em 2025 o percentual da Taxa Fio B passou a ser de 45% da TUSD Fio B, reduzindo em média 12,2% o retorno por kWh gerado - A TUSD Fio B é uma tarifa cobrada pelas distribuidoras de energia elétrica para utilizar a sua infraestrutura. É um componente da Tarifa de Uso do Sistema de Distribuição (TUSD).

- Isenção de encargos
- Atenção: Edificações que instalaram algum modelo de Energia Solar até 7 de janeiro de 2023, continuam com isenção de encargos até o ano de 2045

- Outras alterações importantes

- A lei permite discussões sobre a comercialização de energia (venda e compra de crédito) entre clientes e concessionárias;
- As novas regulamentações garantem direitos e deveres aos que utilizam os sistemas (seja qual for o projeto de uso da Energia Solar), reduzindo a insegurança jurídica.

Já em relação às normas aplicadas à Energia Solar no Brasil, existem aquelas que complementam todo o processo de Projetos, Instalação, Segurança, Inspeção etc. Entre elas, podemos citar: **ABNT NBR 16690, ABNT NBR 5410, NR 10, ABNT NBR 16274 e a ABNT NBR 5419-1.**

- ABNT NBR 16690 DE 10/2019 – Instalações elétricas de arranjos fotovoltaicos –requisitos de projetos. Primeira edição em 3/10/2019.

"Esta Norma estabelece os requisitos de projeto das instalações elétricas de arranjos fotovoltaicos, incluindo disposições sobre os condutores, dispositivos de proteção elétrica, dispositivos de manobra, aterramento e equipotencialização do arranjo fotovoltaico"

- ABNT NBR 5410 – Instalações elétricas de baixa tensão. Versão corrigida em 17/03/2008.
"Esta Norma fixa as condições nas quais devem ser estabelecidas e mantidas as instalações elétricas alimentadas sob uma tensão nominal igual, ou inferior, a 1000 volts em corrente alternada com frequências inferiores a 10 000 Hz, ou a 1 500 volts em corrente contínua, a fim de garantir seu bom funcionamento, a segurança das pessoas, dos animais domésticos e a conservação dos bens."

- ABNT NR 10 - Segurança no Sistema Elétrico de Potência e em suas proximidades. Última versão do ano 2004. Contudo, provavelmente deverá ser atualizada para aumento da segurança em eletricidade.
"Esta Norma estabelece os requisitos e procedimentos mínimos para garantir a segurança e saúde dos trabalhadores que interagem com instalações elétricas".

É uma das mais importantes normas de segurança aplicadas ao setor elétrico. Inclui "Medidas de controle e sistemas preventivos", "Barreiras ou invólucros para impedir o contato acidental com partes energizadas", "Treinamento específico para os trabalhadores autorizados a intervir em instalações elétricas", "Segurança em projetos, construção, montagem, operação e manutenção" e "Segurança em instalações elétricas desenergizadas e energizadas". Garante a segurança, bem estar e a saúde dos trabalhadores.

ABNT NBR 16274 – Sistemas fotovoltaicos conectados à rede — Requisitos mínimos para documentação, ensaios de comissionamento, inspeção e avaliação de desempenho. Válida a partir de 6/04/2014.
"Esta Norma estabelece as informações e a documentação mínimas que devem ser compiladas após a instalação de um sistema fotovoltaico conectado à rede. Também descreve a documentação, os ensaios de comissionamento e os critérios de inspeção necessários para avaliar a segurança da instalação e a correta operação do sistema."

Um dos importantes itens descritos se refere aos sistemas que devem ter dispositivo de proteção contra "arco elétrico" e interruptor de proteção de falha de aterramento.

1.3.2. Energia Solar Térmica – Aquecimento de Fluido

A performance do sistema depende do local, um bom projeto e qualidade na instalação. O componente Reservatório precisa estar próximo ao ponto de consumo, assim reduz as perdas térmicas inerentes da tubulação. Necessita ainda de uma base nivelada, caso contrário irá afetar a circulação de fluido (em nosso caso, a água). Deve ter ainda elemento para escoamento impermeabilizado para redistribuir o fluido aquecido em caso de vazamento e/ou quando for item de manutenção. Isso evitará danos à instalação e arredores. Já os coletores solares, devem estar numa inclinação e direção corretas para a sua localidade, por exemplo, orientados para o Norte Geográfico (regiões no hemisfério sul) ou Sul Geográfico (regiões no hemisfério norte) com um desvio máximo de 30º. A inclinação ideal dos coletores solares é dada pelo valor da latitude onde será feita a instalação somando dez graus, porém, é comum instalar diretamente sobre o telhado (inclinação comum 17º ou 30%) sem que a perda de eficiência seja considerável.

O material construtivo das Células ou Painéis Solares consiste em finas fatias de:

- Lingotes de Silício Cristalino (C Si);
- Filmes de Silício Amorfo (A Si);
- Telureto de Cádmio (Cd Te) ou Disseleneto de Cobre (Ga);
- Índio (CIS e CIGS).

Em relação aos investimentos para projeto e instalação, a avaliação segue critérios e política da organização em relação ao uso de energia renovável. Segue análise da região (eficiência do aproveitamento da luz solar), disponibilidade de local na edificação para instalação, potência requerida e orçamento previsto. A potência está diretamente proporcional à quantidade de painéis. Portanto, a área disponível para instalação se torna crítica. Contudo, painéis de maior eficiência são mais caros.

Outro fator relevante é o aspecto visual do projeto. A tecnologia tem que estar em harmonia com a arquitetura da edificação. Tanto para uso residencial, comercial, serviços ou ainda indústria, o projeto arquitetônico deve ser incluindo e as adaptações, se necessárias, na estrutura, aumentando o valor inicial de investimento.

Portanto, uma avaliação crítica e ampla fará com que estas fases (Projeto e Instalação) tenham sucesso e certamente resultará em facilidades para Gestão de *Facilities* executar o plano de manutenção com eficiência. Envolve ações como materiais de qualidade e durabilidade, componentes padronizados (marcas conhecidas no mercado e de fácil aquisição), e o mais importante: solicitar ao fabricante: documentação técnica e treinamento, uma vez que esta tecnologia ainda não é conhecida como outros tipos de aquecimento.

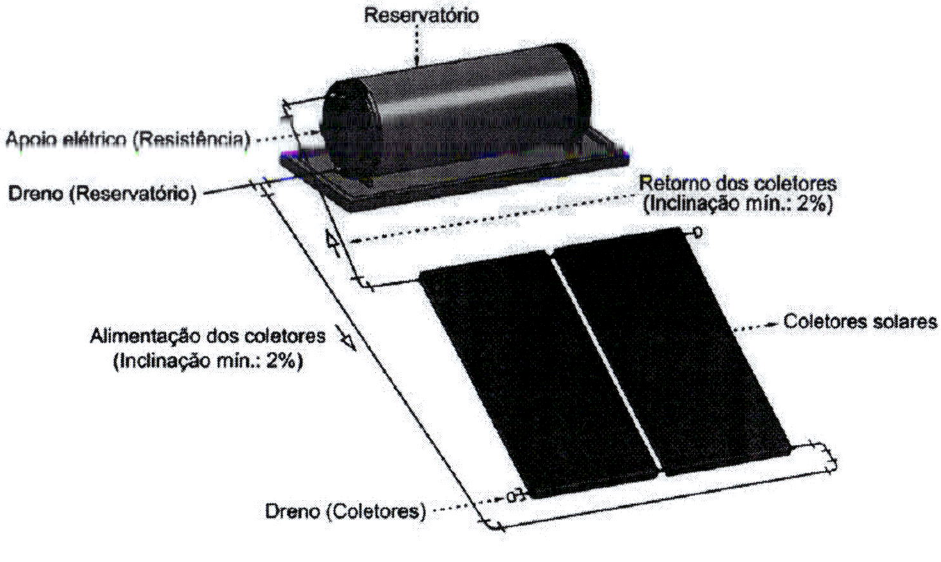

Figura 1.79 Figura ilustrativa dos componentes de um sistema de aquecimento d'água por Energia Solar. Fonte: Fabricante HELIOTEK

Principais características a serem observadas na Instalação:

1. Em relação aos componentes elétricos, verifique que o projeto tenha previstos elementos de proteção, por exemplo, um Disjuntor individual.
2. A posição de painéis, tipo cabos e fiação, devem estar em acordo com o projeto e em acordo com as Normas Técnicas.
3. Verifique o Sistema de Aterramento tanto atmosférico, como do sistema;
4. O acesso ao sistema, para inspeção e manutenção, deve ser facilitado e seguro;
5. Os valores determinantes para qualidade da água devem ser observados, mesmo que não seja para consumo humano. Verifique com o fabricante e execute coleta e avaliação a frequências definidas.
6. Não permita uso ou guarda de produtos químicos no local (ex.: thinner);
8. Verifique se a instrumentação de controle (pressão, vazão, temperatura etc.) esteja em conformidade com o sistema.

9. Não permita que o pessoal não autorizado acesse ou permaneça no local. Sendo em altitude, os equipamentos de segurança devem ser observados (individual e de conjunto).
10. Outros.

A circulação de água, sem bomba de circulação, é provocada pela variação de sua densidade em função da temperatura (circulação por "termossifão"). A água quando aquecida nos coletores solares (menor densidade), sobe até o reservatório térmico onde a água é fria (maior densidade), para os coletores solares. Para que este ciclo funcione devemos observar algumas características importantes que serão definidas em projeto pelo fabricante, tais como desnível entre o topo dos coletores solares e a base do reservatório térmico e a distância entre coletores solares e reservatório térmico, entre outras especificações.

A circulação forçada, através de Bomba Hidráulica, irá contribuir para um melhor desempenho do sistema. Na figura 1.80 ela está instalada entre o Coletor Solar e o Reservatório Térmico e é comandada por um componente eletrônico, o qual é responsável por ligar e desligar a bomba em períodos determinados.

O Vaso de Expansão é um componente adicionado, caso o sistema possua circulação e é posicionado conforme projeto para garantir o preenchimento total do sistema com o fluido especificado pelo fabricante e a correta eliminação do ar.

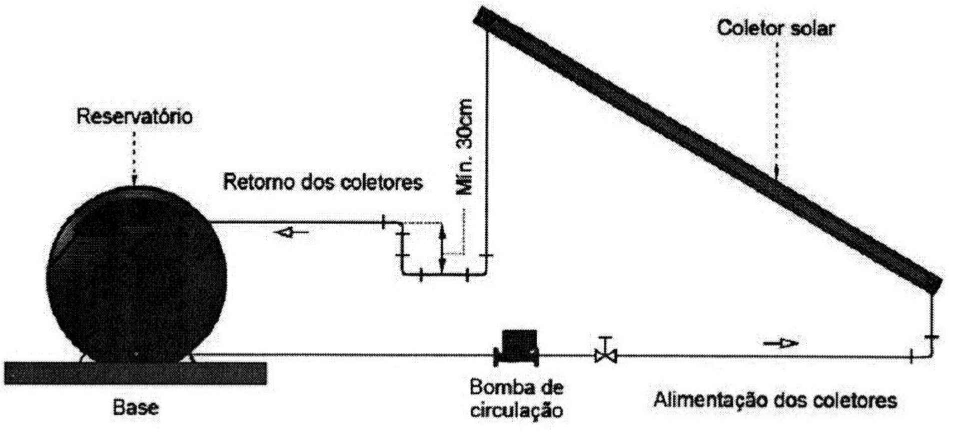

Figura 1.80 - Sistema de Aquecimento Solar com Bomba de Circulação Fonte: Fabricante HELIOTEK

Não é recomendada a conexão direta entre o reservatório térmico e a rede pública, em razão das variações de pressão que podem danificar o sistema. Para tanto, as caixas d'água direto se tornam um componente imprescindível (observar as alturas máximas recomendadas ou instalar conforme projeto). Em ambos os casos, a água utilizada deve ser tratada (controle de dureza e de outros elementos causadores de corrosão). Caso contrário, o Reservatório deve ter em seu interior um "ânodo de sacrifício" de forma a controlar a corrosão e deve ser substituído, no mínimo uma vez ao ano (ou conforme recomendado pelo fabricante).

De qualquer forma, para sua orientação, segue alguns valores limítrofes (de referência) para controle de qualidade da água inserida no sistema não cause danos:

- Dureza (controle de Cálcio): Máx. 500 mg/litro;
- Cloro: Máx. 2,0 mg/litro;
- PH (controle de acidez): Entre 6,0 e 9,5.

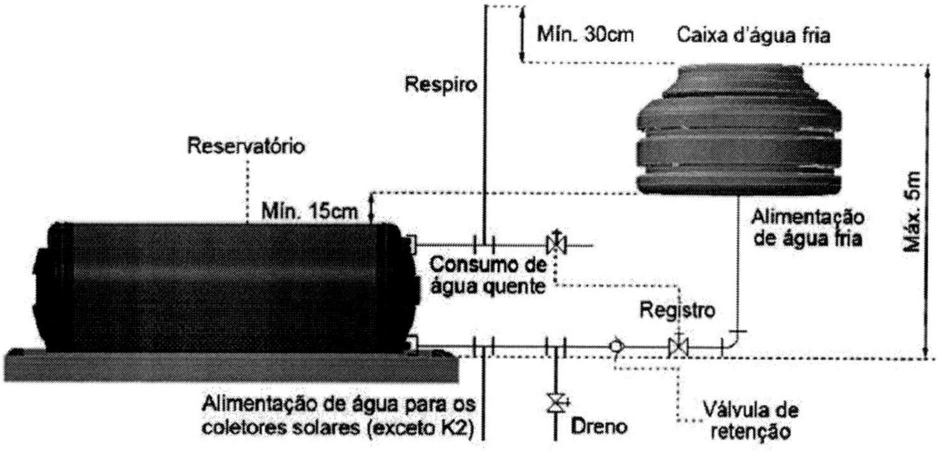

Figura 1.81 Sistema de Aquecimento Solar com uso de Caixa D'água. Fonte: Fabricante HELIOTEK

Outros componentes importantes e obrigatórios:

- No sistema de baixa pressão é obrigatório o uso do tubo de respiro ou elemento equivalente;
- Nos sistemas de alta pressão, é obrigatória a instalação de válvula de segurança;
- Observar a altura de desnível entre a base da caixa d´água e topo do reservatório térmico (seguir valor previsto em projeto);
- Na tubulação que vai para o ponto de consumo e próximo ao reservatório, observe se há o Tubo de Respiro (controle de pressão do sistema); Ver Figura 1.82.
- A utilização de Resistência Elétrica irá auxiliar para que a temperatura interna do reservatório seja mantida conforme projeto; (ver detalhado na Figura 1.82).
- O isolamento térmico na tubulação que vai até o ponto de consumo deve ser mantido sempre em condições. Qualquer dano deve ser reparado o mais rápido possível para que o sistema não tenha perda térmica (isso implica em perda de eficiência e aumento de custos de operação).

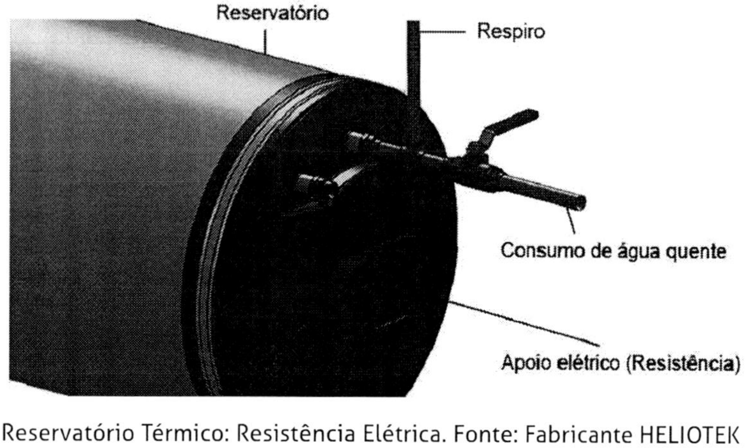

Figura 1.82 Detalhe do Reservatório Térmico: Resistência Elétrica. Fonte: Fabricante HELIOTEK

1.3.3. Energia Solar Fotovoltaica – Eletricidade

O conceito geral de Energia Solar para geração eletricidade, por meio fotovoltaico, *"ocorre pela conversão direta da luz solar em eletricidade por meio de células fotovoltaicas."*

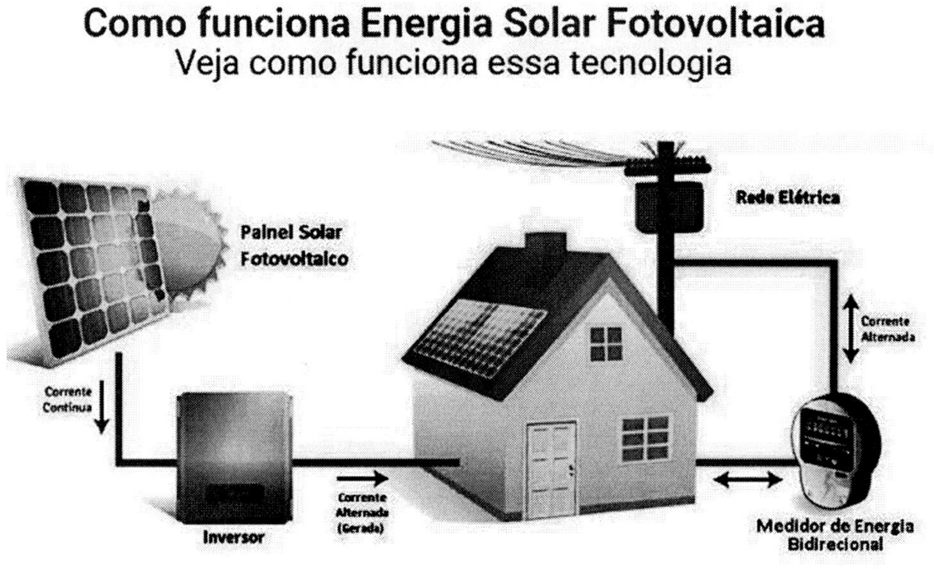

Figura 1.83 Esquema elétrico básico de uma Instalação de Painéis Fotovoltaicos para geração de Eletricidade. Fonte: https://mitratech.com.br

A partir da Figura 1.83 podemos observar o exemplo básico de um sistema completo de Energia Solar Fotovoltaico para geração de eletricidade. Conceitualmente temos: *"ao atingir os painéis, a luz solar interage com os átomos presentes, gerando assim o movimento dos elétrons que resulta na produção de uma corrente elétrica. Para que essa energia seja utilizável, é necessário converter a Corrente Contínua (CC) gerada pelos painéis solares, em Corrente Alternada (CA)."* Componentes Básicos dos Painéis Solares são: Inversor Solar, Células fotovoltaicas, Estruturas de Suporte/Fixação, String Box (ou caixa de junção – protege os módulos fotovoltaicos) e Cabos e demais conexões.

O Efeito Fotovoltaico ocorre quando *"a radiação solar incide sobre materiais semicondutores, como o silício, presentes nas células fotovoltaicas. E no momento desse contato é gerada uma corrente elétrica contínua (CC)."*

O componente do sistema denominado **Inversor Solar** (ou apenas por **Inversor**) é o responsável por essa conversão, o qual altera, por assim dizer, a corrente elétrica tornando-a apropriada para consumo em residências, edificações comerciais ou industriais e até as denominadas Usinas Solares que podem ser instaladas em terrenos planos. Vale destacar que mesmo em dias nublados, esse processo continua, embora de modo reduzido e um pouco mais lento do que o normal.

Bem, vamos abordar a seguir assuntos mais relevantes para a Gestão de *Facilities*. Aspectos gerais sobre a Instalação e Manutenção do Sistema Solar Fotovoltaico.

A Instalação de Sistema Solar Fotovoltaico tem necessariamente etapas, cada qual com a sua importância e detalhamento técnico proporcional ao Projeto do Sistema. Então, o escopo a seguir é para sua orientação. Com base nas informações, é necessário inserir outras informações a serem observadas – não menosprezar os aspectos relativos à Segurança do Trabalho em toda a fase dos serviços da instalação. O conjunto Conhecimento Técnico e Qualidade é fundamental para o sucesso e satisfação do Cliente final.

Etapas básicas da Instalação:

1. Avaliação do Local: Ocorre logo após receber a demanda do Cliente. Informações como a Potência Instalada (kW) a ser alimentada irá determinar a grandeza do projeto de energia solar necessária para

suprir a essa demanda. Outra avaliação diz respeito ao tipo de infraestrutura: Residencial, Comércio & Serviços ou Industrial. Na sequência, a posição solar do local – aqui vale ressaltar o estado, cidade e bairro. Sabemos das diferenças relacionadas ao clima e isso poderá fazer toda a diferença do sucesso do projeto. Definido o local, segue avaliação da superfície onde os painéis serão fixados bem como os demais componentes. Se em telhado, como é bem comum detalhes como: espaço necessário, inclinação do telhado; reforço na estrutura para suportar o peso dos equipamentos; obstáculos para captação solar entre outros aspectos característicos muito particulares da infraestrutura, uma vez que cada projeto tem suas particularidades. Como leigos, consideramos certa similaridade, mas devemos ficar atentos para não se deixar levar a pensar que "todo o projeto de energia solar é igual".

2. Projeto do Sistema Fotovoltaico: Obviamente, não tenho a expertise para um detalhamento completo do projeto. Isso é facilmente obtido em contato com empresas especializadas em energia solar. Contudo, a Gestão de Facilities precisa estar atenta a certos detalhes, principalmente na definição da empresa de Projeto e Instalação. Aqui cabe uma observação, é de que seja a mesma empresa. Ao contrário, se a empresa definida para projeto subcontrata outra para execução ocorrem certos riscos. As responsabilidades passam a ser divididas, e desta forma gerenciar o projeto para evitar problemas tais como, falha de comunicação, de execução e principalmente da qualidade. Somam-se aspectos de segurança, tais como, não utilizar EPIs obrigatórios – acidentes de trabalho, principalmente se o serviço for considerado "em altura" (NR35), tem uma grande probabilidade de perda de vida. Outra questão que envolve terceirização diz respeito aos danos em componentes durante a instalação, como quedas, montagem errada ou as temidas montagens enjambradas, causando falhas de rendimento ou mau funcionamento. Finalmente, entendo necessário aplicar a "Gestão de Projetos" e seus padrões estabelecidos. Essa gestão visa mitigar os problemas, principalmente se a instalação for de grande porte – é um projeto muito específico, pois considera a quantidade de painéis necessários, a capacidade de geração de energia requerida e a disposição mais adequada dos componentes. Toda atenção é requerida.

3. Instalação dos Painéis Solares e Conexões Elétricas: Nesta etapa, é obrigatório observar e seguir os itens das normas aplicáveis, como foi visto anteriormente. O Responsável pelo planejamento e execução deve seguir todas as diretrizes com rigor e fiscalizar a obra não só a execução por si só, mas a Limpeza & Organização do local (seguir técnica 5Ss); equipe devidamente autorizada, uniformizada, identificada e com EPIs; ferramentas de trabalho adequadas; documentação permitindo a atividade (Permissão de Trabalho) etc. Ainda, as frequências predeterminadas devem manter reuniões com a Gestão de Facilities para avaliação do andamento dos serviços. Certamente haverá imprevistos, mas esses devem ser gerenciados causando o menor impacto tanto em custos adicionais, como prazo de execução. Faz parte desta etapa a fixação do sistema na superfície definida seja no telhado ou em suportes no solo – em acordo com o projeto. A partir disso, iniciam os serviços de conexões elétricas entre Painéis Fotovoltaicos e demais dispositivos do sistema o qual é conectado à rede elétrica da edificação ou a um sistema de armazenamento de energia, como baterias. Em geral, é bom ter um container para guardar materiais e ferramental na obra, bem como uma caçamba para descarte. Lembrando ao caro leitor que isso é um breve resumo para sua orientação, pois a fase de instalação possui inúmeros detalhes técnicos.

4. Testes e Entrega Técnica: novamente toda atenção se faz necessária após o final dos serviços de instalação. Antes dos testes, é importante inspecionar visualmente toda a instalação em busca de anomalias, tais como componentes mal instalados, sujidade, restos de materiais não descartados etc. Feito isso, verificar a presença dos envolvidos no projeto e Cliente final para acompanhar todas as fases dos testes. Provavelmente, há um documento com instruções para execução dos testes (chamamos de "passo a passo" no jargão comum em ambiente fabril). Lembre-se, qualquer erro poderá causar danos ao sistema. Fase de testes concluída tem início a Entrega Técnica para o Cliente final. A documentação entregue deve conter todas as especificações técnicas do sistema e, se necessário, deve-se programar treinamento para o usuário, pois antes da utilização o sistema precisa ser testado para garantir que está funcionando

corretamente. A fase de teste serve para a certificação de desempenho com o propósito de assegurar a eficiência e a segurança do sistema.

5. Registro e regularização nos órgãos competentes: Caso não tenha sido feita a regularização do Sistema Solar instalado, antes de entrar em operação se faz ser necessário realizar o registro do sistema junto às autoridades competentes ou à concessionária de energia para garantir que a instalação esteja conforme as normas e as regulamentações locais. Toda a documentação pertinente deve ser mantida para futuras inspeções e/ou auditorias. Caso a instalação não esteja regulamentada e aprovada por órgãos públicos, corre o risco de embargo e até em último caso, a desmontagem e retirada de todo o sistema.

6. Manutenção e monitoramento contínuo: Sendo mais uma das utilidades instaladas na edificação, a Gestão de Facilities deverá determinar o planejamento da manutenção periódica do sistema para garantir seu funcionamento adequado, evitar desgaste prematuro e eficiência do sistema. O monitoramento regular da produção de energia também serve para identificar e corrigir eventuais problemas.

ATENÇÃO: É válido ressaltar que a instalação de um sistema de energia solar, normalmente, é realizada por empresas especializadas e profissionais qualificados – Documentação de comprovação da qualificação, registros e demais documentos devem ser exigidos antes da contratação.

1.3.4. Aspectos Gerais sobre Manutenção Preventiva e Preditiva

Em razão da necessidade de uma *expertise* exclusiva, provavelmente a Gestão de Facilities irá optar por contratação de manutenção terceirizada, seja com a empresa que projetou e/ou instalou o sistema ou ainda de uma empresa especializada em revisão de sistemas solares. Contudo, é importante ter conhecimento de pontos críticos a serem verificados em frequências determinadas por equipe própria. A inspeção visual auxilia na identificação de anormalidades. Cada vez mais utilizada, a energia solar tende a fazer parte de rotinas de inspeção por parte dos técnicos e, portanto, as edificações devem obrigatoriamente passar por avaliações prévias antes, durante e após a instalação. Aqui uma questão importante, diz respeito à avaliação climática localizada da edificação. Se for propensa a vendavais fortes, com ventos já acima de 60 km/h os cuidados passam a ser redobrados. Outra questão diz respeito às condições de infraestrutura civil e elétrica – uma construção antiga precisa necessariamente de avaliação e se necessário reformas estruturais para suportar placas e demais componentes da instalação.

Os tipos de manutenção não fogem a regra utilizada para o maquinário e utilidades, bem conhecidas e já tratados em várias literaturas: Preventiva e se aplicável, a Preditiva.

Para efeito de conhecimento geral e exemplo para a sua avaliação, vamos abordar um projeto e instalação de Sistema de Energia Solar Fotovoltaica. Reforço ao caro leitor sobre o fato de que cada instalação tem particularidades específicas e dessa forma o que veremos a seguir é para sua orientação.

Antes de iniciar quero citar outra Norma a ser observada tanto na Instalação, quanto na execução da manutenção, uma vez que se trata de serviços em altura (em sua maioria) telhados e/ou superfícies altas. Propositalmente não citei antes com as demais, trata-se da **NR 35.**

ABNT NBR 35 – Trabalho em altura. Última atualização no ano de 2024.
"Esta Norma estabelece os requisitos e as medidas de prevenção para o trabalho em altura, envolvendo o planejamento, a organização e a execução, de forma a garantir a segurança e a saúde dos trabalhadores envolvidos direta ou indiretamente com esta atividade." A norma determina que além de ser realizado sob supervisão (necessidade das conhecidas AR – Análise de Risco e PT – Permissão de Trabalho), todo trabalho em altura deve ser planejado, organizado e sob vigilância em todo o tempo de execução. Portanto, a Gestão de *Facilities* NÃO deve permitir

qualquer intervenção no Sistema Solar Fotovoltaico instalado em níveis superiores (telhado) sem que sejam observadas todas as obrigatoriedades que constam na NR35.

Breve Introdução

Assim como as demais utilidades existentes numa infraestrutura comercial ou industrial, a manutenção do Sistema de Energia Solar é indispensável para garantir funcionamento e longa durabilidade (aumento da vida útil) e disponibilidade dos equipamentos/componentes, mitigar as perdas de geração elétrica e maximizar os ganhos financeiros com a tecnologia. Como o sistema fotovoltaico fica sujeito às intempéries do tempo, ocorre o desgaste natural assim como qualquer outro equipamento, especialmente as placas solares fixadas sobre superfícies em altura e que ficam expostas às mais diversas condições climáticas e ao acúmulo de sujeira.

Costumo enfatizar que a Limpeza (eliminar toda a sujidade sob os equipamentos e componentes devido ao acúmulo de poeira, principalmente aquelas instaladas em grandes centros urbanizados, onde há poluição significativa) é muito importante, tanto quanto as Revisões Técnicas (ajustes e troca de sobressalentes) principalmente aquelas relacionadas às placas solares, as quais podem apresentar perda significativa na geração em pouco tempo. No longo prazo, a falta de manutenção pode acelerar a deterioração dos equipamentos fotovoltaicos, resultando em falhas ou até perdas, ocasionando altos custos em manutenção corretiva (executada após a falha).

1.3.5. Planos de Manutenção Preventiva

Limpeza: Estando os Painéis instalados externamente da Edificação, na maioria das vezes, podemos contar com a ação das chuvas, a qual fará a eliminação da sujidade (poeira e fuligem) superficial dos painéis. A instalação, em geral, possui inclinação aproximada de ~15° ou mais, o que facilita que a água da chuva escorra sobre o painel e assim remova-o parcialmente (chamamos no popular de "grosso" da sujidade). No entanto, não é sempre que essa solução natural está disponível, como durante as estações secas ou em regiões de poucas chuvas. Então, a Limpeza Técnica se faz necessário, pois coloca em risco o rendimento de captação solar e o sistema como um todo. As perdas de rendimento podem chegar à cerca de até ~25% em alguns casos – percentual fornecido Laboratório Nacional de Energias Renováveis dos Estados Unidos (NREL). Já as empresas de projeto e instalação relatam perdas em torno de até ~30% – sendo a situação de usuários que não executam limpeza regular e/ou em locais onde os períodos de chuvas são raros.

Manutenção Preventiva: O plano deve seguir às recomendações do fabricante. Se necessário, devem ser inseridas outras tarefas seguindo fatores como: características específicas de montagem; experiência a partir de projetos similares; falhas observadas pelos técnicos de manutenção em outras instalações; fatores climáticos da região onde o sistema foi instalado; outros. Importante frisar sobre a necessidade dos técnicos ao executar as tarefas, utilizando ferramental adequado e se aplicável, levar consigo os sobressalentes a serem substituídos.

- Higienização de Componentes do Sistema (Limpeza Técnica) – A frequências predeterminadas limpar os componentes elétricos (Inversor Solar, Módulos Eletrônicos, String Box, Conectores etc.) e componentes mecânicos (suportes e demais estruturas de fixação).

  Frequência Recomendada é Anual. Em locais em que há escassez de chuvas, considerar frequência Semestral. Se for identificada sujidade e/ou acúmulo de poeira e/ou ainda detritos em que a frequência Anual ou Semestral não forem eficientes, recomendo análise de crítica por parte da Gestão de Facilities.

- Inspeção Visual – inspecionar visualmente todo o conjunto, com foco nas Placas Solares, onde é possível detectar indícios de danos (numa fase inicial), tais como, arranhões, manchas e até rachaduras. Pode ser executada durante a etapa de higienização.

Frequência Recomendada é Mensal. A Gestão de Facilities tem em seu Plano Preventivo, Rotinas de Inspeção que incluem diversas utilidades. Há rotinas de inspeção diárias e semanais. O Sistema Solar pode iniciar com uma frequência diária ou semanal. Contudo, se a condição não sofreu alterações significativas poderá passar, por exemplo, com frequência Bimestral.

- Reparo e/ou Substituição de Componentes – Executar reparos identificados na 2.1.2. Substituir componentes do sistema danificados (que não puderam ser reparados) e/ou substituição por fim da vida útil e/ou "queima" de componente eletroeletrônico.

ATENÇÃO – Para essas tarefas, se a instalação estiver em telhado ou "em altura", observar as normas de segurança citadas anteriormente.

Manutenção Preditiva: Uma análise de riscos é recomendável para a implementação deste tipo de manutenção. Possivelmente a Manutenção Preventiva é suficiente. Mas, se a instalação for de grande porte e é considerada crítica para o sistema energético da Edificação, podemos considerar como necessária a Preditiva.

- Análise Termográfica (ou "Termografia") – Tendo em vista a existência de painéis de comando, contatos e demais componentes elétricos, é recomendável inserir o Sistema Solar no Roteiro da Inspeção Termográfica – Em caso de registro de anomalia, ações corretivas deverão ser executadas. Ponto Crítico do sistema: terminais dos cabos de Baixa Tensão CC (String Box e Inversor).

  Frequência Recomendada é Semestral. Novamente cito o fato de que a Gestão de Facilities pode determinar outra frequência se entender que esta Utilidade é muito crítica para a Edificação. Ao contrário, poderá ter uma frequência "Anual", tal qual boa parte das inspeções termográficas em Indústrias.

- Software de Monitoramento – nos casos em que a Instalação do Sistema Solar possuir hardware e software de gestão para monitoramento da geração de eletricidade integrado com Inversor, este sistema computadorizado pode ser considerado como técnica de monitoramento da condição. Portanto, consideramos como um dos tipos de Manutenção Preditiva. Os relatórios devem ser analisados e quaisquer anomalias devem ser diagnosticadas e ações corretivas devem ser programadas.

Importante ressaltar o fato de que à medida que os painéis ficam mais "sujos", proporcionalmente sua produção de energia elétrica diminui. De acordo com os fabricantes *"uma pequena quantidade de sujeira, por exemplo, uma camada fina de poeira, poderá causar apenas uma pequena perda na produção de energia do painel fotovoltaico, chegando até 5%.". "A perda de produção poderá chegar a 20%,* quando a situação de sujidade para "encardido", quando a instalação está em um grande centro urbano que com altos índices de poluição ou área agrícola ou ainda em local que não recebe chuvas regulares".

Tarefas do Plano de Manutenção Preventiva: A seguir, para sua orientação, descrevo algumas tarefas a partir de cada componente do Sistema Solar Fotovoltaico.

Estrutura de Fixação

- Verificar pontos de oxidação e/ou alinhamento da mesa e grampos de fixação;
- Verificar aperto (torque) dos parafusos e demais conexões;
- Verificar Sistema de Aterramento.

String Box

- Verificar Conectores dos Cabos DC e de Entrada e "prensa cabos";
- Verificar apertos terminais e isolamento termo retrátil;
- Verificar Aterramento.

Cabos e Conectores
- Verificar Conectores MC4 da String Box;
- Executar Testes de Isolação dos Cabos de Baixa Tensão (CC).

Inversor
- Verificar pás do ventilador (sujidade), grade, trocador de calor e filtro;
- Verificar instalação do Inversor em relação a danos aparentes;
- Medir Tensão e comparar com valores padrões (Multímetro);
- Verificar integridade de cabos e prensa cabos

Placas fotovoltaicas
- Verificar, visualmente, as Células Solares e o surgimento de rachaduras, bolhas e pontos de oxidação;
- Verificar a Proteção (vidro) e moldura;
- Verificar isolamento e conexão dos cabos;
- Verificar Caixa de Conexão e Diodo "By Pass";

Comentários Gerais sobre a Manutenção do Sistema Solar

O Painel Solar Fotovoltaico, referido neste capítulo, está relacionado ao de edificações, instalações comerciais e/ou industriais – mas pode auxiliar em instalações consideradas *Usinas Solares. O sistema solar residencial tem outras características, principalmente, relacionadas às fases de Aquisição, Entrega e Conservação e não abordados.

Para a execução da Higienização ou (Limpeza Técnica) todo o sistema NÃO deve estar alimentado por eletricidade. Este desligamento deve ser feito por um técnico especializado (Observar NR10).

Os fabricantes recomendam muito cuidado em relação à pressão excessiva sobre os painéis – caso a limpeza seja realizada com rodo, seja com lâmina de plástico ou de esponja. NÃO recomendam uso de água através de mangueiras, pois o ideal é que a água escorra sob o painel. As empresas de manutenção dos Sistemas Solares possuem equipamentos especiais, tais como vassouras vazadas para passagem de mangueiras até as cerdas e contendo extensores. Os fabricantes recomendam horários do dia mais próximo ao início do dia, pela manhã (o orvalho era "amolecido" à sujidade, facilitando o processo de limpeza) ou a noite – ideal em dias nublados. Em hipótese alguma é permitido o uso de produtos de limpeza abrasivos – o ideal é apenas água corrente. Qualquer dano ao painel, por exemplo, que afete a camada antirreflexo dos módulos ou até em casos mais graves como remoção desta camada, irá comprometer seriamente a eficiência do sistema.

A implementação da Manutenção Preventiva e Preditiva irá proporcionar uma vida útil superior (*"Os painéis até ~25 anos, enquanto o Inversor até ~15anos"* – dados fornecidos por acordo com fabricantes); percentuais de Disponibilidade do sistema dentro do estimado e obviamente, maior eficiência no rendimento na geração de eletricidade, além de proporcionar uma amortização do Investimento dentro do previsto.

Sobre valores de aquisição e ganhos financeiros, bem como legislação aplicada ao setor de energia solar etc., o caro Leitor pode obter adquirindo o Livro **"Energia – Eficiência & Alternativas" – 3ª Edição – Editora Ciência Moderna.**

Mais informações sobre Energia Solar, o caro Leitor poderá acessar:
www.portalsolar.com.br/energia-solar
http://www.aneel.gov.br
www.portalsolar.com.br/tudo-sobre-a-manutencao-do-painel-solar

*Usinas Solares são grandes instalações que geram eletricidade para abastecer uma rede elétrica. Existem dois tipos de usinas solares: as Fotovoltaicas (utiliza placas solares para converter a luz solar em energia elétrica) e as Termossolares (utiliza "espelhos" para concentrar a luz solar em um reservatório de água). As maiores Usinas Solares do Brasil estão localizadas em Minas Gerais, Bahia, Ceará, Paraíba, Pernambuco, Piauí, Rio Grande do Norte, São Paulo e Tocantins.

1.4. Resfriamento de Água: Torres Industriais

Introdução

É uma das utilidades mais presentes nas edificações industriais. Portanto, pretendo repassar ao Caro Leitor conhecimentos básicos sobre o Sistema de Resfriamento de Água, seus principais equipamentos e características técnicas. Em geral, este sistema é afastado da edificação, então uma rotina diária de inspeção é adequada. As equipes de manutenção focam suas ações em equipamentos de geração térmica, mas a refrigeração da água e todos os seus equipamentos operam a céu aberto e sua vida útil e depende das intervenções: Limpeza e Manutenção. Portanto, espero que sejam úteis os assuntos a serem abordados a seguir.

A obtenção de valores mínimos de temperatura da água é diretamente proporcional às condições climáticas. A temperatura do bulbo úmido (TBU) dá início ao dimensionamento da torre a ser selecionada, isto é, quanto de calor o ar pode se retirar de uma certa massa de água a ele exposta.

Para melhor entendimento, peguemos o exemplo de um termômetro convencional de mercúrio com seu bulbo envolto por algodão embebido em água. Se fizermos o ar passar através desse bulbo, notaremos um abaixamento da temperatura marcada, pois há uma perda de energia no bulbo, equivalente ao calor latente de evaporação de uma parcela da água que envolve o bulbo do termômetro. Se a umidade relativa ambiente é de 100%, a temperatura do bulbo úmido é igual à temperatura do bulbo seco (ambiente), pois neste caso não há evaporação de água.

Para umidades relativas mais baixas temos, obviamente, TBU com valores mais baixos e é por esta razão que é obtido o resfriamento de água, com temperatura abaixo da temperatura ambiente.

Teoricamente, o limite da temperatura de água fria é a TBU. Na prática, recomenda-se uma folga de 3ºC, ou seja, se uma determinada região à TBU é de 23ºC, a mínima temperatura de água fria deverá estar situada em aproximadamente ~26ºC.

Resfriamento de Água: Sistema Aberto

Neste sistema a água é captada da fonte, circula pelo processo de resfriamento e é descartada ao final (sendo a temperatura do líquido mais alta). Isso é possível quando existe alta disponibilidade de água e sua temperatura é satisfaz as necessidades do processo.

No sistema aberto não há tratamento químico da água, pois seriam de alto custo, uma vez que os volumes são altos. O residual deste processo não é adequado para locais, cuja temperatura da água não venha a prejudicar o meio ambiente (poluição térmica). Por isso, sua aplicação se restringe a locais próximos a fontes abundantes, tais como instalações móveis em alto-mar (plataformas de petróleo), é um dos exemplos de aplicação.

Resfriamento de Água: Sistema Semiaberto.

Este modelo é utilizado quando existe uma demanda elevada por parte do processo, mas disponibilidade de água é limitada, principalmente em locais onde a qualidade da mesma está comprometida.

Após passar pelos equipamentos de troca térmica que devem ser resfriados, a água então aquecida circula através de uma instalação de resfriamento (torre, lagoa, "spray", etc.) para reduzir sua temperatura e tornar-se própria para o reuso. Este sistema apresenta um custo inicial elevado, porém resolve o problema de eventual escassez de água, possibilita menor volume de captação e evita o transtorno da poluição térmica. Também pode ser submetido a um tratamento químico adequado, capaz de manter o sistema em condições operacionais satisfatórias e, com isto, podem-se reduzir os custos operacionais do processo.

Alguns exemplos deste sistema são as diversas disposições de Torres de Esfriamento, condensadores evaporativos e "spray-ponds" (reservatórios onde a água a ser resfriada é pulverizada e resfriada naturalmente pelo próprio ar que a circunda).

Resfriamento de Água: Sistemas Fechados

Este arranjo geralmente é aplicado em processos nos quais a água deve ser mantida em temperaturas menores (ou maiores) do que as que se obtêm pelos sistemas semiabertos. Neste sistema, a água é resfriada em um Trocador de Calor, mas não entra em contato com o fluido de resfriamento.

Um exemplo bem conhecido de Sistema Fechado são os Radiadores de Motores a Combustão Interna (automóveis, caminhões, tratores, máquinas estacionárias etc.) e algumas instalações para condicionamento de ar e de refrigeração.

Na figura 1.83, são demonstrados estes três tipos de sistemas de resfriamento:

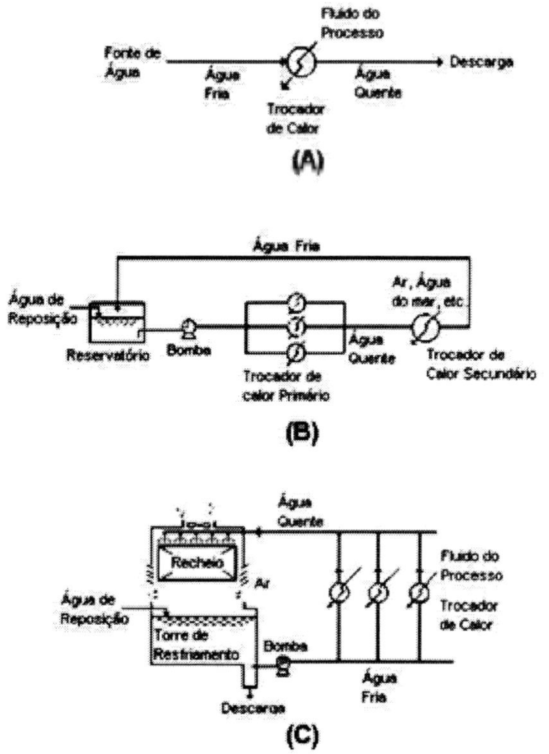

Figura 1.84 Ilustração dos SISTEMAS DE RESFRIAMENTO: A) Aberto; B) Fechado; C)Semiaberto.. Fonte: http://www.tratamentodeagua.com.br

Nota: Muitas vezes, os termos "Resfriamento" e "Refrigeração" são utilizados como sinônimos, mas não são. "Resfriamento" indica redução de temperatura a qualquer intervalo. Já a "Refrigeração" se refere, especificamente, à redução de temperatura a valores abaixo de zero graus Celsius (0ºC).

Processos que exigem Resfriamento de Água

Os processos industriais necessitam de resfriamento de água seja em equipamentos de produção e/ou para utilidades. Entre estes processos, estão:

- Processo em Siderúrgicas, Metalúrgicas, Fundições, Operações de Usinagens, Fornos, Injeção de Plásticos etc.;
- Processos para Obtenção de Produtos Químicos ou Bioquímicos;
- Resfriamento de Utilidades, tais como Grupos Geradores, Compressores, Centrais de Ar Condicionado etc.;
- Usinas Nucleares (Reatores);
- Condensação de vapores em operações de destilação e evaporadores, colunas barométricas, descargas de turbinas de instalações termelétricas e nucleares, etc.
- Arrefecimento de mancais, rotores etc. de diversos equipamentos com sistemas mecânicos móveis.
- Outros.

1.4.1 As Torres de Resfriamento

Existem vários modelos, disposições e aplicações de acordo como o processo, temperaturas e demais características técnicas.

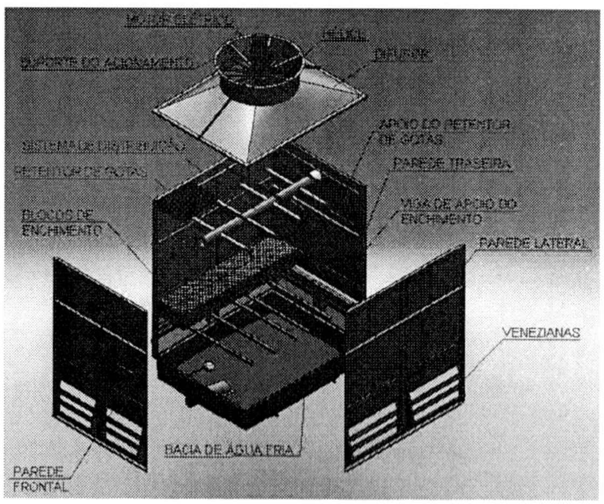

Figura 1.85 - Figura 1.86 Modelo Clássico de Torre de Resfriamento de Água (Tiragem Induzida e Fluxo Contracorrente). Na Fig. 1.59 observamos uma "vista explodida" deste modelo. Fonte: Fabricantes ALPINA e ALFATERM.

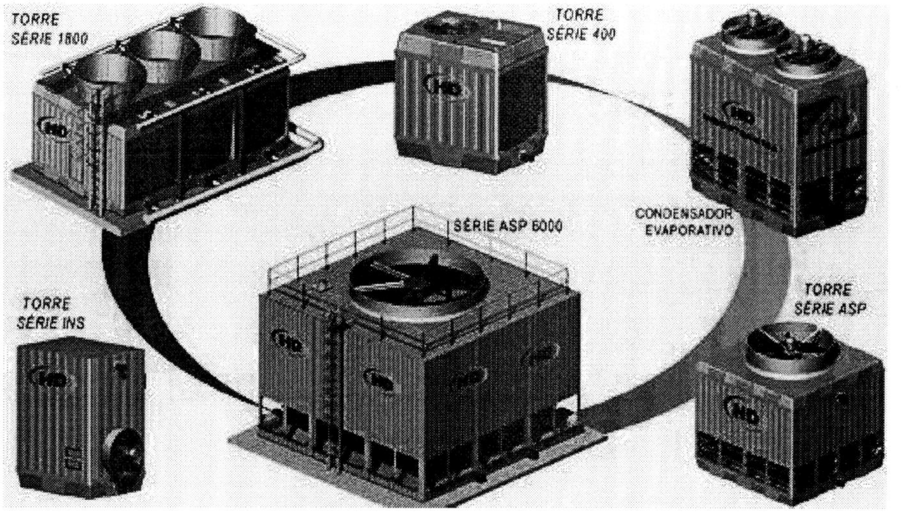

Figura 1.87 Outros Modelos de Torres de Resfriamento de Água. Fonte: Fabricante HD, http://www.hd.ind.br

O resfriamento da água ocorre por dois processos distintos:

1. Convecção: transferência de calor sensível, isto é, em razão do contato com o ar a uma temperatura mais baixa. Normalmente, este fenômeno é responsável por cerca de apenas 20% do calor transferido.

2. Evaporação: transferência de calor latente de certa quantidade de água, devido à menor concentração desta no ar circundante (umidade); responsável por aproximadamente 80% da transferência total de calor da operação.Para entender esse fenômeno, cito um exemplo quotidiano: Quando saímos da piscina, temos a sensação repentina de frio, pois vaporiza parte da água impregnada na sua pele.

Pelo fato de os dois mecanismos de transferência serem dependentes da dimensão da área de troca térmica, quanto maior a superfície de contato da água com o ar, melhor. A temperatura mínima obtida nos sistemas de resfriamento de água pode até sermenor que a temperatura ambiente, dependendo da Umidade Relativa do Ar e da eficiência do sistema.

A Temperatura de Bulbo Úmido (TBU), repetindo, é determinada colocando-se um pedaço de gaze umidificada (ou algodão) em volta do bulbo de um termômetro, fazendo-se passar pelo mesmo o ar a uma certa velocidade. A água evapora e retira calor da água que ficou na gaze, provocando o abaixamento da temperatura.

A diferença entre a temperatura da água resfriada e a TBU é denominada por *Approach* e pode, inclusive, ser usada para avaliar a eficiência de um sistema de resfriamento: quanto mais próxima da TBU estiver a temperatura da água resfriada, maior será a eficiência da instalação.

Quando os valores de *Aproach* forem maiores do que 10°C, indicam ineficiência no sistema de resfriamento. As causas podem ser por erro de projeto, falhas técnicas (obstruções, entupimento etc.). Valores máximos aceitáveis para o *Aproach* ficam entre 5°C e 6 °C, de acordo com literaturas técnicas sobre este assunto.

Já o *Range* é diferença entre a temperatura da água quente (alimentação da torre) e a temperatura água de saída da torre. O *Range* varia conforme as condições climáticas e a vazão da água de resfriamento na torre.

Aspectos operacionais das Torres de Resfriamento

O desempenho das Torres varia, entre outros fatores, da Temperatura Ambiente, Umidade Relativa do Ar e TBU. No inverno, a temperatura do ar cai e a temperatura de saída da água também, caso a carga térmica seja mantida constante. Por esta razão que nesta estação são os meses mais recomendáveis para a realização da manutenção preventiva, grandes reparos, melhorias ou mesmo ampliações. A condição climática auxilia e muito a eficiência da torre, permitindo que se consiga a mesma carga térmica, com menos equipamentos em operação.

Portanto, nos meses mais frios, para manter a temperatura da água de saída constante, a vazão da água que recircula no sistema de refrigeração é reduzida. Ao contrário, nos períodos de dias quentes, a temperatura de saída da água aumenta e, neste caso, aumenta se a vazão de água no sistema, visando compensar o aumento de temperatura. Em países de clima quente como o Brasil, os principais problemas de queda de desempenho na operação de torres de resfriamento ocorrem durante o verão. Outro fator a considerar é a direção dos ventos. Fontes de calor próximas às torres de resfriamento são extremamente prejudiciais à eficiência, por esta razão estas instalações são projetadas para funcionarem acima das edificações.

Outros fatores a considerar são os problemas de Recirculação e Interferência. A Recirculação ocorre quando o ar quente e úmido que deixa o sistema contamina o ar que entra. Isso acontece devido à direção dos ventos, dificuldades de dispersão do ar de saída e formação de neblina. Já a Interferência ocorre quando a ar que sai contamina o ar de entrada de outra torre localizada próxima à direção dos ventos.

A formação de neblina (conhecida pelo termo *"Fog"*) ocorre quando parte do vapor de água que sai da torre condensa em pequenas gotas, devido ao contato com o ar ambiente mais frios tornando-se o ar supersaturado. A formação de neblina ocorre com mais frequência no inverno, dificultando a dispersão do ar quente que sai da torre.

Dimensionamento e potência das Torres

A seleção ocorre a partir de especificações que dependem da carga térmica e divergem em tamanhos e de um grande número de variáveis, por exemplo:

- Aumentando-se o volume de resfriamento e mantendo-se o mesmo tipo de enchimento, aumenta-se a dimensão externa da torre. Com isto, necessita-se uma menor vazão de ar, resultando, portanto, em menor consumo do ventilador.
- Mantendo-se a mesma área molhada do enchimento e alterando-se o tipo de enchimento, as dimensões de torre podem diminuir ou aumentar. Caso as dimensões aumentem, isto significa que o enchimento é mais aberto á passagem doar, resistência à passagem do ar menor, diminui o consumo do ventilador.
- Aumentando-se a vazão de ar, pode-se diminuir o volume de resfriamento da torre. Neste caso, normalmente, o consumo do ventilador aumentará.

Especificação para aquisição de Torres

Além dos dados de projeto e performance, são indicados materiais, detalhes estruturais, layout, considerações sobre a área de instalação, garantias requeridas, bem como o método de avaliação que será empregado, indicando os custos operacionais e de energia, período de amortização etc. Seguem alguns itens a especificar no processo de aquisição:

1. Descrição do serviço (qual processo será beneficiado pelo resfriamento).
2. Carga térmica total.
3. Vazões: de entrada (a ser resfriada) e de saída (retorno ao processo)
4. Temperatura de água fria.
5. Temperatura de água quente.
6. Temperatura de bulbo úmido.
7. Altura manométrica permissível.
8. Dados dos parâmetros da água de entrada (que saí do processo e vai para torre).
9. Velocidade média e direção dos ventos.
10. Velocidade dos ventos local, para efeito de resistência de torre.
11. Temperatura local da instalação e intempéries previstas (temporais, raios etc.).

12. Especificação da intensidade do som (nível de ruído em decibéis).
13. Modelo de Torre.
14. Materiais básicos-estrutura, enchimento, fechamento.
15. Especificação e acabamento dos materiais construtivos.
16. Tratamento da água (especificações e parâmetros de controle).
17. Tipo de bacia de coleta de água fria e profundidade.
18. Material dos ventiladores e número mínimo de pás.
19. Especificação de performance dos ventiladores.
20. Descrição do motor (especificar se de uma ou duas velocidades).
21. Sistema de proteção contra vibração.
22. Outros sistemas de proteção elétrica.
23. Dispositivos para movimentação do equipamento mecânico.
24. Custos unitários para avaliação econômica.
25. Teste de performance.
26. Planta do local de instalação.
27. Área de armazenagem.
28. Sistema de transporte e acesso.
29. Facilidades colocadas à disposição pelo comprador.
30. Prazo de entrega e montagem.
31. Termos e condições de venda, garantia e treinamento.

Avaliação econômica básica

Numa análise de cotações de vários concorrentes deve-se, além do valor do investimento inicial, levar em conta outros fatores, entre os quais se destacam:

a) Valor do investimento:

1. Valor total da torre montada, incluindo motores.
2. Bacia de coleta de água fria instalada, incluindo caixa de coleta e peneira.
3. Instalação das bombas e demais componentes.
4. Sistema Elétrico: cabos, fiação, painel de comando, chaves de partida e controles.
5. Tubulação hidráulica de entrada e retorno, linha de alimentação, dreno, incluindo válvulas, tanto de fechamento, como as de controle de vazão etc.

b) Custos operacionais

1. Custo da energia elétrica para ventiladores e bombas;
2. Tarifa de demanda: potência instalada (kW).
3. Custo de amortização de investimento e prazo.
4. Custos de manutenção.

Estes dados irão ajudar a determinar o período de amortização, e o método segue padrões da própria organização. Consulte área financeira.

1.4.2 As Incrustações e Depósitos de Materiais

A água encontrada na natureza nunca é pura, apresentando uma vasta gama de substâncias dissolvidas. Muitas destas substâncias são sais, óxidos e hidróxidos e apresentam solubilidades diferentes, sendo influenciadas basicamente pela temperatura, concentração e pH. Com a evaporação da água em um sistema de resfriamento, há um aumento na concentração das substâncias dissolvidas que, muitas vezes, podem se precipitar de forma aderente nas superfícies dos equipamentos (principalmente nas regiões de troca térmica), constituindo as incrustações. Outras substâncias também podem se incrustar indesejavelmente nesses sistemas, tais como: material orgânico (óleos, graxas, resíduos), lodo e acúmulo de material microbiológico, produtos de corrosão, sólidos em suspensão (argila, etc.), bem como produtos insolúveis originados de reações químicas na água (incluindo excesso de produtos para condicionamento químico).

As consequências da presença de incrustações em circuitos de resfriamento são:

- Diminuição das taxas de troca de calor nos trocadores, devido à baixa condutividade térmica das incrustações;
- Obstrução ou destruição do enchimento (chamado de "colmeias") das torres;
- Obstrução (parcial ou total) de tubulações e acessórios, restringindo a área de fluxo e, consequentemente, limitando a vazão e diminuindo a eficiência do equipamento;
- Aumento dos processos corrosivos. As substâncias formadoras de incrustações (sais em sua maioria), ao terem seus limites de solubilidade ultrapassados, iniciam uma precipitação sob a forma de pequenos cristais.

Os principais responsáveis pela formação de incrustações inorgânicas em sistemas de resfriamento são:

- Sais de Cálcio e Magnésio (corresponde a Dureza);
- Sílica solúvel e silicatos de vários cátions. A Sílica é oriunda da dissolução de parte da própria areia e rochas com as quais a água mantém contato;
- Óxidos de ferro de outros metais, originado principalmente de processos corrosivos.

Em relação à deposição do material, seguem as diferenças entre os termos "depósito" e "incrustação":

- Depósitos: são acúmulos de materiais sobre determinada superfície, facilmente removíveis. Em geral ocorrem em locais com baixa velocidade de circulação de água ou nas extremidades inferiores dos equipamentos. Prejudicam a troca térmica e o escoamento da água. Os materiais orgânicos, resultantes do desenvolvimento microbiológico e material em suspensão, formam depósitos nas superfícies.
- Incrustações: são acúmulos aderidos sobre uma superfície, mas de difícil remoção, necessitando processos de limpeza mecânica e/ou química. São formadas a partir da precipitação de sais e/ou óxidos na forma cristalina que geram incrustações altamente coesas e aderidas.

Figura 1.88 Figura à esquerda é a tubulação, com Incrustação, de um Condensador Evaporativo. Figura à direita, a mesma tubulação, mas após passar por uma limpeza química.. Fonte: não informada.

Figura 1.89 Exemplos de Incrustações por Carbonato de Cálcio. A esquerda, formadas no lado por onde circula a água de um Condensador. Na Fig. à direita, em um Trocador de Calor (Tubo de Cobre). Fonte: não informada.

1.4.3 A Corrosão e suas Consequências

Definição

É a "*destruição da estrutura de um metal através de reações químicas e/ou eletroquímicas com o ambiente em que o mesmo se encontra*". Em outras palavras, "*é uma forma natural dos metais voltarem ao estado original em que eram encontrados na natureza, tais como nos minérios*".

Assim como as Incrustações, os processos corrosivos são sérios problemas a serem tratados, caso não sejam solucionados em estágios iniciais. O baixo rendimento das Torres afeta os sistemas que dela depende. Por isso, a manutenção preventiva se torna fundamental para evitar a interrupção de atividades industriais ou de serviços. Há fontes que indicam que a Petrobrás chega a perder um navio petroleiro a cada cinco anos, devido aos processos corrosivos. Certamente, em sua unidade organizacional há bons exemplos onde a Corrosão causa falhas em equipamentos, máquinas operatrizes ou em utilidades.

A Corrosão envolve reações de óxido-redução, isto é, troca de elétrons. É um processo eletroquímico no qual o ânodo (onde ocorre oxidação – perda de elétrons) que é consumido está separado por uma certa distância do cátodo, onde ocorre redução (ganho de elétrons). O fenômeno ocorre devido à existência de uma diferença de potencial elétrico entre estes dois locais.

Tipos de Corrosão

O processo de corrosão apresenta-se sob diversas formas e mecanismos. De uma maneira geral ocorre de duas formas: Uniforme e Localizada. A Corrosão Localizada tem alto poder de penetração e maior dificuldade de detecção e controle, sendo por esta razão a de maior impacto. Como há diversos mecanismos e que são interdependentes, dificulta a classificação.

A seguir, seguem alguns tipos de corrosão mais comuns em Sistemas de Resfriamento:

"Pitting" (também denominado "pites")

É um dos tipos mais destrutivos. Ocorre de forma localizada, puntiforme e tem grande capacidade de penetração. Aparecem em áreas com diferencial de potencial (assim como ocorre nas Incrustações e Depósitos) em pontos de descontinuidade de filmes de proteção, em zonas de elevadas concentrações localizadas de certos íons (tais como os cloretos), entre outros. Via de regra geral, costuma-se limitar a concentração de cloretos em águas de resfriamento em valores abaixo de 200 ppm.

Figura 1.90 Área corroída de uma tubulação de sistema de água afetada por Pitting. Fonte:www.zonaderisco.blogspot.com.br

Figura 1.91 Corte transversal de um tubo de Aço Carbono afetado por corrosão do tipo Pitting. Fonte: www.zonaderisco.blogspot.com.br

Corrosão Galvânica

Ocorre, basicamente, quando dois ou mais metais (com diferença significativa de potenciais de oxidação) estão ligados ou imersos em um eletrólito (tal como a água com sais dissolvidos). Um metal chamado de "menos nobre" tem uma tendência a perder elétrons para um metal "mais nobre", cuja tendência de perda é menor. Assim, o metal menos nobre torna-se um ânodo e é corroído.

Um exemplo disso ocorre entre o Cobre (mais nobre) e o Aço Carbono (menos nobre) e que tem a sua taxa de corrosão acelerada. A construção de equipamentos utilizando metais ou ligas com potenciais de oxidação muito diferentes e evitar o contato elétrico direto entre os metais, colocando materiais isolantes entre os mesmos (plástico, borracha etc.).

Figura 1.92 Exemplo de Corrosão Galvânica em Metal. Note o poder de destruição. Fonte: www.manutencaoesuprimentos.com.br

Corrosão sob Fissura (sob contato)

Do tipo localizada e intensa. A corrosão sob fissura ocorre em peças metálicas soldadas, principalmente se houve falha no processo de soldagem. O processo é acelerado pela ocorrência da corrosão galvânica e também pela existência de tensões e esforços na região da solda.

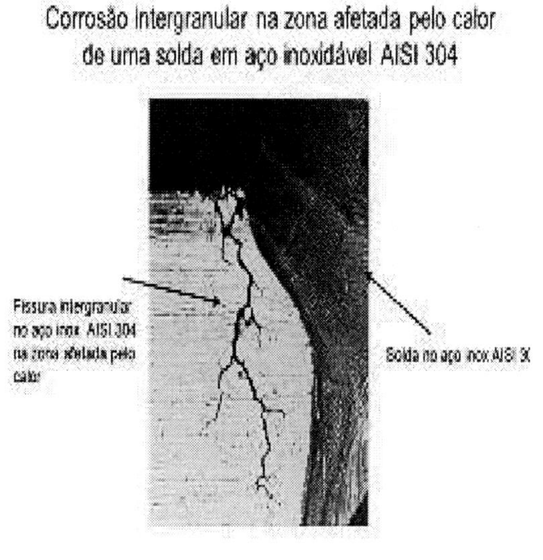

Figura 1.93 Exemplo de Corrosão por Fissura intergranular em região afetada pelo calor gerado na operação de solda. Material é Aço Inox AISI 304. Fonte: www.slideplayer.com.br

Corrosão sob Tensão

A existência de tensões no metal pode dar início ao processo de corrosão. Muitas vezes, a corrosão por tensão e possíveis fraturas surgem como consequências de processos de "pittings" e/ou de corrosão sob depósito/ fissuras, ou podem, por sua vez, levar ao início de formação destes processos. A prevenção passa por projeto adequado e atenção às tolerâncias no processo de montagem e instalação. Os componentes metálicos são suscetíveis a este processo danoso, recomenda-se evitar esforços demasiados nas peças metálicas (principalmente inox e outras ligas) e, após a execução de qualquer operação onde isso ocorra, proceder com tratamento adequado para aliviar as tensões e promover o surgimento da película protetora sobre o metal (lubrificação). Também se recomenda evitar a incompatibilidade química de alguns metais com certos íons (tais como cobre e substâncias amoniacais).

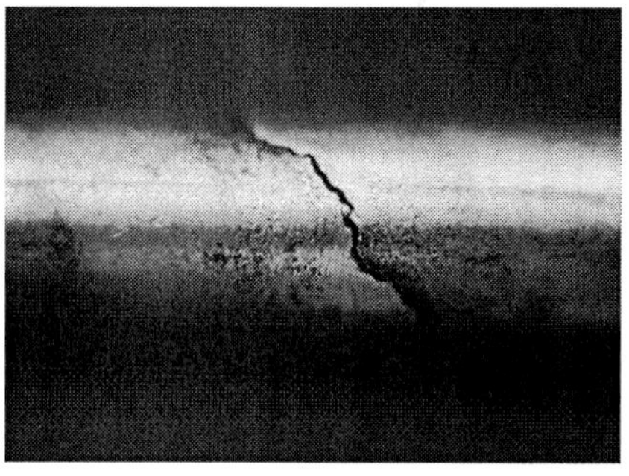

Figura 1.94 - Figura 1.95 Exemplos de Corrosão sob Tensão em Metal Aço. Fonte: www.docplayer.com.br

Corrosão por Abrasão

Este fenômeno ocorre quando a superfície do metal é submetida a uma força aplicada pelos sólidos suspensos em razão da formação de bolhas de gases ou pelo próprio fluxo de líquido, que muitas vezes é suficientemente intenso para arrancar a camada de óxido protetor existente sobre a superfície dos metais envolvidos. Essa ação danosa aumenta intensidade dos processos corrosivos citados. Um caso comum é observado em metais como o latão, cobre, alumínio e respectivas ligas. Sua principal característica é o com o aparecimento de sinais semelhantes a uma "ferradura de cavalo".

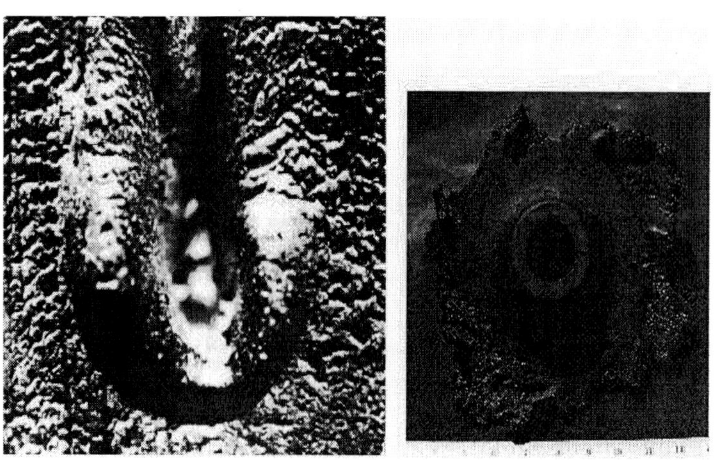

Figura 1.96 Imagem ampliada, de material Latão, da área afetada por Corrosão por Abrasão. Fonte: não informada.

A Cavitação é igualmente um processo de desgaste, mas ocorre através da súbita redução de pressão, causando vaporização no local do fluido. As bolhas produzidas, por este efeito, se chocam ao metal e este por sua vez inicia a deterioração local. Afeta, principalmente, os rotores de bombas ou acessórios de tubulação. Portanto, é a perda progressiva de material de um sólido devido a ação destas bolhas em um líquido colapsando próximo a superfície deste sólido. Cria jatos de líquidos muito pequenos para preencher o espaço vazio. Pode causar a remoção de camadas passivas levando a um mecanismo combinado de Corrosão.

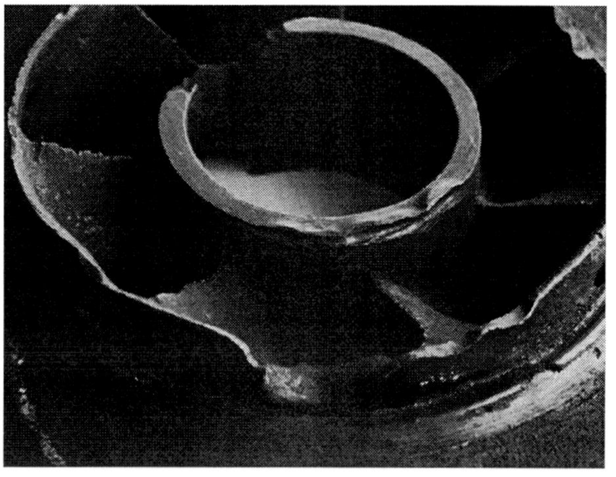

Figura 1.97 Mecanismo metálico (Rotor de Bomba Centrífuga) afetado por Corrosão ocasionada pela Cavitação. Fonte:www.manutencaoesuprimentos.com.br

Corrosão por Escoamento de Fluido

No escoamento de fluidos pode-se ter a aceleração dos processos corrosivos em virtude da associação do efeito mecânico com a ação corrosiva. O fluxo do líquido pode atrapalhar a formação dos filmes na superfície que poderiam oferecer proteção contra a corrosão. A corrosão causada pela ação de fluidos é classificada principalmente em corrosão-erosão; que por sua vez pode ser dividida entre corrosão com cavitação e corrosão por turbulência.

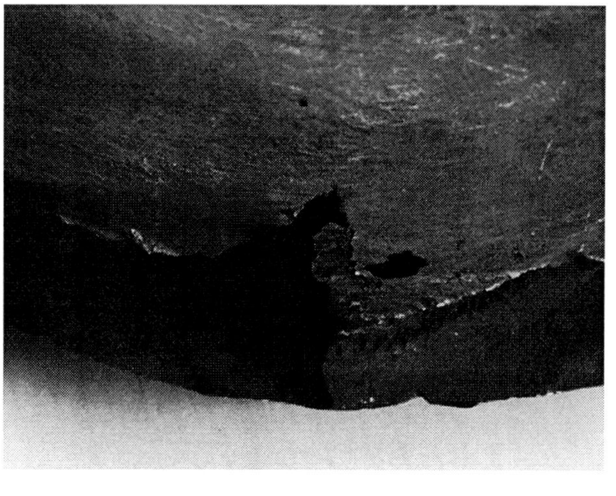

Figura 1.98 Exemplo da ação da Corrosão por Escoamento de Fluido em mecanismo metálico. Fonte:www.ebah.com.br

1.4.4 Ação dos Agentes Microbiológicos

A água também é habitat dos microrganismos unicelulares. O desenvolvimento destes, sem controle, irá gerar sérias consequências ao circuito de resfriamento. Sem tratamento adequado ocorre o crescimento exagerado – principalmente de algas, bactérias e fungos. Os prejuízos de ordem técnica e econômica são significativos e, algumas vezes, catastróficos.

Estas são as consequências causadas pelo excesso de crescimento microbiológico:

- Formação de depósitos sobre as superfícies onde ocorre a troca térmica (serpentinas), reduzindo a eficiência;
- Obstrução parcial ou total de tubos, bicos aspersores, válvulas etc. Reduz a eficiência de troca térmica e restringe a vazão.
- Formação de lodo no fundo das bacias da Torre, obstruindo os canais e dutos;
- Obstrução parcial ou total de "colmeias" dos trocadores de calor, diminuindo a eficiência e em certos casos, pode causar ruptura e do "recheio";
- Os depósitos de microrganismos sobre as superfícies metálicas aumentam a incidência de processos corrosivos;
- O acúmulo de material orgânico, conforme a quantidade e tipo de microrganismo, pode gerar cheiro desagradável ao local.

As diferentes classes de microrganismo apresentam peculiaridades em sua morfologia e fisiologia, gerando inclusive diferentes problemas.

Figura 1.99 Parte inferior de uma Torre de Resfriamento com alto grau de depósitos contaminantes, provavelmente por falha no por tratamento químico da água. Fonte: www.solucoesindustriais.com.br

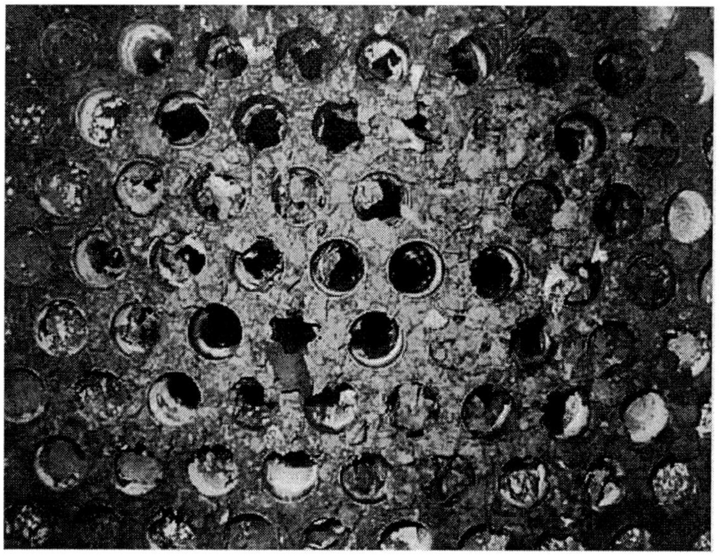

Figura 1.100 Tubulação de Trocador de Calor contendo alto índice de material orgânico, em razão do desenvolvimento de agentes microbiológicos. Fonte: www.maxwell.vrac.puc–rio.br

Fatores que Influenciam no Crescimento Microbiológico

Muitos são os fatores que contribuem para a formação de condições propícias para desenvolvimento microbiológico. A capacidade dos seres vivos de se adaptarem a condições ambientais adversas faz com que certos organismos sobrevivam até em condições extremas, por exemplo a temperaturas superiores a 100ºC, pressões elevadas, pH excessivamente ácido ou alcalino, concentrações elevadas de sais etc. Nos sistemas de resfriamento, mais precisamente as torres, as condições não extremas, facilitando o desenvolvimento microbiológico de várias classes de organismos.

Alguns dos fatores importantes são:

pH: a maioria das espécies de bactérias tende a crescer sob condições de **pH** neutro e ligeiramente alcalinos. Os fungos normalmente crescem em **pH** ligeiramente ácido. O **pH** da água nas torres deve ser entre 6,5 e 8,5 e neste caso favorece o crescimento dessas duas classes de seres, além de algas;

Temperatura: é o grande fator que influencia o desenvolvimento dos seres vivos, os quais sobrevivem entre 10ºC – 45ºC. Contudo, algumas espécies selecionadas (bactérias) sobrevivem em temperaturas abaixo de 0ºC ou acima de 100ºC. A manutenção de valores baixos de temperatura não é capaz de exterminar a maioria dos microrganismos, fazendo apenas com que os mesmos não se desenvolvam e mantenham-se em estado latente, aguardando uma alteração favorável nas condições ambientais. Por outro lado, nos processos de resfriamento, são encontrados vários gradientes de temperaturas ao longo do circuito, o que favorece o crescimento de certas espécies de modo localizado. As bactérias, de modo geral, preferem temperaturas ordem de35ºC – 40ºC;

Luz solar: a incidência de luz solar (direta ou indiretamente) contribui para o desenvolvimento de organismos clorofilados, como Algas (ver mais sobre a Fotossíntese). O impedimento da penetração de luz solar nessas áreas ajuda, e muito, no controle da infestação de algas no sistema;

Oxigênio: oxigênio dissolvido contribui para o desenvolvimento de microrganismos aeróbios (que utilizam o oxigênio em seu metabolismo vital de obtenção de energia). Alguns são intolerantes ao oxigênio e acabam morrendo na presença do mesmo. No entanto, é comum a existência de áreas estagnadas, tais com sob depósitos, colônias de microrganismos aeróbios ou locais de pouca circulação de água onde se criam zonas com ausência de oxigênio.

Material em Suspensão – Turbidez: o material em suspensão contribui para o crescimento microbiológico de duas maneiras: (1) quando suspenso, atua como suporte para microrganismos unicelulares que tendem a se fixar sobre superfícies. (2) quando se deposita em locais de baixa circulação de água (tal como no fundo das bacias ou extremidades inferiores de equipamentos), pode criar condições favoráveis ao surgimento de outras espécies de organismos contaminantes, tais como bactérias anaeróbias.

1.4.5 Tratamento da Água para Resfriamento

O tratamento pode ser feito com o emprego de diversas técnicas e métodos, sejam eles químicos, físicos ou uma combinação de ambos. A escolha do melhor método tem como parâmetros a sua eficiência e, evidentemente, no seu custo fixo (produtos) e operacional (mão de obra especializada). Devem-se levar em consideração os efeitos ambientais e respectiva legislação atual e de controle.

Foram abordados, nos itens anteriores, os efeitos nocivos do não tratamento da água para resfriamento:

- Formação de Incrustações de Depósitos de materiais;
- Diversos Processos de Corrosão;
- Alto e nocivo desenvolvimento microbiológico.

Muitas vezes, a solução completa ou eliminação destes problemas torna-se tecnicamente difícil ou inviável do ponto de vista financeiro. Assim, o tratamento pode ter por objetivo minimizar as consequências do problema, possibilitando a convivência com o mesmo e otimizando a relação custo/ benefício do processo.

Em geral, para um tratamento eficaz da água de resfriamento, ocorre através da aplicação de insumos químicos, os quais combatem e controlam desenvolvimento de incrustações, crescimento microbiológico e a ocorrência de processos corrosivos.

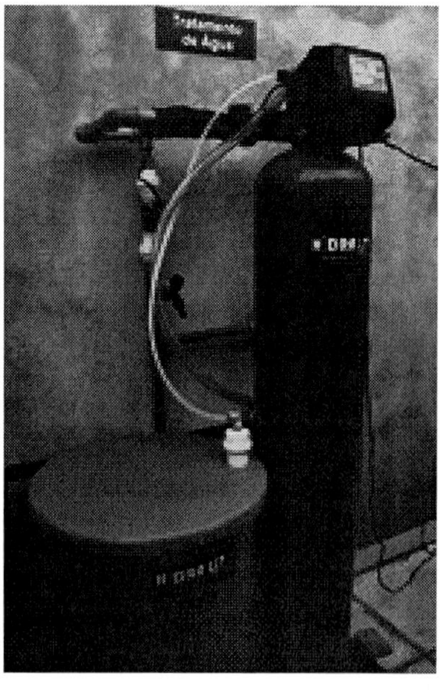

Figura 1.101 Exemplo de um típico sistema de tratamento de água para torres de resfriamento. Fonte:www.aqua-ambiental.com.br

Prevenção das Incrustações:

Basicamente, o controle de incrustações em sistemas de resfriamento é feito através de dois mecanismos:

Mecanismo Floculante: este método é bastante utilizado para combater incrustações de origem orgânica, tais como contaminações da água por materiais de processo (óleos, hidrocarbonetos, etc.), microrganismos e produtos originados de seu metabolismo (proteínas, lipídeos, polissacarídeos), lodos de maneira geral, material particulado, etc.

Normalmente, o mecanismo Floculante não exerce efeito significativo na prevenção de incrustações de origem inorgânica, embora consiga reduzir, em alguns casos, a concentração de alguns sais presentes na água. Este mecanismo é comumente utilizado em circuitos abertos de resfriamento (de uma só passagem) ou de resfriamento por aspersão ("spray-pond"), onde a contaminação por material orgânico muitas vezes é significativa.

Mecanismo Dispersante: este é o mecanismo mais utilizado para prevenção de incrustações de origem inorgânica, apresentando uma série de qualidades que o tornam eficaz mesmo para sistemas que trabalham com elevadas concentrações de sais.

Os princípios de ação utilizados por este tipo de tratamento são:

1. Efeito Limiar ("Threshold"): também chamado de "sequestração", é caracterizado pela redução na tendência de precipitação de compostos de cálcio, magnésio, ferro e manganês.
2. Ação Dispersiva: apresentada por compostos que por sua vez, tendem a se adsorver sobre a superfície de partícula sem suspensão, tais como núcleos de precipitação de sais.
3. Efeito Surfactante: normalmente empregado para agir contra material orgânico, principalmente quando originado do desenvolvimento microbiológico (estes particularmente são chamados "biodispersantes", que facilitam a ação dos biocidas).
4. Modificação de Cristais: sem tratamento, as incrustações inorgânicas são formadas por retículos cristalinos que de desenvolvem de maneira bem regular, o que favorece seu crescimento após a formação e aderência sobre as superfícies metálicas.

Tratamento preventivo contra a Corrosão:

Devido aos inúmeros mecanismos e formas existentes, o controle da corrosão é sempre uma tarefa complicada e, muitas vezes, não conseguimos eliminar completamente a ocorrência de processos corrosivos de modo economicamente viável. Frequentemente, o controle da corrosão deve ser feito de modo a permitir a convivência com o problema, colocando-a em níveis aceitáveis.

A prevenção da corrosão deve começar já no projeto das instalações, através da escolha adequada dos metais e demais materiais constituintes do sistema. Atualmente, dispomos de uma infinidade de materiais plásticos com várias aplicações e propriedades específicas, que podem (e devem) ser utilizados sempre que possível. A utilização de fibra de vidro também é recomendada e vários fabricantes de torres de resfriamento utilizam este material em seus equipamentos.

Em determinadas aplicações, o uso de metais faz-se necessário, principalmente quando forem exigidas propriedades de resistência mecânica e facilidade de condução e troca de calor. Nestes casos, a combinação correta de metais e ligas é de fundamental importância para se evitar o processo de corrosão galvânica, que costuma ser bastante agressivo; assim, a recomendação é evitar a associação de metais com potenciais de oxidação muito distintos e, caso isto seja impossível, deve-se evitar o contato elétrico direto entre eles, através de materiais isolantes. Finalmente, o alívio de tensões internas no metal (que corrige os defeitos de arranjo cristalino no grão) e o aterramento conveniente das partes metálicas (evitando acúmulo de cargas elétricas no conjunto) também auxiliam no controle de corrosão.

A escolha do local da instalação do sistema também contribui para o controle da corrosão (e também para a formação das incrustações e desenvolvimento microbiológico). Devem-se evitar instalações próximas as emissões de chaminés, atmosferas potencialmente ácidas, material particulado, etc. Lembramos que os sistemas de resfriamento com ventiladores fazem uma sucção significativa do ar nas redondezas, fazendo com que o mesmo e todos os seus contaminantes entrem em contato com a água.

Por fim, a qualidade da água de alimentação do circuito de resfriamento também deve ser considerada, levando-se em conta o balanço das características corrosivas/ incrustantes da mesma. Para controle da corrosão em sistemas de resfriamento, os métodos usualmente empregados são:

Tratamentos de Superfície:

Os metais normalmente utilizados nos sistemas de resfriamento (principalmente os metais de origem do carbono) podem receber tratamentos anticorrosivos em sua superfície, que impedem que o metal entre em contato direto com o ambiente. Estes tratamentos podem por galvanoplastia (tais como cromação, niquelação etc.) ou através de pinturas ou coberturas específicas (primers, fosfatizantes, tintas epóxi etc.). Ao ser aplicado este tipo de tratamento, deve-se assegurar a integridade do filme de proteção formado, uma vez que qualquer descontinuidade ou falha no mesmo pode ocasionar pontos de corrosão localizada.

Inibidores de Corrosão:

São os métodos de controle de corrosão mais empregados em sistemas de resfriamento. Seus princípios de funcionamento baseiam-se no impedimento ou diminuição nas reações de óxido-redução, os quais são as características dos processos corrosivos. Como regra geral, normalmente são empregadas combinações de inibidores, visando controlar a corrosão em todas as frentes. Estas associações produzem um efeito sinérgico, onde as propriedades da combinação de inibidores são superiores às suas utilizações isoladas.

Slime: descrontrole do crescimento microbiológico:

O *Slime* consiste no crescimento exagerado de microrganismos, principalmente algas, fungos e bactérias. Preventivamente, é desejável a utilização de água com boa qualidade para alimentação do sistema de resfriamento, preferencialmente clarificada, filtrada e clorada/esterilizada, o que minimiza a entrada de microrganismos no sistema. No entanto, uma vez instalados, o meio usualmente empregado para combatê-los é através do extermínio direto desses seres, o que normalmente é feito através de produtos químicos denominados biocidas. Estes, por sua vez, podem agir especificamente sobre alguma classe de microrganismo, sendo denominados fungicidas, bactericidas e algicidas respectivamente, ou então possuem amplo espectro de ação, matando vários tipos de seres indistintamente. Uma prática comum em sistemas de resfriamento é o uso combinado e/ou alternado de dois ou mais princípios ativos, o que potencializa o efeito do biocida. Além disso, a alternância de princípios ativos minimiza as chances de desenvolvimento de resistência por parte dos microrganismos. Por se tratarem de agentes potencialmente poluidores, deve haver rigoroso critério na escolha do biocida e sua dosagem, de modo a evitar o descarte de água que poderá contaminar ou prejudicar o meio ambiente. Os biocidas para águas de resfriamento podem ser classificados em dois grupos: oxidantes e não-oxidantes. Detalhes na sequência. Apesar de bastante eficiente e de custo relativamente baixo, os compostos clorados tem algumas desvantagens no uso em sistemas de resfriamento, tais como:

- Atuação em faixa limitada de pH;
- Baixa estabilidade química principalmente quando submetidos à luz solar;
- Necessita um elevado tempo de contato para agir satisfatoriamente;

- Oxidação superficial, não atingindo as camadas inferiores dos biofilmes mais espessos;
- Não são seletivos na atuação, oxidando todo o material no qual entram em contato, inclusive o ferro e demais metais do sistema (aumenta incidência de corrosão).

Em alguns casos, as cloraminas em excesso podem causar odores desagradáveis. Residuais de cloro livre elevados podem causar degradação nos produtos usados para inibição da corrosão e incrustações, comprometendo e eficiência do tratamento.

Monitoramento e Controle físico químico da Água

As características físico-químicas e microbiológicas da água e do sistema como um todo constituem a essência do controle do tratamento químico em um circuito de resfriamento. Diversos métodos e táticas são empregados para avaliação das condições do sistema, seja referente à formação de incrustação, ocorrência de processos corrosivos e do desenvolvimento microbiológico. A seguir apontaremos alguns métodos mais comuns empregados para o controle do tratamento nos sistemas de resfriamento.

Itens de Controle e parâmetros e comentários:

- **pH** 6,5 – 8,5: Águas com pH abaixo de 6,5 aumentam a corrosão (ácido). Acima de 8,5, pode causar precipitação de sais e prejudicam a ação dos biocidas;
- **Condutividade,** Máx. 3000(µS/cm: Valores elevados de condutividade aceleram os processos corrosivos. Também indicam maior concentração de material dissolvido;
- **Alcalinidade Total,** Máx. 400ppm: Alcalinidade elevada indica presença de carbonatos e bicarbonatos, que podem constituir incrustações;
- **Sólidos totais dissolvidos,** Máx. 2800ppm: Valores elevados de sólidos dissolvidos indicam tendência incrustante da água;
- **Dureza Total,** Máx. 400ppm: Visa controlar a concentração de sais de cálcio e magnésio, potenciais formadores de incrustações;
- **Sílica,** Máx. 150ppm: O controle visa evitar incrustações de sílica e silicatos, muito duras e aderentes.
- **Ferro,** Máx. 5,0ppm: Estimativa da intensidade dos processos corrosivos. Concentrações elevadas de ferro podem se incrustar
- **Sulfatos,** Máx. 300ppm: Está associado a características corrosivas da água. Baixas concentrações ajudam a combater as bactérias redutoras de sulfato;

Nota: Estes valores são para referência, pois são baseados em informações de manuais, recomendações de fabricantes de equipamentos, dados empíricos e na média normalmente praticada pelas empresas especializadas em tratamento de água. No entanto, alguma companhia ou consultor em particular pode adotar valores diferentes dos aqui apresentados.

Taxas de Corrosão e Incrustação

Fornecem as medidas diretas sobre a tendência corrosiva da água e sua intensidade, podendo-se avaliar o efeito da corrosão sobre diversos metais e ligas:

- Método dos "Cupons de Prova": o cupom é tratado, colocado em um suporte adequado e submetido ao fluxo de água por um período de, pelo menos, 30 dias. Ao término do ensaio, os mesmos são avaliados em relação aos depósitos (cor, intensidade, tipo de corrosão – localizada ou distribuída, *pittings*, fissuras, esfoliações, etc.). Depois, os cupons são pesados, limpos, secos e novamente pesados, onde é avaliada a perda de material. De posse da massa de metal perdida, da área exposta do cupom e do período de permanência, pode-se calcular a taxa de corrosão.

Métodos para Determinação e Monitoramento Microbiológico:

Vários métodos são empregados pelos profissionais de tratamento de água para este tipo de controle:

- Contagem Microbiológica na Água: consiste em colocar a água do sistema em contato com um meio de cultura adequado. Depois de certo período de incubação, o procedimento revela a quantidade de unidades formadoras de colônias existentes por ml (unidade: UFC/ml);

- Índice de Aderência de Biofilme: é uma medida indireta da tendência de microrganismos presentes no sistema crescerem de forma aderida sobre as superfícies. O procedimento consiste em colocar uma lâmina de vidro (usada em microscopia) imersa no local onde se deseja avaliar o biofilme (decks de distribuição, trocador de calor etc.);

- Medida do Material Suspenso: medidas de turbidez ou então uma filtração em membrana de porosidade adequada é capaz de indicar, indiretamente, a quantidade de microrganismos presentes na água do sistema. Esta medição é bastante influenciada por material não-orgânico normalmente encontrado na água, tais como areia finamente dividida, produtos de corrosão etc.

- Análises de Carbono Total: possibilita estimar o material orgânico presente na água de resfriamento, comparando-os com os valores encontrados na água de alimentação do sistema. Normalmente, valores elevados desses parâmetros indicam crescimento microbiológico acentuado, o que permite a tomada das providências necessárias (biocidas, purgas, limpezas no sistema etc.).

1.4.6 Manutenção para Torres de Resfriamento

Introdução

Milhões de litros de água circulam na Torre de Resfriamento que opera de modo contínuo e ininterrupto. Portanto, a água utilizada deve ser tratada de acordo com as normas técnicas e legislação vigente, levando em conta também a importância da manutenção preventiva de seus componentes. A produtividade da torre e saúde das equipes de operação e manutenção depende de como a água é mantida.

O resfriamento de água é parte essencial do processo industrial, mas de outros seguimentos tais como em Hospitais, Hotéis, Grandes Centros Comerciais etc. Por isso, é fundamental que esse equipamento tenha um Plano de Manutenção adequada. As atividades de Operação e Manutenção através de pessoal capacitado são indispensáveis a qualquer empresa, pois é garantia de bom funcionamento das Torres e do resto do sistema, evitando falhas e paradas inesperadas.

Foi abordado que a água utilizada nestas torres pode ser contaminada devido às condições ambientais em que se encontra em uma planta industrial, como a estagnação de água, o crescimento de bactérias, formação de algas e outros problemas. E que o melhor caminho é a utilização de produtos químicos especiais de tratamento de água que visam prevenir a deterioração da água devido às condições ambientais. Além disso, a utilização de produtos químicos específicos para o tratamento de água levará a uma melhor gestão da manutenção das torres de resfriamento, ajudando a lidar com uma série de falhas e danos relacionados, tais como corrosão, partículas sólidas em suspensão e até mesmo problemas de "bioincrustação".

Cabe lembrar que atualmente o mercado industrial e os diversos fabricantes de produtos químicos oferecem uma ampla gama de produtos de tratamento para a água, que incluem os biodispersantes, biocidas, antiespumantes, inibidores de corrosão e outros produtos multiuso bastante eficazes. Da mesma forma, há diversas empresas prestadoras de serviço que executam estas atividades com profissionais capacitados.

Outro fator a considerar é sobre a importância de os trabalhadores (Operação & Manutenção) utilizarem roupas e equipamentos adequados, juntamente com luvas, máscaras e outros equipamentos de proteção.

As empresas que não contam com serviços com equipe própria ou terceirizados para as atividades limpeza e de tratamento da água correm sérios riscos. Por exemplo, estão sujeitos a surto de doenças. Tais incidentes podem também levar a processos judiciais, culminando em muitos prejuízos financeiros e morais para as empresas.

Vários modelos de Torres podem ser encontrados no mercado, sendo o mais convencional os modelos de circuito aberto. Porém, muitos usuários desse equipamento também reconhecem que cada modelo adequado a um tipo de aplicação e necessidade de instalação.

As indústrias sabem da importância de realizar a manutenção periódica das suas torres de resfriamento, a fim de evitar interrupções na produção, que trazem muita dor de cabeça e prejuízo. Por esta razão, a Gestão de *Facilities* monta uma programação anual de manutenções preventivas. No entanto, mesmo com essa prática podem ocorrer falhas, panes ou outros problemas inesperados. Quando isso ocorre, segue tem a alternativa dos serviços de emergência.

Figura 1.102 Conjunto de Torres de Resfriamento muito utilizado pelo seguimento industrial. Reparem no local, livre de fontes de calor. Fonte: www.internationalrefrigeracao.com.br

Cuidados no início de Operação das Torres de Resfriamento

Sequência básica para sua orientação. Cada sistema de resfriamento possui seu padrão de operação indicado pelo fabricante.

1. Encher o reservatório e todo o sistema de distribuição.

2. Abrir todas as válvulas de controle de entrada de água. Após, acionar as bombas e em seguida ajustar as válvulas de controle para equalizar a distribuição de (observar as recomendações, uma vez que a uniformidade na distribuição é crítica para a eficiência do sistema). Após, o operador pode marcar a posição das válvulas para referências futuras.

3. Acionar o sistema de ventilação. Solicite ao Eletricista para verificar a amperagem dos motores.

4. Para perfeita regulagem da vazão, verifique também a pressão. Compare com os procedimentos (padrões de operação). A pressão requerida na entrada da água e, consequentemente, no citado manômetro está indicada na plaqueta da torre. Através da válvula de controle, equaliza a vazão em função da pressão.

5. Nas torres com acionamento por polias e correias, revisar as tensões de acordo com procedimentos; se o acionamento for por redutor, substituir o lubrificante após as primeiras duas semanas de uso. A periodicidade das outras trocas deverá ser conforme o fabricante ou plano de manutenção.

Plano de Manutenção Preventiva

As seguintes recomendações são para sua referência. Para elaborar um bom plano de manutenção, observe as recomendações do fabricante, faça um estudo das principais ocorrências Corretivas e de Emergência. Solicite aos operadores e técnicos de manutenção que participem deste processo, pois suas informações são muito importantes.

Introdução

Um Plano de Limpeza e Manutenção adequado irá, sem dúvida, aumentar a durabilidade, eficiência e disponibilidade do Sistema, assim como pela redução dos custos de manutenção (aquisição planejada de peças de reposição, há significativa economia em relação às situações de emergência).

A limpeza é uma atividade de manutenção! A utilização da torre contendo excesso de contaminantes, óleos e graxas provoca a formação de películas oleosas, prejudiciais ao desempenho da torre, podendo ocorrer até o entupimento do mesmo.

A recomendação, por parte dos fabricantes, é que se faça circular a água quente através da torre (a frequências previamente determinadas). Os operadores podem executar esta atividade. Desligar a ventilação, mas fechando a saída de ar do topo da torre, com uma placa. O aumento da temperatura no seu interior provocará a dissolução da película oleosa na água, eliminando-se grande parte deste tipo de incrustação do enchimento. A água utilizada nesta operação deve ser substituída para eliminar a sua alta concentração de contaminante.

Limpeza básica das Torres

A melhor época do ano é nos períodos de meses em que a temperatura é baixa. Em geral, anualmente, é necessário realizar uma limpeza geral, removendo corpos estranhos, sólidos, lodo ou limo depositados no sistema de distribuição, enchimentos, retentores de gotas e bacia em todo final de período de operação. Os bicos também devem ser desmontados e limpos mensalmente e, para renovar o aspecto limpo, de colorido brilhante, basta fazer uma lavagem externa com água e detergente, com uso de uma vassoura, e remoção da espuma com água quente. Esta tarefa pode ser executada pela operação, mas com a Manutenção observando o serviço.

Para a limpeza externa do resfriador use apenas água e sabão e não use solventes. Caso se faça a opção por uma pintura no corpo (material FIBERGLASS), lixar a superfície (Lixa Nº 180). Em seguida, aplique desengordurante. Quando a pintura secar, pode ser aplicado Esmalte Sintético (à base de poliuretano ou *epoxy*) e com pigmentos resistentes às intempéries.

Plano de Manutenção Preventiva (Recomendado)

Atenção: em geral os materiais de construção dos resfriadores são inflamáveis, como quase todos os outros materiais plásticos. A tecnologia nos oferece, no entanto, opções não inflamáveis (ou auto-extinguíveis). Contudo, avalie se há plenas condições do uso de solda elétrica ou oxicorte corte, oxy-acetileno. Se houver risco, tenha um extintor contra incêndio por perto.

Plano de Manutenção Mecânica

Atividade (Revisar / Substituir)	Frequência
1. *Ruídos e vibrações anormais	M
2. Conjunto Válvula de Admissão	M
3. Termostato	M
4. Manômetro	M
5. Suportes dos Ventiladores e Motores	M
6. Conjunto ventilador e seus componentes	M
7. Tensão das Correias	M
8. Atuação Sistema de Drenagem	M
9. Sistema de Purga	M
10. Atuação das Bombas Dosadora (Tratam Químico da Água)	M
11. Atuação da chave-boia e demais componentes de controle nível	M
12. Rolamentos e Mancais (Lubrificação)	T
13. Alinhamento dos sistemas motorizados	T
14. Bicos pulverizadores e Limpeza	T
15. Enchimentos e demais itens	T
16. Focos de ferrugem, correção e pintura (se necessário)	A
Troca de óleo dos componentes (Redutores)	A
Lubrificação dos rolamentos dos conjuntos ventiladores	A

*Possíveis causas de vibração e ruídos anormais: as torres são equipamentos que operam, em determinas empresas, ininterruptamente e alguns dos componentes iniciam mais rapidamente a deterioração por uso contínuo. As pás dos ventiladores poderão sofrer desgastes na borda de ataque, que causará desbalanceamento e eventual quebra. O ventilador, com vibração excessiva, deve ser desligado e ter sua causa determinada e corrigida, assim que possível.

Plano de Manutenção Elétrica (Quadro/Painel)

Atividade (Revisar / Substituir)	Frequência
Fixação dos componentes e terminais	M
Contatos elétricos	M
Temperatura dos componentes (Termômetro Digital)	M
Cabos e terminais oxidados	M
Lâmpadas sinalizadoras	M
Atuação dos Relés de sobrecarga / correntes nominais dos motores	M
Dispositivos de sinalização e alarme	M
Verificação do conversor de frequência	M
Limpeza dos quadros Int. e Ext.	T
Termografia em toda Instalação Elétrica	A

Siglas: (M): Mensal; (T): Trimestral; (A) Anual

Manutenção: por Equipe Própria x Terceirizada?

Em muitos casos de pane, na expectativa de resolver o problema rapidamente, as empresas optam por acionar seus próprios colaboradores da área de manutenção. No entanto, muitas vezes a inaptidão desses colaboradores sobre o mecanismo de funcionamento da torre de resfriamento pode até fazer com que a correção demore ainda mais tempo do que o necessário, gerando um alto custo com horas extras e afetando a continuidade do negócio. Além disso, a pressão depositada sobre esse profissional para que o problema seja resolvido imediatamente o submete a uma situação de alta tensão e desgaste emocional, que poderá acarretar acidentes de trabalho.

Ao terceirizar o serviço, boa parte desses problemas será evitada, pois a empresa contará com profissionais qualificados e capacitados para solucionar os problemas de forma mais prática e rápida. O acompanhamento dos serviços é fundamental por parte de *Facilities*, principalmente avaliando o andamento e ao final se a solução foi eficaz e o serviço teve qualidade superior.

Uma das opções é a combinação das duas formas de contrato. Equipe própria para pequenos reparos e quando houver a necessidade de manutenção de grande porte, seja subcontratando serviços de empresa com experiência técnica, mas principalmente ferramental, instrumentos de medição calibrados e equipamento adequados para os serviços, bem como estoque de peças sobressalentes originais e em acordo com os dados de aquisição da torre.

Além da experiência, as empresas terceirizadas com Certificação ISO 9001 e demais aplicáveis a estes serviços devem ter prioridade na escolha.

Mais informações sobre Manutenção em Torres de Resfriamento:
http://www.alfaterm.com.br/manutencao.php
https://edradobrasil.wordpress.com/2012/06/25/manutencao-das-torres-de-resfriamento/

1.4.7 Sistemas para Tratamento de Resíduos

Introdução

As Estações de Tratamento de Efluentes (ETE) são o local onde os resíduos provenientes dos processos industriais são tratados. Portanto, por diversas legislações vigentes não é permitido que estes dejetos sejam simplesmente jogados no meio ambiente, mais precisamente despejados em rios e lagos, prática comum das empresas que descumprem as leis. O tipo e dimensionamento segue projetos de acordo com a carga poluidora e presença de contaminantes. Apenas profissionais capacitados podem avaliar e realizar a coleta de amostras para análise de diversos parâmetros que representam a carga orgânica e a carga tóxica dos efluentes.

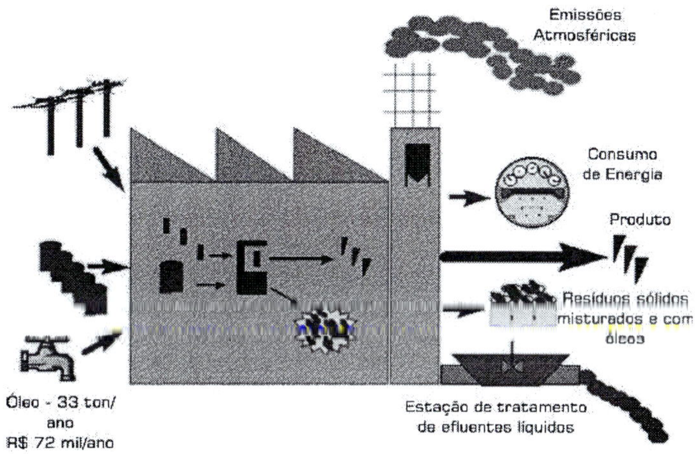

Figura 1.103 Exemplo do ciclo de geração e emissão até o tratamento dos resíduos em uma típica Indústria metalúrgica. Fontes: www.scielo.br e CNTL (Centro Nacional de Tecnologias Limpas).

Outras designações encontradas em literaturas são "Estação de Tratamento de Águas Residuais" (ETAR) ou por "Estação de Tratamento de Esgoto" (ETE). É uma infraestrutura que recebe resíduos líquidos, trata e devolve ao meio ambiente em níveis aceitáveis, conforme legislação vigente.

1.4.8 Tipos e Designação dos Resíduos

Introdução

A década de 70 foi a década da água, a de 80 foi a década do ar e a de 90, de resíduos sólidos, conforme Cavalcanti (1998). Enquanto de 1970 a 1990 a população do planeta aumentou em 18%, a quantidade de lixo sobre a Terra passou a ser 25% maior. Este padrão de vida alimenta o consumismo, incentiva a produção de bens descartáveis e difunde a utilização de materiais artificiais. Na Europa, a situação dos resíduos é caracterizada por uma forte preocupação em relação à recuperação e ao reaproveitamento energético. A dificuldade de geração de energia, devida aos escassos recursos disponíveis e aliada a um alto consumo energético, favorece a estratégia de reciclagem dos materiais e seu aproveitamento térmico.

Na China, país de extensão territorial considerável e com grande contingente populacional concentrado nas cidades, o povo considera os resíduos orgânicos como uma responsabilidade do cidadão, ou melhor, do gerador. Este tipo de valor cultural facilita a introdução de métodos mais racionais de controle dos resíduos sólidos, com participação ativa da população. Há um envolvimento individual do cidadão chinês com vistas à reintegração dos resíduos à cadeia natural da vida do planeta. A massa dos resíduos sólidos urbanos é composta predominantemente de material orgânico que é utilizado na agricultura. Assim, o resíduo não é visto como um problema, mas sim como uma solução para a fertilização dos solos, o que estimula a formação de uma extensa rede de compostagem e biodigestão de resíduos. Esta diferença de tratamento fundamenta-se em valores culturais totalmente diferenciados dos ocidentais, que originaram outro paradigma para tratamento da questão.

Resíduos são o resultado de processos de diversas atividades da comunidade de origem: industrial, doméstica, hospitalar, comercial, agrícola, de serviços e ainda da varrição pública. Os resíduos apresentam-se nos estados sólidos, gasoso e líquido.

Apresentação dos Resíduos

Resíduo Industrial: os resíduos industriais podem estar no estado sólido, semissólido ou líquido, sendo caracterizados como contaminantes e altamente prejudiciais ao meio ambiente e à saúde, não devendo ser lançados na rede pública de esgotos ou corpos d'água. É literalmente o lixo industrial, isto é, são os dejetos gerados pelos processos de produção. Varia conforme o produto manufaturado e tipo processo de produção industrial. Os resíduos líquidos são remetidos para as ETE para o devido tratamento. Já os sólidos e gasosos possuem outros sistemas de descarte.

Uma das grandes dificuldades da sociedade em combater as agressões fatais ao ambiente é justamente a falta de sensibilidade de algumas organizações empresariais, em não observar que seu resíduo industrial tenha o descarte adequado. Como esse processo envolve investimento, os dejetos são jogados onde bem entendem, causando sérios danos não só meio ambiente, mas a saúde da população. Nele estão incluídos produtos químicos (cianureto, pesticidas, solventes), metais (mercúrio, cádmio, chumbo) e solventes químicos que ameaçam os ciclos naturais onde são despejados. Os resíduos sólidos são amontoados e enterrados; os líquidos são despejados em rios, mares, beira de estradas lixões etc.; os gases são lançados no ar. Assim, a saúde do ambiente, e consequentemente dos seres que nele vivem, torna-se ameaçada, podendo levar a grandes tragédias.

Alguns desses malefícios se dão pelo consumo habitual de água e alimentos – como peixes de água doce ou do mar – contaminados com metais pesados coloca em risco a saúde. As populações que moram em torno das fábricas de baterias artesanais, indústrias de cloro-soda que utilizam mercúrio, indústrias navais, siderúrgicas e metalúrgicas correm risco de serem contaminadas.

A indústria elimina resíduo por vários processos. Alguns produtos, principalmente os sólidos, são amontoados em depósitos, enquanto que o resíduo líquido é, geralmente, despejado nos rios e mares, de uma ou de outra forma. Certos resíduos perigosos são jogados no meio ambiente, precisamente por serem tão danosos. Não se sabe como lidar com eles com segurança e espera-se que o ambiente absorva as substâncias tóxicas. Porém, essa não é uma solução segura para o problema. Muitos metais e produtos químicos não são naturais, nem biodegradáveis. Em consequência, quanto mais se enterram os resíduos, mais os ciclos naturais são ameaçados, e o ambiente se torna poluído. Desde os anos 50, os resíduos químicos e tóxicos têm causado desastres cada vez mais frequentes e sérios. Atualmente, há mais de 7 milhões de produtos químicos conhecidos, e a cada ano outros milhares são descobertos. Isso dificulta, cada vez mais, o tratamento efetivo do resíduo.

O Brasil possui legislação e normas específicas. Entre as quais, cito a Constituição Brasileira em seu Artigo 225, que dispõe sobre a proteção ao meio ambiente; a Lei 6.938/81, que estabelece a Política Nacional de Meio Ambiente; a Lei 6.803/80, que dispõe sobre as diretrizes básicas para o zoneamento industrial em áreas críticas de poluição; as resoluções do Conselho Nacional do Meio Ambiente – CONAMA 257/263 e 258, que dispõem respectivamente sobre pilhas, baterias e pneumáticos e, além disso, a questão é amplamente tratada nos Capítulos 19, 20 e 21 da Agenda 21 (Rio-92).

Em síntese, o governo federal, através do Ministério do Meio Ambiente – MMA e Instituto Brasileiro do Meio Ambiente e dos Recursos Naturais Renováveis – IBAMA, está desenvolvendo projeto para caracterizar os resíduos industriais através de um inventário nacional, para traçar e desenvolver uma política de atuação, visando reduzir a produção e destinação inadequada de resíduos perigosos.

Com a aprovação da Lei de Crimes Ambientais, no início de 1998, a qual estabelece pesadas sanções para os responsáveis pela disposição inadequada de resíduos, as empresas que prestam serviços na área de resíduos sentiram certo aquecimento do mercado – houve empresa que teve aumento de 20% na demanda por serviços logo após a promulgação da lei – mas tal movimento foi de certa forma arrefecido com a emissão da Medida Provisória que ampliou o prazo para que as empresas se ajustem à nova legislação.

A esperança das empresas que investiram em tecnologia e instalações para tratamento e disposição de resíduos industriais está na disseminação da ISO 14000, pois as empresas que aderirem à norma terão que gerenciar adequadamente seus resíduos, e numa maior atuação fiscalizadora por parte dos órgãos de controle ambiental.

Alguns tipos de resíduos podem ser transformados em subprodutos ou em matérias-primas para fabricação de produtos. A industrialização possui um ritmo crescente em países em desenvolvimento, os resíduos passam a ser gerados em regiões nem sempre preparadas para processá-los ou, pelo menos, armazená-los adequadamente. Outro fator importante é a correta manipulação, uma vez que pode impactar no controle do risco que ele representa, pois pode se transformar em risco ambiental bem mais grave.

<u>Residuais de Serviços e Comércio</u>: os resíduos de Serviços são aqueles gerados pelas organizações de atendimento, tais como instalações hoteleiras, restaurantes, resorts etc. Os comerciais são provenientes dos centros de negócios, shopping centers, supermercados etc. Os resíduos, em sua maioria são orgânicos e sólidos, tais como: sacolas plásticas, resíduos de limpeza, Resíduos de estabelecimentos como sacolas; embalagens de papelão ou plástico; residuais de limpeza; materiais inorgânicos como metais; outros. Estas edificações não possuem ETE em suas instalações, ao menos desconheço. O lixo gerado é recolhido pelos órgãos públicos e/ou por empresas contratadas que recolhem e enviam para centros de reciclagem.

<u>Resíduo Hospitalar ou Veterinário</u>: são constituídos pelos todos os materiais descartados, após o uso, produzido em unidades de prestação de cuidados de saúde, incluindo as atividades médicas de emergência, diagnóstico, prevenção e tratamento da doença em seres humanos ou em animais ou correlacionadas.

Há uma grande diversidade de tecnologias para tratamento de resíduos de serviços de saúde. Os processos mais utilizados são por Incineração ou em equipamentos denominados Autoclave. Impulsionados pelos avanços tecnológicos, maior conscientização das pessoas e os riscos de poluição atmosféricos (em razão da Incineração) foram a razão para a restrição deste processo para tratamento de resíduos. Também, a ocorrência de sérias restrições técnicas e econômicas de aplicação, devido à exigência de tratamentos muito caros para os gases e efluentes líquidos gerados, acarretando uma sensível perda na sua parcela de mercado.

Principais objetivos dos Tratamentos de Resíduos da Saúde:

- Promover a redução da carga biológica dos resíduos, de acordo com os padrões e legislação vigente;
- Atender aos padrões estabelecidos pelo órgão de controle ambiental local (emissões dos efluentes líquidos e gasosos);
- Ser economicamente viável.

Tecnologias disponíveis para Tratamento dos Resíduos da Saúde:

- Incineração;
- Por Autoclave;
- Pirólise;
- Microondas;

- Desativação eletrotérmica;
- Tratamento Químico;
- Radiação ionizante.

Para ampliar seu conhecimento, segue apresentação da tecnologia "Radiação Ionizante".

Radiação Ionizante: nesse processo, os resíduos, na sua forma natural, são expostos à ação de raios gama gerados por uma fonte enriquecida de cobalto 60 que torna inativos os micro-organismos. Suas vantagens referem-se à ausência de emissão de efluentes de qualquer natureza, assim como pelo fato de ser um processo contínuo.

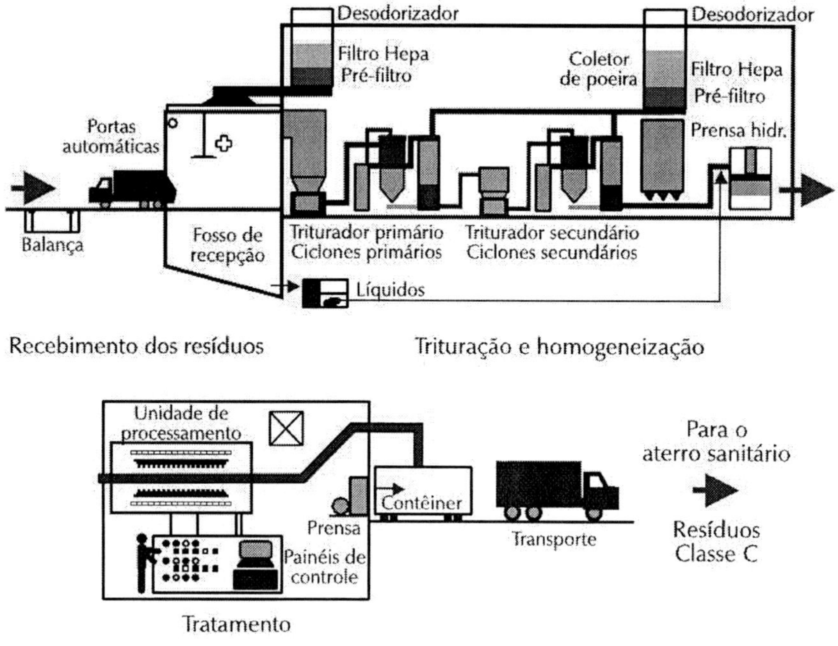

Figura 1.104 Exemplo Processo Radiação Ionizante. Fonte: www.portalresiduossolidos.com

Esse processo apresenta as seguintes desvantagens em relação aos processos anteriores:

- Eficiência de tratamento questionável, uma vez que há possibilidades de nem toda a massa de resíduos ficar exposta aos raios eletromagnéticos;
- Necessidade de se dispor adequadamente a fonte exaurida de cobalto 60 (radioativa).

Mais sobre resíduos hospitalares: http://www.portalresiduossolidos.com/tratamento-de-residuos-de-servicos-de-saude/

Resíduos Especiais: classificados pelos riscos que representam para o meio ambiente e a saúde públicas:

- **Classe I – Perigosos:** apresentam riscos à saúde pública ou ao meio ambiente, ou ainda inflamável, corrosivo, reativo, toxicidade ou patogênicos. Ex.: pilhas, pesticidas, resíduos de serviços de saúde infectantes, baterias, lâmpadas, óleos.

- **Classe II A – Não Inertes:** não se enquadram nas classificações Classes I ou Classe II B. Podem ter propriedades, tais como: biodegradabilidade, combustibilidade ou solubilidade em água. Ex.: Restos de alimentos, papel e resíduos de varrição.
- **Classe II B – Inertes**: resíduos submetidos a ABNT 10007 – Amostragem de resíduos sólidos e a um contato dinâmico ou estático com água destilada ou deionizada, à temperatura ambiente, conforme ABNT NBR 10006 – Procedimento para obtenção de extrato solubilizado de resíduos sólidos, não apresentam em nenhum de seus constituintes solubilizados, concentrações superiores aos padrões de potabilidade da água, excetuando-se os padrões de aspecto, cor, turbidez e sabor (ABNT, 2004). Ex.: tijolos, plástico, aço e vidro.
- **Rejeitos:** não podem ser reaproveitados ou reciclados, devido à falta de tecnologia ou viabilidade econômica. Ex.: absorventes femininos, fraldas descartáveis e papéis higiênicos usados.

Os resíduos das classes "1" e "2" devem ser tratados e destinados em instalações apropriadas para tal fim. Por exemplo, os aterros industriais precisam de mantas impermeáveis e diversas camadas de proteção para evitar a contaminação do solo e das águas, além de instalações preparadas para receber o lixo industrial e hospitalar, normalmente operados por empresas privadas, seguindo o conceito do poluidor-pagador. A destinação, tratamento e disposição final de resíduos devem seguir a NBR 10.004, ABNT.

Resíduos da Construção Civil (Obras): são conhecidos por Entulho e provenientes de qualquer atividade em Edificação. Ex.: Construção e/ou Reformas Prediais; Demolição etc. Incluindo resíduos a lama de escavações e demais dejetos que não são aproveitados.

Resíduos Nuclear: são compostos por resíduos radioativos, isto é, restos de combustível nuclear seja de Usinas, mas de produtos hospitalares que tiveram contato com radioatividade (aventais, luvas etc.), enfim, qualquer material que teve exposição prolongada à radioatividade ou que possui algum grau de radioatividade. A grande dificuldade do processo de descarte é a eficiência do processo de isolamento e confinamento.

Resíduos da Agricultura: são compostos gerados pelas atividades de Agricultura, além da Sivicultura e Pecuária. Além da fração orgânica presente em grande quantidade que normalmente já é reincorporada na lavoura como adubo orgânico, pode-se encontrar embalagens de produtos Agrotóxicos.

Resíduos Portuários e de áreas Alfandegárias: provenientes de outros países e alguns são classificados como perigosos, pois são possíveis agentes contaminantes e vetores de doenças endêmicas, os quais seguem os processos de descarte dos resíduos hospitalares.

Resíduos Orgânicos: os resíduos orgânicos são compostos por alimentos e outros materiais que se decompõem pela natureza, tais como cascas e bagaços de frutas, verduras, galhos e folhas de podas, entre outros.

Resíduos Inorgânicos: são compostos por produtos manufaturados, tais como cortiças, espumas, metais e tecidos.

1.4.9 Processos para Tratamento de Efluentes

Introdução

Os processos de tratamento são classificados em físicos, químicos e biológicos, conforme a natureza dos poluentes a serem removidos e/ou das operações unitárias utilizadas para o tratamento. Estes, por sua vez, são responsáveis pela remoção dos principais contaminantes químicos, tais com: óleos e graxas, ferro, zinco, resíduos industriais etc. Em geral, são oriundos de processos industriais.

Os resíduos são enviados para tanques diferentes e posteriormente bombeados para o tratamento físico-químico (adição de produtos químicos gerando água clarificada e lodo que são separados por ar dissolvido). A água clarificada e enviada ao sistema de tratamento biológico junto com efluente sanitário. O lodo gerado é enviado para tratamento especifico para este tipo de material.

Especificação dos Processos físico-químicos e biológicos

Processos Físicos: são os processos que removem os sólidos em suspensão sedimentáveis e flutuantes através de separações físicas, tais como gradeamento, peneiramento, caixas separadoras de óleos e gorduras, sedimentação e flotação. Os processos físicos também removem a matéria orgânica e inorgânica em suspensão coloidal e reduzem ou eliminam a presença de microrganismos por meio de processos de filtração em areia ou em membranas (microfiltração e ultrafiltração). Os processos físicos também são utilizados com a finalidade de desinfecção, tais como a radiação ultravioleta.

Processos Químicos: utilizam produtos químicos em seu processo, tais como: agentes de coagulação, floculação, neutralização de pH, oxidação, redução e desinfecção em diferentes etapas dos sistemas de tratamento. Conseguem remover os poluentes por meio de reações químicas, além de condicionar a mistura de efluentes que será tratada nos processos subsequentes.

Processos Biológicos: o tratamento biológico de esgotos e efluentes industriais tem o objetivo de remover a matéria orgânica dissolvida e em suspensão ao transformá-la em sólidos sedimentáveis (flocos biológicos) e gases. Basicamente, o tratamento biológico reproduz os fenômenos que ocorrem na natureza, mas em menor tempo.

Mais informações sobre os processos dos Tratamentos de Efluentes:
http://www.teraambiental.com.br/

Exemplos de Estações de Tratamento de Efluentes Industriais

Figura 1.105 ETE de Belém SANEPAR – considerada de grande porte, localizada em Curitiba – PR Fonte: https://www.construtoraelevacao.com.br/portfolio/ete-belem-sanepar-curitiba-pr

Figura 1.106 ETE de Belém SANEPAR – considerada de grande porte, localizada em Curitiba – PR Fonte: https://www.construtoraelevacao.com.br/portfolio/ete-belem-sanepar-curitiba-pr

Figura 1.107 ETE pertencente a Vonpar Refrescos S.A., Unidade localizada em Porto Alegre/RS. Fonte: www.lamb.eng.br, Lamb Engenharia

1.4.10 Parâmetros de Controle do Processo na ETE

Para sua orientação, saiba que em todas as operações numa Estação de Tratamento de Efluentes é necessário verificar os parâmetros, os quais são utilizados tanto para monitoramento, quanto na manutenção.

Estes são alguns dos principais parâmetros, típicos de uma ETE:

Oxigênio Dissolvido: o sistema adotado no Tanque de Aeração conta com sistema de "ar difuso" (difusores submersos no líquido e tubulações distribuidoras de ar). O ar é introduzido próximo ao fundo do reator biológico para evitar a sedimentação do lodo e fornecer o oxigênio necessário para a sobrevivência dos micro-organismos.

Demanda Bioquímica de Oxigênio (DBO): é quantidade de oxigênio dissolvido necessária para que um corpo d'água degrade (oxide), pela atividade bacteriana, a matéria orgânica ali presente. Em média, são necessários cinco dias para a medição da DBO da água ou do efluente.

É o parâmetro tradicionalmente mais usado para a caracterização de águas residuais brutas e tratadas. A quantidade de matéria orgânica presente, indicada pela DBO, indica o potencial poluidor de um efluente, para o dimensionamento do sistema de tratamento mais adequado e medir a eficiência desse sistema. Quanto maior o grau de poluição orgânica, maior a DBO do curso d'água.

Demanda Química de Oxigênio (DQO): índice que fornece a quantidade necessária de oxigênio (fornecido por um agente oxidante) para oxidar totalmente a matéria orgânica presente num meio (água ou efluente). A DQO mede indiretamente a carga de matéria orgânica contido no efluente, isto é, de seu efeito poluidor.

Observação: Por esta razão, os índices DQO e DBO são os mais usados na legislação vigente sobre lançamento de efluentes.

Sólidos Suspensos: no interior do Tanque de Aeração encontra-se uma quantidade de sólidos suspensos sob a forma de flocos de lodo ativado. Há sólidos suspensos totais, sólidos suspensos voláteis e sólidos suspensos fixos ou inorgânicos.

1.4.11 ETE: Operação e Manutenção

Introdução

As Estações de Tratamento de Efluentes ou de Esgotos, ou ainda de Resíduos, são sistemas que também fazem parte da Gestão de *Facilities,* juntamente com os Sistemas Hidráulicos de Água Potável e Sistemas de Água de Reuso, isso dependendo do escopo de abrangência e tipo de organização. Neste caso, é denominada como "soluções integradas de água". Esta atividade pode ser executada por equipe própria, mas em sua maioria é realizada por empresa terceirizada uma vez que oferecem soluções inteligentes, inovadoras e comprometidas com o desenvolvimento sustentável em razão de sua capacitação e experiência no seguimento. Juntamente com os serviços técnicos possuem projetos de consultoria, engenharia e construção, equipamento, manutenção e formação. As questões relacionadas a resíduos são diretamente proporcionais aos cuidados ambientais de um modo geral. O lixo gerado pelas empresas e o descarte devido são um processo que exige ética e responsabilidade social pelas equipes que gerenciam essas atividades.

Já o esgoto sanitário é formado por dejetos contaminantes e sem tratamento, o destino mais provável são os rios, lagos, córregos e outros, causando poluição dos nossos recursos hídricos. Daí a importância da coleta e o transporte dessa água poluída para a ETE. O Tratamento de Efluentes Sanitários consiste em realizar o polimento final do efluente industrial tratado pelo sistema físico-químico juntamente pelo efluente sanitário gerado em todo o condomínio industrial através do processo biológico denominado lodos ativados. O resultado final e um efluente totalmente clarificado que ainda passa por um processo de desinfecção por ultravioleta e após é remetido ao mar.

O tipo de ETE depende da eficiência requerida – tendo em vista a classe de enquadramento – e da capacidade de depuração das águas do corpo hídrico receptor; alguns deles são indispensáveis, independentemente da tecnologia adotada para o tratamento dos esgotos.

De uma maneira geral essas são as etapas:

a) Preliminar: remove apenas os sólidos grosseiros.

b) Primária: remove sólidos sedimentáveis e parte da matéria orgânica.

c) Secundária: o objetivo principal é o da remoção de matéria orgânica e, eventualmente, de nutrientes como nitrogênio e fósforo.

d) Terciária: remove poluentes específicos, em especial nutrientes – fósforo e nitrogênio.

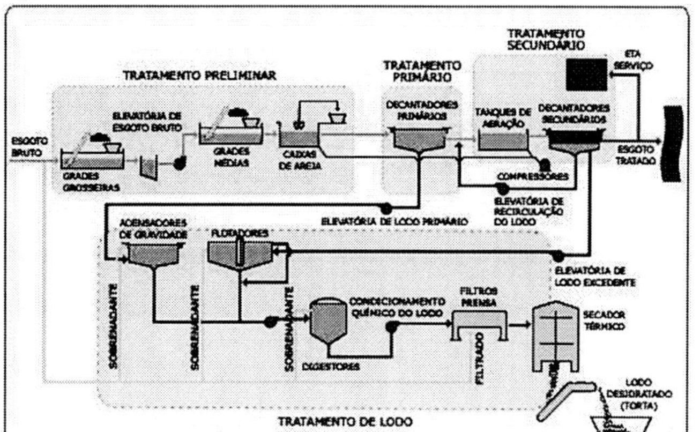

Figura 1.108 Esquema básico de uma ETE - Componentes e Operação Fonte: https://selmawebsite.blogspot.com/2009/04/esquema-de-uma-ete

Figura 1.109 Exemplo de outro modelo de ETE. A Estação Compacta de Tratamento de Efluentes é um sistema que tem como objetivo principal realizar o tratamento e purificação das águas residuais de forma eficiente e econômica, a fim de devolvê-las ao meio ambiente sem causar impactos ambientais negativos. Esse tipo de estação é composta por diferentes etapas de tratamento, como a remoção de sólidos, aeração, decantação, entre outras, que são realizadas em um espaço reduzido. Fonte: https://www.sanevix.com.br/estacao-compacta-tratamento-efluentes

Aspectos gerais sobre a Operação na ETE

É uma infraestrutura de saneamento e geralmente dimensionada e projetado para operar por cerca de a 10 anos, sendo assim considerada sua vida útil. A partir de então, sua eficiência precisa ser avaliada e correções ou melhorias devem ser implementadas.

A operação é de alto risco à saúde, portanto o uso de EPIs específicos para esta atividade não é casual, são de extrema obrigatoriedade. Os gestores devem supervisionar e cobrar dos funcionários quando estes são arredios a esta determinação. Via de regra, vestuário e botas são obedecidos, mas as máscaras, devido a desconforto ao usar, por vezes são deixadas de lado. Juntem-se a este item os protetores auriculares. Se aplicável, a organização promover a vacinação dos operários para prevenção contra doenças como tétano, hepatites A e B e difteria.

Em razão das legislações vigentes, deve contar com um técnico responsável pela operação e acompanhamento do programa de monitoramento. Deve constatar, em local visível a Anotação de Responsabilidade Técnica – ART, referente à supervisão técnica do local.

Além de equipe devidamente treinada e capacitada, para o controle operacional da unidade, placas informando a proibição da permanência pessoal não autorizado, visitantes (em acompanhamento e EPIs) e principalmente colegas de trabalho inabilitados.

Atividades de Rotina na ETE (apenas como referência):

- Realizar as análises físico-químicas e bacteriológicas do afluente, efluente, corpo receptor e do lençol freático, conforme definido nos padrões existentes.

- Medir a vazão de entrada e saída durante o tratamento. Executar as leituras horárias/diárias e anotar os valores na Ficha Diária de Controle Operacional.
- Manter atualizado na Manual de Operação e Livro de Registros de Ocorrências e/ou de Paralisações da ETE.
- Manter, na ETE, estojo de primeiros socorros, repondo periodicamente os materiais utilizados e vencidos.
- Higienizar diariamente a unidade: limpeza do chão e das paredes da casa do operador, dos equipamentos de laboratório e, principalmente, das instalações sanitárias.
- Limpar e desobstruir as canaletas de drenagem de água de chuva.
- Limpar as vias de acesso ao corpo receptor e do local de lançamento.
- Lavar as ferramentas – pás, enxadas, picaretas, rastelos etc. – em água limpa, não podendo ser guardadas ou utilizadas, mesmo em caráter de urgência, antes desse procedimento.

Atenção aos Técnicos de Manutenção:

- Realizar a manutenção preventiva dos motores e da parte mecânica dos equipamentos.
- Realizar a manutenção da cerca do entorno da estação, evitando o acesso de pessoas não-autorizadas e animais.
- Proteger as tubulações e o ponto de lançamento do efluente tratado.

Atividades de Manutenção na ETE

No estágio do Tratamento Preliminar: em geral é o de observar o desgaste nos equipamentos e tubulações e o de eliminar ou reduzir a possibilidade de entupimentos em tubulações, tanques, orifícios.

- Gradeamento: executar regularmente a manutenção dos equipamentos, tais como lubrificação de engrenagens, substituição de peças desgastadas e verificação dos componentes eletromecânicos, caso o gradeamento seja mecanizado.
- Desarenador: limpar a caixa de areia sempre que o material acumulado ocupar a metade da altura da câmara de armazenamento ou 2/3 de todo o seu comprimento.
- No estágio do Tratamento Primário: efetuar, frequentemente, a inspeção e manutenção preventiva dos equipamentos, havendo bombas e raspadores mecânicos para remoção do lodo decantado.

No estágio do Tratamento Secundário:

- Lagoas Anaeróbicas: conferir, periodicamente, as condições estruturais da lagoa, minimizando a possibilidade de ocorrência de erosão dos taludes e de infiltração no solo, observando-se a variação do nível da lâmina d'água; evitar os entupimentos nos dispositivos de entrada, para garantir a distribuição uniforme do esgoto na lagoa; promover a retirada de materiais grosseiros que, eventualmente, possam passar pelo tratamento preliminar.
- Reator Anaeróbico de Fluxo Ascendente (UASB): efetuar a reparação na estrutura do reator no caso de infiltrações; inspecionar toda a linha de gás pelo menos uma vez por semana, para descobrir eventuais vazamentos e/ou entupimentos; limpar periodicamente a fuligem acumulada nos queimadores de gás, para que

tenham uma boa eficiência. A manutenção inclui a monitorização dos parâmetros de operação, a limpeza e inspeção dos componentes e a reposição de microrganismos, quando necessário. Existem outros tipos de reatores anaeróbios, além do Fluxo Ascendente (um dos mais utilizados) são utilizados o de Manta de Lodo e Leito Fixo. No Reator Anaeróbico Manta de Lodo o efluente entra pela parte inferior em fluxo ascendente. Passando através de um leito de lodo denso e de elevada atividade. O perfil de sólidos no reator possui grande variação. Desde muito denso e com partículas granulares de elevada capacidade de sedimentação, próximas ao fundo (Leito Fixo). Lodos Ativados: realizar a manutenção preventiva dos motores e da parte mecânica dos equipamentos;

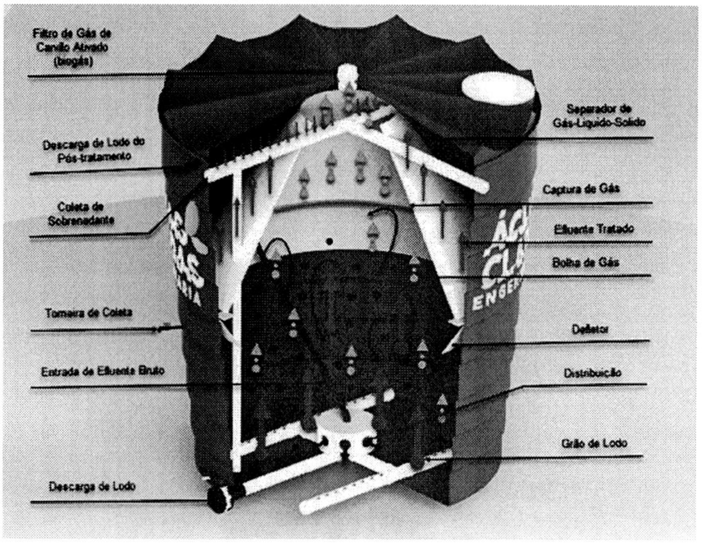

Figura 1.110 Reator modelo UASB - Upflow Anaerobic Sludge Blanket – é um reator anaeróbio de Fluxo Ascendente de alta eficiência. Em geral é aplicado em processos primários para a estabilização da matéria orgânica inicial. É utilizado tanto em Estação de Tratamento de Esgoto Sanitário quanto em Estação de Tratamento de Efluentes Industriais. Fonte: https://aguasclarasengenharia.com.br/como-funciona-reator-uasb/

Figura 1.111 Para conhecimento, registro fotográfico Reator Anaeróbico de fluxo ascendente Fonte: https://fortmetal.com.br/glossario/o-que-e-reator-anaerobio/

Nas Unidades de Pós–Tratamento:

- Garantir a permanência do leito filtrante e promover a sua limpeza, caso haja entupimento.
- Observar a ocorrência de infiltrações na estrutura do filtro, executando imediatamente a sua reparação.

No estágio de Tratamento e Disposição Final de Lodos:

- Desidratação no modo "Mecanizado": por definição: são equipamentos eletromecânicos utilizados para o processo de desaguamento do lodo. Dentre os mais utilizados pode-se destacar: bombas centrífugas, prensa desaguadora, filtros a vácuo, filtro prensa da Bomba Centrífuga.
- Nas Estações Elevatórias de Esgoto: verificar o funcionamento dos conjuntos elevatórios; se houver alguma anormalidade, providenciar os reparos; fazer a manutenção periódica das bombas, sempre deixando uma de reserva; alternar a utilização das bombas, no caso de bomba reserva, não deixando equipamentos parados por longos períodos; manter a bomba em funcionamento periódico, evitando grandes períodos de paralisação de alimentação da ETE; acompanhar a emanação de odores e providenciar medidas de minimização de impacto, principalmente, em caso de proximidade de núcleos populacionais.

Mais informações: FUNDAÇÃO ESTADUAL DO MEIO AMBIENTE, http://www.unipacvaledoaco.com.br/ArquivosDiversos/Cartilha

Outras Atividades para a Manutenção: Itens específicos da ETE

- O esgotamento de poços de visita, caixas de inspeção, caixas de gordura, do lodo de fossas e filtros, e do processo de aeração prolongada deverão ser feitos através de caminhão limpa fossa a cada 6 meses ou a intervalos que se fizerem necessários, de acordo com a operação do sistema.
- Caixa de Grades da ETE: realizar limpeza na grade de entrada duas a três vezes por semana, acondicionando o lixo removido em sacos plásticos e direcionando o mesmo ao aterro sanitário. A remoção do material retido é feita com raspadeira manual. Proceder às medições de vazões conforme rotina estabelecida na licença do Instituto Estadual do Ambiente (INEA).
- Tanque de Neutralização: as substâncias químicas manipuladas para neutralização de pH devem ser averiguadas diariamente. O preparo das soluções neutralizantes (hidróxido de sódio 10% e ácido clorídrico 10%) deve ser feito semanalmente ou nos intervalos que se fizerem necessários, de forma a manter um estoque mínimo de 10 litros de cada solução.
- Fossas Sépticas: a cada dois meses, deverá ser feita a retirada do sobrenadante das fossas sépticas e dos filtros anaeróbios a fim de evitar incrustações e mau cheiro. O lodo de fundo (lodo digerido) deve ser removido a cada seis meses de uso da fossa séptica, devendo ser deixada uma quantidade residual (50 a 100 litros) para aceleração do novo processo. Desta forma, evitam-se os inconvenientes da liberação de maus odores, que ocorrem no início da operação das fossas sépticas. A remoção do lodo digerido deve ser realizada de forma rápida e sem contato do operador com o material. Este lodo deve ser disposto em aterros sanitários ou conduzido para estações públicas de tratamento de esgotos sanitários.
- Filtros Anaeróbios: quanto ao filtro anaeróbio, a operação resume-se à limpeza de seu leito a cada seis ou a cada doze meses. Esta limpeza consiste no esvaziamento do filtro através de mangueiras flexíveis, que atinjam seu fundo através do tubo de acesso à tubulação de distribuição e na "retrolavagem" da brita. Para certificar-se de que o sistema está em perfeito funcionamento (com eficiência), aconselha-se que se façam análises do efluente a cada seis meses. Vale ressaltar que a falta de manutenção adequada da rede de esgotos

e do sistema de tratamento como um todo acarretará em entupimentos, vazamentos e na diminuição acentuada da eficiência do tratamento.

- Decantador Final: a retirada do lodo no decantador secundário deverá ser feita através da abertura do registro de fundo, descartando estes materiais à elevatória de lodo. Esse descarte deverá ser feito uma vez por dia. Um extravasor, situado na borda lateral, possibilita, em caso de entupimentos na saída, o fluxo de esgoto para fora do tanque sem a ocorrência de transbordamento. No fundo do tanque, a retirada será operada por registros de gaveta. Este descarte de lodo sedimentado é direcionado à elevatória de esgoto (retorno de lodo) ou é eliminado em aterros sanitários.
- Medidor de Vazão: o medidor de vazão permitirá conhecer o volume de efluente tratado e lançado no corpo receptor. Este equipamento é instalado na saída do efluente final e a leitura da vazão é feita por meio da visualização da régua instalada na parte interna do medidor, que mostra o resultado em metros cúbicos por hora (m3 /h).

Plano de Manutenção Elétrica (Quadro/Painel)

Atividade (Revisar / Substituir)	Frequência
1. Fixação dos componentes e terminais	M
2. Contatos elétricos	M
3. Temperatura dos componentes (Termômetro Digital)	M
4. Cabos e terminais oxidados	M
5. Lâmpadas sinalizadoras	M
6. Atuação dos Relés de sobrecarga / correntes nominais dos motores	M
7. Dispositivos de sinalização e alarme	M
8. Verificação do conversor de frequência	M
9. Limpeza dos quadros Int. e Ext.	T
10. Termografia em toda Instalação Elétrica	A

1.5 A Isolação Acústica e Térmica

Introdução

Dando seguimento ao tema conforto ambiental, a isolação acústica e/ou térmica segue nessa mesma linha, seja nas residências ou nas edificações empresariais, serviços e comerciais. Sabemos, na prática, do efeito incômodo e até nocivo do ruído à saúde, em determinados locais de trabalho. Algumas das reações são citadas: o aumento da pressão arterial, aceleração da pulsação, alterações do humor, entre outros. Portanto, é necessário uma isolação acústica para reduzir os efeitos, como por exemplo os equipamentos de proteção coletiva ou de proteção individual (EPI).

Além da dificuldade na comunicação verbal, os demais fatores combinados à realidade atual, onde a opções por apartamentos ou condomínios de casa, podem gerar resultados nada agradáveis. No ambiente de trabalho, o ruído externo do maquinário, por exemplo, afeta a produtividade dos usuários que estão em tarefas administrativas. Por estas e outras razões, o isolamento acústico outro item de conforto fundamental.

Os materiais atuais, além de atuarem na redução de ruído, também foram desenvolvidos como isoladores térmicos, desta forma igualmente contribuem no conforto ambiental, evitando que o calor ou frio externo acesse o local, e ainda como auxiliares dos Sistemas HVAC, contribuindo para redução de custos operacionais e em certas horas do dia, para que não seja necessário que os equipamentos sejam ligados.

O isolamento acústico e térmico é amplamente aplicado nas novas construções ou reformas, seja em forro, telhado, paredes e pisos.

Há uma série de fabricantes e igualmente materiais utilizados na fabricação. Um fator importante a ser citado se refere às propriedades e ao desempenho dos isolantes térmicos e acústicos, tais como:

- Resistência e deformação;
- Durabilidade;
- Estabilidade dimensional e juntas;
- Isenção de água e/ou vapor;
- Resistência ao fogo;
- Índices de Qualidade em reter Calor e ruído;
- Propriedades Térmica e/ou Acústica;
- Calor Específico;
- Outros.

Figura 1.112 Para sua referência em relação à exposição a que pode estar sujeito, veja a escala: valor do ruído (dB) X atividade. Fonte: www.ideiasambientais.com.pt

Sobre a propriedade relacionada ao fogo, gostaria de citar uma tragédia ocorrida na cidade de Santa Maria, numa boate que vitimou mortalmente 242 pessoas e deixou outros tantos feridos, em sua maioria jovens estudantes de uma Universidade Federal local. O fato ocorreu no dia 27 de janeiro de 2013 e ainda deixou outros sobreviventes com sérios problemas de saúde, devido à inalação da fumaça tóxica. Pais, amigos e demais familiares foram/ficarão afetados, creio que até o fim dos seus dias.

Mais detalhes deste trágico acidente no Capítulo "Proteção e Combate a Incêndio".

Então, caro leitor, esta é uma boa razão para levar mais a sério as questões relativas à isolação acústica e/ou térmicas. De fato, a Gestão de *Facilities* nesta fase do projeto da edificação nova ou antes da reforma irá conduzir com extremo detalhamento e atento a todos os aspectos, mas principalmente em relação à segurança.

Posso estar sendo repetitivo, mas sempre faça opção em verificar normas e demais resoluções vigentes, procedimentos internos da organização e se entender que podem maximizados os padrões de projeto e instalação, busque informação com profissionais com a expertise necessária, desta forma a edificação estará em condições de conforto térmico de excelência e extremamente segura.

A norma nacional aplicável a Isolamento acústico residencial e isolamento térmico residencial é "NBR 15575:2013 Edificações Habitacionais — Desempenho". Contém: Parte 1: Requisitos gerais; Parte 2: Requisitos para os sistemas estruturais; Parte 3: Requisitos para os sistemas de pisos; Parte 4: Requisitos para os sistemas de vedações verticais internas e externas; Parte 5: Requisitos para os sistemas de coberturas. A norma obriga as construtoras a empregarem o isolamento termo-acústico durante a edificação. A norma entrou em vigor em 2013, deixando de fora todos os outros prédios previamente erguidos e com projetos aprovados anteriores a norma mesmo que ainda não tenham sido construídos. Obviamente e ainda de acordo profissionais especialistas, é que isolamento acústico seja instalado no momento da construção.

Para sua referência, a "NBR 9442:1986 – Materiais de construção – Determinação do índice de propagação superficial de chama pelo método do painel radiante tem como objetivo: Prescreve o método para determinar do índice de propagação superficial de chama em materiais de construção".

Igualmente para referência, seguem algumas das Normas Internacionais sobre isolamento acústico:

- DIN 4109: Schallschutz im Hochbau. Germany, 1989;
- EN. EUROPEN NORM. EN 12354-1: Building Acoustics. Estimation of acoustic performance of buildings from the performance of elements. Part 1: Airborne sound insulation between rooms. UK, 2000a;
- EN. EUROPEN NORM. EN 12354-3: Building Acoustics. Estimation of acoustic performance of buildings from the performance of elements. Part 3: Airborne sound insulation against outdoor sound. UK, 2000b;
- ISO. INTERNATIONAL STANDARDS ORGANIZATION. ISO Serial 140: Acoustic. Measurement of sound insulation in building and of building elements. Part 3, Part 4 and Part 5.

Comentário do Autor

Resolvi adicionar este assunto, pois acredito ser um dos conhecimentos importantes para a Gestão de Facilities e muitas das vezes não temos a visão crítica que este assunto exige. Confesso ao leitor que não tenho a expertise necessária para aprofundar este assunto, mas a abordagem será a de referência, isto é, permitir acesso às características especiais dos materiais e aplicação, seja no âmbito da Construção Civil ou em Máquinas e Equipamentos. Tive a oportunidade, sim, de avaliar projetos e conduzir contratos de serviços (e de equipe própria) em revestimento de telhado, com objetivo de aumentar a vedação e em algumas obras na isolação térmica. Outros, na minha experiência, à frente de uma unidade de Cogeração, pude observar a importância da isolação acústica da Edificação, pois os grupos geradores em operação criam um ambiente de ruído extremo, algo entre 95 db e 105 db. Também, a isolação térmica de equipamentos tais como Caldeiras, Chillers, Bombas e tubulações de condução de fluidos: Vapor, Água Quente e Gelada. A manutenção destas estruturas mecânicas requer cuidados especiais, pois impacta diretamente no rendimento do sistema e redução das perdas térmicas para o ambiente.

1.5.1 O Isolamento Acústico

Os trabalhos e estudos desenvolvidos referentes ao isolamento acústico são bem mais abrangentes no que dizem respeito ao conforto, pois a norma norte-americana ANSI/ASHRAE Standard 55 (Thermal Environmental Conditions for Human Occupancy), versão ano 2010, a qual trata de conforto térmico expressa a satisfação do indivíduo em relação ao ambiente em que este se encontra e é extensivo aos confortos acústico e térmico e igualmente para a iluminação.

De uma maneira geral, há casos em que há possibilidade de aplicação dos meios naturais para o conforto do ser humano, mas em se tratando de ruído, em ambiente fabril por exemplo, são necessárias formas físicas para contenção ou redução dos ruídos gerados pelo maquinário. Em escritórios, há salas que podem conter equipamentos de condicionamento de ar e, portanto, estes locais devem possuir proteção de forma a não produzir desconforto aos usuários. Em certas ocasiões, durante a fase de orçamentação e projeto, o investimento em conforto acústico pode ser desprezado, pois os custos em materiais e mão de obra são consideráveis. Neste caso específico, a decisão de instalação pode ser postergada para mais adiante da construção. Este tipo de situação torna importantíssima e necessária uma análise para cada projeto, pois em algumas situações é louvável o investimento em materiais que atenuem o fluxo térmico e fluxo de ruídos para o ambiente em que o indivíduo se encontra.

Materiais para Isolamento Acústico

Não é hábito do brasileiro ter a preocupação em instalar na fase de aquisição do imóvel, com raras exceções. Já nas edificações comerciais e/ou de serviços, dependendo do produto, torna-se obrigatório e o isolamento acústico já faz parte do projeto de instalação. Na maioria das situações a preocupação ocorre na fase de uso. Aí vem a constatação de que "alguma coisa" ficou faltando. Então seguem a busca por soluções, contratação de empresas fornecedoras e todo aquele inconveniente de quebrar parede, colocar material isolante no forro etc.

Figura 1.113 Exemplo de instalação de material, entre tijolos, para obloqueio sonoro,constituído de um produto sobre condutividade sonora, térmica ou de vibrações.http://cerpolo.com.br/blog/isolamento-acustico-salas-aula/

As especificações dos materiais isolantes acústicos devem atender às especificações da norma "NBR 15: Ruídos contínuos ou intermitentes". Exemplo de ruídos contínuos ou intermitentes são os de sirene, serra elétrica e máquinas operatrizes existentes em indústrias. Visando preservar a saúde física e mental dos trabalhadores, foi criada a Portaria no 3.214, de 08/06/78, a qual contém valores de Ruído (dB) X Tempo Máximo em Exposição Diária permitido:

NÍVEL DE RUÍDO dB	MÁXIMA EXPOSIÇÃO DIÁRIA PERMISSÍVEL
81	20horas e 10 minutos
82	16 horas
83	12 horas e 41 minutos
84	10 horas e 4 minutos
85	8 horas
86	6 horas e 20 minutos
87	5 horas
88	4 horas
89	3 horas e 10 minutos
90	2 horas e 30 minutos
91	2 horas
92	1 hora e 45 minutos
93	1 hora e 15 minutos
94	1 hora
95	47,62 minutos
96	37,79 minutos
97	30 minutos

Figura 1.114 Tabela que mostra o tempo máximo de exposição que um trabalhador deve ficar sob determinado ruído, que depende de seuNível de Pressão Sonora (NPS), medidos em dB. Fonte: www.ambitojuridico.com.br

Para dar seguimento, cito a empresa Isoline do Brasil, a qual tem em seu portifólio uma linha diversificada de materiais para isolamento acústico e tratamento acústico, o produto com características, segundo este fabricante: "*não propaga chamas e nem emite gases tóxicos. No site da Isoline e de nossos fornecedores estão à disposição de todos as normas técnicas sobre propagação de chamas, bem como os relatórios e laudos emitidos pelos* órgãos *governamentais atestando o uso seguro dos materiais de isolamento acústico e tratamento acústico*". Um dos materiais mais recomendados é o ***ISOMIX PLUS***, uma lâmina de borracha sintética à base de polímeros e cargas minerais de alta densidade:

O produto ISOMIX PLUS pode ser aplicado com cola cimentícia diretamente sobre a laje antes da execução do contra piso reduz os ruídos de impacto e aéreo. Para evitar a ponte de ruídos e vibrações pelas paredes e estruturas, deve-se cobrir também o rodapé, sob o "contrapiso", abaixo do piso de madeira ou mesmo entre as paredes de alvenaria quando feito no sistema de parede dupla.

Sabemos que esta prática não é popular no Brasil. Uma das formas de conscientização de isolamentos térmico e acústico é que ambos promovem muitos benefícios, como a diminuição no consumo de energia para aquecer e resfriar o ambiente. Estas inovações, se computadas em relação à fatura de energia elétrica, já aprovariam o investimento.

A Isoline Sistemas Termo Acústicos é uma empresa de Campinas que atua desde 2001 no segmento de isolamento térmico, Isolamento acústico. Outras empresas que atuam neste seguimento são: SONEX, KNAUF, ARMACELL, ROCK-Fibras e OWA.

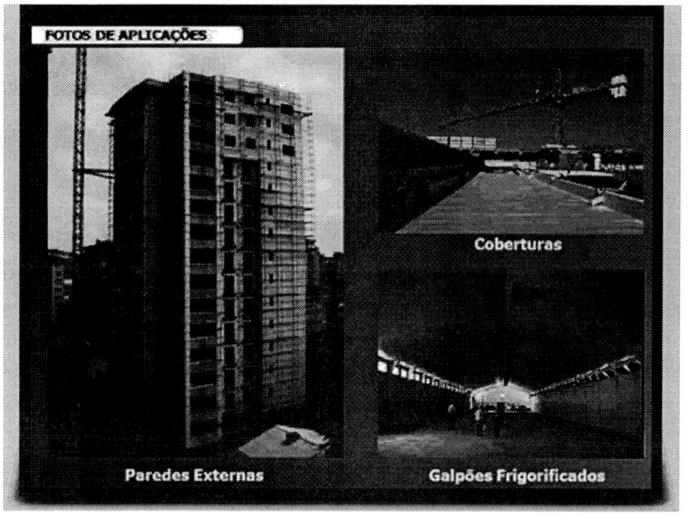

Figura 1.115 Mais informações sobre os produtos: http://www.isoline.com.br/isolamento-acustico-aplicado-na-construcao-civil.

Comentário do Autor

Gostaria de comentar uma série bem interessante, no canal "Discovery Home & Health". Assisto, com certa frequência, o programa "Love it or List it" (no Brasil, Ame-a ou Deixa-a), programa produzido no Canada, em áreas de Toronto e Ontario. A partir de 2014, a série iniciou episódios nos EUA. Esta série tem como foco central um casal que não está satisfeito com a casa ondem residem. Então, uma arquiteta (contratada do progama) se encarrega de assumir a reforma a partir de um valor fornecido pelo casal. Ao mesmo tempo, um corretor (também contratado) segue em busca de um outro imóvel, igualmente com base em valor fornecedo. Ao final, o casal decide se fica com a casa reformada ou parte para outro imovel: Love it or list it?

Bem, o que realmente me chamou a atenção foi a constância do isolamento térmico como item obrigatório, além de uma sala de caldeira a gás. O clima não é tropical, portanto este item irá contribuir para a contenção do calor, reduzindo consumo e contribuindo com o conforto térmico necessário. É interessante acompanhar a evolução da reforma. A arquiteta conta com um construtor e sua equipe. Fiação elétrica obsoleta é substuida, paredes são quebradas para ampliação e/ou construção de novo espaço, isolamento térmico é revisado ou substituido, pintura, reformas em banheiros, closets, etc. Enfim, ao final do episódio fica muito difícil para o casal decidir, em muitos decidiram ficar. A série aborda sempre casas e, por sinal, lindas e bem amplas e de dar inveja a nós brasileiros que moramos, na grande maioria, em "cubículos". O isolamente térmico e acústico permite uma melhor qualidade de vida, principalmente na contenção de ruídos.

Isolamento Acústico Industrial

Isolamento acústico industrial para equipamentos ou salas especificas de operação ou testes é um projeto que exige alto índice de confiabilidade e qualidade. Com base nas medições de vibração e ruídos (intensidade de som emitido), seguem as especificações em acordo com as normas aplicáveis para tornar o local seguro e que permita ao operador executar suas atividades, preservando sua audição. Obviamente, existem EPI de uso obrigatório, projetados para proteção dos ouvidos. Contudo, eles têm uma limitação. Em média, reduzem de 15 a 20% do valor emitido. Por exemplo, um local com ruído medindo 95 dB, o protetor auricular possibilita uma permanência local com ~90dB. Por esta razão, a instalação de isolamento acústico se torna importante neste contexto, contribuindo para que o ambiente não seja tão insalubre.

No seguimento industrial não há possibilidade de redução de sua produção, a não ser que tenham outras razões. Desta maneira, os colaboradores não podem ficar expostos, diariamente, a ruídos ensurdecedores gerados pelo maquinário. Há outros ambientes ruidosos, por exemplo, na construção civil. Um que se destaca são os marteletes, as quais podemos observar em locais em que é necessário quebra de piso ou asfalto. As utilidades também têm a sua contribuição, em geral são salas com proteção acústica. Destacam-se as Salas dos Compressores e Grupos Geradores, cujo ruído local pode chegar acima de 95 dB.

Se o caro leitor buscar em sites específicos, irá encontrar informações mais detalhadas sobre os males à saúde em razão à exposição de ruídos acima dos limites aceitáveis. Seguem alguns exemplos:

- A exposição por longos anos pode causar danos permanentes ao sistema auditivo;
- Desenvolvimento de doenças que afetam o sistema nervoso: irritabilidade, estresse, e em casos mais avançados pode chegar à depressão;
- Desenvolvimento de hipertensão;
- Doença cardíaca isquêmica;
- Distúrbios do sono, quando o indivíduo tem dificuldade para relaxar;
- Produz deficiência do sistema imunológico.

Estes danos se refletem na organização. Em geral causam:

- Aumento de afastamento por licença médica;
- Aumento do absenteísmo, afetando a produtividade;
- Ambientes de trabalho estressantes, onde as pessoas não conseguem se comunicar adequadamente;
- Outros.

Figura 1.116 Exemplo de Sala Industrial com Proteção Acústica. Internamente são executadas operações, cujo maquinário emite ruídos acima dos limites permissíveis para audição humana. No seu interior, é obrigatório o uso de protetor auricular. Fonte: http://www.isoline.com.br/isolamento-acustico-aplicado-na-construcao-civil.

Etapas para execução de projeto e instalação de proteção acústica.

A etapa preliminar prevê um estudo prévio das condições do ambiente, tipo do maquinário a ser isolado, definição dos materiais mais adequados para a solução mais eficaz. Considera-se, ainda, tempo em operação e a performance no contexto da organização.

Sobre as etapas básicas:

- O Projeto: de posse das informações preliminares, a empresa contratada irá desenvolver projeto construtivo. Obviamente, há etapas de orçamentação, avaliação e escolha do fornecedor, assinaturas de contrato, definição final do investimento e formas de pagamento.
- A Instalação: definida a área a ser isolada, segue a fase de montagem e instalação do isolamento. A empresa instaladora deve responder ao projeto oferecendo mão de obra especializada e ferramental adequado para a execução do projeto, o qual deve ser acompanhada por responsáveis por ambas, fornecedor e organização.
- Medição: após conclusão da instalação, novas medições de níveis de ruídos são requeridas, pois servem para confirmar se os objetivos do projeto foram alcançados.

Características de projeto e instalação:

- Paredes Acústicas *Drywall*: é constituída por uma estrutura de perfis de aço galvanizado na qual são parafusadas, em ambos os lados. A forma de montagem e os componentes utilizados permitem que a parede seja configurada para atender a diferentes níveis de desempenho, de acordo com as exigências ou necessidades de cada ambiente em termos mecânicos, acústicos, térmicos e de comportamento frente ao fogo.

Especificações necessárias:

- A espessura dos perfis estruturais (48, 70 ou 90 mm);
- O espaçamento entre os perfis verticais ou montantes (400 ou 600 mm, em paredes retas. Em paredes curvas, o espaçamento é menor, variando em função do raio de curvatura);
- Caso a estrutura seja com montantes simples ou duplos e se estes são ligados ou separados;
- O tipo de chapa (Standard = ST; Resistência Umidade = RU; Resistente a Fogo = RF);
- A quantidade de chapas fixadas de cada lado (uma, duas ou três);
- O uso ou não de lã mineral ou de vidro no interior da parede.

Observação: Em paredes resistentes ao fogo, especificadas para resistir 60 minutos ou mais à ação das chamas, recomenda-se a fixação, de ambos os lados, de chapas RF com 15 mm de espessura. Em paredes com exigência de isolamento sonoro, deve-se aplicar a banda acústica nos perfis estruturais em contato com o perímetro.

Figura 1.117 Um dos grandes exemplos de isolamento acústicos são as salas de cinema. Paredes e revestimentos de *drywall* têm desempenho acústico superior ao da alvenaria convencional. http://www.centerplaster.com.br

Mais informações sobre Isolamento Acústico em
http://www.drywall.org.br

- Forro acústico: o ***Sonique CleanLine Fire Proof***, fabricado pela empresa VIBRASON, é o primeiro forro acústico modular confeccionado em espuma para ser instalado com a utilização de perfis metálicos. Suas propriedades proporcionam uma elevada absorção, sem depender do pleno, e a possibilidade de instalação em baixo de telhados metálicos ou de fibrocimento e locais com elevado índice de umidade e temperatura. Autoextinguível, atende à NBR 9442 (**Classe A**). Densidade de fumaça aceitável conforme norma ASTM E662-86 é um produto atóxico e antialérgico: Não solta fibras.

Mais informações sobre Forro Acústico:
http://www.vibrasom.ind.br/produtos-acusticos

- Janelas/Portas acústicas: a fabricante Silene Acústica disponibiliza janelas sobrepostas antirruído que permitem o isolamento termo-acústico sem a necessidade de quebra de alvenaria ou alteração de fachadas dos prédios. Os vidros, para terem desempenho acústico, possuem maior espessura e são laminados, preferencialmente. Outra forma são os vidros duplos termo acústicos.

Mais informações, acesse:
http://www.silenceacustica.com.br

- Pisos Acústicos: a empresa Vibrasom disponibiliza os pisos acústicos modelos PA 30 projetado e desenvolvido para atingir alta performance em isolação acústica entre os andares de edifícios e demais construções residenciais e comerciais. Algumas características: reduz a transmissão de ruído e vibrações entre os andares, fabricado a partir de materiais reciclados e sustentáveis e é instalado sobre pisos existentes e novos por um sistema de sobreposição.

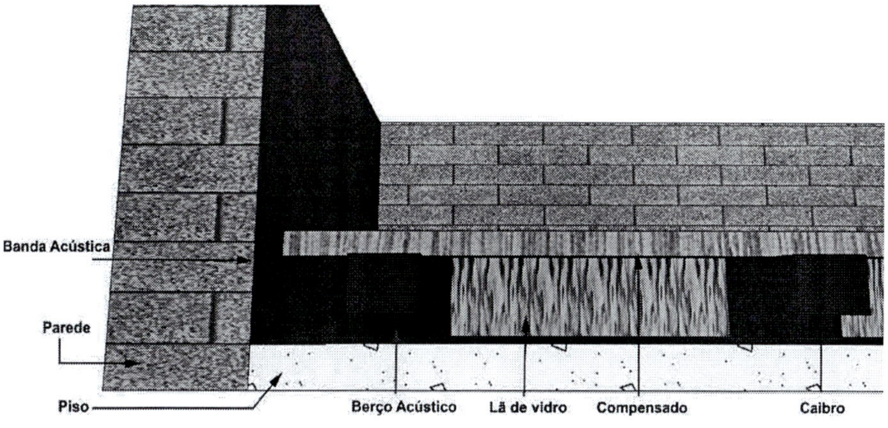

Figura 1.118 Ilustração de instalação de piso acústico numa sala. Fonte:http://www.vibrasom.ind.br

Mais informações, acesse:
http://www.vibrasom.ind.br

Algumas vezes o "enclausuramento" do equipamento resolve apenas parte do problema. O nível de ruído no local onde está o equipamento diminui ou se torna aceitável com o uso de EPI, porém escritórios e corredores próximos devem ser levados em consideração no projeto. A propagação do ruído pode incomodar a quem fala ao telefone ou precisa de concentração para desempenhar o trabalho.

Muitos são os fatores que devem ser levados em consideração, mas o principal deles é relacionado à saúde humana. Não adiantam os melhores equipamentos e instalações se as pessoas não estão em um ambiente de trabalho saudável e adequado para o desempenho de suas funções. Qualquer que seja o investimento de uma organização, o principal objetivo deve refletir melhoria da qualidade de vida no trabalho e/ou clientes.

1.5.2 O Isolamento Térmico Industrial

O isolamento térmico industrial é amplamente utilizado nos ambientes industriais e em equipamentos de geração de vapor, frio ou calor. Igualmente aplicável aos seguimentos metalmecânico e/ou transformação de matéria-prima em produto (fornos das aciarias). Na indústria alimentícia, por exemplo, o objetivo é manter a temperatura ideal dos elementos e também para a proteção humana contra queimaduras e conforto térmico do ambiente de trabalho. Nos sistemas resfriadores e de aquecimento ambiental, toda a tubulação é revestida para que seja mantida a temperatura interna dos fluidos.

Em geral, estes são alguns dos fatores a serem considerados no cálculo térmico:

- Temperatura na superfície do equipamento;
- Medição de temperatura ambiente (média);
- Dados de Umidade relativa do Ar (UR);
- Ventilação natural, se aplicável;
- Tipo de revestimento a ser definido;
- Definição do material a ser isolado (duto, paredes, teto, piso etc.);
- Outros fatores.

O cálculo térmico irá direcionar a escolha do material mais adequado para o isolamento térmico indicando sua densidade, espessura e a economia nas unidades: W ou BTU.

As inspeções e ações corretivas dos materiais isolantes são importantes, na medida em que garantem o retorno do investimento e, mais adiante, o rendimento dos sistemas de aquecimento/resfriamento, pois quanto melhor for a isolação, menos potência será requerida dos equipamentos. Por exemplo, em uma caldeira que produz água quente a tubulação de condução deverá ter um nível de qualidade requerido que permita que ela não tenha que compensar as perdas de calor ao longo da tubulação. O consumo de combustível (Gás Natural ou GLP) será maior, bem como aumenta o desgaste de componentes importantes, como o queimador. A conservação de energia em sistemas similares contribui para o aumento do lucro da organização e para a preservação do meio ambiente.

O isolamento térmico é um dos fatores que impactam nos seguimentos industriais e construção civil, principalmente no aumento da previsão de investimento inicial.

A qualidade do isolamento térmico aplicado depende de vários fatores, os principais são:

- **Planejamento:** estudo e cálculo correto das perdas de temperatura de equipamentos e ambientes. Quente ou frio;
- **O Material:** a escolha correta do material a ser usado. Diferentes áreas e situação exigem materiais específicos;
- **Instalação:** a mão de obra deve ser especializada para que todas as normas e procedimentos sejam executados;
- **Manutenção:** aumenta a rentabilidade da empresa com a conservação e substituição (quando aplicável) do isolamento térmico.

A eficiência energética de uma instalação industrial ou de um ambiente (residência ou sala comercial) está no cálculo da quantidade de energia necessária para o aquecimento ou resfriamento necessários. A garantia de que a quantidade certa está sendo despendida está ligada diretamente ao sistema de isolamento térmico aplicado.

Figura 1.119 Imagem exemplificando uma aplicação de material isolante térmico em cilindro de armazento de fluido que necessita manter determinada temperatura. Fonte: não informada.

São muitos os benefícios do **isolamento térmico industrial**. Alguns têm impacto direto para a rentabilidade da indústria. Os materiais de isolamento térmico atuam também na melhoria do ambiente de trabalho e auxiliam em termos de atendimento às normas de segurança e ambientais obrigatória. Dentre os benefícios, estes são alguns citados pelos fabricantes e instaladores:

- Conservação de Energia Térmica: os materiais de isolamento térmico específicos para aplicação industrial imediatamente reduzem a perda energética (térmica), fator fundamental na redução de custos operacionais.

- Controle de Temperatura Ambiente: oferece proteção e conforto para operadores que atuam em áreas críticas, donde existe uma grande propagação de calor no ambiente. Por exemplo, isolamento das paredes de fornos, caldeiras ou tubulações de água ou produtos em alta temperatura etc. Tem como objetivo prevenir sérios acidentes. Outro equipamento complementar é a aplicação de ventilação industrial para a troca do ar, contribuindo para o conforto térmico.

- Controle de Temperatura na Indústria: o isolamento térmico contribui para o controle da temperatura nos processos de produção, principalmente na indústria alimentícia, onde a temperatura cozimento e a sua regularidade afetam diretamente no resultado final do produto. Nesta aplicação, um dos itens críticos é a espessura e o tipo de material a ser usado para a isolação, bem como a sua proteção visando a durabilidade e o retorno do investimento em isolamento térmico industrial.

- Prevenção de Condensação de superfícies: o isolamento térmico não contempla apenas áreas de alta temperatura como fornos e caldeiras, igualmente as tubulações que transportam água fria, isto é, fluidos em baixa temperatura ou proteção de área refrigerada. A condensação ocorre quando o ar, em temperatura ambiente, entra em contato com superfícies frias. Assim, a condensação gera gotas de água que podem aumentar a umidade do ar ou mesmo afetar o funcionamento de máquinas ou sistemas elétricos, colocando em risco a segurança e o funcionamento de setores inteiros. O material mais recomendado neste caso é o uso da borracha do tipo "elastômeros" aplicada em tubos e mantas;

- Prevenção/Redução de efeitos corrosivos: o isolamento térmico industrial desempenha o papel de protetor dos equipamentos e maquinário, os quais ficam expostos ao calor excessivo e/ou ambientes tendo agentes corrosivos. O uso de lã de rocha com proteção de alumínio ou a combinação destas, formam uma camada elástica impermeável e de grande resistência química.

- Controle de ruídos e vibrações: o conforto dos colaboradores nos ambientes industriais tem uma conexão direta ao nível de ruído produzido pelas máquinas. O uso de EPI é obrigatório, mas não suficiente. Portanto, a aplicação de materiais de isolamento térmico, como a lá de rocha, pode contribuir também para a diminuição da intensidade do ruído no ambiente industrial.

- Isolamento Térmico e Vida Útil: produtos de alta qualidade e performance em isolamento térmico de tubulação, que atendem a todas as especificações exigidas pela indústria nacional e multinacionais, contribuem para o aumento da vida útil dos equipamentos e tubulação. Em termos de sustentabilidade, são citados: rápido retorno do investimento, redução no consumo de energia e da redução na emissão de gases tóxicos, todos contribuindo para maiores ganhos da organização.

Conclusão

Os produtos de isolamento térmico e acústico são os únicos produtos industrializados que economizam mais energia do que a usada na sua fabricação. Por isso todo o investimento tem retorno garantido, tanto para indústria quanto na construção civil. Utiliza-se a avaliação do ciclo de vida para investigar sistematicamente o impacto meio ambiental dos produtos industriais. Calcula-se, incluindo todos os processos: produção de matérias-primas; fornecimento de energia; produção; transporte; utilização e descarte adequado, conforme normas e/ou legislação aplicável.

Para finalizar, *Facilities* deve-se manter atualizada em relação à evolução dos materiais e das técnicas de instalação e conservação do isolamento térmico. As inovações sempre trazem benefícios e valem todo o investimento necessário.

Dica de site sobre "Ruído no Trabalho" acesse:
https://www.chemicalrisk.com.br/ruido-no-ambiente-de-trabalho/

Capítulo 2

Engenharia Elétrica

2.1 Sistemas para Fornecimento de Eletricidade

2.1.1 A Subestação Elétrica

O fornecimento de eletricidade, diretamente para os usuários, ocorre por meio de unidades denominadas Subestações. Para maior segurança operacional, ela é instalada em uma ampla sala, sendo vedada a permanência de pessoal não autorizado e uso para outros fins, como por exemplo o de armazenagem de objetos. Portanto, ela é única e exclusiva para o fim a que se destina. O principal equipamento é o Transformador, necessário para redução das cargas. Os painéis de controle estão interligados e com objetivo de controlar o fluxo de Potência (kV), alterar a Tensão (V) e Corrente Elétrica (A), além, é claro, de garantir a proteção inerente de todo o sistema. É um ambiente considerado de alta periculosidade e por esta razão os profissionais necessitam de capacitação, habilitação (de acordo com normas e legislação) e equipamentos de segurança, bem específicos.

Podemos definir também como sendo uma instalação para controlar, seccionar e distribuir eletricidade até o consumidor final. Em geral para as grandes organizações, tais como as indústrias. Contudo, grandes edificações possuem uma Subestação para este fim, incluindo grandes shoppings centers, hotéis, supermercados etc.

Não irei abordar os Sistemas de Geração e Transmissão, mas sobre a Distribuição de Eletricidade. É neste ponto, Subestação do Cliente, que a Gestão de *Facilities* tem que focar suas ações para manter o fornecimento de energia com máxima Segurança Operacional, Disponibilidade e Confiabilidade, possibilitando a continuidade do negócio da Organização.

Figura 2.1 Subestação Elétrica: Área dos Transformadores. Fonte: Não informada..

Figura 2.2 Subestação Elétrica: Área dos Painéis Elétricos e de Comando (note que os tapetes de borracha são isolantes para aumentar a segurança contra descarga elétrica). Fonte: Não informada..

Durante o percurso entre as usinas e as cidades, a eletricidade passa por diversas subestações desde a usina hidrelétrica, passando pelas linhas de transmissão até chegarem aos centros urbanos. Nestes, subestações a "céu aberto" reduzem tensão até chegar a subestação do cliente final. Ao elevar a tensão elétrica no início da transmissão, os transformadores evitam a perda excessiva de energia ao longo do caminho.

A figura 2.3 é de uma Subestação Externa (Abaixadora), responsável por receber a eletricidade das linhas de transmissão, rebaixar a Tensão. São observadas próximo aos municípios, ou mesmo na periferia ou próxima dos grandes centros urbanos. A redução dos níveis de tensão se deve a evitar inconvenientes, tais como radiointerferência, campos magnéticos etc.. Dando uma volta pela sua cidade, o leitor poderá observar uma instalação similar. A conservação e manutenção destas é de responsabilidade das Companhias de Energia.

Figura 2.3 Subestação Muiraquitã, em Santarém, Estado do Pará. Fonte: Cia de Energia CELPA.

Classificação das Subestações:

Classificação quanto ao nível de Tensão:

- Baixa Tensão: até 1kV;

- Média Tensão: 1kV até 34,5kV (Instalações mais utilizadas: de 6,6kV; 13,8KV; 23kV e 34,5kV);
- Alta Tensão: 34,5kV até 230kV (Instalações mais utilizadas: de 69kV;138kV e 230kV);
- Maior do que 230kV (Instalações mais utilizadas: de 345kV;440kV;550kV e 750kV).

Uma Subestação de até 230 kV, grandes unidades industriais, pode estar inserida no escopo da Gestão de *Facilities*. Geralmente são as Subestações de Média e Alta Tensão que estão no escopo de manutenção.

Os tipos mais comuns são: Subestação Interna ou Abrigada, que a é instalada em locais de construção em alvenaria seja este afastado da edificação ou no interior destas. A instalação, neste caso, tem vantagens como não sofrer ação do tempo; Subestação Externa ou "ao tempo", isto é, ficam sujeitos às intempéries do tempo (chuva, calor em excesso, poeira etc.), podendo afetar a isolação dos equipamentos e reduzindo sua vida útil. Exige manutenção com maior frequência e substituição de componentes igualmente.

Classificação quanto a Sistema de Operação:

- Subestação com Operação Manual: as operações e controle são feitas por profissional denominado "Operador". O grau de exigência é alto, tanto em nível de qualificação quanto treinamento, justificados pela complexidade dos instrumentos e alto nível de atenção. Erros podem ser fatais.
- Subestação Semiautomática: igualmente, necessita de operação local mas diferenciais, tais como computadores locais (PC) e componentes com funções de intertravamento eletromecânico que impede operações indevidas.
- Subestações Automáticas ou Automatizadas: não necessitam de Operador local. Caracterizam-se por serem supervisionadas a distância. Há necessidade de tecnologia avançada, como Controladores Lógicos Programáveis (CLP), computadores em rede e outras facilidades que substituem plenamente a operação local. Aqui vai uma observação, o custo de implementação é relativamente alto, devido à necessidade de hardware e softwares de última geração, customização do sistema, consultoria etc.

O caro Leitor irá encontrar vasta literatura e/ou artigos na WEB, isto é, há outros itens de classificação das Subestações. Seguindo as diretrizes do livro, as classificações de "Tensão" e "Formas de Operação" são suficientes.

A seguir: Os principais itens que integram uma Subestação Elétrica.

2.1.2 Transformadores de Potência

Os Transformadores de Potência (TP), também denominados Transformadores Trifásicos, são instalados dentro da Subestação e sua função é rebaixar e/ou elevar as tensões e igualmente variar a corrente elétrica, porém sem alterar a potência do circuito. Existem dois tipos:

1. Transformador de Força: utilizado para gerar, transmitir e distribuir energia em subestações e concessionárias. É fabricado para operar em potência de até 550 kV.
2. Transformador de Distribuição: sua utilização é a tão somente de rebaixar a tensão que irá seguir para consumo do cliente final. Normalmente instalado em postes ou em câmaras subterrâneas. Possui potência de 15 kV a 300 kVA.

Os TPs podem ser classificados, ainda, segundo o tipo de isolação: a óleo mineral (líquidos isolantes sintéticos e pouco inflamáveis) e a seco.

O óleo mineral é derivado do petróleo, e os líquidos isolantes sintéticos, usados em transformadores, possuem duas funções principais:

I. Isolar, evitando a formação de arco entre dois condutores que apresentem uma diferença de potencial; e

II. Resfriar, dissipando o calor originado da operação do equipamento. Já os transformadores a seco utilizam o ar circulante como meio isolante e refrigerante.

Numa Subestação, o transformador é um dos equipamentos mais críticos. Sendo assim, a Manutenção de *Facilities* precisa estar atenta, através de equipe própria oudo prestador de serviço. É alta a demanda dos custos de manutenção preventiva, não só pelos serviços de inspeção, mas em razão dos testes, medições, ajustes e análises preditivas requeridas. Evidentemente, vale a pena este investimento do que deixar o transformador entrar em curto circuito, pois a recuperação é de altíssimo custo. Então, fica aqui o alerta para implementar além das ações preventivas, incluir a preditiva, na qual destaco a análise da condição do Óleo Isolante.

A atenção recai para os Transformador a Óleo, pois a vida útil do meio isolante é liquida, de natureza celulósica. A isolação está sujeita à variação de temperatura, e ações da água e o Oxigênio. As reações químicas se iniciam quando o tanque do transformador está imerso em óleo mineral isolante. O processo de oxidação do óleo tem início quando o oxigênio entra em combinação com os hidrocarbonetos instáveis, na presença dos catalisadores existentes no transformador (cobre, ferro, água etc.). O oxigênio existe livre no ar presente no interior do transformador e dissolvido no óleo isolante. A degradação da celulose é fonte de oxigênio, e as reações no interior do transformador têm como subproduto a água.

Figura 2.4 Exemplo de um Transformador de Potência. Fonte: Fabricante POLO ELECTRO TRANSFORMADORES.

O óleo isolante possui inibidores naturais, compostos orgânicos de enxofre, termicamente estáveis. Além disso, são acrescentados inibidores sintéticos. O calor é o principal acelerador das reações de oxidação, sendo um fator determinante no tempo de vida útil e nos cuidados de manutenção que se fazem necessários.

2.1.3 Análise de Óleo e dos Gases

Em geral, esses serviços são terceirizados. A própria empresa que executa a manutenção na Subestação inclui este item no escopo de revisão. Então, atenção aos dados do relatório e às recomendações inseridas. Não deixe o Relatório dentro de gavetas ou pastas suspensas, repasse à chefia superior e informe, se já tiver em mãos, orçamento necessário para executar as ações requeridas. Diferentemente dos sistemas mecânicos em que podemos observar o desgaste e prorrogar, os defeitos na elétrica não são visíveis. Portanto, quando temos acesso a estes recursos, devemos utilizar com responsabilidade.

O óleo isolante é o meio refrigerante com características isolantes do Transformador e imerge todo o enrolamento sólido, núcleo magnético e outras partes internas do transformador.Os produtos das reações químicas e da deterioração do óleo isolante e do isolamento sólido estão totalmente ou parcialmente diluídos no fluido isolante. A seguir, mais sobre: a) Análise Físico-Química do Óleo Isolante e b) Análise Cromatográfica dos Gases:

Análise físico-química do óleo isolante: é um conjunto de testes recomendados para o acompanhamento das condições dos materiais isolantes do transformador.

Os testes mais comumente utilizados para a avaliação do estado operacional de transformadores são os seguintes:

1. Rigidez dielétrica – ABNT/IBPM-530, ASTM (D877)80 e ASTM (D1816)79;
2. Umidade – ASTM (D1535)79;
3. Tensão interfacial – ABNT/IBP MB320 e ASTM (D-971)77; e
4. Número de Neutralização – ABNT/IBP MB-101, ASTM(D974) e ASTM (D1534)78.

Ao receber os relatórios, faça uma criteriosa leitura dos valores dos testes físico-químicos, se indicam ou não a contaminação do óleo e do isolamento sólido com a umidade e a deterioração do óleo mineral isolante. A água pode existir no óleo sob a forma dissolvida, não dissolvida (em suspensão) ou livre (depositada). A quantidade de água em solução no óleo é função da temperatura e do grau de refinação do óleo. Quando o conteúdo de umidade no interior do transformador é reduzido, as pequenas quantidades de umidade ficam impregnando o papel isolante e dissolvidas no óleo mineral isolante. Quando o conteúdo de umidade aumenta, o excedente é absorvido pelo papel isolante e se dissolve no óleo isolante até atingir o limite de solubilidade no óleo (função de temperatura). A umidade excedente passará para a forma livre, sendo retido pelo papel isolante.

Normalmente, estas análises são realizadas com um intervalo, variável, de 1 ano e no máximo 2 anos. A recomendação é executar anualmente, principalmente se a organização ou a edificação possua operações em regime de 24 horas diárias.

Para ampliar seu conhecimento, seguem mais detalhes dos testes: 1) Rigidez Dielétrica; 2) Conteúdo de Umidade; 3) Tensão Interfacial e 4) Nº de Neutralização:

1. Rigidez Dielétrica – a água livre em suspensão no óleo e as partículas sólidas em suspensão (fibras celulósicas, carvão, poeira, etc.) diminuem acentuadamente sua rigidez dielétrica. A água dissolvida no óleo afeta muito pouco sua rigidez dielétrica. O método D-877 (da norma ASTM), prevê eletrodos de disco medindo 1 polegada e afastados entre si em 0,1 polegada, o qual é menos sensível que o método ASTM D-1816 (onde é previsto o uso de eletrodos esféricos). A rigidez dielétrica determina a capacidade de uma amostra de óleo possa resistir à tensão elétrica sob condições especificadas expressa em kV.

2. Conteúdo de Umidade – a quantidade de umidade contida no óleo isolante é um fator importante para se inferir a quantidade de água presente no interior do transformador. A determinação do conteúdo de umidade no óleo isolante é realizada através da titulação de uma amostra do líquido com o reagente Karl Fisher.

O método ASTM D-1533 é utilizado para a determinação do conteúdo de umidade, expresso em **ppm** (partes por milhão). A água contida no interior do transformador pode ser proveniente de:

- Resíduo da secagem do papel isolante e do óleo nos processos de fabricação e manutenção;
- Admissão de ar úmido através da sílica-gel do desidratador de ar;
- Perda de estanqueidade, através das borrachas de vedação e microfissuras na carcaça;
- Subproduto da deterioração do isolamento sólido e das reações de oxidação do óleo isolante.

Portanto, parte da água existente no transformador é gerada no interior do próprio tanque. Os valores são limites sugeridos para resultados de testes de óleo envelhecido em serviço, por classe de tensão para os ensaios de rigidez dielétrica, conteúdo de umidade e perdas dielétricas. Transformadores cujos óleos apresentam valores fora dos limites recomendados devem ser tratados por desidratação do óleo isolante e, caso necessário, da secagem da parte ativa. A desidratação do óleo isolante é processada através de sistema denominado por "termovácuo". Quando o papel isolante contiver umidade em quantidade apreciável, deverá ser procedida a secagem da parte ativa. A decisão da secagem da parte ativa pode ser realizada através da determinação da umidade relativa sobre o isolamento (URSI).

Outros parâmetros indicativos da necessidade de secagem da parte ativa são pelo teor de umidade de acusar 50 **ppm** no óleo recolhido no topo do transformador e indicar rigidez dielétrica (ASTM D-877) de 22kV ou menor.

Após o tratamento de secagem do óleo isolante e/ou isolamento sólido e após umas emana, para a uniformização das condições, deve ser recolhida amostra de óleo para análise. Condições limites para óleo isolante tratado: **limites**

- **Teor de umidade:** ASTM D-1533 Menor que 10 **ppm**;
- **Rigidez dielétrica:** ASTM D-877 Maior que 45kV;
- **Perdas dielétricas:** ASTM D-924 Menor que 0,1% (o óleo em boas condições, deve ter um fator de potência igual a 0,05% ou menor a 20ºC.

O óleo mineral isolante é constituído de uma mistura de hidrocarbonetos em sua maioria, e de não hidrocarbonetos em pequenas proporções. O processo de oxidação do óleo tem início quando o oxigênio entra em combinação com os hidrocarbonetos instáveis, na presença dos catalisadores existentes no Transformador (cobre, ferro etc.).

A Água é principal catalisador da oxidação do óleo, acelerado pelo Calor. O processo de oxidação do óleo se desenvolve em dois ciclos:

I. Formação de produtos solúveis da deterioração do óleo, principalmente ácidos.

II. Transformação dos produtos solúveis em produtos insolúveis, que compõem o sedimento.

3) Tensão Interfacial e 4) Número de Neutralização: o sedimento se deposita sobre a isolação sólida, núcleo e paredes do tanque e obstrui as passagens de óleo. A dissipação de calor é prejudicada, aumentando a temperatura de operação do transformador, acelerando as reações de oxidação:

- Tensão Interfacial – mede a força necessária para que um anel plano, de fio de platina, possa vencer a tensão existente entre a superfície da amostra de óleo e água. Uma diminuição da tensão superficial é o primeiro indicador do início da deterioração do óleo. O método de ensaio para a determinação da tensão interfacial é o ASTM/D-971 e a unidade utilizada é dina/cm;

- Número de Neutralização (ou de acidez) –mede a quantidade de produto básico, hidróxido de potássio (KOH), necessário para neutralizar uma amostra de óleo, expresso em mgKOH/g.

Há vasta literatura e informações, ao acessar sites na Internet, informando os valores-limite para os resultados dos testes de tensão interfacial e nº de neutralização e características técnicas avaliadas: tensão interfacial mínimo (dina/cm); acidez máximo (mgkoh/g); cor.

Estes valores são fornecidos conforme a Classe de Tensão:

- Até 69kV;

- Entre 69kV e288kV;
- Acima de345kV.

O óleo deteriorado deve ser regenerado ou trocado por óleo novo. Na regeneração, o óleo é tratado quimicamente, passando depois em unidade termovácuo. Nesses casos o núcleo e o tanque do transformador devem ser lavados para remoção dos produtos ácidos. O óleo regenerado deve apresentar, pelo menos, as seguintes características, após repouso e estabilização:

- **Número de neutralização (mgKOH/g):** Percentagem de 500 Número de unidades nas quais houve formação de sedimentos;
- Teor de umidade: ASTM D-1533 Menor que 10 ppm;
- Rigidez dielétrica: ASTM D-877 Maior que 45 kV;
- Acidez: ASTM D-974 Menor que 0,05mgKOH/g;
- Tensão interfacial: ASTM D-971 Maior que 40dina/cm;
- Perdas dielétricas: ASTM D-924 Menor que 0,05%;

b) Análise Cromatográfica dos Gases: o óleo dos transformadores contém gases dissolvidos, entre eles monóxido de carbono (CO), hidrogênio (H_2), metano (CH_4), etano (C_2H_6), etileno (C_2H_4) e acetileno (C_2H_2), que são combustíveis. Os não combustíveis são o oxigênio (O_2), nitrogênio (N_2) e dióxido de carbono (CO_2). Os gases oxigênio e nitrogênio provêm do ar em contato com o óleo. A deterioração normal da isolação sólida forma principalmente o dióxido e o monóxido de carbono.

O sobreaquecimento do óleo isolante origina os gases metano, etano, etileno e CO_2. Quando está em temperaturas mais elevadas, forma principalmente hidrogênio e acetileno. A cromatografia dos gases dissolvidos no óleo é a técnica destinada a detectar falhas incipientes no transformador, através da determinação da concentração dos gases na amostra.

As normas "NBR 7070 – Guia para amostragem de gases e óleo em transformadores e análise dos gases livres e dissolvidos" e "NBR 7274 – Interpretação da análise dos gases de transformadores em serviço" são referência sobre o assunto. As análises das concentrações de gases são referenciadas aos valores limites de cada gás, relações características das concentrações e à taxa de geração do gás. A avaliação da taxa de formação dos gases no transformador é um valioso meio para acompanhar a evolução de uma falha.

A taxa de geração de um gás é a quantidade de gás em volume gerado ao longo do dia. Nos transformadores selados, sem colchão de gás, os gases gerados ficam dissolvidos no óleo. Nos transformadores selados com colchão de gás, parte dos gases gerados fica dissolvido no óleo e a outra parte irá para o colchão de gás. Nos transformadores com conservador de óleo, parte dos gases gerados se perde para a atmosfera. A maior dificuldade para a determinação da taxa de geração é a avaliação da taxa de perda.

2.1.4 Transformadores de Instrumentação

2.1.4.1 Transformadores de Corrente (TC)

O transformador de corrente (TC) é utilizado para instrumentação e cujo enrolamento primário é ligado em série a um circuito elétrico e cujo enrolamento secundário se destina a alimentar bobinas de correntes de instrumentos elétricos de medição e proteção ou controle.

- Princípio de Funcionamento: o enrolamento primário do TC é, normalmente, constituído de poucas espiras (2 ou 3 espiras, por exemplo) feitas de condutores de cobre de grande seção:

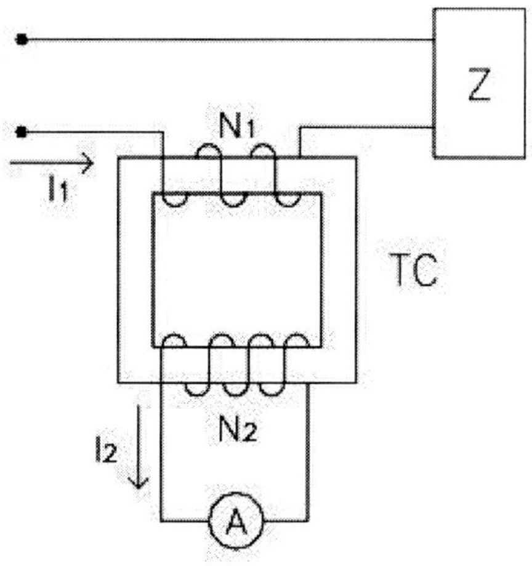

$$N_1.I_1 = N_2.I_2$$

Figura 2.5 Ilustração de um circuito básico de um TC. Fonte: Não informada.

Principais Tipos Construtivos: os transformadores de corrente classificados de acordo com a sua construção mecânica são os seguintes:

- Tipo Primário Enrolado: TC cujo enrolamento primário é constituído de uma ou mais espiras envolve mecanicamente o núcleo do transformador. O TC tipo primário enrolado é mais utilizado para serviços de medição, mas pode ser usado para serviços de proteção onde pequenas relações são requeridas;
- Tipo Barra: TC cujo primário é constituído por uma barra, montada permanentemente através do núcleo do transformador. Este TC é adequado para resistir aos esforços de grandes sobrecorrentes.
- Tipo Janela: é aquele que não possui primário próprio e é constituído de uma abertura através do núcleo, por onde passa o condutor do circuito primário.
- Tipo Bucha: tipo especial de TC tipo janela é construído e projetado para ser instalado sobre uma bucha de um equipamento elétrico, fazendo parte integrante do fornecimento deste. Pelo seu tipo de construção e instalação, o circuito magnético dos TC's "tipo bucha" é maior que nos outros modelos, sendo mais precisos para correntes altas, pois possuem menor saturação. Em baixas correntes são menos precisos em virtude da maior corrente de excitação, razão pela qual não são usados para medição.
- Tipo Núcleo Dividido: este tipo possui o enrolamento secundário completamente isolado e permanentemente montado no núcleo, mas não possui enrolamento primário. Parte do núcleo é separável ou articulada para permitir o enlaçamento do condutor primário. Destina-se ao uso em circuito constituído de condutor completamente isolado ou um condutor nu. Um tipo muito difundido de TC com núcleo dividido é o amperímetro alicate.

Principais Características Elétricas do TC:

- Corrente Secundária Nominal: padronizada em 5 A;
- Corrente Primária Nominal: caracteriza o valor nominal suportado em regime normal de operação pelo TC. Sua especificação deve considerar a corrente máxima do circuito em que o TC está inserido e os valores de curto-circuito;
- Classe de Exatidão: valor máximo do erro do TC, expresso em percentagem, que poderá ser causado pelo TC aos instrumentos a ele conectados. A tabela a seguir mostra as classes padronizadas.

Classes de exatidão do TC:

	TC para Medição	TC para Proteção
ABNT	0,3 ; 0,6 ; 1,2 ; 3,0	5 ; 10
ANSI	0,3 ; 0,6 ; 1,2	10

Tabela 2.1 Classes de Exatidão. A classe de exatidão do TC para medição com finalidade de faturamento a consumidor: 0,3.

TC quando estão alimentando os Instrumentos:

TC's Alimentando Instrumentos	Classe de Exatidão	
	Recomendada	Aceitável
Medidores	0,3	0,6
Indicadores	0,6	1,2

Tabela 2.2 Carga Nominal: carga na qual se baseiam os requisitos de exatidão do TC.

Carga Nominal do TC, conforme a EB-251.2.

Designação da Carga	Resistência (Ω)	Reatância (Ω)	Potência Aparente (VA)	Fator de Potência	Impedância (Ω)
C 2,5	0,09	0,0436	2,5	0,90	0,1
C 5,0	0,18	0,0872	5,0	0,90	0,2
C 12,5	0,45	0,2180	12,5	0,90	0,5
C 25,0	0,50	0,8661	25,0	0,50	1,0
C 50,0	1,00	1,7321	50,0	0,50	2,0
C 100,0	2,00	3,4642	100,0	0,50	4,0
C 200,0	4,00	6,9283	200,0	0,50	8,0

Tabela 2.3 A Tabela que designa a carga nominal dos TC, segundo a ABNT: EB-251.2. Fonte: Não informada.

- Fator Térmico: fator pelo qual se deve multiplicar a corrente primária nominal para se obter a corrente primária máxima que o TC é capaz de conduzir em regime permanente, sob frequência nominal, sem exceder os limites de elevação de temperatura especificados e sem sai de sua classe de exatidão;

- Nível de Isolamento: define a especificação do TC, em relação às condições para manter a sua isolação, em termos de tensão suportável;

- Corrente Térmica Nominal: maior corrente primária que um TC é capaz de suportar durante 1 segundo, com o enrolamento secundário "curto circuitado", sem exceder, em qualquer enrolamento, a temperatura máxima especificada para sua classe de isolamento.

- Corrente Dinâmica Nominal: valor de crista da corrente primária que um TC é capaz de suportar durante o primeiro meio ciclo com o enrolamento secundário "curto circuitado", sem danos devido às forças eletromagnéticas resultantes. É igual a 2,5 vezes o valor da corrente térmica nominal;

- Polaridade: normalmente é utilizada a polaridade subtrativa.

2.1.4.2 Transformadores de Potencial (TP)

O Transformador de Potencial (TP) possui enrolamento primário ligado em derivação a um circuito elétrico e cujo enrolamento secundário se destina a alimentar bobinas de potencial de instrumentos elétricos de medição e proteção ou controle.

Princípio de Funcionamento: a ilustração a seguir apresenta o esquema básico de ligação de um TP:

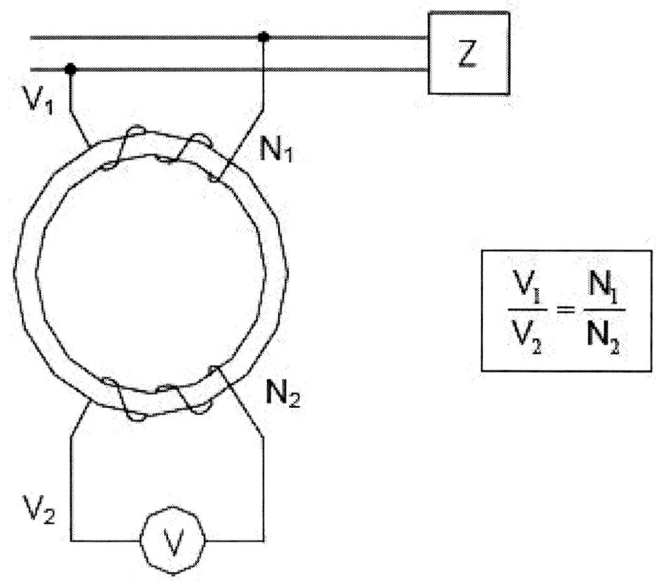

Figura 2.6 Ilustração de ligação de Transformador de potencial (TP), o qual é construído com N1 > N2. Fonte: Não informada.

Principais Características Elétricas do Transformador de Potencial:

- Tensão Primária Nominal: estabelecida de acordo com a tensão do circuito no qual o TP será instalado;
- Tensão Secundária Nominal: é padronizada em 115 V ou 115 3 V;
- Classe de Exatidão: valor máximo do erro (expresso em percentagem) que poderá ser causado pelo transformador aos instrumentos a ele conectados (ver Tabela 2.4):

TP's Alimentando Instrumentos	Classe de Exatidão	
	Recomendada	Aceitável
Medidores	0,3	0,6
Indicadores	0,6	1,2

Tabela 2.4 Classes de Exatidão dos TPs. Fonte: Não informada..

Carga Nominal: carga na qual se baseiam os requisitos de exatidão do TP. A tabela 2.5 apresenta a designação segundo a ABNT e a ANSI:

Designação ABNT	Designação ANSI
P 12,5	W
P 25	X
P 75	Y
P 200	Z
P 400	ZZ

Tabela 2.5 Cargas Nominais conforme normas ABNT e ANSI. Fonte: Não informada.

- Potência Térmica: maior potência aparente que um TP pode fornecer em regime permanente, sob tensão e frequências nominais, sem exceder os limites de temperatura permitidos pela sua classe de isolamento;
- Nível de Isolamento: define a especificação do TP em relação à sua classe de isolação e em termos de tensão suportável.
- Grupos de Ligação: de acordo com a ABNT, os TPs são classificados em três grupos:

I. Grupo 1: TP projetado para ligação entre fases;

II. Grupo 2: TP projetado para ligação entre fase e neutro de sistemas diretamente aterrados;

III Grupo 3: TP projetado para ligação entre fase e neutro de sistema onde não se garanta a eficácia de aterramento.

Observação: define-se um sistema trifásico, tendo um neutro efetivamente aterrado, como sendo um sistema caracterizado por um Fator de Aterramento (%) que não exceda a 80%.

2.1.5 Principais Equipamentos de Manobra

2.1.5.1 As Chaves Seccionadoras

As chaves Seccionadoras (ou apenas Seccionadora, Seccionador) são dispositivos destinados a isolar equipamentos ou zonas de barramento, ou ainda trechos de linhas de transmissão. Somente podem ser operadas sem carga, muito embora possam ser operadas sob tensão. A partir da Norma NBR 6935, é definida como:

"Dispositivo mecânico de manobra capaz de abrir e fechar um circuito elétrico quando uma corrente de intensidade desprezível é interrompida ou restabelecida. Também é capaz de conduzir correntes sob condições normais do circuito e, durante um tempo especificado, correntes sob condições anormais, como curto-circuito".

Condições de operação das Chaves Seccionadoras:

- Posição Fechada: não deve oferecer resistência à corrente elétrica que circula;
- Posição Aberta: deve suportar, com segurança exigida, as Tensões (V) estabelecidas na instalação.

Todas as partes sob tensão devem ser isoladas tanto no modo "para a terra" e "entre fases" e operam em circuitos que tiverem passagem de corrente elétrica.

As Seccionadoras podem ser utilizadas para interromper baixos valores de correntes (i), tais como: Correntes de Magnetização de Transformadores. Também são destinados a isolar Equipamentos, trechos das Linhas de Transmissão e/ou zonas específicas de Barramentos (conjunto de linhas de elétrica ou para computação. Barramentos Blindados são conhecidos como busway, no idioma Inglês). Outra função importante é de permitir a execução de desvios (operação conhecida no termo em Inglês por by pass) em equipamentos que necessitam de intervenção; para determinada imposição de operação do sistema; para isolar componente; para execução manobras no circuito.

2.1.5.2 Chaves de Aterramento

Chaves de Aterramento (também denominadas por Chaves Terra) são úteis quando existirem componentes instalados no sistema sem aterramento apropriado. Exemplos podemos citar: na instalação de Banco de Capacitores, Barramentos ou em Linhas de Transmissão. A **ABNT [16] / IEC [25]**, define como sendo:

"Dispositivos dotados de um sistema de acionamento rápido, preparados para atuar em situações de emergência, capazes de suportar por um período especificado de tempo, correntes em condições anormais, como correntes de curto-circuito, mas não são capazes de suportar de forma contínua a corrente nominal".

A principal função é a de aterrar componentes do equipamento quando estes estiverem em regime de manutenção. Portanto, a existência de componentes "não aterrados" torna obrigatória a aplicação deste tipo de chave. Outra característica importante é quando a Chave de Terra estiver acoplada, diretamente, a uma Secionadora que por sua vez é denominada por *"Lâmina de Terra"* ou *"Lâmina do Aterramento"*.

As Chaves de Aterramento Rápido, conforme a **ABNT [16] / IEC [25]**, são definidas como: "dispositivos dotados de um sistema de acionamento rápido, preparados para atuar em situações de emergência, capazes de suportar por um período especificado de tempo, correntes em condições anormais, como correntes de curto-circuito, mas não são capazes de suportar de forma contínua a corrente nominal".

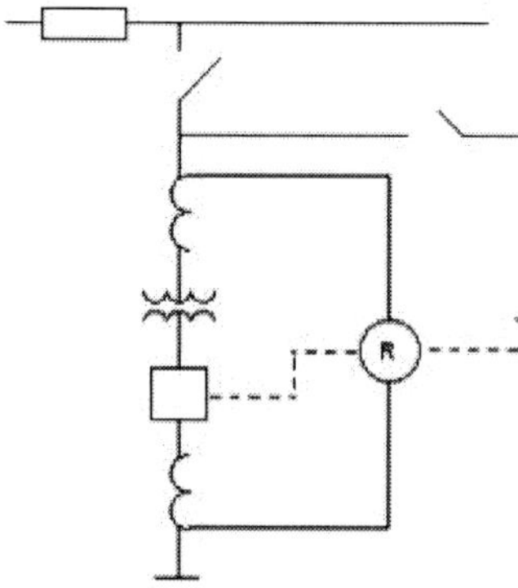

Figura 2.7 Ilustração de um circuito de Chave de Aterramento Rápido. Fonte: Não informada.

Este tipo de chave tem aplicação exclusiva em situações de emergência. Portanto, quando exigidas, são extremamente rápidas. O modo de funcionamento é o de aterrar componentes energizados, quando estes apresentam defeitos em situações de manobra, seja em Linhas de Transmissão (sem sistemas de proteção) ou quando ao final da linha há um Transformador (que não possui Disjuntor no terminal da Linha). Pode ainda ser aplicada na proteção de Grupos Geradores em situação de "sobre tensão" ou "tensão de auto-excitação".

Outra função importante é de aterrar, em modo automático, um circuito energizado e desta forma cria um circuito intencional, o qual ocasione o desligamento do Disjuntor instalado em um outro sistema. Obtemos, com isso, a utilização do Disjuntor local ou de uma instalação que possua comando remoto.

2.1.5.3 Chaves de Operação em Carga

Tem como função de desligar circuitos energizados (em carga), tais como: Reatores, Capacitores, etc. São empregadas na substituição de Disjuntores quando estes estão instalados para chaveamento de Bancos de Capacitores, Reatores, Subestações Conversoras (Corrente Alternada para Corrente Contínua), entre outras aplicações.

Possui um dispositivo especial de interrupção de corrente elétrica denominada por "Câmara de Extinção de Arco Elétrico" que possui a capacidade de envolver e confinar os contatos elétricos, no local de formações dos arcos e assim extingui-los.

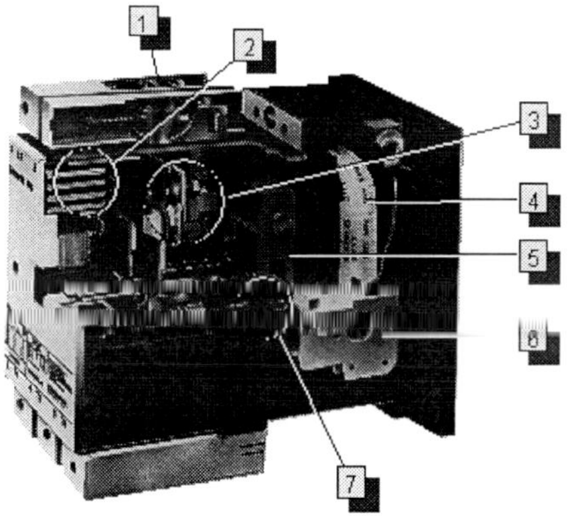

Figura 2.8 Ilustração de uma Câmara de Extinção de Arco Elétrico. Onde: 1 – Terminais de Conexão; 2 – Câmara de extinção de arco; 3 – Contatos de potência; 4 – Bobina; 5 – Sistema magnético de núcleo móvel; 6 – Contatos Auxiliares; 7 – Elemento de bloqueio quando retirada a câmara de extinção de arco. Fonte: Apresentação em PowerPoint Engenheiro Dautro Coutinho Jr. SEIAUT / Petrobrás.

Os tipos construtivos de chaves estão definidos em diversas normas. É apresentada a seguir a classificação segundo as normas ANSI, definidas com relação ao tipo de abertura ou ao modo de operação, ou ainda ao meio de movimentação do contato móvel.

O caro leitor pode obter mais informações sobre "**Arco Elétrico**" e equipamentos de proteção em: http://www.schneider-electric.com.br.

As Chaves de Abertura Vertical, conforme a **Norma ANSI [26] TIPO A / ABNT [16] TIPO AV),** definem como a que apresenta melhor desempenho, e também são classificadas como uma das mais caras. A chave é composta por três colunas de isoladores fixados sobre uma única base (Fig. 2.9). O movimento de abertura ou fechamento do contato móvel é feito em um plano que contém o eixo longitudinal da base e é perpendicular ao plano de montagem da mesma. Devido a essa forma construtiva, a distância entre fases pode ser reduzida ao mínimo permitido. Podendo ser utilizada em correntes muito altas (~4000 A). As chaves de abertura vertical podem ter montagem horizontal, vertical ou invertida, sendo aplicadas para isolar equipamentos e circuitos, para desvio (*by-pass*) ou como chave seletora. Devido a essa forma construtiva, a distância entre fases pode ser reduzida ao mínimo permitido. Atende a todos os níveis de tensão e correntes, em uso atualmente. Também apresenta boa resistência a curto-circuito, pois a lâmina pode ficar apoiada nos dois extremos e não há riscos de abrir sobre a ação de arcos.

Figura 2.9 Figura Ilustrativa de uma Chave com Abertura Vertical. Fonte: Não informada.

Chave Dupla Abertura Lateral – a **Norma ANSI [26] TIPO B / ABNT [16] TIPO "DA"** a define como sendo composta por três colunas de isoladores fixadas sobe uma base única, sendo a coluna central equidistante das duas colunas externas. Essa distância "disruptiva" é geralmente equivalente à distância entre as fases, ocupando assim pouco espaço horizontal. O movimento de abertura ou fechamento do contato móvel é feito em um plano paralelo ao plano de montagem da base, através da rotação da coluna central. Seu movimento de operação é suave, pois a lâmina é perfeitamente equilibrada. Podem ter montagem horizontal, vertical ou invertida, sendo aplicadas para isolar equipamentos e circuitos, para desvio (*by-pass*) ou como chave seletora. Também possui uma resistência de curto circuito elevada, pois a lâmina fica solidamente apoiada nesses três pontos. As chaves com dupla abertura lateral podem ter montagem horizontal, vertical ou invertida, sendo aplicadas para isolar equipamentos e circuitos, para desvio (by-pass) ou como chave seletora.

Chave Basculante (3 colunas) – a norma **ANSI [26] TIPO "C"** a define como chave composta por três colunas de isoladores ligadas a uma base única, sendo as duas colunas extremas fixas suportando os terminais e o interior móvel. Esta última apresenta movimento de rotação em torno do ponto de fixação à base e carrega o contato móvel em seu topo. Essa chave apresenta grande esforço para operação devido ao peso do isolador ao deslocar. Também podem ter montagem horizontal, vertical ou invertida, sendo aplicadas para isolar equipamentos e circuitos, para desvio (*by-pass*) ou como chave seletora.

Figura 2.10 Figura Ilustrativa de uma Chave Tipo Basculante. Ao contrário das anteriores, essa chave apresenta uma pequena resistência a curtos-circuitos. Fonte: Não informada.

Chave de Abertura Lateral – Tipo D: esta chave é composta por duas colunas de isoladores ligadas a uma única base, sendo o contato fixo suportado por uma coluna fixa e o contato móvel por uma coluna rotativa. O movimento de abertura ou fechamento da lâmina dá-se em um plano paralelo ao plano de montagem da chave. As chaves de abertura lateral podem ter montagem horizontal, vertical ou invertida, sendo aplicadas para isolar equipamentos e circuitos, para desvios ou como chave seletora.

Chave tipo Abertura Central – a norma **ANSI [26] TIPO E / ABNT [16] TIPO "AC"** define como uma chave secionadora com abertura central e é composta por duas colunas de isoladores, ambas rotativas e ligadas a uma única base. O movimento de abertura e fechamento da lâmina é secionado em duas partes fixadas ao topo das colunas rotativas, ficando o contato macho na extremidade de uma das partes da lâmina e a fêmea, na outra. Essa chave tem uma maior distância entre os polos, se comparada com o tipo "A". Esse tipo de chave tem montagem horizontal ou vertical, sendo aplicada para equipamentos e circuitos, para desvio ou como chave seletora. Uma desvantagem é que pelo fato de os terminais se apoiarem nas colunas rotativas, exige as articulações para não introduzir esforços nas linhas.

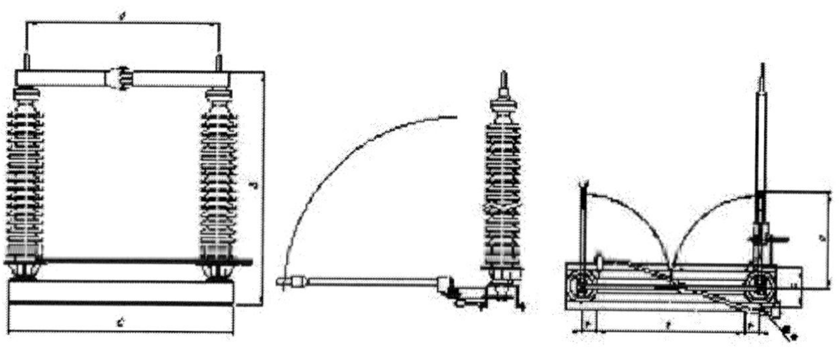

Figura 2.11 Ilustração de uma Chave tipo Abertura Central. Fonte: Não informada.

Chave Tipo Basculante (2 Colunas) ou de Abertura Simplificada: A norma **ANSI [26] TIPO "F"** define como sendo composta por duas colunas de isoladores ligadas a uma única base, sendo uma delas fixa e outro móvel. É utilizada somente em redes de distribuição, seu movimento da coluna móvel é de rotação ao redor do ponto de fixação à base.

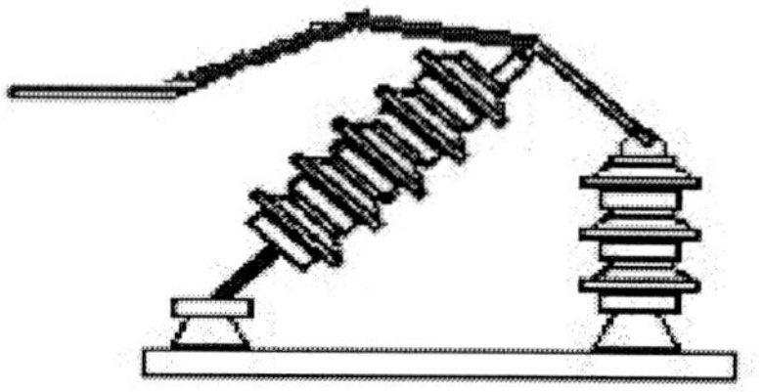

Figura 2.12 Ilustração de uma Chave tipo Basculante. Fonte: Não informada.

Chave tipo Aterramento – **a** norma **ANSI [26] TIPO "G" / ABNT [16] TIPO "LT"** define como: "chave de aterramento composta por uma coluna de isoladores fixa". Possui contatos fixos e sua lâmina fecha paralela aos isoladores. Pode ter montagem horizontal, vertical ou invertida.

Chave de Operação por Vara de Manobra – **a** norma **ANSI [26] TIPO "H"** define como: "chave composta por duas colunas de isoladores fixos". A abertura ou fechamento da lâmina dá-se através de engate da vara de manobra a um gancho ou olhal apropriado. Sua montagem pode ser vertical ou invertida.

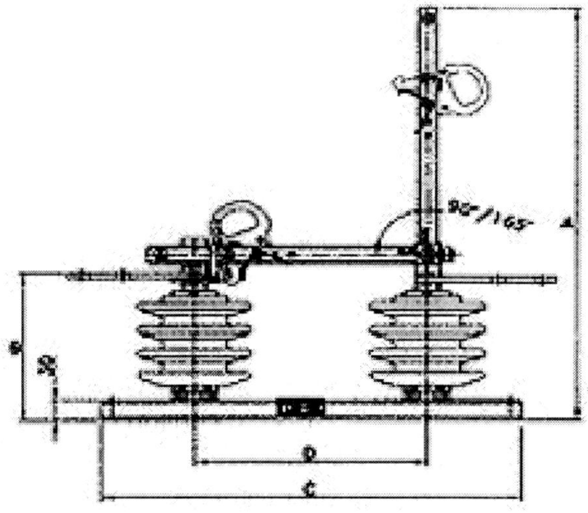

Figura 2.13 Ilustração de uma Chave de Operação por Vara de Manobra. Fonte: Não informada.

<u>Fechamento ou Alcance vertical</u> – a norma **ANSI [26] TIPO "J"** define como tipo de chave é composto por duas ou três colunas de isoladores. É também chamado de chave vertical reversa. O movimento de abertura ou fechamento da lâmina dá-se num plano perpendicular ao plano de montagem da base, na qual estão fixadas as duas colunas de isoladores, uma rotativa e outra fixa. Existem duas possibilidades de montagem dos contatos fixos: em coluna de isoladores invertida ou diretamente no barramento. Normalmente o suporte do contato superior é apoiado no isolador suporte. Permite separar a subestação em dois planos bem definidos, o que facilita a manutenção e aumenta a segurança. Também ocupa pouco espaço, tornando este arranjo bastante compacto.

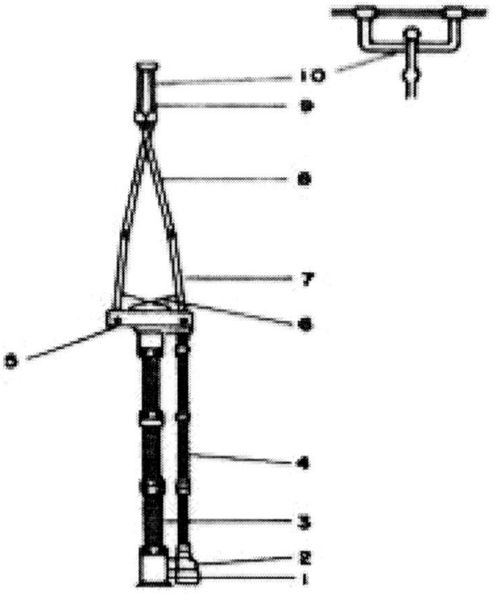

Figura 2.14 Ilustração de uma Chave com Fechamento ou Alcance Vertical. Fonte: Não informada.

Entre as chaves com fechamento vertical pode-se incluir os modelos: Pantográfica e "Semi pantográfica". Este tipo de chave tem montagem horizontal.

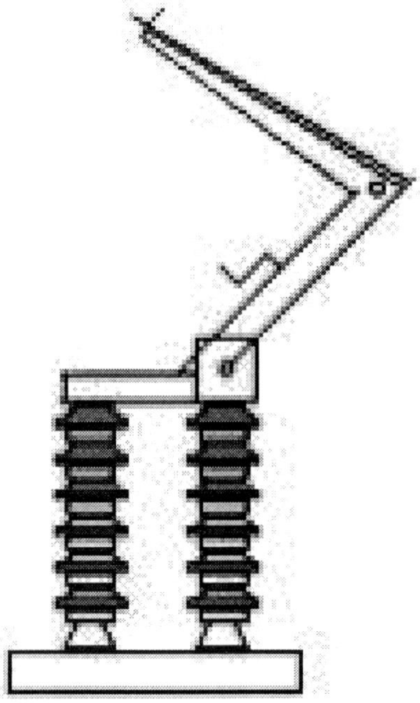

Figura 2.15 Ilustração de uma Chave de Fechamento ou Alcance Vertical, modelo Pantográfica. Fonte: Não informada.

2.1.5.4 Sistemas de Operação e de Comando

Chaves de Acionamento Manual

- Chaves de Acionamento Direto: são chaves de operação individual, por meio de vara de manobra, onde cada polo é formado por duas colunas de isoladores fixos e uma lâmina articulada em uma das colunas de isoladores. Essas chaves não são apropriadas para operação em carga, já que a velocidade de abertura é um fator importante neste tipo de operação, e por ser manual, está diretamente a capacitação do operador. São as mais econômicas pela ausência de mecanismos e pela simplicidade e indicadas apenas para baixas tensões, pois para tensões mais elevadas ficaria extremamente grande e pesada. A operação independente do acionamento e é feita através da energia acumulada na mola, cuja ação de carregamento e disparo é realizada numa só manobra, de modo a tornar a velocidade de acionamento independente.
- Chaves de Acionamento Manual modo em Grupo: neste tipo de chave o esforço do operador é transmitido por meio de uma haste rígida articulada. Isto é, os polos da seccionadora são interligados mecanicamente através de hastes ou cabos e são operados simultaneamente. De acordo com o movimento destas hastes, temos os mecanismos de movimento alternativo rotativo. Acionamento alternativo, normalmente é utilizado nas chaves basculantes. O acionamento rotativo utiliza mancais auxiliares e juntas especiais. É utilizado na maioria das chaves de montagem horizontal. Já no caso de comando indireto, o movimento é transmitido através de rolamentos auxiliares, denominados "bases de comando".

Chaves de Acionamento Automático

Os comandos por chaves automáticas, ou motorizados, podem ser denominados podem ser realizados através de motores elétricos, acionadores hidráulicos, pneumáticos etc. Os modelos mais aplicados são:

- Chaves de acionamento automático por meio elétrico: a força de acionamento é gerada por motores elétricos de corrente alternada ou contínua. Este motor se encontra acoplado ao mecanismo de acionamento rotativo.
- Chaves de acionamento automático por meio Pneumático: a força necessária ao acionamento é gerada por ar comprimido. Neste caso, há necessidade de Compressor, Filtros, Secadores de Ar, tubulações etc. e demais instalações mecânicas.
- Chaves de acionamento automático por meio Hidráulico: as operações por meio hidráulico são de construção relativamente mais simples e econômica que a elétrica. No entanto, sua utilização só é econômica quando já existe fonte de fluido pressurizado. Já neste caso, uma central de bombas hidráulicas que já tenha utilidade para outro fim, e seu fluido pressurizado possa ser direcionado para o para o sistema de acionamento.
- Chave de acionamento por modo Energia Acumulada: seu modo de utilização se aplica a situações emergenciais e se faz necessário a operação automática da Chave. Em falta de energia elétrica, esta necessidade é suprida por meio dos Capacitores e assim, eles permitem o acionamento que é comandado pelos Relés.
- Chaves Fusíveis (ou Elo Fusível): são componentes essenciais num Sistema de Distribuição. A principal função é impedir a ocorrência de "curto-circuitos" ou "sobre correntes". Estas falhas são críticas e podem causar sérios danos rede elétrica e por consequência interromper a continuidade de uma operação importante no cliente final. Os fabricantes disponibilizam os seguintes tipos de Chaves Fusível: H, K, T, EF HXO e HYO, STD, IS, DI, QI e Olhal. As especificações técnicas para a fabricação seguem as Normas sejam Nacionais e Internacionais: **NBR 7282:2011, IEC 60282-2, ANSI C37.41, ANSI C37.42 e NEMA PUB. SG-2.**

Figura 2.16 Figura Ilustrativa de um tipo de Chave/Elo Fusível. Fonte: Não informada.

A Tabela 2.6 apresenta exemplos de um dimensionamento de Chave Elo Fusível para Subestação de 13,8 kV, em razão direta com a Demanda (kW)

Demanda (kVA)	Elo Fusível	Chave (A)
ATÉ 15	1 H	50
ATÉ 30	2 H	50
ATÉ 45	3 H	50
ATÉ 75	5 H	100
ATÉ 112,5	6 K	100
ATÉ 150	8 K	100
ATÉ 225	12 K	100
ATÉ 300	15 K	100
ATÉ 500	25 K	100
ATÉ 750	40 K	100
ATÉ 1000	50 K	100
ATÉ 1500	80 K	100
ATÉ 2000	100 K	200
ATÉ 2500	140 H	200

Tabela 2.6 Dimensionamento de Chave EloFusível para Subestação de 13,8 kV.. Fonte: Não informada.

2.1.5.5 Os Disjuntores

Introdução

Os disjuntores são considerados os mais eficazes e igualmente complexos, por suas características funcional e construtiva, sendo destinados para operação “em carga” e onde a sua operação pode ser nos módulos: manual ou automática. São considerados os principais equipamentos de segurança, bem como os mais eficientes dispositivos de manobra em uso nas redes elétricas. Possuem capacidade de fechamento e abertura que deve atender a todos os pré-requisitos de manobra sob condições normais e anormais de operação. Além dos estados estacionários (fechado e aberto), definem-se ambos os estados transitórios da manobra de fechamento (ligamento) e da manobra de abertura (desligamento).

No estado ligado ou fechado, o disjuntor deve suportar a corrente nominal da linha, sem ultrapassar os limites de temperatura permitidos. No estado desligado ou aberto, a distância de isolamento entre contatos deve suportar a tensão de operação, bem como as sobretensões internas, devidas a surtos de manobra ou descargas atmosféricas.

Quanto à manobra de fechamento, o disjuntor deve, no caso de curto-circuito, atingir corretamente sua posição de fechado e conduzir a corrente de curto-circuito. Já no caso de abertura, o disjuntor deve dominar todos os casos de manobra possíveis na rede na qual está instalado. É importante lembrar que disjuntores, frequentemente instalados ao tempo, permanecem meses a fio no estado estacionário ligado, conduzindo a corrente nominal sob condições climáticas as mais variáveis, proporcionando, às vezes, variações de temperatura de várias dezenas de grau, agentes atmosféricos agressivos a vários de seus componentes e outras condições adversas. Após todo esse tempo de inatividade operacional mecânica, o disjuntor deve estar pronto para interromper correntes de curto-circuito, sem o menor desvio das especificações. É fácil perceber então que uma confiabilidade total é exigida dos disjuntores de potência e deve ser consequência de um projeto racional e de um controle de qualidade extremamente rigoroso, que vai desde a relação de matérias-primas, passando pela revisão de entrada, ensaio de materiais, controle dos processos de fabricação, ensaios de subconjuntos, até os ensaios finais.

Os Disjuntores a Óleo

Os disjuntores a óleo estão, basicamente, divididos em: disjuntores de grande volume de óleo (GVO) e de pequeno volume de óleo (PVO). No caso do GVO, de pequena capacidade, as fases ficam imersas em um único recipiente contendo óleo, que é usado tanto para a interrupção das correntes quanto para prover o isolamento. Nos disjuntores de maior capacidade, o encapsulamento é monofásico. Já no PVO, foi projetada uma câmara de extinção com fluxo forçado sobre o arco, aumentando a eficiência do processo de interrupção da corrente, diminuindo drasticamente o volume de óleo no disjuntor.

A maior vantagem dos disjuntores de grande volume de óleo sobre os de pequeno volume de óleo é a grande capacidade de ruptura em curto-circuito em tensões de 138 kV. Mesmo assim este tipo de disjuntor está caindo em desuso. O princípio de extinção do arco nos disjuntores a óleo é baseado na decomposição das moléculas de óleo pela altíssima temperatura do arco. Essa decomposição resulta na produção de gases (principalmente hidrogênio), sendo a quantidade de gás liberada dependente da magnitude da corrente e da duração do arco. O gás liberado desempenha duas funções: em primeiro lugar, ele tem um efeito refrigerante muito acentuado e, em segundo lugar, ele causa um aumento de pressão em torno do arco, determinando uma elevação do gradiente de tensão necessário à sua manutenção.

Os Disjuntores a Ar Comprimido

Nos disjuntores de ar comprimido a extinção do arco é obtida a partir da admissão, nas câmaras de ar comprimido (armazenado num reservatório pressurizado), que, soprando sobre a região entre os contatos, determina o resfriamento do arco e sua compressão. A reignição do arco em seguida à ocorrência de um zero de corrente é prevenida pela exaustão dos produtos ionizados do arco da região entre os contatos pelo sopro de ar comprimido. A intensidade e a rapidez do sopro de ar garantem o sucesso dos disjuntores nas "corridas" energética (liberação x absorção de energia) e dielétrica (Tensão de restabelecimento X Suportabilidade dielétrica).

Os tipos originais de disjuntor a ar comprimido possuíam uma chave isoladora em série com as câmaras de interrupção. Após um tempo pré-determinado, para permitir a extinção do arco, a chave isoladora era aberta, o ar comprimido das câmaras era liberado para a atmosfera e os contatos do interruptor fechavam pela pressão das molas. O fechamento do circuito era sempre feito pela chave isoladora, com os contatos das câmaras de interrupção fechados. A posição aberta ou fechada dos disjuntores era facilmente reconhecível a partir da observação da posição da chave isoladora.

Nos tipos modernos de disjuntores, as câmaras são permanentemente pressurizadas com ar a aproximadamente 25bar/30bar, enquanto nos reservatórios de ar comprimido a pressão é de 150bar/200bar. Para a interrupção do arco, abrem-se ao mesmo tempo as válvulas de sopro e de exaustão em cada câmara, de maneira a ventilar a região entre os contatos. Após o fim do movimento do contato móvel, que ocorre num tempo pré-determinado para permitir a extinção dos arcos, as válvulas se fecham, deixando o disjuntor aberto, com as câmaras cheias de ar comprimido à pressão de serviço, livre de produtos ionizados. Na operação de fechamento, as válvulas de sopro e exaustão podem ser abertas ligeiramente para ventilar a região entre contatos, impedindo a contaminação da câmara por resíduos provenientes da vaporização de material de contatos.

A operação dos disjuntores de ar comprimido sempre produz um grande ruído causado pela exaustão do ar para a atmosfera. Uma redução do nível de ruído produzido é conseguida através de silenciadores.

Os disjuntores a ar comprimido podem possuir compressores individuais ou trabalhar ligados a uma central de ar comprimido. Como a operação dos disjuntores pode ser perigosa quando a pressão de ar comprimido cai abaixo de determinado nível, estes são providos de dispositivos para impedir seu fechamento ou sua abertura sob pressões inferiores a níveis pré-fixados. Pode-se dispor também de dispositivos para abrir os disjuntores quando a pressão chegar a um nível perigoso, mas ainda superior àquele em que a abertura seja proibida. Devido a estas características, é prática dos clientes exigirem que os disjuntores que operam com sistemas de ar comprimido central possuam reservatórios individuais (*"air receivers"*) com capacidade suficiente para realizar um ciclo completo sem necessidade de receber reforço de ar comprimido do sistema central, e sem que a pressão caia a níveis perigosos. Um reservatório central deve também ser capaz de garantir a repressurização de todos os reservatórios individuais, após uma operação simultânea, num intervalo de tempo usualmente fixado em dois minutos.

Os Disjuntores do tipo SF6

Embora o hexafluoreto de enxofre (SF6) tenha sido sintetizado pela primeira vez em 1904, somente nos anos 30, a partir da observação de suas excepcionais propriedades dielétricas, o novo gás encontrou uma limitada aplicação como meio isolante em transformadores. O SF6 é um dos gases mais pesados conhecidos (peso molecular 146), sendo cinco vezes mais pesado que o ar. À pressão atmosférica, o gás apresenta uma rigidez dielétrica 2,5 vezes superior à do ar. A rigidez dielétrica aumenta rapidamente com a pressão, equiparando-se à de um óleo isolante de boa qualidade à pressão de 2 bar. A contaminação do SF6 pelo ar não altera substancialmente as propriedades dielétricas do gás: um teor de 20 % de ar resulta numa redução de apenas 5 % da rigidez dielétrica do gás.

Somente no final dos anos 40 teve início o desenvolvimento de disjuntores e chaves de abertura em carga a SF6, com base em experimentos em que as excepcionais qualidades do gás como meio interruptor de arcos elétricos foram comprovadas. Essas qualidades derivam do fato de o hexafluoreto de enxofre ser um gás eletronegativo, possuindo, portanto, uma afinidade pela captura de elétrons livres, o que dá lugar à formação de íons negativos de reduzida mobilidade. Essa propriedade determina uma rápida remoção dos elétrons presentes no plasma de um arco estabelecido no SF6, aumentando, assim, a taxa de decremento da condutância do arco quando a corrente se aproxima de zero.

O **SF6** é um gás excepcionalmente estável e inerte, não apresentando sinais de mudança química para temperaturas em que os óleos empregados em disjuntores começam a se oxidar e decompor. Na presença de arcos elétricos sofre lenta decomposição, produzindo fluoretos de ordem mais baixa (como SF2 e SF4) que, embora tóxicos, recombinam-se para formar produtos não tóxicos imediatamente após a extinção do arco. Os principais produtos tóxicos estáveis são certos fluoretos metálicos que se depositam sob a forma de um pó branco, e que podem ser absorvidos por filtros de alumina ativada.

Os primeiros disjuntores de hexafluoreto de enxofre eram do tipo "dupla pressão", baseados no funcionamento dos disjuntores a ar comprimido. O SF6 era armazenado num recipiente de alta pressão (aproximadamente ~16bar) e liberado sobre a região entre os contatos do disjuntor. A principal diferença com relação aos disjuntores a ar comprimido consistia no fato de o hexafluoreto de enxofre não ser descarregado para a atmosfera após atravessar as câmaras de interrupção, e sim para um tanque com SF6 a baixa pressão (aproximadamente ~3bar). Assim, o gás à alta pressão era utilizado para interrupção do arco, e o SF6, à baixa pressão, servia à manutenção do isolamento entre as partes energizadas e a terra. Após a interrupção, o gás descarregado no tanque de baixa pressão era bombeado novamente para o reservatório de alta pressão, passando por filtro de alumina ativada para remoção de produtos da decomposição do SF6.

As principais desvantagens dos disjuntores a SF6 à dupla pressão eram a baixa confiabilidade dos compressores de gás e a tendência do hexafluoreto de enxofre a liquefazer-se à temperatura ambiente quando comprimido (a temperatura de liquefação do gás a 16 bar é 10°C), o que tornava necessário instalar aquecedores no reservatório de alta pressão com consequente aumento da complicação e redução da confiabilidade. Essas desvantagens levaram ao desenvolvimento do disjuntor tipo *"puffer"*, que será descrito a seguir, atualmente adotado pela maioria dos fabricantes de disjuntores a **SF6**.

Os disjuntores tipo *"puffer"* ou do tipo "impulso" são também denominados "pressão única" porque o SF6 permanece no disjuntor, durante a maior parte do tempo, a uma pressão constante de 3 a 6 bar, servindo aos isolamentos entre as partes com potenciais diferentes. A pressão necessária à extinção do arco é produzida em cada câmara por um dispositivo tipo *"puffer"* formado por um pistão e um cilindro, em que um desses dois elementos ao se movimentar desloca consigo o contato móvel e comprime o gás existente no interior do cilindro. A compressão do SF6 por esse processo produz pressões da ordem de 2 a 6 vezes a pressão original e no intervalo entre a separação dos contatos e o fim do movimento do gás, assim comprimido, é forçado a fluir entre os contatos e através de uma ou duas passagens *("nozzles")*, extinguindo o arco de forma semelhante ao dos disjuntores de dupla pressão. Os disjuntores de pressão única são de projeto mais simples que o de dupla pressão e dispensam a instalação de aquecedores para impedir a liquefação do SF6, sendo consequentemente mais econômicos e mais confiáveis.

O desenvolvimento e a difusão dos disjuntores a SF6 estão ligados aos desenvolvimentos das técnicas de selagem dos recipientes e detecção de vazamentos de gás. Os projetos ocorridos nesses terrenos já permitem reduzir o escape de SF6 nos disjuntores a níveis inferiores a 1 % por ano. Os avanços tecnológicos têm permitido aos disjuntores a SF6 tornarem-se crescentemente competitivos em relação aos tipos de ar comprimido e PVO, sendo provável que, em futuro próximo, esses disjuntores ocupem uma posição dominante no mercado, pelo menos para certas faixas de tensão.

Da mesma forma que nos disjuntores a ar comprimido, os disjuntores a SF6 devem ser providos de dispositivos para indicar a ocorrência de pressões inferiores a determinados níveis mínimos e intertravamentos para impedir sua operação nas condições perigosas de super pressão. Uma outra aplicação do SF6 é o isolamento de subestações blindadas que permite considerável redução da área ocupada. A instalação de uma subestação blindada pode ser determinada pela inexistência de área suficientemente ampla em um centro urbano, ou pelo elevado custo do solo nesta região.

Numa subestação blindada todas as partes energizadas são protegidas por uma blindagem metálica, que conterá os disjuntores, chaves, TC's, TP's, barramentos etc. As partes energizadas são isoladas da blindagem por isoladores de resina sintética (ou outro material adequado) e SF6 à pressão de cerca de 3bar. Válvulas especiais permitem detectar o escapamento do gás e possibilita efetuar manutenção dos equipamentos sem necessidade de remover grandes quantidades de gás. Alarmes e intertravamentos garantem a segurança em caso de vazamento de SF6.

Os Disjuntores a Vácuo

Apesar do crescente uso de disjuntores a vácuo para baixas e médias tensões, aparentemente apenas um fabricante vem oferecendo comercialmente disjuntores a vácuo de alta tensão, e mesmo assim os tipos disponíveis não excedem 145 kV.

Nos disjuntores a vácuo o arco que se forma entre os contatos é bastante diferente dos arcos em outros tipos de disjuntor, sendo basicamente mantido por íons de material metálico vaporizado proveniente dos contatos (catodo). A intensidade da formação desses vapores metálicos é diretamente proporcional à intensidade da corrente e, consequentemente, o plasma diminui quando esta decresce e se aproxima do zero. Atingindo o zero de corrente, o intervalo entre os contatos é rapidamente deionizado pela condensação dos vapores metálicos sobre os eletrodos. A ausência de íons após a interrupção dá aos disjuntores a vácuo características quase ideais de "Suportabilidade Dielétrica".

Apesar das suas vantagens, o desenvolvimento dos disjuntores a vácuo para altas tensões permanece na dependência de avanços tecnológicos que permitam compatibilizar, em termos econômicos, o aumento das tensões e correntes nominais das câmaras a vácuo e a redução de seus volumes e pesos.

2.1.5.6 Principais Sistemas de Acionamento

Introdução

O sistema de acionamento de um disjuntor é o subconjunto que possibilita o armazenamento de energia necessária à sua operação mecânica, bem como a necessária liberação desta energia através de mecanismos apropriados, quando do comando de abertura e fechamento do mesmo. Dentro de cada categoria existe uma variação imensa de detalhes construtivos, característicos de cada fabricante. Os acionamentos podem ser monopolares ou tripolares. No primeiro caso, a atuação dos mesmos se faz diretamente em cada polo, permitindo a manobra individual de cada um deles. Isso torna o acionamento mais complexo e caro, pois na realidade são três acionamentos, um para cada polo. Este tipo é usado quando se necessita de religamentos monopolares no caso de faltas monofásicas. Nos acionamentos tripolares a operação é centralizada em uma unidade e transmitida aos três polos do disjuntor simultaneamente, via acoplamento mecânico, hidráulico ou pneumático. Neste caso só é possível ter religamentos tripolares.

A seguir estão relacionados os principais sistemas de acionamento:

- Acionamento por Solenoide: neste sistema, uma bobina solenoide – que na maioria dos tipos de acionamento é usada somente para disparo - é utilizada diretamente para acionar os contatos na operação de fechamento e também para carregar a mola de abertura. Aliás, este é um princípio comum a todos os acionamentos, pois o disjuntor na condição "fechado" deverá estar sempre com energia armazenada para a operação de abertura. Este tipo de acionamento não é muito utilizado, pois tem capacidade de armazenamento de energia limitada.

- Acionamento a Mola: para este caso, a energia para o fechamento é acumulada em uma mola. As molas são carregadas através de motores, os quais podem ser de corrente contínua ou alternada. Pode-se ter também o acionamento manual. Quando o mecanismo de disparo é acionado, a mola é destravada, acionando os contatos do disjuntor, fechando-o, acontecendo nesta operação o carregamento simultâneo da mola de abertura. Cada fabricante tem seu próprio arranjo para este tipo de acionamento, entretanto, o princípio de funcionamento aqui descrito é comum a todos eles.

- Interruptores: são dispositivos mecânicos, podendo operar para fechar, abrir ou transferir as ligações de um circuito onde o ar é o meio isolante. São capazes de operar em condições nominais do circuito em carga, tendo a robustez necessária para resistir aos esforços decorrentes da operação.

- O acionamento por mola: é muito difundido para disjuntores de média tensão (até 38 kV) e alta tensão (69 a 138 kV) em grande volume de óleo, pequeno volume de óleo, sopro magnético, a vácuo e a SF6, podendo ser tripolar ou monopolar. Neste tipo de acionamento, a caixa que abriga o mecanismo abriga também o bloco de comando, ou seja, acionamento e unidade de comando estão num mesmo subconjunto principal o que é uma característica mais ou menos constante em disjuntores de média tensão.O sistema de acionamento por mola tem funcionamento simples, dispensando qualquer supervisão, tornando-o ideal para média tensão. No entanto, deve-se ter em mente que a ausência de supervisão, se por um lado simplifica e barateia o disjuntor, por outro, não permite que se tenha controle das partes vitais do acionamento, de maneira a se prever qualquer falha na operação que, neste caso, ocorreria de forma totalmente imprevista. Em sistema onde haja sucessivos religamentos, sua aplicação se torna difícil, já que há um limite no acúmulo de energia.

- Acionamento a Ar Comprimido: o acionamento a ar comprimido consiste em armazenar a energia necessária à operação do disjuntor em recipientes de ar comprimido, a qual é liberada através de disparadores atuando sobre válvulas, que acionam os mecanismos dos contatos via êmbolos solidários, ou através de conexões pneumáticas. Este tipo de acionamento é utilizado para disjuntores de média, alta tensões e é a solução natural para disjuntores que usam o ar comprimido como meio extintor, embora também seja usado para disjuntores a óleo e SF6.

- Acionamento Hidráulico: neste tipo de acionamento, a energia necessária para a operação do disjuntor é armazenada em um "acumulador hidráulico" que vem a ser um cilindro com êmbolo estanque tendo, de um lado, o óleo ligado aos circuitos de alta e baixa pressão através da bomba hidráulica e, de outro, um volume reservado a uma quantidade prefixada de N_2. Em algumas execuções, o N_2 pode estar contido em uma membrana de elastômero. A bomba hidráulica de alta pressão comprime o óleo e, consequentemente, o N2, até que seja atingida a pressão de serviço (aproximadamente ~320bar). Através de disparadores de abertura ou fechamento, são acionadas as válvulas de comando que ligam o circuito de óleo com o êmbolo principal de acionamento. A característica principal deste tipo de acionamento é a sua grande capacidade de armazenamento de energia, aliada às suas reduzidas dimensões, o que é conseguido através da pressão de operação, que é da ordem de 320atm.Além disso, sem a necessidade de ser mudar a configuração básica do acionamento, ou seja, dos blocos das válvulas de comando e dos êmbolos, pode-se aumentar a capacidade do mesmo, aumentando-se o volume de nitrogênio. Isto é particularmente importante para disjuntores a SF6 em EAT com resistores de abertura ou fechamento e de abertura rápida (2 ciclos), ou no caso em que o usuário tem exigências específicas com relação à sequência de operação.

2.1.5.7 Sistemas de Proteção contra Surtos de Tensão

Os principais equipamentos de proteção de uma subestação são os para-raios, que é um dispositivo protetor que tem por finalidade limitar os valores dos surtos de tensão "em transito" que, de outra forma, poderiam causar severos danos aos equipamentos elétricos. O outro são os relés, os quais têm por finalidade proteger o sistema contra faltas, permitindo, através da atuação sobre disjuntores, o isolamento dos trechos de localização das faltas.

Os para-raios protegem o sistema contra descargas de origem atmosféricas e contra surtos de manobra. Para um dado valor de sobretensão, o para-raios (que antes funcionava como um isolador) passa a ser condutor e descarrega parte da corrente para a terra, reduzindo a crista da onda a um valor que depende das características do tipo e dimensionamento dos para-raios. A tensão máxima, à frequência nominal do sistema, a que podem ser submetidos, sem que se processe a descarga da corrente elétrica através do mesmo, é denominada "tensão disruptiva à frequência nominal".

Sistema de Proteção para Transformadores (em Subestação)

Ao contrário dos múltiplos tipos de defeitos suscetíveis de aparecer nas máquinas rotativas, os transformadores podem estar sujeitos apenas aos seguintes defeitos: curtos-circuitos nos enrolamentos e sobreaquecimento. Realmente, a construção dos transformadores atingiu um nível técnico tão elevado que os mesmos podem ser considerados entre os elementos que apresentam maior segurança de serviço. Até a proteção térmica, mesmo em subestação sem operador, normalmente só controla alarmes ou bancos de ventiladores.

Assim, o que deve preocupar, basicamente, é a proteção contra curto-circuito interno e a proteção de retaguarda contra faltas externas. Os curtos resultam de defeitos de isolamento que, por sua vez, são constituídos por sobretensão de origem atmosférica ou de manobras, e por sobreaquecimento inadmissível dos enrolamentos. As sobrecargas repetitivas, permanentes ou temporárias, conduzem a um envelhecimento prematuro dos isolantes dos enrolamentos. Com isso, acabam ocorrendo rupturas destes isolamentos, ocasionando curtos-circuitos entre as espiras.

Pode-se então dividir a proteção de transformadores da seguinte forma:

Proteção contra Curto-Circuito Interno:

- Para grandes transformadores: proteção diferencial;
- Proteção Buchholz: para pequenas unidades e transformadores de média potência com alimentação unilateral;
- Proteção através de relés de sobrecorrente temporizados e/ou por fusíveis;
- Relés térmicos e imagens térmicas constituem a proteção contra sobrecarga.

Proteção de Retaguarda: relés de sobrecorrente e/ou fusíveis.

Descrição das Principais Proteções

Proteção Diferencial Percentual (ver norma ASA 87): é capaz não só de eliminar todos os tipos de curtos-circuitos internos, como também os defeitos devidos a arcos nas buchas. Nessa montagem diferencial, comparam-se as correntes na entrada e na saída do elemento protegido, sendo que o relé diferencial opera quando é percorrido por uma corrente (diferença entre a entrada e a saída) que ultrapassa certo valor ajustado e denominado corrente diferencial. No caso de transformadores, aparecem outras correntes diferenciais que não são originadas por defeito, devidas principalmente a:

- Corrente de magnetização inicial;

- Erros próprios dos TC's colocados em cada lado do transformador;
- Erros no ajuste das relações de transformação dos TC's;
- Etc.

Proteção de Sobrecorrente (ver Norma ASA 51): em transformadores de média e pequena potência, nos quais a importância econômica é menor, a proteção contra curto-circuito ou de retaguarda para faltas externas é feita através de relés de sobrecorrente primários ou secundários no lugar de relés diferenciais.

Proteção por meio de Relés de Pressão e/ou Gás (ver Norma ASA 63): o relé de pressão é destinado a responder rapidamente a um aumento anormal na pressão do óleo do transformador devido ao arco, resultante de uma falta interna. Tal relé é insensível às lentas mudanças causadas, por exemplo, pela variação de carga. Constituem, assim, valiosa suplementação aos relés diferenciais ou de sobrecorrente, para falta no interior do tanque. O relé *buchholz* é uma combinação do relé de pressão com o relé detector de gás.

Desligamento Remoto: quando uma linha de transmissão alimenta um único banco de transformadores, é prática frequente omitir-se o disjuntor do lado de alta tensão por motivo de economia. Faz-se então um desligamento remoto sobre o disjuntor do início da linha, de forma que, em caso de defeito, a proteção do banco atue sobre o disjuntor do lado de menor tensão e sobre a chave de aterramento rápido ou através de onda portadora para disparo de disjuntor remoto.

Mais informações sobre Subestações e seus componentes em:
http://www.ebah.com.br(por Fernando Ivas).

2.1.6 Manutenção aplicada à Subestação Elétrica

Introdução

A manutenção em sistemas elétricos requer capacitação e habilitação (Ver Requisitos da **Norma Regulamentadora NR10 "Segurança em Instalações e Serviços em Eletricidade"**) e por este diferencial o pessoal sem esta certificação não está apto a participar e em certas circunstâncias deve ficar a certa distância, sendo a presença vetada.

A deteriorização dos equipamentos elétricos e eletrônicos pode ser mais acelerada em razão das condições ambientais (umidade ou calor excessivos, poeira, atmosfera corrosiva etc.) e operacionais (componentes obsoletos, soltos ou fora de padrão etc.). Portanto, afeta a confiabilidade e vida útil, deixando o sistema elétrico sob risco de falha eminente.

Uma das ações requeridas é seguir a "Recomendações do Fabricante", aliado a um bom plano de manutenção preventiva e/ou preditiva. Outro fator a ser inserido é o de reformas parcial ou total do sistema, permitindo que o sistema retorne às condições iniciais de fabricação, incluindo neste caso componentes com tecnologia atual, permitindo uma operação com custos reduzidos. A inserção de novas tecnologias, em sistemas elétricos, demanda treinamento tanto para operadores, como para a equipe mantenimento.

2.1.6.1 Manutenção Preventiva: Revisão e Testes

As ações iniciais de manutenção são relativamente simples, mas de grande relevância:

- Manter o sistema e seus componentes isento de pó/poeira, sujidade, acumulo de partículas metálicas, produtos químicos, vapores etc.

Ocorrência de Falhas: degeneração de isolamento, descargas elétricas imprevistas, curto-circuito (componente deixa de funcionar), redução da vida útil, outras.

- Manter o sistema sempre seco, isto é, baixo índice de umidade relativa do ar.

  Ocorrência de Falhas: oxidação de ligas metálicas, curto-circuito (componente deixa de funcionar), redução da vida útil, degeneração do material isolante, outras.

Antes de iniciar os serviços preventivos de reapertos, substituições, ajustes etc., a Norma NR10 exige que as instalações da subestação estejam desenergizadas e só serão consideradas esta condição mediante procedimento apropriado, conforme a sequência de ações a seguir:

1. **Desligar**: significa abrir efetivamente o circuito;
2. **Bloquear:** significa travar por meios mecânicos (cadeado) um dispositivo de manobra fixo em determinada posição, de forma a impedir uma operação não autorizada.
3. **Testar**: significa testar a ausência de tensão em cada uma das fases por meio de instrumento apropriado;
4. **Aterrar**: significa executar, através de dispositivos apropriados, uma ligação elétrica intencional dos condutores de fase a um potencial de terra, que deve ser mantida durante toda a intervenção;
5. **Proteger**: significa verificar se existem circuitos energizados nas proximidades da intervenção, e se for o caso instalar uma proteção isolante;
6. **Sinalizar**: significa utilizar etiquetas e avisos de segurança.

A gestão de *Facilities* deve monitorar estas ações e exigir que os técnicos utilizem EPI e façam uso das determinações de segurança determinadas pelo SESMET da organização. O mesmo se aplica para as empresas subcontratadas.

Para orientação, segue diagnóstico a ser feito em uma revisão preventiva:

Especialistas elencaram as falhas mais presentes nos equipamentos contidos em Subestação, dentre as quais são citadas:

- Falhas em disjuntores, como mau funcionamento do mecanismo de manobra, baixa resistência de isolamento;
- Falta de ajuste das chaves seccionadoras tipo facas;
- Mau contato provocado por conexões frouxas;
- Queima do transformador por falta de óleo ou óleo com baixa isolação;
- Problemas diversos em transformadores, como buchas soltas, testes insatisfatórios.

Plano de Manutenção Preventiva:

Estas são as principais tarefas, mas não se limitam a elas:

- Limpeza da Subestação;
- Reaperto das conexões dos transformadores, disjuntores, cabos, barramentos e QGBT (Quadro Geral de Baixa Tensão);
- Teste de resistência de isolamento nos disjuntores;

- Teste de resistência de contato nos disjuntores;
- Teste de tempo de fechamento e abertura dos disjuntores;
- Teste de resistência de isolamento dos transformadores;
- Teste de resistência de enrolamento dos transformadores;
- Teste de relação de transformação dos transformadores;
- Teste do fator de potência da isolação;
- Coleta de óleo dos transformadores para execução do teste de rigidez dielétrica em laboratório.

Exemplo de um dos testes acima citados. São necessários instrumentos específicos e calibrados em acordo com fabricante, bem como técnico qualificado e capacitado a sua execução. O objetivo é ampliar o conhecimento do caro leitor.

Teste de resistência dos isolamentos (com Corrente Continua): tem a finalidade de detectar, diagnosticar e prevenir falhas de isolação. A medição é feita aplicando-se uma tensão contínua através de 1min. Após é obtido o valor da resistência de isolamento para que seja possível verificar se existem curtos-circuitos entre enrolamentos ou entre enrolamentos e massa).

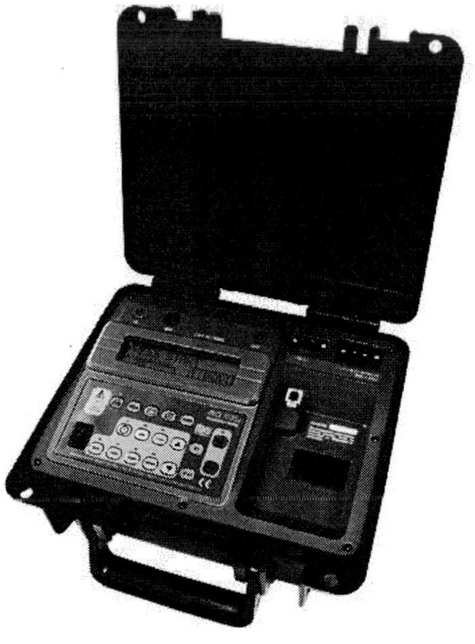

Figura 2.17 Megômetro. Executa testes de resistência elétrica e isolação. Mede valores elevados nos transformadores (pode ser utilizado para medição em motores e outros materiais). Fonte: http://www.faw7.com.br

Descrição do teste:

1. Verificar se o transformador está completamente desenergizado.
2. Desconectar os terminais das buchas do transformador de barramentos, linhas etc. Devem estar isentos de quaisquer conexões.
3. "Curto-circuitar" os terminais de cada enrolamento do transformador.
4. Conectar os cabos no transformador conforme as seguintes ligações:

Ligação1: Medição da resistência de isolamento entre o lado de Alta e a massa do transformador com o terminal Guard conectado no lado de baixa.
Ligação2: Medição da resistência de isolamento entre o lado de Alta e a baixa do transformador com o terminal Guard conectado a massa.
Ligação3: Medição da resistência de isolamento entre o lado de baixa e a massa do transformador com o terminal Guard conectado no lado de alta.
5 – Anotar o valor da temperatura ambiente e umidade relativa. Se o transformador tiver termômetro de óleo, anotar o valor da temperatura do óleo também.
6 – Ligar o Megger (Megometro) e aguardar 1minuto até que a leitura esteja terminada. Anotar o número do teste e o valor da resistência encontrada.

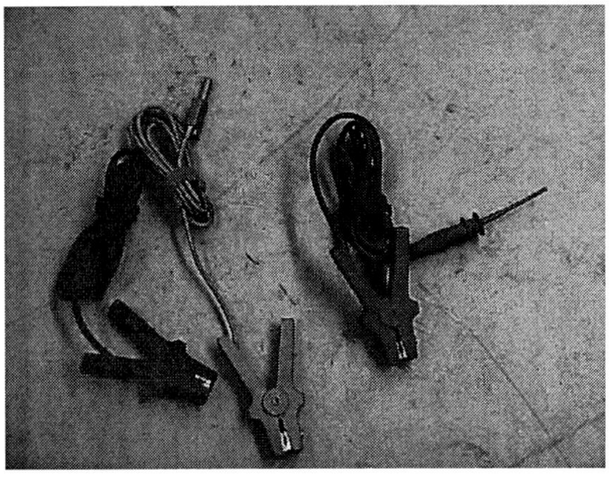

Figura 2.18 Da Esq. para Dir.: Cabo Neutro, Cabo *Guard* e Cabo de Tensão. Fonte: http://gcmmel.com.br

Em uma subestação dois equipamentos se destacam e são vitais para seu perfeito funcionamento: o transformador e o disjuntor. Para o transformador, existe uma grande variedade de testes e ensaios que são realizados nos mesmos, mas nem todos são aplicados para uma manutenção preventiva.

Lista básica dos materiais utilizados em manutenção de subestação:

- Medidores (Megômetro, Multímetros, Microohmimetro etc.);
- Medidor de Tempo de Trip;
- EPI (Luva de Alta Tensão; Calçados específicos, Roupas Antichama etc.);
- Materiais para Aterramento;
- Vara de manobra;
- Frascos para coleta de óleo. (Nº de Frascos = Nº de Transformadores);
- Kit para Coleta de Óleo;
- Vasilha para óleo obsoleto e que possa ser levado para descarte;
- Óleo para Reposição;
- Trapos;
- Estopas;
- Álcool;
- Caixa de ferramentas (com chave de boca, sextavada, alicate, etc);
- Aspirador de pó;

- Outros.

2.1.6.2 Automação para Subestações: Controle e Proteção

Introdução

Ainda no contexto manutenção, cito a automação de subestações que servem para operação e proteção, mas também, como sistema de monitoramento contínuo (controle). Muitas companhias, incluindo as áreas de distribuição e industriais, têm como objetivo modernizar os sistemas de proteção e automação de suas instalações elétricas, em vista das muitas vantagens oferecidas pelos sistemas digitalizados modernos. Por esta razão, pretendem dotar suas instalações de um conjunto de funções de automação e controle que facilitem as tarefas de operação e manutenção.

Uma das facilidades importantes é a de substituir o elemento defeituoso, o mais rápido possível. Por isso, é essencial certas condições, tais como: seletividade, confiabilidade e velocidade. Isso é possível através da atuação dos sistemas denominados por "supervisórios". Esse sistema possui algumas características particulares, como as funções de monitoramento, registro de dados, lógicas de intertravamento, alarmes e comando remoto.

Na tentativa de se criar um protocolo padrão de comunicação, desenvolvida a IEC – 61850, sendo atualmente, a norma internacional que trata deste assunto. Ele padroniza a comunicação em rede entre os equipamentos e os sistemas de automação, além de suportar todas as funções necessárias de uma subestação. Ainda é considerada uma tecnologia nova e está começando a ser implementado nos sistemas do país. Aborda a proteção, controle e automação de subestações. Esta norma visa não somente definir a forma de comunicação entre os ***Intelligent Electronic Device*** (**IED**), mas requisitos que garantam que o sistema opere de forma uniforme. Ela propõe uma perfeita interação entre os equipamentos, independente do fabricante e também defini um sistema que seja capaz de acompanhar os desenvolvimentos tecnológicos.

Supervisório: Sistema de Monitoramento

Um dos mais conhecidos e tradicional é sistema denominado por **SCADA** (***Supervisory Control and Data Acquisition***). Utilizam software para monitorar e supervisionar as variáveis elétricas e os dispositivos de controle conectados através de drivers específicos. A automação das utilidades, numa subestação elétrica, varia como itens tais como a interface entre a subestação e seus equipamentos associados e desta forma fornecer e manter o nível de confiança exigido para a operação do sistema de energia.

O **SCADA** possui duas funções básicas que são o controle e a proteção, os quais são fundamentais para que decisões em relação a operação possam ser tomadas de uma maneira mais precisa. Portanto, um sistema de automação integrado de controle e proteção tende a fornecer maiores recursos de operação e manutenção, incrementando aspectos como segurança e confiabilidade da instalação.

Para mais informações sobre o SCADA, acesse:
http://www.citisystems.com.br/softwares-scada

Principais Dispositivos Utilizados em Automação de Subestação

As concessionárias de energia elétrica utilizam o sistema de automação com uma variedade de dispositivos integrados através de um pacote funcional de tecnologia de comunicação com finalidades de monitoramento e controle da subestação. Esses sistemas são realizados através de microprocessadores, ou dispositivos eletrônicos inteligentes (**IED**), os quais fornecem os insumos e produtos necessários para o sistema. Entre estes dispositivos se destacam: os Relés de Proteção, CLP (Controlador Lógico Programável) e os aparelhos Oscilógrafo e Multimedidor. Outros dispositivos também podem estar presentes, dedicados a funções específicas dentro do sistema. Estes podem incluir transdutores, monitores de posição e grupos de relés de interposição.

O sistema de automação tipicamente tem uma ou mais conexões de comunicação com o mundo exterior. Essas conexões comuns incluem centros de comunicações para utilidades de operações, escritórios de manutenção e centros de engenharia. As maiorias dos sistemas se conectam a uma estação tradicional (SCADA) que serve às necessidades de informação do operador da subestação em tempo real para que esse possa operar os utilitários de rede a partir de um centro de operações. Sistemas automatizados também podem incorporar uma variação da unidade remota do terminal. Essa função pode aparecer em um controlador do centro de automação, denominado por Sistema Digital Integrado.

- Relés: é um interruptor acionado eletricamente. A movimentação física deste interruptor ocorre quando a corrente elétrica percorre as espiras da bobina do relé, criando assim um campo magnético que por sua vez atrai a alavanca responsável pela mudança do estado dos contatos. O relé é um dispositivo eletromecânico ou não, com inúmeras aplicações possíveis em comutação de contatos elétricos, servindo para ligar ou desligar dispositivos. É normal o relé estar ligado a dois circuitos elétricos. No caso do relé eletromecânico, a comutação é realizada alimentando-se a bobina do mesmo. Uma das aplicações do relé é utilizar-se de baixas correntes para o comando no primeiro circuito, protegendo o operador das possíveis altas correntes que irão circular no segundo circuito (contatos). Existem basicamente dois tipos de relés na subestação: Relés de Interface, destinados para os acionamentos dos disjuntores em geral, utilizando tensões CC de 125 ou 250 V e corrente considerável:

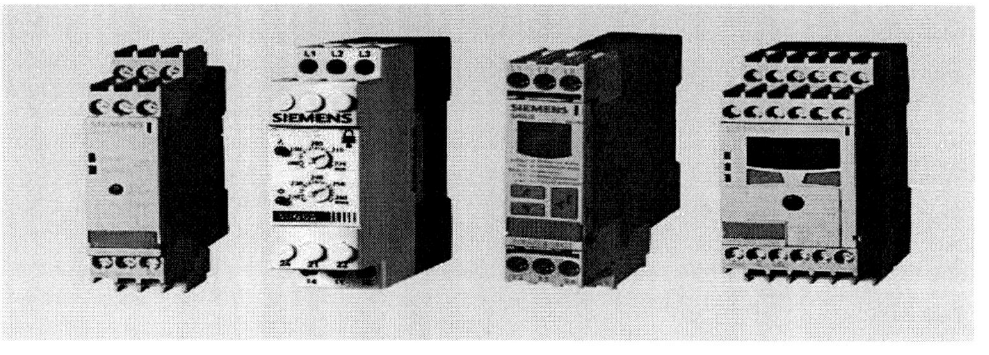

Figura 2.19 Modelos de Relés de Interface. Fonte: FABRICANTE SIEMENS.

O outro tipo são os Relés Digitais, os quais executam suas funções por meio de entradas analógicas para determinar os valores de corrente e tensão, processam as informações, e como resultado atuam numa saída digital que entra no circuito de comando do disjuntor:

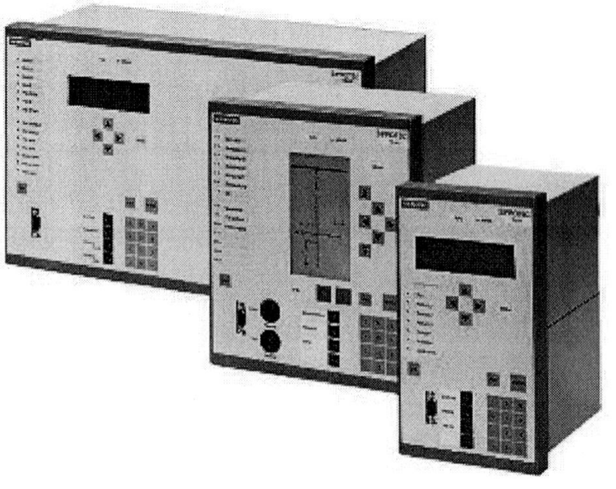

Figura 2.20 Modelos de Relés Digitais. Fonte: FABRICANTE SIEMENS.

- CLP (Controladores Lógicos Programáveis): há literaturas que denominam, na versão em Inglês, por PLC (*Programmble Logic Controller*). São os responsáveis pelo sistema de controle da subestação. Equipamentos eletrônicos, de alta tecnologia, compostos por microprocessadores que desempenham diversas funções diferentes. Sua principal função é coletar os dados da condição e as medidas da subestação e transferir, estas informações, para um sistema de supervisão, controle e aquisição de dados (em nosso caso, o **SCADA**). É formado por uma CPU (Unidade Central De Processamento), responsável pelas operações matemáticas, módulos de entrada e saída, módulos de comunicação com outros equipamentos e por último o sistema de alimentação.

Figura 2.21 Modelos de CLP. Fonte: FABRICANTE SIEMENS.

O controlador PLC pode trabalhar com variáveis analógicas ou digitais. Para isso, possui entradas distintas para cada um desses tipos. Os analógicos seriam destinados principalmente aos possíveis valores de tensão e corrente do sistema, enquanto as digitais são compostas por um conjunto finito de possibilidades, em alguns casos zero ou um. Quanto às saídas, só existem as digitais. Tendo uma comunicação através de canais seriais, podem ser supervisionados por computadores, formando assim um sistema de controle lógico programável.

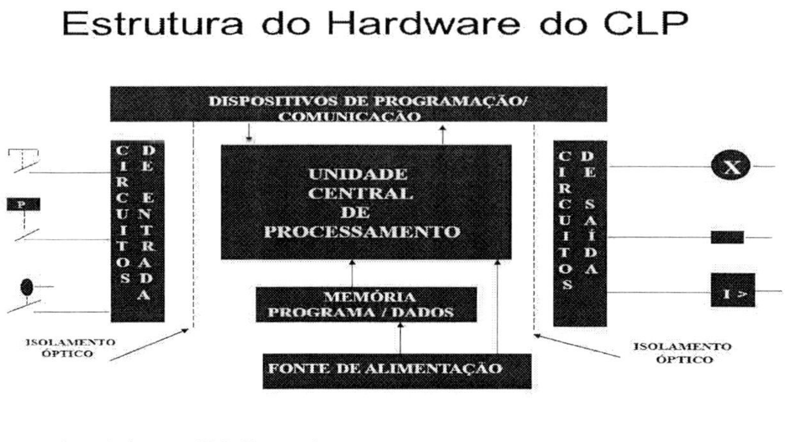

Figura 2.22 Estrutura operacional de um CLP. Fonte: Internet.

O "Circuito de Entrada Digital" tem a finalidade de interface do sistema digital de proteção e controle com os equipamentos do sistema e é por meio destas que são feitas as aquisições das informações digitais do campo, como por exemplo, os estados dos disjuntores e secionadores. Já o "Circuito de Saída Digital" é por onde são feitos os comandos nos equipamentos do sistema, como para os Disjuntores, Chaves e Comutadores. As "Entradas Analógicas" servem para aquisição de informações analógicas através dos medidores, podendo controlar valores de corrente, tensão, temperatura, pressão e níveis de óleo. Com esses valores é possível que a CLP seja capaz de realizar a automação necessária da subestação.

- Oscilógrafos: também conhecidos como RDP (Registradores Digitais de Perturbação), são aparelhos que permitem observar e registrar as variações do sistema elétrico ao longo do tempo. São destinados a aquisição, monitoramento e registro de grandezas elétricas, normalmente associadas a instalações de geração, transmissão ou distribuição de energia elétrica. O módulo do registrador fornece informações, como tempo de atuação dos relés de proteção, abertura e fechamento das chaves secionadoras, disjuntores, com precisão de até um milissegundo. A identificação rápida de um problema e a avaliação correta do comportamento da rede permitem medidas corretivas rápidas antes que o problema se torne uma falha principal da rede. Esses registros podem ser divididos em dois grupos principais: Registros de perturbação de curta duração, e de longa duração. Os registros de curta duração são destinados principalmente para aquisição das formas de onda das tensões e correntes para análise de distúrbios rápidos, como análises de curtos- circuitos, por exemplo. Quanto aos registros de longa duração, são usados essencialmente para os registros das grandezas fasoriais, ou seja, para os valores eficazes das tensões e correntes de sequência positiva e dos ângulos de fase relativos.

Figura 2.23 Modelo de Oscilógrafo. http://www.panambra.com

- Multimedidores: são equipamentos eletrônicos com capacidade para realizar diversas medições. É dotado de uma função que permite medições instantâneas, unificando medições, eliminando o uso voltímetros, amperímetros, Frequencímetro e Wattímetros. Em geral operam em sistemas de correntes alternadas (CA) e necessitam medir a tensão e a corrente elétrica do circuito a ser analisado:

Figura 2.24 Modelos de Medidores de Energia. Esses multímetros instalados de forma fixa, normalmente na porta do painel do sistema de automação. Fonte:http://www.rdibender.com.br

Protocolos de Comunicação

Os diversos tipos de equipamentos presentes em uma subestação, trabalhando de uma forma integrada, requerem uma base de comunicação sólida e confiável. Essa comunicação entre os processadores e o banco de dados do sistema é chamada de protocolo. O protocolo é um padrão que especifica o formato de dados e as regras a serem seguidas. É um conjunto de convenções que rege o tratamento e especialmente, a formatação dos dados num sistema de comunicação. Sem eles uma rede não funciona, pois especificam como um programa deve preparar os dados para serem enviados para o estado seguinte do processo da comunicação. Em muitos casos é comum a expressão de que os protocolos são a gramática de uma linguagem de comunicação padronizada:

- **TCP/IP**: é o protocolo com larga utilização. Executa finterligação entre dois protocolos diferentes, o TCP (*Transmission Control Protocol*) e o IP (*Internet Protocol*). Esse protocolo é visto como um modelo de camadas, onde cada camada é responsável por um grupo de camadas, fornecendo um conjunto de serviços bem definidos para o protocolo da camada superior. As camadas mais altas estão logicamente mais perto do usuário (chamada camada de aplicação) e lidam com dados mais abstratos, confiando em protocolos de camadas mais baixas para tarefas de menor nível de abstração.
- **MODBUS:** protocolo de comunicação de dados utilizado, principalmente em sistemas de automação industrial. É um dos mais antigos aplicados em redes de controladores lógicos programáveis para aquisição de sinais de instrumentos. Tem como vantagem de poder ser usado em diversos aparelhos na subestação, isso por ser altamente difundido, além de ser uma das soluções de menor custo.
- **DNP:** também conhecido por "protocolo de rede distribuído", é um protocolo aberto, público, baseado em padrões abertos existindo para trabalhar dentro de uma variedade de redes. Foi desenvolvido para alcançar interoperabilidade entre sistemas elétricos, óleo & gás e indústrias de segurança. Também podem ser implementados em qualquer sistema SCADA para comunicações entre computadores de subestação, CLP e IED. É utilizado para trocar dados entre o PLC e pontos de controle remoto. Assim pode ser usada para a comunicação do centro de controle bem como para uma comunicação com os relés de proteção ou outros dispositivos eletrônicos inteligentes.

Caro leitor, o objetivo foi o de fornecer aos futuros engenheiros elétricos, técnicos em eletricidade e eletrônica e de automação, uma síntese sobre o tema "Automatização de Subestações". É uma maneira de fornecer condições de entrarem no mercado de trabalho com um maior conhecimento sobre as subestações, suas classificações, seus arranjos, controle e proteção.

Mais informações sobre automação de subestação, acesse:
http://www.osetoreletrico.com.br/web/documentos/fasciculos/cap13_fasc_automacao_subest_ed48.pdf;
https://w3.siemens.com.br/home/br/automacao-energia/artigo-tec/Documents/ARTIGO_IEC61850.pdf;
http://www.pee.ufrj.br/teses/textocompleto/2005041903.pdf.

2.1.7 A Iluminação Comercial e Industrial

Introdução

A iluminação é item crítico nos ambientes atuais, seja em nossas residências como no local de trabalho. Portanto, pretendo repassar ao profissional de *Facilities* conhecimentos básicos sobre este assunto para melhorar a interação com os Clientes, mas principalmente entender os princípios básicos considerados nos projetos de iluminação seja comercial, ou industrial. Uma instalação, seguindo Normas aplicáveis e demais especificações, irá permitir que os usuários tenham condições ideais de luminosidade para exercer a sua atividade.

2.1.7.1 Conceitos aplicáveis à Iluminação

O Campo Visual

É a percepção de todos os espaços capazes de transmitir estímulos à retina quando em situação estática, com fixação em um ponto determinado. O campo visual monocular é de 135º na vertical (60º superior / 75º inferior) e 90º na horizontal. O campo visual binocular é de 135º na vertical e 180º g na horizontal. Cada olho percebe uma imagem a qual é transmitida ao cérebro. Essas imagens, quando superpostas e invertidas, nos dão a sensação de profundidade e tridimensionalidade dos ambientes em que estamos.

O Fluxo Luminoso (ψ)

Representa uma potência luminosa emitida ou observada. Também consideramos a energia emitida ou refletida, por segundo, em todas as direções, sob a forma de luz. Para um melhor entendimento, e fazendo uma analogia com fluido hidráulico: considere um chafariz esférico, dotado de inúmeros furos na sua superfície. Os raios luminosos corresponderiam aos esguichos de água dirigidos a todas as direções e decorrentes destes furos. Outro fator a considerar é a depreciação do Fluxo Luminoso que reduz diretamente proporcional ao tempo em utilização. Esta redução é inerente a todas as lâmpadas elétricas. Unidade de medida: **lumen (lm).**

A Intensidade Luminosa (I)

É a parcela do fluxo luminoso de uma fonte luminosa, contida num ângulo sólido, e numa dada direção. Unidade de medida: **cd/m^2[candela (cd)** por metro quadrado **(m^2)**].

A Iluminância (E)

É o fluxo luminoso incidente numa superfície por unidade de área (m^2). É medido por um aparelho chamado Luxímetro, são utilizados, em geral, pelo Setor de "Segurança e Saúde no Trabalho", seja por profissional próprio ou terceirizado, na execução de medições nos postos de trabalho. Os resultados são incluídos na composição de documentação relacionada à Insalubridade e/ou Periculosidade e estudos de Ergonomia que por sua vez avaliam a postura, mobiliário necessário para que o usuário possa executar sua atividade profissional no maior índice possível de conforto. Unidade de medida: lux (lx).

Portanto, os valores de fluxo luminoso são obtidos pelo Luxímetro. Um lux corresponde à Iluminância de uma superfície plana de um metro quadrado de área, sobre a qual incide perpendicularmente um fluxo luminoso de um lúmen, numa definição técnica.

Figura 2.25 Ilustração de um profissional habilitado utilizando um Luxímetro. Fonte: INSTRUTEMP Instrumentos de Medição.

Outro conceito, mais aplicável ao dia a dia, é o de considerar como: *a densidade de luz necessária para a realização de determinada tarefa visual.* Os valores relativos à Iluminância foram tabelados por atividade.

Mais sobre Iluminância e valores aplicáveis a ambientes, acesse a Norma Brasileira: "NBR 5413 - Iluminância de Interiores".

A Luminância (L)

É a quantidade de fluxo luminoso que incide sobre a área de uma determinada. Um **lux** é igual a um **lúmen por metro quadrado (lm / m²).** Portanto, é diferente da **Iluminância** que por sua vez é independente da direção de onde o fluxo luminoso atinge a superfície. A luminância é a intensidade luminosa que atinge o observador e que pode ser proveniente de reflexão de uma superfície ou de uma fonte de luz ou, simplesmente, de um feixe de luz no espaço.

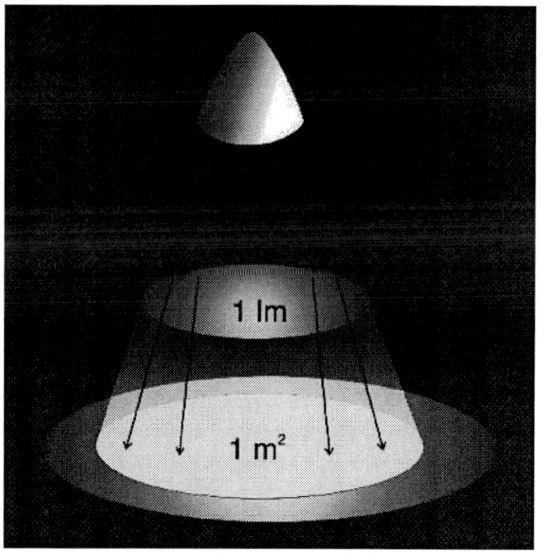

Figura 2.26 Figura ilustrativa de como se apresenta Luminância (L). Fonte: Não informada.

Trazendo para a linguagem do dia a dia, é o brilho de um objeto percebido pelo olho humano. Ela é dada como a relação entre a intensidade na direção considerada e a área aparente da superfície real ou imaginária de onde provém o fluxo luminoso.

Forma de Cálculo para obter a Luminância:

$$L = \frac{I}{A * \text{Cos}\ \alpha} =$$

Onde:

L = Luminância.
A = Área projetada (m^2)
α = ângulo considerado (°) em Graus.

Eficiência Luminosa (η)

É a relação entre o fluxo luminoso emitido (**lumen, símbolo lm**) e a energia elétrica consumida por unidade de tempo (potência) por uma fonte de luz. Quanto maior a eficiência luminosa de uma lâmpada e equipamentos, menor seu consumo de energia.

Unidade: **lm/W**

EFICIÊNCIA ENERGÉTICA

TIPO DE LÂMPADA	POTENCIA NOMINAL (w)	EFICIÊNCIA ENERGÉTICA (lm/w)
INCANDESCENTE TRANSLÚCIDA	60	13,3
HALÓGENA BIPINO	50	18,6
FLUORESCENTE COMPACTA	15	60
FLUORESCENTE TUBULAR (T8) - diâmetro 26 mm	32	84,4
FLUORESCENTE TUBULAR (T5) - diâmetro 16 mm	28	90,6
VAPOR DE SÓDIO DE ALTA PRESSÃO	70	80
MULTIVAPOR METÁLICO	70	94,3
Valores de referência: Para dados específicos, consultar catálogos		

EFICIÊNCIA ENERGÉTICA DE ALGUMAS LÂMPADAS ELÉTRICAS

Tabela 2.7 Tabela dos valores de Eficiência Energética (lm/w) X Tipos de Lâmpadas Fonte:http://www.ebah.com.br/

GRANDEZA	SÍMBOLO	UNIDADE
Fluxo Luminoso	Φ	Lumen (lm)
Eficiência Energética	η	Lumen por watt (lm/w)
Intensidade Luminosa	I	Candela (cd)
Iluminância	E	Lux (lx)
Luminância	L	Candela / m² ou Candela / cm²

Tabela 2.8 Tabela das Grandezas, Símbolos e Unidades. Para seu controle, tabela contendo as grandezas vistas até o momento. Fonte: http://www.ebah.com.br/

Temperatura de Cor ou Cromaticidade

Expressa a aparência de cor da luz emitida pela fonte de luz. A sua unidade de medida é o Kelvin (K). Quanto mais alta a temperatura de cor, mais clara é a tonalidade de cor da luz. Quando falamos em luz quente ou fria, não estamos nos referindo ao calor físico da lâmpada, e sim a tonalidade de cor que ela apresenta ao ambiente.

A Cromaticidade pode ser inserida nos estudos e/ou projetos de Conforto Ambiental com o intuito de tornar mais agradável o ambiente de trabalho. Luz com tonalidade de cor mais suave torna se mais aconchegante e relaxante; luz mais clara, mais estimulante. Então, as cores com tom a vermelhado, por exemplo, tendem a estimular, já o tom amarelado tende a causar a sensação de ambiente tranquilo.

Muito embora isto não possa ser considerado fisicamente, uma temperatura de cor mais alta (K) descreve uma fonte de luz azulada, visualmente "fria". As temperaturas de cores típicas são apresentadas a seguir. **(Conversão,** °C = K ± 273,15).

Temperatura	Fonte de Luz
25.000*K*	Céu diurno no pólo Norte
13000*K*	Céu ligeiramente encoberto
9.000 a 12.000*K*	Céu azul aberto
6.500 a 7.500*K*	Céu encoberto
6.500*K*	Lâmpada fluorescente "Luz do Dia"
6.000*K*	Lâmpada de mercúrio
5.500 a 6.000*K*	Luz do Sol durante a maior parte do dia
5.500 a 5.600*K*	Flash eletrônico
5.000 a 5.500*K*	Luz do Sol ao amanhecer ou entardecer
5.000*K*	Lâmpada de xenônio
4.500*K*	Arco voltaico
4.500*K*	Lâmpada fluorescente do tipo "Branca Fria"
4.100*K*	Luz do luar em noites de Lua cheia
4.000*K*	Lâmpada de flash do tipo "Bulbo"
3.500*K*	Lâmpada fluorescente do tipo "Branca Quente"
3.400*K*	Lâmpada de estúdio photoflood tipo "A"
3.200*K*	Lâmpada de estúdio photoflood tipo "B" (halógena)
3.200*K*	Nascer ou por do Sol
3.000*K*	Lâmpada incandescente comum de tungstênio de 200*W*
2.680*K*	Lâmpada incandescente comum de tungstênio de 40*W*
2.000*K*	Lâmpada de vapor de sódio (iluminação pública)
1.700*K*	Luz de vela
1.200*K*	Luz do fogo

Tabela 2.8 Temperatura (k) X Fonte de Luz (temperatura da Cor). Fonte:http://obaricentrodamente.blogspot.com.br/2012/05/escala-kelvin.html

2.1.7.2 Lâmpadas: Conceitos e Aplicações

Conceitos sobre "Vida da Lâmpada"

O conceito de vida útil de uma lâmpada é dado em horas (h), tendo suas definições e demais critérios estabelecidos por normas técnicas.

a) **Vida Média**: é a média aritmética do tempo de duração (h) de cada lâmpada obtido durante os testes (ensaios) em laboratórios especializados;

b) **Vida Mediana**: é o número de horas resultantes obtidas no ensaio, onde obtém 50% das lâmpadas ainda permanecem acesas;

c) **Vida Útil:** é o número de horas decorrido no ensaio quando se obtém o índice de 70% da quantidade de luz inicial (devido à depreciação do fluxo luminoso de cada lâmpada), somado ao efeito das respectivas falhas (lâmpada "queimada") ocorridas no período, isto é, 30% de redução na quantidade de luz inicial.

Tipos de Lâmpadas e Tecnologia Aplicada

Lâmpada Incandescente

A luz se propaga através de aquecimento de um filamento até a incandescência, por meio de corrente elétrica. É a tecnologia mais antiga para a produção de iluminação elétrica.

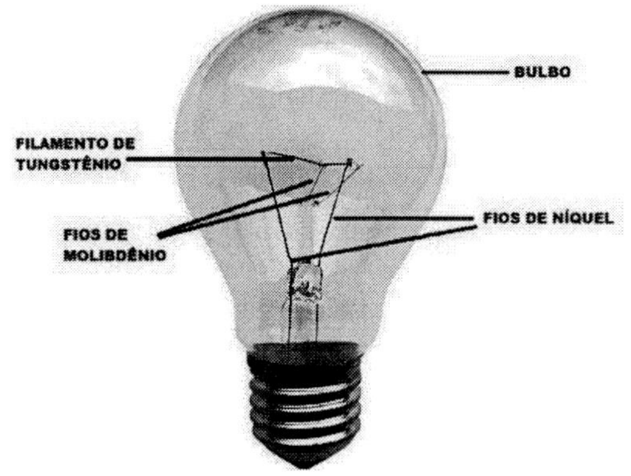

Figura 2.27 Figura Ilustrativa de uma lâmpada incandescente 60 W. Fonte: http://www.oarquivo.com.br

Lâmpada Halógena

Denominação de lâmpada tipo Tungstênio-Halógeno. Também é incandescente, mas de pressão alta e que contém gases halógenos (Iodo ou Bromo) que possibilitam aos filamentos atingir temperaturas mais altas. Possui maior eficiência luminosa, resultando em vantagens adicionais quando comparada à incandescente comum, tais como:

- Luz mais branca e uniforme durante toda vida útil;
- Vida útil mais longa, variando entre 2.000 e 4.000 horas.

Já o modelo Halôgeno IR (HIR) (**Modelo GE²**) utiliza tubos com formato especial, onde é colocado o filamento em seu interior, revestidos com numerosas camadas de materiais que, seletivamente, refletem a energia infravermelha e transmitem a luz. Refletindo o infravermelho de volta para os filamentos, reduzem a energia necessária para manter o filamento aquecido.

GE² – General Electric Company.

Figura 2.28 Modelo de Lâmpada Halógena. Fonte: Fabricante OSRAM.

Lâmpada PAR

"**PAR**" é o acrônimo para um **Refletor Aluminizado Parabólico**. Possui um filamento incandescente e um tubo de filamento halógeno. Modelo de lâmpada refletora com um preciso facho de luz, tendo maior pressão interna dos gases. É fabricada com vidro resistente ao calor e controla o seu facho de luz por meio do seu refletor interno e de uma lente com prismas e difusores. São lâmpadas que produzem uma descarga elétrica de alta intensidade em seu interior, gerando uma grande quantidade de luz.

Figura 2.29 Modelo de Lâmpada PAR 50W, 127V. Fonte: Fabricante OSRAM.

Lâmpada Refletora

Definida como uma lâmpada incandescente ou fluorescente compacta. Já o modelo Refletora Elíptica produz um ponto focal à frente da parte frontal da lâmpada, o que reduz a absorção da luz em alguns tipos de luminárias. Muito útil quando é instalada em luminárias embutidas, pois reduz a perda de luz no interior da luminária.

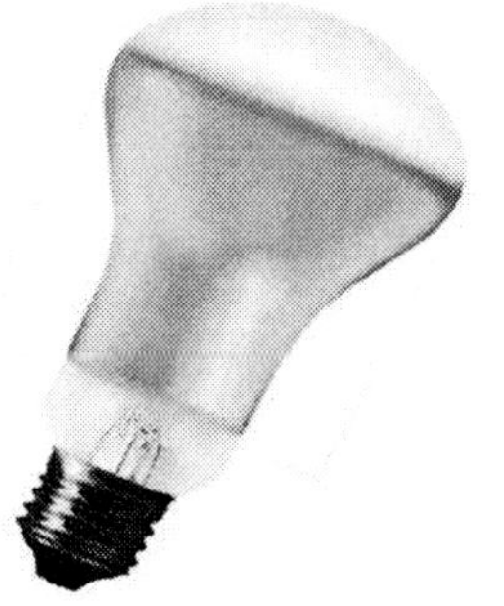

Figura 2.30 Modelo de lâmpada refletora incandescente 60 W. Fonte: Não informada.

Lâmpada Mista

São lâmpadas compostas de um filamento e um tubo de descarga. Podem ser ligadas diretamente a uma fonte de Tensão de rede 220V e um dado importante: não necessita de reator. Possui uma vida mediana de aproximadamente 5.000 horas.

Figura 2.31 Modelo de Lâmpada mista 250 W, tipo ovoide. Fonte: Fabricante SYLVANIA.

Lâmpada Fluorescente

Contém em seu interior vapor de Mercúrio e gases inertes. Gera iluminação através da passagem de corrente elétrica, onde os elétrons se chocam com os átomos de Mercúrio e, devido a isso, a energia é transferida para os elétrons do Mercúrio, que irão passar para uma órbita superior em torno do átomo. Quando estes elétrons regressam à sua órbita original, eles emitem energia na forma de radiação ultravioleta, que será convertida em luz pelo pó fluorescente que reveste a superfície interna do bulbo. É da composição deste pó fluorescente que resultam as mais diferentes alternativas de cor de luz adequadas a cada tipo de aplicação. É ele que determina a qualidade e a quantidade de luz, além da eficiência na produção de cor.

O tipo Fluorescente Tubular é a forma clássica para uma iluminação econômica. A alta eficiência e a longa durabilidade garantem suas aplicações nas mais diversas áreas comerciais e industriais. Alguns fabricantes possuem duas versões deste tipo de lâmpada:

a) Fluorescente Tubular Comum - apresenta eficiência energética de até 70 lm/W, temperatura de cor variando entre 4100 K e 6100 K e índice de reprodução de cor de 48 a 78 %.

b) Fluorescente Tubular Trifósforo - apresenta eficiência energética de até 100 lm/w, temperatura de cor variando entre 3000 K e 6000 K e índice de reprodução de cor até 90%. A grande evolução da lâmpada fluorescente ao longo dos anos refere-se à redução do seu diâmetro.

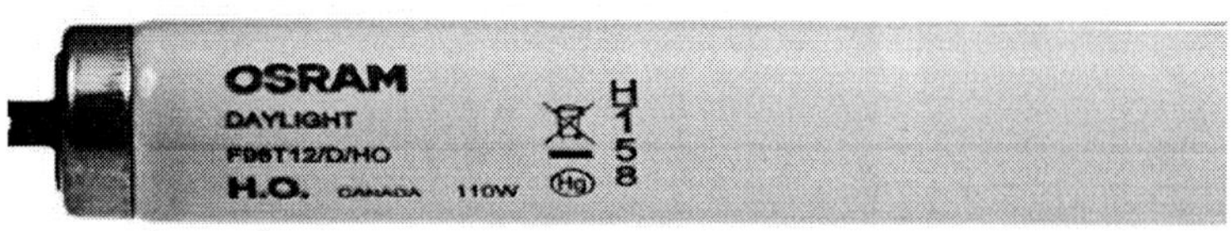

Figura 2.32 Parte de uma Lâmpada modelo Fluorescente Modelo T12HO Lâmpada Fluorescente HO 110W, Luz do Dia (DayLight) Temperatura de Cor (K): 6500 Fluxo Luminoso: 8300 Lm Dimensões: Comprimento de 2371 mm x Diâmetro de 38 mm Fonte: Fabricante OSRAM.

Quanto menor, maior é a possibilidade do desenvolvimento ótico dos refletores, permitindo melhor eficiência das luminárias. As versões tradicionais destas lâmpadas são produzidas em T12 (38mm) ou T10 (33mm). As versões mais modernas, em T8 (26mm) e T5 (16mm). O passo mais recente para otimização global dos sistemas fluorescentes é a miniaturização obtida com a versão T5, que, além do diâmetro de 16mm, teve uma redução de 50mm no comprimento total. Além da compactação, houve aumento na eficiência energética (104 lm/W), somado ao fato de terem sido desenhadas para operações diretas em reatores eletrônicos. O desempenho desta família de lâmpadas é otimizado através das instalações e modernos reatores eletrônicos - de alta frequência, proporcionando grande economia, maior conforto e vida útil mais longa.

Lâmpada Fluorescente Compacta

São lâmpadas fluorescentes, às quais foram incorporadas todas as características e tecnologias das lâmpadas fluorescentes tubulares, consideradas de nova geração, porém em proporções reduzidas.

Figura 2.33 Modelos de Lâmpadas Fluorescentes Compactas. Fonte: Fabricante Lorenzetti.

Podem ser classificadas em dois grupos:

I. **Lâmpadas fluorescentes compactas integradas**: o reator é integrado ao corpo da lâmpada, ambos fazendo parte de uma mesma unidade. São as convencionais lâmpadas compactas com base/soquete E27, similar à da lâmpada incandescente, proporcionando instalação imediata, em substituição às lâmpadas incandescentes.

II. **Lâmpadas fluorescentes compactas não integradas**: o reator e lâmpada não são integrados, fazendo-se necessária a instalação de reator à parte na luminária. São as convencionais lâmpadas compactas com base/soquete de 2 ou 4 pinos.

Quando comparadas às incandescentes comuns, apresentam as seguintes vantagens:

- Consumo de energia até 80% menor;
- Durabilidade até dez vezes maior, implicando uma enorme redução nos custos de manutenção e reposição de lâmpadas;
- Design moderno, leve e compacto;
- Aquecem menos o ambiente, representando uma forte redução na carga térmica das grandes instalações, proporcionando conforto e sobrecarregando menos os sistemas de ar condicionado;
- Excelente reprodução de cores, com índice de 85%;
- Tonalidade de cor adequada para cada ambiente, obtida através da tecnologia do pó trifósforo, com as seguintes opções: 2700 K, com aparência de cor semelhante às incandescentes e, portanto, indicadas para ambientes onde se deseja atmosfera aconchegante e tranquila, como residências, hotéis, etc.; 4000 K a 6000 K, com aparência de cor mais branca, indicada para ambientes ativos, onde se pretende estimular a produ-

tividade ou o consumo, como restaurantes do tipo "fast food", lojas, shopping centers, escritórios, clubes, academia de ginástica, escolas, hospitais etc.

Lâmpada de Descarga em Alta Pressão

As modernas lâmpadas de descarga em alta pressão têm um princípio de funcionamento completamente diferente das incandescentes. Uma descarga elétrica entre os eletrodos leva os componentes internos do tubo de descarga a produzirem luz. Esta família de lâmpadas funciona através do uso de reatores e, em alguns casos, só partem com o auxílio de ignitores. Os reatores são equipamentos auxiliares necessários para manter a estabilização da descarga elétrica. Os ignitores proporcionam picos de tensão da ordem de 5.000 V, necessários para o acendimento das lâmpadas de descarga. Dependendo do tipo, necessitam de 2 a 15 minutos para a estabilização total do fluxo luminoso após a partida. Consiste de uma grande família, diversificada no que diz respeito às características de luz, economia, potência e durabilidade, o que permite o uso em locais internos, externos ou situações especiais.

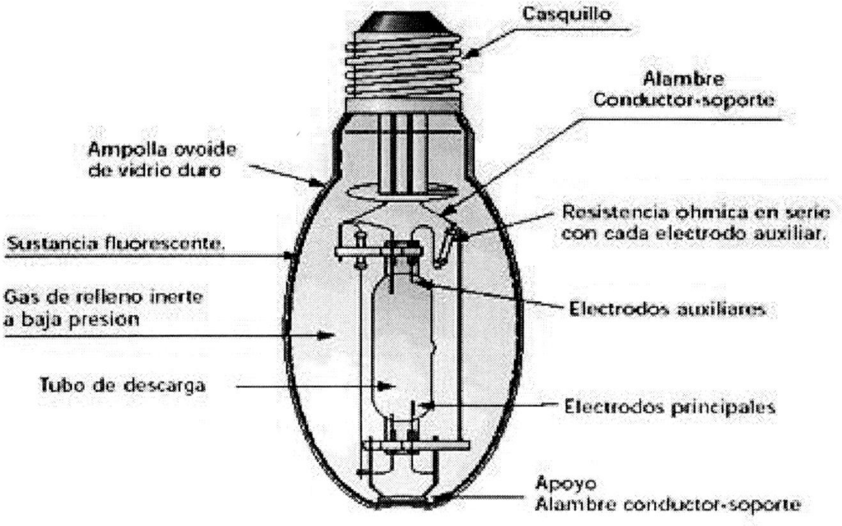

Figura 2.34 Ilustração contendo os componentes de um modelo de Lâmpada de Descarga. Fonte:http://www.drsilk.blogspot.com

Tipos de Lâmpadas de Descarga:

- **<u>Lâmpada de Vapor de Mercúrio em Alta Pressão</u>:** lâmpadas de descargas com aparência branco-azulada, eficiência de até 55 lm/W, apresentadas em potências de 80 a 1000 W. São utilizadas, normalmente, na iluminação de vias públicas e áreas industriais.

- **Lâmpada de Vapor de Sódio em Alta Pressão:** são lâmpadas com altíssima eficiência energética, até 130 lm/W, longa durabilidade e, consequentemente, longos intervalos para reposição. Estão gradualmente substituindo as lâmpadas ineficientes em iluminação pública, como as de vapor de mercúrio. Apresentam-se em versões tubulares e elipsoidais. Estas últimas se diferem pela emissão dourada, indicada para iluminação de locais onde a reprodução de cor não é um fator importante. Amplamente utilizadas na iluminação externa, avenidas, autoestradas, viadutos, complexos viários, etc., têm seu uso ampliado para áreas industriais, siderúrgicas e ainda para locais específicos como aeroportos, estaleiros, portos, ferrovias, pátios e estacionamentos.

Lâmpadas de Multivapores Metálicos

São lâmpadas que combinam iodetos metálicos, apresentando alta eficiência energética e excelente reprodução de cor. Sua luz, extremamente branca e brilhante, realça e valoriza espaços e ilumina com intensidade, além de apresentar longa durabilidade e baixa carga térmica. Possuem características de Alta Potência necessária para a iluminação de grandes áreas, com níveis de luminância elevados e, principalmente, em locais onde alta qualidade de luz é primordial, as lâmpadas de multivapores metálicos de 250 a 3500W são ideais. Apresentam durabilidade variada, com índice de reprodução de cor de até 90%, eficiência energética de até 100 lm/W, temperatura de cor de 3000 a 6000K, em versões elipsoidais, tubulares e compactas. São indicadas para iluminação de estádios de futebol, ginásios poliesportivos, piscinas cobertas, indústrias, supermercados, salas de exposição, salões, saguões de teatros e hotéis, fachadas, praças, monumentos, aeroportos, locais onde ocorrem filmagens e televisionamentos externos, a exemplo dos "sambódromos". Contudo, apresentam Baixa Potência com base nas características das lâmpadas de multivapores metálicos de alta potência, foram desenvolvidas as de baixa potência de 20 a 70W, em versões compactas.

Figura 2.35 Modelo de Lâmpada Multivapor Metálico, ao fundo exemplo de aplicação. Fonte: http://www.glight.com.br/

São compostas por um tubo de descarga de quarzto, preenchido por Vapor de Mercúrio em alta pressão, aliado a uma mistura de gases metálicos coloridos. Alguns modelos e de acordo com seu fabricante, não necessitam de filtro para emitir luz colorida, sendo assim, uma excelente alternativa para a criação de efeitos diferenciados e para diversas aplicações. Necessitam de um reator e Ignitor de que gere pulsos (4,5 kV), os mesmos utilizados para as lâmpadas de multivapores metálicos ou Sódio.

Todas, sem exceção, apresentam pequenas dimensões, alta eficiência, ótima reprodução de cor, vida útil longa e baixa carga térmica. Cada uma, dentro de sua característica, é recomendada tanto para uso interno como externo, na iluminação geral ou localizada. Ideais para shopping centers, lojas, vitrines, hotéis, stands, museus, galerias, jardins, fachadas e monumentos, como mostrado na figura 2.34.

Lâmpada de LED (Light Emitting Diode. Em Português: Diodo Emissor de Luz)

É constituído por uma série de camadas de material semicondutor. Diferentemente do que ocorre com as lâmpadas incandescentes, o LED emite luz em uma determinada cor. A cor da luz depende do material utilizado em sua composição e varia entre as cores vermelho, amarelo, verde e azul. A cor branca pode ser produzida através da mistura das cores azul, vermelha e verde ou através do LED azul com fósforo amarelo. O LED azul proporciona uma excitação do fósforo, fazendo com que ele emita luz amarela, resultando na luz branca. Com o avanço tecnológico, a eficiência dos LED's aumentou, consideravelmente, nos últimos anos. Dependendo do tipo de cor, obtemos em torno de 50 a 60 lm/W, incrementando ainda mais a cada ano. A tensão de operação do LED também varia em função da cor, variando de 2V a 4V para uma corrente de condução de até 70mA. A eficiência máxima é obtida pelo uso de uma fonte de corrente contínua (DC). A utilização intensiva de fontes eletrônicas em grandes instalações deve merecer atenção especial para aspectos como distorção harmônica e fator de potência. Os LED's estão sendo utilizados em semáforos de trânsito, na iluminação interna de automóveis e em outros equipamentos de sinalização. Já existem iniciativas de utilização em iluminação pública.

Figura 2.36 Exemplo de Lâmpada de LED uso Comercial. Fonte: Fabricante DHLED.

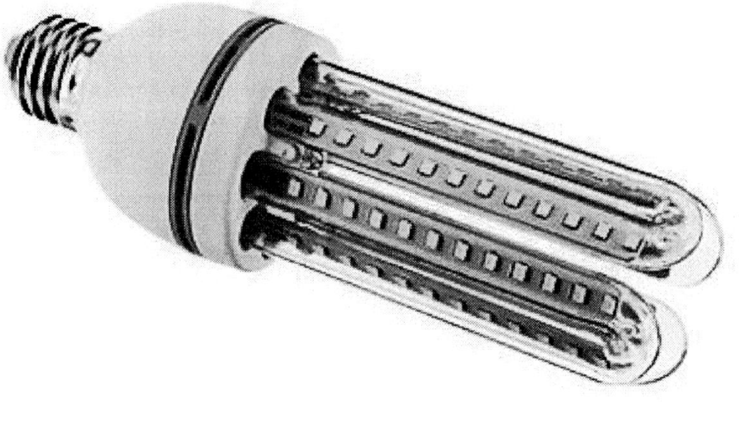

Figura 2.37 Exemplo de Lâmpada LED modelo Compacta, capacidade de 5W. Fonte: Fabricante LEDLUZ.

2.1.7.3 Componentes Auxiliares para a Iluminação

- **Soquete ou Base**: tem como função garantir fixação mecânica e a conexão elétrica da lâmpada.
- **Transformador**: equipamento auxiliar cuja função é converter a tensão de rede (tensão primária) para outro valor de tensão (tensão secundária). Um único transformador poderá alimentar mais de uma lâmpada, desde que o somatório das potências de todas as lâmpadas a ele conectadas não ultrapasse a potência máxima do mesmo.
- **Reator**: tem por finalidade provocar um aumento de tensão durante a ignição e uma redução na intensidade da corrente, durante o funcionamento da lâmpada. Em termos construtivos, podem se apresentar de duas formas: reatores eletromagnéticos ou reatores eletrônicos.
- **Reator Eletrônico**: são os mais procurados por profissionais voltados ao uso eficiente da energia. Trabalham em alta frequência (20 kHz a 50 kHz), sendo mais eficientes que os eletromagnéticos na conversão de potência elétrica em potência luminosa. A qualidade do produto, no entanto, é um fator que deve ser levado em consideração para que se obtenha sucesso na execução do projeto. Os aspectos básicos a serem considerados são o fator de potência (FP) e a distorção harmônica (THD).
- **Reator Eletromagnético**: em geral, é encontrado em instalações mais antigas. Em sua maioria são compostos de núcleo de ferro, bobinas de cobre e capacitores para correção do fator de potência. Devido às suas perdas elétricas, emissão de ruído audível, efeito flicker e carga térmica elevada, não contribuem para o uso eficiente da energia elétrica.
- ***Starter***: elemento bimetálico com função de pré-aquecer os eletrodos das lâmpadas fluorescentes e fornecer, em conjunto com reator eletromagnético convencional, um pulso de tensão necessário para o acendimento da lâmpada. Os reatores eletrônicos e partida rápida não utilizam starter.
- **Ignitor**: dispositivo eletrônico com função de fornecer à lâmpada um pulso de tensão necessário para o seu acendimento.
- **Capacitor**: acessório com função de corrigir o fator de potência de um sistema que utiliza reator eletromagnético. Da mesma forma que para cada lâmpada de descarga existe seu reator específico, existe também um capacitor específico para cada reator.
- ***Dimmer***: tem como função variar continuamente a intensidade da luz de acordo com a necessidade.
- **Sensor de Presença**: a utilização destes equipamentos pode gerar economias significativas. Estes dispositivos asseguram que as luzes permaneçam apagadas quando as salas estão desocupadas, sendo suas aplicações mais apropriadas em locais com perfil de ocupação intermitente ou imprevisível. O sistema é composto por um detector de movimento (que utiliza ondas ultra-sônicas ou radiação infravermelha), uma unidade de controle eletrônica e um interruptor controlável (relé). O detector de presença sente o movimento e envia o sinal apropriado para a unidade de controle. A unidade de controle, então, processa o sinal de entrada para fechar ou abrir o relé que controla a potência da luz.
- **Sistema de Controle Fotoelétrico**: este sistema possui sensores que identificam a presença de luz natural, fazendo a devida diminuição ou até mesmo bloqueio da luz artificial através de *dimmers* controlados automaticamente. Quando maior a quantidade de luz natural disponível no ambiente, menor será a potência elétrica fornecida às lâmpadas e vice-versa.
- **"Minuteira"**: dispositivo que aciona a iluminação por período de tempo preestabelecido, suficiente para o usuário chegar ao seu local de destino. Após o tempo programado, o temporizador desativa as lâmpadas, evitando o desperdício de energia.

2.1.7.4 Os Tipos de Luminárias

- **Abertas:** podem ser encontradas com ou sem elementos de controle de luz; apresentam rendimento superior ao das luminárias fechadas; fácil manutenção; podem ser suspensas, embutidas ou fixadas sobre a superfície do teto. Utilizadas para iluminação geral de ambientes de escritórios, comerciais, depósitos, iluminação e localizada (balcões) e áreas externas (pátios, estacionamentos etc.).

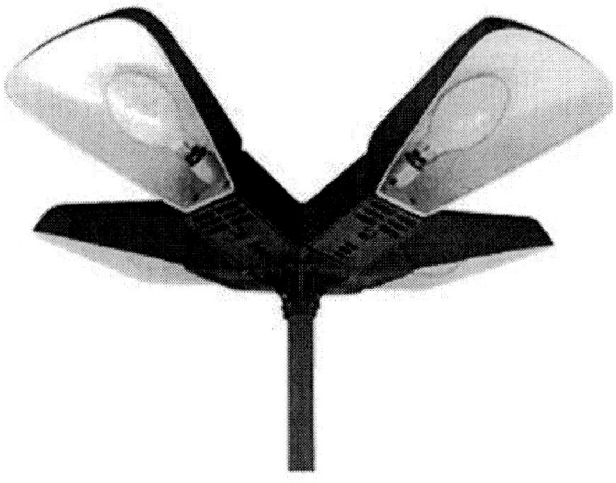

Figura 2.38 Luminária Pública tipo Aberta, Mod. RPF 176. Fonte: http://www.dantalux.com.br

- **Fechadas:** são luminárias que possuem difusores, que podem ser de vidro temperado ou acrílico. Podem ser herméticas ou também podem ser encontradas com vários tipos de elemento de controle de luz (refletores espelhados com proteção visual, difusor prismático, colmeias, etc.). Podem ser fixadas sobre a superfície do teto e, em alguns casos, podem ser embutidas. Têm rendimentos moderados, dependendo do tipo de elemento de controle da luz. Os tipos que dispõem de refletores sem elementos de controle de luz apresentam melhor rendimento.

Figura 2.39 Luminária Pública tipo Fechada, Mod. EX 174/5. Fonte: http://www.soliluminacao.com.br

- ***Spots***: são utilizados com vários tipos de lâmpadas incandescentes refletoras, halógenas, lâmpadas coloridas e outros dispositivos, como filtros e refletores; são utilizados para iluminação direcional, apresentando grande flexibilidade no direcionamento do fluxo luminoso; possuem fácil manutenção; a fixação pode ser feita sobre superfícies ou embutida. Também se aplicam à Iluminação geral com controle de ofuscamento.

- **Projetores:** são encontrados em vários tamanhos; possuem bom rendimento luminoso; são fixados sobre as superfícies ou suspensos; podem ser usados com diversos tipos de lâmpadas, desde as incandescentes comuns, halógenas, até as lâmpadas de vapor de sódio; são de fácil manutenção, dependendo das condições do local. Podem ser aplicados a fachadas, depósitos, estacionamentos.

2.1.7.5 Projeto de Iluminação para Interiores

Desde os tempos primórdios da civilização, sempre foi preocupação dos seres humanos conseguir iluminar suas moradias de forma adequada, suprindo a falta da luz natural. Desta necessidade, nasceu também o estudo da **aplicação da iluminação artificial**, ou seja, a **luminotécnica** ou **luminotecnia**. Esta "ciência" se desenvolveu muito ao longo do tempo, principalmente com os avanços tecnológicos e a criação de novos tipos de lâmpadas e iluminações, concilia conhecimentos sobre iluminação e arquitetura de ambientes.

Atualmente, os níveis adequados de iluminação são encontrados na NBR 5413 "Iluminância de Interiores", que tem base em normas internacionais, como a IESNA (*Illuminating Engineering Society of North America*).

Apesar da normatização, ainda é grande o desafio dos projetistas aliar o conhecimento técnico da área com as preferências de cada cliente, criando um projeto que seja eficiente e principalmente agradável esteticamente. Cada indivíduo tem uma sensibilidade diferente na percepção de cores e quantidade de luz, o que torna os projetos ainda mais difíceis. Os projetos residências diferem dos comerciais e industriais. Nos escritórios a **iluminação** deve atender às mesas e aos espaços de trabalho dos usuários.

Nos projetos para luminotécnicos eficientes, com ênfase ambientes comerciais, estes são alguns dos objetivos:

- Boas condições de visibilidade e reprodução de cores;
- Economia de energia elétrica;
- Investimento inicial compatível com a necessidade;
- Utilizar iluminação local de reforço;
- Combinar iluminação natural com artificial;
- Facilidade e menores custos de manutenção.

Principais Etapas do Projeto

1. Determinação dos objetivos da iluminação e dos efeitos que se pretende alcançar.
2. Levantamento de dados relacionados ao ambiente e atividades a serem exercidas;
3. Análise dos Fatores de Influência na Qualidade da Iluminação;
4. Cálculo da iluminação geral;
5. Adequação dos resultados ao projeto;
6. Cálculo da luminância média;

7. Definição dos pontos de iluminação;
8. Avaliação do consumo energético.

Avaliação dos itens acima citados

- Levantamento dos dados relacionados ao Ambiente: a iluminação é um fator determinante para a boa produtividade no ambiente de trabalho e para as vendas dos produtos expostos nos estabelecimentos comerciais. Em um local bem iluminado há menos fadiga, menor incidência de erros, redução de problemas com a visão, conforto visual, melhor desempenho visual das atividades e realce das texturas e cores através da reprodução com fidelidade. Um projeto de iluminação eficiente deve começar com uma análise criteriosa do ambiente em projeto, abordando os seguintes itens:

- Características do ambiente;
- Componentes do sistema e da instalação elétrica;
- Forma e horário de funcionamento;
- Nível de luminância nos planos de trabalho;
- Faixa etária das pessoas que trabalham no local;
- Tarifa de energia.

Características do Ambiente (Refletância): deve-se estimar a refletância das paredes, teto e piso, para subsidiar cálculos futuros. É importante a adoção de cores claras, que aumentam o rendimento do sistema, diminuindo a variância entre Iluminância: mínimas, médias e máximas.

Componentes do Sistema e da Instalação Elétrica:

- Luminária: principal item para aplicação da revitalização, podendo ser substituída ou reformada. É importante verificar seu estado de conservação, possibilidades de reforma e forma de fixação. Recomenda-se a retirada de uma luminária, de cada modelo, para subsidiar os estudos junto ao fabricante que irá fornecer as luminárias eficientes para a revitalização;

- Lâmpada: deve ter seu tipo e fabricante anotados para a avaliação do rendimento no sistema atual. Grandezas tais como temperatura de cor, índice de reprodução de cor, fluxo luminoso, potência e eficiência energética devem ser levantadas através de consultas a catálogos de fabricantes;

- Reator: elemento responsável pela quase totalidade das perdas no sistema atual. Deverão ser verificados seus modelos, fabricante, tensão nominal, fator de potência e perdas nominais.

Informações sobre horário dos turnos de trabalho: reduz-se o consumo de energia com o sistema funcionando apenas no horário de ocupação e também através de acionamentos automatizados (tais como sensores de presença).

Nível de Iluminância em relação aos Planos de Trabalho: este valor será o ponto de partida para os estudos de alternativas de revitalização. Recomenda-se medir o nível de Iluminância sobre os locais de trabalho, abrangendo todo o ambiente por amostragem.

Faixa etária dos usuários que trabalham no ambiente: a norma NBR 5413 – Iluminância de Interiores, em sua "Tabela 2 – Fatores determinantes da Iluminância Adequada", estabelece a "Faixa Etária dos Usuários" como um desses fatores e atribui-lhe um "peso". A soma dos "pesos" desses diferentes fatores determina qual dos três níveis apresentado na norma é o mais adequado.

Tarifas de Energia: deve-se verificar qual a classe tarifária a que está submetida a instalação (local onde está localizada a organização), para que os possíveis ganhos com a redução do consumo possam ser avaliados. É recomendável obter uma cópia das faturas de energia do local nos últimos 12 meses e, se possível, avaliar a participação do sistema de iluminação no total. Se for uma nova instalação, buscar informações em locais por similaridade.

Cálculo da Iluminação Geral: sequência de cálculo: escolha da lâmpada adequada; escolha da luminária adequada; cálculo da quantidade de luminárias. Supondo que os dois primeiros itens já sejam de domínio do leitor, analisaremos neste item a etapa subsequente. Determinados catálogos, de fabricantes, indicam tabelas de Fator de Utilização para suas luminárias, os valores nelas encontrados não precisam ser multiplicados pela Eficiência da Luminária, uma vez que cada tabela é específica para uma luminária e já considera a sua perda na emissão do Fluxo Luminoso.

Memórias de Cálculo:

1. Quantidade de Luminárias

   $K = C * L / [h * (C + L)]$

   Onde,
   K – Índice do Local
   C – Comprimento do ambiente
   L – Largura do Ambiente
   h – Altura do pé direito

2. Fator de Utilização (U)

Este fator é apresentado para cada tipo de luminária existente (Consultar Tabelas de Fabricante). Daí a necessidade de se escolher a luminária para aplicação no projeto antes do início dos cálculos.

3. Fator de Perdas Luminosas (Fpl)
   As perdas luminosas consideram o acúmulo de poeira nas luminárias e a depreciação das lâmpadas:

- Limpo = 0,8
- Médio = 0,7
- Sujo = 0,6

4. Níveis de Iluminância

O nível de Iluminância projetado para o ambiente deve estar de acordo com os recomendados pela NBR 5413, ver Tabela 4.

5. Cálculo da Quantidade de Luminárias

   $N = (E*C*L) / (n * f U*Fpl)$
   Onde,

- **N** = Quantidade de luminárias
- **E** = Iluminância (lux) – (ver item 4)

- **C** = Comprimento do ambiente (m)
- **L** = Largura do ambiente (m)
- **n** = Quantidade de lâmpadas por luminária
- **f** = Fluxo luminoso da lâmpada (lm) - ver tabela no catálogo do fabricante
- **U** = Fator de utilização - item 2
- **Fpl** = Fator de perdas luminosas - item 3

6. Outras questões Importantes do projeto:

- Definição dos pontos de Iluminação: recomenda-se que o espaçamento entre as luminárias seja o dobro do espaçamento entre elas e as paredes laterais.
- Avaliação do Consumo Energético: é muito usual a utilização de índices de Eficiência Energética para avaliar o grau de eficiência energética de uma determinada instalação ou projeto. O valor da "Potência por m^2" ou da "Densidade de Potência Relativa" são índices amplamente divulgados; para tanto, calcula-se, inicialmente, a potência total instalada.
- Potência Total Instalada (**Pt**): é o somatório das potências de todos os aparelhos instalados na iluminação, ou seja, é a soma do número de lâmpadas de mesma potência multiplicada pelo valor da potência de cada unidade e da potência consumida de todos os reatores, transformadores e/ ou ignitores, quando for o caso. Os valores da potência consumida pelos reatores, relacionados aos diversos tipos de lâmpadas, podem ser encontrados nos catálogos dos fabricantes. Unidade: **kW,** onde **w** = potência consumida pelo conjunto lâmpada e equipamentos auxiliares, em watts.

Fórmula: Pt = n* w (kW) / 100

Para orientação, segue exemplo de Cálculo de Projeto de Iluminação de Interiores

Dados do Ambiente:

Dimensões: Comprimento = 8m, Largura = 4,8m, Pé direito = 2,8m, Altura de suspensão da luminária = 0 e Plano de trabalho = 0,8m.

Sala comercial onde a cor do teto e das paredes é branca. O Cliente pretende instalar Luminárias (duas lâmpadas de 32W) e reator eletrônico. Com base nestes dados, calcule a quantidade de luminárias necessárias para atender os níveis de Iluminância: (Tenha a Norma NR5413 para obter os valores de Tabela).

- Índice do local (K); K= 8*4,8 / [2*(8+4,8)]= 1,5. **Então K=1,5**
- Refletância do teto = 70%, Refletância da parede = 50%, Refletância do piso = 10%

  Com os coeficientes de refletâncias Teto/Parede/Piso devemos localizar na Tabela 5 – Fator de utilização de luminária, p. 51, sua coluna correspondente. Neste caso, escolhemos a Coluna 751. A interseção desta com a linha que corresponde ao índice local calculado (1,5) nos dá o fator de utilização, **U = 0,51 (Fator de Utilização).**
- Fator de perdas luminosas **(Fpl)**. Ambiente limpo, temos: **Fpl = 0,80;**
- Iluminância recomendada: Confe. NR 5413, tab. 4, pág. 47, temos: **E = 500 lux**;
- Quantidade de luminárias (N) = pela tabela do fabricante o fluxo luminoso da lâmpada fluorescente de 32W é 3050 **lm**. Logo, N = (500*8*4,8) / (2*3050*0,51*0,8) = 7,7 luminárias. Após arredondamento, define-se que **N= 8 luminárias**.
- Iluminância média E = (8*2*3050*0,51*0,80) / (8*4,8)=519. **Então, E=519 Lux.**

- Definição dos pontos de iluminação: 8 luminárias em um ambiente retangular e distâncias das luminárias às paredes devem ser metade das distâncias entre luminárias, a melhor opção é distribuí-las em duas fileiras, com 4 luminárias cada e instaladas paralelamente às paredes de 8m.
- Avaliação do Consumo Energético: luminárias com duas lâmpadas, mais reator eletrônico, para uma tensão de 127 V, do manual do fabricante, temos uma potência por luminária de **70 W**. Como temos 8 luminárias: **Pt = 8*70 / 1000 kW =0,56 kW.**

Encontrei este site sobre cursos em **"Projetos de Iluminação Comercial e Corporativa". Caso queira, para mais informações acesse:**
http://www.cepdap.com.br

2.1.7.6 Certificação de Eficiência Energética

O objetivo do Programa Nacional de Conservação de Energia Elétrica–PROCEL é o de promover a racionalização da produção e do consumo de energia elétrica, para que se eliminem os desperdícios e se reduzam os custos e os investimentos setoriais. Foi instituído por Decreto Presidencial em 8 de dezembro de 1993. É um produto desenvolvido e concedido pelo Programa Nacional de Conservação de Energia Elétrica - PROCEL, coordenado pelo Ministério de Minas e Energia – MME, com sua Secretaria-Executiva mantida pela Eletrobrás.

Este programa visa orientar o consumidor antes da aquisição, indicando os produtos que apresentam os melhores níveis de eficiência energética dentro de cada categoria, proporcionando assim economia na sua conta de energia elétrica. Também estimula a fabricação e a comercialização de produtos mais eficientes, contribuindo para o desenvolvimento tecnológico e a preservação do meio ambiente.

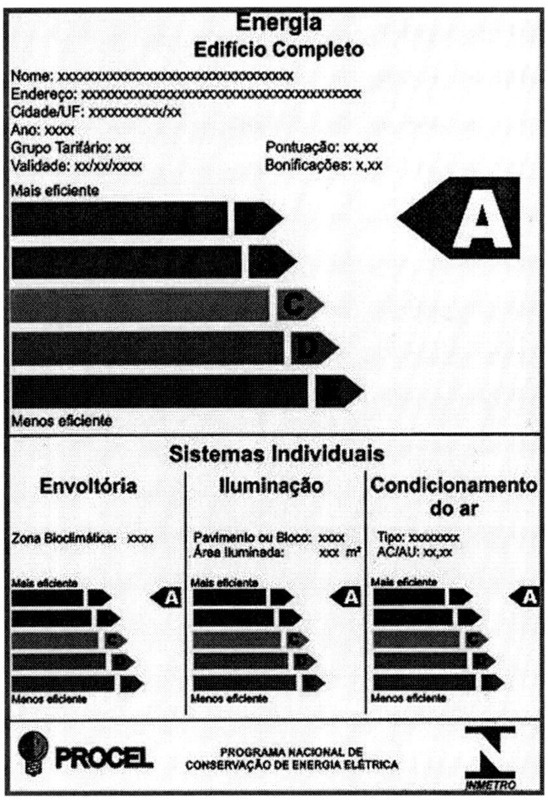

Figura 2.40 Níveis de Eficiência Energética para Edificações. Fonte: PROCEL.

A Etiqueta Nacional de Conservação de Energia (ENCE) está inserida no processo de concessão do Selo PROCEL. A Eletrobrás conta com a parceria do **Instituto Nacional de Metrologia, Normalização e Qualidade Industrial - INNMETRO**, executor do Programa Brasileiro de Etiquetagem – PBE, cujo principal produto é a ENCE.

Mais informações sobre Eficiência Energética para Edificações, acesse o site:
http://www.procelinfo.com.br
Email: procel.edifica@eletrobras.com.

2.1.7.7 Armazenagem e Descarte de Lâmpadas

As lâmpadas que contêm Mercúrio são as do tipo fluorescentes, fluorescentes compactas, lâmpadas mistas contendo Hg, lâmpadas halógenas, lâmpadas de vapor de mercúrio e mercúrio/sódio. São amplamente utilizadas, mas se não forem descartadas devidamente podem causar impactos ambientais de alta criticidade, seja pela contaminação do ar, água e/ou solo pelo mercúrio desprendido, e como consequência afetam também a saúde dos seres humanos e demais seres vivos.

A fabricação, o transporte, a armazenagem, separação, acondicionamento, reciclagem e reutilização devem seguir procedimentos e padrões normativos que assegurem uma disposição final dos produtos. De forma alguma devem ser descartadas, por exemplo, em aterros, pois há sérios riscos à saúde e meio ambiente. No Brasil, é incipiente a legislação específica que abarca os diversos aspectos, de modo a prevenir os riscos advindos do uso de mercúrio em lâmpadas. Entretanto, existem fundamentos legais que dão embasamento para se estabelecer padronizações de procedimentos e exigências.

Recolhimento e Armazenagem de Lâmpadas de Mercúrio

A política adotada pelo Ministério do Meio Ambiente é a de responsabilidade após o consumo, isto, trata das responsabilidades, cabendo atribuições aos fabricantes/importadores, distribuidores/revendedores e consumidores. O consumidor final deve devolver as lâmpadas, após uso, nos postos de coleta (se possível na embalagem original), seguindo as orientações e tomando medidas de segurança e em hipótese alguma devem ser danificadas (quebradas).

A armazenagem das lâmpadas de mercúrio após o uso ou danificadas deve seguir algumas ações, as quais incluem:

- Embalar individualmente as lâmpadas, sem danos aparentes e colocá-las preferencialmente em suas embalagens originais (caso não seja possível, utilizar papelão ou papel e enrolar em fita resistente), mantendo-as intactas e protegidas contra eventuais choques que possam provocar a sua ruptura, e armazená-las em local seco;

- Armazenar, individualmente, em recipiente portátil ou caixa resistente apropriados para o transporte;

- Efetuar o acondicionamento de lâmpadas quebradas ou danificadas, separadamente das demais, em recipientes hermeticamente fechados resistentes à pressão, revestido internamente com saco plástico especial para evitar sua contaminação, e com a informação de que se trata de lâmpada quebrada com mercúrio;

- Antes de realizar o manuseio de lâmpadas quebradas, faça uso dos EPI previstos para esta atividade, tais como máscara especial, luvas, avental impermeável e calçado de segurança. Essa medida de segurança é válida para as fases de movimentação dos produtos, recolhimento, armazenamento e transporte.

Transporte de Lâmpadas de Mercúrio

Nos ambientes industriais, o transporte é feito por empresas contratadas, as quais fazem o recolhimento e as transportam para local de descarte. Há procedimentos da qualidade e meio ambiente contendo responsáveis, ações necessárias e auditorias dos serviços. Nas organizações prestadoras de serviço, por exemplo, hotéis e hospitais, há similaridade neste processo. *Facilities* executa as tarefas anteriores, e os conjuntos de lâmpadas usadas aguardam em local próprio para serem coletados e transportados.

Em nossas residências, devemos tomar todo o cuidado possível. Em geral, fica por conta dos serviços de coleta da prefeitura que recolhe o lixo. Já em edificações ou condomínios fechados, há um local para guarda dos resíduos até que o serviço de coleta faça o recolhimento. Em alguns bairros há postos de coleta que incluem também outros materiais que danificam o meio ambiente, as pilhas e baterias.

Os cuidados e procedimentos para o transporte e o acondicionamento, em geral, são de responsabilidade de empresa subcontratada (em certos casos, do fabricante). O transporte de lâmpadas com mercúrio ou produtos contaminados com mercúrio deve ser feito somente se estiverem adequadamente classificados, embalados, rotulados, sinalizados e com declaração emitida pelo expedidor, constante em documentação de transporte e nas condições regulamentares exigidas. Importante citar que as lâmpadas quebradas não poderão ser transportadas sem o devido acondicionamento, em embalagens especiais herméticas, a fim de evitar a contaminação do condutor da carga, do veículo de transporte e dos locais de passagem.

Reciclagem das Lâmpadas de Mercúrio

O processo de reciclagem de lâmpadas com mercúrio segue um conjunto de procedimentos que abrange a decomposição da lâmpada, a separação dos materiais, a recuperação do mercúrio, a descontaminação e a destinação dos materiais sem mercúrio para reaproveitamento em processo produtivo. Considera-se material descontaminado aquele que não possua mercúrio ou contenha níveis mínimos detectáveis do metal. Em relação à Destinação deste tipo de resíduo, fica vedada a disposição final das lâmpadas de mercúrio na natureza, áreas residenciais, aterros sanitários, aterramento ou processo de queima ou incineração. Portanto, as lâmpadas de Mercúrio têm somente um destino: a Reciclagem.

Algumas das recomendações relacionadas ao processo de Reciclagem:

- Todo e qualquer procedimento de reciclagem de lâmpadas deve ser feito por empresa legalmente constituída, licenciada por órgão competente e inscrita no Cadastro Técnico Federal do Ibama, além de consolidada em imóvel edificado em endereço fixo;
- Prover as áreas de armazenamento e reciclagem de lâmpadas total segurança em relação à contaminação. Por exemplo, pisos, paredes e teto devem ser impermeabilizados com produtos que impeçam a impregnação e a penetração de mercúrio;
- Dotar o local de armazenagem com sistema de ventilação/exautores, com dispositivo de captura e coleta do mercúrio e tratamento do ar emitido na atmosfera em razão de da ocorrência acidente com quebra de lâmpada e possível contaminação e, assim, impedir emissões fugitivas de mercúrio;
- Caso ocorra acidente no local de armazenamento: descontaminar as poeiras fosforadas e demais particulados retirados do interior das lâmpadas, bem como as partes metálicas retiradas das lâmpadas submetendo a processo fechado de descontaminação, por meio de aquecimento suficiente para a total evaporação do mercúrio ali contido, com recuperação e engarrafamento do mesmo em recipiente apropriado, antes da destinação adequada. Após, acondicionar todo o mercúrio recuperado em recipientes de metal que não se amalgama com mercúrio, nem deteriorem e possam ter fechamento hermético;

- Em relação à documentação proveniente deste processo, manter os comprovantes de destinação do material gerado na reciclagem, contendo tipo, peso, volume e endereços do receptor, à disposição dos órgãos de fiscalização e controle;
- Os materiais provenientes da reciclagem, para serem reaproveitados, devem ser processados até remoção do mercúrio e monitorados através de testes de controle de qualidade, com metodologia que evite perdas na manipulação da amostra, sendo necessária a amostragem de todos os lotes a serem encaminhados para terceiros.

É ampla a Legislação, Decretos e Normas que tratam sobre o descarte de materiais sólidos, entre eles as Lâmpadas Fluorescentes. Algumas delas são:

- Lei 12.305/2010 – Plano Nacional de Resíduos Sólidos;
- Lei 6.938/81 – Política Nacional de Meio Ambiente;
- Decreto 8.468/75 – Dispõe sobre a Prevenção e o Controle da Poluição do Meio Ambiente;
- Decreto 47.397/02 – Nova redação Título V, Anexo 5, e acrescenta Anexos 9 e 10 ao Decreto 8.468/76;
- Lei n° 10.888/01 – Dispõe sobre o descarte final de produtos potencialmente perigosos do resíduo urbano que contenham metais pesados;
- NBR 7500 – Símbolos de risco e manuseio para transporte e armazenamento de materiais;
- NBR 13221 – Transporte de resíduos;
- Portaria IBAMA nº 32, de 12 de maio de 1995;
- Portaria IBAMA nº 46, de 06 de maio de 1996.

2.1.8 Manutenção de Transformadores e Disjuntores

Os serviços de revisão de Transformadores e Disjuntores estão incluídos no plano de manutenção das Subestações, como foi visto no item 2.1.6 deste Capítulo. Contudo, irei citar algumas ações especificas para estes dois importantes equipamentos do sistema elétrico.

Manutenção Preventiva para Transformadores

O leitor já deve ter ouvido o termo "Trafo", que a é a forma como boa parte dos envolvidos em serviços de eletricidade se refere a este equipamento. A Manutenção Preditiva para Transformadores instalados em Subestação de Potência de 230 kV e 13.8KV se inicia pela análise de óleo isolante ou análises físico-químicas. Estes ensaios são muito importantes, pois é uma forma de revisar "interiormente" um Trafo. O resultado pode indicar se há necessidade de ir para serviços de recuperação, antes de uma queima total e neste caso os custos são bem maiores. Portanto, é o único meio de que a *Facilities* dispõe como diagnóstico do estado do equipamento, permitindo-lhe tomar as medidas preventivas necessárias de forma a manter a operacionalidade destes ativos. Não é possível através de um só ensaio/análise fazer-se o diagnóstico do estado do óleo isolante e do isolamento sólido de um transformador em serviço, sendo, para isso, necessária a realização de um conjunto de ensaios/análises.

Tabela para interpretação da análise de gases dos Transformadores e Reatores, conforme Norma IEC 60599:

Tabela 10: ***Tabela para interpretação da análise de gases de transformadores e reatores segundo a IEC 60599.***

Caso	Falha característica	C_2H_2/C_2H_4	CH_4/H_2	C_2H_4/C_2H_6
PD	Descarga Parcial	Não significativo	< 0.1	< 0.2
D1	Descarga de baixa energia	> 1	0.1 a 0.5	> 1
D2	Descarga de alta energia	0.6 a 2.5	0.1 a 1.0	> 2
T1	Sobreaquecimento t< 300 °C	Não significativo	> 1, mas Não significativo	< 1
T2	Sobreaquecimento 300 °C < t < 700 °C	< 0.1	> 1	1 a 4
T3	Sobreaquecimento t > 700 °C	< 0.2	> 1	> 4

Tabela 2.9 A identificação da condição de normalidade é obtida pela concentração de gases. Fonte: http://www.scielo.br

Tabela para interpretação da análise de gases dos Transformadores, conforme "diagnóstico de Rogers", sugerida pela Norma IEEE C57–104:

Tabela 8: *Tabela de diagnóstico de Rogers sugerida pela IEEE C57-104*

Casos	C_2H_2/C_2H_4	CH_4/H_2	C_2H_4/C_2H_6	Diagnóstico de falha sugerido
0	< 0.1	> 0.1 e < 1.0	< 1.0	Condições normais
1	< 0.1	< 0.1	< 1.0	Arco de baixa energia / descarga parcial
2	0.1 a 3.0	0.1 a 1.0	> 3.0	Arco – Descarga de alta energia
3	< 0.1	> 0.1 e < 1.0	1.0 a 3.0	Sobreaquecimento - baixas temperaturas
4	< 0.1	> 0.1	1.0 a 3.0	Sobreaquecimento temperatura < 700 °C
5	< 0.1	> 0.1	> 3.0	Sobreaquecimento temperatura > 700 °C

Tabela 2.10 Fonte: http://www.scielo.br

Obs. Algumas publicações recomendam que o "Critério de Rogers" não seja utilizado para determinação da condição de normalidade do equipamento.

Os ensaios de análise de óleo são normatizados. A Tabela 2.11 indica o tipo, a norma aplicável e uma breve descrição do ensaio:

Ensaio	Método	Descrição
Cor	MB 351	ensaio comparativo com padrões de cores; não é um ensaio crítico, mas útil na avaliação sobre o estado de oxidação do óleo isolante
Densidade	NBR - 7148	ensaio empregado para classificar o óleo isolante como naftênico ou parafínico, também pode ser usado para verificação de mudanças marcantes no óleo isolante
Tensão interfacial (*)	NBR - 6234	ensaio empregado para avaliar se a presença de contaminantes polares e/ou produtos de oxidação do óleo isolante ainda permitem seu uso
Teor de água (ppm) (*)	NBR - 10710	ensaio empregado para determinar a concentração de água dissolvida no óleo
Índice de neutralização(*)	NBR - 14248	ensaio empregado para quantificar a presença de contaminantes polares ácidos, normalmente produtos de oxidação do óleo isolante
Rigidez dielétrica (*)	NBR - 6869	ensaio usado para avaliar a capacidade do óleo isolante de suportar tensões elétricas sem falhar; usualmente, este parâmetro é influenciado pela presença de partículas e/ou água no óleo isolante
Fator de dissipação a 100°C	NBR - 12133	ensaio empregado como indicativo de contaminantes solúveis no óleo isolante; deve ser avaliado como comparativo em relação aos resultados anteriores

Tabela 2.11 Métodos Analíticos para Óleo Isolante e Óleo Lubrificante. (*) Testes referenciais que indicam a necessidade de substituição do óleo. Fonte: http://www.quimica.com.br

Outra técnica preditiva muito importante é a Termografia.

Figura 2.41 Exemplo de uma imagem termográfica de um Transformado em condições normais de operação. Fonte: LARROYD Transformadores.

Estas inspeções devem ser realizadas periodicamente nas subestações (no mínimo frequência anual), objetivando identificar "pontos quentes" em conexões elétricas e tanque do transformador. Na Figura 2.42, o leitor irá observar um relatório de análise termográfica, onde foi identificado um componente do circuito com defeito (figura à esquerda). A temperatura no ponto é maior que em outros. Verifica-se que "a olho nu" a instalação aparentemente está normal (figura à direita).

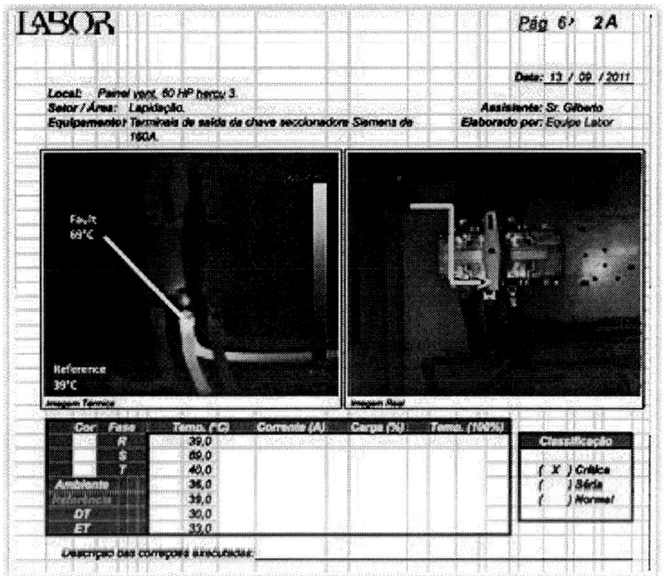

Figura 2.42 Relatório indicando defeito em conexão. Temperatura = 69°C (numa escala de 36°C a 68,7°C). Fonte: Empresa LABOR.

Dando sequência à manutenção dos transformadores, seguem as análises das condições de isolamento do transformador, principalmente quando sujeito à aplicação de tensões e sobtensões. Estes são os testes indicados:

1. <u>Resistência elétrica dos enrolamentos</u>: verificar se não há irregularidades nos enrolamentos, contatos, soldas etc.

2. <u>Relação de tensões:</u> verificar se não há irregularidades nos enrolamentos, em relação ao número de espiras.

3. <u>Resistência de isolamento:</u> verificar a isolação, entre enrolamentos e terra, para atestar a secagem da parte ativa.

4. <u>Polaridade</u>: verificar se o sentido dos enrolamentos está correto.

5. <u>Deslocamento angular e sequência de fase</u>: verificar se a conexão dos enrolamentos está correta de acordo com o diagrama fasorial.

6. <u>Perdas em vazio e corrente de excitação</u>: verificar perdas no ferro e corrente de magnetização do núcleo.

7. <u>Perdas em carga e Impedância de curto circuito</u>: verificar perdas nos enrolamentos e o valor da impedância de curto-circuito.

8. <u>Tensão aplicada</u>: verificar se as isolações, entre enrolamentos e terra, suportam as tensões especificadas. Tensão induzida: verificar as isolações entre espiras do próprio enrolamento.

9. Determinação do fator de potência (FP): verificar a qualidade do processo de secagem da parte ativa. Não se trata de ensaio de rotina, mas em transformadores com tensão igual ou superior a 36,2 kV é recomendado fazê-lo.

Estes testes devem ser contemplados em quaisquer tipos de serviços em transformadores elétricos e exigi-los, além das análises completas do estado do óleo em suas diversas fases, não deverá comprometer nenhum valor orçamentário, pois se trata da verificação da qualidade destes serviços e comprovação normatizada de seu uso.

Sendo estes testes feitos por empresas contratadas, é bom se certificar que foram feitos em acordo com normas aplicáveis e que atestam as condições elétricas em que se encontra o transformador após a execução desses serviços. Toda a documentação deve ser mantida, com as devidas assinaturas dos responsáveis.

Mais sobre Manutenção Preventiva aplicada a Transformadores, acesse:
http://www.osetoreletrico.com.br

Manutenção Preventiva para Disjuntores

A manutenção dos disjuntores de pequeno volume de óleo requer, fundamentalmente, cuidados com os seguintes componentes: óleo isolante, contatos, buchas, atuador mecânico e circuitos auxiliares. Os cuidados com o óleo são idênticos, em grande parte, aos que são realizados na manutenção de transformadores:

Atividades: extração do óleo para ensaios de umidade e de rigidez dielétrica, realização de ensaio de rigidez dielétrica e enchimento com óleo.

A degradação do óleo num disjuntor, após certo número de atuações, é muito rápida, devido às decomposições e carbonizações produzidas pelo arco elétrico. Os ensaios de verificação e os tratamentos de óleo serão muito mais frequentes. A parte mecânica requer cuidados especiais, pois dela depende o bom desempenho do disjuntor. Outras verificações muito importantes para a manutenção são:

- Verificação da resistência ôhmica dos contatos principais;
- Verificação dos contatos auxiliares;
- Verificação dos resistores de fechamento (se existirem).

Nos disjuntores de corrente alternada de alta e extra tensão é necessário proceder a ensaios específicos: ensaios sintéticos com métodos de injeção. Pela sua complexidade, só podem ser, normalmente, feitos no fabricante. Estes ensaios são executados não só na recepção como também após trabalhos de revisão mecânica e elétrica ou de manutenção corretiva:

Ensaios Sintéticos com Métodos de Injeção: estes ensaios estão descritos em grande detalhe teórico na NBR 7102/1981. Os circuitos de ensaio direto estão, por sua vez, normalizados pela NBR 7118. Este teste possui duas variantes:

- Método de Injeção de Corrente: a fonte de tensão é ligada ao circuito de ensaio "antes" do zero de corrente (antes do apagamento do arco); a fonte de tensão fornece deste modo a corrente através do disjuntor sob ensaio durante o período de zero de corrente;
- Método de Injeção de Tensão: a fonte de tensão é ligada ao circuito em ensaio "após" o zero de corrente. Então o circuito de corrente à frequência industrial fornece a corrente através do disjuntor durante o período de zero de corrente.

Teste de Verificação da Simultaneidade dos Polos (Disjuntores Trifásicos): após a revisão, torna-se necessário proceder a testes para verificar a simultaneidade de fechamento dos polos. As técnicas mais correntes são descritas a seguir:

- Disjuntores com grande volume de óleo: são estabelecidos três circuitos alimentados, por uma baixa tensão alternada ou contínua, e constituídos cada um pelo contato do disjuntor e por uma lâmpada. O disjuntor é fechado lentamente, por meios manuais. Antes da regulagem de espaço entre contatos, as três lâmpadas acendem em momentos diferentes. O ajuste da simultaneidade dos polos consiste, evidentemente, em levar as lâmpadas a acender no mesmo momento;
- Disjuntores de A.T. e E.A.T: nos disjuntores "a ar" ou a SF6, o ensaio de fechamento é simultâneo.

As revisões em Disjuntores devem incluir a inspeção de termográfica, igualmente, para identificar pontos de sobreaquecimento nas conexões elétricas. Também é extensiva aos barramentos, cabos, componentes elétricos e conexões etc.

Mais sobre testes e ensaios em sistemas elétricos, acesse:
http://www.osetoreletrico.com.br

Identifiquei o Curso "Manutenção e Ensaios em Disjuntores". Caso tenha interesse em aprofundar este assunto, acesse:
http://www.fupai.com.br

Fator de Potência

É um dos itens importantes no contexto Gestão da Manutenção. O Fator de Potência (FP), é um indicador pelo qual a organização demonstra eficiência energética ou não. É uma relação entre a Energia Ativa e a Energia Aparente ou Total. Para referência, segue forma de cálculo:

Fator de Potência (FP) = Potência Ativa (kW) / Potência Aparente ou Total (kVA)

(A Resolução ANEEL 456/2000 determina que o Fator de Potência deve ser mantido o mais próximo possível da unidade (1), mas permite um valor mínimo de 0,92)

Para valores muito abaixo de FP, é necessária a transferência de uma maior quantidade de **Potência Aparente** para se obter a mesma **Potência Ativa**. Por exemplo: uma instalação que necessita se obter 1 kW (**Potência Ativa**), tendo **FP**=0,2 será necessário transferir 5 kVA (**Potência Aparente**). Portanto, 5 kVA × 0,2 = 1 kW. Mas, se esta unidade apresenta um FP=092, 5kVa X 0,80=4 kW. Reparem a grande diferença quando se obtém FP mais próximo do ideal (0,92).

O sistema da concessionária prevê a distribuição da energia aproveitada para a realização de trabalho útil (potência ativa, medida em kW). Porém, é necessário observar a **Potência Reativa** (kVar), a qual serve para criar o campo eletromagnético das cargas indutivas. Esta energia não realiza trabalho e serve apenas para magnetizar (produção de campo magnético) bobinas em motores e transformadores.

A Potência Reativa precisa ser contida, ao contrário gera multas. A Figura 2.43 nos mostra uma Fatura de Energia Elétrica de determinada Indústria, considerada Grande Cliente por parte da Concessionária e que recebeu uma pesada multa pelo excesso de Potência Reativa na rede elétrica. A parte da identificação da companhia foi, propositalmente, cortada.

Figura 2.43 Fatura de Energia Elétrica. Observa-se a Energia Reativa em evidência e os valores pagos. Fonte:blog.wgr.com.br

A adoção de medidas de contenção pode contribuir para o controle da Potência Reativa. A instalação de Banco de Capacitores é uma das soluções mais adotadas.

Mais sobre Fator de Potência e Uso de Banco de Capacitores, acesse o http://www.portaleletricista.com.br/correcao-do-fator-de-potencia

Capítulo 3

A Nova Abordagem da Manutenção Predial

Introdução

Com o crescimento e desenvolvimento das grandes cidades, o valor do m^2 em determinadas áreas é extremamente caro. A solução foi a construção dos grandes centros comerciais. Devido ao grande número destas edificações, surgiram profissionais de manutenção capacitados para atuar nas instalações prediais elétricas, hidráulicas, sanitárias, elevadores, condicionadores de ar, de incêndio etc. Atualmente, este serviço de conservação é extensivo aos condomínios (horizontais ou verticais) residenciais. Então, ocorreu o surgimento da Manutenção Predial Preventiva, mais precisamente nos sistemas elétricos. A falta de manutenção nas instalações mais antigas ocasiona sobrecargas, curtos-circuitos e até perda do patrimônio e algumas situações de vidas humanas.

Aos poucos, a velha prática da administração brasileira, de abandonar o que se está velho para não gastar com manutenção, vai ficando para trás. As organizações empresariais despertaram para uma maior valorização patrimonial, e neste conceito aparece o fator vital, a necessidade de uma gestão profissional de atividades implícitas nesta valorização e conservação. Ao realizar pesquisas na internet, surgem diversas empresas de manutenção predial que apresentam um portfólio de serviços com grande amplitude, isto é, além da manutenção, acrescentam os serviços de portaria, recepção, limpeza, transporte etc. Destacam-se pela apresentação e experiência nesse mercado, com potencial para agregar valor ao patrimônio de seus clientes.

Os gastos com a conservação das instalações prediais, em muitos casos, são previsíveis. Portanto, é possível solicitar orçamentos, planejar e executar o serviço, incluindo o pagamento. Os equipamentos de uma instalação sofrem com a degradação: natural ou quando ocorre defeito. Em algum momento será preciso fazer a substituição e quando não manutenção preventiva, será forma inesperada, o que afetará a continuidade do negócio e na pior das hipóteses, poderá ocasionar uma condição insegura.

Diante desse cenário, essas recomendações fornecem subsídios para uma decisão a favor de serviços mais profissionais e propiciar criteriosa gestão dos recursos que permita as unidades prediais solucionarem problemas técnicos que sofrem desgaste ao longo do tempo.

Sobre questões de Segurança nas Edificações e segundo estudos estatísticos do corpo de bombeiros realizados nos anos 2000, as instalações elétricas são a segunda causa de incêndios no estado de São Paulo. Ao acompanharmos os noticiários, nos damos conta de que esta situação não é diferente em outros Estados do Brasil. Vários sinistros ocorrem por curto-circuito em razão do "envelhecimento" da condição predial, somado à falta de manutenção, sobrecargas e consequentemente o incêndio com perdas. Outras instalações da edificação necessitam de trato diferenciado, por exemplo os elevadores. Muitas pessoas entram em pânico ao entrar em elevador, principalmente quando necessitam acessar os pisos superiores do edifício. Uma dica para os mais temerosos é quando entrar procurar a ficha de manutenção que deve estar afixada no interior do cubículo, contendo informações sobre a condição do sistema. Portas automáticas e escadas rolantes igualmente são itens que exigem atenção por parte dos mantenedores, pois também podem causar acidentes graves. As questões estruturais (Arquitetura e Engenharia Civil) também contribuem para sérios acidentes, seja por erro de projeto, falha na construção, problemas estruturais em razão do terreno, inundações, outros. Portanto, as questões de segurança estão acima de qualquer criticidade que venhamos a determinar para a execução da manutenção.

Para sua referência, seguem algumas orientações em relação à Manutenção Predial, voltada para as utilidades de alta periculosidade:

Sistema de Proteção contra Descargas Atmosféricos (para-raios): importante utilidade, principalmente em tempestades fortes, quando ocorrem raios que podem tanto danificar o patrimônio e ocasionar perda de vida.

Inclua no plano de manutenção preventiva e acione responsável técnico habilitado junto ao Conselho Regional de sua Cidade.

Instalações de Gás (Centrais GLP ou Gás Natural): a verificação dos cilindros (GLP) em relação aos vazamentos, instalação de dutos e acionamento de válvulas vai evitar o risco de possíveis vazamentos e até explosões. Se o sistema apresentar anormalidades, contate o fornecedor e, se necessário, Corpo de Bombeiros de sua região.

Cercas Eletrificadas: em razão da estrutura precária de combate à criminalidade em praticamente todas as regiões do Brasil, os condomínios, edificações e certas residências optaram por instalar este sistema protetivo com objetivo de evitar a invasão irregular. Então, as cercas elétricas podem ser identificadas nas grandes metrópoles, mas também podem ser vistas em municípios menores. Faz-se necessário verificar se em cada metragem há uma placa indicando a cerca eletrificada; medições de corrente e tensão são algumas das ações preventivas.

Extintores e Hidrantes: são equipamentos que fazem parte do sistema de combate a incêndio. Portanto, necessitam de manutenção periódica em acordo com a legislação vigente. Contudo, a manutenção predial pode incluir verificações preventivas, tais como se a mangueira do hidrante não está furada ou com danificações, se o extintor está localizado conforme determina a norma, isto é, local identificado, de fácil acesso, se está com prazo de validade vencido, entre outras ações. Importante também manter estas instalações limpas e, se necessário, executar nova pintura, nas cores padronizadas.

Higienização da Piscina: local de lazer, mas se não for devidamente mantido pode ser o elemento que irá gerar doenças e acidentes. No verão e principalmente em dias muito quentes o uso da piscina é intenso. Mas é preciso manter a rotina de revisão do fundo da piscina (se há ou não objetos cortantes), retirada dos detritos da água (folhas, plásticos etc.) e análise e correção do **ph**. Grandes serviços devem ser programados para a temporada outono/inverno em razão da baixa utilização. Em locais onde existem piscinas térmicas, a manutenção do local irá necessitar de plano especial. A revisão inclui ainda as bombas de circulação, tubulação, conservação predial piso e demais necessidades inerentes ao local.

Manutenção de Elevadores: sistema de transporte extremamente importante, principalmente em edificações com muitos andares. A gestão predial precisa seguir a legislação vigente. Em geral, este serviço é executado por empresas fabricantes, as quais possuem assistência técnica autorizada e atuam mediante contrato, contendo um plano de verificações. De qualquer forma, ao menor sinal de anormalidade tome as ações imediatas para evitar sinistros.

Para mais informações sobre Manutenção Predial, acesse o site:
http://construcaomercado.pini.com.br

3.1 A Manutenção Preventiva Predial

A Manutenção Predial Preventiva (*Building Maintenance Preventive*) vem de encontro às necessidades da qualidade exigida por clientes e moradores no mercado imobiliário brasileiro. No entanto, essa prática ainda não é tão comum quanto em outros mercados internacionais, e conscientizada dentre os usuários quanto para outros bens, como automóveis e equipamentos eletrônicos. Após aprovação da "NBR 5674 – Manutenção de Edificações – Procedimentos", no ano de 1999, pouco foi desenvolvido no meio técnico sobre manutenção predial e seus benefícios. Porém, após a implantação da nova norma de desempenho "ABNT NBR 15575-1_2013Edificações Habitacionais—Desempenho" e da revisão das normas NBR 5674:1999 e da NBR 14.037:1998, a indústria da construção iniciou uma evolução dos estudos dessa atividade no Brasil. E não poderia ser diferente, pois, se foram desenvolvidos padrões normativos, as empresas de engenharia precisam se adequar a esta nova realidade. Aplica-se às construtoras, mas os serviços de manutenção predial seguem na mesma direção, uma vez que são responsáveis pela conservação das instalações em edificações.

Considerando-se tanto as limitações de investimento da sociedade na infraestrutura habitacional do país quanto as necessidades de proteção básica do usuário, a NBR 15575:2013 estabelece a vida útil de projeto mínima:

Tabela com dados sobre a "Vida útil de Projeto"

Sistema	VUP mínima em anos
Estrutura	≥ 50 segunda ABNT NBR 8681-2003
Pisos internos	≥ 13
Vedação vertical externa	≥ 40
Vedação vertical interna	≥ 20
Cobertura	≥ 20
Hidrossanitário	≥ 20
*Considerando periodicidade e processos de manutenção especificados no respectivo Manual de Uso, Operação e Manutenção entregue ao usuário elaborado em atendimento à ABNT NBR 5674.	

Tabela 3.1 Fonte: ABNT NBR 15575 – 1 (2013).

A Preventiva Predial visa os aspectos de qualidade de vida e no trabalho, mas a limitação para a sua implementação está no aspecto financeiro. Aumento de custos operacionais não é aprovado, num primeiro momento. Obviamente, evita danos futuros à instalação e sabemos que custa mais caro consertar do que manter. Portanto, se faz necessário justificar este incremento nas despesas. Com base na tabela acima, observamos que a vida útil é, de certa forma, adequada. Porém, em muitos casos, as edificações se encontram em fase de degradação acentuada, devido a fatores como localização que aceleram este processo como, por exemplo, próximo a regiões litorâneas as construções sofrem maior ação do tempo. Por esta razão, as reformas parciais ou totais precisam ser executadas a períodos determinados previamente, de forma a reduzir a degradação. Ao contrário, em uma manutenção estrutural de emergência valores ultrapassam sensivelmente aqueles que poderiam ter sido investidos ao longo do tempo, isto é, preventivamente. Há, portanto, que estabelecer um sistema de manutenção predial que ao mesmo tempo em que reponha os sistemas deteriorados prolongue a vida útil dos edifícios através de serviços periódicos.

Assim como na gestão de manutenção industrial, é importante catalogar os equipamentos e utilidades que estão sendo mantidos, de modo que características de construção seja acessível ao responsável que esteja fazendo a manutenção (biblioteca técnica). Nesta mesma linha organizacional, cuidados com as ferramentas e utensílios para a execução dos serviços, manter uma equipe de funcionários capacitada e que possa dar parecer técnico sobre suas atividades. Para sua orientação, segue um modelo de programação de manutenção.

Os órgãos públicos possuem uma característica diferente porque são proprietários ou responsáveis pela manutenção de um grande número de edifícios, construídos em diferentes épocas, com tecnologias de construção e tipologias diferenciadas, geralmente dispersos em imenso território geográfico. Sendo assim, é um belo desafio para uma Manutenção Predial eficaz.

Exemplo de um "**Plano de Manutenção Preventiva Predial**"

ROCHA (2007)

Tabela 1 – Exemplo de tabela de programação de manutenção.

Sistema	Serviço	Periodicidade	Equipamento
1 – Estrutura			
. Fundações	Inspeção e verificação de possíveis fissuras, trincas, rachaduras, ferragem aparente, desníveis, carbonatação	Semestral	
. Pilares			
. Vigas			
. Lajes			
2. – Cobertura			
. Vigamento	Inspeção e verificação	Semestral	
. Telhado	Limpeza	Bimensal	Eq. de Limpeza
. Impermeabilização	Inspeção, Limpeza e reparos	Trimestral	Escada
. Calhas e Condutores	Inspeção, Limpeza e reparos	Mensal	
. Outros elementos	Inspeção, Limpeza e reparos	Variável	
3 – Paredes			
. Revestimentos	Inspeção, Limpeza e reparos		
. Blocos ou tijolos a vista	Inspeção, Limpeza e reparos	Semestral	
. Placas	Inspeção, Limpeza e reparos		
4 – Esquadrias			
. Caixilhos de alumínio	Inspeção e Limpeza	Anual	
. Caixilhos de Ferro	Limpeza e/ou pintura	Anual	
. Caixilhos de madeira	Pintura e/ou reparos	Semestral	Eq. de Limpeza
. Portas	Pintura	Anual	
. Vidros	Limpeza e/ou substituição	Anual	
5 – Hidráulica			
. Entrada	Inspeção		
. Sistema de Caixas d'água	Inspeção e Limpeza		Eq. de Limpez
. Ramais de abastecimento	Inspeção		Ferramental
. Torneiras	Inspeção e troca de reparos	Semestral	
. Registros	Inspeção e troca de reparos		
. Válvulas	Inspeção e troca de reparos		
. Outros equipamentos			
6 – Elétrica			
. Quadro de entrada	Inspeção /Troca de Fusíveis	Bimensal	
. Circuitos	Inspeção e reparos	Trimestral	
. Tomadas	Inspeção e troca	Semestral	
. Interruptores	Inspeção e troca	Semestral	Ferramental
. Sistema de iluminação	Inspeção / verificação	Semestral	
. Luminárias	Inspeção/Limpeza/Reposição	Bimensal	
. Lâmpadas	Inspeção/Reposição	Mensal	
7. – Pisos			
. Revestimentos	Limpeza/Verificação/Reparos	Bimensal	
. Juntas	Inspeção	Trimestral	
. Rodapés	Verificação	Semestral	Eq. de Limpeza
. Pisos elevados	Verificação	Semestral	
. Pisos externos	Limpeza/Verificação/Reparos	Bimensal	
8 – Revestimentos			
. Externos	Limpeza e/ou Pintura	Semestral	
. Internos	Limpeza e/ou Pintura	Anual	
. Especiais	Limpeza e/ou Pintura	Anual	Padrão
. Forros	Limpeza/Pintura/Reparos	Anual	
9 – Pintura			
. Interna	Retoques/Pintura	Anual	Padrão
. Externa	Retoques/Pintura	Bianual	

Fonte: COESF – Coordenadoria do espaço físico de São Paulo. Cartilha de manutenção predial preventiva. Disponível em: <http://www.coesf.usp.br/docs/cartilha_Orientacoes_manuencao_preventiva.doc>.

Tabela 3.2 Fonte: COESF, Coordenadoria do espaço físico de São Paulo. Cartilha de manutenção predial preventiva.

Em relação ao **item 6 "Elétrica"** (conforme a tabela 3.2), a manutenção das instalações elétricas gera alto risco, uma vez que não se pode "ver" a corrente elétrica atravessando cabos e fios. Portanto, assim como o supervisor pela manutenção elétrica deve zelar pela segurança de sua equipe, é extensivo aos usuários. É grande a precaução em suas atividades para que ninguém não sofra um acidente. Não é raro que quando um disjuntor vai para a posição "off", o gestor administrativo da edificação ou zelador imagina que, trocando por um com uma capacidade de condução de corrente maior, o problema está resolvido. Na realidade, apenas contribui para o agravamento da situação. O disjuntor tem a função de proteger a fiação/condutores de variação de corrente elétrica e do calor gerado, por isso ele "se desarma". Tendo capacidade maior da condução de corrente, pode levar o condutor (fiação) a se fundir, podendo provocar um curto-circuito levando a um provável incêndio pequeno ou de grandes proporções. Este é um exemplo das ações executadas por pessoal não capacitado em eletricidade, e por esta razão a profissionalização da manutenção em condomínios residências, assim como nas edificações comerciais, é uma realidade cada vez maior.

Por este exemplo citado e por outras situações bem mais graves, a manutenção elétrica predial é, acima de tudo, uma questão de segurança para os usuários. Por isso, as verificações elétricas devem ser preventivamente executadas por eletricistas (possuem ferramental e instrumentação especifica) não só para "dar uma olhada", mas para executar medições e assim constatar a real condição da instalação. Prédios com mais de 20 anos estão com as instalações no fim da vida, os desgastes já estão no limite, principalmente com o aumento de cargas na instalação atual e que não são poucas. Os eletrodomésticos, no início dos anos 1960, eram, basicamente, uma geladeira, chuveiro, ferro de passar roupas e um televisor e alguns casos um toca-discos. Nos dias de hoje, esta quantidade é bem maior, somados a aparelhos condicionadores de ar, aquecedores, máquinas de lavar e secar. Portanto, o consumo (kwh) é bem superior.

A gestão da manutenção cria condições para uma série de ações prévias em relação à intervenção, isto é, que se constitui no serviço de reparo. Especificamente quando o objetivo é informação seguida de serviços, há necessidade de integração entre Engenharia e Informática, cuja tecnologia nos permite ter acesso mais facilmente aos processos, tanto históricos de atendimento quanto da programação. Os softwares devem ter, no mínimo, as seguintes funções:

- Cadastro (Edificações, equipamentos, utilidades etc.);
- Procedimentos: padrões operacionais e requisitos da qualidade, segurança e meio ambiente;
- Documentação técnica (desenhos, detalhamentos etc.) que possibilita o "*as built*" (documentar o que já foi construído) e novos projetos;
- Quantidade de serviços de construção e suas respectivas especificações e composições de preços de serviços de manutenção;
- Cadastro de fornecedores (materiais e sobressalentes) e clientes;
- Banco de dados de procedimentos de conservação, inspeção, execução (ordens de serviço, relatórios etc.) e fiscalização (acesso a normas, resoluções, controles de ART etc.);
- Dispor também do banco de dados da programação preventiva, contendo frequências de inspeção técnica, vida útil, durabilidades e garantias dos fornecedores de cada especificação, outros.

A característica principal da Manutenção Preventiva é que ela requer o início do ciclo por um planejamento e emissão de ordem de inspeção, diferentemente da Manutenção Corretiva, que dá a partida no processo pela reclamação do usuário ou, numa situação menos desejável, quando a utilização ou a operação do edifício já poderá estar comprometida. Portanto, é um importante avanço entre a denominação "Manutenção Predial" até outro termo, mais abrangente, como: "Gerenciamento dos Ativos". Essa é uma grande vantagem se pensarmos na aplicação da metodologia em edificações de funções e usos complexos, com equipamentos, redes e sistemas sofisticados, a exemplo de aeroportos, hospitais e shopping centers.

A preventiva permitirá a elaboração de agendas (programação) de inspeção técnica e planos de manutenção dinâmicos, capazes de espelhar, a qualquer momento, a situação prevista para cada ativo, e também quantificar, atualizar, orçar, planejar, hierarquizar, comprar, contratar, executar, controlar, entre outras ações que podem ser geridas por processos automatizados.

As empresas que atuam em Manutenção Predial, assim como outros seguimentos, possuem uma equipe de apoio administrativo. É composto de profissionais por especialidade, com o objetivo de facilitar o andamento dos processos e minimizar a necessidade de intervenção de terceiros. A subdivisão varia de acordo com o escopo de atividades que a empresa se propõe a oferecer. Entretanto, contém entre outros:

- Secretárias, recepcionistas e atendentes;
- Profissionais de nível superior ou técnico;
- Segurança patrimonial;
- Motoristas;
- Copeiras;
- Mensageiros;
- Centrais de impressão, plotagens e cópias;

- Outros.

Sobre a Norma ABNT NBR 15.575

Em sua primeira versão, ano de 2008, sua aplicação era restrita às edificações de até cinco pavimentos. As companhias construtoras foram reativas num primeiro momento, por não estarem preparadas para atender aos requisitos impostos, sendo muitos inéditos à época. Dessa forma, foram realizadas atualizações de metodologias de avaliação de desempenho, reavaliação de parâmetros e os fabricantes puderam adequar seus produtos. Então, no ano de 2013, foi publicada a nova versão. A aplicação teve abrangência ampliada, incluindo as construções residenciais. Está estruturada em seis partes:

I. ABNT NBR 15575-1 – Parte 1: Requisitos Gerais.

II. ABNT NBR 15575-2 – Parte 2: Requisitos para os sistemas estruturais.

III. ABNT NBR 15575-3 – Parte 3: Requisitos para os sistemas de pisos.

IV. ABNT NBR 15575-4 – Parte 4: Requisitos para os sistemas de vedações verticais internas e externas – SVVIE.

V. ABNT NBR 15575-5 – Parte 5: Requisitos para os sistemas de coberturas.

VI. ABNT NBR 15575-6 – Parte 6: Requisitos para os sistemas hidrossanitários.

3.2 A Manutenção Predial Residencial

Para exemplificar o novo escopo, oferecido pelas empresas de Manutenção Predial, cito a Master House, que possui uma sólida estrutura e disponibiliza uma diversidade de serviços, os quais vêm de encontro às necessidades de moradores em condomínios ou edifício de apartamentos. Os profissionais que atuam, segundo a empresa, são "uniformizados, com crachá, horário marcado e nosso "Código de Entrada" para acesso à sua residência, prezando pela sua segurança". Obviamente, há empresas similares, e entre elas há diferenças que acredito estejam mais voltadas para custos e qualidade. Em geral, este é o escopo ofertado pelas empresas de manutenção predial: ênfase em condomínios:

Manutenção Geral de Condomínios: manutenção de circuitos internos de segurança, portões automáticos, interfones, porteiro eletrônico.

Manutenção em instalação Elétrica: instalação e manutenção de: cercas elétricas, quadros de distribuição, iluminação externa, sensores de presença, iluminação de emergência.

Manutenção em instalação hidráulica: registros, válvulas, limpeza de caixas d'água, instalação de torneiras e sifões, localização de vazamentos.

Pintura em Geral: pintura predial, portões e gradis, muros, sacadas, portas e janelas.

Condicionadores de Ar: revisão & conserto, limpeza e instalação.
Jardinagem: paisagismo, poda de árvores, corte de grama, plantio e fertilização de jardins.

Serviços de Pedreiro e Alvenaria: da alvenaria estrutural, a serviços de acabamento.

Eletricista Residencial: troca de resistências de chuveiros, instalação de ventiladores até execução de grandes projetos elétricos, orientado por engenheiro.

Encanador Residencial: troca de torneira, registros, válvula sanitárias, infiltrações, troca de reparos de torneiras e vazamentos à completa instalação de projetos hidráulicos, orientado por engenheiro.

Pintor Residencial: pintura de interiores, acabamento texturizado de portas e fachadas, mesmo pintura de azulejos. Também retoques de pintura até renovação completa de sua fachada, com orientação de engenheiro e/ou arquiteto.

Serviços de Gesso (Gesseiro): instalação ou reparos em molduras e forros, ao rebaixamento total de apartamento novo.

Impermeabilização: sanar ou prevenir infiltrações, cuja umidade favorece o aparecimento de mofo nas paredes e tetos, o que é extremamente prejudicial à saúde

Marido de Aluguel: são pequenos serviços de consertos e reparos residenciais.

Nota do Autor

A profissão "marido de aluguel" é uma ótima solução para o pessoal que possui habilidades em consertos de instalações residenciais e que no momento está disponível no mercado. Por outro lado, se a clientela aumenta lhe permite uma boa renda mensal e até a profissionalização, mediante registro como Microempresa (ME, empresa individual). Uma das novelas da Rede Globo abordou uma personagem feminina que executava serviços residenciais, nesta modalidade. Então fica a dica!

3.3 Gestão de Contratos

Grande parte das Organizações realiza suas atividades de operação e manutenção predial por meio de empresas terceirizadas. O gerenciamento pode ser total ou parcial, mas em ambos os casos há um responsável dedicado para lidar com a empresa contratada. Esta atividade é denominada "Gestão de Contrato" e é descrita nos perfis dos profissionais de *Facilities, fazendo parte das responsabilidades de gestores e/ou engenheiros.*

A fase de negociação é composta de premissas, onde a Contratante elabora um escopo contratual, contendo as responsabilidades, atividades, parâmetros de qualidade, padrões de avaliação e pagamentos pelos serviços.

Em geral, as empresas contratadas oferecem uma ampla supervisão da infraestrutura, tendo que otimizar a relação entre os custos operacionais (mão de obra e materiais) e a performance das instalações e utilidades. As atividades operacionais englobam os serviços relacionados à infraestrutura predial e às relativas à ocupação de espaço do cliente, desde escritórios corporativos, centrais de atendimento, logística, incluindo até unidades industriais e centros de processamento de dados (*Data Center*).

A exigência de execução dos serviços, com base em qualidade e boas práticas, foram desenvolvidas ao longo dos anos.Igualmente, os Certificados de Qualidade ISO 9001, utilização de planejamento estratégico, metas de redução no consumo de energia e serviços de engenharia específicos, são bons exemplos. Finalmente, cito a adoção de práticas desenvolvidas e comprovadas globalmente, além da aplicação de novas tecnologias e ferramental para execução das atividades. Finalmente, há necessidade que todas essas premissas estejam alinhadas a cultura e objetivos definidos pela Contratante.

As características comportamentais da equipe da Contratada, igualmente, devem ter parâmetros definidos. Evitar os conflitos com o cliente final evitará problemas que não agregam à operação, sendo exigido equilíbrio emocional na condução de suas atividades. Não é permitido o uso da força e truculência por parte da equipe de segurança, diante de uma situação que saiu do controle. Ao contrário, se faz necessário o bom relacionamento com os usuários e suas demandas, o que permite a continuidade do negócio em situações de crise.

Atividades básicas previstas em Contrato (mas não se limitam a estas):

- **Infraestrutura:** limpeza, paisagismo, telecomunicações, recepção, segurança, copa e restaurante, malote e expedição, frotas, medicina e segurança do trabalho;
- **Manutenção predial**: manutenção civil, elétrica, hidráulica e ar condicionado;
- **Meio ambiente:** tratamento de água e efluentes, gestão ambiental, coleta seletiva de lixo, racionamento de energia, redução de emissão de poluentes;
- **Gestão de Espaços:** planejamento e otimização da ocupação.

Empresa de grande representatividade no Brasil que oferece serviços de gestão de faciliteis: http://www.jll.com.br/brazil/pt-br/servicos/ocupantes-e-locatarios/gerenciamento-de-facilities

Para sua orientação, cito a empresa JLL (Jones Lang LaSalle). É uma consultoria imobiliária que oferece serviços integrados de Facilities para diversos infraestruturas comerciais, tais como: escritórios, hotéis, propriedades industriais, condomínios logísticos, propriedades do setor de varejo, ambientes críticos e data centers, entre outros. Com atuação em várias regiões do mundo, sua sede global está localizada em Chicago (EUA), mas com sede no Brasil.

Mais informações: http://www.jll.com.br/brazil/pt-br/servicos/ocupantes-e-locatarios/gerenciamento-de-facilities

Um detalhe importante a citar é que a Gestão de Contratos envolve áreas administrativas da organização, tais como: Compras, Jurídico e Financeiro. Tentar negociar um contrato, considerando apenas as questões técnicas, deixando de lado aspectos legais e financeiros, estará fadado ao insucesso.

Alguns dos conceitos contidos na Gestão de Contratos

Diretrizes

A gestão de contratos é atividade exercida com objetivo de controle e acompanhamento, bem como fiscalização das obrigações assumidas por ambas partes. Deve estar baseada em princípios éticos, bem como de eficiência dos serviços prestados, observando que ocorra com qualidade e em respeito à legislação vigente, assegurando ainda:

- Procedimentos administrativos claros e simples com burocracia reduzida, de forma a facilitar a gestão e a fiscalização de contratos;
- O efetivo cumprimento das cláusulas contratuais, assegurando a excelência no atendimento aos requisitos técnicos e de qualidade;
- O registro adequado de falhas cometidas pela Contratada, mesmo que involuntariamente, para solucionar impasses;
- A correta aplicação dos recursos humanos e de materiais (financeiros, se aplicável);
- O tratamento igualitário, por parte da Contratante, eliminando descumprimento dos princípios da isonomia e da legalidade.

Legislação

Lei Complementar nº 123, de 14 de dezembro de 2006. Institui o Estatuto Nacional da Microempresa e da Empresa de Pequeno Porte; altera dispositivos das Leis nºs 8.212 e 8.213, ambas de 24 de julho de 1991, da Consolidação das Leis do Trabalho – CLT, aprovada pelo Decreto-Lei nº 5.452, de 1º de maio de 1943, da Lei nº 10.189, de 14 de fevereiro de 2001, da Lei Complementar nº 63, de 11 de janeiro de 1990; e revoga as Leis nº s 9.317, de 5 de dezembro de 1996, e 9.841, de 5 de outubro de 1999.

Decreto nº 2.271, de 7 de julho de 1997. Dispõe sobre a contratação de serviços pela Administração Pública Federal direta, autárquica e fundacional e dá outras providências.

Instrução Normativa SRF nº 480, de 15 de dezembro de 2004. Dispõe sobre a retenção de tributos e contribuições nos pagamentos efetuados pelas pessoas jurídicas que menciona a outras pessoas jurídicas pelo fornecimento de bens e serviços.

Instrução Normativa MPS/ SRP nº 3, de 14 de julho de 2005. Dispõe sobre normas gerais de tributação previdenciária e de arrecadação das contribuições sociais administradas pela Secretaria da Receita Previdenciária - SRP e dá outras providências.

Outras Leis e atualizações em:
http://www.planalto.gov.br e http://www.comprasnet.gov.br

Definição dos Termos inseridos na Gestão de Contrato

1. Documento Contratual: registro físico entre organizações públicas ou particulares, em Todo em que haja um acordo de intenção de vínculo para prestação de serviço e/ou fornecimento de produto. Formação de vínculo e a estipulação de obrigações recíprocas, seja qual for a denominação utilizada.

2. Objeto do Contrato: descrição resumida indicadora da finalidade do contrato.

3. Contratante: organização solicitante, usuária ou responsável pelos serviços/ produtos objeto da contratação celebrada.

4. Contratada: organização empresarial executante dos serviços ou fornecedoras dos produtos, objeto da contratação celebrada.

5. Serviço: é toda a atividade destinada ao interesse da Organização (Contratante), tais como: limpeza e higienização, consertos prediais, instalação, montagem, operação, conservação, reparação, recepção, portaria, vigilância, segurança patrimonial, manutenção, transporte, locação de bens, fornecimento de alimentação etc., em resumo, são todas as atividades que a contratante necessita que a contratada execute, descritas e detalhadas, devidamente, no contrato.

6. Projeto Básico: conjunto de dados e especificações necessários para caracterizar a obra ou serviço, ou complexo de obras ou serviços objeto da licitação, elaborado com base nas indicações dos estudos técnicos preliminares, que assegurem a viabilidade técnica e o adequado tratamento do impacto ambiental do empreendimento, e que possibilite a avaliação do custo da obra e a definição dos métodos e do prazo de execução. Nesta fase, deverão ocorrer as negociações e fechamento de contratações.

7. Projeto Executivo: conjunto de dados e especificações finais (devidamente aprovado pelos responsáveis), sendo estes os elementos necessários à execução completa da obra, de acordo com as normas pertinentes da Associação Brasileira de Normas Técnicas – ABNT (Lei nº 8.666/93, art. 6º, Inciso X).

8. Obra: é toda atividade, relacionada à Edificação, de construção, reforma, fabricação, recuperação ou ampliação, sendo executada por equipe especializada, a partir de responsável técnico, o qual deve estar devidamente registrado em conselho regional que ateste sua capacitação. A Obra deve estar em acordo com as

fases anteriores, isto é, Projeto Básico e Executivo. Anotação de Responsabilidade Técnica (ART) deve ser emitida, conforme exigências legais (consulta-se a legislação vigente). Os aspectos relacionados à Segurança no Trabalho e cuidados com o Meio Ambiente devem ser observados e as ações pertinentes devem ser tomadas e fiscalizadas.

9. Preposto: é o representante da Contratada, devidamente identificado no Contrato.

10. Vigência do Contrato: é o período compreendido entre a data estabelecida para o início da execução contratual, que pode coincidir com a data da assinatura, e seu término.

11. Adimplemento do Contrato: conjunto de todas as obrigações ajustadas entre as partes.

12. Rescisão: é o encerramento ou cessação do contrato, mesmo antes do encerramento de seu prazo de vigência. Pode ou não haver previsão de multas contratuais. Cláusula especifica pode determinar que seja dado um prazo, antes da Rescisão, para que Contratada e Contratante tomem as devidas ações, por exemplo, finalização de serviço, ou mesmo para retiradas de ferramental e materiais do local da Contratante. É conveniente que seja obedecida a legislação vigente. A Rescisão contratual de forma "amigável" é a mais recomendada, pois evita o transtorno de ações na justiça.

13. Gestão do Contrato: é a atividade exercida de modo sistemático pelo Contratante e seus representantes, objetivando a verificação do cumprimento das disposições contratuais, técnicas e administrativas, em todos os seus aspectos. É a atividade de maior responsabilidade nos procedimentos de gerenciamento. Em determinados serviços, se faz necessário um acompanhamento diário sobre as etapas / fases da execução, para que se verifique se a Contratada observa a legislação vigente e cumprindo suas obrigações previstas em contrato. As Organizações podem implementar um serviço específico de gestão dos contratos, o que permite um melhor acompanhamento da execução dos mesmos, propiciando a profissionalização e criando especialistas na área.

14. Termo Aditivo: os Contratos podem ser modificados nos casos permitidos em lei. Essas modificações são formalizadas por meio de instrumento usualmente denominado termo de aditamento, comumente denominado termo aditivo. O termo aditivo pode ser usado para efetuar acréscimos ou supressões no objeto, prorrogações, repactuações, além de outras modificações admitidas em lei que possam ser caracterizadas como alterações do contrato. O termo aditivo pode ter acréscimo ou supressão de serviços (variações de quantidades, sem alteração de preços unitários, mantidas as demais condições do contrato inicial), ou ainda uma modificação de especificações (por exemplo, em um contrato de alimentação, foi estabelecido no projeto básico que o fornecimento seria de refeições preparadas).

15. Pagamento: em geral, o gestor do contrato deverá encaminhar, além da documentação comprobatória do atendimento às disposições legais e contratuais, as notas fiscais/faturas originais, devidamente atestadas, termo de recebimento, formulário etc. à área financeira da organização a qual irá efetuar o pagamento na data conforme previsto em contrato.

16. Reajuste: pode ou não estar previsto no Contrato. É uma forma de recomposição do valor em relação, por exemplo, à variação dos custos provocada processo inflacionário. O índice financeiro que incidirá no valor original tem como base os utilizados para correção, tais como o IGPM, ou outro percentual previsto no edital e no contrato.

O contrato deve ser cumprido fielmente conforme as cláusulas previstas e por ambas as partes. Ocorrendo eventuais falhas verificadas no cumprimento das obrigações, os representantes de ambas as partes deverão se reunir e buscar uma solução, na qual não haja prejuízos. Via de regra há departamentos específicos para controle de contrato ou atendimento agregado à área administrativa, por exemplo o Setor de Compras.

Conclusão:

A "Gestão de Contratos" exige, além de conhecimento específico sobre o objeto de contrato, uma característica muito importante e rara em nosso País: Ética. Temos visto, nas mídias sociais, uso da máquina pública para arrecadação de propina, mediante contratos fraudulentos, superfaturamento, entre outros negócios escusos. Trazendo estes maus exemplos para o ramo privado, irão determinar prejuízos à empresa Contratante, alguns irreversíveis. A ganância e a falta de caráter, em determinados seguimentos de nossa sociedade, não podem ser desconsiderados. Portanto, uma avaliação criteriosa ao candidato para gerenciamento de contrato se faz imprescindível.

Minha formação não permite que eu entre em mais detalhes sobre a corrupção e outras formas de desvio de dinheiro. Mais recentemente foi veiculado que grandes empreiteiras estariam envolvidas em desvio de dinheiro público, mais precisamente com a Petrobrás. Não cabe a mim julgar ou tecer comentários mais precisos sobre este assunto, pois não é a minha expertise.

Porém, como cidadão, posso apenas afirmar que há pessoas, incluindo grandes personalidades públicas e políticos de renome cujos nomes são citados em "delação premiada", o que por si só já traz má reputação e prejuízo aos negócios de empresários renomados. Na minha opinião, aquele que cede à solicitação para entrar em "negociatas duvidosas" não é menos corrupto, mas está no mesmo nível do corruptor. Deixo ao caro leitor para que busque as informações necessárias e com base na fonte de informação possa entender e opinar sobre este delicado assunto e levar para o seu ambiente de trabalho e avalie sua condução de suas atividades.

A Contratante que aceita um brinde (por exemplo, uma agenda) dado pela Contratada não pode ser considerado um ato ilegal, antiético. A atitude é apenas para celebrar a boa relação entre as partes, uma forma de reconhecimento pelo respeito e tratamento dado. Ações por parte da Contratante, como um evento para celebrar o encerramento de um projeto e que por sua vez convida representantes da Contratada, só irá reforçar o comprometimento desta em atingir os resultados em novo projeto. Quero dizer com isso que estas atitudes não "têm valor" financeiro para "comprar" determinada pessoa, mas a de celebrar o bom andamento dos serviços. Em geral, as organizações possuem padrões para definir a relação com as Contratadas, impondo e descrevendo claramente os limites para que a ética permaneça inalterada.

Ainda sobre a gestão de contratos, vale lembrar que o gestor deve ter atitudes nobres. Tratar a Contratada como parceiro de negócio, com respeito devido. Tive algumas experiências como gestor de contratos na prestação de serviços de manutenção preventiva, preditiva, calibração de instrumentos, manutenção predial, serviços de limpeza e higienização e consultoria para a Qualidade Total. Já na Gestão de Projetos, cito vários em Aquisição e Reformas de Máquinas e Utilidades Industriais e em Eficiência Energética. Posso, com toda a sinceridade, dizer que em nenhum momento tive alguma atitude que pudesse colocar em risco a minha honradez, bem como sempre procurei preservar a ética, na condução destes. Quando trabalhamos com esta isenção, ficamos livres para cobrar a Contratada quando ocorrem as falhas, muitas vezes involuntariamente.

Em uma situação de gestão comprometida pela corrupção, ficamos reféns e a situação começa a tender para falta de controle, até chegar ao caos total. Sem alcançar os resultados esperados pela alta administração, corremos o risco de perder a posição e, pior, o emprego. Ainda pior, sair algemado de dentro da empresa para uma delegacia ou para a sede da Polícia Federal. Este é o risco de aceitar suborno, isto é, ficamos com as "mãos atadas" e temos que nos sujeitar a determinadas condições que colocam em risco a condução de um contrato.

Finalmente, gostaria de expor para sua apreciação uma das formas de condução de contrato que entendo fundamental para o crescimento de uma empresa Contratada. A descrição das atribuições e obrigatoriedade tem lá seu grau de dificuldade. Difícil mesmo é o fechamento do valor contratual. Vale lembrar que você deve ter uma característica pessoal e capacitação para este intendo: o poder de negociação. Por esta razão é que, via de regra, mais de uma empresa participa e concorre, expondo seu portfólio de valores para a prestação do serviço. Normalmente, são exigidos no mínimo três orçamentos e creio ser a quantidade mais do que necessária para a tomada de decisão. Neste caso, menos é melhor. Ficar debruçado em meio a vários orçamentos só irá trazer confusão e provavelmente você irá fará uma escolha errada.

Bem, o que gostaria de expor é que, sendo um gestor do contrato, você não pode ter uma atitude de querer "explorar" a contratada no momento de fechar o valor. Uma empresa que aceita prestar serviço, com valor muito abaixo do sugerido, terá grandes dificuldades na condução do gerenciamento de seus recursos. Ela irá atuar no limite e não terá dinheiro suficiente para investir em qualificação de seus funcionários, aplicação de EPI (equipamentos de proteção individual) mais modernos. Também não irá substituir adequadamente suas ferramentas e, o pior, fará aquisição e uso de material de qualidade duvidosa. Portanto, converse com representante da Contratada. Questione se com o valor firmado a empresa poderá fazer os investimentos em melhoria. Lembre-se de que se a contratada tiver as condições financeiras poderá executar serviços em acordo com as cláusulas contratuais e qualidade esperada.

3.4 O Comissionamento de Edificações

Introdução

O Comissionamento (também é usado o termo em Inglês: *Start up*) de edificações está presente nos projetos e contratos da construção civil. Tendo minha experiência voltada mais para a área industrial, a equipe de entrega técnica usava o termo em procedimento de entrega de um ou mais produtos, cito os clientes de Grupos Geradores. Há todo um processo e padrões a serem seguidos para que o equipamento (ou mais e neste caso é denominado por usina de geração de energia) entre em operação de forma adequada e que as primeiras horas em funcionamento sejam acompanhadas por técnicos que possam intervir caso ocorra alguma anormalidade.

De acordo com artigos sobre o Comissionamento, este processo teve início na indústria naval, onde a demanda exigia uma sistemática rigorosa para assegurar a integridade dos navios, verificando-se, ainda nas docas, os complexos sistemas componentes e, por meio de teste final, até o limite de sua capacidade no mar, antes de sua entrega definitiva ao usuário final. As consequências de falha em uma embarcação de porte remetem a engenharia naval à sistemática eliminação de problemas antes do lançamento do barco para sua plena operação.

Com o advento das linhas de produção, as indústrias de manufatura aderiram ao processo de comissionamento, seja para novas linhas de fabricação como de máquinas, equipamentos e utilidades e, assim, tornou-se imprescindível para a plena produção sem falhas, propiciando a continuidade do negócio. As etapas são constituídas de testes preliminares, avaliação, alinhamento, calibração etc. e para somente após entrar na fase "posta em marcha" e sendo assim assegurada que a produção siga conforme a programação.

Em relação aos sistemas mais complexos, deve ter início no projeto, quando é feita uma análise crítica do mesmo, passando pelo acompanhamento das instalações conforme evolução. Cito o exemplo do comissionamento de utilidades que fazem parte dos Sistemas **HVAC** (Aquecimento, Ventilação e Condicionamento de Ar) instalados em Edificações e que segue a Norma internacional ***ASHRAE Guideline GPC-1-1996 - The HVAC Commissioning Process***. De maneira geral, há o teste de estanqueidade dos dutos, verificação dos itens instalados em confronto com o projeto, acompanhamento do *Start-Up*, TAB (Teste, Ajuste e Balanceamento) e a emissão de documentação, incluindo um completo Relatório de Comissionamento. Abrange ainda sistemas similares, tais como Refrigeração (*Chillers*), de Ar Comprimido, Torres, Bombas de Circulação etc. Os treinamentos dos profissionais de operação e manutenção podem fazer parte do comissionamento, e ainda o recebimento de documentação dos equipamentos e instalações. No decorrer do ciclo de vida da instalação, o comissionamento é utilizado para a avaliação de desempenho global dos sistemas, por exemplo, consumo de energia, disponibilidade de capacidade, funcionalidade de componentes, etc.

Portanto, não é novidade que as indústrias façam uso do comissionamento, diferentemente da construção civil, sendo este mais recente, cuja aplicação está cada vez mais presente em empreendimentos imobiliários no cenário nacional.

Comissionamento aplicado às Edificações

Devido à crescente sofisticação das instalações e ao alto grau de tecnologia construtiva das edificações, aliado às necessidades dos diversos usuários, o processo de Comissionamento é parte integrante dos projetos e contratos de construção civil. É um processo sistemático que busca assegurar o melhor desempenho da edificação em acordo com as premissas estabelecidas pelo cliente, projetos de engenharia e arquitetura. Somam-se ainda, observância dos contratos, bem como da execução da obra até a aprovação final, por parte do cliente final.

A razão de implementar uma metodologia de avaliação e aprovação se deu pelas falhas identificadas já no início de operação das edificações - combinadas aos problemas relacionados às condições ambientais, energia e segurança – que contribuem para a desvalorização no mercado imobiliário, principalmente as que envolvem grande número de usuários.

O Comissionamento já deve ser observado nas fases de projeto de engenharia e arquitetura. A edificação tem a função de servir de abrigo para o desempenho confortável das atividades do dia a dia, como dormir, trabalhar, estudar, se divertir, etc. Sendo assim, entender e definir junto ao proprietário o que realmente deseja é uma das premissas importantes, pois todas as dúvidas devem ser esclarecidas numa fase preliminar. Após definidas as necessidades, segue a fase de projeto conceitual, o qual deve estar alinhado com o profissional de comissionamento, gerando o documento: "Requisitos do Proprietário para o Empreendimento" ou ainda "Requisitos de Projeto do Proprietário", denominado na língua inglesa por *"Owner Project Requirements" (OPR).*

Os requisitos de projeto irão orientar a equipe de projetistas e arquitetos a desenvolver melhor o plano de trabalho, gerando, por sua vez, as bases de projeto (*Basis of Design –BoD*), contendo instruções e normas a serem atendidas e utilizadas, uma descrição sumária da concepção dos projetos e o que será contemplado com vistas a atender às necessidades do proprietário e dos futuros usuários da edificação.

Até esta etapa, deve ser feito apenas um projeto preliminar de arquitetura, o qual define as áreas possíveis a serem aproveitadas, conforme leis vigentes (Plano Diretor, Legislação Ambiental etc.). É uma etapa de especificações preliminares de materiais, sistemas e controles associados. Então, somente com a aprovação dos órgãos públicos o projeto pode seguir em frente sem correr o risco de retrabalhos em desenhos. O estudo do uso eficiente dos locais nas edificações, considerando a gestão de *Facilities*, é feito pelo *Space Planner* (termo em Inglês que define o profissional que planeja o layout, adequando espaços, ativos e pessoas).

Partindo dos estudos preliminares, segue o projeto básico que é a fase de desenhos, detalhamento, refinando as especificações (até a conclusão do projeto executivo). Ocorre ao mesmo tempo uma das etapas do comissionamento (na fase de projetos), a partir de uma análise crítica, na qual o objetivo é o de identificar se foram atendidas todas as necessidades do proprietário e, obviamente, se é o melhor projeto para o início da construção.

Alguns fatores interferem na eficiência operacional de uma edificação, mesmo tendo um bom projeto. Por exemplo, se houve alterações no conceito original, sistemas complexos mal instalados, materiais utilizados na construção de baixa qualidade e por fim falha no comissionamento. Igualmente, se características reais foram consideradas numa simulação (fase de projeto), ou até mesmo na fase de construção. Se não observados, todos estes fatores irão gerar limitações operacionais e grande dificuldade para a manutenção predial.

Os profissionais que atuam neste seguimento alertam para não confundir "comissionamento processual" (no Brasil, está voltado à certificação LEED) em relação ao "comissionamento técnico", o qual certifica que a edificação está em conformidade com o que foi previsto, desde a concepção até a ocupação. Isso significa que a instalação e área construída foram submetidas a verificações e testes e que atendem aos requisitos de projeto do proprietário.

Portanto, na prática o processo de comissionamento é um conjunto de técnicas e procedimentos para a verificação do projeto, também de inspeção e teste de utilidades, seus instrumentos e equipamentos até os mais complexos como as instalações das edificações. Em alguns seguimentos é obrigatório, como na indústria farmacêutica, onde é pré-requisito para que a unidade esteja apta a fabricar medicamentos e/ou cosméticos. Já de acordo com o *Guideline -2013 – The Comissioning Process da Ashrae*, "*o comissionamento é um processo de gestão de garantia da qualidade que, através da verificação e documentação, irá certificar que a instalação e os seus sistemas foram projetados, instalados e funcionalmente testados, e capazes de operar e manter o desempenho em conformidade com os requisitos de projeto do proprietário*".

Essa abordagem assegura o atendimento às especificações e requisitos dos projetos – verificação dos sistemas e subsistemas prediais estáticos e dinâmicos - garantindo o respectivo desempenho operacional, a documentação detalhada e gerenciamento eficaz da edificação durante todo seu ciclo de vida. Tal processo vem fazer frente à crescente complexidade da engenharia de sistemas prediais, da necessidade da inserção dos ativos imobiliários com diversos desenvolvimentos tecnológicos, tais como:

- A necessidade de conservação de água e energias;
- Modernização dos equipamentos e mobiliário de escritórios comerciais;
- Melhoria constante na qualidade do conforto térmico;
- Avanços nos sistemas de telefonia, imagens, vídeo e comunicação de dados;
- Necessidade de ambientes mais seguros para usuários e clientes;
- Complexidade dos sistemas de automação predial (acesso, elevadores etc.).

Finalmente, cabe ainda ressaltar que a indústria da construção civil está voltada para edificações e, diferentemente da indústria automobilística, não faz produtos seriados. Também não são projetados para uma expectativa de vida útil de curta duração. Portanto, o comissionamento em edificações visa a valorização do patrimônio imobiliário das organizações, ao longo de um determinado tempo. A demanda por atualização das instalações, onde a companhia opera, cria a necessidade de projetos e construções mais flexíveis em relação à tecnologia, pois num mercado altamente competitivo isso se torna um grande diferencial. As edificações precisam ser de fácil adaptação às correções e melhorias. A partir desta realidade o comissionamento de edificações vem de encontro aos interesses das corporações e dos investidores imobiliários, culminando com alto valor agregado à longevidade das edificações, com ambientes modernos e retorno mais rentável, em relação ao investimento.

Capítulo 4

Proteção e Combate a Incêndio

Introdução

Na Gestão de *Facilities* as questões relacionadas a incêndio devem ser encaradas com seriedade. O descaso representa sérios riscos ao patrimônio e à vida de clientes e usuários de uma edificação. Temos observado vários casos de sinistros com sérias consequências e após as investigações constata-se que houve negligência em relação à instalação de equipamentos, falha na escolha de materiais, ausência de alvarás, dentre outras ações desastrosas que ceifam vidas e, neste caso, não é o valor de indenizações que irá aliviar a dor dos familiares.

Trata-se de um sistema de segurança crítico, pois seu mau funcionamento pode ocasionar a perda de vidas e do patrimônio, em questão de segundos. Os critérios de projeto, instalação e inspeção devem seguir a legislação vigente, não tendo espaço para falhas técnicas ou de operação. O descaso com este sistema tem dado demonstrações do enorme prejuízo, e em muitos casos o dano é irreparável.

O objetivo do capítulo é repassar conceitos básicos, mostrar alguns dos equipamentos e utilidades que fazem parte do sistema de combate a incêndio, aspectos relativos à inspeção e manutenção. Não tenho a intenção de tornar o caro leitor um *expert*, mas alertar para a sua importância dentro do contexto de gestão. Busque mais informações, acerque-se de pessoal capacitado para manter os ativos em condições de ação a qualquer momento. Receba os órgãos fiscalizadores com respeito e lhes dê toda atenção, pois a inspeção irá mostrar falhas no seu sistema. Após isso, de imediato conduza as correções com a prioridade devida. Um aliado interno é o SESMET de sua organização, engenheiros e/ou técnicos de segurança irão lhe fornecer apoio necessário.

A Norma Regulamentadora NR 23 "Proteção contra incêndios" é que disciplina sobre as regras complementares de segurança e saúde no trabalho previstas no art. 200 da CLT. O referido artigo, especificamente no inciso IV, dispõe sobre a proteção contra incêndio em geral e as medidas preventivas adequadas, com exigências ao especial revestimento de portas e paredes, construção de paredes corta-fogo, diques e outros anteparos, assim como garantia geral de fácil circulação, corredores de acesso e saídas amplas e protegidas, com suficiente sinalização.

Todos os locais de trabalho deverão possuir:

a) proteção contra incêndio;

b) saídas suficientes para a rápida retirada do pessoal em serviço, em caso de incêndio;

c) equipamento suficiente para combater o fogo em seu início;

d) pessoas treinadas no uso correto desses equipamentos.

Também prevê os seguintes itens de segurança relacionadas **à** prevenção e combate de incêndio:

1. Saída de Emergência.
2. Portas e Condições de Passagens.
3. Escadas.
4. Ascensores.

5. Portas Corta-Fogo.
6. Extintores Fixos e Modelos Portáteis.
7. Sistemas de Alarme.

Igualmente, prevê ações e obrigatoriedades relacionadas a:

1. Combate ao Fogo.
2. Exercício de Alerta.
3. Quantidade, Localização, Sinalização e Inspeção de Extintores.

Mais detalhes, acessar a **NR 23 "Proteção contra incêndios".**

4.1 Conceitos Gerais

Há uma série de termos técnicos relacionados ao incêndio, seja como se propaga ou suas consequências, bem como prevenção e combate. Selecionei algumas definições para sua orientação:

a) **Combustível:** elemento que reage com o oxigênio, produzindo a combustão. Os combustíveis podem ser divididos em: sólidos, líquidos e gasosos. Um dos métodos de extinção consiste na retirada do material combustível (ação física).

b) **Calor:** elemento que dá início ao incêndio e que incentiva a sua propagação. O método de extinção mais utilizado consiste no controle da reação de combustão ou resfriamento do material incendiado, sendo a água o agente extintor mais utilizado.

c) **Oxigênio:** elemento responsável por manter as chamas e intensificação da combustão. Denomina-se "abafamento" ao método de extinção que consiste na diminuição dos níveis de oxigênio abaixo da concentração requerida pelos materiais para queimar. Exemplos: utilização de panos para controle de pequenos incêndios; utilização de sistemas de inundação total com gás carbônico.

Estes três elementos, vistos acima, são itens necessários para se dê início ao fogo, isto é, na falta de um deles, não há geração ou propagação da chama.

a) **Reação em Cadeia:** ocorre na reação química da combustão (exotérmica) e acaba por retroalimentar o processo. O método de extinção pela inibição da reação em cadeira da combustão aplica-se àquelas em que há produção de chamas. Existem elementos capazes de reagir com os radicais ativos intermediários da reação química da combustão, intervindo e rompendo a reação em cadeia.

b) **Combustão Ativa:** combustão em ambiente rico em oxigênio. Produz fogo: calor e chama. A **Combustão Completa,** na queima, produz calor e chamas e se processa em ambiente rico em oxigênio. Já a **Combustão Espontânea** é um processo em que o combustível absorve o comburente e gera calor, que ultrapassa o ponto de ignição, e o corpo se inflama sem necessidade de ocorrência de chama ou faísca.

c) **Agente Extintor:** são certas substâncias químicas (sólidas, líquidas, gasosas ou outros materiais). Os mais conhecidos são: água; espuma; dióxido de carbono (gás); pó químico seco.

d) **Área de refúgio:** local seguro e temporário, acessado através das saídas de emergência de um setor ou setores da edificação. **Já a Área de risco fica do lado** externo à edificação e em geral contém: armazenamento de produtos perigosos, inflamáveis ou combustíveis; instalações elétricas ou de gás; outros.

e) **Brigada de incêndio:** grupo organizado de pessoas, voluntárias ou não, treinadas e capacitadas em prevenção e combate a incêndios e primeiros socorros, para atuação em edificações e áreas de risco. O grupo recebe o "Atestado de brigada de incêndio", registro que comprova que determinado grupo recebeu treinamentos teórico e prático de "prevenção e combate a incêndio" ou mesmo usuários da edificação.

f) **Barra "Antipânico":** dispositivo utilizado para destravar uma porta, na posição de fechamento, acionado mediante pressão exercida no sentido de abertura (é uma barra horizontal fixada na face da folha da porta).

g) **Bomba "*Jockey*" (Bomba de pressurização):** destinado a manter o sistema pressurizado em uma faixa preestabelecida da rede hidráulica de combate ao incêndio.

h) **Carga de incêndio:** "Soma das energias caloríficas possíveis de serem liberadas pela combustão completa de todos os materiais combustíveis contidos em um espaço, inclusive o revestimento das paredes, divisórias, pisos e tetos" (NPT 003).

i) **"*Stack effect*" (efeito chaminé):** é o fluxo de ar na direção vertical que ocorre no interior das edificações e é causado pela diferença de temperatura interna e externa.

j) **Níveis de EPI: o nível "A"** é o nível máximo de proteção para possíveis vias de intoxicação: inalação, ingestão ou absorção cutânea. Utiliza-se roupa encapsulada e com proteção respiratória de pressão positiva. O **EPI de nível "B"** é de proteção intermediária, sendo aplicado para exposições de produtos com possibilidade de respingos. Utiliza-se roupa de proteção. O **EPI de nível "C"** é o mínimo necessário de proteção para qualquer tipo de acidente com produtos químicos. A sigla **EPR** significa "Equipamento de Proteção Respiratória".

k) **Certificado de Vistoria e Conclusão de Obra – CVCO ou Habite-se:** "Ato administrativo emanado de autoridade competente que autoriza o início da utilização efetiva de construções e edificações". (NPT003)

l) **Materiais Anti-incêndios:** estes materiais, em seu processo químico, recebem tratamento para ter um comportamento que dificulte a ação do calor ou da dificultem a queima. Materiais incombustíveis, quando submetidos à ignição ou combustão, não apresentam rachaduras, derretimento, deformações excessivas e não desenvolvem elevada quantia de fumaça e gases. Já os materiais "semicombustíveis", quando submetidos à ignição ou combustão, apresentam baixa taxa de queima e pouco desenvolvimento de fumaça.

m) **Formas de Propagação da chama:** por condução, a transferência de calor é por contato direto das partículas da matéria. A propagação por convecção ocorre pela transferência de energia térmica de uma parte do material, para outra. Na propagação por radiação, ocorre a transferência de energia térmica através do espaço entre os materiais.

n) **Tipos de Proteção:** denomina-se por "proteção contra incêndio", o conjunto de operações necessárias para proteger a edificação e seu conteúdo. A Proteção Estrutural se refere característica construtiva que evita ou retarda a propagação do fogo e auxilia no trabalho de salvamento de pessoas em uma edificação. A Proteção Passiva são todas as medidas que não dependem de ação inicial (ex. materiais que retardam a chama).

o) **Saída de emergência, rota de fuga, rota de saída ou saída:** É o "caminho contínuo", devidamente protegido e sinalizado, proporcionado por portas, corredores, passagens externas, escadas, rampas, conexões entre túneis paralelos ou outros dispositivos de saída, ou combinações desses etc.

p) ***Smoke management system* (Sistema de controle de fumaça):** é um sistema, no qual, estão incluídos todos os métodos isolados ou combinados, os quais agem sobre a fumaça modificando seu movimento e contribuindo com o combate ao incêndio.

q) **Unidade autônoma:** "Parte da edificação vinculada a uma fração ideal de terreno, sujeita às limitações da lei, constituída de dependências e instalações de uso privativo e de parcela de dependências e instalações de uso comum da edificação, assinalada por designação especial numérica, para efeitos de identificação, nos termos da Lei Federal no 4.591, de 16 de dezembro de 1964. (2) Unidades autônomas: para efeitos de compartimentação e resistência ao fogo, entende-se como sendo os apartamentos residenciais; os apartamentos de hotéis, motéis e flats; as salas de aula; as enfermarias e quartos de hospitais; as celas dos presídios e assemelhados". (NPT 003)

Para mais informações, acesse a norma: **"NPT 003 – Terminologia de segurança contra incêndio".**

Em relação à Classificação do Incêndio (Classes: A, B, C e D):

a) **Classe "A"** – Fogo em materiais combustíveis sólidos, tais como madeira, papel e assemelhados. A extinção se dá por resfriamento, principalmente pela ação da água.

b) **Classe "B"** – Fogo em combustíveis líquidos e gasosos, tais como: inflamáveis, óleos, graxas, vernizes, GLP e assemelhados. A extinção se dá por abafamento, isto é, pela quebra da cadeia química ou pela retirada do material. Os agentes extintores podem ser produtos químicos secos, líquidos sob vapor, CO2, água "nebulizada" e a espuma mecânica (sendo este um dos mais indicados).

c) **Classe "C"** – Fogo em equipamentos elétricos, tais como transformadores, motores, aparelhos de ar condicionado, televisores, rádios e assemelhados. São usados os pós químicos secos, líquidos sob vapor e o CO2.

d) **Classe "D"** – Fogo em metais pirofóricos, tais como magnésio, titânio e zircônio. Esses metais queimam mais rapidamente. O combate exige equipamentos, técnicas e agentes extintores especiais, que formam uma capa protetora, isolando o metal combustível do ar atmosférico.

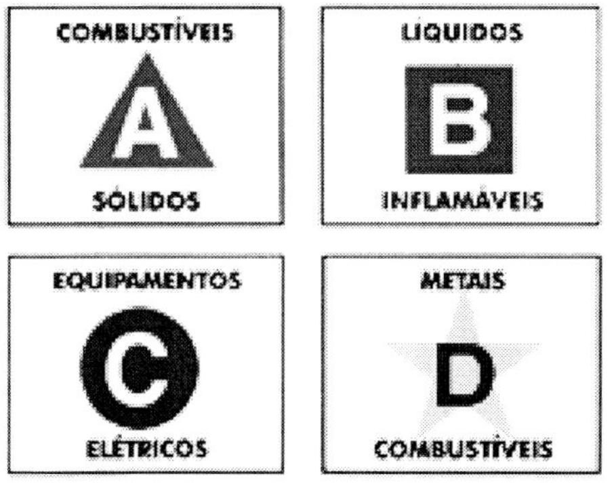

Figura 4.1 Identificação dos Extintores conforme a Classe de fogo que ele está apto a combater. Fonte: Não Divulgada.

4.2 Sistemas de Combate a Incêndio

Introdução

O Sistema de Combate a Incêndio (*Fire System*), num primeiro momento, tem a função de extinguir totalmente o fogo, tendo como foco a fonte geradora da chama e desta forma evitar a sua propagação. Após a extinção, segue a fase de resfriamento dos materiais e estruturas atingidas. A abordagem serão os sistemas, equipamentos e utilidades aplicados às edificações, considerando a Gestão de *Facilities*.

Se me permitem, gostaria de dar uma dica: muita atenção à empresa que faz a gestão dos extintores. Atuei como coordenador operacional de uma Usina de Cogeração, de alta periculosidade. Os grupos geradores operam com combustível gás natural. Ao assumir, uma das primeiras ações foi a implementação da nova central de controle e combate a incêndio. Além de avaliar a capacitação de todos os funcionários e incluir um treinamento sobre incêndio, uso de extintores, formação de brigadistas etc. E extremamente crítico para qualquer edificação, mas para esta unidade em especial, a prioridade é altíssima.

A unidade possui um sistema completo de prevenção e combate, incluindo uma central de alarmes, hidrômetros de rua, central de bombas, mangueiras e extintores, localizados em pontos estratégicos. O **SESMET** da companhia acompanhava os funcionários de empresa contratada nos serviços de revisão e troca dos equipamentos.

Até aqui tudo bem. O fato é que tivemos um pequeno sinistro em um dos grupos geradores e um dos elementos da brigada de incêndio ao acionar o extintor, este por sua vez falhou! O brigadista teve que correr até o ponto mais próximo para pegar outro e finalmente obteve sucesso extinguindo o princípio de incêndio. Resumindo, houve uma investigação, equipamentos foram inspecionados e outros apresentaram falha. A empresa foi substituída. Portanto, certifique-se da idoneidade da empresa, contate outros clientes e verifique a qualidade e segurança dos serviços prestados. Este incidente não teve maiores consequências, mas poderia ter tido. Por esta razão, decidi incluir um capítulo somente para tratar do assunto Incêndio!

Agradeço ao leitor caso queira contribuir seja para corrigir alguma informação equivocada ou mesmo para contribuir com *expertise*, caso seja desta área de atuação.

O que é Prevenção de Incêndio?

A prevenção "é o conjunto de medidas que visam evitar que os sinistros surjam, mas não havendo essa possibilidade, que sejam mantidos sob controle, evitando a propagação e facilitando o combate". Todas as ações devem ter algo grau de assertividade e confiabilidade, pois desta forma o sinistro será evitado e, se ocorrer, os danos serão reduzidos.

Algumas destas medidas podem ser:

- Obediência, sem restrições, à legislação vigente e normas técnicas;
- Obter a aprovação de projetos de proteção contra incêndios junto aos órgãos fiscalizadores;
- Instalar os equipamentos, instrumentação de controle e utilidades em acordo com o projeto;
- Obter aprovação e certificação do sistema de prevenção e combate a incêndio por meios legais e somente após, liberar a edificação para uso;
- Executar os testes e inspeção em acordo com plano de manutenção, rigorosamente;
- Substituir equipamentos obsoletos;
- Manter as instalações identificadas e sempre desobstruídas;
- Formar brigada de incêndio: Treinamento e exercícios práticos com simulações de evacuação;
- Manter todos os equipamentos limpos e revisados em relação às datas de vigência;
- Efetuar desligamentos de equipamentos elétricos após expediente (cafeteiras, estufas etc.)
- Efetuar desligamento de válvulas de gás;
- Manter instalação de alta periculosidade afastada de locais onde há acumulo de pessoas (Centrais de Gás, Subestações etc.);
- Executar Manutenção Preditiva Termografia para identificar "pontos quentes" nas instalações elétricas (painéis de equipamento, quadros de controle, fiação, etc.). Frequência: no mínimo anual;

- Executar os consertos com base no relatório de termografia;
- Revisar, quando aplicável, antigas instalações elétricas e executar serviços de atualização, seguindo padrões e normas técnicas;
- Evitar instalação de componentes elétricos fora de especificação, pois podem acarretar sobrecarga, gerando aquecimento excessivo, podendo chegar a ocasionar fogo.
- Revisar instalações elétricas e instalar sistemas protetivos contra sobrecargas;
- Verifique e assegure que serviços com chama, por exemplo soldagem, sigam todas normas de segurança, bem como a equipe tenha todos os EPI necessários para a execução. Se observar alguma anormalidade, faça com que a atividade seja interrompida.

Importante: mantenha um brigadista com extintor próximo à execução de serviço. Qualquer emergência, o combate será imediato, evitando a propagação. São vários os exemplos, um deles são os serviços de colocação de manta asfáltica em telhado.

- Em "rondas" pela edificação, verifique que as saídas de emergência e barras "antipânico" estão em condições de utilização. Obviamente, se estão desobstruídas;
- Não permita que materiais de obra ou outro qualquer fique armazenado em áreas de alta periculosidade. Por exemplo, mobiliário obsoleto dentro da Subestação;
- Não permita que serviços que gerem faíscas sejam executados próximo de centrais de gás ou de materiais sujeitos a fácil combustão;
- Quando aplicável, em execução de obras e/ou reformas opte por materiais, que tenham propriedade antichamas ou resistência a propagação etc.

Há uma série de outras ações de prevenção. Busquei identificar as mais aplicáveis a edificações e serviços. No seguimento industrial as ações devem ter um grau bem maior, tendo em vista o produto. Refinarias, Poços de Extração de Petróleo e Indústrias Químicas são exemplos de ambientes nos quais a prevenção tem alto grau de prioridade. O risco de perda patrimonial e de vidas é incomparável.

O que é Combate ao Incêndio?

O combate é iniciado quando a prevenção não foi efetiva ou houve efeito externo e não previsto, tais como ações criminosas, de má-fé ou por meio de desrespeito à legislação e normas técnicas. Via de regra, o combate é feito pelo Corpo de Bombeiros. Mas, como vimos, as primeiras ações partem da Unidade de Brigadistas ou por pessoal não habilitado, mas com conhecimento prático que pode dar início ao combate às chamas. Há uma escala de prioridades a ser adotada, e as medidas são tomadas na seguinte ordem:

1. Busca e salvamento de vidas.
2. Isolamento da área, evitando acesso por pessoal não habilitado.
3. Confinamento, sendo uma ação na qual se tenta evitar a propagação do incêndio, removendo material de fácil combustão.
4. A fase de extinção é onde se coloca em "xeque" a efetividade dos equipamentos disponíveis para combate ao foco e áreas adjacentes. Com a chegada dos Bombeiros, o combate tende a ser mais qualificado, tendo em vista a larga experiência dos "soldados do fogo". Ações conjuntas, uso de EPI e de Proteção Coletiva fazem a diferença.

5. O Rescaldo é a fase final. O fogo foi extinto, mas os materiais ainda necessitam ser resfriados. Alguns materiais estão em "brasa" e com a ação do vento podem novamente gerar as chamas.

Importante: em determinados sinistros existem as operações de proteção de salvados e ventilação, as quais podem ocorrer em qualquer das fases citadas acima. A inalação de fumaça e/ou queimaduras determinam que o indivíduo necessite de atendimento médico. As ações preliminares ocorrem por parte da equipe de socorristas, caso a organização disponha deste grupamento, juntamente ou em conjunto com os brigadistas. Gostaria de ressaltar sobre o fato de pessoas que tiveram contato com a fumaça gerada pelas chamas: procurem atendimento médico! As toxinas inaladas podem, num primeiro momento, não causar efeito nocivo, mas com o decorrer do tempo (e não há como saber de antemão se em horas, dias ou meses) pode afetar seriamente as vias respiratórias, causando sequelas leves ou graves, podendo levar à morte. Já as queimaduras são visíveis e então, em geral, o acidentado irá passar por tratamento de acordo com a gravidade. Em combate a incêndio de menor porte, e neste caso sendo identificado que alguém apresenta uma pequena queimadura, faça com ele busque uma revisão médica. Não aceite, em hipótese alguma, aquele "velho comentário" que em geral é algo como o "isso não foi nada", principalmente se você for o gestor imediato dele.

4.2.1 Equipamentos Extintores

São divididos em Equipamentos Móveis, dos quais fazem parte todas as classes de extintores portáteis ou sobre rodas e Equipamentos Fixos onde se enquadram os Hidrantes e Mangotinhos (Sob Comando) e os Sprinkles, Gases, Cortina d'água e Mulsfire (Sistemas automáticos de comando).

Os Extintores de Incêndio

São os equipamentos mais comuns de combate às chamas. Estão instalados, praticamente, em todos os locais comerciais, industriais, hospitais, condomínios residenciais, edificações, veículos, hotéis etc. Por sua versatilidade de uso é que estão entre os itens obrigatórios previstos pelas leis vigentes e/ou normas referentes à prevenção de incêndio. Mesmo em grandes corporações, o extintor tem grande utilidade, pois é de fácil manuseio e com alto poder de extinção de fogo, principalmente quando utilizado na fase de "princípio de incêndio". A legislação de controle varia conforme a localização da edificação, isto é, para a obtenção de alvarás de funcionamento, a organização precisa estar em dia com as leis municipais e/ou estaduais.

Sendo eu aqui de Porto Alegre, cito para referência do caro leitor a legislação vigente no Rio Grande do Sul: os Decretos Estaduais de nº 37380/1997 e nº 38273/1998, os quais estabelecem:

- É obrigatória a instalação de extintores de incêndio em todas as edificações e estabelecimentos existentes e em construção e a construir, excetuados os prédios unifamiliares;
- A existência de outros sistemas de proteção não exclui a obrigatoriedade da instalação de extintores;
- Será exigido, no mínimo, duas unidades extintoras por pavimento, exceto nos prédios exclusivamente residenciais e estabelecimentos com risco de incêndio pequeno ou médio, com área construída de até 30 m^2, onde será exigida apenas uma unidade;
- Somente serão aceitos extintores de incêndio cuja qualidade seja atestada pelo **INMETRO** e demais órgãos credenciados;
- A classificação do risco de incêndio será feita com base nas normas do **Instituto de Resseguros do Brasil** (IRB).

A NR 23 determina a quantidade de extintores em acordo com área de ação e distância a ser percorrida pelo brigadista:

Classe de risco	Área de ação	Distância a percorrer
(A) Pequena	500 m2	20 m
(B) Média	250 m2	10 m
(C) Grande	150 m2	10 m

Igualmente determina o Tipo e Capacidade dos Extintores:

1. Água/Gás ou água pressurizada, 10 litros — **Classe "A"**
2. Espuma, 10 litros — **Classes "A" e "B"**
3. Gás Carbônico (**CO2**), 6 kg — **Classe "B" e "C"**
4. Pó Químico Seco, 4 kg — **Classes "A", "B" e "C"**
5. Pó Químico Especial — **Classe "D"**
6. Pó Químico Especial — **Classe "K"**

CLASSES DE INCÊNDIO	TIPO DE EXTINTOR						
	ÁGUA	ESPUMA	CO_2	PÓ BC	PÓ ABC	CLASSE D	CLASSE K
A — APARAS DE PAPEL MADEIRAS	SIM	SIM	NÃO	NÃO	SIM	NÃO	NÃO
B — LÍQUIDOS INFLAMÁVEIS	NÃO	SIM	SIM	SIM	SIM	NÃO	NÃO
C — EQUIPAMENTOS ELÉTRICOS	NÃO CONDUZ CORRENTE ELÉTRICA	NÃO CONDUZ CORRENTE ELÉTRICA	SIM	SIM	SIM	NÃO	NÃO
D — Metais Combustíveis	NÃO PODE PROVOCAR EXPLOSÃO	NÃO PODE PROVOCAR EXPLOSÃO	NÃO	NÃO	NÃO	SIM DEVE SER VERIFICADA A COMPATIBILIDADE ENTRE O METAL COMBUSTÍVEL E O AGENTE EXTINTOR	NÃO
K — Óleos e Gorduras	NÃO	NÃO	NÃO	NÃO	NÃO	NÃO	SIM PÓ ESPECIAL USADO PARA ÓLEOS VEGETAIS

Figura 4.2 Orientação para a utilização correta do tipo de "Extintor X Classe de Incêndio". Fonte: Não Informada

Componentes dos Extintores de Incêndio, conforme o tipo:

Figura 4.3 Componentes do tipo Extintor deGás CO2. Fonte: www.meunegociomelhor.com.br

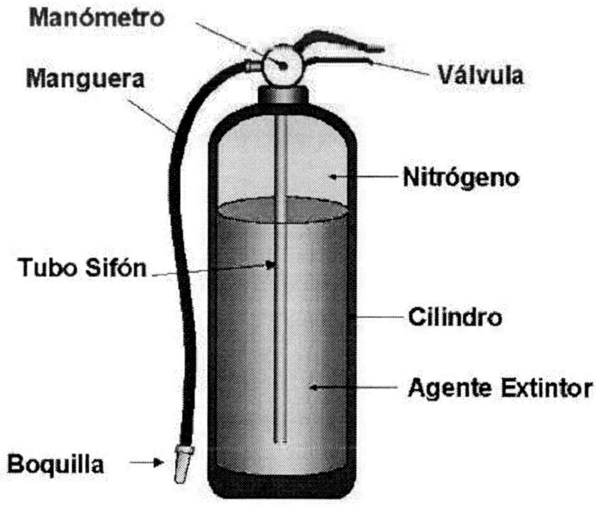

Figura 4.4 Componentes do tipo Extintor de Água Pressurizada (no final da mangueira há uma "boquilha"). Fonte: www.brasilsegurança.com

Outra informação importante, principalmente para as pessoas sem treinamento refere-se à forma de combate ao incêndio. Obviamente, a figura a seguir é apenas para sua orientação. Este passo a passo pode ser útil em situações de emergência, onde a ação imediata irá extinguir a chama numa fase inicial, evitando mais perdas. Neste caso, o indivíduo corre o risco de sofre alguma escoriação, por não ter o conhecimento do manejo do equipamento e num caso extremo ter queimaduras pela proximidade das chamas.

Uma dica é estar informado a respeito do uso, por exemplo, por intermédio de vídeos disponíveis no *Youtube*. Afinal, nunca se sabe quando vamos estar à frente de um sinistro e cuja ação imediata depende de nós.

Importante: Não banque o herói! Entenda sua limitação e procure ajuda a pessoal treinado e habilitado. No ambiente de trabalho, comunique o colega que pertença a brigada de incêndio mais próximo do seu local e siga as determinações da companhia, como a evacuação e se encaminhar para o local seguro.

Figura 4.5 Sequência do passo a passo e demais orientações para combate a princípio de incêndio. Fonte: www.brasilsegurança.com

Também para sua orientação, segue exemplo da correta instalação e identificação do extintor. Repare que a posição está acima do piso, evitando queda por ação humana ou equipamento. O local está com a identificação conforme norma e totalmente desobstruído.

Figura 4.6 Exemplo da correta instalação e identificação de Extintor. Fonte: www.lojaestrutura.com

Tipos de Extintores mais conhecidos:

Figura 4.7 Da esquerda para direita, Extintores tipo: Água, Espuma e Gás CO2 Deve haver, no mínimo, um extintor de incêndio distante a não mais de 5m da porta de acesso da entrada principal da edificação. (NBR 12.693). Fonte: www.aruja.biz

Figura 4.8 O Extintor ABC teve revogada a obrigatoriedade par uso veicular. No entanto, sua utilização segue as Classes A, B e C e pode ser aplicado no combate às chamas em outra situação e local. Fonte: www.artefactum.com.br

Figura 4.9 Extintor modelo Sob Rodas. Fonte: www.bucka.com.br

Figura 4.10 Modelo de extintor em Carreta para Espuma Mecânica, capacidade 130 litros. É um sistema de combate mecânico por resfriamento (espuma) para focos de incêndio de médio porte, como tanques com líquidos combustíveis e inflamáveis de Classe A-B (sólidos e líquidos), utilizando-se do sistema de hidrantes. Lança a espuma através de um propulsionador com o uso da brigada de incêndio. Fonte: www.protexfire.com.br

Outros Equipamentos de Combate ao Incêndio

Hidrantes: é um sistema de combate manual por resfriamento (água) para focos de incêndio no estágio médio de Classe A – sólidos, possui reservatório e bomba de recalque. Seu alcance é de 30 m por ponto de hidrante e sua utilização exige uma equipe de brigada de incêndio muito bem treinada, sabendo que a primeira ação é a desenergização do local atingido.

4.2.2 Utilidades do Sistema contra Incêndio

Introdução

A cor vermelha sempre será o indicativo de que a tubulação ou utilidade (bombas, hidrantes etc.) pertence ao sistema de combate a incêndio. Para os técnicos e engenheiros, a identificação é imediata, mas aos clientes e usuários da edificação não parece tão evidente e por esta razão se torna necessária a identificação, seja do equipamento ou de "área restrita". Mas cuidado, não é qualquer tom de vermelho. Verifique as especificações antes de mandar, por exemplo, de mandar repintar as tubulações que estão sob a ação do tempo (sol, chuva, ventos etc.).

Antes da pintura, deve-se observar as especificações sobre a necessidade ou obrigatoriedade das instalações hidráulicas exclusivas para combater um dos mais severos sinistros, o incêndio.

Os Decretos Estaduais 37380/1997 e 38273/1998, RS, estabelecem:

"As edificações deverão ser dotadas de instalações hidráulicas de combate ao incêndio quando:

I – Possuírem altura superior a 12 m;

II – Não sendo residenciais, tiverem área total construída superior a 750 m^2;

III – Forem destinadas a postos de serviço ou garagem com abastecimento de combustíveis;

IV – Destinadas à residência, com área de pavimento superior a 750 m^2;

V – Servirem como depósitos de gás liquefeito de petróleo (GLP);

VI - Depósitos de líquidos inflamáveis e combustíveis.

Principais Utilidades e Equipamentos contra Incêndio, observando a conformidade com a NBR 13714 "Sistema de hidrantes e mangotinhos para combate a incêndio", versão 2000.

Nota: Esta norma não se aplica a seguimentos onde os processos operacionais são de alta periculosidade, tais como as Indústrias Petroquímicas, Refinarias de Petróleo, terminais de distribuição de petróleo, locais de armazenamento de líquidos e gases inflamáveis, por exemplo os postos de serviços.

- **Instalações Hidráulicas Sob Comando:** são aquelas em que o afluxo de água, do ponto de aplicação, faz-se através de controle manual de dispositivos adequados. Para a instalação deste sistema, deverão ser obedecidas as exigências da **NBR 13714**, sendo que somente serão aceitos esguichos especiais reguláveis: As edificações que não possuírem sistema hidráulico sob comando, a uma distância amais de 30m da via de acesso para veículos de combate a incêndio, deverão instalar rede seca. Já nas edificações onde houver reserva de água elevada (Caixa D'Água exclusiva e com capacidade superior a 10.000 litros), deverá ser instalado um ponto de tomada de água, com prolongamento até local, o que deverá ser de fácil acesso para veículos de combate a incêndio (próprios da organização e/ou do corpo de bombeiros);

- Bombas Exclusivas para Combate a incêndio:

a) **Bomba principal:** bomba hidráulica centrífuga destinada a recalcar água para os sistemas de combate a incêndio;

b) **Bomba de pressurização (conhecida pelo termo: Bomba *Jockey*):** bomba hidráulica centrífuga destinada a manter o sistema pressurizado em uma faixa preestabelecida;

c) **Bomba de reforço:** bomba hidráulica centrífuga destinada a fornecer água aos hidrantes ou mangotinhos mais desfavoráveis hidraulicamente, quando estes não puderem ser abastecidos somente pelo reservatório elevado.

- **Esguicho:** dispositivo adaptado na extremidade das mangueiras, destinado a dar forma, direção e controle ao jato, podendo ser do tipo regulável (neblina ou compacto) ou de jato compacto.
- **Sistema de Hidrantes e/ou Mangotinhos:** sistema de combate a incêndio, ainda composto por reserva de incêndio, bombas de incêndio (quando necessário), rede de tubulação, hidrantes ou mangotinhos e outros acessórios:

a) **Sistema de Hidrantes (tipos 2 e 3): é** constituído por tomadas de incêndio nas quais há **uma** (simples) **ou duas** (duplo) **saídas** de água. São formadas por válvulas angulares com seus respectivos adaptadores, tampões, mangueiras de incêndio e acessórios.

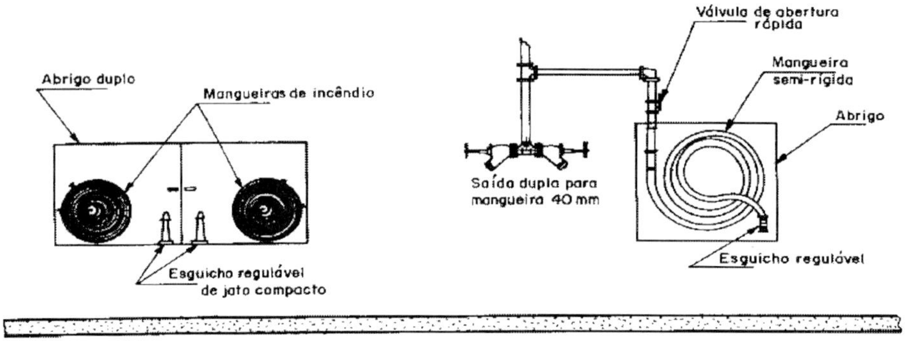

Figura 4.11 Figura Ilustrativa do Sistema tipo 2 – Hidrante duplo com mangueira semirrígida acoplada.Fonte: www.psengenharia.com

Figura 4.12 Sistema tipo 2 – Hidrante duplo. Fonte: www.blockingfire.com.br

2. **Sistema de Mangotinhos (tipo 1):** é constituído por tomadas de incêndio nas quais há uma saída, contendo válvula de abertura rápida, de passagem plena, permanentemente acoplada nela uma mangueira "semirrígida", esguicho regulável e demais acessórios. É muito semelhante ao sistema de hidrantes. A diferença está no material construtivo. As mangueiras no sistema mangotinhos é semirrígida (similar aquelas utilizadas nos postos de combustíveis). O diâmetro chega 25 mm (as mangueiras dos hidrantes são até 63 mm). A vazão é menor que no sistema de hidrantes. O mangotinho permanece conectado ao esguicho e tendo uma combinação (diâmetro e vazão menores) facilita a sua operação. Ao contrário, nos hidrantes há uma montagem de peças por esta razão, sua utilização é mais complexa, exigindo treinamento e habilidade por parte do operador.

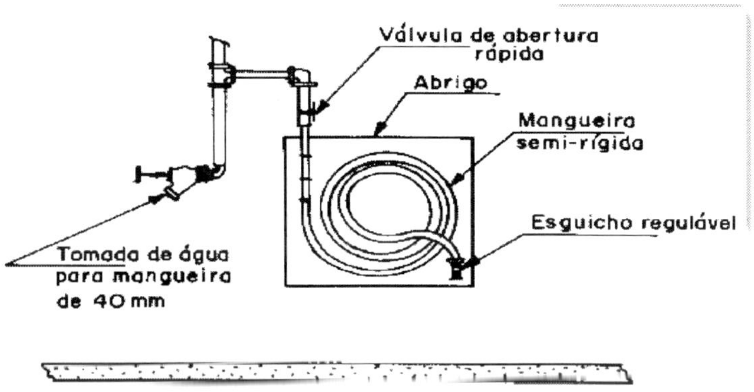

Figura 4.13 Sistema tipo 1 – Mangotinho com ponto de tomada de água para mangueira de 40 mm. Fonte: www.psengenharia.com

Figura 4.14 Exemplo de Sistema Mangotinho Tipo 1 (reparem na semelhança com as mangueiras dos postos combustíveis). Fonte: www.hidromon.com.br

Sobre a localização dos Hidrantes e Mangotinhos:

Os pontos de tomada de água devem estar posicionados:

- Nas proximidades das portas externas à área a ser protegida (até 5 m);
- Em posições centrais nas áreas protegidas;

- Fora das escadas ou antecâmaras de fumaça;
- Em altura de 1,0 m a 1,5 m acima do piso.

Nos hidrantes externos, quando afastados de no mínimo a 15 m (ou 1,5 vezes a altura da parede externa da edificação a ser protegida) e poderão ser utilizados até 60m de mangueira (preferencialmente em lances de 15m), desde que devidamente dimensionados hidraulicamente. Recomenda-se que sejam utilizadas mangueiras de 65 mm de diâmetro para redução da perda de carga do sistema e o último lance de 40 mm para facilitar seu manuseio.

A utilização do sistema não deve comprometer a fuga dos ocupantes da edificação. Portanto, deve ser projetado de tal forma que dê proteção em toda a edificação, sem que haja a necessidade de adentrar as escadas, antecâmaras ou outros locais determinados exclusivamente para servirem de rota de fuga dos ocupantes.

Todos os pontos de hidrantes ou de mangotinhos devem receber sinalização conforme a **NBR 13435**, de modo a permitir sua rápida localização.

- **Tubulação:** a tubulação é o conjunto de tubos, conexões e outros acessórios destinados a conduzir a água, desde a reserva de incêndio até os hidrantes ou mangotinhos. A tubulação do sistema não deve ter diâmetro nominal inferior a DN 65 (21/2"). A tubulação aparente do sistema deve ser em cor vermelha (observar padrão de cor conforme norma aplicável).
- **Abrigo:** as mangueiras de incêndio devem ser acondicionadas dentro dos abrigos: em ziguezague ou aduchadas conforme especificado na NBR 12779, sendo que as mangueiras "semirrígidas" podem ser acondicionadas enroladas, com ou sem o uso de carretéis axiais ou em forma de oito, permitindo sua utilização com facilidade e rapidez. No interior do abrigo pode ser instalada a válvula angular, desde que o seu manuseio e manutenção estejam garantidos. Os abrigos devem ser em cor vermelha, possuindo apoio ou fixação própria, independente da tubulação que abastece o hidrante ou mangotinho.

DETALHES PARA INSTALAÇÃO DE CAIXA DE INCÊNDIO

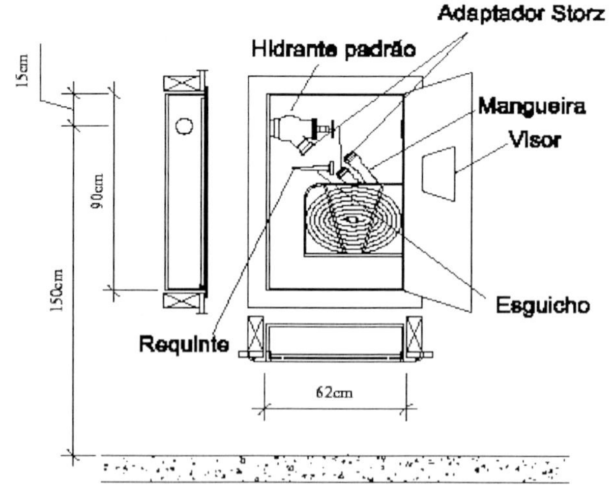

Figura 4.15 Ilustração contendo detalhamento para construção de caixa de incêndio. Fonte: www.psengenharia.com

- **Moto Bomba:** em determinadas situações se torna obrigatório, em caso de ser necessária a utilização de motor estacionário para acionamento da bomba, e deve estar pintado na cor vermelha, sendo indicativo de sua aplicação o combate ao incêndio.

Figura 4.16 Moto Bomba para uso exclusivo no Sistema de Combate a Incêndio. Fonte: www.psengenharia.com

Rede Hidráulica para Combate a Incêndio: as tubulações são responsáveis pela condução do fluido extintor e em geral recebem as seguintes denominações em relação aos *Sprinklers*:

a) **Ramais:** ramificações onde são instalados os sprinklers. Ainda podem fazer uso de tubos com no máx. 600 mm de comprimento;

b) **Tubulações Horizontais:** dutos que alimentam os ramais;

c) **Tubulações Verticais:** tubulações de subidas ou descidas. Fazem as ligações entre as redes (de *sprinklers*) dos diversos pavimentos da edificação, as ligações com os Ramais. Ainda dos Sprinklers individuais com os Ramais, mas quando a tubulação vertical for >300 mm de comprimento;

d) **Tubulação Principal:** faz a conexão com a rede de abastecimento com as tubulações gerais e onde é instalada a válvula de alarme ou chave detectora de fluxo, a qual controla a operação do sistema.

Exemplos de redes para combate a incêndio:

Figura 4.17 A Rede de Hidrantes é constituída por: tubulações, conexões,válvulas, registros, abastecimento e reserva de água, mangueiras, esguichos e outros equipamentos. Fonte: www.hidrofireservicos.com.br

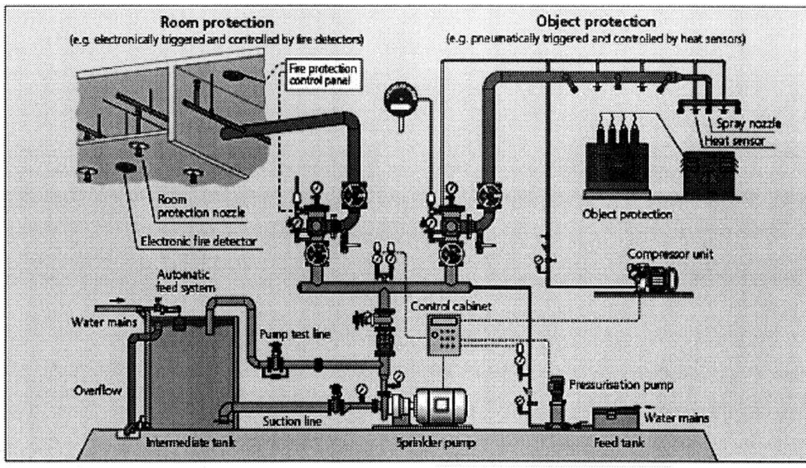

Figura 4.18 Ilustração de Sistema de Combate a Incêndio (no idioma Inglês) aplicável a Edificações. Além da Tubulação, há uma série de componentes como válvulas, bombas, painéis de controle, detectores etc. Room Protection (canto superior esquerdo): sistema que abastece os equipamentos extintores das Salas/Áreas de Escritório. Já o Object Protection (canto superior direito) atua em equipamentos/maquinário (o exemplo demonstrado é um transformador, mas o princípio se aplica igualmente a grupos geradores). Fonte: www.risco.com.br

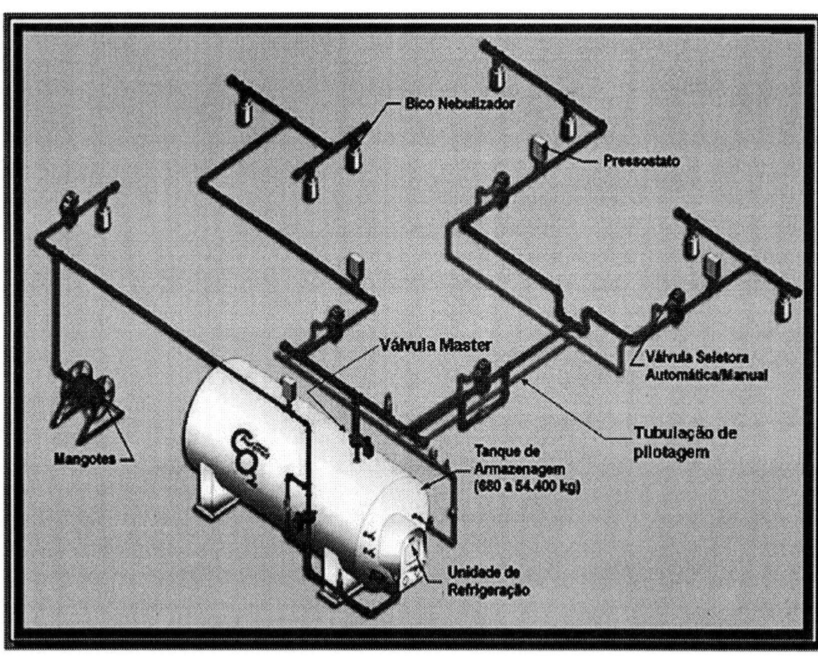

Figura 4.19 Exemplo de uma rede de combate a incêndio a partir de um tanque de Gás CO_2 que, por meio da tubulação, abastece os equipamentos extintores. Fonte: www.risco.com.br

Em resumo, estes são os principais itens a considerar para a construção de um sistema seguro de prevenção e combate a incêndio em uma edificação:

- Portas corta-fogo no *hall* das escadas;
- Piso, teto, parede e acabamento com propriedade "não combustível";
- Vidros resistentes ao fogo (quando aplicável);

- Sistema de extintores automáticos e/ou manuais;
- Gás centralizado (por exemplo, GLP);
- Saídas de emergência sempre desobstruídas e sinalizadas;
- Pára-raios (SPDA: Sistema de Proteção contra Descargas Atmosféricas, conforme legislação vigente)
- Sistemas de alarme;
- Sinalização do procedimento para evacuação até chegar ao local seguro.
- Iluminação de emergência;
- Treinamento e Qualificação da Brigada de Incêndio;
- Simulação do Plano de Evacuação
- Manutenção Preventiva de todos os Equipamentos e Utilidades;
- Atualização do Sistema conforme obsolescência ou legislação;
- Outros

4.2.3 Sistemas Automáticos de Extinção

Introdução

Um dos mais eficazes e mais utilizados é o *Sprinkler*, e podemos classificá-lo como um "chuveiro automático de extinção de incêndio". Estes equipamentos, em geral, são instalados no teto das salas.

Quando ocorre o princípio de incêndio, ele atua através da dilatação e rompimento da ampola mediante a elevação da temperatura ambiente. Quando acionado, libera a água, anulando o desenvolvimento do foco, passando a espalhar água em uma determinada área, combatendo assim o fogo, até a chegada dos bombeiros.

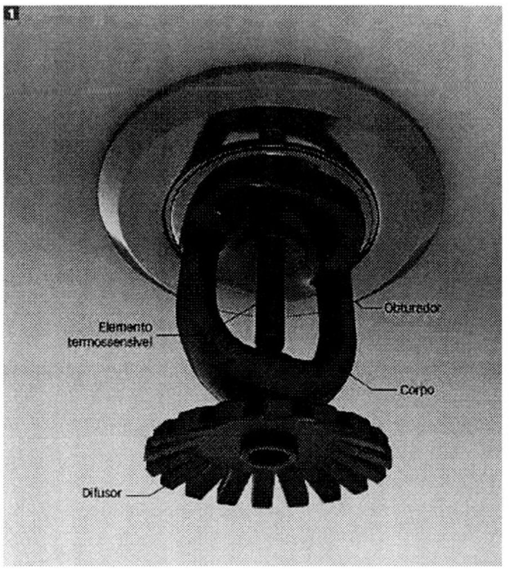

Figura 4.20 Componentes do Sprinkler. Fonte: www.construcaomercado.pini.com.br

Para sua referência, cito os decretos Estaduais (RS) de Nº. 37380/1997 e Nº. 38273/1998, e estabelecem: (observação: o contexto destas leis foram observadas até a edição deste livro).

"Instalações hidráulicas de Proteção Contra Incêndio Automática: aquelas em que o afluxo de água, ao ponto de aplicação, faz-se independentemente de qualquer intervenção manual, uma vez atingidas certas condições ambientais preestabelecidas;

A instalação de Sistema Automático de Extinção de Incêndios é obrigatória nas seguintes edificações:

I – Prédios classificados como de risco grande que possuam área construída acima de 1.500 m2;

II – Prédios classificados como área de risco médio que possuam área construída acima de 3.000 m2 ou mais de 20 m de altura;

III – Prédios classificados como de risco pequeno que possuam área construída acima de 5.000 m2 ou 30 m de altura, exceto os residenciais;

IV – Prédios classificados como de risco grande ou médio, quando estiverem abaixo do nível da soleira de entrada e com área superior a 500 m^2."

Caro leitor, verifique a legislação do seu Estado referente a este assunto. Acredito não ser muito diferente.

Identifiquei exemplos de sistemas de detecção e alarme de incêndio. São sistemas encontrados em edificações, existindo uma ou outra alteração. Exemplos de Sistemas de Detecção e Alarme:

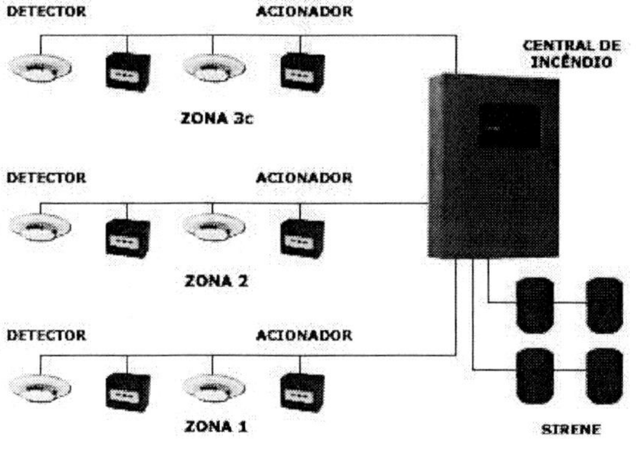

Figura 4.21 Ilustração de um Sistema Convencional de Detecção e Alarme de Incêndio e componentes. São utilizados em áreas onde os detectores convencionais são sinalizados nas centrais de alarmes por zonas e/ou setores. Fonte: www.globalsyst.com.br

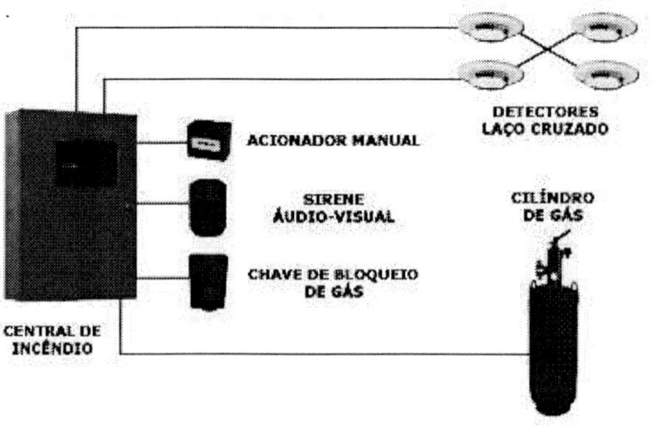

Figura 4.22 Ilustração de um Sistema de Detecção para Combate de Incêndio por Gás e seus componentes. Fonte: www.globalsyst.com.br

Principais Sistemas Automáticos de Extinção de Incêndio:

- ***Splinkers*:** os sistemas de "chuveiros automáticos" são classificados conforme sua forma de atuação e são os seguintes:

a) **Sistema de tubo molhado:** rede de tubulação fixa, com água sob pressão, em cujos ramais são instalados os chuveiros automáticos; o sistema é controlado na entrada, por uma válvula que soa automaticamente um alarme, na abertura de chuveiros atuados por um incêndio. Os chuveiros desempenham o papel simultâneo de detectar e combater o fogo. Nesse sistema a água somente é descarregada pelos chuveiros acionados pelo fogo.

b) **Sistema de tubo seco:** rede de tubulação fixa seca, mantida sob pressão de ar comprimido ou nitrogênio, em cujos ramais são instalados os chuveiros automáticos. Estes, ao serem acionados pelo fogo, liberam o ar, fazendo abrir, automaticamente, uma válvula de tubo seco, instalada na entrada do sistema. Esta válvula permite a entrada de água na tubulação, a qual deve fluir pelos chuveiros acionados. Esse sistema é aplicado em regiões sujeitas a temperaturas de congelamento da água.

c) **Sistema de ação prévia:** rede de tubulação seca, contendo ar que pode ser ou não sob pressão, em cujos ramais são instalados os chuveiros automáticos, como no sistema de tubo molhado. Na mesma área protegida pelo sistema, é instalado um sistema de detecção de calor, de operação mais sensível, ligado a uma válvula instalada na entrada da rede de tubulação. A atuação de quaisquer dos detectores (incêndio), provoca automaticamente a aberturada válvula especial. Esta permite a entrada da água na rede, que é descarregada através dos chuveiros. A ação prévia do sistema de detecção faz soar simultânea e automaticamente um alarme, antes da abertura de quaisquer dos chuveiros automáticos.

d) **Sistema dilúvio:** rede de tubulação seca, em cujos ramais são instalados chuveiros abertos. Na área protegida pelos chuveiros, é instalado um sistema de detecção de calor, ligado a uma válvula-dilúvio instalada na entrada da tubulação. A atuação de quaisquer dos detectores, motivada por um princípio de incêndio, ou ainda a ação manual de um controle remoto, provoca a abertura da válvula-dilúvio. Esta permite a entrada da água na rede, que é descarregada através de todos os chuveiros abertos. Automática e simultaneamente, soa um alarme de incêndio. Em casos especiais, o acionamento da válvula-dilúvio pode ser feito através de um sistema de detecção de gases específicos.

e) **Sistema combinado de tubo seco e ação prévia:** rede de tubulação seca, contendo ar comprimido, em cujos ramais são instalados os chuveiros. Na área do sistema de chuveiros, é instalado um sistema de detecção de calor, de operação mais sensível, ligado a uma válvula de tubo seco na entrada da tubulação. A atuação dos detectores provoca, simultaneamente, a aberturada válvula de tubo seco sem que ocorra a perda da pressão do ar comprimido contido na rede dos chuveiros. O sistema de detecção provoca a abertura de válvulas de alívio de ar, nos extremos das tubulações de chuveiros, o que facilita o enchimento com água da tubulação, procedendo à abertura dos chuveiros automáticos.

Figura 4.23 Tipos de Sprinklers e acessórios. Fonte: www.alvenius.ind.br

Grau de temperatura dos chuveiros automáticos

Com elemento termo-sensível tipo "solda eutética"

Temperatura máxima no telhado ºC	Temperatura recomendada do chuveiro ºC	Classificação da temperatura de funcion. do chuveiro	Cor do líquido da ampola
38	57 a 77	ordinária	incolor
66	79 a 107	intermediária	branca
107	121 a 149	alta	azul
149	163 a 191	muito alta	vermelha
191	204 a 246	extra alta	verde
246	260 a 302	altíssima	laranja
329	343	altíssima	laranja

Figura 4.24 Tabela relacionando "Temperaturas X Elemento Termossensível do Sprinkler". Fonte: www.bombeiroswaldo.blogspot.com

- **Sistema Fixo de Gases**: são sistemas de combate automáticos, utilizados em equipamentos de risco específico por inundação total, com agentes extintores não residuais. São indicados às Centrais de Processamento de Dados (*Datacenters*), painéis elétricos, coifas, entre outros. São instalados juntamente com sistema de detecção e alarme para automatização e orientação dos usuários.

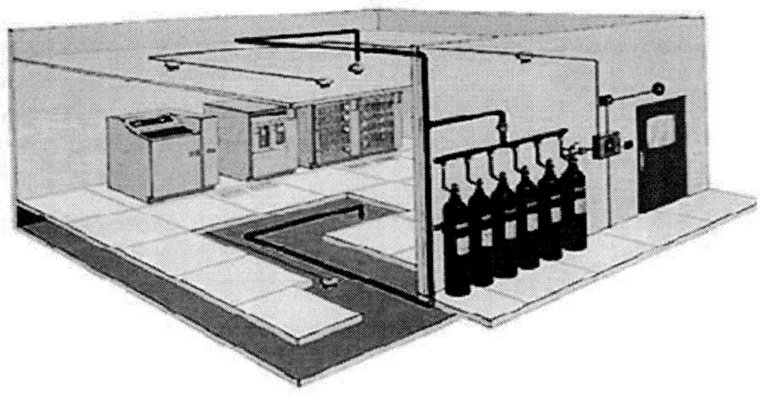

Figura 4.25 Ilustração de exemplo de aplicação do Sistema Fixo de Gases. Fonte: www.martinsystem.com.br

- ***Mulsyfire***: é o sistema de combate automático mais indicado para transformadores (exceto os modelos "a seco", isto é, sem óleo lubrificante), relevantemente nas usinas hidrelétricas e termoelétricas, sistemas automatizados por detectores de chama, calor e fumaça (em locais fechados). Alguns Mulsyfires têm a opção de acionamento manual. Atua em forma de neblina, extinguindo o foco de incêndio do equipamento protegido.

Figura 4.26 Instalação de um Sistema Mulsyfire(Cilindros mais a central de controle). Fonte: www.cga.ind.br

- **Sistema de Cortina D'Água Anti-incêndio**: é o sistema de combate automático que funciona como uma rede de pequenos chuveiros afixados no teto e alinhados para formarem uma cortina de água quando acionados. Muito utilizada em aberturas de paredes de compartimentação.

Figura 4.27 Ilustração exemplificando um Sistema de Cortina D'água em operação. Fonte: www.vactecsysteme.com

Como observado, em locais de risco elevado seja em relação a patrimônio ou grande aglomeração de pessoas, o recomendável é a instalação de sistemas fixos e automáticos de combate ao incêndio. Em geral são dotados de dispositivos para detecção, e a atuação é praticamente instantânea. Obviamente é a situação ideal para ambientes críticos, mas o investimento não é de baixo custo e por esta razão é substituído por um sistema com intervenção por meio de operador.

Estes são alguns dos agentes extintores mais utilizados em sistemas fixos: CO2, Água Pressurizada, Espuma e Pó Químico. A aplicação é ampla, incluindo: Datacenters, como proteção para máquinas operatrizes, cozinhas industriais, sala de teste para motores, entre outros locais de alta periculosidade (manuseio de materiais combustíveis, por exemplo).

4.2.4 Erros mais frequentes em Projetos contra Incêndio

Introdução

Os projetos de prevenção e combate a incêndios devem nascer juntamente com o de arquitetura e civil da edificação. Isso irá possibilitar uma melhor harmonia entre a estética e funções das instalações, com distâncias entre saídas, acesso às escadas, bem como seu dimensionamento, aos materiais construtivos para que tenham resistência ao fogo etc. A combustibilidade e a resistência ao fogo das estruturas e materiais de acabamento, a vedação de aberturas entre pavimentos adjacentes, as barreiras para evitar propagação de um compartimento a outro. Se no projeto construtivo são consideradas estas e outras necessidades, a futura instalação do sistema de proteção a incêndio culmina com consideráveis facilidades.

A estética nas construções, na maioria das vezes, considera excessos de segurança como empecilho. Um bom exemplo? A quantidade de botes salva-vidas, no famoso transatlântico Titanic, foi reduzida, pois não queriam que o excesso de botes atrapalhasse os viajantes da primeira classe em seus passeios pelo convés. Portanto, a decisão não foi técnica, mas para agradar aos acionistas da companhia. Em exemplos mais próximos da nossa realidade, cito o transtorno causado pela instalação de extintores, tubulações aparentes, entre outras utilidades que podem ser consideradas como "excesso" para os profissionais que primam apenas pela apresentação do ambiente, aos olhos dos clientes.

Voltando ao assunto projeto, uma das primeiras ações é avaliar a ocupação dos espaços na edificação. Um estudo detalhado irá determina os tipos de sistemas e equipamentos que farão com que a edificação receba seus usuários e clientes adequadamente: acessos, escadas rolantes, elevadores, salas, lojas, iluminação, ar condicionado etc. De posse de normas e legislação, o projeto segue em frente. A consulta ao corpo de bombeiros e prefeitura é importante.

Os riscos considerados são chamados de "A", "B" e "C", ou seja, leve, médio e pesado, e são determinados com base na "Tarifa Seguro Incêndio" do Instituto de Resseguros do Brasil. Existe um índice de ocupações que indica uma rubrica e "sub-rubrica", de acordo com a rubrica é determinado o risco: até 2: risco "A", de 3 a 6: risco "B" e finalmente de 7 a 13: risco "C".

Portanto, um projeto de proteção contra incêndio eficaz deve iniciar-se juntamente com o projeto de arquitetura e perfeitamente integrado com o de estrutura, hidráulico, elétrico etc.

Mas por que os erros acontecem?

Vamos juntos analisar, por item, a estrutura do projeto informando a determinação correta e as falhas na instalação. Lembrando que um bom projeto deve contar com proteção passiva (contenção da propagação do fogo nas vias vertical e horizontal), ativa (equipamentos de combate ao incêndio), sistemas de alarme, brigada de incêndio, usuários com treinamento de evacuação, socorristas (quando aplicável à organização), e um dos itens críticos e principais: as saídas de emergência com iluminação de segurança adequada e sem obstrução. Em determinadas edificações, se faz necessário o controle e limitação de armazenamento de materiais combustíveis em seu interior.

Sistema de Iluminação de Emergência (NBR 10898):

- Erro na diferenciação entre: aclaramento (índice mínimo de luminosidade para enxergar objetos e obstruções) e balizamento (indicação clara e precisa da saída e do sentido de evacuação até local seguro);
- Erro em prever pontos de iluminação para identificar a mudança de direção (numa evacuação), por exemplo, em andares intermediários;
- Erro de projeto na instalação de grupo gerador, quando não se mantêm as condições de sua partida automática (deve ter conjunto de baterias que permitem a partida segura do motor estacionário). Em média a partida ocorre em até 15 segundos. Há grande probabilidade de haver falha na partida por falta de manutenção preventiva.

Equipamentos Extintores (NBR 12692 e NBR 12693):

- Erro pouco provável, mas ocorre. Inexistência de extintores em áreas de risco especial, tais como, subestações, depósitos de GLP, Sala de Caldeiras, Casa de Bombas, áreas de Grupo Gerador etc. Um desvio deste erro é de não prever extintor com exclusividade para estes locais.
- Erro em não avaliar a necessidade de tipos de extintores em relação à classificação e em um mesmo piso, de forma a combater princípios de incêndio conforme material ou instalação.
- Erro em não atender à recomendação da quantidade de extintores móveis do tipo carreta. Há que se observar a área de cobertura e atendimento, exclusivamente, no piso em que se encontram.
- Erro em não ter um planejamento adequado de revisão dos extintores. Há falha em combater ocorre por extintor sem carga ou no gatilho. Ainda ocorre de manter equipamentos com data de validade vencida em pleno uso;
- Erro na definição do local de instalação do extintor. Locais com obstrução e por vezes sem identificação e/ou pintura desgastada;
- Erro em não treinar usuários para utilização do extintor.

Sistema de Alarme (NBR 17240):

- Erro na escolha do local da instalação do painel controle. As escolhas variam entre áreas de armazenagem até isolados, isto é, não há trânsito de pessoas. Quando soa o alarme, não há tempo para que os responsáveis tomem as providências necessárias. Especialistas recomendam um telefone próximo com linha direta para o corpo de bombeiros e/ou brigada de incêndio.
- Erro em não prever/instalar alarme a partir de acionamento manual. Um usuário identifica um foco de incêndio e não pode aguardar até que sistema automático entre em ação.
- Erro em não implementar manutenção preventiva para o sistema de alarme. As falhas em sistemas elétricos não são visíveis e podem ocorrer sem que se perceba.
- Erro em não prever que o sistema adotado tem uma vida útil determinada pela obsolescência. Há necessidade de prever e investir em sistemas modernos e mais eficazes.

Hidrantes (NBR 13714 e NBR 10897):

- Erro na localização de registro de recalque dentro do pátio interno de empresas, sendo que deveria estar no passeio público próximo à portaria.
- Erro no projeto do sistema em não prever tubulação de retorno de 6 mm de diâmetro da expedição da bomba à sua introdução, para evitar superaquecimento quando funcionar sem vazão - é exigida somente para vazões superiores a 600 l/min.
- Erro em não instalar uma botoeira liga-desliga alternativa, quando for projetado sistema automatizado de acionamento das bombas.
- Erro de localização de hidrantes, sendo ideal próximo aos acessos da edificação. Há casos em que o brigadista teve que passar pelo incêndio para chegar até ao hidrante.

Saídas de Emergência (NBR 9077, NBR 11742 e NBR 14480):

- Erro em não prever captação de ar externo para o duto de entrada de ar - erroneamente sai diretamente do térreo, na laje e em local fechado. Ideal é uma captação externa de modo a aspirar ar puro e que possa subir até os locais desejados.
- Erro na falta de corrimãos em ambos os lados das escadas, em geral são instalados apenas um.
- Erro na definição da saída de emergência, a partir de todos os pavimentos, escoando no pavimento térreo. Ao contrário, deve ser isolada até ao pavimento no térreo. Não pode escoar onde normalmente é acesso de usuários e clientes. Em emergência, a evacuação deve ocorrer de forma rápida, sem que haja fluxo contrário, até o local seguro.
- Erro em não definir que todas as portas, de acesso às escadas de segurança, sejam devem ser do tipo corta-fogo (devem abrir no sentido da saída dos ocupantes).
- Erro de projeto em relação a passagem de cabeamento elétrico, dutos hidráulicos, gás combustível etc., as quais são instaladas nas paredes da escada ou no interior das mesmas. As exceções estão previstas em norma sobre o tema.
- Erro na ausência de barras "antipânico" nas portas de emergência. Exemplos são salas de reunião, foram encontradas em cinemas e teatros, casas de espetáculos, salões de baile e boates.
- Erro não muito comum, mas ocorre da falha no dimensionamento da largura das portas de saída em acordo com o cálculo da população máxima possível do local.
- Erro de especificação da quantidade de saída de emergência necessária em acordo com a possível população do local.

4.3 Legislação e Normas Técnicas Nacionais

*(Observação: o contexto das leis e normas foi observado até a edição deste livro).

Considerando em nível federal, cito a Lei Federal 12.608/2012, o Decreto Lei 895/1993 e o Decreto 7.257/2010 SINDEC – Sistema Nacional de Defesa Civil que determina que "*a atividade de defesa civil está associada à noção de desastre ou calamidade pública, e por sua vez, pressupõe danos ao eco sistema (danos humanos, materiais ou ambientais) e consequentes prejuízos econômicos e sociais, e nenhuma delas trata de inc*ẽndio em edificações".

Também em nível nacional, destacam-se as normas da ABNT (Associação Brasileira de Normas Técnicas) que tratam sobre tema Incêndio: projetos, materiais, equipamentos, execução, procedimentos, obrigatoriedades etc.

Para sua referência, selecionei algumas das normas da ABNT relacionadas à Proteção e Combate a Incêndio:

- NBR ISO 7240-1:2008 "Sistemas de detecção e alarme de incêndio Parte 1: Generalidades e definições"

Objetivo: esta parte da ABNT NBR ISO 7240 fornece um conjunto de diretrizes gerais e definições para serem usadas na descrição de equipamentos do sistema de detecção e alarme de incêndios, ensaios e requisitos nas outras partes da ABNT NBR ISO 7240.

- NBR 16400:2015 "Chuveiros automáticos para controle e supressão de incêndios - Especificações e métodos de ensaio"

Objetivo: esta Norma estabelece o conjunto mínimo de requisitos de construção e ensaios laboratoriais a serem submetidos os chuveiros automáticos para sistemas de proteção contra incêndio.

- NBR 13231:2104 Proteção contra incêndio em subestações elétricas"
- ABNT NBR 17505:2015 "Armazenamento de líquidos inflamáveis e combustíveis"
- NBR 12232:2015: "Execução de sistemas fixos automáticos de proteção contra incêndio com gás carbônico (CO_2) em transformadores e reatores de potência contendo óleo isolante"

Objetivo: esta Norma estabelece os requisitos específicos mínimos para o projeto, instalação, manutenção e ensaios de sistemas fixos automáticos de CO_2, por inundação total, com suprimento de gás em alta pressão, para proteção de transformadores e reatores de potência.

- NBR 15981:2011: "Mangueira de incêndio - Inspeção, manutenção e cuidados"

Objetivo: esta Norma fixa os requisitos mínimos exigíveis quanto à inspeção, manutenção e cuidados necessários para manter a mangueira de incêndio aprovada para uso.

- NBR 15511:2008 "Líquido gerador de espuma (LGE), de baixa expansão, para combate a incêndios em combustíveis líquidos"

Objetivo: esta Norma estabelece os requisitos mínimos exigíveis para líquido gerador de espuma (LGE) utilizado no combate a incêndio em combustíveis líquidos, em instalações como aeroportos, navios, refinarias, indústrias de petróleo, petroquímicas, químicas e outras onde haja o manuseio, estocagem ou produção de combustíveis líquidos utilizados em suas atividades.

- NBR 10897:2014 "Proteção contra incêndio por chuveiros automáticos" (*Sprinklers)*

Objetivo: esta Norma estabelece os requisitos mínimos para o projeto e a instalação de sistemas de proteção contra incêndio por chuveiros automáticos, incluindo as características de suprimento de água, seleção de chuveiros automáticos, conexões, tubos, válvulas e todos os materiais e acessórios envolvidos em instalações prediais.

- NBR 12615:1992 "Sistema de Combate a Incêndio por Espuma"

Objetivo: esta Norma fornece diretrizes para a elaboração de projetos de sistemas fixos, semifixos e portáteis de extinção de incêndios por meio de espuma mecânica, assim como para a instalação, inspeção, teste de aprovação, operação e manutenção dos referidos sistemas.

- NBR 15981:2011 "Sistemas de segurança contra incêndio em túneis — Sistemas de sinalização e de comunicação de emergências em túneis"

Objetivo: esta Norma especifica os requisitos para a sinalização e a comunicação de emergências relacionadas com a prevenção e a proteção de incidentes nos túneis com usuários, cargas transportadas e patrimônio público ou privado nos túneis urbanos, rodoviários, metroviários e ferroviários.

- NBR 12615:1992 "Sistema de Combate a Incêndio por Espuma"

Objetivo: esta Norma fornece diretrizes para a elaboração de projetos de sistemas fixos, semifixos e portáteis de extinção de incêndios por meio de espuma mecânica, assim como para a instalação, inspeção, teste de aprovação, operação e manutenção dos referidos sistemas.

- NBR 12692:1998 "Inspeção, manutenção e recarga em extintores de incêndio – Procedimento"
- NBR 13792:1997 "Proteção contra incêndio, por sistema de chuveiros automáticos, para áreas de armazenamento em geral – Procedimento"

Objetivo: esta Norma fixa as condições mínimas exigíveis para projeto, cálculo, instalação e manutenção de sistemas de chuveiros automáticos para proteção contra incêndio de áreas de armazenamento em geral.

- NBR 14276:2006 "Brigada de incêndio – Requisitos"

Objetivo: esta Norma estabelece os requisitos mínimos para a composição, formação, implantação e reciclagem de brigadas de incêndio, preparando-as para atuar na prevenção e no combate ao princípio de incêndio, abandono de área e primeiros-socorros, visando, em caso de sinistro, proteger a vida e o patrimônio, reduzir as consequências sociais do sinistro e os danos ao meio ambiente.

- NBR 16385:2015 "Sistemas de prevenção, proteção contra a explosão — Fabricação, processamento e manuseio de partículas sólidas combustíveis — Requisitos"

Objetivo: esta Norma especifica os requisitos técnicos para a segurança à vida e à propriedade, quanto a incêndio ou explosão e para minimizar os danos resultantes de um incêndio ou explosão.

- NBR 11300:1990 "Fios e cabos elétricos - Determinação da densidade de fumaça emitida em condições definidas de queima - Método de ensaio"

Objetivo: esta Norma prescreve o método de ensaio para a determinação da densidade de fumaça emitida por fios e cabos elétricos, durante a queima, em condições de ensaio definidas e não necessariamente iguais às que se verificam em incêndios.

- NBR 14480:2014 "Saídas de emergência em edifícios — Escada de segurança — Controle de fumaça por pressurização"

Objetivo: esta Norma especifica uma metodologia para manter livres da fumaça, através de pressurização, as escadas de segurança que se constituem, na porção vertical, da rota de fuga dos edifícios, estabelecendo conceitos de aplicação, princípios gerais de funcionamento e parâmetros básicos para o desenvolvimento do projeto.

- NBR 14925:2003 "Unidades envidraçadas resistentes ao fogo para uso em edificações"

Objetivo: esta Norma fixa os requisitos exigíveis para unidades envidraçadas resistentes ao fogo, que contêm vidro transparente ou translúcido, para uso em edificações.

- NBR 9077:2001 "Saídas de emergência em edificações"
- NBR 10898:2013 "Sistemas de iluminação de emergência"

Objetivo: esta Norma especifica as características mínimas para as funções a que se destina o sistema de iluminação de emergência a ser instalado em edificações ou em outras áreas fechadas, na falta de iluminação natural ou falha da iluminação normal instalada.

- NBR 11742:2003 "Porta corta-fogo para saída de emergência"

Objetivo: esta Norma fixa as condições exigíveis de construção, instalação e funcionamento de porta corta-fogo do tipo de abrir com eixo vertical, para saída de emergência.

- NBR 12693:2013 "Sistemas de proteção por extintores de incêndio"
- NBR 13523:2008 "Instalações Prediais de Gás Liquefeito de Petróleo – GLP"

Objetivo: esta Norma estabelece os requisitos mínimos exigíveis para projeto, montagem, alteração, localização e segurança das centrais de gás liquefeito de petróleo (GLP) com capacidade de armazenagem total máxima de 1 500 m3, para instalações comerciais, residenciais, industriais e de abastecimento de empilhadeiras.

- NBR 13714:2000 "Sistemas de hidrantes e de mangotinhos para combate a incêndio"

Objetivo: esta Norma fixa as condições mínimas exigíveis para dimensionamento, instalação, manutenção, aceitação e manuseio, bem como as características, dos componentes de sistemas de hidrantes e de mangotinhos para uso exclusivo de combate a incêndio.

- NBR 17240:2000 "Sistemas de detecção e alarme de incêndio – Projeto, instalação, comissionamento e manutenção de sistemas de detecção e alarme de incêndio – Requisitos"

Objetivo: esta Norma especifica requisitos para projeto, instalação, comissionamento e manutenção de sistemas manuais e automáticos de detecção e alarme de incêndio em e ao redor de edificações, conforme as recomendações da ABNT ISO/TR 7240-14.

- NBR 5419-1:2015 "Proteção contra descargas atmosféricas Parte 1: Princípios gerais"

Objetivo: esta Parte da ABNT NBR 5419 estabelece os requisitos para a determinação de proteção contra descargas atmosféricas. (SPDA).

Mais informações, por favor, acesse o site da ABNT:
http://www.abntcatalogo.com.br/

A Legislação em nível Estadual

Para referência, cito a lei estadual específica para edificações do Estado do Rio Grande do Sul

Lei Estadual-RS 10.987/1977 - Normas sobre sistema de prevenção e proteção contra incêndio (especifico para Edificações).

O disposto desta lei determina que todos os prédios comerciais, industriais, de diversões públicas e edifícios residenciais com mais de uma economia (unidade residencial) e mais de um pavimento deverão possuir plano de prevenção e proteção contra incêndio, aprovado pelo Corpo de Bombeiros da Brigada Militar do Estado do Rio Grande do Sul.

Neste contexto, o papel da União é o de elaborar as normas gerais, as quais são complementadas pelas leis estaduais e municipais. Não havendo lei federal sobre determinado assunto, os Estados poderão exercer a competência legislativa plena, no atendimento de suas necessidades, porém, a posterior adição de uma lei federal suspende a eficácia da lei estadual.

Após a observância da lei estadual têm vez os municípios, evidentemente onde tenha unidade do Corpo de Bombeiros. Este, por sua vez, precisa executar inspeção anual nos prédios considerados de risco grande e médio, e a cada dois anos nos prédios considerados de risco pequeno. A não apresentação ou a instalação em desconformidade com o plano gerarão advertência, multa e interdição. Fica expressa, também, a prerrogativa de que os bombeiros mandarem evacuar ou interditar edificações, cuja instalação, ofereça risco eminente de incêndio ou desabamento.

Já a realidade local (município) é muito particular, isto é, impossibilita ação da União. Por exemplo, a de legislar sobre as dimensões e altura de edificações e seu afastamento das divisas dos limites dos terrenos, usos admissíveis etc. Essas matérias deverão seguir o plano diretor municipal e a legislação dele decorrente, até mesmo por força do disposto no *art. 182, §§ 1º e 2º, da Constituição. Está expresso na Constituição Federal que o plano diretor é o principal parâmetro da política de desenvolvimento urbano. Em geral, as regras sobre edificações serão consideradas como afetas ao interesse local.*

Outro aspecto a ser considerado é que a emissão do alvará de construção da edificação ("habite-se") e de outros documentos assemelhados é atribuição da municipalidade. Para a emissão das licenças, é exigido, no mínimo, que o projeto e a obra das edificações tenham os devidos responsáveis técnicos e registrados no Conselho Regional de Engenharia e Agronomia – CREA ou no Conselho Regional de Arquitetura – CRA. Uma observação importante é que esses conselhos não têm poder de fiscalização em relação às edificações, mas o de fiscalizar se os projetos e obras, reformas inclusive, estão acompanhados por profissional devidamente habilitado.

Conclusão

Uma dica para a Gestão de *Facilities*, caso seja de seu desconhecimento, é exigir que quaisquer obras sob condução tenham um responsável técnico habilitado. Na dúvida, se é necessário ou não, entre em contato com o CREA de sua localidade e obtenha os esclarecimentos devidos. Os riscos de acidente podem não parecer, num primeiro momento, baixos, mas reformas estruturais sempre precisam de acompanhamento específico para que os trabalhadores executem a obra conforme projeto. Um gestor de facilites que tenha formação em engenharia civil, por exemplo, terá mais facilidades. Ao contrário, tendo formação em Administração de Empresas, terá dúvidas e pode ter uma visão distorcida do serviço. Como diria um antigo gerente de manutenção: "não se meta de pato a ganso".

4.4 Estudo de Caso: O Incêndio da Boate Kiss

Não poderia deixar de citar este triste evento ocorrido na cidade de Santa Maria, RS. Local frequentado por jovens, muitos universitários estudantes da Universidade Federal, UFSM, portanto, pessoas em busca de diversão para relaxar um pouco considerando a estressante semana de estudos.

Mas no dia 27 de janeiro de 2013 a história foi totalmente diferente. A alegria e descontração deram lugar a desespero e dor. A partir das 2h30min até 5h jovens lutaram por suas vidas e outros para socorrer. Infelizmente a tragédia matou 242 pessoas, deixando ainda cerca de 680 feridos em razão de queimaduras e intoxicação, algumas de alta gravidade deixando sequelas para toda a vida. Lembro dos primeiros relatos que escutei via rádio local, parecia que pouco mais de 40 haviam morrido. Contudo, à medida que o tempo passava este número foi aumentado, assim como o sofrimento de familiares e amigos das vítimas. Outro relato que me chocou foi o fato de o repórter relatar sobre os corpos retirados da boate, estendidos em um ginásio e ao lado os telefones celulares tocavam sem parar. Pais, irmãos, tios ou amigos tentando desesperadamente contatar seu ente querido, em vão.

Meu objetivo é repassar, ao caro leitor, uma visão geral deste terrível evento a partir de informações disponíveis nos diversos sites na internet, reportagens e análises sobre as principais falhas que determinaram que o incêndio chegasse ao nível de destruição total do patrimônio, atingindo de forma avassaladora pessoas que lá estavam.

O local era uma famosa discoteca de Santa Maria, e a festa ocorria sem anormalidades, até que um membro da banda que animava a festa fez uso de um sinalizador, no palco, em direção ao teto, revestido por uma "espuma acústica". A imprudência e as más condições de segurança ocasionaram o princípio de incêndio, mas que rapidamente aumentou gerando labaredas e fumaça em quantidades insuficientes para se deter, apesar das tentativas frustradas.

Há um relato interessante sobre a tentativa de uso de um extintor, próximo ao palco, mas que não funcionou por falha ou por não ter carga. Outro sobrevivente comentou sobre o fato de este mesmo extintor ter sido utilizado em outra ocasião e que foi reposicionado sem que algum responsável tenha sido comunicado (assim eu imagino). Este extintor deveria ter sido substituído imediatamente, mas, ao contrário, permaneceu lá totalmente sem utilidade. Esta parece, na minha opinião, ter sido a falha mais intrigante, pois se ele estivesse em condições de uso, certamente teria eliminado o incêndio numa fase inicial, gerando pouquíssimo ou nenhum dano. Se o fogo tivesse sido eliminado nesta fase, isto é, por este extintor teria "mascarado" as demais falhas na edificação, tais como uso de material altamente combustível para acústica, inconsistência de informação sobre o alvará de funcionamento da boate, layout duvidoso em relação a saídas de emergência etc.

Antes de repassar sobre as causas e consequências desta tragédia, para sua orientação, veja a seguir o passo a passo:

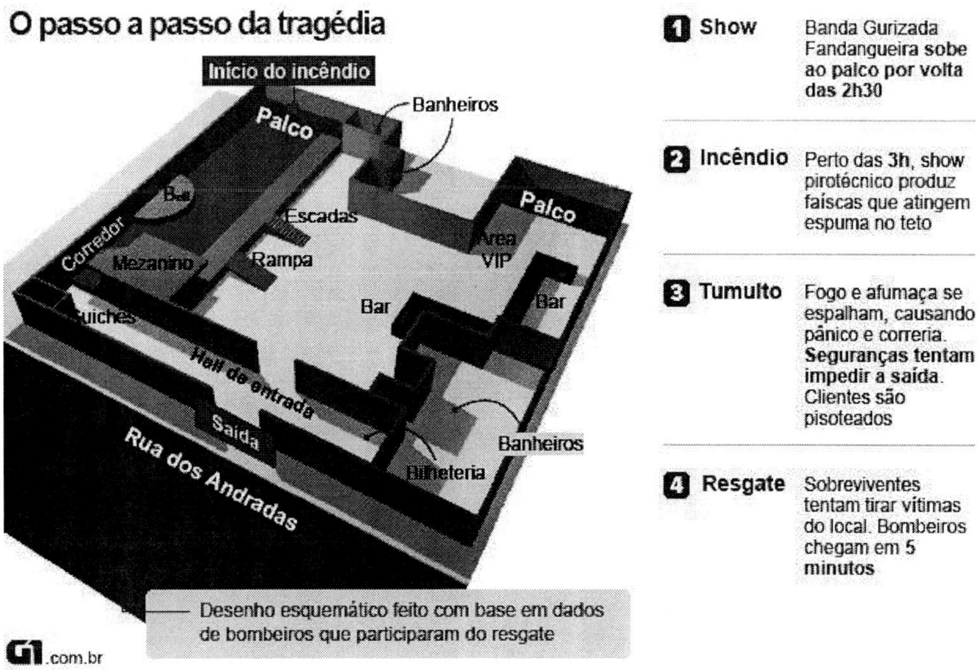

Figura 4.28 Fonte: www.g1.globo.com

Na figura a seguir, vemos a parte frontal da boate após o incêndio e era a única forma de saída durante o incêndio. O acesso era restrito, tendo seguranças que monitoravam o acesso. Há relatos de que as pessoas chegavam à saída e os seguranças as continham, pois não sabiam da situação no fundo da boate. A casa lotada, o acúmulo de pessoas foi inevitável, dificultando a evacuação pela única saída existente. Podemos imaginar como deve ter sido o descolamento das pessoas, numa tentativa frustrada para sair o mais rápido possível. No desespero e tendo pouca visibilidade, jovens correram em direção ao banheiro, entendendo que seria uma forma de evacuação. O resultado foi o acúmulo de corpos semicarbonizados e empilhados, pois não havia saída, nem pelas janelas.

Figura 4.29 Fonte: www.oglobo.globo.com

Perceba na figura seguinte o interior da boate já na fase de perícia. A destruição foi total, nos dando a real dimensão do incêndio e suas consequências. Normalmente, as casas noturnas possuem pouca luminosidade, sendo esta uma das características destes ambientes, somado à fumaça que tomou conta do local, deixando praticamente "cegas" todas as pessoas que lá estavam.

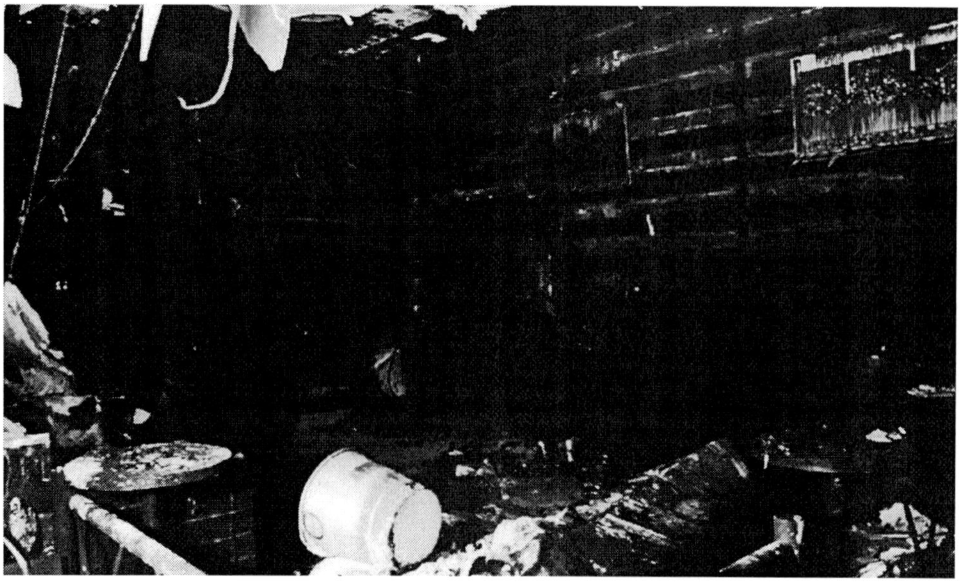

Figura 4.30 Fonte: www.rafaelnemtiz.com, perito.

Após a abordagem, neste capítulo, dos sistemas e equipamentos de combate a incêndio, normas e legislações federais e estaduais, fica a pergunta: Como essa tragédia pode acontecer?

Não tenho como julgar, pois não tenho a formação específica para tal. Tão pouco a expertise para apontar, com precisão, as falhas que determinaram este sinistro e a morte de tantas pessoas, em sua grande maioria jovens estudantes com sonho a realizar. Contudo, há aspectos tão visíveis apresentados ao longo da investigação que determina, no mínimo, desleixo tanto pelos proprietários da casa noturna, quanto das autoridades.

Iniciemos pelo material utilizado para o isolamento acústico que pela ação da chama teve um comportamento altamente combustível, propagando as chamas e exalando fumaça com altos níveis de toxidade. Esta "espuma acústica", instalada na boate Kiss, é/era muito utilizada neste tipo de edificação utilizado para diversão noturna. O isolamento acústico é necessário e praticamente obrigatório em local cujo som invade a madrugada e ainda mais se está localizado em bairro residencial. Devido à característica técnica, isto é, não ter resistência ao fogo ou de não permitir a sua propagação, mostrou-se inadequada para este tipo de aplicação. Os órgãos fiscalizadores não identificaram esta falha, talvez por desconhecimento ou não terem tido orientação ou treinamento. Em geral, os fiscais da Prefeitura têm como meta, basicamente, avaliar hidrantes, extintores e saídas de emergência. Há relatos de que após o incêndio recicladores encontraram nos lixões uma grande quantidade deste tipo de espuma, provavelmente jogadas fora por outras boates. Uma ressalva a ser feita é que, se um ambiente estiver forrado com este tipo de espuma e se a operação no seu interior não resultar em emissão de faísca ou chama, acredito que não teria restrição a sua aplicação.

A seguir, o agente causador. A investigação local relatou que um integrante da banda que animava a festa fazia uso de um artefato pirotécnico, isto é, uma espécie de artificio que observamos na praia, na noite de final de ano. Conhecido por "*sputnik*" e segundo a "Associação Brasileira de Pirotecnia", a ABP, tem especificação "apenas para uso em ambiente externo, pois a emissão de faíscas pode chegar até 4 m de altura! Continua ainda "Deve ser colocado no chão para ser aceso, pois libera grande quantidade de fumaça e as pessoas devem ficar a pelo menos a 10 m distantes do artefato, sendo proibido usá-lo em locais fechados e próximo a materiais inflamáveis". Com base nestas duas situações, espuma acústica inflamável e artefato "pirotécnico" sendo utilizado em cima do palco e próximo ao teto era uma questão de tempo para algo desse errado, se não no dia 27 de janeiro ou em outra ocasião.

Uma vez que o incêndio teve início e as ações operacionais não foram efetivas, em uma avaliação básica a partir do que já foi visto neste capítulo, podemos afirmar que a instalação de um sistema automático somado a um sistema de *sprinkles*, seriam uma solução que teria reduzido os danos físicos e materiais. Obviamente, não esqueçamos que os extintores instalados também não foram úteis. Seja por uso equivocado ou falha ou mesmo por falta de treinamento da equipe de segurança, o fato é que todas as ações foram pífias determinando o caos com sérias consequências.

A fumaça, altamente tóxica (em razão da substância Cianeto), foi a principal responsável pela morte de boa parte das pessoas, segundo os laudos. Outras morreram em razão das queimaduras graves e quando foram pisoteadas. O Cianeto é também um produto da atividade humana e estamos expostos diariamente em razão da poluição das grandes cidades, tendo como principal fonte os gases veiculares (resultado da combustão interna dos motores). Na indústria, é encontrado nos gases liberados pelas incineradoras e também por causa da fumaça resultante da combustão de materiais contendo cianetos, como os plásticos. De uma maneira geral, as pessoas mais expostas são os bombeiros, mineiros, operários de indústria de plástico, dentre outros.

Essa tragédia teve grande repercussão no Brasil e em diversos países. Como não poderia deixar de ser, especialistas passaram a defender uma legislação única para prevenir eventos semelhantes. Este acidente demonstrou a fragilidade do sistema, tendo em vista que a legislação municipal, mais flexível, foi utilizada no lugar da legislação estadual contra incêndios, que exigia, por exemplo, a existência de duas portas em boates (lembrando que havia apenas uma na boate Kiss).

Na sequência, uma comissão formada por Deputados foi ao município de Santa Maria para estudar as "falhas da legislação" que podem ter levado ao incêndio e suas consequências. Foi proposta uma nova lei de âmbito federal para as regras de segurança e de licenciamento de casas noturnas, o qual obriga as boates a cumprirem exigências da ABNT, obrigatoriedade para as prefeituras a divulgarem (sites na Internet) a situação legal das casas noturnas, para que todas as pessoas soubessem a respeito de alvarás e outros fatores de segurança.

O CREA-RS deu suporte e foi gerado o primeiro relatório sobre o evento, o qual teve importância para mapear as necessidades e foi base da nova Lei de Prevenção e Proteção contra Incêndios no Estado do RS, aprovada na Assembleia Legislativa do Rio Grande do Sul:

Lei Complementar de Nº14.376, de 26 de dezembro de 2013, (atualizada até a Lei Complementar n.º 14.690, de 16 de março de 2015).

Dos Objetivos e das disposições preliminares,

Art. 1.º Ficam estabelecidas, através desta Lei Complementar, para as edificações e áreas de risco de incêndio no Estado do Rio Grande do Sul, as normas sobre Segurança, Prevenção e Proteção contra Incêndio, competências, atribuições, fiscalizações e sanções administrativas decorrentes do seu descumprimento.

Parágrafo único. A presente Lei Complementar baliza a atuação das administrações públicas municipais e a edição de legislações locais, dado que se trata de lei complementar na forma dos arts. 24 e 30 da Constituição Federal e art. 130 da Constituição do Estado. Art. 2.º São objetivos desta Lei Complementar:

I – Preservar e proteger a vida dos ocupantes das edificações e áreas de risco, em caso de incêndio;
II – Estabelecer um conjunto de medidas eficientes de prevenção contra incêndio;
III – Dificultar a propagação do incêndio, preservando a vida, reduzindo danos ao meio ambiente e ao patrimônio;
IV – Proporcionar meios de controle e extinção do incêndio;
V - dar condições de acesso para as operações do Corpo de Bombeiros Militar do Estado Rio Grande do Sul - sigla: CBMRS;
VI – Proporcionar a continuidade dos serviços nas edificações e áreas de risco de incêndio;
VII – Definir as responsabilidades e competências de legislar em âmbito estadual, respeitando as dos demais entes federados;
VIII – Estabelecer as responsabilidades dos órgãos competentes pelo licenciamento, prevenção e fiscalização contra incêndios e sinistros deles decorrentes;
IX – Definir as vistorias, os licenciamentos e as fiscalizações às edificações e áreas de risco de incêndio;
X – Determinar as sanções nos casos de descumprimento desta Lei Complementar.

Outras leis e/ou decretos a serem observadas na sequência, são a nível municipal e estadual. Para referência, cito o município de Santa Maria, que são:

A Lei Nº 3301/1991, do Município de Santa Maria, estabelece: Sempre que houverem duas ou mais classes de incêndio juntas, deverá ser usado um tipo único de extintor para cobertura de todas elas. Quando não houver extintor único para a cobertura das três classes (A, B e C), deverão ser exigidos que cubram as classes existentes, intercalando os diferentes tipos indicados, respeitando a quantidade de uma unidade para cada área de ação máxima ou pavimento. A existência de garagem (coberta ou descoberta) ou elevador no prédio obriga a instalação de extintores nestes locais, independente, do número de pavimentos.

Os extintores deverão ser localizados obedecendo os seguintes critérios:
I – Onde sejam bem visíveis, para que todos fiquem familiarizados com sua localização;
II – Onde haja menor probabilidade de o fogo bloquear seu acesso;
III – Não ter sua parte superior a mais de 1,80 metros acima do piso;
IV – Não estar localizados nas paredes das escadas;
V – Quando sobre rodas, terem sempre garantido livre acesso a qualquer pontodo estacionamento;
VI – Estar claramente sinalizados e com a indicação das classes de fogo a que aplicam (de fácil compreensão para leigos). O acesso aos extintores, em hipótese alguma, poderá ser obstruído total ou parcialmente.

Os responsáveis pela segurança e atendimento dos prédios deverão possuir conhecimento de manuseio e emprego dos extintores a ser administrado pela firma instaladora ou Corpo de Bombeiros. A instalação dos extintores deverá ser permanentemente mantida em rigoroso estado de conservação e funcionamento.

Lei Estadual No. 10987/1997, RS. A qual estabelece normas sobre sistemas de prevenção e proteção contra incêndios, dispõe sobre a destinação da taxa de serviços especiais não emergenciais do Corpo de Bombeiros e dá outras providências.

Decretos Estaduais Nº 37380/1997 e Nº 38273/1998, RS. Aprova as Normas Técnicas de Prevenção de Incêndios e determina outras providências. As Normas têm por finalidade fixar os requisitos mínimos exigidos nas edificações e no exercício de atividades profissionais estabelecendo especificações para a segurança contra incêndios no Estado do Rio Grande do Sul.

Finalmente, por sua grande representatividade, cito a:

NR 23 - Proteção Contra Incêndios, do Ministério do Trabalho. Para fazer o projeto deve-se sempre adotar a lei municipal ou a lei estadual (a mais recente), se a lei municipal é mais branda, vale a lei estadual. Para o dimensionamento e detalhamento das instalações e equipamentos devem ser seguidas as normas brasileiras (ABNT).

Como observado, legislação e normas sobre combate e prevenção à incêndio não falta. Em sua cidade e estado devem ter leis similares. A exceção são as Normas Regulamentadoras e da ABNT que tem âmbito Federal. A Gestão de Facilities ainda pode recorrer aos padrões internos, os quais devem ser mais rígidos, na minha opinião.

Portanto, fica a pergunta: Esta tragédia poderia ter sido evitada? E, caso não, poderia ter ocorrido, mas causado danos menores?

Deixo a resposta para o caro leitor.

4.5 Normas Técnicas Internacionais

*(Observação: o contexto das normas foi observado até a edição deste livro).

Caro leitor, para sua orientação vou abordar duas das principais normas internacionais. Então, cito a **BSI** (***British Standards Institution***) e a **NFPA** (***National Fire Protection Association***), as quais possuem padrões para prevenção e combate a incêndio, tais quais as normas brasileiras.

Tive a oportunidade de atuar em empresas multinacionais que adotavam a NFPA mais padrões internos, elevando o nível de segurança. Esta sistemática é interessante, pois as exigências normativas possuem nível adequado à determinada situação. Ao elevarmos este nível, adicionando critérios mais rígidos, vamos obter uma condição de segurança igualmente mais elevada. Evidentemente, há aumento nos custos seja de implementação e de manutenção. Contudo, creio valer a pena, pois a preservação da vida é o bem mais importante, principalmente considerando uma edificação comercial, onde a responsabilidade pela segurança não está nas mãos dos usuários. Os bens materiais, via de regra segurados, são recuperados. Contudo, a vida que se perde, não há valor que a recupere. Embora haja indenizações, estas por sua vez, não curam a dor dos familiares.

4.5.1 BSI–British Standards Institution

BSI Fire Standards Sub Categories:

BS 9999:2017 *Fire safety in the design, management and use of residential building. Code of practice*

Padrões internacionais para combate a incêndio (*Fire Safety Standards*) existem para reduzir os riscos e salvar vidas. Também temo como objetivo mitigar outros impactos causados pelo incêndio, incluindo a continuidade do negócio, ativos patrimoniais e meio ambiente. As recomendações contidas na BS 9991 e BS 9991 têm a intenção de salvaguardas os ocupantes das edificações e bombeiros. Enquanto a norma BS 9990 cobre as edificações não residenciais, já a BS 9991, as residenciais. Ambas fornecem recomendações em como as organizações podem acessar requisitos e legislação. Também, recomendações sobre projeto, gerenciamento e uso das edificações para realizar padrões de prevenção e combate a incêndio tanto para as pessoas que estão dentro e nos arredores do prédio.

Para preservar a integridade das informações, as normas serão apresentadas no idioma Inglês. Deixo ao leitor a tradução livre, uma vez que há opções na internet para traduzir o algum termo desconhecido ou o texto na íntegra.

Emergency Lighting Standard. Fire safety laws in the UK place considerable responsibility on all those involved in designing, installing and manufacturing emergency lighting systems, to meet fire safety and risk assessments. Users and their supporting engineers need appropriate knowledge of the legislation, *relevant standards and product practices to ensure that requirements are correctly implemented:*

BS 5266-1:2016 *Emergency lighting. Code of practice for the emergency escape lighting of premises*

Fire Detection & Alarm Systems*: Each year people die or are seriously injured, is a result of fires in buildings, yet many fires can be avoided by taking fire precautions. If a fire does break out, the effects can be minimised by having effective controls and procedures in place:*

- **BS 5839-1:2017:** *Fire detection and fire alarm systems for buildings. Code of practice for design, installation, commissioning and maintenance of systems in non-domestic premises*
- **BS 5839-8:2017:** *Fire detection and fire alarm systems for buildings. Code of practice for the design, installation, commissioning and maintenance of voice alarm systems*
- **BS EN 54-20:2006:** *Fire detection and fire alarm systems. Aspirating smoke detectors*

Fire Extinguishing/Fighting Equipment*: Portable fire extinguishers save lives and property by putting out small fires or containing them until the fire brigade arrives. They should only been used for fighting a fire in its very early stages.*

There are wide variety of portable fire extinguishers available, based on the type of fire they will be fighting. These differ by the extinguishing agent they expel onto a fire; the main types of extinguisher are foam, CO2, dry powder and foam:

- **BS 5306-3:2017** *Fire extinguishing installations and equipment on premises. Commissioning and maintenance of portable fire extinguishers. Code of practice*
- **BS 5306-1:2006** *Code of practice for fire extinguishing installations and equipment on premises. Hose reels and foam inlets*
- **BS 7273-1:2006** *Code of Practice for the operation of fire protection measures. Electrical actuation of gaseous total flooding extinguishing systems*

- **BS EN 3-8:2021** *Portable fire extinguishers. Additional requirements to EN 3-7 for the construction, resistance to pressure and mech*anical tests for extinguishers with a maximum allowable pressure equal to or lower than 30 bar

- **BS EN 3-9:2021** *Portable fire extinguishers. Additional requirements to EN 3-7 for pressure resistance of CO2 extinguishers*

- **BS 9990:2015** *Code of practice for non-automatic fire-fighting systems in buildings*

Non automatic fire-flighting systems in building. Code Practice, published: 31 January, 2015. This British Standard gives recommendations for non-automatic fire-fighting systems in buildings. It covers good practice in matters affecting the design, installation, testing and maintenance of such systems including wet and dry fire-fighting mains.

This British Standard does not cover hose reels, foam inlets, automatic foam systems and portable fire-fighting equipment. These systems are covered in BS EN 671 1, BS 5306 1, BS 5306 3, BS 5306 8 and BS EN 3 7.

- *PAS 79:2020 Fire Risk Assessment. Guidance and recommended methodology 9990:2006 Code*

Fire Safety, Engineering & Design: *Managing fire safety starts with the initial design of a building. The design should minimize the risk of fire and ensure that, if a fire does occur, appropriate fire safety systems (including active, passive, and procedural systems) are in place:*

- **BS 9999:2017** *Code of practice for fire safety in the design, management and use of buildings*

- **PAS 79:2020** *(Hard Copy) Fire risk assessment. Guidance and a recommended methodology*

- **BS 5499-10:2014+A1:2023** *Safety signs, including fire safety signs, Code of practice for the use of safety signs, including fire safety signs*

- **BS 8214:2016** *Code of practice for fire door assemblies*

Fire Sprinkler Systems: *Sprinkler systems provide an additional degree of protection for both life and property above smoke and/or other fire detection systems. A correctly designed and installed sprinkler system can detect and control a fire at an early stage of development and activate an alarm. Correct operation of the system will rapidly reduce the production rate of heat and smoke, allowing more time for the occupants to escape safely or be rescued.*

- **BS 7273-3:2008** *Code of practice for the operation of fire protection measures. Electrical actuation of pre-action "watermist" and sprinkler systems*

- **BS EN 12845:2015+A1:2019** *Amendment 2:2009Fixed firefighting systems. Automatic sprinkler systems. Design, installation and maintenance*

- **BS 9251:2021** *Sprinkler systems for residential and domestic occupancies.Code of practice*

- **ISO 6182-5:2012** *Fire protection - Automatic sprinkler systems Part 5: Requirements and test methods for deluge valves*

- **ISO 6182-6:2012** *Fire protection - Automatic sprinkler systems Part 6: Requirements and test methods for check valves*

Fire Testing: *Fire testing generally falls into two categories: tests to measure ignition and the spread of flames from one area to another, and tests to measure fire resistance. Fire resistance tests measure a material's ability to continue to serve its structural role during a fire:*

- **BS 476-10:2009** *Fire tests on building materials and structures. Guide to the principles, selection, role and application of fire testing and their outputs*

- **BS EN 13501-1:2018** *Fire classification products and building elements, Classification using data from reaction to fire tests*
- **BS 476-3:2006+A2:2007** (to Begin Phasing Out From March 2025) *Fire tests on building materials and structures, Classification and method of test for external fire exposure to roofs*
- **BS EN 13823:2002+A1:2022** *Reaction to fire tests for building products. Building products excluding floorings exposed to the thermal attack by a single burning item*
- **BS EN 1363-1:2020** *Fire resistance tests, General requirements*

Mais informações, acessar: http://shop.bsigroup.com/en/browse-by-subject/fire/

4.5.2 National Fire Protection Association

Desde 1896 a NFPA se dedica a proteger vidas e patrimônio contra um dos mais terríveis sinistros: o Incêndio. Por esta larga experiência é que boa parte das normas Brasileiras e em outros países estão baseadas nos conceitos e prerrogativas. É extensivo a equipamentos, treinamentos. Diversos outros organismos internacionais tratam o assunto incêndio com elaboração de normas e diretrizes. No Brasil temos a ABNT, a principal elaboradora das normas nacionais.

A **NFPA** contribui intensamente para o desenvolvimento profissional, educação, programas de assistência às comunidades e investigação. É sinônimo de segurança global quando o assunto se refere a incêndios elétricos e em construções. Esta entidade possui escritórios no Canadá, México, França e China. Muitas das normas já foram traduzidas para vários idiomas, incluindo espanhol, francês, árabe, entre outros. A associação também atua para apoiar e orientar membros e voluntários, em seus países, no uso dos códigos e em questões de segurança na prevenção de incêndios.

No Brasil, acesse o site da **NFPA** NA AMÉRICA LATINA / NFPA em Português.

Mais informações: http://www.nfpajla.org/pt/nfpa-em-america-latina/nfpa-em-portugues

Obviamente uma organização nacional irá seguir a legislação local, estadual e em nível federal. Contudo, nada impede que você verifique e compare seu plano de gestão dos sistemas de incêndio. Ao contrário, se estiver atuando em companhia multinacional, provavelmente deverá lidar com normas internacionais.

Estas são as principais normas **NFPA** das quais podemos utilizar para seguir exigências de inspeção, manutenção e testes:

- NFPA 25 – Standard for Inspection, Testing, and Maintenance of Water-Based Fire
- Protection Systems.
- NFPA 72 – National Fire Alarm Code.
- NFPA 13 – Installation of Sprinkler Systems.
- NFPA 10 – Standard for Portable Fire Extinguishers.
- NFPA 96 – Standard for Ventilation Control and Fire Protection of Commercial Cooking Operations.

Mais sobre a **NFPA**, acessar:http://www.nfpa.org/

Nos outros itens deste capítulo foram vistos os principais sistemas, equipamentos, utilidades, normas e legislação. Aproveitando a qualidade de conteúdo das normas NFPA e por eu ter tido uma breve experiência em companhia multinacional (a qual segue os padrões da NFPA), irei abordar algumas das recomendações relacionadas à inspeção e manutenção.

A ênfase são as operações de responsabilidade da Gestão de *Facilities*. Portanto, para o caro leitor que atua nesta área, será útil como referência para as suas atividades de manutenção do sistema de prevenção e combate a incêndio de sua organização.

Plano de Manutenção para Sistemas de Incêndio (*Fire Systems Maintenance Plan*)
(Para referência. Mais detalhes siga as Normas NFPA que devem ser lidas e interpretadas)

***1. Fire Pump* (Bomba de Incêndio)**

Referência: NFPA 25 – *Padrão de Inspeção, Teste e Manutenção de Abastecimento de Água para sistemas de proteção de incêndio.*

Tarefa Semanal: executar testes/inspeção elétrica / motor diesel.

Tarefa Anual: testes funcionais elétricos/medição de corrente (nominal e de pico) etc. Sistema hidráulico: vazão, pressão, mangueiras, conexões etc. Se aplicável, verificar bypass, drenagem e vazão total de saída. Telas de sucção: inspeção e limpeza, se necessário.

Objetivo: verificar que o conjunto da bomba parece estar em condições de funcionamento e está livre de danos físicos e a bomba parte e opera sob condições semelhantes a uma condição de emergência.

Os registros destas devem ser preenchidos, assinados pelos responsáveis e mantidos em local apropriado para futura avaliação e auditoria.

***2. Valve Control* (Válvulas de Controle)**

Referência: NFPA 25

Tarefa Mensal: todas as válvulas do sistema devem ser protegidas contra danos e devem estar ser acessíveis. A inspeção dos medidores é recomendada, bem como se a pressão de trabalho esta em conformidade coma a especficada. Cada válvula do tipo "normalmente aberta' é garantida por meio de um selo ou um bloqueio ou por meio de supervisão elétrica (ver Norma série NFPA aplicável).

Selo ou supervisão elétrica não é exigida para válvulas de mangueiras.

Válvulas de Controle, Inspeção Semanal e a inspeção devem certificar que cada válvula está na seguinte condição:

1. Na posição aberta ou fechada normal.
2. Devidamente selada, fechado ou supervisionada (meio elétrico)
3. Acessível.
4. Livre de vazamentos externos .
5. Identificação apropriada e legível.
6. Os medidores indicam pressão normal de abastecimento de água está sendo mantida.
7. A válvula é livre de qualque dano aparente.

Válvulas protegidas com bloqueios ou supervisionadas (conforme norma NFPA aplicável) poderão ser inspecionadas mensalmente.

Os registros destas devem ser preenchidos, assinados pelos responsáveis e mantidos em local apropriado para futura avaliação e auditoria.

1. ***Fire Hidrant System* (Hidrante)**
   Referência: NFPA 25

Tarefa Anual para Tubulação exposta e subterrânea: testes de vazão, conforme especificação e esperados durante combate a incêndio (se aplicável, comparar com dados anteriores). Igualmente, aparência externa em relação se há ou não deteriorização. Se fluxo e pressão não estiver em acordo com especificação, informar a autoridade responsável. Em locais onde o abastecimento de tubulações é subterrânea e não há meios para conduzir testes de fluxo completos, providenciar os testes alternativos.

Tarefa Anual para hidrantes: bocais devem ser testados e assim garantir o bom funcionamento. Cada hidrante será aberto totalmente e a água fluir até que todo material estranho, se houver, seja eliminado. Este fluxo deve ser mantido por no mínimo 1 min. Após, observar as paredes do hidrante para uma drenagem adequada e completa com duração mais do que 60 min. Caso ocorram fatores contrários à drenagem (condições do solo), executar bombeamento para fora do local.

Manutenção Geral:

- Todos os equipamentos e instrumentação devem estar e ser mantidos em condições funcionais, sem nenhuma restrição operacional. Verificar as recomendações do fabricante.
- Elementos friltrantes da linha principal devem ser limpos anualmente e obrigatoriamente após cada operação.
- Os bocais dos hidrantes devem ser lubrificados anualmente, bem como demais componentes. O mecanismo deve estar operacional para quando for necessário.
- Os locais de guarnição das mangueiras devem ser revisados anualmente. As mangueiras em toda a sua extensão, bem como seus componentes devem estar em plena condição de uso.

Os registros destas devem ser preenchidos, assinados pelos responsáveis e mantidos em local apropriado para futura avaliação e auditoria.

2. ***Flow Switch Alarm*(Interruptor do Alarme de Vazão D'água)**
   Referência: **NFPA 25**

Tarefa Trimestral: o plano de tese de todos os alarmes de fluxo de água deve seguir as instruções do fabricante. Objetivo do teste:

a) Se o interruptor funciona adequadamente.

b) Tempo entre a abertura da porta de controle e o recebimento do alarme, pelo painel de controle, está conforme especificado. (registro em unidade de tempo: segundos).

Nota: As definições do fabricante podem variar. A chave de fluxo deve ativar um alarme, em geral, dentro de 90 s.

Os registros destas devem ser preenchidos, assinados pelos responsáveis e mantidos em local apropriado para futura avaliação e auditoria.

3. *Fire Sprinkler* (Sistema de Chuveiro Automático)

Referência: **NFPA 25**
Tarefa Anual: a inspeção dos *Sprinklers* deve ser executada juntamente com o plano de inspeção da(s) Válvula(s) de Controle, porém no 12º mês (Anualmente). A instalação correta dos *Sprinklers,* bem como a identificação das áreas cobertas (ou não) por esse dispositivo, segue a **NFPA 13. A inspeção deverá ser total, isto é, abrange toda a edificação. A conformidade da instalação segue a NFPA 13 e a inspeção e testes em acordo com a NFPA 25.**

Os registros destas devem ser preenchidos, assinados pelos responsáveis e mantidos em local apropriado para futura avaliação e auditoria.

4. *Smoke Detector* (Detector de Fumaça)
Referência: **NFPA 25**

Tarefa Mensal: teste de sensibilidade dos Relatórios detectores de fumaça seguem os procedimentos do fabricante ou fornecedor autorizado. Cada detector possui tolerância especificas. Os parametros basicos, a serem inspecionados, está em acordo com o tipo de operação:

- Operação Normal;
- Condição de "pré alarme";
- Condição "em alarme".

Os registros destas devem ser preenchidos, assinados pelos responsáveis e mantidos em local apropriado para futura avaliação e auditoria.

5. *Fire Alarm* (Alarme contra Incêndio)
Referência: **NFPA 72**–Códigos Nacionais para Alarme de Incêndio

Tarefa Anual: 100% do sistema de alarme deverão ser testados "por ativação" de cada dispositivo e, desta forma, verificar se estão funcionando corretamente. Testar todos os pontos, programados, no painel de controle de alarmes. O método de teste deverá ser de acordo com as recomendações do fabricante e com aprovação de autoridade responsável. Lista dos equipamentos de alarme, mas não limitados a estes:

- Detectores de Fumaça;
- Detectores de Calor;
- Dispositivos de Áudio (alarme sonoro)
- Instrumentação Visual;
- Controles de Fluxo (Vazão);
- Supervisorios de Controle dos "pontos de Alarmes";

- Suprimento de Energia Elétrica;
- Instrumentos de Controle de Pressão.

Os registros destas devem ser preenchidos, assinados pelos responsáveis e mantidos em local apropriado para futura avaliação e auditoria.

6. ***Kitchen Hood* (Exaustores do Restaurante), Limpeza, Trimestral**
   Referência: NFPA 96 *Padrões para Controle de Ventilação e Sistema de Proteção para as operações no Restaurante.*

Tarefas Trimestrais:

- Limpeza do Exaustores, dutos e ventiladores.
- (Deslocar pás e as dobradiças (se aplicável) e elétrica de alimentação).
- Certifique-se de que os filtros de gordura foram substituidos, se aplicável.
- As instalaçõe elétricas, se impregnadas por gordura, deverão ser limpas e/ou substituidas. Medidas de segurança apropriadas para equipamentos elétricos devem ser observadas a fim de evitar choques elétricos.

Os registros destas devem ser preenchidos, assinados pelos responsáveis e mantidos em local apropriado para futura avaliação e auditoria.

7. ***Fire Extinguisher* (Extintor de Incêndio), Inspeção e Mensal**
   Referência: NFPA 10 Padrões para Extintores de Incêndio Portáteis

Tarefa Mensal: devem ter a frequência de inspeção conforme a circunstância de sua aplicação, isto é, áreas de alto risco devem ser menores que 30 dias. As tarefas a serem feitas, no mínimo, são:

a) Se está no local correto, conforme designado.

b) Se há obstrução e se está totalmente visível aos usuários.

c) Se a placa de identificação está legível, bem como demais informações.

d) Se há indício de adulteração.

e) Se o peso corresponde à informação de placa (verificar se está com carga).

f) Se a estrutura apresenta dano físico, corrosão e sua posição é operacional.

g) Se manômetro (com pressão) indicador de intervalo de operação está correto.

h) Extintores Carreta: se pneus, transporte, mangueira etc. estão condições de operação.

i) Ações corretivas imediatas são requeridas para todas verificações anteriores.

Tarefa Anual ou quando especificamente indicado: é requerido um teste hidrostático (ver mais sobre vasos de pressão, NBR13).

Observações:

1. Extintores retirados para serviço de recarga e/ou manutenção devem ser substituidos por extintor com as mesmas características técnicas.

2. Existem inspeções específicas do extintor pelo fabricante e/ou fornecedor de serviço. Exija acesso à documentação de controle e liberação do equipamento para uso.

3. Procedimentos de inspeção seguem três elementos básicos:

- Partes mecânicas;
- Agente extintor;
- Meio de extinção;
- Durante a manutenção anual, não é necessário examinar internamenteos os extintores do tipo "não recarregável", CO ou os que estão armazenado (com carga). Contudo, devem ter a inspeção visual conforme sequência de itens "a" até "i".

Tarefa a cada 6 anos: a cada 6 anos, os extintores armazenados (com carga e sem uso) devem passar por teste hidrostático (mesmo procedimento do teste hidrostático anual).

Exceção: extintores não recarregáveis não devem ser testados hidrostaticamente, mas devem ser retirados de serviço em um intervalo máximo de 12 anos a partir da data de fabricação. O descarte deste equipamenteo obsoleto deve seguir a legislação local.

As *tags* (etiquetas) contendo os regitros das manutenção deve estar afixado no extintor. Detalhe importante é que o nome do técnico que executou a inspeção deve constar nestes registros.

Mais informações, acesse:
NFPA 10 Capítulo 4 4-5 sobre "Recarga" e "verificação de serviço" dos extintores.

Os registros destas devem ser preenchidos, assinados pelos responsáveis e mantidos em local apropriado para futura avaliação e auditoria.

Capítulo 5

Gestão de Sistemas Críticos

Introdução

Caro leitor, este capítulo é um grande desafio, pois boa parte da fonte de pesquisa é no idioma inglês e a tradução tem o fator interpretação, no qual pode gerar divergências. Caso identifique uma oportunidade de correção ou melhoria nas informações, por favor mande sua mensagem para a Editora. Desde já, agradeço a sua atenção!

De uma maneira geral, a gestão visa ao monitoramento de ambientes onde os dados da companhia ficam armazenados, os Data Centers. Estes equipamentos necessitam de sistemas de energia elétrica fornecida pela concessionária, mas em situação de emergência entram em operação equipamentos back up: No Break e na sequência, o Grupo Gerador (quando aplicável). Há ainda as condições ambientais a serem monitoradas, tais como temperatura e umidade relativa do ar. Conforme a tecnologia implementada, há a monitoração dos alarmes que são gerados a partir da identificação de falha ou de parâmetro fora da tolerância.

A partir do livro "Engenharia de Software", de Ian Sommerville, 8ª edição, capítulo 3, os Sistemas Críticos são divididos, basicamente, em três tipos: Segurança, de Missão e de Negócios. A principal diferença entre eles é o tipo de prejuízo que pode ser causado por falhas. Em nosso caso específico, a indisponibilidade do "negócio" causa grandes prejuízos financeiros. A falha no DC irá desencadear uma série indisponibilidades na organização em diversos setores, tais como atendimento ao cliente, vendas, financeiro etc., falhas estas que incapacitam a empresa de continuar sua operação.

A confiabilidade e disponibilidade é a propriedade mais importante em sistemas críticos. Os sistemas não confiáveis geralmente são rejeitados pelos usuários, têm custos altos devido às falhas e podem causar perdas de informações.

As principais dimensões da confiança são: a disponibilidade, a confiabilidade, a segurança e a proteção do sistema. Outras propriedades do sistema que estão sob o aspecto de confiança são: facilidade de reparo, facilidade de manutenção, capacidade de sobrevivência e tolerância a erros.

5.1 Terminologia de proteção

Exposição: é quando existe uma possível perda (ou dano) no sistema, tanto dos dados quanto de tempo ou esforço, caso seja necessária uma recuperação após uma quebra de proteção.

Vulnerabilidade: uma fraqueza que pode ser explorada para causar perdas ou danos ao sistema.

Ataque: é quando a vulnerabilidade do sistema é explorada, geralmente vindo de fora do sistema e com a tentativa de causar danos.

Ameaça: é quando existe uma vulnerabilidade no sistema que pode causar perda e danos provocados por um ataque.

Controle: medida de proteção que reduz a vulnerabilidade do sistema.

5.2 A Central de Dados (Data Center)

5.2.1 Infraestrutura do Data Center

Nos primórdios da era do computador pessoal, a central de armazenamento dos dados (do termo em Inglês *storage*) era o "CPD" (Central de Processamento de Dados, local do *mainframe*). Nos dias de hoje, acredito que, pelo fator globalização e também devido ao crescente número de companhias multinacionais no Brasil, passou a ser denominado, em Inglês, pela expressão: *Data Center.* Este ambiente concentra os Servidores[1] e demais equipamentos de processamento (switches, roteadores). Sua função principal é a de garantir a disponibilidade de equipamentos que "rodam" os principais sistemas de uma organização, garantindo, assim, a continuidade do negócio.

A norma TIA 942 descreve os principais ambientes num Data Center:

- *Entrace Room* (ER): *espaço de interconexão do cabeamento estruturado do Data Center e o cabeamento proveniente da telecomunicação;*
- *Main Distribution Area* (MDA): *local onde se encontra a conexão central do Data Center e de onde se distribui o cabeamento estruturado, incluindo roteadores e backbone;*
- *Horizontal Distribution Area* (HDA): *área utilizada para conexão com a área de equipamentos, incluindo o cross conect* horizontal, equipamentos intermediários, LAN (*Local area network), SAN (Storage Area Networks) e KVM (Keyboard, Video, Mouse) switches;*
- *Zone Distribution Area* (ZDA): *ponto de interconexão opcional do cabeamento horizontal. Fica entre HDA e o EDA, provê flexibilidade no Data Center;*
- *Equipment Distribution Area* (EDA): *área destinada para os equipamentos terminais (servidores, storages, unidades de fita), inclui também os Racks, gabinetes e equipamentos de comunicação de dados.*

O *Data Center,* em geral, contém uma Infraestrutura de Rede com conexões (links) redundantes com pelo menos mais de um fornecedor de *backbone* (*rede de transporte)* em uma estrutura de *Autonomous System* (AS), ou Sistema Autônomo que é uma coleção de prefixos de roteamento conectados por Protocolo Internet (IP). Tem como objetivo garantir que os sistemas hospedados no Data Center permaneçam acessíveis, mesmo se houver falhas em uma das conexões com a Internet.

O local onde está instalado o *Data Center* possui características próprias, seja em razão de sua grande importância ou por ser considerado um ambiente de extrema criticidade. Para tanto, apresenta exigências tais como:

Eletricidade: não pode haver falta, tampouco oscilações em seu fornecimento, pois podem que danificar equipamento, e consequentemente ocasionar a perda de informações. O sistema de energia elétrica é composto pela rede da concessionária, subestação local, painéis de comando, nobreaks e grupos geradores. Esta composição pode variar em razão do porte da organização.

Controle Térmico: a operação deve ser a temperatura do ambiente dentro do *range* determinado em projeto, Equipe de TI e Manutenção (*Facilities*), assim como a umidade relativa do ar. Em certas instalações, o sistema condicionador de ar dever ser redundante. O parâmetro umidade pode ser estendido em situações emergências, tais como infiltrações de piso ou forro, e em casos mais extremos vazamentos de tubulações até calamidades públicas, como inundações em razão de chuvas torrenciais.

Prevenção contra Incêndios: o sistema deve ter tal eficiência que atue numa fase inicial (detecção de fumaça) ou mediante alarmes (acionam a equipe da brigada de incêndio). A composição irá variar conforme o seguimento e dimensão da organização. Em geral, a área deve ter extintores, instalação de *splinklers*, entre outras modalidades existentes.

---

1 O Servidor é, basicamente, um computador mais potente do que seu desktop comum. Ele foi desenvolvido especificamente para transmitir informações e fornecer produtos de software a outros computadores que estiverem conectados a ele por uma rede. Os servidores têm o hardware para gerenciar o funcionamento em rede wireless e por cabo Ethernet, normalmente através de um roteador (Fonte: Dell Computadores).

Acesso limitado de pessoas: por conter informações estratégicas e grande volume de dados da companhia, somente pessoal autorizado poderá ter acesso aos servidores. O controle é feito por meio de sistema de identificação. As tecnologias utilizadas variam. Em geral, as pessoas são cadastradas em um grupo específico e a leitura do código de barras (crachá) libera o acesso. Atualmente o acesso biométrico está se tornando mais comum, por ter mais eficiência na restrição. Em determinadas organizações, em razão do nível de segurança das informações, poderá haver câmeras de segurança, podendo chegar até uma vigilância armada.

Figura 5.1 Detalhe de uma câmera de segurança para controle de movimentação em ambiente DC. Também é possível identificar um splinkler, componente do sistema de combate a incêndio. Fonte: www.tecnologia.uol.com.br

Portanto, a infraestrutura dos *Data Centers* exige nível de segurança bem elevados e asseguradas pelas normas previstas pela "Associação das Indústrias de Telecomunicações" (AIT). A mais utilizada é **Norma AIT 942**, a qual estabelece a classificação de segurança: **Padrão TIER** (nível "1" até o nível "4").

Figura 5.2 Figura Ilustrativa de ambiente de Data Center de grande porte. Fonte: www.yamatelecom.com.br

Em relação às utilidades, os sistemas de energia deverão ser compatíveis com a infraestrutura do Data Center, considerando fatores como a arquitetura e a complexidade operacional. O padrão **TIER** adotado irá determinar os controles de paralelismo e outros dispositivos de controle automáticos. A Gestão de *Facilties* deve estar atenta às suas ações diante de uma sequência operacional mais complexa, quando a energia é perdida. Este processo é constituído da transferência da carga para o sistema de alimentação (elétrica e/ou ar condicionado) redundante, o qual manterá as instalações em funcionamento durante uma interrupção. A quantidade de circuitos de alimentação, em sistemas diferentes, podem ser duas ou mais, dependendo da complexidade.

Neste contexto, outra estratégia se refere aos componentes em falha das utilidades. Eles devem ser de rápida (e fácil) substituição. Uma gestão de peças sobressalentes se faz necessária, e com isso é definido se componente será armazenado ou se terá uma logística, por meio através de aquisição junto ao fornecedor (em caráter urgente). De qualquer forma, o item deve estar prontamente disponível e facilmente integrado quando a manutenção necessitar executar o reparo. A figura 5.3 exemplifica bem uma típica infraestrutura para fornecimento de energia, caso haja falta de fornecimento por parte da concessionária. Como o Grupo Gerador necessita de 30s até 45s para entrar em operação, os *nobreaks* (UPS) seguram a carga necessária para manter a eletricidade necessária para o funcionamento dos servidores e demais utilidades do Data Center.

Figura 5.3 Exemplo de Infraestrutura específica para Data Center em caso de interrupção, por longo período, de energia elétrica A sala contém grupo gerador a diesel com potência instalada, suficiente para manter o fornecimento por ~72h. Fonte: tecnoblog.net, instalações de unidade da empresa VIVO.

E em razão da produção de calor gerado, por equipamentos e instalações elétricas, é necessário um sistema de resfriamento, o qual é responsável por manter o ambiente a valores de temperatura que não afetem o desempenho do Data Center, como nos mostra a Figura 5.4 a seguir:

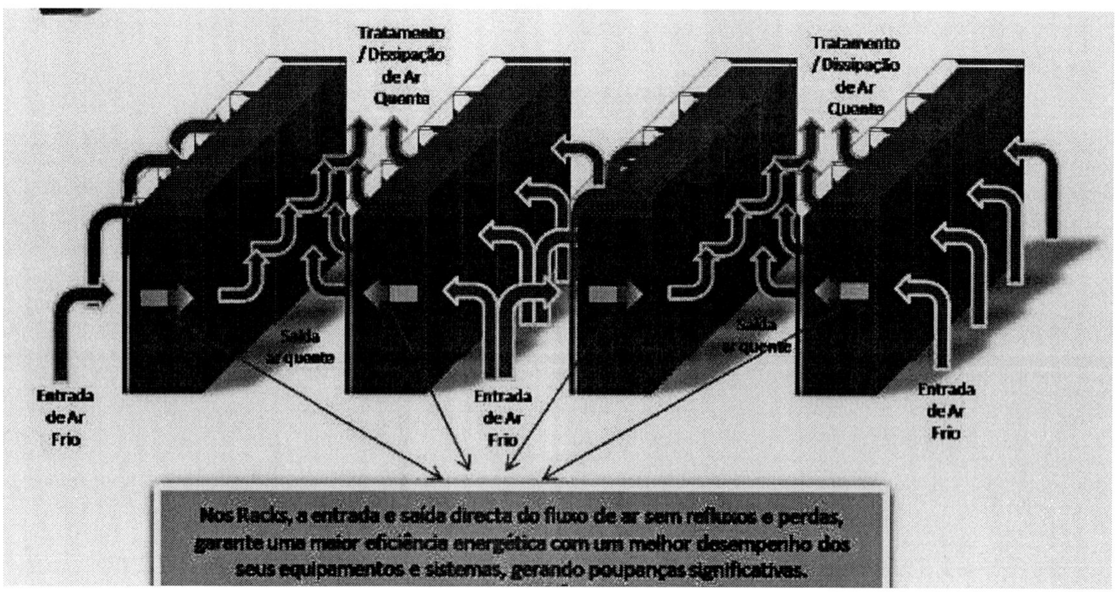

Figura 5.4 Ilustração de sistema condicionador de ar, a partir de piso modulado, gerando uma circulação de ar. O Ambiente é uma típica sala para Data Center. Fonte: www.olivetel.pt e OLIRACK

Outro fator a considerar, em termos de infraestrutura, é a localização. Independente do porte da organização, uma série de critérios irá determinar a melhor escolha. A atenção maior recai sobre as empresas do seguimento da tecnologia da informação (TI), pois suas centrais de dados são de grande porte, ao contrário de empresas de outros segmentos. Entre os critérios, se destacam: a proximidade com redes de energia fornecidas por concessionária, telecomunicações, linhas de transporte e serviços de emergência, entre outros. Riscos, segurança local são critérios que igualmente são considerados seja para projeto, como gestão por parte de Facilities. Locais não recomendáveis são próximos a rios, pois estão sujeitos a enchentes; próximo a aeroportos; áreas de risco em relação à segurança pública, como aquelas em que há confronto entre bandidos e policiamento; e aquelas sujeitas a sinistros por causas naturais, tais como abalos sísmicos, tornados etc.

Para mais informações sobre locais recomendados e outras considerações, observar as Normas **NBR 14565:2001, ANSI/BICSI-002** e **ANSI/TIA-942**.

Afora algumas exceções e considerando nosso País, as instalações dos DC são feitas em edificações seguras. As indústrias, na fase inicial de concepção de projeto, já consideram o local mais adequado para que a central de dados, tendo sua infraestrutura concebida para que possibilite uma operação nos padrões exigidos. Assim também é quando o DC está instalado em edifícios, onde a instalação toma conta de um andar, ou boa parte dele. Em ambos os casos, quando a Gestão de *Facilities* assume a manutenção, o grau de dificuldade é amenizado, uma vez que as instalações seguiram determinados critérios em acordo com normas e legislação em vigor. Ao contrário, uma instalação defasada irá demandar um sistema de manutenção mais rigoroso, e planejamento de correções e melhorias nas instalações ao longo de um período, considerando investimento necessário e mão de obra qualificada para a execução. A infraestrutura, como já foi detalhado, não consiste somente da área construída (predial), mas de todas as utilidades, instalações (elétrica, hidráulica, dutos, barramentos etc.) e demais componentes inseridos neste contexto e que precisam de conservação e manutenção.

Data Center em espaço padronizado

O que veremos a seguir, via de regra, é o espaço padronizado e expansível para o Data Center. A atenção recai para que o piso acomode, corretamente, o fornecimento de energia e telecomunicação e, alguns casos, dutos para condução de água gelada ou ar refrigerado (em geral, a refrigeração é instalada na parte superior da sala, isto é, o fluxo é de cima para baixo).

A construção no modo "piso elevado" cria um espaço que possibilita a instalação de cabos de comunicação, elétricos, ar refrigerado e/ou as tubulações de água gelada para refrigeração.

Figura 5.5 Nesta ilustração estão em detalhe os cabos de dados passando sob o piso elevado, sendo de 60x60 cm as medidas das placas e a armação metálica, onde será instalado o sistema de aterramento. Fonte: http://www.formica.com.br/produtos/pro_formipisodissi.htm

Algumas recomendações importantes

A recomendação para a altura do piso elevado é de no mín. ~150 mm para cabos de comunicação e de energia. Contudo, se o projeto prevê ar refrigerado, sob o piso, a altura é mínima passa para 300 mm. Em geral, os pisos especificados baseiam-se em uma dimensão de "600 mm por 600 mm" e com um revestimento anti-estático.

Para uma maior segurança, é necessário que a estrutura do piso esteja aterrada para evitar o acúmulo de carga estática, tanto nos equipamentos e *racks* quanto no piso, podendo ocasionar instabilidade ou a queima do equipamento. Segundo especificações na Norma TIA 942, é necessário que a altura mínima do *Data Center*, medida a partir do piso acabado até qualquer obstáculo (forro ou teto), seja de 2.600 mm.

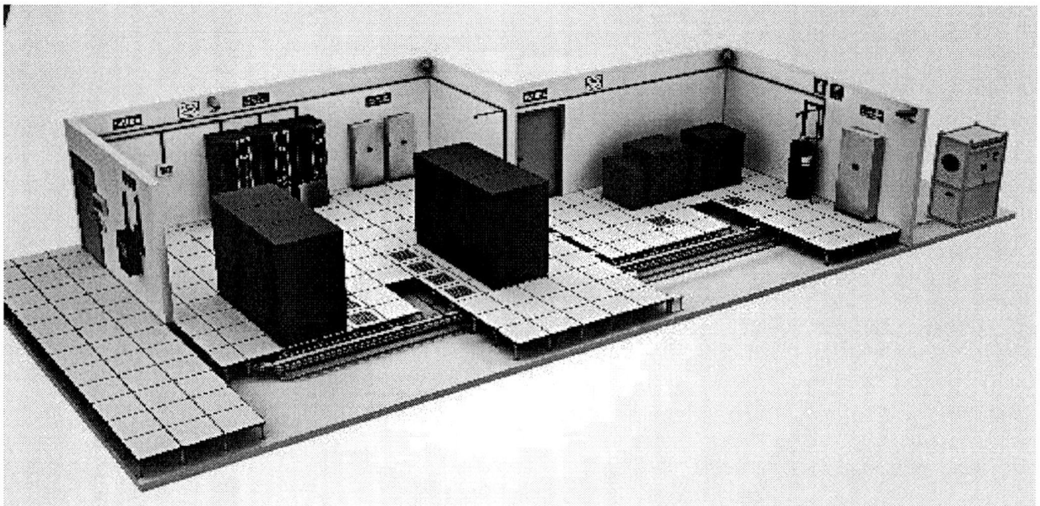

Figura 5.6 Figura ilustrativa de uma sala de Data Center com Infraestrutura completa. Servidores e demais equipamentos instalados sob piso modulado e contendo: Condicionador de Ar, *No Break (UPS System)*, sistema de combate a incêndio *(firefighting system)*, fiação/cabeamento elétrica e telecomunicações (*network*) etc. Fonte: http://www.projeto5005.com.br/en/data-center

Caro leitor, para ampliar seu conhecimento, segue exemplo de uma Sala para Data Center com alto nível de qualidade e tecnologia em sua infraestrutura.

Trata-se do Centro de Processamentos de Dados e Centro de Controle do Aeroporto de Guarulhos (GRU *Airport*) localizado em SP, o qual foi inaugurado em 11 de julho de 2013. Creio que não preciso comentar sobre a criticidade deste local, pois reúne os sistemas responsáveis pela operação e administração de todo o complexo aeroportuário de grande porte e representatividade não só nacional, como internacionalmente.

O Data Center é um moderno centro de processamento de dados que permite o funcionamento pleno e contínuo de softwares vitais para manter o aeroporto em atividade. Uma das características técnicas é que está instalado em uma sala-cofre, ambiente que garante proteção aos equipamentos "contra o fogo", calor, gases corrosivos, arrombamento, acesso indevido, ente outros problemas. O projeto de infraestrutura evita também interrupções nas operações contidas no setor de tecnologia de informações (TI) e nos serviços prestados aos usuários e clientes.

Conforme o diretor de TI do GRU Airport, Luiz Ritzmann: "Essa tecnologia está entre as mais modernas e seguras do mundo, bastante utilizada pelo sistema financeiro e em outros aeroportos internacionais. Considerando que o aeroporto funciona 24 horas por dia, é essencial ter um sistema robusto, que garanta uma operação sem interrupções e capaz de mitigar eventuais riscos". A obra total tem 500 m^2 e foi desenvolvida pela Empresa **ACECO TI.** Até jul/2013, o Aeroporto Internacional de São Paulo foi o primeiro no Brasil a contar com uma sala-cofre.

O local também inclui uma sala de crise, planejada para permitir a discussão e implementação de soluções rápidas na ocorrência de situações emergenciais. Creio que a Gestão de *Facilities* deste ambiente crítico tenha capacitação ao nível da responsabilidade requerida. É, sem dúvida, uma estrutura a ser visitada, pois o aprendizado será de grande valia. Da prática, é sabido que energia elétrica, condicionamento de ar e o sistema de combate a incêndio são as utilidades que se destacam. Os planos de manutenção preventiva e planejamento de execução devem seguir rígidos padrões e procedimento operacionais, os quais não podem gerar falhas, principalmente durante a execução.

Figura 5.7 Data Center e Centro de Controle de TI do Aeroporto Internacional de Guarulhos (GRU), São Paulo. Fonte:www.aviacaobrasil.com.br

Data Center Modular

A IBM apresentou o PMDC (*Portable Modular Data Center*) Data Center Portátil e Modular, criado dentro de um contêiner. Este modelo contém um centro completo e compacto de alta densidade de infraestrutura de dados, também composto por *hardwares*, *softwares*, sistema de manutenção, unidade de refrigeração e detecção de incêndio, sem a necessidade de infraestrutura predial.

O PMDC é considerado uma tecnologia sustentável, pois ocupa um espaço 50% menor com relação a um Data Center convencional e consome até 77% menos energia [19].

A figura 5.8 segue ilustração (vista superior) de um PMDC *All-in-One* (algo como "tudo em um"). Contém, no mesmo container, a infraestrutura do DC e os sistemas de: Refrigeração e Combate a Incêndio.

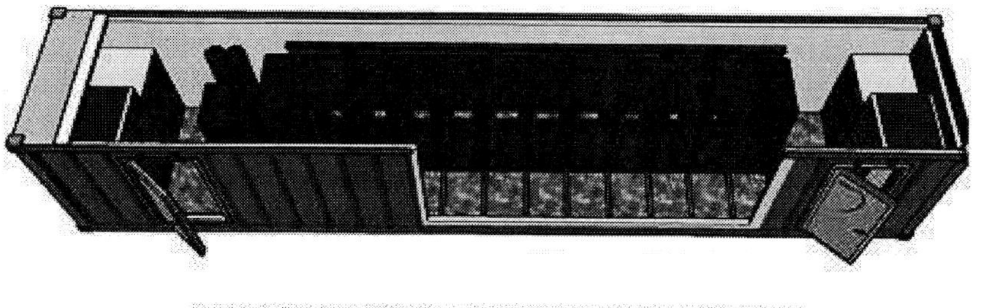

Figura 5.8 Detalhe PMDC contido em apenas um Container. Fonte:http://www-03.ibm.com/press/br

Já a figura 5.9 é a ilustração do modelo PMDC, mais de múltiplos containers. Neste exemplo, são dois módulos, um contendo os servidores e um sistema de combate a incêndio. No outro, a Infraestrutura do DC e o sistema de refrigeração.

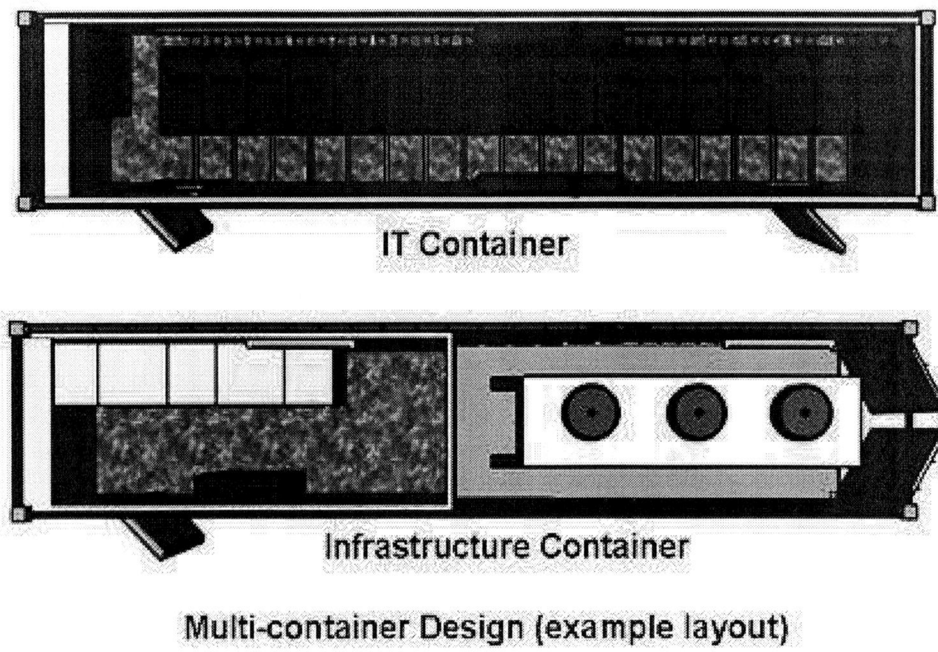

Figura 5.9 Detalhe PMDC múltiplos contêineres. Fonte:http://www-03.ibm.com/press/br

Este modelo de Data Center é específico para aquelas organizações que não possuem estrutura predial, mas têm a necessidade de expansão do Data Center, ou até mesmo como utilização temporária.

5.2.2 UPS: Energia Ininterrupta

UPS é a sigla, em Inglês, para denominação equipamento *Uninterruptible Power Supply*. (Fonte Ininterrupta de Energia). É um ***No break***, mas com características técnicas mais robustas, pois é um dispositivo de alimentação elétrica secundário aplicado a Data Center. Sua função é fornecer eletricidade quando há interrupção de energia primária (concessionária) e manter o DC energizado. Este tempo deverá ser suficiente para a partida e entrada em carga do Grupo Gerador, o qual assumirá o fornecimento de eletricidade até o retorno da energia da concessionária.

A alimentação elétrica ocorre por meio de um banco de baterias e estas, por sua vez, permanecem com carga continua, pois estão conectadas à alimentação primária (rede da concessionária). As baterias são dimensionadas para garantir uma autonomia por um período mínimo de até 15 minutos (este tempo varia conforme modelo, capacidade do UPS e também da quantidade de equipamentos conectados a ele). Conforme a capacidade do UPS, ele poderá fornecer energia, além de Data Center, para outras utilidades, tais como sistema de detecção, alarme de incêndio e de segurança.

Outro formato de aplicação são UPS em modo redundante, isto é, ligados em paralelo. Irão assegurar o suprimento contínuo de energia, mesmo em caso de falha de transformadores ou a falta de energia elétrica.

Sistemas ininterruptos de energia são definidos, conforme a "**NBR 15014 Conversor a semicondutor - Sistema de alimentação de potência ininterrupta, com saída em corrente alternada (nobreak) – Terminologia**, como "*sistema de alimentação de potência ininterrupta (nobreak): Combinação de conversores, chaves e armazenamento de energia por baterias, constituindo um sistema de alimentação de potência capaz de assegurar a continuidade da alimentação à carga, em caso de falha da alimentação de entrada" (rede).*

A NBR 15014 também define todos demais termos para os sistemas de alimentação de potência ininterrupta (*nobreaks*) on-line, interativo e *stand by*, os quais utilizam conjunto de baterias como fonte de energia armazenada.

Em relação ao modo de operação, o UPS possui:

Modo Bateria: modo de operação onde o UPS utiliza a energia armazenada das baterias para manter o fornecimento de energia na sua saída.

Modo Rede (*On line*): modo de operação onde o *no break* utiliza a tensão da rede (CA) de entrada para manter o fornecimento de energia na sua saída. O retificador é responsável pela conversão de energia CA para CC. No modo rede, a tensão e frequência de saída são independentes da tensão e frequência da rede CA de entrada; o inversor é responsável por 100% da potência fornecida à carga por 100% do tempo de operação. O tempo de transferência é igual a zero.

Para mais informações sobre conceitos e definições referentes a *no breaks,* acesse:
"NBR 15.014 Conversor a semicondutor"

Existem vários fabricantes e modelos de **UPS** disponíveis no mercado. Segue, para sua orientação, dois exemplos de *no breaks*, amplamente aplicados à Infraestrutura de *Data Center*.

Figura 5.10 UPS Eaton DX. Possui tecnologia on-line dupla conversão, sem utilização de transformadores, permitindo que o no-break opere com ampla faixa de variação da tensão de entrada, sem comprometer a qualidade da energia para alimentação da carga crítica. Potências disponíveis para este modelo: 20, 30 e 40kVA. Fonte: Fabricante EATON CORPORATION, www.eaton.com

Figura 5.11 *UPS Power Xpert 9395* . Backup de energia de qualidade e autonomias escalonáveis para infraestrutura de Data Centers de grande porte. Pode ser monitorado e gerenciado em seu novo display LCD touchscreen. Com autonomias escalonáveis e a tecnologia patenteada de paralelismo *Eaton Hot Sync®* garantem que se ajuste aos seus atuais e futuros requisitos de energia. Com o eficiente Sistema de Economia de Energia (ESS), opera com 99% de eficiência em todas as faixas, mesmo em baixos níveis de carga, sem comprometer sua confiabilidade.. Fonte: Fabricante *EATON CORPORATION*, www.eaton.com

O Grupo Gerador, na sequência dos eventos, é o equipamento quer irá fornecer eletricidade pelo tempo necessário, até o retorno da energia fornecida pela concessionária (Rede). O dimensionamento (kVA), bem como a quantidade de geradores, vai depender, exclusivamente, das cargas que necessitam ser suportadas as quais manterão o sistema crítico Data Center em operação, isto é, não afete a continuidade do negócio da organização.

Como exemplo, segue a figura 5.12 contendo a sala dos grupos geradores de uma das unidades da empresa UOL. De acordo com a empresa, "*os geradores têm autonomia de 72 horas sem o reabastecimento e são acionados uma vez por semana como uma forma de manutenção*".

Figura 5.12 Sala dos Grupos Geradores pertencentes a Infraestrutura do Data Center UOL. Fonte http://tecnologia.uol.com.br

5.2.3 CRAC – Ar Condicionado para Data Center (DC)

A denominação **CRAC** (*Computer Room Air Conditioner*, expressão em Inglês para Ar Condicionado para Salas de Computadores) é aplicada à infraestrutura de TI, mais precisamente sala para condicionamento de ar das salas de processamento de dados (DC).

A sala dos servidores não necessita de aquecimento, ao contrário, o ar inserido precisa refrigerar os equipamentos, uma vez que ~100% de toda energia elétrica consumida pela infraestrutura do *Data Center* são convertidos em calor. Além da refrigeração, o **CRAC** contém sistema para controle da umidade relativa do ar e são denominadas Unidade de Desumidificação.

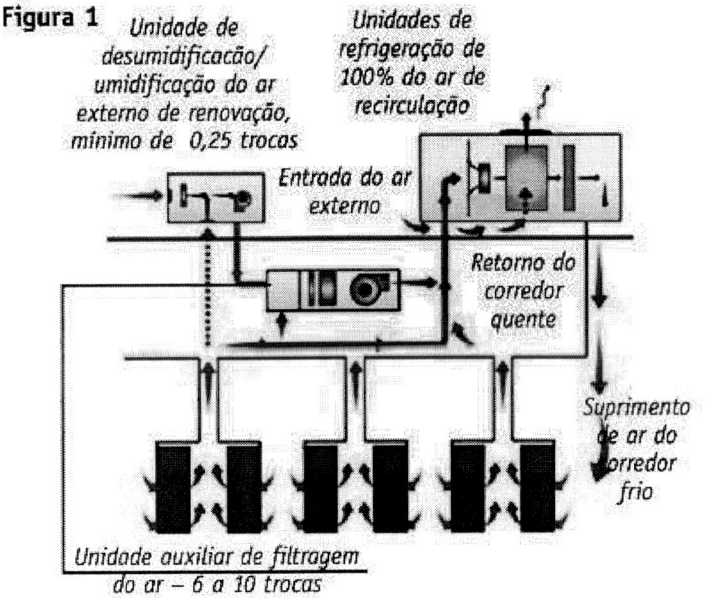

Figura 5.13 Ilustração do sistema de refrigeração e o fluxo de ar quente/frio na sala de uma Data Center. Fonte:www.tcsolutions.com.br

O sistema de Refrigeração e Controle de Umidade inclui múltiplas unidades de ar condicionado com capacidade de manter a temperatura e umidade. Se houver sistema redundante, irá possibilitar que sejam efetuadas as revisões, sem a necessidade de deixar o DC desassistido.

A Classe "1" da **ASHRAE** (*American Society of Heating, Refrigerating and Air-Conditioning Engineers*, Sociedade Americana de Engenheiros de Climatização) informa as recomendações de temperatura para a entrada de ar nos equipamentos, bem como valores para a umidade relativa do ar para ambientes de Data Center.

Tabela 2 da ASHRAE: Especificações de temperatura e umidade relativa

ESPECIFICAÇÕES DO AMBIENTE

Classe	Temperatura permitida (°C)	Temperatura recomendada (°C)	% umidade relativa permitida	% umidade relativa recomendada
1	15 até 32.2	20 até 25	20-80	40 -55

Tabela 5.1 Fonte:http://www.searchdatacenter.techtarget.com/tip/Using-ASHRAE-specs-for-data-center-metrics

Segundo os especialistas deste seguimento, a instalação das fileiras de *racks* deve ser "de frente" uma para outra, uma vez que ar refrigerado passa pela frente do *rack* (através de aberturas no piso elevado). Esse modelo construtivo irá tornar mais eficaz a refrigeração do conjunto de servidores. Esta técnica é conhecida por "corredor frio". O ar frio é atraído e passa entre os *racks*, através das ventoinhas dos servidores, sendo expelido de volta para o "corredor quente". Este, por sua vez, ascende e encontra o seu caminho de volta para a unidade de ar condicionado, e assim o ciclo se repete.

Este processo de refrigeração (sistema de "corredor frio &corredor quente") tem o insuflamento sob piso elevado, como demonstrado na figura 5.14.

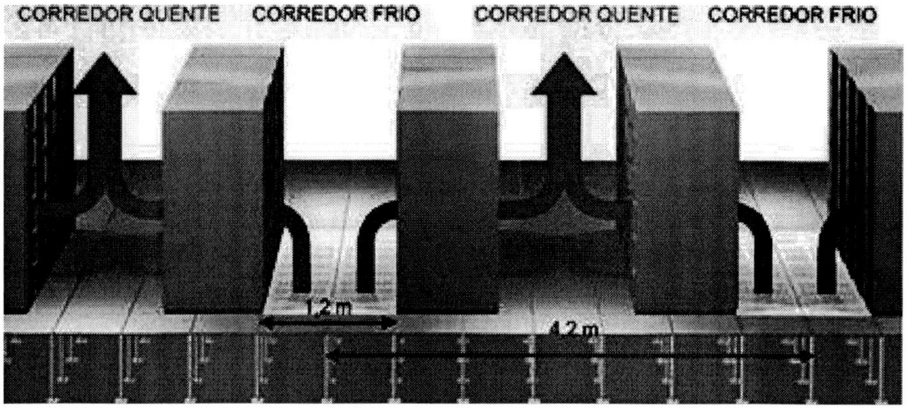

Figura 5.14 Figura ilustrativa do sistema de refrigeração através do processo "corredor frio & corredor quente", e com distribuição pelo piso elevado. Fonte:http://www.tcsolutions.com.br

Outro sistema é a distribuição, é denominado pelo termo em Inglês *Overhead* (ou "ar pelo teto"). Neste, o ar frio é distribuído no "corredor frio" pela parte superior. Já o ar quente, resultante do resfriamento dos equipamentos, irá formar também corredores quentes, mas neste caso há a necessidade de exaustores, os quais são responsáveis pela retirada do ar quente, como demonstrado na Figura 5.15.

Figura 5.15 Ilustração de sistema de ar refrigerado a partir equipamento instalado no teto (Overhead), gerando uma circulação de ar conforme mostra a figura numa sala de Data Center. Fonte: http://www.pt.slideshare.net

A Figura 5.16 demonstra o ar frio sendo distribuído pela parte superior e o corredor quente utilizando um exaustor para retirada do ar quente:

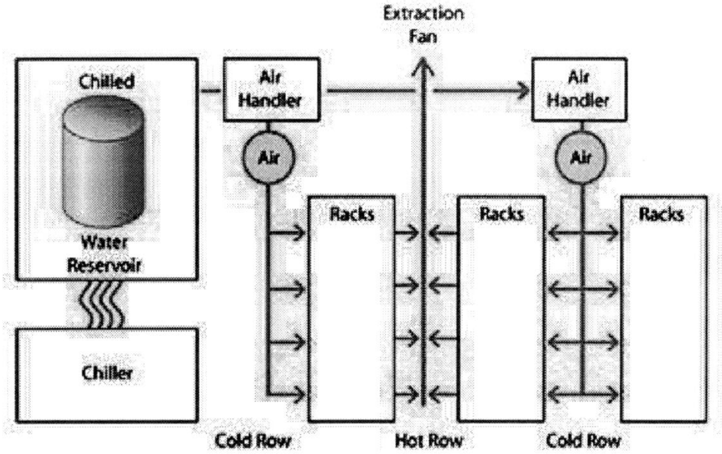

Figura 5.16 Ilustração de um sistema de distribuição de ar refrigerado por *Overhead*. Fonte:http:// www.netriver.net/ seattle-data-center/data-center-hvac

As unidades de *Computer Room Air Conditioner* (**CRAC**) funcionam como os condiconadores residenciais. O ciclo de refrigeração é de expansão direta e incorporado na unidade. Isto significa que o compresso está instalado dentro da unidade. A refrigeração ocorre por meio da sopragem de ar, sobre uma serpentina de arrefecimento cheia com fluido refrigerante . A CRAC tem volume constante, por isso, só pode modular a "ligar" e "desligar". Há modelos que podem variar o fluxo de ar por meio de compressores de vários estágios. Em sua maioria, as unidades de CRAC existentes necessitam ademodulagem liga / desligacomo único controle.

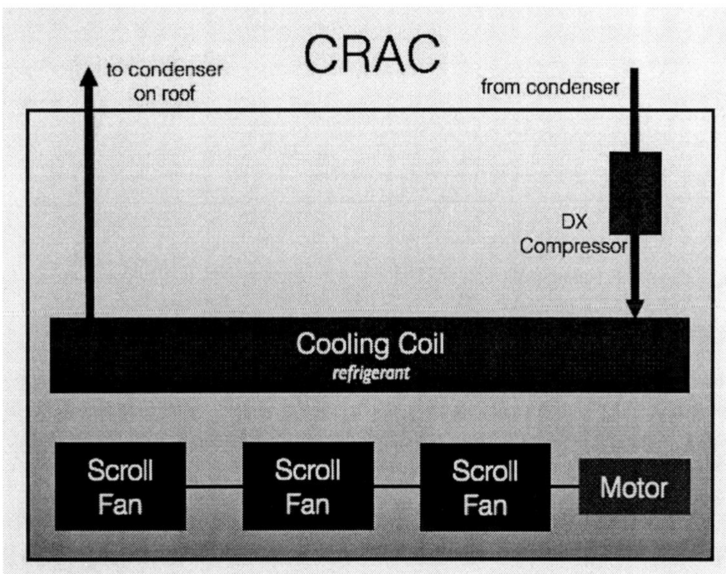

Figura 5.17 Fonte: http://www.dchuddle.com/2011/crac-v-crah/

Já uma unidade de *Computer Room Handler* (**CRAH**) utiliza outra utilidade para o fornecimento de água gelada, o Chiller (Equipamento visto no Capítulo Um deste Livro). Este sistema é amplamente aplicado a uma unidade de tratamento de ar de água gelada encontrado em quase todos os altos edifícios de escritórios comerciais. O ar refrigerado obtido ocorre por sopragem de ar sobre uma serpentina de arrefecimento onde passa o fluido "água gelada" (vem do Chiller). Um CRAH pode ter VFD (Variable Flow Drive) que modula o fluxo/velocidade do ventilador para manter uma pressão estática do conjunto, quer seja sob o piso ou em dutos de um modo geral.

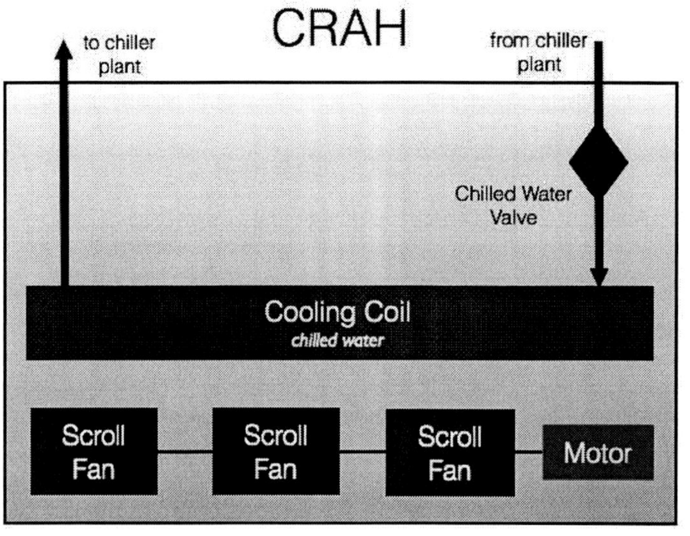

Figura 5.18 Fonte: http://www.dchuddle.com/2011/crac-v-crah/

5.2.4 Sistemas Contra Descargas Elétricas

A utilização de aterramento confiável irá evitar danos irreparáveis que em geral são de alto custo. A norma NBR-5419 "Proteção de estruturas contra descargas atmosféricas" (denominado pela sigla: SPDA) aborda proteção para as estruturas, bem como de pessoas e instalações no seu aspecto físico dentro do volume protegido. Entre as aplicações, estão incluídos os ambientes DC, isto é, "sistemas de telecomunicação externos às estruturas". Inclui ainda estruturas comuns, como utilizadas para fins comerciais, industriais, agrícolas, administrativos ou residenciais, e às estruturas especiais. Contudo, não contempla a proteção de equipamentos elétricos e eletrônicos contra interferências eletromagnéticas causadas pelas descargas atmosféricas.

O alerta para a Gestão de *Facilities* é que o sistema esteja em acordo com a legislação vigente e que o planejamento de manutenção inclua, além das revisões, testes de eficiência. Como o sistema tem componentes instalados externamente da edificação, estão sujeitos a desgaste mais facilmente, portanto merecem atenção especial.

A Norma **NBR-5410 "Instalações elétricas de baixa tensão"** abrange instalações elétricas de edificações, qualquer que seja seu uso. Fixa as condições a que devem satisfazer as instalações elétricas estabelecidas e abrangidas por esta norma, a fim de garantir seu funcionamento adequado, a segurança de pessoas e a conservação dos ativos. Aplica-se às instalações elétricas alimentadas sob uma tensão nominal igual ou inferior a 1000 V em corrente alternada, com frequências inferiores a 400 Hz, ou a 1500 V, mas em corrente contínua.

Os especialistas e projetistas, em aterramento para DC, recomendam estabelecer sistema de aterramento de forma isolada, isto é, um condicionado ao Para-Raios (SPDA) e outro específico para a infraestrutura do *Data Center* (eletrocalhas, *racks* e piso elevado).

A Figura 5.19 apresenta um detalhe do aterramento na estrutura (em piso elevado) para eliminar o acúmulo de carga estática, consequentemente, evitar o efeito da descarga eletrostática (Sigla em Inglês **ESD**, *Electrostatic Discharge*) e prováveis danos ao *Data Center* e seus equipamentos.

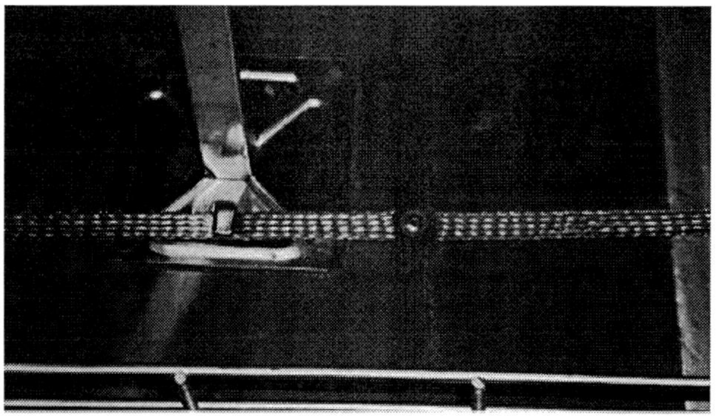

Figura 5.19 Detalhe de uma malha de aterramento (no piso elevado). Fonte:http://www.infraengenharia.com.br

Ainda sobre sistema de proteção, cito o **DPS** (Dispositivos de Proteção contra Surtos), que ***são dispositivos elétricos utilizados na proteção de instalações inteiras, partes de uma instalação ou equipamentos elétricos e eletrônicos individualmente.*** Sua utilização complementa a proteção interna de um sistema de proteção contra descargas atmosféricas (SPDA), segundo o que determinam as normas brasileiras **ABNT NBR 5410-2004 e NBR5419-2005**, assim como as normas internacionais IEC que tratam do assunto e as respectivas normas nacionais de diversos países que delas derivam. O princípio de funcionamento de um **DPS** é baseado na mudança da sua impedância interna, que diminui com o aumento da tensão em seus terminais, permitindo um desvio da corrente de surto para o sistema de aterramento, proteção de modo comum, evitando assim que sobre o equipamento protegido apareça uma tensão acima daquela que ele possa suportar, ou seja, da suportabilidade do equipamento.

Suas funções básicas são:

1. Proteger a instalação contra os efeitos de uma descarga atmosférica direta na edificação, na rede de distribuição da concessionária ou no aterramento da instalação.
2. Proteger, nos quadros de distribuição, os circuitos que se originam deste quadro contra as sobretensões residuais (vindas do DPS tipo I) ou sobretensões induzidas na instalação causadas por descargas atmosféricas remotas.

Figura 5.20 Exemplos de DPS instalados em Quadros de Distribuição. Fonte: MARGIRUS, Fabricante.

5.3 Padrão de Segurança TIER

Introdução

O ***Uptime Institute Professional Service*** criou o **TIER *Classification*** (Classificação TIER) para que sejam avaliados os níveis de segurança da Infraestrutura dos *Data Centers*, em relação às exigências de disponibilidade. Acredito seja este o "ponto de partida" para que a Gestão de *Facilities* elabore um plano efetivo de manutenção e se aplicável, de monitoramento.

Esta classificação oferece às indústrias que fabricam *Data Center*, um método para avaliar o desempenho de seus produtos e tempo de funcionamento esperado (disponibilidade), considerando a infraestrutura da unidade onde foi instalado. Além disso, permite que as organizações alinhem seus investimentos em infraestrutura de acordo com as metas de negócios, estratégias de crescimento e nível de tecnologia desejado.

Em resumo, a classificação **TIER** permite dimensionar a Infraestrutura do *Data Center* e os níveis de redundância requeridos.

Cada nível **TIER** estabelece os critérios apropriados para energia, resfriamento, manutenção e capacidade de suportar uma falha. São progressivos, isto é, incorpora as exigências dos mais baixos até níveis mais altos. Permitem uma variedade de soluções, bem como conformidade com estatutos, códigos e regulamentações exigidas. Outra característica é que encorajam soluções inovadoras em engenharia e reconhecem que todos os data centers possuem individualidades e necessidades especificas.

Os níveis **TIER"I"** e **"II"** são soluções táticas, normalmente impulsionadas mais por requisitos de custo inicial e de tempo de comercialização do que por requisitos de custo de ciclo de vida e de desempenho (tempo de funcionamento). As organizações, normalmente, não dependem da entrega de produtos e serviços em tempo real para uma parte significativa de seu fluxo de renda. Geralmente, essas organizações são protegidas em contrato de danos resultantes da falta de disponibilidade no sistema.

Exigências rigorosas em relação ao tempo em funcionamento e viabilidade a longo prazo são normalmente o motivo para escolher soluções estratégicas na infraestrutura dos níveis **TIER"III"** e **"IV"**. As soluções de infraestrutura têm uma vida útil efetiva para além da exigência do seguimento de Tecnologia da Informação atual e são normalmente utilizadas por organizações que conhecem os custos de uma ruptura (deixa de faturar em razão da indisponibilidade do DC)e o impacto sobre a fatia de mercado e metas imperativas da continuidade do negócio.

O ***Tier Standard: Operational Sustainability*** é uma metodologia objetiva para que proprietários de Data Centers alinhem o programa de gestão da instalação com o nível do TIER específico da infraestrutura instalada a fim de alcançar os objetivos de negócios. Ainda estabelece os comportamentos e riscos por trás do **TIER Classification (I, II, III e IV)** que têm impacto sobre o desempenho do Data Center a longo prazo e unifica os comportamentos de gestão da organização com a funcionalidade do nível **TIER** escolhido.

Para que o projeto, a implementação e a operação sustentada do Data Center sejam bem-sucedidos, fatores e exposições adicionais também deverão ser considerados pelo proprietário e pela equipe do projeto. Muitos desses fatores e exposições serão determinados pelo local do site, bem como por considerações e/ou regulamentações locais, nacionais ou regionais. Por exemplo, códigos de construção e Autoridades competentes (***AHJs - Authorities Having Jurisdiction***); abalos sísmicos; condições meteorológicas extremas (ventos fortes, furacão); inundações; usos de propriedade adjacente; sindicato ou outra força de trabalho organizada; e/ou segurança física (seja como política corporativa ou garantida pelas imediações).

Para um projeto bem-sucedido, o ***Uptime Institute*** recomenda que o projeto tenha um catálogo abrangente de exigências previstas no ***TIER Standard: Topologia, Tier Standard: Operational Sustainability***, bem como as medidas de atenuação destes fatores e exposições adicionais cuidadosamente consideradas. Esta abordagem vai garantir que o projeto cumpra os objetivos em conformidade dos padrões internacionais do ***Uptime Institute***, bem como com restrições locais e exigências do Cliente.

5.3.1 Classificação para Redundância e Disponibilidade

A Norma **ANSI/TIA 942** ***Telecommunications Infrastructure Standard for Data Center*** (Infraestrutura de Telecomunicações para *Data Centers*) determina a Infraestrutura necessária para um Data Center, considerando aspectos como Redundância e Disponibilidade. É a única que utiliza **TIER** (desenvolvido pelo *The Uptime Institute*) para a classificação de ambientes para *Data Centers*.

A norma TIA 942, define regras aplicáveis à segurança operacional do Data Center em cinco níveis, independente dos níveis da "Classificação TIER", que são:

- Redundância;
- Telecomunicação;
- Arquitetura e estrutural;
- Elétrica;
- Mecânica.

Classificações de Redundâncias

Conforme Norma ANSI/TIA-942, há nomenclaturas para as definições da Redundância dos Data Centers, utilizando como base a Classificação TIER, e são as seguintes:

- **Data Center "N"**: sem nenhum tipo de redundância;
- **Data Center "N+1"**: existe pelo menos uma redundância, por exemplo: Nobreak/UPS, Grupo Gerador etc.
- **Data Center "N+2"**: existe uma redundância a mais, por exemplo, o Data Center será suprido na falta de energia por (1) Nobreak/UPS e (1) Grupo Gerador, somando (2) Redundâncias. Podendo se estender para os outros equipamentos, CRAC, Sistema de Combate e Prevenção de incêndios etc.
- **Data Center "2N":** neste caso seria uma redundância completa, por exemplo, contendo (2) companhias para Distribuição de Energia ou diferentes subestações, neste caso (2), para suprir o sistema elétrico do Data Center;
- **Data Center "2(N+1)"**: deve existir uma redundância para cada equipamento. Sendo (1)Nobreak/UPS ou (1) Grupo Gerador para cada uma das Companhias de Energia ou Subestações.

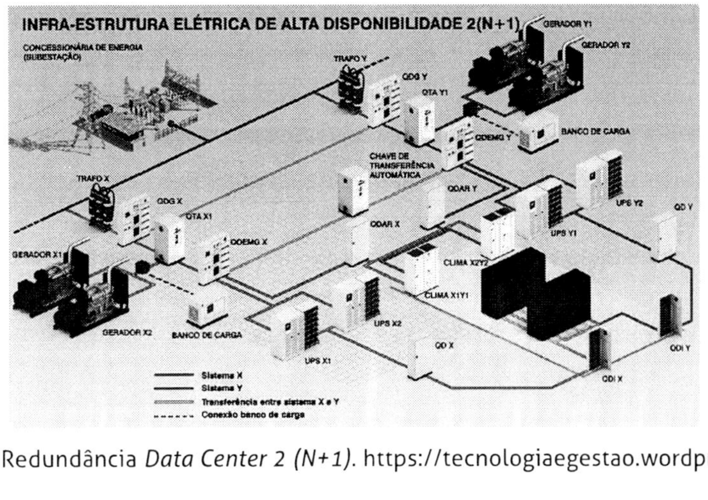

Figura 5.21 Exemplo de Redundância *Data Center 2 (N+1)*. https://tecnologiaegestao.wordpress.com

5.3.2 A Classificação TIER

TIER I *Basic Components*: os ramais são únicos para distribuição de eletricidade e ar condicionamento. O Data Center é básico, não há sistemas redundantes.

Principais Características:

- Suscetível a interrupções por atividades sejam planejadas ou não;
- Possui um ramal único de distribuição elétrica, bem como para climatização, sem componentes redundantes. Contudo, pode conter ou não UPS e/ou Grupos Geradores, mas são sistemas de módulos individuais e apresentam vários pontos individuais, suscetíveis a falhas;
- Qualquer erro operacional junto à Infraestrutura do *Site* (uma unidade qualquer da organização empresarial) ocasionará a interrupção dos serviços do Data Center;
- Para a realização Manutenção Preventiva da Infraestrutura, o Data Center precisa ser desligado.

Aplicação

Em geral, é aplicado a empresas de pequeno porte, onde a tecnologia de informação afeta somente processos internos; empresas com utilização principal de uma "presença na web", mas a utilizam como "*marketing passivo*"; empresas baseadas na Internet, mas sem compromissos de qualidade de serviço.

TIER II *Redundant Maintainable*: o DC tem componentes redundantes, mas apenas um único ramal em algumas áreas. Tem um único ramal para a distribuição e geração elétrica, mas há componentes redundantes no: *No-break*/Baterias/PDU (*Power Distribuiton Unit*). Os equipamentos eletrônicos terão dois cabos de alimentação ligados a dois sistemas UPS, mas separados.

Principais Características:

- Erros espontâneos de operação de componentes da infraestrutura do Site podem causar interrupção dos serviços do Data Center;
- Uma falha no ramal de distribuição elétrica causará o desligamento dos equipamentos de TI;
- A instalação terá componentes redundantes, sendo pouco menos suscetível a interrupções a partir de atividade planejada, ou não.
- O Site é suscetível a interrupções por atividades planejadas (Para a execução de Manutenção Preventiva, é necessário o desligamento do Data Center);
- Módulos UPS e Grupos Geradores devem fazer parte da Infraestrutura de alimentação elétrica.

Aplicação:

Apropriado para pequenos negócios, onde a necessidade de acesso ao DC é limitada a horário comercial (8h até 19h, por exemplo). Significa que o sistema é desligado quando não há operação na unidade. Aplicado também para as empresas de Pesquisa e Desenvolvimento de softwares (*startup*, termo aplicado à empresa em fase de desenvolvimento e pesquisa de mercado), as quais não são obrigadas a fornecer assistência em "tempo real" e durante 24h/dia, ou ainda empresas baseadas na Internet, mas que não sofrem penalidades financeiras por eventuais falhas no atendimento, por estarem sem sistema de TI.

TIER III *Concorrently Tolerant*: o *Data Center* tem componentes redundantes e mais de um ramal de distribuição (elétrica e outras Utilidades de Infraestrutura), mas apenas uma via é ativa. É o nível que permite remover componentes do DC, de maneira planejada sem afetar a operação, no entanto o Site está exposto a falhas operacionais ou de equipamentos.

Principais Características:

- Erros espontâneos de operação de componentes da infraestrutura do Site podem causar interrupção dos serviços do Data Center;
- Elementos dos ramais de distribuição elétrica e refrigeração podem ser removidos conforme planejado, sem afetar o Data Center;
- A Infraestrutura do DC deve ter sistemas redundantes para realização de manutenção simultânea nos sistemas de distribuição elétrica, nas instalações entre o UPS e os equipamentos de TI. Importante ressaltar que durante a realização de manutenção o risco de interrupção pode ser elevado.
- Permite qualquer atividade planejada, na Infraestrutura DC, sem que seja interrompida a operação, dentre elas: manutenção preventiva e programável, reparação e substituição de componentes, também adição, ou remoção e testes, dentre outros.

Aplicação:

Empresas que fornecem serviços de assistência 24h × 7 dias da semana, tais como as centrais de atendimento ao cliente (telefonia, TV por assinatura etc.) e *Help Desk* (atendimento aos funcionários de uma organização); ambientes empresariais, cujos recursos de TI, suportam processos automatizados e os impactos (ao cliente) em um provável desligamento, sejam contornáveis; companhias, tendo vários turnos e horários diversos para atendimento de clientes e funcionarios em diversas areas regionais.

TIER IV *Fault Tolerant*: condição TIER III atendida em todos os requisitos. As utilidades CRAC/HVAC são independentes e dual-alimentados. Infraestrutura do DC é tolerante a falhas, com instalações de armazenamento e distribuição de eletricidade. Este nível de condição do DC possível redundância completa, ao nível dos circuitos elétricos, de arrefecimento e de rede. Esta infraestrutura permite ultrapassar os piores cenários de incidentes não previstos, sem nunca interromper a disponibilidade do Site.

Principais Características:

- Qualquer que seja a procedência da falha (infraestrutura ou equipamentos de TI), não afetará a operação do Data Center;
- Componentes e elementos de distribuição podem ser removidos de forma planejada, sem afetar os equipamentos de TI;
- A manutenção da Infraestrutura do Site pode ser realizada, assim como dos ramais de distribuição (importante: durante esta atividade, o risco de interrupção dos serviços pode ser elevado);
- A operação de alarme contra incêndio, a supressão de fogo e/ou o desligamento do site, em caso de qualquer outra emergência, pode causar a interrupção dos serviços.

Este padrão de segurança é mais compatível com os conceitos de Alta Disponibilidade para TI requeridos, que emprega *clusters* de servidores (operam em conjunto para executar aplicações ou outras tarefas, dando a impressão ao usuário que está utilizando somente um único recurso), conjuntos redundantes de discos independentes (**RAID** – ***Reduntant Array of Independent Disk***) para armazenamento de acesso direto (**DASD** – *Direct Access Storage Device*), bem como sistemas de telecomunicações redundantes para garantir a confiabilidade e disponibilidade de serviços.

Aplicação:

É indicado para as Organizações com uma presença de mercado em nível internacional e que prestam serviços (ou operam), ficam à disposição 24h X 7d X 365 dias ao ano, em um mercado altamente competitivo direcionado a cliente exigentes; negócios baseados em comércio eletrônico, transações de mercado ou processos de liquidação financeira; e grandes companhias que atuam em muitos países, tendo vários turnos e a utilização de recursos de TI (pelos funcionários) seja uma vantagem competitiva.

Concluindo, segue a Tabela 5.2 que compara algumas características técnicas entre os quatro níveis da **Classificação TIER**.

Comparação entre os Padrões TIER

Característica	TIER 1	TIER II:	TIER III:	TIER IV:
Número de Delivery Paths	1	1	1 Ativo 1 Passivo	2 Ativo
Componentes Redundantes	N	N + 1	N + 1	2 (N+1)
% do Support Space para Piso Elevado	20%	30%	80-90%	100%
Potência/área inicial em Watts/m2	60-90	120-150	120-180	150-240
Potência/área final em Watts/m2	60-90	120-150	300-450	450 +
Altura do Piso Elevado	30cm	45cm	80-90cm	80-90cm
Carga por Andar em kg/m2	415	488	732	732+
Tensão (Utilidades)	208V, 480V	208V, 480V	12-15kV	12-15kV
Meses até a implementação (aprox.)	3	3 to 6	15 to 20	15 to 20
Year First Deployed	1965	1970	1985	1995
Annual IT Downtime Due to Site	28,8 hrs	22,0 hrs	1,6 hrs	0,8 hrs
Site Availability(Goal)	99,671%	99,749%	99,982%	99,995%

Tabela 5.2 Fonte: http://lautankencana.com/data-center-solutions e Uptime Institute

Para sua orientação, segue Tabela 5.3 contendo informações sobre o custo de um *Data Center* inoperante (***Downtime***). Obviamente, são estimativas com base em pesquisa e, portanto, variam conforme o seguimento, aspectos da região onde está localizada a companhia, entre outros fatores que certamente influenciam os valores informados.

Tipo de Negócio	Custo Downtime(US$/hora)
Operações Financeiras	6.450.000
Energia	2.817.846
Telecomunicações	2.066.245

Indústria em geral	1.610.654
Instituições financeiras	1.495.134
Empresas do ramo de Seguros	1.202.444
Saúde (Hospitais e redes de atendimento)	636.030
Reservas: Companhia Aéreas/Aeroportos	90.000

Tabela 5.3 Fonte:https://tecnologiaegestao.wordpress.com, Jan/3/2013.

A Certificação TIER

A **Uptime Institute** é a única empresa licenciada para classificar e certificar projetos, instalações construídas e operações contínuas em relação a **Tier Classification** e os critérios de ***Operational Sustainability***.

A ***Tier Certification*** relaciona a disponibilidade de infraestrutura à topologia. A certificação oferece garantias de que não haverá quedas ou links fracos em qualquer lugar na Infraestrutura do Data Center. Não há uma maneira efetiva de garantir consistência nos conceitos de engenharia em um nível detalhado e permitir atalhos ou substitutos. O ***Tier Certification*** foi desenvolvido tendo em mente as consequências de possíveis falhas - em termos de investimento em infraestrutura e de percepção de mercado.

Os serviços oferecem resultados viáveis à medida que a solução se desenvolve de um conceito para um design até a implementação e a transição para operações:

- ***Tier Gap Analysis*** identifica entraves, a nível financeiro, em relação ao TIER definido;
- ***Tier Certification of Design Documents*** oferece análise detalhada do pacote de documento em 100% do projeto;
- ***Tier Certification of Constructed Facility*** avalia o local da Infraestrutura instalada;

A Tier Certification of Operational Sustainability avalia a presença e a eficiência de gerenciamento e operações.

A Tier Certification of Design Documents é um pré-requisito para a Tier Certification of Constructed Facility. A Tier Certification of Constructed Facility é um pré-requisito para a Tier Certification of Operational Sustainability.

Caro leitor, na apresentação **Classificação TIER** surgem diversas denominações no idioma Inglês e algumas mais ligadas ao seguimento de TI. Por favor, caso tenha alguma dúvida, busque fontes alternativas para mais esclarecimento.

No Brasil, estes são alguns Data Centers certificados pela **Uptime:**

1. Quanto à instalação construída, **TIER IV**: Banco Santander Brasil S/A – Centro Tecnológico Campinas – DC 1 e DC 2;
2. Quanto à sustentabilidade de operação, **TIER III**: VIVO S.A., Data Center Tambore;
3. Quanto aos documentos de projeto:

- **TIER IV**: Banco Santander Brasil S/A – Centro Tecnológico Campinas – DC 1 e DC 2;
- **TIER III**: Ascenty Data Centers Locação e Serviço LTDA – Ascenty DC Campinas; Itau Unibanco – Centro Tecnológico Mogi Mirim DC1; Empratel – Data Center Embratel Lapa, Globo; Data Centers do Brasil – Site Tambore SP2; VIVO S/A – Data Center Tambore; dentre outros.

Fonte: www.osetoreletrico.com.br, 2013.

5.4 Monitoramento de Sistemas Críticos

Introdução

As soluções para monitoramento de ambientes críticos, em nosso caso especifico: *Data Center*, são de certa forma recentes. O ***Critical System Monitoring*** teve início, conforme literatura existente, em meados do ano de 2009. Isso se deve ao nível das exigências ditadas pelo mercado altamente competitivo. A central de dados é um ambiente estratégico e por esta razão ocorre a busca por soluções que facilitem a gestão destes ambientes.

Neste contexto, grandes competidores no mercado de TI lançaram ou compraram plataformas incipientes para se posicionar neste mercado. Dentre esses competidores destacam-se a Emerson Network Power1, a Raritan e a Schneider Electric, Nlyte Software, entre outras multinacionais do setor. Já no cenário nacional se destaca a Fazion.

Neste cenário, as exigências de indicadores que visam manter ou aumentar índices de disponibilidade acabam por ser pré-requisitos cobrados em contrato a fim de assegurar o mínimo de qualidade dos serviços prestados, sendo o caso do "Acordo de Nível de Serviço" (SLA). Este é uma das razões que impulsionam novas pesquisas, que resultem em redução de custos com a infraestrutura de Data Centers, mas sem perda de alta disponibilidade.

Sistemas de automação específicos para este fim começaram a ser desenvolvidos com foco no monitoramento e gerenciamento do comportamento do Data Center, procurando, ao mesmo tempo, alta qualidade de serviços e máxima eficiência energética. Estas ferramentas de automação são compostas de *hardware* e *software* denominados por *Data Center Infrastructure Management Systems*.

Ao contrário, ambientes críticos não confiáveis irão causar perda de informações. Neste caso, uma infraestrutura com baixo índice de disponibilidade demanda alto investimento para duplicar dados e preservá-los, para que não sejam corrompidos.

A confiança de um sistema apresenta quatro dimensões importantes: Disponibilidade, Confiabilidade, Segurança e Proteção:

- Disponibilidade: é a probabilidade de um sistema fornecer serviços, sempre quando isso for solicitado.
- Confiabilidade: é a probabilidade, deste mesmo sistema, oferecer os serviços, mas totalmente em acordo com as especificações.
- Segurança: é o atributo que reflete a capacidade deste sistema de operar (normal ou tendo anormalidade), mas que pessoas ou o ambiente não sofram danos. Exemplos: de monitoramento de aeronaves; perda total de informações de instituição bancária etc.
- Proteção: condição na qual o sistema protege, a si mesmo, de ataques externos, os quais podem ser acidentais ou deliberados, seja por meio de vírus, uso por pessoal não autorizado, ataque de *hackers* etc.

Data Center Infrastructure Management (Sigla: DCIM)

Em tradução literal, é um "**Sistema de Gestão e Monitoramento de Data Center**" e tem como principal objetivo possibilitar o acesso às informações, em tempo real (*Real Time*), sobre as condições do ambiente. Inclui ainda permissões como, atuação direta sobre elementos da infraestrutura, execução de simulações, previsões e planejamento de futuras alterações.

Para o sucesso de um DCIM, três categorias de sistemas são necessárias: **BMS** (*Building Management System*), os **NMS** (*Network Management System*) e o **DCMS** (*Data Center Monitoring System)* permitem uma gestão de recursos mais otimizada, há melhoria significativa do desempenho de dispositivos e há redução no consumo de energia os custos. Estes fatores irão possibilitar custos operacionais reduzidos e um melhor planejamento de futura expansão.

Um **DCIM**, com ênfase em Gestão de *Facilities*, poderá ser composto de *hardware* e *software* que de forma combinada fornecem informações sobre:

- Monitoramento da infraestrutura (Operação das Utilidades, Energia, Temperatura, Umidade do Ar etc.;
- Eficiência energética;
- Gestão da segurança e acessos;
- Otimização da performance.

5.4.1 Data Center Monitoring System (Sigla: DCMS)

Introdução

Na tradução literal, temos a expressão "Sistema de Monitoramento para Data Center", na qual está incluso recursos, tais como, pessoal, hardware e softwares, sala especifica, equipamentos, instrumentação, instalação elétrica e de telecomunicações, mobiliário, treinamento etc. Esta estrutura irá monitorar o ambiente do Data Center (fornecimento de energia elétrica, temperatura e humidade relativa do ar no interior da sala, entre outros itens de acordo com o nível de segurança requerido). Um grande desafio, principalmente, para os gestores, é o de justificar o retorno deste investimento, bem como o de manter esta estrutura em operação. Há necessidade de prever valores adicionais não só em relação à implementação, mas aos custos adicionais, não previstos, advindos de complementos e/ou expansão.

Contudo, em se tratando de ambiente crítico para a continuidade do negócio da organização, por si só, já é uma grande justificativa. Entre as principais razões para a implementação de um **DCMS,** podemos citar: Disponibilidade & Confiabilidade do Sistema, Gestão dos Ativos de Infraestrutura (ambiente e instalações do DC, mais as utilidades exclusivas, como suprimento de eletricidade, HVAC, UPS, Grupo Gerador, outros). Conforme o nível de exigência, é incluído aspectos sobre eficiência energética.

Monitoramento da Infraestrutura do Data Center

De início é importante criar padrões com informações técnicas e operacionais sobre Monitoramento e Comunicação, isto é, ações quando houver parâmetros fora das tolerâncias definidas. Ainda neste contexto, a geração dos relatórios sobre as ocorrências e ações executadas. Finalmente, a formação dos níveis de prioridade e responsáveis, em escala que inicia com o operador até chegar a alta administração.

Na sequência, segue a definição dos equipamentos críticos, os quais variam de acordo com a dimensão do DC, também, o seguimento empresarial e nível de segurança adotado. Contudo, em geral os sistemas críticos abrangem Nobreaks/UPS, Alimentação Elétrica (paineis de controle, redes de distribuição etc), Grupo Gerador, Sistema de Combate a Incêndio, CRAC etc. Além do monitoramento, estas utilidades deverão ter planos de manutenção preventiva adequados. Em determinados pontos dos equipamentos e instalações, são instalados sensores que geram alarme, seja por "fora da tolerância" ou falha, e neste caso específico, ações rápidas e eficazes são necessárias para retorno, o mais rápido possível para a "situação normal". Mais à frente, veremos como é ocorre este processo de comunicação.

As figuras a seguir, são exemplos sobre a importância do monitoramento. Na situação da Figura 5.22, a continuidade do negócio (up) é interrompida por uma falha qualquer (down) e o reparo (repair) inicia, logo após. Na condição, demonstrado na Figura 5.23, a ação é iniciada no momento em que o alarme é gerado, tendo início ações antes da ocorrência da falha (proactive action). Nesta segunda condição, ocorre o planejamento para que o reparo seja efeito de forma mais rápida (planned repair), isto é, há o desligamento dos equipamentos de TI e Utilidades conforme os procedimentos (down) e posteriormente, é feito um serviço mais qualificado (performance degradation and repair). Ao contrário, na primeira condição ocorre a "queda" abrupta do sistema, podendo causar danos.

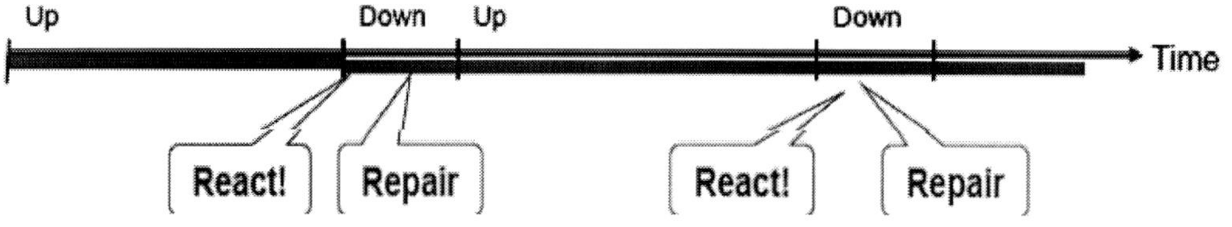

Figura 5.22 Fonte: EMERSON Network Power, by Diego Chisena

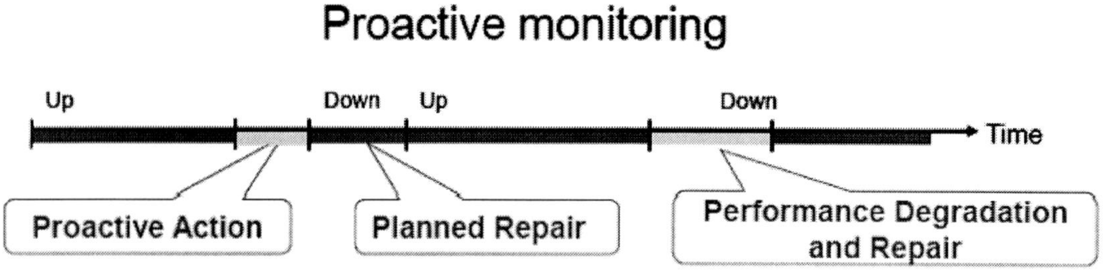

Figura 5.23 Fonte: EMERSON Network Power, by Diego Chisena.

Considerações Gerais sobre o Monitoramento da Infraestrutura para DC

Uma boa gestão da infraestrutura do DC depende da estratétigia utilizada para tal. Se adotado somente plano de manutenção, deixamos de assegurar uma mehor eficiêencia, ou seja, a antecipação da falha. Ao contrário dos mecanismos, os componentes eletroeletrônicos não acusam desgaste, portanto estão sujeitos à falha a qualquer momento, seja por defeito ou curto-cirtcuito. Então, um conjunto integrado de ferramentas, produtos e serviços irá auxiliar a Gestão de Facilities em sua missão de tornar o DC com altos indices de disponibilidade. Soma-se a isso a possibilidade de gerir a mudança mais facilmente, diante de complexidades, controle de custos mais apurada, eficiencia energética e otimização de desempenho.

Infraestrutura de gerenciamento em ambiente do Data Center:

- Software de Gerenciamento;
- Software de Monitoramento;
- Aparelhos e sensores de coleta dos dados e conversão de sinal e comunicação;
- Infraestrutura do DC a ser monitorada.

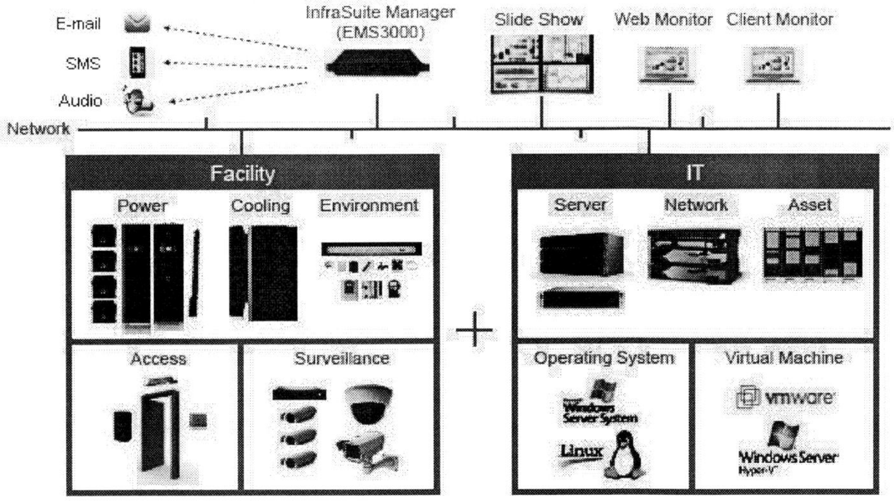

Figura 5.24 Exemplo de estrutura de um gerenciamento por monitoramento para Facilities (esq.) e Equipamentos de TI (dir). Fonte: www.deltapowersolutions.com

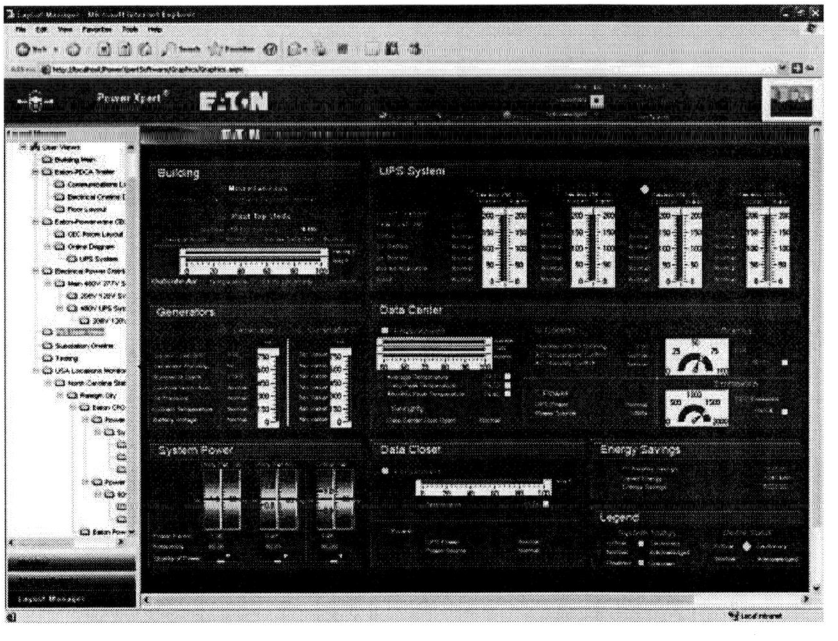

Figura 5.25 Tela contendo exemplo de um Software de Monitoramento (em "tempo real"). Ambiente Data Center. Fonte: www.eaton.com; https://powerquality.eaton.com

5.4.2 Operação e Controle do Monitoramento (DC)

Introdução

A monitoração permite o gerenciamento em tempo real de determinados parâmetros, gerenciar o ambiente e utilidades que, juntos, compõem a infraestrutura do DC. Podem ser aplicados a Salas de Servidores ou ainda ambientes contendo **IDF** (*Intermediate Distribution Frame*), que é um sistema de cabeamento estruturado, um ponto de acumulação para cabos de uma seção de uma edificação, tais como um andar ou parte de um andar.

Principais Parâmetros de Monitoração:

- Temperatura da Sala (e temperatura de entrada, quando houver risco de contenção);
- Umidade Relativa do Ar;
- Energia Elétrica (Fornecimento e distribuição);
- Nobreaks/UPS (Carga das Baterias);
- Detecção de Vazamento (derrame por ruptura de duto hidráulico);
- Surtos de Tensão (V);
- Centrais de Ar Condicionado (Carga do Sistema de Resfriamento);
- *Chiller* e Bombas de circulação de água;
- Grupo Gerador (*Status* Operacional);
- Outros.

Tipos de Sensores e Funções:

- Temperatura (*temperature*): é um dos principais sensores. Pode prevenir aumento de temperatura ambiente que causa danos aos equipamentos. Em adição, permite otimizar os custos de energia elétrica.
- Umidade (*humidity*): outro importante parâmetro. Sua função é prevenir que um percentual baixo de umidade cause descargas eletrostáticas. Ao contrário, um elevado % de umidade do ar poderá causar o efeito da condensação, criando um meio perfeito para a Corrosão dos componentes. Existe um sensor que monitora pontos de condensação (*dew point), o Sensor de Ponto de Condensação).*
- Fluxo de Ar (*air flow*): o monitoramento do fluxo permite uma configuração ideal dos condicionadores de ar, além de um melhor direcionamento aos equipamentos que demandam altas temperaturas em operação. Em adição, possibilita otimizar o custo total de energia utilizada para o resfriamento.

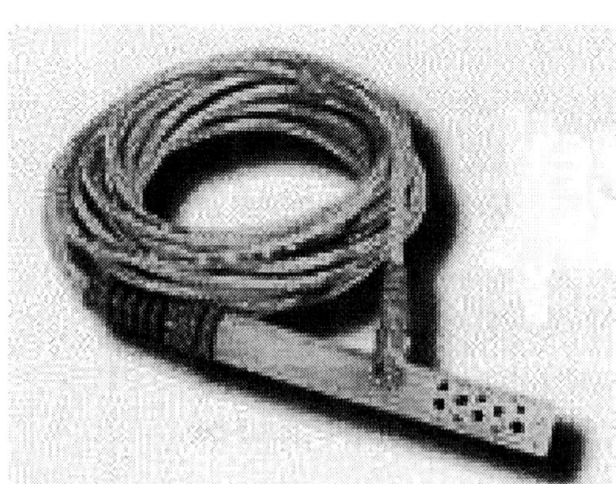

Figura 5.26 Sensor de Temperatura (também pode ser aplicado para monitorar: Umidade, Condensação e Fluxo de Ar). Fonte: www.geistglobal.com

- Detector de Fumaça (*Smoke Detector*): permite encontrar rapidamente a fonte de fumaça na sala do servidor. É um sensor que deve ter características como facilidade de instalação e configuração, principalmente em locais de difícil acesso, igualmente próximo a locais com potencial fonte de risco a incêndio.

Figura 5.27 Sensor Detector de Fumaça. Fonte: www.geistglobal.com

- Posição da Porta (*Door Position*): monitora-se a porta de acesso se foi ou não está fechada adequadamente. Além do risco de evitar o acesso indesejado de pessoas não autorizadas, também evita que as que as condições ambientais (temperatura e umidade) sem mantenham dentro dos parâmetros.

Figura 5.28 Sensor para monitoramento de Posição da Porta. Fonte: www.geistglobal.com

- Vazamento de Água (*leak water*): monitora provável existência de água no ambiente, por exemplo, em razão de rompimento de tubulação de água.

Figura 5.29 Sensor para monitoramento para Vazamento de Água. Fonte: www.geistglobal.com

Existem ainda sensores menos conhecidos, mas importantes. A aplicação é restrita, pois depende de certas características, tais como, o local e dimensão do DC, questões operacionais, padrões de segurança, entre outros. Dentre eles, se destacam:

- Sensor de Choque (*shock sensor*): detecta alterações ou movimentos anormais da infraestrutura no interior dos *racks* ou ainda aplicável a equipamentos com alto grau de sensibilidade, como os "Arrays de Discos" (Para saber mais, procure: *Array Discks,* modalidades de **RAID**).
- Nível de Som (*sound level*): o monitoramento do nível e do tipo de som permite uma ação mais rápida ao potencial de danos ao equipamento. Alguns modelos de equipamentos, em ambientes DC, sinalizam falha ou problema no desempenho, emitindo um sinal sonoro.
- Outros Sensores de Monitoramento: câmera de vídeo, tensão de alimentação (30v ou menos 48v), monitoramento de água etc.

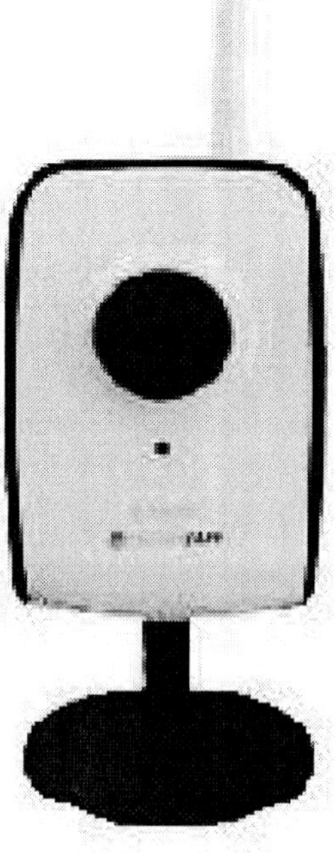

Figura 5.30 Modelo de uma Câmera de Monitoramento. Fonte: www.geistglobal.com

Dispositivos de Monitoramento para DC (DC Monitoring Devices)

Estes dispositivos, também denominados *Environmental Monitor Device* (Dispositivos de Monitoramento de Ambiente), são responsáveis por receber o sinal do sensor e enviá-los ao *software* de monitoramento para que seja feita a leitura, isto é, sua função é monitorar, remotamente, pontos ou ambientes críticos e habilitar a notificação de TI e/ou de Facilities (Utilidades) sobre alguma anormalidade. Podem ser instalados dentro de um rack, armário ou DC. Proporciona um ambiente seguro e e termicamente equilibrado.

Característicastécnicas básicas:

1. Recolhe informações do data center para gestão avançada;
2. Permite notificações em tempo real que permitem respostas mais rápidas por parte de *Facilities*;
3. Definição do valor numérico de alarme;
4. Sensores de temperatura, umidade, ponto de orvalho, o fluxo de ar, níveis de luz e som;
5. Interfaces com IP, através de câmeras endereçáveis (opcional);
6. Emissão de alarme, quando o sensor identifica "padrão fora dos limites" das tolerâncias (abaixo do valor mínimo ou acima do valor máximo). Ex. Temperatura 24ºC, Tolerâncias: mín:18º e máx:27;
7. Tipos de alarme: audível, alerta de e-mail, armadilhas SNMP, ou qualquer combinação destes etc.

A companhia GEIST disponibiliza monitores de ambiente, com diferencial para instalação em racks.
A empresa GEIST (http://www.geistglobal.com) disponibiliza *Dispositivos de Monitoramento*, com diferencial para instalação em racks. Tive a oportunidade de conhecer o Modelo RSE2X16. No site da empresa, é apresentado inovações, como o Watchdog1200 e outro com tecnologia WI-FI: RS-Wi Wireless Gateway

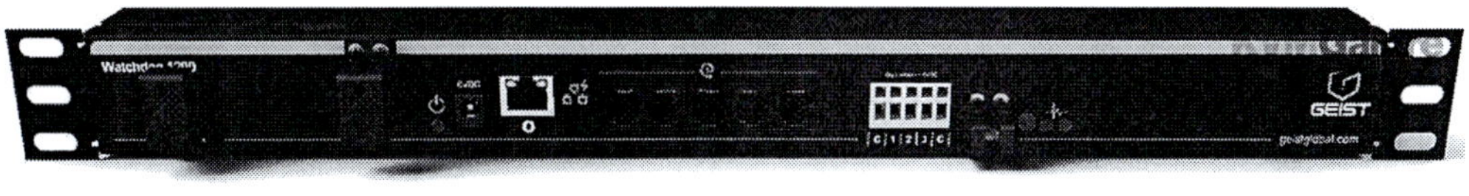

Figura 5.31 Dispositivos de Monitoramento GEIST, modelos Watchdog 1200 (provide Web-based remote surveillance of temperature, relative humidity, dew point, airflow, light, sound and additional sensors connected to the unit. Configure SNMP, Email, and Email-to-SMS alerts when user-specified thresholds are breached). Mais informações e fonte: www.geistglobal.com

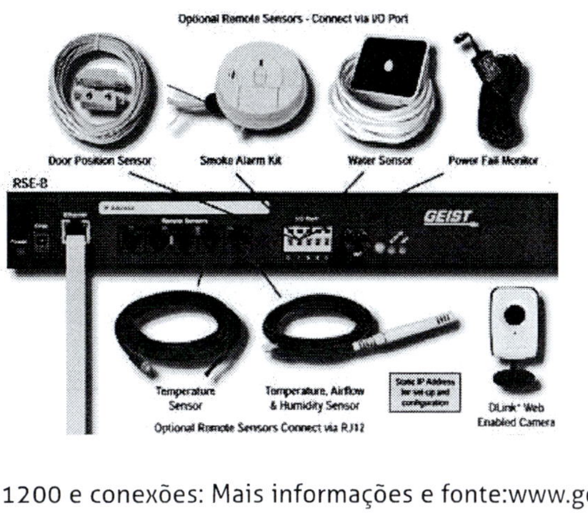

Figura 5.32 Dispositivo Watchdog 1200 e conexões: Mais informações e fonte:www.geistglobal.com

Veja outros modelos similares para monitoração de ambiente DC.

A empresa Agecom Power também disponibiliza modelos similares para monitoração de ambiente DC.

O produto EnviroStation possui conveniências, tais como, Monitorização através do navegador Web; software de monitorização remota que permite lidar rapidamente com qualquer situação; Interface gráfica e registros de dados e notificações por alarme em tempo real; Suporta o protocolo de comunicação SNMP.

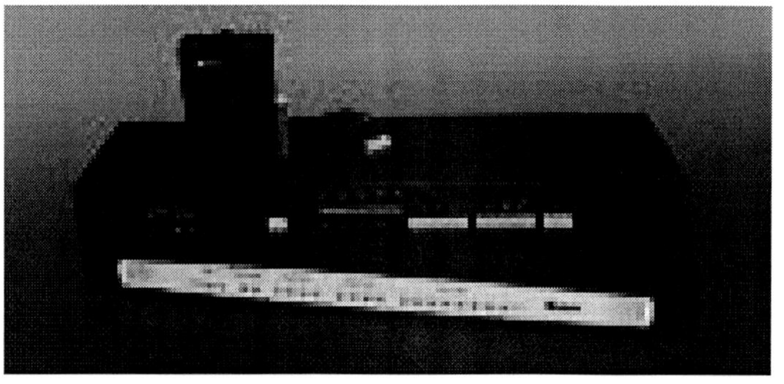

Figura 5.33 O EnviroStation integra a monitorização do ambiente e outras condições do data center e envia os dados para um gestor central através da rede. Fonte e mais informações: www.agecompower.com.br

Figura 5.34 Detalhe da parte traseira do Monitor de Ambiente EviroStation. Fonte: www.agecompower.com.br

O dispositivo **EnviroProbe** oferece monitoramento da temperatura e umidade para um único gabinete ou uma área especificada. Ele também oferece quatro entradas de fechamento de contato para dispositivos sensores que monitoram as condições de ambiente de data center, tais como segurança, água, fogo e fumaça, também pode enviar os dados para gerenciamento via rede.

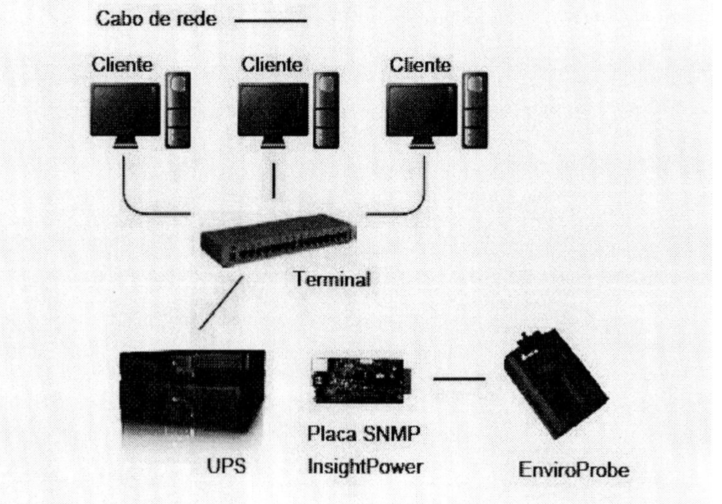

Figura 5.35 Modo de aplicação do dispositivo EnviroProbe. Fonte: www.agecompower.com.br

Software para Monitoramento para DC (DC Monitoring Software)

Em relação aos softwares de monitoramento, o fabricante disponibiliza informações mais especificas sobre aquisição, implementação, treinamento e as conveniências do "pós-vendas", tais como, período de garantia e otimizações. A sugestão é contatar empresas deste seguimento. Contudo, para conhecimento, segue exemplo de duas telas de software desenvolvido pela GEIST. A figura 5.36 é uma "tela demo" que recebe informações de um dos monitores (vistos anteriormente) e informa os valores medidos pelos sensores. Podemos observar que informa ao operador valores, tais como: Temperatura (°C), Umidade Relativa do AR (%), Temperatura Ponto de Orvalho °C (*Dew Point*), Fluxo de Ar, entre outros.

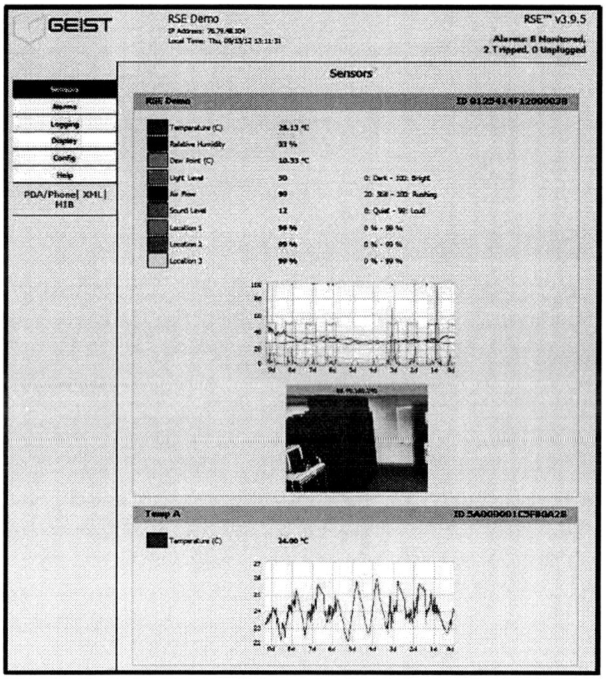

Figura 5.36 Fonte e para mais informações: www.geistglobal.com

Já a figura 5.37 é uma tela, também demo, para configuração de parâmetros e limites aceitáveis (min. e máx.). Provavelmente, o acesso é restrito (somente para administrador do sistema). Podemos observar à direita da figura campos para que sejam definidos endereços de email, isto é, para que quando o parâmetro estiver fora dos limites automaticamente seja gerado um "*email alarm*" para o destinatário para seu PC, ou ainda, com o avanço da tecnologia móvel, os aplicativos compatíveis contidos no *smarthphones*.

Obviamente, outras inovações foram agregadas. Atualmente, existem plataformas de comunicação mais presentes em nosso dia a dia, por exemplo, o WhatsApp. As organizações em conjunto com as empresas fornecedoras de software irão definir os canais de comunicação. Via de regra, após a comunicação há necessidade de ações corretivas e/ou preventivas para que o ponto em alarme seja verificado. A Gestão de *Facilities* desenvolve sua estrutura, partindo do operador que visualiza na tela, contatando seu superior imediato e este, por sua vez, o Supervisor de Facilities do Site. Outros gestores ou mesmo técnicos de manutenção podem fazer parte desta sequência de comunicações, dependendo do tipo de alarme.

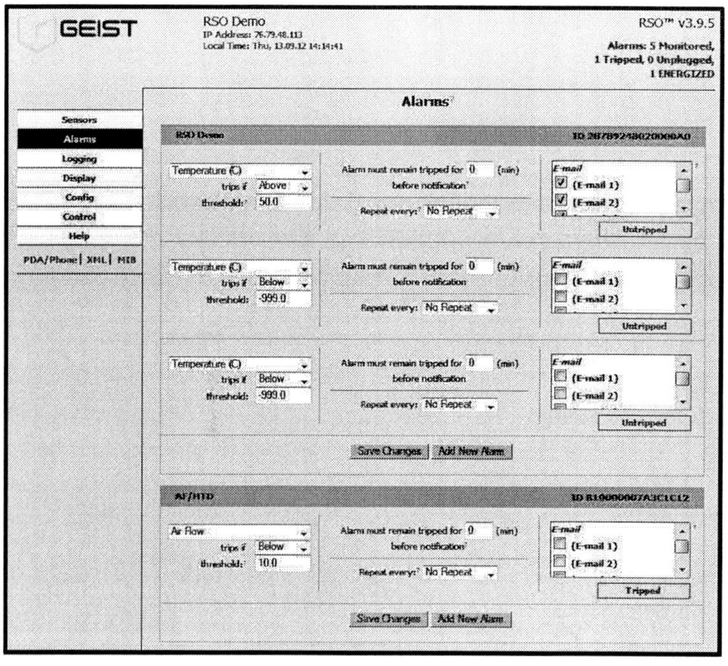

Figura 5.37 Fonte: www.geistglobal.com

Um local deve conter os equipamentos de TI e telecomunicações. A sala de operação tem o estilo das que vemos, por exemplo, em reportagem sobre monitoramento de trânsito/vigilância ou mesmo em filmes, quando aparece uma sala de controle para vigilância que monitora a entrada de vilões ou astros de cinema que invadem prédios, museus etc.

As figuras a seguir são exemplos de salas específicas para monitoramento de ambiente em Data Center.

Figura 5.38 Sala para Monitoramento de Data Center do CIASC, Centro de Informática e Automação de Santa Catarina. Fonte: www.ciasc.sc.gov.br

Figura 5.39 Sala de Monitoramento de grande porte que tem instalada a Central do DC do Banco Santander: integrada a quatro grandes centros instalados em outros países. Tem capacidade para monitorar mais de 210 milhões de operações por dia e está conectada com os outros quatro centros de processamento de dados da empresa no mundo. Reportagem de Jun/2014. http://correio.rac.com.br/

5.4.3 Parâmetros para Operação e Monitoramento (DC)

Introdução

Os parâmetros operacionais dos ambientes para Data Center e espaços auxiliares são especificados, observando a Norma Internacional ASHRAE TC 9.9, versão 2011. Alguns autores citam a norma brasileira ABNT NBR 14565.

© ASHRAE TC 9.9 – *Thermal Guidelines for Data Processing Environments* (Diretrizes Térmicas para Ambientes de Processamento de Dados), foi lançada em 2002, em resposta à falta de parâmetros ambientais que garantissem a Confiabilidade e Desempenho necessários para Projeto e Operação de Data Center). Alguns artigos fazem referência à Norma, usando apenas a expressão: "TC 9.9".

Em 2011, a Norma passou por uma nova revisão e as faixas aceitas foram divididas em quatro classes: A1 (Data Center), A2, A3 e A4. A Classe A1 determina Temperatura entre 15°C a 32°C e Umidade (RH, *Ratio Humidity*) entre 20% a 80% (sem a presença de condensado).

Sobre a Umidade do Ar, algumas definições importantes:

Umidade Absoluta (UA): é a quantidade de água na forma de vapor contida no ar atmosférico em relação a sua massa ou volume. Em uma base volumétrica, é a quantidade absoluta de água numa porção da atmosfera. A unidade de medida mais comum (utilizada no SI) é quilogramas por metro cúbico (kg/m^3), embora várias outras unidades sejam usadas, como a libra por pé cúbico (lb/ft^3). Mais tecnicamente, a umidade absoluta em uma base volumétrica é a massa da água condensada ($m_{água}$) por metro cúbico do ar úmido total (V): $UA = \underline{m_{água}}$

Umidade Relativa (UR): o índice mais conhecido para descrever o conteúdo de vapor d'água é a umidade relativa. Por definição, é a relação entre a quantidade de água existente no ar (umidade absoluta) e a quantidade máxima que poderia haver na mesma temperatura (ponto de saturação). É um dos indicadores utilizados na meteorologia. Unidade e em "%".

Para um melhor entendimento, a figura a seguir segue uma representação da Variação da Umidade Relativa em relação à Temperatura.

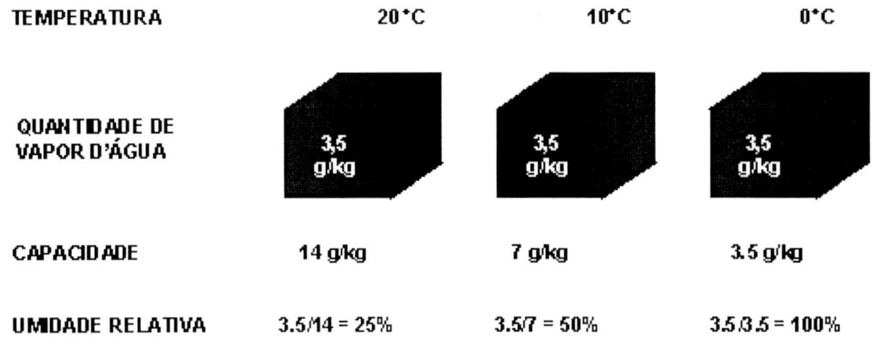

Figura 5.40 Fonte: http://fisica.ufpr.br/grimm/aposmeteo/cap5/cap5-3-3.html

Já o "Ponto de Orvalho" designa a temperatura a qual o vapor de água presente no ar ambiente passa ao estado líquido (na forma de pequenas gotas) por via da condensação, isto é, conhecida pelo termo "orvalho". Em outras palavras, é a temperatura a qual o vapor de água que está em suspensão no ar começa a se condensar.

A partir destas definições, podemos afirmar que o ar com 8 g/m^3 de água a 10ºC é diferente do ar (com a mesma quantidade de vapor) a 20ºC. Agora, se a temperatura do Ponto de Orvalho tende a aumentar, conforme se eleva a temperatura, então a 20ºC, o ar estaria relativamente mais seco do que a temperaturas mais baixas. Exemplo:

"A 10ºC, o ponto de orvalho é de 9 g/m3 e a 20º, 17 g/m3. Se em ambas as temperaturas a umidade absoluta é de 8 g/m3, a 10ºC, isso implica em uma umidade relativa de 89% e para 20ºC, de 47%".

A temperatura ambiente tende a atingir os valores mais altos durante o dia, e mais baixos durante a noite. Portanto, entendemos que UR do Ar tende a ser menor durante os períodos mais quentes do dia e maior durante a noite.

Nota-se que a Norma TC 9.9 se refere à Umidade Relativa do Ar (%) e, sendo assim, os parâmetros de operação que serão monitorados devem considerar esta condição. O controle de umidade, para evitar valores abaixo dos limites inferiores recomendados e aceitáveis, é feito por sistemas de umidificação. Um deles é muito utilizado, já o outro sistema possui limitações:

a) Umidificadores a vapor: no qual é gerado através de eletrodos submersos em um reservatório de água de plástico. É um sistema muito aplicado nos dias atuais pela versatilidade e baixo custo.

b) Umidificadores ultrassônicos: são sistemas mais modernos, mas de alto custo, e por esta razão pouco utilizado no Brasil.

Parâmetros Ambientais: Temperatura e Umidade

Breve Histórico

Antes da Norma TC 9.9, cada fabricante de equipamentos para TI informava sua especificação para Temperatura. Os Data Centers operavam com variação entre 20 Cº e 21 °C, isto é, a regra era: "quanto mais frio, melhor". O objetivo era que os DC operassem mais segurança.

A TC 9.9 obteve consenso informal dos principais fabricantes de equipamentos para TI, tais como "recomendado" e "permitido" para intervalos (*ranges*) de Temperatura e Umidade. Também, a classificação dos ambientais, sendo dois aplicados aos DC. Outra questão, obtida pela TC 9.9, foi estabelecer padrões de medição para Temperatura e Umidade, justamente no ponto de entrada de ar nos equipamentos de TI. Medições em qualquer outro ponto eram opcionais.

TC 9.9, Versão 2008.

O interesse global continua a impulsionar para que sejam alcançados parâmetros para maior eficiência operacional, mas considerando custos. Em 2008, na norma TC 9.9, foram revistos (em relação à versão de 2004) os requisitos para Classes "1" e "2". A tabela a seguir resume as diretrizes publicadas em 2008 para Temperatura, Umidade (*Humidity*), "Ponto de Orvalho" (*Dew Point*), e Altitude (*Elevation*) da região em relação ao nível do mar.

Table 1. ASHRAE 2008 Thermal Guidelines

Class	Equipment Environment Specifications									
	Product Operation [a, b]							Product Power Off [b, c]		
	Dry Bulb Temperature (°C)		Humidity Range, Non Condensing		Maximum Dew Point (°C)	Maximum Elevation (m)	Maximum Rate of Change (°C/h)	Dry-Bulb Temperature (°C)	Relative Humidity (%)	Maximum Dew Point (°C)
	Allowable	Recommended	Allowable (% RH)	Recommended						
1	15 to 32 [d]	18 to 27 [e]	20 to 80	5.5°C DP to 60% RH and 15°C DP	17	3050	5/20 [f]	5 to 45	8 to 80	27
2	10 to 35 [d]	18 to 27 [e]	20 to 80	5.5°C DP to 60% RH and 15°C DP	21	3050	5/20 [f]	5 to 45	8 to 80	27
3	5 to 35 [d, g]	NA	8 to 80	NA	28	3050	NA	5 to 45	8 to 80	29
4	5 to 40 [d, g]	NA	8 to 80	NA	28	3050	NA	5 to 45	8 to 80	29

Tabela 5.4 Fonte: Norma ASHRAE TC 9.9 - *Thermal Guidelines for Data Processing Environments, Versão 2008. (Dry Bulb Temperature/*Temperatura de Bulbo Seco nada mais é que a Temperatura Ambiente).

Em termos gerais, os especialistas recomendam (como base na TC 9.9) os parâmetros operacionais para ambientes Data Center, com Umidade Relativa= 60% (HR) e Temperatura de Ponto de Orvalho=15,5°C (*Dew Point*).

TC 9.9, Versão 2011: Novas Definições para Classes Ambientais:

A conformidade em qualquer classe ambiental (*Class "N"*) requer pleno funcionamento do equipamento de TI, em todos os intervalos da Especificação Ambiental (*Environmental Specification*), com base na condição: "falha zero".

A partir da TC 9.9, observamos a citação da Classe A1 (*Class A1*) que se refere à condição ambiental para DC, principal sistema crítico e tema deste capítulo.

*"**Class A1**: Typically a data center with tightly controlled environmental parameters (dew point, temperature, and relative humidity) and mission critical operations; types of products typically designed for this environment are enterprise servers and storage products."*

Tradução: **Classe A1**: Um DC, em geral, deve ter parâmetros ambientais rigorosamente controlados (ponto de orvalho, temperatura e umidade relativa) e suas operações consideradas de "missão crítica"; tipos de produtos normalmente destinados a esse ambiente são *enterprise servers e storages*.

Intervalos recomendados para DC são observados na Tabela 5.5, logo abaixo (e na Tabela anterior, Versão 2008) e que podem ser aplicados a Data Center. Contudo, para obter uma maior economia de energia, consulte

"*Guide for the Use and Application of the ASHRAE Data Center Classes*" e detalhado no "*Appendix F*", necessário para definição de métricas para economia operacional.

Tabela 5.5 "Equipment Environmental Specification" (I-P version in Appendix E) da TC 9.9.

Classes (a)	Equipment Environmental Specifications							
	Product Operations (b)(c)					Product Power Off (c) (d)		
	Dry-Bulb Temperature (°C) (e) (g)	Humidity Range, non-Condensing (h) (i)	Maximum Dew Point (°C)	Maximum Elevation (m)	Maximum Rate of Change(°C/hr) (f)	Dry-Bulb Temperature (°C)	Relative Humidity (%)	Maximum Dew Point (°C)
Recommended (Applies to all A classes; individual data centers can choose to expand this range based upon the analysis described in this document)								
A1 to A4	18 to 27	5.5ºC DP to 60% RH and 15ºC DP						
Allowable								
A1	15 to 32	20% to 80% RH	17	3050	5/20	5 to 45	8 to 80	27
A2	10 to 35	20% to 80% RH	21	3050	5/20	5 to 45	8 to 80	27
A3	5 to 40	-12°C DP & 8% RH to 85% RH	24	3050	5/20	5 to 45	8 to 85	27
A4	5 to 45	-12°C DP & 8% RH to 90% RH	24	3050	5/20	5 to 45	8 to 90	27
B	5 to 35	8% RH to 80% RH	28	3050	NA	5 to 45	8 to 80	29
C	5 to 40	8% RH to 80% RH	28	3050	NA	5 to 45	8 to 80	29

Tabela 5.5 Fonte: Norma ASHRAE TC 9.9 - *Thermal Guidelines for Data Processing Environments, Versão 2011. (Dry Bulb Temperature/*Temperatura de Bulbo Seco nada mais é que a Temperatura Ambiente).

Mais informações e detalhes sobre parâmetros ambientais para Equipamentos de TI, acesse:
ASHRAE TC 9.9
Thermal Guidelines for
Data Processing Environments
– Expanded Data Center
Classes and Usage Guidance
Whitepaper prepared by © ASHRAE Technical Committee (TC) 9.9
Mission Critical Facilities, Technology Spaces, and Electronic Equipment

ASHRAE TCC9 © ASHRAE – Diretrizes Térmicas

As Diretrizes Térmicas Recomendadas (ou "***envelopes recomendados***") foram escolhidas com base em uma série de entradas, tais como a Confiabilidade e Aumento de Potência do ITE (*Data Center IT Equipment*). Elas definem as condições, ideias de Temperatura e Umidade para a sua operação. Essas visam garantir a operação mesmo sofrendo os impactos acústicos com temperaturas ambientes mais altas, causados por eventos, tais como falha de resfriamento da instalação.

Já as Diretrizes Térmicas Permitidas (ou ***envelopes permitidos***) são "*onde os fabricantes de TI testam seus equipamentos para verificar a operação completa e se eles funcionarão dentro desses limites ambientais. Para permitir a maior latitude no uso de todas as classes, os recursos de gerenciamento térmico e de energia podem ser acionados dentro da faixa permitida para garantir que não haja excursões térmicas fora da capacidade do ITE sob condições extremas de carga*", afirma Dustin Demetriou – IBM. As Diretrizes Térmicas Permitidas foram criadas para serem aplicadas em todos os tipos de negócios e condições, uma vez que fornecem ambientes operacionais padronizados para diferentes tipos de ITE.

Obviamente, uma análise mais específica e detalhada é necessária, pois isso existe modalidade Diretrizes Térmicas Alternativas (ou "***envelopes alternativos***"), isto é, especifica para um determinado local onde o Data Center estiver instalado, considerando o investimento. Qualquer escolha para operar fora das Diretrizes Térmicas, "*é um equilíbrio entre a economia de energia adicional do sistema de resfriamento e os efeitos deletérios que podem ser criados no custo total de propriedade (TCO)*"; por exemplo, uso total de energia do local, confiabilidade, acústica ou desempenho, afirma Dustin Demetriou – IBM. As Diretrizes Térmicas fornecem um processo de *TCO – Total Cost Of Ownership* (Custo Total de Propriedade – soma de todos os custos associados de um ITE em relação à Aquisição, Operação e Manutenção da Infraestrutura de TI ao longo de seu ciclo de vida).

Alguns dos fatores fundamentais para essa análise são:

- Uso de uma metodologia que considere fatores concorrentes, tais como, consumo de energia elétrica, Confiabilidade de TI e Fluxo de Ar no ambiente *Data Center*;
- Orientação geral sobre as métricas do servidor que auxiliam os operadores de *Data Center* na criação de uma diretriz térmica operacional que corresponda aos seus valores de negócio;
- Orientação sobre o impacto da Taxa de Falha.

Mais dados que auxiliam nessa análise, estão contidos nas Diretrizes Térmicas da TCC9 ASHRAE, pois consideram as melhores informações disponíveis dos fabricantes de equipamento de TI. Se forem utilizados diferentes Diretrizes Térmicas (alternativas), é importante estar ciente dos requisitos de garantia dos servidores relacionados às condições ambientais.

Outra questão importante está no cenário crescente de IA – Inteligência Artificial. É crescente os requisitos para a necessidade de um resfriamento mais aprimorado em ambiente Data Center. A 5ª edição das Diretrizes Térmicas da ASHRAE (a 5ª edição dessas Diretrizes Térmicas para Ambientes de Processamento de Dados, foi publicada em março de 2021) "*reconhece que o resfriamento líquido fornece um caminho necessário para suportar a crescente densidade de potência exigida dessas aplicações, que excedem a capacidade de usar apenas o resfriamento a ar*".

Na verdade, a recém-lançada TC 9.9 Datacom Encyclopedia "*apresenta pela primeira vez as novas classes 'S' para Refrigeração Líquida (Liquid Cooling), tendo como objetivo acelerar a capacidade de Data Center para adotar a refrigeração líquida e vem ganhando espaço na climatização de servidores de alto desempenho*".

A Refrigeração Líquida utiliza um sistema de resfriamento que usa líquido para remover o calor gerado pelos servidores. O líquido (ou fluido líquido) circula através de trocadores de calor – o líquido aquecido flui então para um trocador de calor remoto, onde o calor é liberado no ar livre. A demanda por aplicações com processamento de grandes volumes de dados a exemplo da Inteligência Artificial (IA), Big Data, outros – tem pressionado muitas organizações empresariais a adotarem processadores de alto desempenho, os quais geram calor acima das faixas convencionais. "*A carga térmica em ambientes Data Center tradicionais, gira em torno de 5kW até 10kW por rack, podendo ultrapassar essa faixa podendo chegar até 132 kW por rack*" (Zeittec, Data Center Solutions). Então, a climatização por Condicionadores Tradicionais, pode não ser suficiente (eficiente). Portanto, para aumento de eficiência, duas soluções são indicadas: Combinada (Ar-Refrigeração Líquida) ou Isolada (Refrigeração Líquida).

Mais sobre Refrigeração Líquida:
https://zeittec.com.br/refrigeracao-liquida-em-data-centers/

As Organizações Empresariais podem optar por não utilizar essas Diretrizes Ambientais descritas, desenvolvendo as suas próprias. As chamadas Diretrizes Ambientais Exclusivas auxiliam na operação de Data Center em condições que permitam um TCO mais competitivo, por meio de compensações entre Confiabilidade e Eficiência, a custos de operação reduzidos. No entanto, essa condição exclusiva traz certo risco para a operação e dessa forma, se torna. Ignorar critérios importantes pode resultar em diretrizes consideradas excessivamente prescritivas e limitantes de design, sendo considerada inadequada.

Em resumo, podemos concluir que o projeto de instalação para definir um ambiente térmico adequado para ITE, envolve certo equilíbrio entre Desempenho, Custos Operacionais e Consumo de Energia. Compreender os *trade-offs* entre esses objetivos é fundamental para tomar decisões de economia de energia. As Diretrizes Térmicas da ASHRAE TC 9.9, para Ambientes Críticos de Processamento de Dados e as Diretrizes Recomendadas e Permitidas, fornecem um conjunto comum de condições de projeto para os fabricantes de equipamentos utilizados na Tecnologia da Informação e também método para avaliar condições alternativas, equilibrando a necessidade de mais economia de energia do que é possível nas condições ambientais padrão e com os diferentes fatores no TCO.

Facilities: Best Operating Practices (Melhores Práticas Operacionais)

Os parâmetros, apresentados a seguir, são típicos e utilizados por grandes empresas de TI. Aplica-se ao funcionamento de ambientes críticos DC e espaços auxiliares, observando as especificações da ASHRAE TC 9.9, Classe "1" (a mais restritiva).

É importante que os padrões estabelecidos sejam mantidos e monitorados. Qualquer desempenho anormal deve ser procedido de ações rápidas e precisas. Os danos, muitas vezes, não aparecem num primeiro momento, por exemplo: tente utilizar um equipamento eletrônico em ambiente com alta temperatura e ao longo do tempo, falhas em componentes irão aparecer. Lembro, nos anos 70 e 80, que os *receivers (*amplificadores que acompanhavam toca discos*)* necessitavam de resfriamento extra, isto é, apesar dos componentes internos como dissipadores de calor e aberturas que por sua vez não eram suficientes. Então, utilizávamos ventiladores (estes comuns, de base) diretamente sobre o equipamento, principalmente quando eu estava animando alguma uma festa jovem. Caso contrário, fusíveis começavam a queimar e o baile tinha que acabar! Este mesmo raciocínio podemos aplicar aos equipamentos de TI. Operar por longos períodos sob forte aquecimento irá produzir danos que mais tarde irão se manifestar. Portanto, manter o *range* de temperatura e umidade em ambiente DC é imprescindível tanto para evitar falhas repentinas quanto para aumento da vida útil de servidores e demais componentes.

O intervalo de temperaturas deve ser mantido dentro dos limites especificados na **Tabela 5.5.** A exceção será quando o DC tenha sido projetado e fabricado para operar fora desses parâmetros e, neste caso, é permitido.

Parâmetros usuais a serem mantidos em ambientes Data Center:

1. Temperatura de Bulbo Seco *(Dry Bulb Temperature)*: Verão: 24ºC e no Inverno 20ºC, com tolerância de +/-1 °C.

2. Umidade Relativa do Ar *(Ratio Humidity)*: 50 %, com tolerância de +/- 2%.

Nota Importante: Adote os parâmetros do Fabricante/Fornecedor do DC e adote padrões mais rígidos. Instale na sala (em ponto adequado, preferencialmente na parede e bem visível) os mostradores/registradores de Temperatura e Umidade.

As leituras de Temperatura e Umidade devem ser tomadas e registradas, no mínimo, uma vez ao mês, para garantir que o DC está operando dentro dos parâmetros permitidos (exceto para os ambientes críticos onde contenham sistema de monitoramento implementado, cuja leitura é em "tempo real"). Aqui fica um alerta para a Gestão de *Facilities,* sobre a condição técnica dos sensores, isto é, eles precisam ser calibrados (no mínimo anualmente) para que sejam verificados se estão registrando informações com a menor margem de erro possível. Para tanto, é necessário cadastrar os instrumentos e montar um plano de calibração. Há empresas que atuam neste seguimento e podem ser contratadas para a prestação deste serviço.

Os medidores de Temperatura e Umidade (RH, *Ratio Humidity*) utilizados devem ser comprovadamente calibrados e com emissão de certificados para que sejam auditados (por exemplo, em Auditoria de Certificação pela Norma da Qualidade ISO 9001) a partir das seguintes especificações:

Temperature Meter Accuracy: entre o intervalo de 0 °C até 45 °C, o sensor deve apresentar variações de ± 0.5 °C

Humidity Meter Accuracy: entre 10% até 90% de Umidade Relativa do Ar (RH), a uma temperatura de 23 °C, o sensor deve apresentar variações de ± 2.5%.

Nota: Caso exista na Organização, a rotina do Plano de Testes e Calibração poderá ser gerenciada por software de gerenciamento de *Facilities*.

Ainda sobre as Melhores Práticas, especialistas do seguimento de DC comentam em palestras sobre a renovação de ar em DC de grande porte, por exemplo, "o melhor é um sistema de ar externo de renovação, através do fancoil (instalado externamente). Não há grande circulação de pessoas dentre da sala de DC. Então, para reduzir o calor gerado pelos equipamentos de TI, não haverá necessidade de fazer a desumidificação do ar de recirculação, basta baixar a Temperatura do Ponto de Orvalho do ar externo, isto é, de renovação". Ainda recomendam que "ao invés de colocar uma única serpentina no Fancoil, são colocadas três serpentinas, obtendo igualmente três temperaturas de resfriamento". Relatam ainda que "alguns dos problemas de gerenciamento de fluxo de ar de Data Center. O primeiro seria a pressão negativa, quando as grelhas de piso estão muito próximas do equipamento de ar condicionado. Se o piso não for suficientemente alto, a velocidade com que o ar está passando é tão alta que causa um efeito Venturi e, ao invés de estar saindo ar por essa placa, ele puxa o ar". Outro efeito citado do "fluxo de ar de by-pass (de desvio), isto é, o ar frio escapa pelos recortes / aberturas para passagem de cabos entre os equipamentos de TI, reduzindo a pressão estática e resultando em fluxo de ar insuficiente no corredor frio e no ar de retorno mais frio para as unidades de refrigeração". Em complemento, comentam ainda que os "efeitos da recirculação do fluxo de ar ocorrem nos lados e acima dos gabinetes, misturando ar quente com frio, resultando em ar mais quente entrando nos equipamentos de TI. A forma encontrada para resolver é o confinamento dos corredores".

Como observamos, há algumas técnicas para manter e melhorar a circulação do ar em ambientes DC. Creio que o método mais prático é seguir as recomendações do fabricante, manter ao longo de determinado período. Após, executar os ajustes necessários para melhorar o rendimento do sistema e gastos com energia. Não há uma "receita de bolo", mas um estudo profundo com métricas e padrões de engenharia permite que o sistema tenha o rendimento esperado, mantendo as condições ambientais previstas na TC 9.9 ou em procedimentos internos, por vezes mais rigorosos para assegurar a condição ideal.

Os especialistas chegam a determinadas conclusões, creio, em razão da experiência em projeto, instalação e manutenção de DC. Na atividade à frente da gestão de sistema crítico, tive como base as recomendações e padrões internos da companhia. Isto significa que engenheiros passaram por situações, com acertos e erros. Como são profissionais internacionais, aprendem como as falhas (*lesson learned*), executam as correções, implementam e após obterem o sucesso repassam o conhecimento adiante. Desta forma, tornam-se especialistas, mas também *coaching*. Felizmente tive a oportunidade de manter contato com engenheiros americanos e pude observar o quão são capacitados e igualmente educados no trato com o funcionário que está iniciando suas atividades. Forneceram-me todas as informações necessárias e se colocavam à disposição para esclarecimentos. Atitude que não observei em certos colegas de Facilities, aqui do Brasil. Talvez seja por esta razão que o Brasil está "eternamente" em crise.

Parâmetros para Medição de Energia Elétrica

A capacidade de medição, em "tempo real", está instalada dentro dos componentes do sistema de distribuição elétrica, tais como switchgear, UPS e PDU. Os dados a serem monitorados devem estar acessíveis a um sistema de gestão da edificação, os quais serão coletados automaticamente, disponíveis para leitura em telas "display" e enviados para que seja gerado relatório contendo as medições elétricas. A estratégia é definida a partir de decisões internas da organização, mais precisamente pela Gestão de Facilities. Se possível, utilizar sistemas já implementados em outras unidades da companhia.

Além da infraestrutura elétrica de distribuição, já citada, incluir também utilidades fornecedoras de energia, tais como da água gelada (*Chillers*).

Medição do consumo de energia dos sistemas de água gelada. Instalações que utilizam sistemas de água gelada que compartilham a capacidade com instalações, mas que não pertencem à infraestrutura do DC, deverão utilizar medidores que controlam o uso de energia para o fornecimento de água gelada. Unidade de medida: BTU, utilizada no Brasil para determinar a capacidade de um HVAC.

Em sites com medição via sistema, a coleta de dados deve ser a cada 15 min (via de regra, é o tempo utilizado pelas concessionárias em seus medidores). Onde não houver, a coleta manual deverá ser feita diariamente (segunda a sexta). O importante é a coleta e registro, seguindo padrões e documentação existente. Os dados servirão para análise de consumo e controle de demanda.

Caso não seja possível a coleta diária, o recomendável é que seja no mínimo semanal. Outro fator a considerar é a assegurar a consistência dos dados e que seja tomado na mesma hora do dia (preferencialmente no momento em seja em horário de pico e/ou carga máxima na edificação). Também é importante notar que as medições não devem ser tomadas durante as atividades de manutenção que envolvem equipamentos de TI, mais precisamente do DC, pois podem distorcer os resultados.

Exemplos de atividades, as quais podem impactar o resultado, incluem (mas não se limitam): UPS em posição *off-line*, Transferência de carga de Grupo Gerador, Reparo em unidades HVAC/CRAC.

Os medidores elétricos devem atender aos seguintes critérios básicos:

- Medição precisa em acordo com Normas seja Internacional ou Nacional;
- Inclusão de Medida de Consumo (kWh) e Demanda (kW) que é a potência instalada;
- Medição por Fases (A, B e C), Corrente de Pico (unidades: w, VAR ou kWh);
- Medição da corrente de neutro, Distorção Harmônica (THD), Frequência de Rede e Fator de Potência.

Existem sistemas de monitoramento, específicos para consumo (kWh) e demanda (kW): Softwares de gestão de Energia Elétrica. Cito a empresa **GESTAL** e o programa "*Smart Server*", na qual tive a oportunidade de utilizar quando atuava como engenheiro de manutenção na *MWM International,* localizada no município de Canoas, RS. Uma das minhas atribuições era a gestão de energias que incluía além de eletricidade, o gás natural. O programa me auxiliava para obter uma melhor gestão do consumo da companhia e comparar os dados com a Fatura da Concessionária e desta forma contribui para um consumo eficiente, tomando ações quando necessário. Outro valor monitorado era a demanda no "horário de ponta" (18h até 21h), cujos valores eram significativos. Havia um controle rígido sobre quais equipamentos e/ou setores poderiam atuar neste intervalo. Lembro que valores, quando ultrapassados, geram multas. O programa também permite, além do monitoramento em "tempo real", ter acesso a relatórios de consumo (kWh) e demanda (kW) e outras informações que podem ser verificadas na figura a seguir:

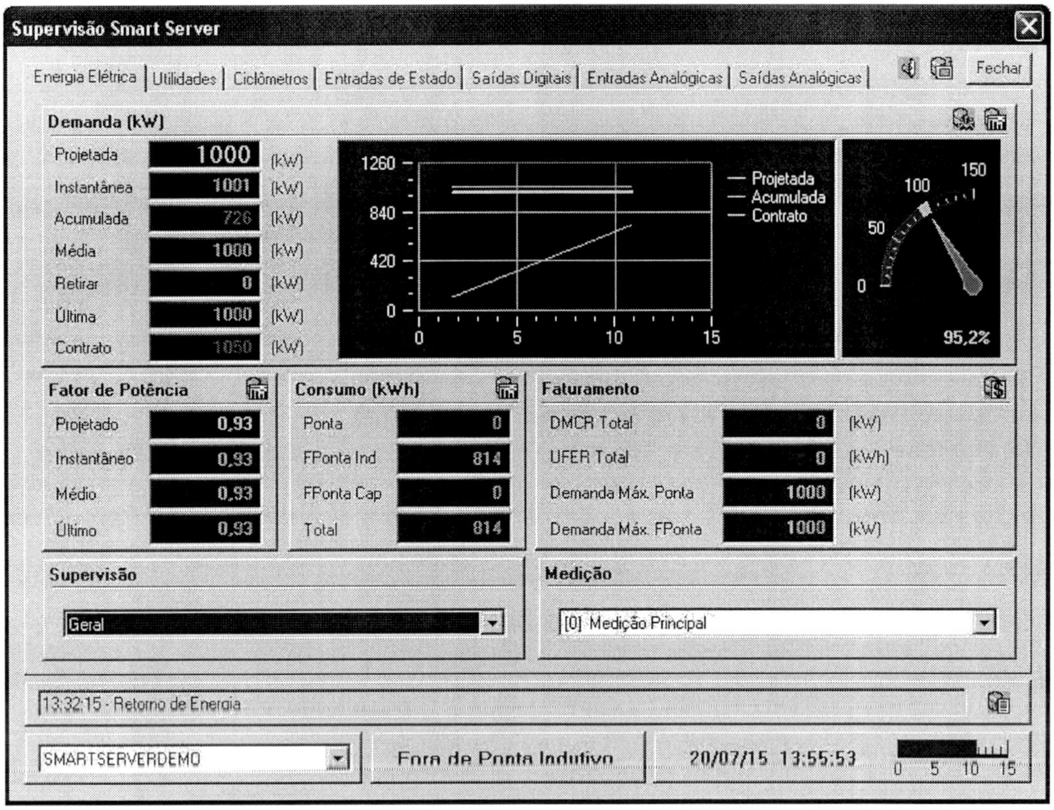

Figura 5.41 Tela de Apresentação software *Smart Server* para monitoramento de energia elétrica. Fonte: www.gestal.com

Mais informações sobre este Sistema, acesse o site:
http://ww.gestal.com

5.4.4 Eficiência Energética em ambientes DC

Introdução

Data Centers são exemplos de ambiente de missão crítica de alta complexidade, onde vários sistemas operam ao mesmo tempo e de forma integrada, entre elas: Energia Elétrica (Subestação, Geradores e UPS), Telecomunicações, Refrigeração (HVAC), Segurança, Combate a Incêndio, entre outras áreas importantes, mas de criticidade reduzida. Portanto, torna-se necessário pensar em eficiência energética já na fase concepção do projeto, passando pelas demais fases: implementação e comissionamento. Numa etapa inicial, ainda é possível executar ajustes operacionais capazes de contribuir para a economia do sistema.

A Gestão de *Facilties* precisa obter e manter alto índice de Disponibilidade, então o fornecimento de eletricidade e refrigeração precisa ter qualidade, segurança e de forma ininterrupta. Os estudos de eficiência só ocorrerão se estas condições forem alcançadas. Não há como tornar um sistema econômico se o mesmo apresenta falhas operacionais.

Estudos comprovam que os Data Centers estão se tornando, cada vez mais, consumidores de energia, chegando a requerer 10kVA a 15 kVA por rack e um montante equivalente em refrigeração. Ou seja, um data center de médio porte com 100 racks consome até 3 MVA, equivalente a um parque industrial. É uma tendência mundial, uma vez que a quantidade de informação é armazenada eletronicamente e não mais em meio físico. Salvo alguns seguimentos, boa parte das organizações possui várias operações utilizando a web para divulgar e/ou fazer seus negócios.

Portanto, as principais ações devem ser focadas para minimizar o custo operacional gerado pela energia elétrica e condicionado de ar. Algumas características de concepção da estrutura do DC são opções para redução e estabilidade de consumo energético, tais como utilização de Corredores "quente/frio", por exemplo. Outras técnicas visam utilizar total ou parcialmente as fontes naturais (ambiente externo). A Gestão de *Facilities*, em relação aos ambientes críticos, devem num primeiro momento elaborar o planejamento para manter altos índices de disponibilidade e, na sequência, implementar ações que visem ativos de TI capazes de operar mantendo a eficiência, valores menores de consumo e custos.

Medição da Eficiência Energética (DC)

A **"Energy Star®"** é um padrão internacional para avaliar o consumo eficiente de energia para edificações e dentro deste contexto estão incluídas áreas críticas, como DC. Como já foi mencionado, o alto consumo de energia resulta em custos e então, para aumentar a competitividade da organização e adequação às normas e certificações, é o grande desafio imposto aos gestores destes ambientes.

O conceito "*Green Building*" visa manter o controle do consumo excessivo de energia, caso este não tenha práticas implementadas para reduzir. Neste contexto, são citados o uso da tecnologia para geração de energia renovável e limpa, o aperfeiçoamento de equipamentos que consumam menos energia e tenham mais capacidade de processamento e o uso de plataformas de serviços capazes de medir e monitorar eficiência energética.

Existem métricas específicas para medir o índice de eficiência de Data Centers e fornecer dados que auxiliam a identificar anormalidades que possam afetar a eficiência, indicando o índice de eficiência em uma determinada área. Para medir as cargas elétricas: **PUE e DCiE.**

- PUE (*Power Usage Effectiveness*) – Medição de Eficiência Energética que relaciona a potência instalada (kW) de toda a Infraestrutura do DC com os equipamentos de TI. A equação é dada por:

PUE= Potência Total D.C. (kW) / Potência Total T.I. (kW),

$$\textbf{Exemplo: PUE} = \frac{\text{Total Facility Load}}{\text{IT Equipment Load}} = \frac{275\text{kw}}{185\text{kw}} = \mathbf{1.48}^{*}$$

*A relação ideal é a mais próxima possível de "1", isto é, 100% eficiente. Em geral, são observados valores em torno de "2" e "3" (de acordo com artigos disponíveis sobre o assunto). Isto significa, por exemplo, que se o Data Center possui valor de PUE=3, tem Servidores que consomem 1 kW, sendo necessários 3 kW para mantê-lo disponível.

- DCiE (*Data Center InfrastructureEfficiency*) – Métrica inversa ao **PUE.** Indica em porcentagem (%), a Eficiência Energética da Infraestrutura do Data Center. É representada pela equação:

DCiE= [Potência Total de T.I. (kW) / Potência Total D.C. (kW)] X 100

$$\textbf{Exemplo: DCiE} = \frac{\text{IT Equipment Load}}{\text{Total Facility Load}} = \frac{185\text{kw}}{275\text{kw}} = \mathbf{67.3\%}^{**}$$

**DCiE = 1/PUE expressa o percentual, a medida que melhorias vão sendo implementadas até se aproximar do valor 100%, ou o mais próximo possível.

Total Facility Load (Carga Total de *Facilities*) é composto das seguintes cargas (em kW):

- Perdas de potência *Switchgear*, UPS e PDU;

- Sistemas de Resfriamento (CRAC e CRAH);
- Utilidades para DC: Chiller, Bombas,Torres de Resfriamento etc.;
- Cargas Auxiliares: Iluminação, *Fire Protection*etc;
- Equipamentos de TI: Servidores, *Storage, Network*etc.

IT Equipment Load (Carga, em kW, dos Equipamentos de TI): inclui cargas associadas, tais como: servidores; storage; telefonia; network; outros.

Qualquer uma destas métricas fornece valores importantes para a Gestão de *Facilities* sobre a operação do DC e, sendo assim, possibilitam identificar oportunidades para a aumento de Eficiência Energética, determinar se as ações foram efetivas, ao longo de um determinado período de avaliação.

Como observado, ambos **PUE** e o **DCiE** variam conforme a carga instalada (kW) e consumo (kWh) de trabalho, dimensão do DC, horário em operação, entre outros fatores. Não há um padrão específico para o período de medição. A frequência será determinada em acordo com as determinações internas da Organizações. Estas métricas monitoram a condição atual da infraestrutura, se não houver alteração significativa, os valores irão se manter.

O **PUE** e o **DCiE** foram criados pela organização **Green Grid**[2] que reúne pesquisadores de diversas empresas com o intuito de estabelecer políticas de conduta e métricas de mensuração de indicadores exclusivas para DC.

Outras métricas que são fontes importantes, mas menos usuais para avaliar a eficiência em DC:

- **DCPE** (*Data Center Performace Efficiency*) – mede a eficiência do data center, confrontando a potência total com a potência gasta no processamento e armazenagem de dados e é representada pela equação:

  DCPE=Potência total D.C. (kW) / Trabalho útil (processadores (kW)

- **Disponibilidade** é dada pela equação:

$$\frac{MTBF}{(MTBF+MTTR)}$$

Onde o **MTTR** é o tempo médio para o reparo, e **MTBF** é o tempo médio entre o reparo.

- **Confiabilidade** – é a distribuição do tempo médio entre falhas é representada pela equação:

$$\text{Confiabilidade} = \frac{t\,(h)}{MTBF}$$

Onde **o MTBF** é o tempo médio estimado entre falha.

Outras medidas, para aumentar Eficiência energética elétrica são justamente correções e/ou melhorias no sistema HVAC do DC, obviamente se não foram previstas na fase de projeto. Isto se deve ao fato do consumo de eletricidade (kWh), para manter a condição térmica do ambiente ideal (dentro dos parâmetros definidos), pode ser um "vilão" que não é identificado num primeiro momento. Com a utilização das métricas (**PUE e DCiE**), são obtidas informações sobre o consumo, se é elevado ou não. De acordo com artigos sobre este seguimento, aproximadamente 36% da energia consumida pela Infraestrutura do DC são em razão do sistema de

2 Mais informações: http://www.thegreengrid.org/, The Green Grid Association.

refrigeração e umidificação. Otimizar estes sistemas pode trazer grandes impactos no custo operacional e, desta forma, aumentar a rentabilidade da organização.

Neste contexto, alterações nas instalações e/ou na infraestrutura vão tornar a distribuição da temperatura no ambiente mais eficaz. Alguns exemplos são:

Corredor "Quente e Frio": *Layout* dos racks que permite um fluxo de ar refrigerado atuante sobre os equipamentos de TI e onde o ar aquecido (vindo dos servidores) é refrigerado novamente. (Foi detalhado no item 5.1.3, deste Capítulo.)

Free Cooling: este processo utiliza meios externos, tais com o ar ou água, para criar um sistema de arrefecimento. O sistema está baseado em utilizar o fluido (ar ou água) proveniente do meio externo que está à temperatura ambiente. Após detectar a elevação de temperatura no ambiente, mecanismos são acionados para fazer a troca do ar quente pelo ar mais frio do ambiente externo. As condições climáticas da região na qual o datac enter está situado irão definir o nível eficiência energética obtido e, o mais importante, determinar se este sistema pode ou não ser implementado.

Mais informações, acesse o site:
https://www.ashrae.org/resources/free-cooling-for-data-center

Uso de Energias Alternativas: a produção de eletricidade, a partir do meio hídrico, ainda é preferencial. Contudo, temos bons exemplos para geração por meio de outras fontes, como é o caso da Cogeração a Gás. A nível internacional, dois casos de sucesso são os Data Denters da **Apple** (em Maiden, Carolina do Norte) e do **Google** (em MayesCounty, Oklahoma). O primeiro utiliza, como fontes alternativas de energia, painéis fotovoltaicos de 40 hectares e capazes de produzir 20 megawatts de energia elétrica além de células combustíveis de biogás dirigidos com capacidade de 10 megawatts. Já o segundo utiliza 48 megawatts de energia proveniente de geração eólica de suas instalações. No Brasil, um exemplo de "Data Center verde" na América Latina é o da companhia **Algar Tech**. Desenvolvido pela empresa **Alsol Energias Renováveis** para o Data Center localizado em Uberlândia (MG), cidade sede da Algar Tech. O projeto consiste em um sistema fotovoltaico composto por 1.230 módulos de 245Wp instalados no telhado da empresa, capazes de gerar 450 MWh/ano. O volume gerado poderia alimentar pelo menos 150 residências de consumo médio, ou seja, que atualmente registrem o valor de R$ 170 na conta mensal de energia.

Mais informações, acesse o site:
http://www.algar.com.br/praticas-e-tendencias

Em resumo, a eficiência energética para DC pode ser observada da seguinte forma:

- Gestão: estudo, projeto e planejamento para tomadas de decisão. Exemplo: alteração de infraestrutura, troca de equipamentos etc.;
- Energética: uso de métricas para medição de carga e consumo de energia, possibilitando a análise de desempenho e se há desperdício;
- Monitoramento da Condição: ações corretivas e preventivas após recebimento de alarmes de condição anormal no ambiente DC.

Capítulo 6

Áreas de Conhecimento do Gestor de *Facilities*

Introdução

Há uma série de requisitos legais e normas que devem ser observadas para os gestores de Facilities em relação à operação e manutenção de uma Edificação. Entendo que, para qualquer assunto técnico, normas devem ser consultadas, assim como na gestão dos recursos humanos. É aconselhável em alguns casos, obrigatório. As Normas Técnicas e de Segurança, Leis Trabalhistas, Resoluções, Decretos e Portarias são alguns bons exemplos das regulamentações. Amplamente tratadas em processos administrativos, operacionais, de conservação: limpeza e manutenção, obras civis (novos projetos ou reformas prediais) etc.

Em geral, para a posição de *Facilities Manager*, é requerido profissional com formação em Engenharia. A razão é clara, uma vez que os conhecimentos específicos em Construção Civil, Mecânica e Elétrica são importantes para a composição do perfil. Evidentemente, são necessárias as competências comportamentais, sendo imprescindível a de Liderança. Atualmente os profissionais continuam seu aprendizado, e cursos de pós-graduação irão agregar conhecimentos complementares aos vistos na graduação ou em outra área. Cito exemplos de alguns cursos de especialização que podem completar o perfil e quase sempre exigido pela organização que contrata o profissional: Finanças e Economia, Gestão de Projetos, Administração Pública e Gestão Empresarial são alguns que entendo ideal.

Mas por que este perfil? É que a capacidade de compreender a complexidade do empreendimento como um todo e adequar o comportamento de suas partes de acordo com os objetivos da organização são competências que fazem parte da rotina do Gestor de Facilidades. Generalista na arte do pensar e especialista na ciência do agir, o *Facilities Manager*, além de possuir uma gama de habilidades técnicas, necessita ter conhecimentos ligados à operacionalização de suas atividades, bem como o domínio de conceitos específicos necessários à execução do seu trabalho, os quais irão compor sua estratégia de gestão, no dia a dia.

Portanto, gestores de uma maneira geral não são apenas qualificados pelo seu conhecimento técnico, mas também por suas atitudes, personalidade e filosofia de trabalho. Desta forma, irá obter o desempenho necessário ao desenvolvimento de tarefas específicas.

6.1 Sugestão do Perfil para Gestor de *Facilities*

Introdução

O conhecimento técnico é fundamental na composição das qualificações dos gestores e em relação a normas e requisitos legais não é diferente. Com propriedade, acredito que como profissional interdisciplinar, perfil generalista ou especialista, o gestor deve manter controle sobre os processos e pessoas que possam auxiliá-lo em observar a demanda referente à legislação aplicada aos serviços em edificações.

O foco recai sobre as normas técnicas, mas as obrigações trabalhistas também são importantes e no caso de negligência, são altos os riscos para a organização. Atualmente, processos trabalhistas ocorrem em grande número, tendo em vista a conscientização das pessoas em relação aos seus direitos, falhas por parte das empresas e facilidade de acesso a informação.

Então, em um seguimento onde há serviços subcontratados, o conhecimento da legislação se torna imprescindível. Alguns exemplos são: leis que regem a CLT (Consolidação das Leis Trabalhistas), Convenções

Coletivas, Normas Regulamentadoras, conceitos sobre Solidariedade e Subsidiariedade, Contratos de Trabalho, Terceirização de Mão de Obra, Sujeitos da Relação de Emprego, Encargos Sociais e Benefícios Trabalhistas. Ainda estão contidas neste contexto o Código Civil Brasileiro, além de estar em dia com as regulamentações previstas pelo INMETRO, CONFEA, ANVISA, ANATEL, ANEEL e demais agências reguladoras e autarquias, dentre outros elementos que regulam atividades operacionais e de manutenção.

A seguir, veja alguns dos principais tópicos sobre os conhecimentos necessários à Gestão de *Facilities*, direcionada a Edificações, considerando o domínio de assuntos específicos. Obviamente, é um escopo de referência, pois cada organização tem suas peculiaridades e os gestores serão contratados de acordo com a necessidade. Independente da formação, o engenheiro terá que ter noções do assunto sobre o qual irá gerenciar, mesmo não tendo a formação específica, por exemplo, o engenheiro mecânico deverá ter conhecimentos básicos sobre a distribuição de eletricidade (subestação e seus principais componentes, tais como transformadores, fusíveis, painéis de controle etc.).

1. *Administração*

1.1 Programação, Controle e Acompanhamento de Obras: orçamento e composição de custos, levantamento de quantitativos, planejamento e controle técnico e financeiro; aplicação de recursos: vistorias; controle de materiais, NF e pagamentos; encargos sociais; segurança; sistemas da qualidade etc.; produtividade; orçamento e cronograma de obras; controle de art necessárias para obras civis.

1.2 Gestão da Manutenção Predial: tipos de manutenção (corretiva, preventiva e preditiva); Engenharia de Manutenção; KPI (indicadores de performance operacional e de manutenção); gestão de ativos.

1.3 Gestão de Projetos: especificação de materiais; interpretação de desenhos e análise de projetos; estudos de viabilidade técnica e financeira; controle ambiental das edificações (térmico, acústico e luminosidade); gerenciamento de tempo, custos e recursos humanos alocados em projetos; métricas de desempenho do projeto; análise e mitigação de riscos.

1.4 Noções de Administração: princípios da administração pública e privada: concessão, permissão e autorização; leis aplicáveis e regime jurídico da licitação e dos contratos administrativos: obrigatoriedade, dispensa, inexigibilidade; procedimentos, anulação e revogação; modalidades de licitação; legislação sobre contratações públicas, se aplicável; regimes de execução indireta e documentos técnicos integrantes de editais; gestão dos recursos humanos e legislação (CLT);

2. *Engenharia Civil*

2.1 Edificações: comercial, industrial e residencial (edifícios de apartamentos, escritórios, condomínios horizontais e verticais, habitação social, outros; edificações públicas e privadas para uso administrativo, educacional, esportivo, turístico e cultural, hospitais e postos de saúde, restaurantes populares, cadeias e presídios; sondagem e fundações, quando aplicáveis; instalações elétricas e hidrossanitárias; noções sobre sistemas de prevenção e combate de incêndios; controle ambiental das edificações (térmico, acústico e luminoso); memorial descritivo e especificações técnicas de materiais e serviços; acessibilidade; edificação para indústria; parâmetros de desempenho, segue NBR 15.675; avaliação patrimonial.

2.2 Acompanhamento de Perícias: vistoria de obras; 2 vícios e patologias de construção; recuperação de estruturas com ART: "Anotação de Responsabilidade Técnica".

2.3 Meio Ambiente: tratativas para licenças ambientais, áreas de proteção permanente e de proteção ambiental; Resolução CONAMA 237/1997 e alterações, quando aplicáveis; sistemas de abastecimento de água; sistemas esgoto sanitário; coleta, tratamento e disposição de resíduos sólidos e/ou líquidos.

2.4 Urbanização: loteamento (condições e restrições para parcelamento do solo); infraestrutura para urbanização (abertura de vias, abastecimento de água, esgoto sanitário, pavimentação, drenagem, rede de distribuição de energia e iluminação pública). 3 urbanização e acessibilidade a deficientes.

3. Engenharia Mecânica

3.1 Condicionamento de Ar: conforto térmico para ambientes e espaços; propriedades do ar (pressão, temperatura, equação termométrica etc.); equipamentos, utilidades e componentes (serpentinas de resfriamento e aquecimento, etc.).

3.2 Calor: mecanismos de transferência do calor (condução, convecção e radiação).

3.3 Circulação do Ar: ventiladores, dutos de insuflação, grelhas de insuflação, espaço condicionado, grelhas de retorno, filtros; etc.

3.4 Ciclo de Refrigeração: refrigerador, evaporador, compressores (sucção, descarga etc.) e condensador (processos de resfriamento por água ou ar); equipamentos e componentes (válvula de expansão, bombas etc.) etc.

3.5 Psicometria: Temperatura de Bulbo Seco (TBS), Temperatura de Bulbo Úmido (TBU), Umidade Relativa (UR), Temperatura do Ponto de Orvalho (TPO), fator de calor sensível, mistura de ar etc.

3.6 Estimativa de Carga Térmica: fatores determinantes (orientação, tamanho e formas da edificação), materiais de construção, áreas envidraçadas, infiltração, pessoas, iluminação, ventilação, equipamento, condições externas e internas de projeto.

3.7 Redes de Dutos e distribuição de Ar: análise de cálculo, dimensionamento e seleção de dutos; instrumentos de medição de fluxo, pressão etc.; grelhas, localização de grelhas para insuflação e retorno; difusores; *dampers*; sistemas de regulagem da vazão, pressão, níveis de ruído etc.; limpeza de dutos.

3.8 Sistemas de Filtragem: tipos e materiais para filtros; observância de normas para substituição e/ou procedimentos para limpeza.

3.9 Qualidade do Ar: Contaminação int./ext.; trocas de ar externo, filtragem; unidade de tratamento do ar,parâmetros, normas aplicáveis etc. ventilação: aplicação e tipos de ventiladores axiais, centrífugos etc.

3.10 Utilidades para Condicionamento de Ar: Sistemas de Expansão: Direta (ACJ, Split e *Self-Contained*) e Indireta (Chillers, Fan Coils); fluidos refrigerantes e legislação aplicável; compressores (herméticos, semi herméticos, abertos, alternativos, scroll, parafuso e centrífugos), tubulação, redes, componentes, instrumentos; unidades resfriadoras de ambiente por água fria e unidades de ventilação etc.

3.11 Arrefecimento da Água: condensação por ar, condensação por água, torres de resfriamento; unidade de tratamento etc.

3.12 Sistema para Controle de Processos: controles elétricos e/ou eletrônicos, pressão, vazão, temperatura etc. controles e legislação especifica, por exemplo, Resolução nº 09/2003 ANVISA etc.

3.13 Elevadores e Plataformas Elevadoras: NBR NM 207 (elevadores elétricos de passageiros), requisitos de segurança para construção e instalação; requisitos de segurança para construção e instalação – requisitos particulares para a acessibilidade de pessoas, incluindo pessoas com deficiência; Máquinas de tração (com engrenagem e sem engrenagem - situações de aplicação); Polias e Cabos de aço; Alimentação elétrica - CA e CC (uso de frequência variável e conversão estática); Elevadores hidráulicos; Elevadores sem casa de máquinas; Elevadores panorâmicos; Tempos limites de fechamento de portas e Detecção de movimento, Retenção e reabertura de portas; Controles de acesso; Operações de emergência; Detecção de excesso de carga; infraestrutura de obras civis – poços, casas de máquinas etc.; Posicionamento na entrada dos edifícios etc.

3.14 Conhecimentos Gerais em Sistemas Elétrica: rede de alimentação elétrica; fator de potência (fp); balanceamento de cargas (v) e corrente (i); grupos geradores e chave transferência automática); sistemas de cogeração etc.

4. Engenharia Elétrica

4.1 Projetos Elétricos: 1 instalações elétricas comercial, industrial e edificações; sistema de proteção contra descargas atmosféricas; telefonia; cabeamento estruturado; subestações e distribuição etc.; domínio de métodos e técnicas de desenho e projeto; estudos de viabilidade técnica e financeira etc.

4.2 Geração de Energia: noções de geração de energia hidráulica (rios e/ou lagos) e a gás, noções de geração de energia não hidráulica: eólica, solar de aquecimento, solar fotovoltaica e termoelétrica; cogeração; minicentrais elétricas; usinas etc.

4.3 Conhecimentos Específicos em Elétrica: domínio das grandezas elétricas; determinação de potências ativa reativa e aparente; técnicas de correção do fator de potência; subestações prediais NBR ISO 5419/2005 e NBR ISO 5410/2005; sistemas de iluminação int./ext.; quadros elétricos e dispositivos de proteção e manobra; aterramento e SPDA; transformadores; motores elétricos; inversores de frequência; instalação de grupos geradores e CTA (chaves de transferência automática); equipamentos estabilizadores e *nobreak* (UPS). 14 sistemas de cogeração de energia; princípios de racionalização de energia e eco-eficiência; distorção harmônica (efeitos, consequências e soluções); sistemas de tarifação de energia elétrica e Resoluções ANEEL de comercialização de energia; manutenção de instalações prediais: princípios, tipos e gestão; eletrificação rural; cabos elétricos – cálculo da corrente nominal – condições de operação – otimização econômica das seções dos cabos de potência NBR 15.920/2011. 22 Conjuntos de Manobra e Controle de Baixa Tensão – Parte 1: conjuntos com ensaio de tipo totalmente testados (TTA) e conjuntos com ensaio de tipo parcialmente testados (PTTA) NBR IEC 60.439-1 etc.

6.2 Normas de Apoio à Gestão de *Facilities*

Introdução

Via de regra, qualquer ação por parte de *Facilities* deve ser precedida pela observação de normas sobre o assunto. É mais seguro decidir com base em padrões estabelecidos, tanto pelo fator qualidade quanto segurança da operação ou serviço a ser executado. Aplica-se aos serviços terceirizados, isto é, antes da contratação é importante identificar as normas aplicáveis ao serviço e avaliar se o parceiro de negócio segue a regulamentação referente ao seu seguimento.

O setor da construção civil dispõe da Norma de Desempenho de Edificações, elaborada pela Associação Brasileira de Normas Técnicas (ABNT). Ela estabelece uma série de exigências de conformidade e de segurança para imóveis residenciais. A regulamentação representa um avanço, pois pela primeira vez a qualidade dos produtos empregados na obra está relacionada à satisfação do consumidor. A NBR 15.775 é de caráter obrigatório. Ao todo, ela reúne 881 normas para a construção civil. Ao mesmo tempo em que resguarda o direito do consumidor de receber um produto de qualidade, o conjunto de regras garante segurança jurídica para as empresas e os profissionais envolvidos na obra. Divide-se em seis partes: requisitos gerais da obra, sistema estrutural, pisos, cobertura, vedação e sistemas hidrossanitários. Para cada um deles, a NBR 15775 estabelece critérios de qualidade e de segurança.

Portanto, não use o "achômetro". Este é o grande erro por grande parte dos gestores. Para determinados serviços, "achar que algo funcione de tal maneira", por ser um grande risco e que pode levar a organização a ter prejuízos indesejáveis. Por esta razão, resolvi citar Normas ABNT aplicáveis (uma boa parte delas) à Gestão de Edificações.

6.2.1 Normas para Gestão e Sistemas da Qualidade

Normas técnicas para assegurar a gestão eficiente dos gastos departamentais. O controle financeiro é uma das premissas para manter os custos sob controle e não os ultrapassar os orçamentos anuais previstos para o departamento. A gestão deve obter padrões para orçamentação, pois é uma atividade diária, seja na contratação de empresas ou para a aquisição de materiais. Outras são voltadas para que seja assegurada a qualidade dos serviços e cuidados ambientais.

- ISO 9001 – "Sistemas de gestão da qualidade – Requisitos".
- ISO 10001 – "Gestão da qualidade — Satisfação do cliente — Diretrizes para códigos de conduta para organizações".
- ISO 10004 – "Gestão da qualidade — Satisfação do cliente — Diretrizes para monitoramento e medição".
- ISO 10018 – "Gestão de qualidade — Diretrizes para envolvimento das pessoas e suas competências".
- ISO 12006-2 – "Construção de edificação — Organização de informação da construção –Estrutura para classificação de informação".
- ISO 14001 – "Sistemas de gestão ambiental – Requisitos com orientações para uso".
- ISO 14051 – "Gestão ambiental — Contabilidade dos custos de fluxos de material — Estrutura geral".
- ISO 14825 – "Gestão ambiental — Contabilidade dos custos de fluxos de material — Estrutura geral".
- ISO 21500 – "Orientações sobre gerenciamento de projeto".

6.2.2 Normas Técnicas Nacionais (ABNT)

1. **Gestão e Perícia:**

- NBR 12721 – "Avaliação de custos unitários de construção para incorporação imobiliária e outras disposições para condomínios edifícios – Procedimento".
- NBR 12722 – "Discriminação de serviços para construção de edifícios – Procedimentos".
- NBR 13752 – "Perícias de engenharia na construção civil".

2. **Desempenho:**

- NBR 15220– "Desempenho térmico de edificações".
- NBR 15575-1 – "Edificações habitacionais — Desempenho – Requisitos gerais".
- NBR 15575-2 – "Edificações habitacionais — Desempenho – Requisitos para os sistemas estruturais".
- NBR 15575-3 – "Edificações habitacionais — Desempenho – Requisitos para os sistemas de pisos".
- NBR 15575-4 – "Edificações habitacionais — Desempenho – Requisitos para os sistemas de vedações verticais internas e externas — SVVIE".
- NBR 15575-5 – "Edificações habitacionais — Desempenho – Requisitos para os sistemas de coberturas".
- NBR 15575-6 – "Edificações habitacionais — Desempenho – Requisitos para os sistemas hidrossanitários".

3. **Projeto e Especificação de Materiais e Sistemas Construtivos:**

- ISO 15686 "Prédios e ativos construídos - Planejamento vida Serviço.
- NBR 9050 – "Acessibilidade a edificações, mobiliário, espaço e equipamentos urbanos".
- NBR 10582 – "Apresentação da folha para desenho técnico – Procedimento".
- NBR 13531 – "Elaboração de projetos de edificações – Atividades técnicas".
- NBR 13532 – "Elaboração de projetos de edificações – Arquitetura".
- NBR 14645 – "Elaboração do "como construído" (*as built*) para edificações".
- NBR 15215 – "Iluminação natural".
- ABNT NBR ISO/CIE 8995-1– "Iluminação de ambientes de trabalho – Interior" .

4. **Acústica**

- ISO 15712-1 – "Acústica de Construção - Estimativa de desempenho acústico dos edifícios do desempenho dos elementos".
- NBR 8572 – "Fixação de valores de redução de nível de ruído para tratamento acústico de edificações expostas ao ruído aeronáutico – Procedimento".
- NBR 10151 – "Acústica – Avaliação do ruído em áreas habitadas, visando o conforto da comunidade – Procedimento".
- NBR 10152 – "Níveis de ruído para conforto acústico – Procedimento".
- NBR 12179 – "Tratamento acústico em recintos fechados – Procedimento".

5. **Instalações Hidráulicas**

- NBR 7198 – "Projeto e execução de instalações prediais de água quente".
- NBR 15939 – "Sistemas de tubulações plásticas para instalações prediais de água quente e fria — Polietileno reticulado (PE-X) Parte 2: Procedimentos para projeto".
- NBR 5626 – "Instalação predial de água fria".
- NBR 5647 – "Sistemas para adução e distribuição de água – Tubos e conexões de PVC 6,3 com junta elástica e com diâmetro nominais até DN 100".
- NBR 5649 – "Reservatório de fibrocimento para água potável –Requisitos".
- NBR 10355 – "Reservatório de poliéster reforçado com fibra de vidro – Capacidades nominais – Diâmetros internos –Padronização".
- NBR 15705 – "Instalações hidráulicas prediais – Registro de gaveta – Requisitos e métodos de ensaio".
- NBR 15813 – "Sistemas de tubulações plásticas para instalações prediais de água quente e fria".

6. **Redes de Esgoto**

- NBR 8160 – "Sistemas prediais de esgoto sanitário – Projeto e execução".
- NBR 9649 – "Projeto de redes coletoras de esgoto sanitário – Procedimento".

- NBR 12207 –"Projeto de interceptores de esgoto sanitário – Procedimento".
- NBR 14486 – "Sistemas enterrados para condução de esgoto sanitário – Projeto de redes coletoras com tubos de PVC".

7. **Condicionadores de Ar / Aquecedor Solar:**

- NBR 15569 – "Sistema de aquecimento solar de água em circuito direto – Projeto e instalação".
- NBR 16401-1 – "Instalações de ar-condicionado – Sistemas centrais e unitários – Projetos das instalações".
- NBR 13971 – "Sistemas de refrigeração, condicionamento de ar e ventilação – Manutenção programada".
- NBR 16401 – "Instalações de ar-condicionado – Sistemas centrais e unitários".
- NBR 6675 – "Instalação de condicionadores de ar de uso doméstico (tipo monobloco ou modular)".
- NBR 10080 – "Instalações de ar-condicionado para salas de computadores – Procedimento".
- NBR 14679 – "Sistemas de condicionamento de ar e ventilação – Execução de serviços de higienização".
- NBR 15848 – "Sistemas de ar-condicionado e ventilação – Procedimentos e requisitos relativos às atividades de construção, reformas, operação e manutenção das instalações que afetam a qualidade do ar interior (QAI)".
- NBR 15747 – "Sistemas solares térmicos e seus componentes – Coletores solares"..

8. **Telecomunicações:**

- NBR 13300 – "Redes telefônicas internas em prédios".
- NBR 14306 – "Proteção elétrica e compatibilidade eletromagnética em redes internas de telecomunicações em edificações – Projeto".
- NBR 14565 – Procedimento básico para elaboração de projetos de cabeamento de telecomunicações para rede interna estruturada".

Ver também normas sobre as Centrais Telefônicas.

9. **Redes de Gás:**

- NBR 15526 – "Redes de distribuição interna para gases combustíveis em instalações residenciais e comerciais – Projeto e execução".
- NBR 8473 – "Regulador de baixa pressão para gás liquefeito de petróleo (GLP) com capacidade até 4 kg/h".
- NBR 8613 – "Mangueira de PVC plastificado para instalações domésticas de gás liquefeito de petróleo (GLP)".
- NBR 10540 – "Aquecedores de água a gás tipo acumulação – Terminologia".
- NBR 12727 – "Medidor de gás tipo diafragma para instalações residenciais – Padronização".
- NBR13419 – "Mangueira de borracha para condução de gases GLP/GN/GNF – Especificação"..

10. **Algumas das Principais Normas de Prevenção e Combate a Incêndio:**

- NBR 9077 – "Saídas de emergência em edifícios".
- NBR 9442:1 – Materiais de construção - Determinação do índice de propagação superficial de chama pelo método do painel radiante".
- ABNT NBR 10636:1989 - Paredes divisórias sem função estrutural - Determinação da resistência ao fogo
- NBR 11711 –"Portas e vedadores corta-fogo com núcleo de madeira para isolamento de riscos em ambientes comerciais e industriais".
- NBR 11742 – "Porta corta-fogo para saída de emergência".
- NBR 12252 –"Tática de salvamento e combate a incêndios em aeroportos".
- NBR 13434 – "Sinalização de segurança contra incêndio e pânico".
- NBR 13768 – "Acessórios para porta corta-fogo para saída de emergência – Requisitos".
- ABNT NBR 13859:1997 - Proteção contra incêndio em subestações elétricas de distribuição
- NBR 14100 – "Proteção contra incêndio – Símbolos gráficos para projeto".
- NBR 14880 – "Saídas de emergência em edifícios – Escadas de segurança – Controle de fumaça por pressurização".
- NBR 17240 –"Sistema de Detecção e Alarme de Incêndio".
- NBR 10898 –"Sistema de Iluminação de Emergência".
- NBR 12693 –"Sistema de Proteção por extintores de incêndio".
- NBR 13714 –"Instalação Hidráulica Contra Incêndio, sob comando".
- NBR 13434 –"Sinalização de Segurança Contra Incêndio e Pânico".
- NBR 14276 - Brigada de incêndio – Requisitos".
- NBR 14432–"Exigências de resistência ao fogo de elementos construtivos de edificações".
- NBR 14880 –"Saídas de emergência em edifícios - Escadas de segurança - Controle de fumaça por pressurização".
- NBR 14925 –"Unidades envidraçadas resistentes ao fogo para uso em edificações".
- NBR 15219 –"Plano de emergência contra incêndio – Requisitos".
- NBR 15281 – "Porta corta-fogo para entrada de unidades autônomas e de compartimentos específicos de edificações".
- NBR ISO/TR 7240 – "Sistemas de detecção e alarme de incêndio"..

11. **Caixilhos, Portas, Vidros e Telhados:**

- NBR 7199 – "Projeto, execução e aplicação de vidros na construção civil".
- NBR 8039 – "Projeto e execução de telhados com telhas cerâmicas tipo francesa – Procedimento".
- NBR 13858-1 – "Telhas de concreto – Projeto e execução de telhados".

- NBR 11706 – "Vidros na construção civil – Especificação".

12. **Elevadores:**

- NBR 5665 – "Cálculo do tráfego nos elevadores".
- NBR 16042 – "Elevadores elétricos de passageiros — Requisitos de segurança para construção e instalação de elevadores sem casa de máquinas".
- NBR 13994 – "Elevadores de Passageiros".
- NBR 9050 – "Acessibilidade a edificações, mobiliário, espaços e equipamentos urbanos".
- NBR 10982 – "Elevadores elétricos – Dispositivo de operação e sinalização – Padronização".
- NBR 12892 – "Elevadores unifamiliares ou de uso restrito à pessoa com mobilidade reduzida – Requisitos de segurança para construção e instalação".
- NBR 14712 – "Elevadores elétricos – Elevadores de carga, monta-cargas e elevadores de maca – Requisitos de segurança para projeto, fabricação e instalação".
- NBR 15597 – "Requisitos de segurança para a construção e instalação de elevadores – Elevadores existentes – Requisitos para melhoria da segurança dos elevadores elétricos de passageiros e elevadores elétricos de passageiros e cargas".
- NBR 16200 – "Elevadores de canteiros de obras para pessoas e materiais com cabina guiada verticalmente — Requisitos de segurança para construção e instalação".
- NBR NM 207 – "Elevadores elétricos de passageiros – Requisitos de segurança para construção e instalação".
- NBR NM 267 – "Elevadores hidráulicos de passageiros – Requisitos de segurança para construção e instalação".
- NBR NM 313 – "Elevadores de passageiros – Requisitos de segurança para construção e instalação – Requisitos particulares para a acessibilidade das pessoas, incluindo pessoas com deficiência".

NM: NORMA MERCOSUR.

13. **Lazer e Paisagismo:**

- NBR 9818 – "Projeto de execução de piscina (tanque e área circundante) – Procedimento".
- NBR 10339 – "Projeto e execução de piscina – sistema de recirculação e tratamento – Procedimento".
- NBR 10819 – "Projeto e execução de piscina (casa de máquinas, vestiários e banheiros) – Procedimento".
- NBR 11239 – "Projeto e execução de piscina (equipamentos para a borda do tanque) – Procedimento".
- NBR 11238 – "Segurança e higiene de piscinas – Procedimento".
- NBR 15930 – "Portas de madeira para edificações".
- NBR 13756 – "Esquadrias de alumínio – Guarnição elastomérica em EPDM para vedação – Especificação".
- NBR 14718 – "Guarda-corpos para edificação".
- NBR 15000 – "Blindagens p/ impactos balísticos – Classificação e critérios de avaliação".

- NBR NM 293 – "Terminologia de vidros planos e dos componentes acessórios a sua aplicação".

NM: NORMA MERCOSUR

14. **Divisórias:**

- NBR 11673 – "Divisórias leves internas moduladas – Perfis metálicos – Especificação".
- NBR 11681 – "Divisórias leves internas moduladas – Procedimento".
- NBR 11684 – "Divisórias leves internas moduladas – Simbologia".
- NBR 11685 – "Divisórias leves internas moduladas – Terminologia".
- NBR 13964 – "Móveis para escritório – Divisórias tipo painel".
- NBR 15141 – "Móveis para escritório – Divisória modular tipo piso-teto".

15. **Revestimentos de paredes e pisos, tintas:**

- NBR 9457 – "Ladrilhos hidráulicos para pavimentação — Especificação e métodos de ensaio".
- NBR 14050 – "Sistemas de revestimentos de alto desempenho, à base de resinas epoxídicas e agregados minerais – Projeto, execução e avaliação do desempenho – Procedimento".
- NBR 15446 – "Painéis de chapas sólidas de alumínio e painéis de material composto de alumínio utilizados em fachadas e revestimentos arquitetônicos – Requisitos".
- NBR 11702 – "Tintas para construção civil – Tintas para edificações não industriais – Classificação".
- NBR 12554 – "Tintas para edificações não industriais — Terminologia".
- NBR 13245 – "Tintas para construção civil — Execução de pinturas em edificações não industriais — Preparação de superfície".
- NBR 14847 – "Inspeção de serviços de pintura em superfícies metálicas – Procedimento".
- NBR 15079 – "Tintas para construção civil – Especificação dos requisitos mínimos de desempenho de tintas para edificações não industriais – Tinta látex nas cores claras".
- NBR 15348 – "Tintas para construção civil – Massa niveladora monocomponentes à base de dispersão aquosa para alvenaria – Requisitos".
- NBR 15380 – "Tintas para construção civil - Método para avaliação de desempenho de tintas para edificações não industriais - Resistência à radiação UV/condensação de água por ensaio acelerado".
- NBR 15381 – "Tintas para construção civil – Massa niveladora monocomponentes à base de dispersão aquosa para alvenaria – Requisitos".
- NBR 15494 – "Tintas para construção civil – Tinta brilhante à base de solvente com secagem oxidativa – Requisitos de desempenho de tintas para edificações não industriais".
- NBR 14851-1 – "Revestimentos de pisos – Mantas (rolos) e placas de linóleo – Classificação e requisitos".
- NBR 11802 – "Pisos elevados – Especificação".
- NBR 12516 – "Pisos elevados – Simbologia".

- NBR 12544 – "Pisos elevados – Terminologia".

16. **Forro e Telhados:**

- NBR 14285 – "Perfil de PVC rígido para forros – Requisitos".
- NBR 7581– "Telha ondulada de fibrocimento".
- NBR 15310 – "Componentes cerâmicos – Telhas – Terminologia, requisitos e métodos de ensaio".
- NBR 7196 – "Folha de telha ondulada de fibrocimento – Procedimento".
- NBR 8055 – "Parafusos, ganchos e pinos usados para a fixação de telhas de fibrocimento – Dimensões e tipos – Padronização".
- NBR 13858-2 – "Telhas de concreto Parte 2: Requisitos e métodos de ensaio".
- NBR 14331 – "Alumínio e suas ligas – Telhas e acessórios –Requisitos, projeto e instalação".
- NBR 14513 – "Telhas de aço revestido de seção ondulada –Requisitos".
- NBR 14514 – "Telhas de aço revestido de seção trapezoidal –Requisitos".
- NBR 15210-1 – "Telha ondulada de fibrocimento sem amianto e seus acessórios".

17. **Isolantes Térmicos**

- NBR 10404 – "Isolantes térmicos de lã cerâmica – Flocos – Especificação".
- NBR 10412 – "Isolantes térmicos de lã de vidro feltros de lamelas — Especificação".
- NBR 11752 – "Materiais celulares de poliestireno para isolamento térmico na construção civil e refrigeração industrial".
- NBR 13047 – "Isolante térmico de lá de rocha – Mantas flexíveis com suporte de tela metálica".

18. **Impermeabilização:**

- NBR 8521 – "Emulsões asfálticas com fibras de amianto para impermeabilização – Especificação".
- NBR 9227 – "Véu de fibras de vidro para impermeabilização – Especificação".
- NBR 9228 – "Feltros asfálticos para impermeabilização – Especificação".
- NBR 9229 – "Mantas de butíl para impermeabilização – Especificação".
- NBR 9396 –"Membrana elastomérica de policloropreno epolietileno clorossulfonado em solução para impermeabilização".
- NBR 9575 – "Impermeabilização – seleção e projeto".
- NBR 9685 – "Emulsão asfáltica para impermeabilização".
- NBR 9686 – "Solução e emulsão asfálticas empregadas como material de imprimação na impermeabilização".
- NBR 9690 – "Impermeabilização – mantas de cloreto depolivilina (PVC)".
- NBR 9952 – "Manta asfáltica para impermeabilização".

- NBR 11797 – “Mantas de etileno-propileno-dieno-monômero
- (EPDM) para impermeabilização – Especificação”.
- NBR 11905 – “Sistema de impermeabilização composto por cimento impermeabilizante e polímeros – Especificação”.
- NBR 13321 – “Membrana acrílica para impermeabilização”.
- NBR 9574 – “Execução de impermeabilização”.
- NBR 13724 – “Membrana asfáltica para impermeabilização com estrutura aplicada a quente”.
- NBR 15352 – “Mantas termoplásticas de polietileno de alta densidade (PEAD) e de polietileno linear (PEBDL) para impermeabilização”.
- NBR 15375 – “Bocal de etileno-propileno-dieno monômero (EPDM) para impermeabilização de descida de águas”.
- NBR 15460 – “Membrana elastomérica de isobutileno isopreno em solução para impermeabilização”.
- NBR 15487 – “Membrana de poliuretano para impermeabilização”.

19. **Cores de Identificação para Tubulações:**

- NBR 6493 – “Emprego de cores para identificação de tubulações”.

20. **Sanitários e Chuveiros:**

- NBR 11778 – “Aparelhos sanitários de material plástico – Especificação”.
- NBR 14878– “Ligações flexíveis para aparelhos hidráulicos sanitários – Requisitos e métodos de ensaio”.
- NBR 15097-1– “Aparelhos sanitários de material cerâmico – Requisitos e métodos de ensaio”.
- NBR 14162 – “Aparelhos sanitários – Sifão – Requisitos e métodos de ensaio”.
- NBR 12483 – “Chuveiros elétricos – Padronização”.
- NBR 12209 – “Elaboração de projetos hidráulico-sanitários de estações de tratamento de esgotos sanitários”.

21. **Tubos (PCV):**

- NBR 5648 – “Tubos e conexões de PVC-U com junta soldável para sistemas prediais de água fria — Requisitos”.
- NBR 5680 – “Dimensões de tubos de PVC rígido”.
- NBR 5685 – “Tubos e conexões de PVC – Verificação do desempenho de junta elástica”.
- NBR 5688 – “Tubos e conexões de PVC-U para sistemas prediais de água pluvial, esgoto sanitário e ventilação – Requisitos”.
- NBR 7362-1 – “Sistemas enterrados para condução de esgoto – Requisitos para tubos de PVC com junta elástica”.
- NBR 7362-2 – “Sistemas enterrados para condução de esgoto – Requisitos para tubos de PVC com parede maciça”.

- NBR 7362-3 – "Sistemas enterrados para condução de esgoto –Requisitos para tubos de PVC com dupla parede".
- NBR 7362-4 – "Sistemas enterrados para condução de esgoto –Requisitos para tubos PVC com parede de núcleo celular".
- NBR 7372 – "Execução de tubulações de pressão – PVC rígido com junta soldada, rosqueada, ou com anéis de borracha".
- NBR 10570 – "Tubos e conexões de PVC rígido com junta elástica para coletor predial e sistema condominial de esgoto sanitário – Tipos e dimensões – Padronização".
- NBR 10569 – "Conexões de PVC rígido com junta elástica, para coletor de esgoto sanitário – Tipos e dimensões – Padronização".
- NBR 15884-1 – "Sistemas de tubulações plásticas para instalações prediais de água quente e fria — Policloreto de vinil aclorado (CPVC)".

Há Normas para tubos em material: Polietileno; Ferro / Aço; Cobre; Cerâmica.

22. **Disjuntores e Interruptores**

- NBR IEC 60898-1 – "Aparelhagem elétrica – Disjuntores para proteção de sobrecorrente para instalações domésticas e análogas – Disjuntores para o funcionamento ac".
- NBR NM 60898 – "Disjuntores para proteção de sobrecorrentes para instalações domésticas e similares (IEC 60898:1995, MOD)".
- NBR IEC 60947-2 – "Aparelhagem de baixa tensão – Disjuntores".
- NBR NM 61008 – "Interruptores a corrente diferencial residual para usos domésticos e análogos sem dispositivo de proteção contra sobrecorrentes (RCCB)".

23. **Fios e Cabos:**

- NBR 7286 –"Cabos de potência com isolação extrudada de borracha etilenopropileno (EPR) para tensões de 1 KV a 35 KV – Requisitos de desempenho".
- NBR 7288 – "Cabos de potência com isolação sólida extrudada de cloreto de polivinila (PVC) ou polietileno (PE) para tensões de 1 KV a 6 KV".
- NBR 9311 – "Cabos elétricos isolados – Designação – Classificação".
- NBR NM 280 – "Condutores de cabos isolados (IEC 60228, MOD)".

24. **Algumas das Normas para Segurança do Trabalho**

- NBR 6494 – "Segurança nos andaimes".
- NBR 7195 – "Cores para segurança".
- NBR 7678 – "Segurança na execução de obras e serviços de construção".
- NBR 12543 – "Equipamentos de proteção respiratória – Terminologia".
- NBR 14280 – "Cadastro de acidente do trabalho – Procedimento e classificação".

- NBR NM 213-2 – "Segurança de máquinas – Conceitos fundamentais, princípios gerais de projeto – Princípios técnicos e especificações".

25. **Algumas das principais Normas para Instalações Elétricas:**

- NBR 5410 – "Instalações elétricas de baixa tensão".
- NBR 5419 – "Proteção de estruturas contra descargas atmosféricas".
- NBR 5440 – "Transformadores para redes aéreas de distribuição – Requisitos".
- NBR 5456 – "Eletricidade geral – Terminologia".
- NBR 5461 – "Iluminação".
- NBR 5471 – "Condutores elétricos".
- NBR 5656 – "Transformadores de Potência".
- NBR 7036 – "Recebimento, instalação e manutenção de transformadores de potência para distribuição, imersos em líquidos isolantes".
- NBR 7282 – "Dispositivos fusíveis de alta tensão — Dispositivos tipo expulsão — Requisitos e métodos de ensaio".
- NBR 10506 – "Silicone para aplicações elétricas — Verificação das propriedades".
- NBR 10898 – "Sistema de iluminação de emergência".
- NBR 13534 – "Instalações elétricas de baixa tensão – Requisitos específicos para instalação em estabelecimentos assistenciais de saúde".
- NBR 13571 – "Haste de aterramento aço-cobreada e acessórios – Especificação".
- NBR 14039 – "Instalações elétricas de média tensão de 1,0 kV a 36,2 kV".
- NBR 14565 – "Cabeamento estruturado para edifícios comerciais e data centers".
- NBR 14744 – "Poste de aço para iluminação".
- NBR 15443 – "Fios, cabos e condutores elétricos — Verificação dimensional e de massa".
- NBR 60947-1 – "Dispositivo de manobra e comando de baixa tensão".
- NBR 60947-4.1 – "Dispositivo de manobra e comando de baixa tensão – Contadores e partidas de motores – Contadores e partidas de motores eletromecânicos".
- NBR 60947-6.1 – "Aparelhagem de baixa tensão – Parte 6-1: Equipamento com funções múltiplas – equipamentos de comutação de transferência".
- NBR 60947-7.1 – "Aparelhagem de baixa tensão".
- NBR 62208 – "Invólucros vazios destinados a conjuntos de manobra e controle de baixa tensão – Regras gerais".
- NBR IEC 60050 – "Vocabulário eletrotécnico internacional – Capítulo 826: Instalações elétricas em edificações".
- NBR IEC 60269 – "Dispositivos-fusíveis de baixa tensão".

- NBR IEC 60432-2- "Especificações de segurança para lâmpadas incandescentes – Lâmpadas halógenas para uso doméstico e iluminação geral similar".
- NBR IEC 60439 – "Conjuntos de manobra e controle de baixa tensão".
- NBR IEC 60529 – "Graus de proteção para invólucros de equipamentos elétricos (código IP)".
- NBR 13057 – "Eletroduto rígido de aço-carbono, com costura, zincado eletroliticamente e com rosca ABNT NBR 8133 — Requisitos".
- NBR 15465 – "Sistemas de eletrodutos plásticos para instalações elétricas de baixa tensão – Requisitos de desempenho".

Conclusão sobre o tema do Capítulo Seis

Podemos concluir que quando acessamos padrões normativos mitigamos os riscos, seja acerca na condução de processo ou na gestão dos recursos humanos. Profissionais de *Facilities,* para estarem confortáveis em relação a informações como foi descrito, deverão possuir arquivos físicos e/ou eletrônico das Normativas CLT e as Normas Técnicas, no mínimo as sugeridas pela ABNT. Organizações internacionais tendem a conduzir suas operações com base em padrões adotados no país de origem.

A responsabilidade maior recai sobre a Gestão (*Facilities Managers*), de quem é cobrado o discernimento que tende à interdisciplinaridade de suas ações, bem como as tomadas de decisões, devendo estes ser calçados nos melhores preceitos da moderna administração e resguardados nos princípios legais pertinentes. Ele atua como um elo e suporte na cadeia de valores das organizações, deve engajar-se ao departamento jurídico de sua empresa quanto às implicações legais no exercício de suas atividades, bem como relacionar-se com as demais disciplinas que contemplam sua rotina, interagindo cada vez mais pessoas, processos e serviços, visando uma completa interação na organização e proporcionando um aperfeiçoamento constante na qualidade e na prestação de serviços, mas principalmente sob a regências das normas técnicas.

Portanto, atender às normas técnicas é reduzir o risco que é definido como: "*a incerteza sobre a ocorrência ou não de uma perda ou prejuízo*". Gerenciar riscos significa tentar evitar, diminuir a frequência ou severidade de possíveis perdas. Um perfil *hands on*[1] irá permitir operações mais otimizadas, focadas em atividades de melhor performance, menos sujeito a erros e mais segura, e obviamente de acordo com as metas das organizações.

---

1 "hands on" é um termo da língua inglesa que significa "mãos à obra" ou "mãos na massa" em português. Dá o sentido de ação, de se colocar à disposição para que os resultados apareçam em detrimento às obrigações trabalhistas, e as demais disposições legais pertinentes às especificidades de cada edificação exigem que o Gestor de Facilidades desenvolva metodologias de mensuração e controle dos riscos operacionais.

Capítulo 7

Gestão de *Facilities*

7.1 Facilities: Guia de Referência

Introdução

Neste capítulo abordo os aspectos relacionados à Estrutura Organizacional e suas Competências; Planejamento, Gestão da Manutenção; Controle dos Gastos Departamentais e Investimentos; Relações com outros setores da Organização; Sistemas da Qualidade e de Auditoria. O gestor deve estruturar seu departamento em acordo com as diretrizes definidas pela alta administração, utilizando com alta eficiência os recursos humanos e de materiais disponíveis. Quando a organização possui sua matriz no exterior, os padrões devem ser seguidos na unidade, adaptando-se à cultura do País. Contudo, em relação aos padrões de conduta ética, é inerente. Não há como ser diferente. Então, deixa-se de lado o famoso termo "jeitinho brasileiro". Vivemos numa sociedade com carência, em todos os sentidos: financeira, de infraestrutura adequada, de segurança pública, mas principalmente de ética e moral, isto é, de responsabilidade com a sociedade onde vive. Cada indivíduo, em suas atividades, seja no trabalho ou mesmo em suas relações pessoais, precisa ter o bom senso de agir conforme os melhores preceitos. Numa organização empresarial não é diferente, o profissional irá a todo momento ter a conduta adequada no trato com os colegas de trabalho e com os clientes internos, externos e fornecedores. Aliás, principalmente com empresas prestadoras de serviço. Ao longo dos anos, o jornalismo, por meio dos meios de comunicação, nos apresenta casos escabrosos, nas organizações públicas (em sua maioria) ou privadas, de superfaturamento, ganhos ilícitos ou desvio de dinheiro ocorridos na contratação de serviços. São ações como esta, entre outras, que devem ser evitadas em qualquer nível hierárquico.

A integridade física e moral do ser humano deve ser preservada, sempre. As organizações não podem conduzir suas operações sem que se estes preceitos sejam respeitados. Gestores que colocam funcionários, em determinada atividade, sem que sejam avaliados aspectos de segurança, estão sujeitos a condições insalubres ou de periculosidade que podem lhe causar sérios danos à saúde, ou mesmo a perda de vida. Da mesma forma, a falta de respeito e truculência irá criar o ambiente perfeito para a ocorrência de erros operacionais, levando ou não ao acidente de trabalho.

A alta administração de uma organização deveria ter, em seu quadro de funcionários, líderes que inspirem sua equipe, e desta forma obter os melhores resultados, corrigindo as falhas, seja por orientação, treinamento ou incentivo, para que estudem e se qualifiquem e evoluam profissionalmente.

Acredito que o sucesso da Gestão de *Facilities* começa pela definição de uma liderança de excelência, com formação técnica e experiência compatíveis com as atividades que terá sob sua responsabilidade, até porque é ele quem vai efetuar as contratações e formação de sua equipe. Este profissional precisa igualmente ter uma boa relação com seus superiores e igualmente com seus pares, uma vez que ele vai necessitar de auxílio em situações de rotina e principalmente em emergências. Cito, por exemplo, departamentos de TI, Segurança ou Medicina do Trabalho, pois a integração irá determinar uma eficiente gestão em projetos e na conservação das instalações, utilidades e demais ativos da organização. Partindo de que o termo Facilities é proveniente da língua inglesa, haverá diversas expressões que definem cargos, funções e suas competências. Alguns, deixo ao leitor a tradução livre.

7.1.1 Estrutura Organizacional e Competências

Introdução

Para que o gerenciamento seja efetivo, *Facilities* deverá ter seu próprio centro de custo, área física específica, isto é, que tenha equipe com funções de gestão, administrativa, operacional, técnica etc.

A estrutura organizacional depende do tamanho e das demais características da organização empresarial. Basicamente, envolve recursos de pessoal próprio ou subcontratado. Em geral, é definido um Gerente de Facilities, que por sua vez monta sua equipe. Entre suas funções, inclui a supervisão local e/ou remota (por exemplo, supervisionar time da filial, em geral de menor porte). As atividades dependem do tipo e tamanho da organização. As indústrias de manufatura possuem edificação diferente de um edifício com escritórios comerciais, igualmente diferente de hospitais, *shopping center,* hotéis etc. Contudo, podemos citar: controle de investimento, gastos e mão de obra; compras, segurança, gestão dos ativos, gestão de contratos e projetos, gerenciamento de sistemas críticos etc. Os Gerentes *(Facilities Managers)* se reportam aos Diretores *(Facilities Directors) ou* **CEO** (*Charman Executive Office*).

As organizações definem sua matriz organizacional tendo como base diretrizes definidas pelos sócios, proprietários, acionistas majoritários ou seus representantes. Os cargos podem assumir amplas funções ou, ao contrário, poder limitado. Por exemplo, a Segurança Patrimonial e Alimentação (restaurante interno) pode não fazer parte da gestão de *Facilities*, ficando sob a supervisão da área da "Gestão de Pessoas" ou de "Recursos Humanos", entre outras denominações existentes.

Outras das atividades gerenciadas por *Facilities* são:

- Gestão de Frota: Locação;
- Gestão de espaços externos: estacionamentos, vias para veículos e pedestres;
- Serviços de Jardinagem e Paisagismo;
- Outros.

Há também, por parte de *Facilities*, interação com outros setores da Organização:

- Telecomunicação: cabeamento, aparelhos e manutenção, interação com área da Tecnologia da Informação (TI).
- Contratos dos Prestadores de Serviço: avaliação jurídica e negociação, interação com Departamento Jurídico e Compras (*Legal or Law Offices and Purchasing Department*), respectivamente.
- *Mail Service*: serviço de distribuição da correspondência pode pertencer ao escopo de Facilities.
- Medicina do Trabalho: trata da qualidade de vida no trabalho, trata de assuntos como avaliação do posto de trabalho (postura e mobiliário adequado à atividade), qualidade do ar, iluminação etc. Também, prevenção de doenças em decorrência de esforços repetitivos (LER), campanhas de vacinação etc., interação com o SESMET, NR 4 "Serviço Especializado em Engenharia de Segurança e em Medicina do Trabalho".
- Sistemas de Combate a Incêndio: a manutenção dos equipamentos fica por conta de *Facilities* (conforme padrões estabelecidos e legislação vigente), em geral, através de gestão de contrato com empresas especializadas. Portanto, **há** uma forte interação com o **SESMET** e Corpo de Bombeiros local.
- Licenciamento de Obras Civis: interação com *Legal Office* e órgãos governamentais, em geral Prefeitura local.
- Controle de Pragas: interação com SESMET, mas pode fazer parte do escopo de atividades de *Facilities.*

- Procedimentos da Qualidade (Normas da Série ISO) e ações relacionadas ao Meio Ambiente, somado a uma forte interação com setor da "Gestão pela Qualidade Total".
- Descarte de resíduos líquidos e sólidos: interação com responsáveis pela "Gestão Ambiental de Resíduos".
- Demais atividades que dependem exclusivamente de características próprias de cada organização: industrial, comercial ou de serviços.

Principais Organizações em que a Gestão de *Facilities* é aplicável:

Grande parte das Organizações (em geral, empresas de médio e grande porte) tem em seu organograma a Gestão de *Facilities* tradicional, como a conhecemos, isto é, vai além da Manutenção Predial como visto neste capítulo. Seja de uma forma ampla ou parcial, é um setor estratégico uma vez que cuida do patrimônio, serviços essenciais e utilidades de uma edificação, para que usuários e clientes tenham a melhor experiência, bem estar e segurança.

Algumas das Organizações são:

- Organizações Privadas: corporações de vários segmentos, tais como, fábricas de processo contínuo ou de manufatura; Tecnologia da Informação (Produtos & Serviços), Bancos, Comércio Varejista (Rede de Lojas, Concessionárias de Veículos, Shopping Centers etc.); Centros de Distribuição/Logística, outros. Em todas essas edificações, seja de médio ou grande porte, a Gestão de *Facilities* se faz presente com todo o seu escopo de serviços, vistos anteriormente.

- Instituições Educacionais: Universidades/Faculdades e Escolas – mantenimento dos espaços (salas de aula, biblioteca, laboratórios, teatro, quadras de esporte, ginásio etc.). Em certos Centros Universitários, cito as Residências Estudantis. Ocorre então serviços de conversação e manutenção predial (construção civil), de equipamentos e utilidades. Incluímos ainda, os serviços de portaria, jardinagem e segurança;

- Hospitais e Clínicas: é praticamente obrigatório, uma vez que o principal serviço é o de cuidar da saúde humana e são locais onde as instalações precisam estar em plenas condições para prestar atendimento de excelência aos pacientes (limpeza e higienização), mas também aos demais usuários: funcionários, familiares, visitantes etc.). Pode incluir ainda espaços externos, como, áreas de chegada de ambulância, estacionamento etc. Estabelecimentos médicos necessariamente precisam estar sempre operacionais, limpos e principalmente relacionados à segurança;

- Organizações Públicas: Palácio Presidencial e de Governadores, Prefeituras, Ministérios, Hospitais Públicos e Agências são alguns exemplos. Igualmente, se faz necessária uma gestão para conservação de toda a infraestrutura – edifícios públicos (alguns são prédios históricos) e suas salas, elevadores, corredores, banheiros, áreas de atendimento ao público etc. Em algumas situações, as estruturas públicas possuem áreas externas que necessitam de segurança pessoal e patrimonial – acesso de funcionários públicos e visitantes. Incluindo ainda, a limpeza e organização desses espaços. Gestão de frota, conservação de instalações e demais utilidades, complementam as atividades.

- Hotelaria e Entretenimento: Espaços e infraestrutura de Hotéis, Pousadas ou outra organização comercial que atua no recebimento de turistas, por exemplo, hotéis-fazenda, necessitam que sua infraestrutura esteja em plenas condições de uso – bem estar, higienização e segurança. A boa experiência vivida pelos usuários irá definir o sucesso e rentabilidade do negócio. Além disso, os trabalhadores precisam de um ambiente com qualidade para desenvolver suas atividades de atendimento. Quartos, banheiros, piscinas, salas de ginástica, restaurante, área de café/wi-fi etc.) – todos esses espaços em condições de utilização.

- Administração de Condomínios: A Gestão de *Facilities* pode atender a esse modelo de edificação (Condomínios de prédios ou de casas), talvez numa escala menor, mas não menos importante. Criticidade por conta dos serviços de portaria e conservação predial. Inquilinos são exigentes em relação às melhores condições de moradia e convivência com os espaços externos (Salão de Festas, piscina, Academia, minimercados etc.). A Segurança Patrimonial é, via de regra, um dos principais pilares das atividades, tendo em vista às ocorrências de roubo e acessos indevidos.

- ONG – Organização Não Governamental: aplica-se igualmente às demais Entidades "sem fins lucrativos". A Gestão *Facilities* segue os mesmos padrões das outras organizações privadas ou públicas, pois também necessita de administração de seus espaços – escritórios, salas de reunião ou atendimento e demais instalações de apoio social. Inclui ainda os espaços externos, como quadra de esporte, para atividades sociais (musical, teatro, dança etc.).

Essas e outras organizações, não citadas, podem e devem buscar os benefícios da Gestão de *Facilities* para o gerenciamento de sua infraestrutura, instalações e serviços relacionados. Não deve ser encarado como "custo", mas "investimento"!

A seguir apresento os principais perfis e respectivas competências inseridos no contexto *Facilities.* A nomenclatura e descrição das atribuições variam conforme o tipo e dimensão da Organização.

Facilities Director
Management of Human Resources, Information, Financial, Business Risk and Budget
Facilities Manager ou Supervisor
Performance Management (Site); Purchasing, Team and Contracts Management

Preferencialmente formado em engenharia, com especialização em gestão (administrativa, financeira etc.). Deverá ter experiência em: manutenção; controles financeiros; gerenciamento de projetos; gestão de pessoas, contratos, processos e de investimentos; habilidades na gestão de equipes próprias e terceirizadas na prestação de serviços; desenvolvimento de novas estratégias corporativas; outras especificas em acordo com o seguimento da organização.

Possuir os bons conhecimentos das atividades pertencentes ao escopo de Facilites da organização já vistas, como em Utilidades, Conservação Predial, Serviços de Limpeza, Jardinagem, Portaria etc. e principalmente, habilidade da liderança.

Conhecimento em Idiomas: em geral, o inglês é quase que obrigatório. Cito também o idioma Espanhol. como os mais citados. Há casos específicos, por exemplo, de uma oportunidade que identifiquei exigia, além da língua inglesa, e fluência no idioma alemão.

A seguir, exemplos de liderança ou tipo de líder que a companhia deseja ou na qual o candidato se enquadra:

a) **Exigente:** Observa todos os detalhes e não deixa nenhum deslize passar despercebido. Entende que para algo dar certo "todos os buracos têm que estar tapados" e não há o menor espaço para pequenos erros. Muito crítico, observador e perfeccionista, esse líder acredita que a excelência é o caminho para a obtenção do sucesso.

b) **Autocrático:** Não promove a participação efetiva da equipe nos projetos, toma sozinho todas as decisões necessárias e costuma oprimir seus subordinados, enxergando neles concorrentes, e não colaboradores. Ele sempre conduz os processos com muita energia e vigor, mas, como não valoriza as competências, os conhecimentos e os resultados dos subordinados, acaba criando um ambiente de trabalho no qual os profissionais são cobrados excessivamente. Isso causa certo desconforto e afeta a *performance* do time. Conhecido no mercado de trabalho, vulgarmente como: **"chefe".**

c) **Liberal:** Dá aos colaboradores liberdade para exercerem suas funções sem interferências diretas. Os próprios profissionais ficam responsáveis por gerenciar os resultados de seu trabalho. É uma forma de demonstrar confiança na capacidade dos colaboradores e de dar a eles mais autonomia. No entanto, o líder liberal precisa estar atento para que os colaboradores não fiquem sem condução nem cometam erros graves e prejudiquem o desempenho da empresa.

d) **Visionário:** Tem senso de oportunidade e um otimismo latente. Capaz de antecipar tendências, é empreendedor e tem disposição para correr riscos. Essa capacidade de prever as reações do mercado está sempre amparada em pesquisas e análises de comportamento das pessoas sobre produtos ou serviços. Esse tipo de liderança reconhece a importância dos colaboradores para a obtenção de bons resultados e busca motivá-los constantemente.

e) **Democrático:** Permite que todos os liderados participem das decisões importantes do grupo e acredita que ideias, críticas e sugestões são importantes para aperfeiçoamento dos projetos, da equipe e da organização como um todo. Essa abertura de espaço para diálogos, a comunicação efetiva e os feedbacks constantes facilitam a solução de problemas internos e garantem os bons resultados dessa liderança. De todo modo, o líder democrático precisa ter inteligência para encontrar o equilíbrio e não perder o controle, o foco e a objetividade.

f) ***Leader Coach*:** É o tipo de liderança mais exigido, sendo uma tendência atual de mercado e creio ser a melhor forma de gestão de pessoas. Sabe delegar com assertividade, uma vez que identifica as capacidades individuais de cada um de seus liderados e as utiliza para potencializar seus resultados. Ele apresenta desafios e novidades motivadoras, que criam um ambiente colaborativo e empreendedor, favorável à evolução profissional e ao alcance das metas da empresa. Modelada pelos princípios do [1]*Coaching*. Esse tipo de liderança estimula as competências, conduz projetos em parceria, leva em conta as opiniões dos colaboradores e os motiva a confiarem no trabalho desenvolvido.

Existem uma vasta literatura e artigos sobre os perfis de liderança e seus resultados esperados à frente de sua equipe. E, quando se analisam todos esses conceitos, chega-se à conclusão de que um bom líder, além dos perfis clássicos, sabe ser carismático, íntegro, ouvir e motivar os outros, compartilhar experiências e tomar decisões. Ele conquista o respeito dos liderados por seus exemplos e é dono de virtudes distintas que o ajudam a encarar desafios de forma otimista e criativa. É justamente esse tipo de líder, capaz de ensinar, delegar, acompanhar, inspirar e mobilizar os colaboradores que as empresas procuram.

Em minha última experiência profissional, numa multinacional, estava subordinado a um líder "Autocrático", mas ao afirmar isso, seria até um elogio. Utilizava tom sempre ameaçador e muitas vezes irônico, com piadas sobre desempenho dos funcionários, inclusive de outros líderes.

As organizações multinacionais possuem um código ético fortíssimo, com total apoio aos funcionários que sofrem qualquer tipo assédio seja sexual ou moral. Já as filiais, na minha opinião, não têm a postura que deveriam ter e isso não me surpreende, afinal o Brasil é o País da impunidade.

Apesar de as faculdades disponibilizarem cursos graduação, especializações e outros na área de gestão de pessoas, boa parte dos líderes não segue a "cartilha". Num mercado tão competitivo, a luta para permanecer empregado nem sempre é justa. O "chefe", tendo poderes plenos, tem a vantagem sobre seus subordinados.

Fica aqui um pedido ao leitor para que reflita. Se for líder, avalie sua performance e suas atitudes. Se estiver sob a liderança de um "chefe", não faça como eu, isto é, o de deixar as coisas saírem do controle. Ao contrário,

---

1 O termo tem origem do idioma inglês "coach" e significa "treinador", que tem o objetivo de encorajar e motivar sua equipe para atingir um objetivo, ensinando técnicas que melhorem seu desempenho. O conceito atual do profissional Coaching surgiu nas universidades norte-americanas para definir um tutor particular, o qual preparava os alunos para exames em determinada matéria. Com o tempo passou a ser usada também para se referir a um instrutor de atletas, músicos etc. Atualmente, é utilizado nas organizações empresariais, sendo devidamente adaptado a este meio.

convide seu gestor para um almoço ou café em local agradável. Diga a ele que você não está confortável com a situação e questione sobre o que pode ser feito para a relação ser mais harmoniosa e produtiva. Faça isso, antes que só lhe reste ir ao RH para assinatura de seu desligamento.

Staff

Suporte Administrativo

Staff: cargo de nível intermediário

A formação acadêmica desejável é em "Administração de Empresas", "Tecnólogo em Administração" ou similar (Ensino Médio Completo. Sendo acadêmico, é um diferencial bem visto pelas organizações). A experiência exigida irá depender do seguimento e do escopo que irá desempenhar. Os cargos administrativos são desempenhados por profissionais que atuam nas áreas: Financeiras, Compras e Contabilidade, de uma maneira geral. Podem, inclusive, assessorar diretamente gestores em nível gerencial (*Facilities Manager)* gerando informações mais gerenciais (indicadores de desempenho financeiro e controle de investimentos) ou supervisores *(Facilities Supervisor*) sendo mais operacionais, e neste caso devem auxiliar no controle de serviços e acompanhamento de obras/serviços, etc. Contudo, ele vai utilizar software corporativo para gerar ordens de compra ou notas fiscais, controlar os pagamentos a todos os fornecedores, garantir o cumprimento das datas estabelecidas de recebimento dos materiais, gestão do fluxo de mercadorias, documentos e arquivos, elaboração de relatórios gerenciais, participar de reuniões com fornecedores e clientes internos. Importante se interar rapidamente com o processo administrativo.

O *staff* também pode atuar no desenvolvimento e na análise de mercado, avaliação de materiais para homologação de fornecedores, produtos e serviços para uso da empresa, follow-up das entregas e reposição de materiais em estoque.

Se este for atuar numa posição de atendimento ao cliente, deverá ter conhecimentos dos assuntos relacionados à Gestão de Facilities, tais como: controle dos materiais produtivos e improdutivos, compostos por: copa, limpeza, higiene, alimentação para o restaurante, suprimentos para o escritório, eventos, locações, brindes, materiais gráficos, frete/logística; ativos imobilizados (móveis, veículos, equipamentos de telefonia), EPIs para a equipe; manutenção e operação: limpeza e higienização, elétrica, hidráulica, maquinários de construção civil, elevador, ar condicionado, bebidas geladas & quentes, *snakers* (lanches e petiscos) etc.

Ainda existem tarefas de controle: elaborar planilhas (em programa Excel) de controle de serviços, indicadores de desempenho da manutenção, consumo energético, orçamento x gastos, outros.

Como o leitor pode observar, o escopo pode ser bem extenso, podendo ter um ou mais *Staff* para conduzir todas estas atividades, podendo eu ter cometido a falha de não ter citado.

Conhecimento em idiomas: se a companhia for multinacional e o staff for participar de contatos com unidades no exterior, então os idiomas inglês e/ou espanhol podem ser obrigatórios, caso contrário não serão necessários.

Facilities Engineer

(Maintenance Engineering, Sites Projects, Quality System, Energy Efficiency,)

O perfil desejado, pela grande maioria das empresas, é por [2]engenheiro civil e desejável com pós-graduação em Administração ou até mesmo em Gestão de *Facilities* (cursos já disponíveis em entidades, por exemplo: na http://www.aea.com.br/cursos/curso-de-gerenciamento-de-facilities). Necessita experiência no seguimento de atividade da organização, certificação ISO 9000 e ISO 14000, LEED ou AQUA, técnicas de gestão em

2 As empresas ao contratar engenheiros deveriam exigir além do Diploma, registro no CONFEA/CREA (Conselho Regional de Engenharia e Arquitetura) de seu Estado. CONFEA, é o conselho de nível Federal.Quando registrado, o profissional está apto a emitir uma ART – Anotação de Responsabilidade Técnica, a qual atesta estar apto a atuar profissionalmente. Quando registrado, ele está em consonância com o Código de Ética Profissional. A A.R.T. é o instrumento que define, para os efeitos legais, os responsáveis técnicos pela execução de obras ou prestação de serviços relativos às profissões abrangidas por este conselho profissional.

manutenção, indicadores, manutenção preventiva & preditiva. Domínio do idioma Inglês é praticamente obrigatório. Há seguimentos que optam por profissionais formados em engenharia mecânica ou elétrica.

As competências exigidas, além do conhecimento técnico específico das utilidades, equipamentos e instalações da edificação, requerem conhecimento sobre gestão de administração e financeira, de contratos e prestadores de serviço, bem como gerenciamento de terceiros. Obviamente, ter boa comunicação verbal e escrita, bom relacionamento interpessoal, pró-atividade, iniciativa, flexibilidade, habilidade na gestão de pessoas em níveis de carreira diversos, habilidade em negociação e raciocínio lógico.

As suas responsabilidades e escopo das atividades igualmente irão depender do seguimento da organização. Contudo, podem ser:

Monitorar a rotina das manutenções corretivas e obras na infraestrutura; Elaborar os planos de manutenção preventiva e preditiva dos ativos, utilidades e instalações; executar o planejamento da execução da manutenção preventiva e preditiva; gerenciar os projetos de eficiência energética; acompanhar processos administrativos, propondo melhorias; gerenciar as renovações das documentações dos profissionais ou empresas terceirizadas que realizam serviços (ART, por exemplo); monitorar as equipes terceirizadas e garantir o resultado das atividades de manutenção e obras civis; elaborar os relatórios e monitorar os indicadores (KPI) Normas e Procedimentos da Qualidade; acompanhar as ações da Brigada de Incêndio (planos de abandono e equipe terceirizada dos Bombeiros); acompanhar e garantir o resultado das equipes terceirizadas de Segurança Patrimonial, Controle de Acesso e de Automação da Edificação; planejar as paradas de manutenção (ou reformas) e gerenciar as equipes próprias e/ou terceirizadas de acordo com o cronograma; definir , elaborar e acompanhar os indicadores de manutenção, bem como a administração e o controle de despesas, projeção de orçamentos, administração de contratos da área; definir e implementar as melhores práticas.

Escopos diferenciados podem incluir:

- Gestão de equipamentos, serviços e instalações que envolvem a operação das centrais de dados (*Data Center, IDF, No Breaks* etc.);
- Análise dos riscos das instalações consideradas críticas para a organização;
- Implementar e gerenciar técnicas Confiabilidade na Manutenção;
- Desenvolver técnicas de melhorias contínua das Instalações;
- Participar ativamente da etapa dos Comissionamentos;
- Outros.

Maintenance Team

(Mecânico, Técnicos em Elétrica, Eletrotécnicos, Eletrônicae/ou Mecatrônica)

Mecânico de Manutenção, *Facilities*

O perfil deste mecânico, para atuar em edificações, tem uma característica especial. Ele precisa ter experiência em refrigeração (aparelhos de ar condicionado (*split,* janela etc.), bebedouro, *freezer*, geladeiras, outros), que são equipamentos passíveis de consertos com equipe própria. A manutenção de outras utilidades é executada por empresas terceirizadas, tais como elevadores, centrais de ar condicionado etc. As demais atividades se resumem a consertos hidráulicos de pequeno porte.

Os mecânicos que atuam utilidades no seguimento industrial têm um perfil que inclui ainda experiência em centrais de fornecimento de ar comprimido, tubulações pneumáticas, de gás natural, hidráulicas, sanitárias, cozinhas, resíduos líquidos (ETE), etc. Em geral faz parte da Equipe de Manutenção de Utilidades ou Predial.

As empresas exigem formação em ensino médio e desejável formação em curso técnico. O tempo de atuação na função é bem relevante.

Eletricista de Manutenção, Facilities

O perfil abrange profissionais formados em atividade em sistemas elétricos. A formação em curso técnico é obrigatória, bem como certificação na NR 10. Sem esta capacitação não estará apto para executar atividades em sistemas elétricos. O CREA disponibiliza registro profissional para esta categoria.

Diferentemente do mecânico, o escopo de trabalho e responsabilidades é bem mais amplo. As atividades incluem:

Manutenção Corretiva e Preventiva de: sistemas elétricos de baixa, média e alta tensão; motores, bombas, ventiladores e demais equipamentos rotativos; iluminação; energização de salas em reformas e obras civis; iluminação; painéis de distribuição e comando; inspeção, testes, controle dos consumos e demanda , fatores de potência etc., telefonia; equipamentos eletrodomésticos (Micro-ondas, Forno Elétrico, Cafeteiras etc.); Elétrica do Refeitório, Cozinha e Banheiros; Automação da Edificação; Computadores; Equipamentos Multimídia, TV, projetores etc.; medição termográfica, medições e demais controles das instalações elétricas em geral; instalar e manter as redes de linhas elétricas, de alta e baixa tensão. Executar outras tarefas de mesma natureza e nível de complexidade associadas ao ambiente organizacional.

Em resumo irá atuar com manutenção preventiva e corretiva, operação de sistemas elétricos, subestações, painéis de comando de máquinas, manutenção predial e demais áreas pertinentes à manutenção elétrica. Serviços de engenharia e construção civil.

Facilities Services Team

(Limpeza, Conservação & Higienização; Serviços, Operador de Utilidades)

A equipe de operação se caracteriza por profissionais com Primeiro Grau completo ou nem isso. Atualmente, as empresas exigem, no mínimo, ensino médio completo. Contudo, nem por isso deixam de ser importantes no contexto, pois são as pessoas que literalmente põem "a mão na massa". Executam as atividades de limpeza, higienização, jardinagem, pintura & hidráulica prediais, portaria etc. As funções mais técnicas (eletricista e mecânico hidráulico) requerem qualificação técnica formal e cursos de capacitação. Há variações em relação a isso, pois muitos profissionais adquirem experiência por atuarem por longo tempo, e tendo aprendido o ofício com colegas mais antigos.

Para a **Operação de Utilidades**, há exigência de conhecimento técnico específico, por exemplo, para a Operação de Caldeiras, é exigido treinamento em Vasos de Pressão: NR13. Os operadores das Salas de Compressão, Condicionadores de Ar e até Grupos Geradores etc. devem ter uma formação obtida em escola técnica, em razão da complexidade dos equipamentos.

Podemos citar algumas das funções operacionais:

1. Limpeza & Higienização: Serviços compostos por: limpeza e conservação predial, limpeza e higienização hospitalar; limpeza e conservação industrial. O escopo das atividades abrange todos os espaços da edificação. As pessoas recebem treinamento, orientação, uniforme e EPI. A limpeza interna possui padrões bem conhecidos, porém a externa (faixadas, vidros etc.) requer um aparato de equipamentos e sistema de segurança bem específico. A higienização dos ambientes evita contágios e pode ou não incluir o controle de pragas (roedores, baratas, moscas etc.). Os serviços de conservação industrial são mais "agressivos" em razão do alto índice de sujidade, proveniente dos processos de fabricação. Os programas da qualidade, tais como a Metodologia 5S, contam muito com as equipes deste tipo de serviços. São serviços essenciais para qualquer organização. Ambientes: hospitalar, comercial, fabril, hotelaria etc. são altamente dependentes não só pela necessidade de asseio e higienização, mas para que os clientes e usuários possam executar suas atividades em ambiente limpo, organizado e perfumado.

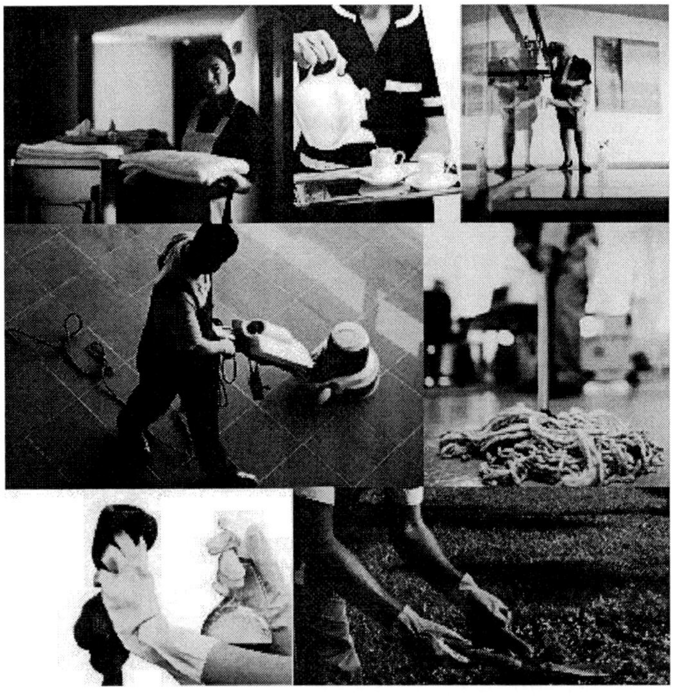

Figura 7.1 Exemplos de Limpeza & Conservação mais usuais. Fonte: www.gruporc4.com.br

Figura 7.2 Exemplo de execução da Limpeza de Faixada, de extremo risco para a operação, mas necessário para a conservação da Edificação. O profissional necessita de treinamento em descida de rapel. Fonte:www.solucoesindustriais.com.br

Figura 7.3 Exemplo de limpeza piso industrial. O piso, por sua extensão, requer operador de utilidade, pois o equipamento é motorizado. Fonte: www.grupoelo.com.br

a) **Pedreiro**: profissional responsável por dar forma ao projeto elaborado pelo arquiteto. Em uma obra é possível encontrar pedreiros especializados na execução de tarefas específicas, como construção, pisos, acabamento e alvenaria.

b) **Auxiliar de Pedreiro ou Servente**: atua como assistente do pedreiro, cabendo a ele tarefas como preparar a massa, remover material ou carregar entulho. A ocupação é a porta de entrada no mercado de trabalho da construção civil.

c) **Carpinteiro**: em algumas organizações, há necessidade de execução tanto de mobiliário próprio quanto de conserto destes. Em geral, cuida de todas as tarefas que envolvem o uso de madeira. Ele prepara andaimes, arma tapumes, executa a montagem de formas e esquadros, além de cortar peças.

d) **Pintor:** responsável pelas etapas de acabamento da obra civil. Em diversos canteiros há a divisão do trabalho por conta da especialização profissional: pintura de exteriores, interiores, texturização, predial ou comercial.

e) **Eletricista Predial:** responsável por zelar por toda a instalação elétrica da edificação, incluindo novos projetos, reformas, *layout* etc. Instalação ou conserto de conduítes, interruptores, tomadas e pela passagem da fiação pelas paredes da construção. Serviços na iluminação: luminárias, lâmpadas ou reatores. A área de atuação inclui áreas administrativas em sua maioria, mas pode incluir setores da fábrica.

f) **Mecânico Hidráulico:** responsável por toda a rede hidráulica e seus componentes, seja instalação ou conserto. Inclui locais como banheiros, cozinha, salas para cafés, rede hidráulica dos jardins, bebedouros etc. Em algumas empresas, pode ainda atuar no ambiente fabril, nas instalações hidráulicas que fornecem água potável para os setores produtivos.

g) **Operador de Utilidades**: é responsável pela operação de equipamentos que estão definidos como utilidades: compressores, grupos geradores, centrais de ar condicionado, torres de resfriamento, caldeiras a vapor, salas de operação centrais hidrelétricas, centrais de gás (oxigênio, nitrogênio etc.), outros. Isto é, opera instalações, equipamentos e sistemas fixos mais voltados para o seguimento metalmecânico, serviços e comércio.

Atividades: operar (Ligar/Desligar); executar procedimento de *Reset* (desligar para que o sistema refaça as configurações automaticamente); diagnosticar e comunicar as anormalidades; realizar manobras ou bloqueios (válvulas); verificar valores da instrumentação (pressão, vazão etc.) e tomar ações devidas, quando necessário, para ajuste do sistema; realizar limpeza fina e pequenos reparos, sob orientação da manutenção; manter local limpo e organizado; outras atividades.

Formação: ensino médio completo, curso técnico (mecânica, caldeira, elétrica, eletrotécnico etc.) adequado à utilidade que irá operar. Certificação NR10 e NR13 (Elétrica e Caldeiras, respectivamente). Conhecimento básico em informática. Disponibilidade para trabalhar em turnos.

Existem Utilidades cujo operador tem uma descrição específica, tais como:

Ambiental: **Operador de Estação de Tratamento de águas e de efluentes**, o qual monitora o recebimento de resíduos industriais e urbanos, opera fornos de incineração e controla o processo de tratamento de água e efluentes. Realiza amostragem de resíduos e efluentes, documenta dados do processo de tratamento e controla materiais e produtos utilizados na estação (formação de nível médio como analista ou auxiliar químico, etc.).

Química: **Operador de Processos Químicos**, o qual opera instrumentos e controla processos químicos, envolvendo pesagem, preparação de soluções e mistura e realiza manuseio, estocagem e transferência de produtos de acordo com padrões de segurança (formação de nível de médio como analista ambiental, coletor de amostras etc.). Há outros profissionais e, dependendo da estrutura organizacional da empresa, podem ser denominados Operadores, mas de equipamentos com mobilidade, entre os quais podem ser citados: empilhadeiras (motorizadas à GLP ou elétricas); gruas; guindastes; guinchos; máquinas de terraplanagem e recapagem de ruas ou rodovias; tratores (corte de grama ou para transporte interno para coleta de resíduos ou materiais); elevadores para pessoas e/ou materiais etc.

As funções descritas acima são para referência ao caro Leitor. Atualmente, o seguimento de *Facilities* alcançou grande amplitude e disponibiliza oportunidade de trabalho. Há por parte das pessoas, seja em ambiente profissional ou residencial, certas necessidades que por sua vez não possuem conhecimento ou ferramental para executar determinados reparos no ambiente. Podemos incluir neste escopo outros profissionais (com especialidades não muito comuns) incluídos em certas obras de reforma civil que são: ceramistas, marmoristas, serralheiros, gesseiros, "telhadistas", entre outros.

Em situações de grandes obras, há necessidade de um profissional para "tocar o serviço". O setor da construção civil está modernizado e é resultado da automação e da adoção de novas técnicas. Hoje há uma infinidade de cursos, capacitações e atividades de atualização voltadas para esses trabalhadores, mas uma profissão se mantém inalterada, a do Mestre de Obras.

A sua função principal é de coordenar todas as atividades em toda a obra. É responsável pelo acompanhamento dos profissionais no canteiro, fazendo a ligação entre engenheiro e equipe de operários. Além disso, verifica planilhas de material, monitora compras, supervisiona a qualidade do serviço e controla prazos.

Facilities Support Services
(Clients and Facilities Team Support)

A nomenclatura é diversa: *Technical Support, Help Desk,* Serviço de Apoio, Serviço de Informação, Serviço de Assistência etc.

O Operador de Atendimento deve, no mínimo, ter ensino médio completo, e desejável estar em curso universitário. A experiência profissional requerida é em atendimento ao público. Em determinadas situações, o profissional é contratado sem experiência, mas passa por treinamento que inclui, além das técnicas de atendimento, a capacitação em saber utilizar o software corporativo para cadastro das solicitações. Para os cargos de gestão, há necessidade de comprovar experiência em liderança e ter atuado no seguimento de teleatendimento, ou atividade similar. Caso este setor atenda a unidades no exterior, o domínio em outro idioma se torna obrigatório.

Uma das características dos serviços de tele-atendimento é a necessidade da flexibilidade de horários, isto é, os profissionais trabalham em regime de escala, tendo a necessidade do atendimento ao cliente de até 24h! Portanto, o candidato deve estar apto a atuar, bem como estar disponível para o período a ser alocado.

O perfil dos profissionais varia de acordo com o tamanho da empresa, seguimento e escopo do serviço a ser executado. Outro fator a considerar é se este serviço terá equipe própria ou subcontratada.

Figura 7.4 Exemplo de ambiente de uma central de atendimento ao cliente. Fonte: www.epc.co.uk

O serviço de suporte ao Cliente (*Facilities Support Service*) tem uma função muito importante na Gestão de Facilities. Em grandes organizações com diversas filiais este modelo de atendimento concentra todas as solicitações e as envia para a Manutenção ou Engenharia e na sequência há a programação e execução do serviço. Em geral, após solicitado o serviço, o operador executa a "abertura" de uma Ordem de Serviço (*Work Order).*

O contexto deste serviço ainda é composto por atividade não só operacional, mas igualmente gerencial. Abrange conhecimentos em: TI (tecnologia da informação); metodologia de comunicação; planejamento; infraestrutura da edificação (ativos, espaços, instalações e utilidades).

A equipe de operação pode ser ou não, subordinada a um supervisor (líder ou coordenador), o qual deverá ter habilidades comportamentais já descritas, anteriormente, para *Facilities Manager*. As habilidades incidem em liderança e visão; conhecimento dos processos da organização; ter aptidão para adaptação às mudanças internas e externas; experiência na capacitação de pessoas (treinamento).

Observação Importante: os serviços terceirizados no seguimento de "Tele-Atendimento" cresceram muito nos últimos anos em razão da grande demanda de aquisições e/ou fusões das grandes companhias, no seguimento de telefonia e TV por assinatura, que são bons exemplos, somados ao fato da falta de espaço em alocar grandes equipes para atendimento ao Cliente. A partir dos anos 2000, deu-se início à oferta de serviços terceirizadosde SAC (Serviços de Atendimento ao Cliente) também denominado por *Outsourcing*. Estas "Centrais de Atendimento" fazem parte do cenário atual quando o assunto seja referente, por exemplo, a um problema de produto ou mesmo de prestação de serviço. As organizações aderiram a esta modalidade para atender aos funcionários em suas necessidades relacionadas a infraestrutura, espaços físicos, mobiliários, equipamentos e também recursos humanos.

Critical Systems Management
(Monitoramento Informatizado e Relatório de Sinistros)

"Gerenciamento dos Sistemas Críticos", na tradução literal. O leitor pode ainda encontrar definições similares: *Risk Management*, *Business Critical System* ou ainda por *Critical Assets Management.*

Não há um perfil específico para esta atividade. A gestão dos sistemas críticos de uma organização faz parte do escopo de um setor ou grupo de profissionais que atuam em Facilities em sua grande maioria.

Os Sistemas críticos são divididos, basicamente, em três tipos: sistemas críticos Segurança, Missão e de Negócios. A principal diferença entre eles é o tipo de prejuízo que pode ser causado por falhas. No sistema de segurança uma falha pode causar riscos à continuidade do negócio, à vida humana e danos ao meio ambiente. Fazem parte as centrais de dados TI (Data Center); subestações; centrais de ar condicionado, gás natural, oxigênio etc.; compressores; caldeiras; outros. A falha em sistemas deste porte põe em risco o sistema de missão, na obtenção de uma meta, no sistema de negócios uma falha pode causa grandes prejuízos financeiros.

Profissionais que atuam no Gerenciamento de Sistemas Críticos, são (mas não se limitam a estes):

Outros profissionais fazem parte desta gestão:

a) **Operador de Monitoramento:** responsável pelo acompanhamento constante dos equipamentos sob monitoramento. Atividades: monitorar através de telas multimídia (TV, monitores etc.) os parâmetros (mínimo e máximo), valores determinados da condição tanto de funcionamento (ON/OFF) como do ambiente (Falta de eletricidade, humidade, temperatura etc.); identificar a ocorrência de alarme e registrar; contatar superior imediato para tomada de ações em caso de emergências.

Observação: caso haja ociosidade em demasia, o escopo de atividades recebe atividades pode receber complementos. Porém, isso é avaliado criticamente, pois não pode afetar a função principal. A formação mínima exigida é ensino médio completo, conhecimento em informática (Pacote Office). Além das características comportamentais, são similares aos operadores de atendimento ao cliente, porém há ênfase em alto grau de atenção e boa comunicação. Devem ter disponibilidade para trabalho em turno.

Figura 7.5 Exemplo de ambiente de uma sala de monitoramento. Fonte: www.hypescience.com

b) **Técnico ou Superior em Tecnologia da Informação:** responsável pelos equipamentos e softwares de monitoramento. Este profissional pode ou não estar alocado à Gestão de Facilities. O regime contratual (funcionário próprio ou terceirizado) e carga horária também podem variar.

Esta atividade é de extrema importância. Os softwares muitas vezes requerem ambientes de testes, antes de entrarem em funcionamento. Nas fases de Aquisição e Implementação há diversas dúvidas, ajustes e até problemas cuja *expertise* do time de *Facilities* não o têm para analisar e solucionar. As configurações exigem conhecimento específico, bem como a inserção dos demais dados. A fase final do treinamento para a operação de monitoramento e gestores também é de responsabilidade do pessoal de TI. A performance do monitoramento dos sistemas críticos depende disto.

Segurança Patrimonial &Transporte,
Portaria & Recepção, Gestão de Frotae Descolamento Funcional

Estes serviços fazem parte do escopo da Gestão de Facilities, juntamente com Limpeza & Conservação e Manutenção Predial. Este seguimento teve grande crescimento, gerando várias oportunidades de emprego, apesar da instabilidade econômica vigente no Brasil.

Em geral, são atividades terceirizadas e gerenciadas por Facilities. A Segurança Patrimonial (armada ou não) é muito requisitada, por praticamente, todos os seguimentos onde haja riscos à pessoa e/ou ativos. Não é necessário comentar sobre os diversos acontecimentos, seja por furto simples ou roubo, gerando grandes prejuízos financeiros, danos ao patrimônio e físicos. Em algumas situações, ocorre a morte da vítima. A segurança também faz o controle de acesso. Identifica e libera a entrada de usuários e visitantes. A vigilância ocorre por meio visual e eletrônico (uso de câmeras, rádios comunicadores etc.), este por sua vez avança cada vez mais em razão da tecnologia disponível no mercado. Em paralelo, seguem as atividades de Recepção, por sua vez, igualmente controla o acesso, mas de uma forma menos ostensiva, e quando a edificação possui elevadores, serviços de ascensorista. As empresas disponibilizam todos os serviços para a proteção e conservação patrimonial. Geralmente os serviços são integrados, incluindo gestão dos recursos humanos, oferecendo uma solução completa e eficiente de segurança.

A dinâmica organizacional é muito interessante do ponto de vista da eficiência sem envolver equipe própria e por esta razão as organizações fazem a opção por estas atividades integradas de suporte à gestão da infraestrutura. Este modal se aplica aos diversos segmentos: indústrias, hotelaria, bancos, shoppings center, lojas comerciais, comércios, órgãos de administração pública e bancos, entre outros.

Nesta mesma linha, o transporte e logística terceirizada, seja de pessoas ou de cargas, é outra estratégia de negócio altamente rentável para os proprietários. Gera empregos, uma vez que mão de obra não requer qualificação técnica, então abrange uma parte da população que tem dificuldades para concluir seus estudos formais.

A logística disponível e utilizada pelas organizações também é gerenciada por *Facilities*.

O escopo depende do segmento e do tipo de serviço que a organização necessita. Alguns exemplos:

- Transporte de funcionários, por meio de ônibus, vans etc.;
- Movimentação de resíduos sólidos e/ou líquidos;
- Movimentação, conferência, embalagem e armazenagem de materiais;
- Transporte de cargas caminhões, caminhonetes, utilitários, etc.;
- Translado especial para executivos, artistas, clientes, fornecedores etc.;
- Transporte de Encomendas *"Delivery Express"*, podendo ou não ter conexão por meio da aviação;
- Serviço de coleta de correspondências, documentos em cartório, etc.
- Outros.

Para mais informações do formato de apresentação, bem como serviços disponibilizados, convido o Leitor para acessar sites de empresas do segmento de serviços em *Facilities*. Seguem alguns endereços para ampliar seu conhecimento:

http://www.logsultransportes.com.br/facilities;
http://www.aster.com.br;
http://grupofacility.com.br/terceirizacao.

Alimentação
(Restaurante; Loja de Conveniência; *coffe room*)

A alimentação nas indústrias evoluiu para um nível de excelência se comparado com as décadas anteriores a dos anos 1990. Quando iniciei as minhas atividades profissionais no final dos anos 70, as pessoas que trabalham em restaurantes e lancherias eram funcionários próprio. Já ao final dos anos 80, inicia a tendência dos serviços terceirizados e mais tarde , acabou por abranger os serviços de alimentação nas empresas.

Nos dias de hoje, as organizações disponibilizam para os funcionários uma alimentação balanceada e cardápios variados, através de empresas subcontratadas. Estas, por sua vez, podem fornecer somente serviço de alimentação, outras estão agregadas aos demais serviços gerenciados por Facilites, vistos anteriormente.

Há oportunidades para nutricionistas, chefs, cozinheiras, auxiliares etc. e profissionais de representação comercial para prospecção e propostas comerciais junto às organizações. Em tempos de alto índice de desemprego, este ramo está sempre ofertando vagas, ao contrário outros segmentos, como por exemplo o metalmecânico e construção civil.

Ainda sobre alimentação, no interior das edificações há lojas de conveniência (bem conhecidas por estarem vinculadas aos postos de combustíveis) que permitem a usuários e visitantes fazerem aquele lanche rápido. Em escritórios comerciais, empresas de tecnologia, projetos ou outros segmentos onde os funcionários podem disfrutar de *"time break"* ao longo do período nas empresas, existem as *coffe rooms,* equipadas com máquinas de café, frigobar, forno micro-ondas, mobiliário, outros. Contudo, estas salas são conservadas pelas equipes de limpeza e manutenção.

A empresa gaúcha Parus é uma das empresas que fornecem, além dos serviços de Facilities, a alimentação empresarial, mas com diferenciais. Segundo esta companhia, o "*CPR Intelligence* é um sistema de cardápio preferencial, composto de sessenta e três cardápios (63) que mudam a cada dia, garantindo qualidade e variedade nas refeições. Além disso, o *CPR Intelligence* está subordinado ao processo de melhoria contínua, sendo que, ao completar o ciclo de sessenta e três dias, provavelmente o primeiro cardápio do novo ciclo terá sido aperfeiçoado em relação ao anterior". Mais informações, acesse o site: http://www.parus.com.br.

O avanço destes modelos de serviço segue as novas tendências, isto é, a competitividade existente é a razão das organizações adotarem programas de melhoria contínua. Os clientes estão sempre em busca das melhores opções: qualidade e valores de contrato competitivos.

7.1.2 As Qualidades Comportamentais

Independentemente da função/cargo que desempenhamos, é necessário ter certas qualidades comportamentais, no mínimo aquelas consideradas mais importantes pelas organizações empresariais. Estas características são questionadas no momento da entrevista para o cargo a que se candidata. Ao contrário, somos questionados sobre nossas fraquezas, isto é, comportamentos que precisamos melhorar e o mais crítico: nossos maus hábitos, aos quais devemos corrigir.

De maneira geral, as características pessoais são difíceis de manter ao longo de nosso período no trabalho. Há momentos em que não conseguimos nos conter e ficamos fora de controle, entrando em conflito direto com o colega de trabalho. Por isso, a controle emocional é tão valorizado pelas organizações. Se desejamos ter sucesso na vida profissional (e por que não dizer, no âmbito familiar), é fundamental desenvolver um comportamento compatível com o ambiente. Em muitos casos, profissionais têm alta competência técnica, conhecimento profundo da sua função, mas não conseguem manter uma relação harmônica com gestores, pares ou colegas de trabalho.

As características pessoais consideradas em destaque são:

Liderança: a capacidade de liderar pessoas e equipes efetivamente, ou seja, extraindo o melhor de cada talento para alcance de grandes resultados e fazendo com que todas as pessoas consigam trabalhar em sinergia, é uma qualidade procurada por empresas de todos os segmentos. As organizações buscam cada vez mais por profissionais que sejam capazes de ser porta-vozes de equipes e que tenham a habilidade de trabalharem como um farol que irá guiar seu time, fazendo assim com que ele produza trabalhos melhores e com que seus componentes tenham mais qualidade de vida no âmbito profissional. Vale lembrar que, para ser líder, não precisa estar em cargo de gestão, pois a liderança pode ser aplicada independentemente de cargo ou função. Significa interagir com seus colegas, buscando obter os melhores resultados e desta forma contribuir para facilitar a gestão, mas principalmente com a sobrevivência e crescimentos da empresa.

Automotivação: é a capacidade de manter-se motivado mesmo diante das adversidades e desafios que por ventura a empresa possa estar passando. As empresas procuram por pessoas que tenham essa qualidade justamente por saberem que elas têm a tendência de tirarem proveito de situações complicadas e também de tornarem um cenário ruim em algo positivo a partir de sua própria motivação e força de vontade.

Saber trabalhar em equipe: ter habilidades para realizar trabalhos em conjunto, flexibilidade para lidar com diferentes perfis de pessoas e uma postura colaborativa são fundamentais. O trabalho em equipe é fundamental, uma vez que um time deve trabalhar como um conjunto de engrenagens, onde todos colaboram e cada um faz sua parte para aumentar o desempenho de suas tarefas.

Criatividade: esta é uma das qualidades profissionais em que o colaborador mostra sua capacidade de inovação para propor soluções, criar oportunidades e ousar fazer diferente. As pessoas criativas conseguem identificar resoluções alternativas para problemas que possam acontecer dentro da empresa, além de terem o talento para criarem novos métodos de trabalho e até mesmo novos produtos e serviços que podem ser oferecidos pela corporação em que trabalha!

Ser um bom comunicador: a falha de comunicação é um dos principais fatores que contribuem para a produção de problemas organizacionais. Portanto, é determinante para o profissional que busca se destacar usar bem a oratória para expressar suas ideias com clareza, de modo que sua mensagem seja bem compreendida, tanto por seus colegas de trabalho como por seus clientes.

Capacidade de Negociação: fazer gestão efetiva de situações de conflito, buscando sempre um entendimento pacífico, visando manter o bom clima organizacional. Essa capacidade de negociar também se estende ao público externo: parceiros, fornecedores e clientes, por exemplo. Um profissional que tem essa característica conseguirá tanto fechar novos trabalhos com clientes quanto negociar prazos e valores que sejam adequados tanto para a empresa quanto para quem a contrata.

Adaptabilidade: as mudanças acontecem e acompanhá-las é preciso para manter os resultados satisfatórios. Portanto, aceitar novos métodos de trabalho e desafios o mercado proporciona é uma característica de extremo valor para as empresas, uma vez que pessoas com problemas de adaptação podem causar conflitos na organização e se tornam resistentes a mudanças positivas. O ser humano tem a necessidade inerente de domínio, por isso é uma reação natural resistir ao novo, mas lembre-se, são nas situações mais incômodas que mais crescemos!

Ávido por novos conhecimentos: profissionais que fogem da estagnação estão sempre em busca de desenvolvimento, e a zona de conforto não faz parte de sua natureza! Busque continuamente cursos de atualização, novos conhecimentos, aprimoramentos em sua profissão, como também seja bem informado sobre seu campo de atuação e atualidades gerais. Isso demonstra ambição por evolução!

Relacionamento Interpessoal: essa capacidade influencia significativamente sua trajetória de crescimento na empresa. Relacionar-se de forma efetiva garante a empatia com os colegas e líderes, possibilita minimizar os conflitos, estabelecer novos amigos, ganhar seguidores e influência para obter colaboração em seus projetos.

Quero ainda acrescentar certas características mais específicas dos profissionais de *Facilities*, tais como:

<u>Saber trabalhar sob pressão</u>: não só os gestores devem ter esta habilidade, mas como todo o time de *Facilities*. E estar numa condição em que a alta administração requer uma ação eficaz e num curto espaço de tempo, ou mesmo ter que agir numa situação de sinistro (falta de energia elétrica, incêndio etc.). Podemos citar ainda atuar tendo que obter determinado resultado, difícil de ser alcançado, exigindo do líder e sua equipe um esforço quase próximo do limite.

<u>Senso de urgência</u>: saber qual ação deve ser feita primeiramente, dentro dos critérios definidos. Em geral, é quando o líder tem em seu poder as requisições dos clientes, então a prioridade é executar tarefas que põem em risco a integridade das pessoas, seguida daquelas que podem causar danos ao patrimônio, assim por diante.

<u>Responsabilidade Técnica</u>: significa conhecer suas limitações no que se refere a sua profissão. Ter a consciência de dizer que "não" tem a capacidade para realizar determinada tarefa e evitar danos ao ativo ou, o pior, acidente de trabalho. Soma-se ser responsável com seus pertences pessoais (uniforme, ferramental e EPI), zelando pela sua segurança e de seus colegas.

<u>Empatia</u>: "capacidade de se colocar no lugar do outro" é a definição clássica. Líder e colegas de trabalho tendem a compreender melhor o comportamento e a forma como o outro age e/ou toma as decisões. Um líder preocupado com os sentimentos e emoções procura experimentar de forma objetiva e racional o que sente, despertando o pensamento: "meu supervisor se preocupa comigo"! A empatia é uma "arma poderosa" para se aproximar de cada membro da equipe, conhecendo suas fortalezas e suas fraquezas e desta forma podendo ajudá-lo a ser um profissional mais comprometido com os resultados. O gestor que se importa com a vida em família de sua equipe sabe lidar melhor com maus desempenhos e como reverter esta situação.

Atualmente, estas são algumas das características pessoais exigidas. Os colaboradores precisam ter/desenvolver diferenciais e isso inclui competências de acordo com a realidade da organização. Portanto, busque aprimoramento e esteja sempre atualizado sobre as tendências do mercado, mas especialmente sobre os comportamentos e as habilidades mais desejadas pelas empresas.

7.2 Gerenciamento da Manutenção

Introdução

O Gerenciamento da Manutenção (ou The Maintenance Management) significa gerir os recursos humanos, ferramentas, equipamentos e materiais para a execução das atividades de manutenção dos ativos e instalações de uma organização; observar as estratégias definidas pela alta administração e assim definir a sua "Missão" e "Objetivo"; receber a solicitação do cliente e registrar todos os serviços executados; controlar os custos de manutenção; avaliar o desempenho a partir de auditoria, relatórios e/ou gráficos gerenciais; executar as ações corretivas e preventivas para que se obtenha melhoria continua dos serviços; planejar treinamento e qualificação da equipe; garantir os melhores índices de confiabilidade & disponibilidade dos ativos.

Este seria a definição básica da <u>Gestão de Manutenção</u>. Pode ser ampliado em razão do segmento e estrutura da organização. Outro diferencial que influencia é o tipo de edificação, utilidades e demais instalações.

As características da organização contribuirão para definir a estrutura da gestão de manutenção, em nosso caso específico: *Facilities*. O departamento numa empresa de pequeno porte terá uma estrutura mais enxuta, possivelmente boa parte dos recursos é terceirizada, tendo apenas um representante para a gestão do contrato e pequena equipe de apoio para serviços administrativos.

Ao contrário, a estrutura organizacional, considerando uma grande organização, irá demandar equipe de operação e manutenção própria e subcontratada para de menor criticidade. Evidentemente há exceções, onde toda equipe operacional de *Facilities* é terceirizada. Neste caso específico, a alta administração entende que, com esta estrutura organizacional, os custos de manutenção são menores. Há divergências entre os especialistas, uma vez que entendem ser arriscado terceirizar a manutenção e não excluir do escopo os sistemas críticos.

A Norma Brasileira NBR 5462/1994 define o termo "Manutenção[3]" como: "*a combinação de ações técnicas e administrativas, inclusive as de coordenação, destinadas a manter ou recolocar um dado equipamento, instalação ou sistema, na sua principal função requerido, outrora projetado*".

Breve Histórico

No início dos anos 1990 a produtividade industrial dos EUA crescia a uma taxa anual de 6,1 %, superando os índices da maioria das nações industrializadas.

Desde o fim da Segunda Guerra Mundial, os países iniciaram a formação de mercados comuns, facilitando o intercâmbio comercial. Esta reorganização estrutural do mercado permitiu o desenvolvimento, e as nações industrializadas tiveram vantagens com a disponibilidade de emprego e educação, obtenção de matérias-primas e transporte de bens e serviços.

Um dos fatores que impulsionaram este desenvolvimento se deu nas fazendas norte- americanas. As tecnologias permitiram que se fizesse muito com bem menos. Significa dizer que os novos fertilizantes e métodos de cultivo, a invenção das colheitadeiras, o desenvolvimento em biotecnologia proporcionaram um grande incremento na produtividade agrícola. Este avanço tecnológico fez com que grande parte da população das zonas rurais se deslocasse para as cidades, aumentando a disponibilidade de mão de obra para as indústrias.

Mas no final dos anos 80, incluindo o Brasil, surgiram os programas e normas da Qualidade: A Qualidade Total era a saída para que os produtos manufaturados seguissem padrões técnicos desenvolvidos na fase de projeto e se mantivessem do início, ao longo do processo até o final do processo produtivo. A implementação de inúmeros programas de qualidade, na década de 90, principalmente no seguimento automotivo, fez com que as condições de durabilidade e garantia dos automóveis dobrassem seus tempos, chegando a 5 anos de garantia!

Cito, como exemplo, o TQC *Total Quality Managment* (Gerenciamento pela Qualidade Total) ou TQC *Total Quality Control* (Controle da Qualidade Total) que foi o grande programa da qualidade que mudou de vez a condição dos produtos, principalmente no Brasil, pois era comum comentar que "*os produtos importados são melhores*" (evidentemente, há exceções), mas, sem dúvida, o carro brasileiro teve grande desenvolvimento tecnológico se comparado a décadas anteriores. As Normas série ISO, principalmente a ISO 9001, passaram a ser o selo de qualidade exigido nas indústrias e mais adiante serviços e comércio obtiveram seus selos de qualidade para dar ao cliente a segurança necessária para a aquisição.

A **ABNT NBR ISO 9001** é a versão brasileira da norma internacional ISO 9001 que estabelece requisitos para o SGQ ("Sistema de Gestão da Qualidade") de uma organização, não significando, necessariamente, conformidade de produto às suas respectivas especificações. O objetivo é prover confiança de que o seu fornecedor poderá fornecer, de forma consistente e repetitiva bens e serviços de acordo com o que você especificou. A norma está na versão: **ISO 9001:2008,** é um componente estratégico de uma organização que define requisitos para o sistema de gestão da qualidade e a forma como uma empresa deve ser gerenciada, tendo o objetivo de identificar e atender às necessidades dos clientes.

Atualmente é aplicada em mais de 170 países do mundo com mais de 1 milhão de empresas já certificadas e muitas outras em fase de implantação e certificação. A norma pode ser implementada em empresas públicas ou privadas, em empresas no Brasil e em qualquer outro país do mundo, em grandes empresas ou pequenas, até empresas com apenas um funcionário pode ter ISO 9001. E de qualquer segmento de mercado também.

Os requisitos são definidos para a gestão de uma empresa, e não para a forma específica como um produto deve ser composto e entregue. Podem ser aplicáveis num restaurante ou numa fábrica de peças para a indústria automotiva. Diferentes empresas poderão ter desempenhos e produtos diferentes, mas mesmo assim ambas podem ser certificadas na **Norma ISO 9001**.

E foi durante este período que a Manutenção Industrial foi incluída no processo de qualificação da gestão de seus serviços, tornando-se uma grande oportunidade para o aumento da produtividade dos setores produtivos.

3 Outros conceitos sobre o termo "Manutenção", o caro Leitor encontra no livro "Engenharia de Manutenção: Teoria e Prática", Editora Ciência Moderna, RJ.

O investimento em alta tecnologia possibilitou o desenvolvimento de equipamentos de alto índice de confiabilidade, permitindo a redução das redundâncias, mas sem afetar os percentuais de disponibilidade.

A identificação de oportunidades para redução de custos e melhoria da qualidade dos produtos criaram a necessidade de um desempenho mais eficaz da manutenção. Foi necessária a reestruturação da função manutenção, investimento em treinamento, contratação de mão de obra mais qualificada e, finalmente, em tecnologias de manutenção preventiva: preditiva e técnicas proativas.

Ao contrário, um gerenciamento inadequado da manutenção é facilmente detectado. Os principais sintomas são:

- É crescente o tempo de indisponibilidade do maquinário e utilidades, afetando a operação;
- Em ambientes fabris, é baixo o rendimento das áreas de manufatura;
- Altos índices de sucata e retrabalho;
- Baixos níveis de produção, ocasionando multas por atrasos;
- Alto índice de horas extras;
- Custos de manutenção crescentes, em muitos casos não se sabe a razão;
- Baixa autoestima da equipe de manutenção;
- Baixo índice de qualidade e assertividade dos serviços de reparos;
- Alto índice de absenteísmo;
- Indicadores de desempenho muito abaixo das metas definidas.

Quando se verifica a existência de um ou todos os itens listados, a organização precisa reverter o quadro imediatamente. A degradação dos equipamentos, utilidades e instalações coloca em risco a rentabilidade, podendo conduzir até mesmo à inviabilidade operacional.

7.2.1 Fundamentos do Planejamento da Manutenção

O planejamento é a função da manutenção que recebe, avalia e programa a execução dos serviços seja de emergência ou planejados (corretiva e preventiva). Esta importante atividade pode compreender atividades como:

- Gerar a programação de serviços (diária, semanal etc.);
- Gerenciar uma reunião semanal formal sobre os serviços da manutenção, com a participação dos representantes da operação, da programação de produção, da segurança e do meio ambiente;
- Gerenciar uma reunião diária informal com os executantes de manutenção.

Para que um sistema de planejamento seja eficaz, é necessário observar os requisitos básicos para esta atividade, os quais podem ser:

- O planejamento requer, por parte dos responsáveis, grande poder de negociação;
- O planejador deve ter autoridade necessária para tomar decisões sobre trabalhos a realizar e recursos disponíveis, bem como a designação das prioridades;
- O planejador deve dispor de informações atualizadas, seja sobre o volume de trabalho, seja dos recursos disponíveis;

- As áreas de responsabilidade e os meios de comunicação entre os níveis de planejamento devem ser definidas com clareza.

Sequência Básica das atividades do Planejador:

1. Receber a solicitação abertura da Ordem de Serviço (OS) – termo em Inglês: Work Order, sigla:WO;
2. Avaliar o serviço.
3. Classificar sobre a prioridade de execução.
4. Planejar os recursos necessários à sua execução.
5. Programar o trabalho, verificar liberação do local e repassar à Supervisão.
6. Verificar e realizar as Ordens de Serviço (WO).
7. Registrar os dados no Sistema e Encerrar a WO.

Esta sequência determina o ciclo de cada Ordem de Serviço (OS/WO). Obviamente, há participação de outros integrantes do *Facilities Team*, de acordo com o tipo de serviço a ser executado.

Nas **WO** diárias, há prazos que variam entre "imediatamente" e a "médio prazo", seguindo o critério de priorização. Contudo, existem outras atividades a serem planejadas, mas estes com maior detalhamento:

- Programação da Manutenção Preventiva. A cada início de mês, o Sistema Informatizado gera as WO Preventivas. O planejamento contata o usuário, verifica as datas disponíveis e faz o agendamento. Importante: a estimativa de tempo para execução deve estar determinada e, se possível, atualizada a partir das execuções anteriores.
- Programar as grandes obras civis seja para reparo de estruturas ou ampliação da Edificação (WO devem ser abertas seja pelo Planejamento ou Cliente);
- Fornecer suporte necessário às grandes paradas em razão de sinistros: incêndio, falta de eletricidade etc.

Este escopo seriam as atividades mínimas de Planejamento. Prever, programar, avaliar recursos humanos e de materiais, interagir com engenheiros, arquitetos e gestores em praticamente todas as atividades que envolvem a manutenção. Referenciando *Facilities*, poderá haver a adição da programação de tarefas operacionais (limpeza, portaria, outros), tais como a escala de serviço, dimensionamento de pessoal etc.

Já a função dos gestores é constituída de atividades de campo. O *Facilities Manager ou Supervisor* tem reponsabilidades sobre todo o processo, mais precisamente sobre a execução. As principais atividades dessa função são:

- Garantir o início dos serviços conforme previamente combinado ou a continuidade deles, durante sua execução, observando facilidades, fornecimento de materiais, máquinas de apoio;
- Agilizar a emissão das permissões para o trabalho e das liberações de área;
- Levantamento de não-conformidades relativas a projetos de mantenabilidade;
- Colher informações relativas aos serviços para melhorar o planejamento e a programação (processo de melhoria contínua).

Todo este processo é facilitado quando existe um sistema de manutenção informatizado, o qual possui um papel importante na evolução do processo de manutenção, dinamizando o mesmo, através do fluxo rápido das informações, sendo utilizado como ferramenta para o gerenciamento, além de formar um banco de dados, permitindo o uso de históricos na busca de informações para o planejamento e para o rastreamento de problemas que já ocorreram.

Se houver atividades de manutenção realizadas sem planejamento, há o risco de trazer prejuízos e comprometer, os prazos de entrega dos Produtos & Serviços e como consequência, afeta a credibilidade junto aos clientes. Um exemplo, é quando ocorre a quebra de máquina e o tempo para o reparo é muito longo. Ocorre atrasos na produção, os quais nem sempre são recuperados. Obviamente, os imprevistos acontecem, mas tendo um planejamento adequado, a ação de contingência fará toda a diferença, revertendo a situação negativa.

Vantagens de um Bom Planejamento de Manutenção

A adoção de um bom planejamento traz muitos benefícios para a área de manutenção. Abaixo estão listadas algumas vantagens importantes, como:

- Melhor planejamento dos recursos humanos e de materiais;
- Evita erros na contratação de terceiros e na aquisição de sobressalentes;
- Permite aquisição de materiais com melhor preço e qualidade;
- Melhor elaboração de cronogramas, coordenação e execução;
- Estimula o senso de responsabilidade/comprometimento com prazos;
- Reduz o retrabalho (menor índice de erro operacional);
- Possibilita a "manutenção de oportunidade" (quando há paralisação do equipamento por: falta de matéria -prima ou outro fator que permita a realização do serviço, sem afetar o setor produtivo);
- Melhora a gestão financeira da manutenção.

Indicadores de Desempenho do Planejamento

Para sua orientação, seguem alguns dos Indicadores a serem controlados pelo Planejamento de Manutenção:

<u>Índice de Eficácia do Planejamento</u>: Total de HH Realizado / Total de HH Programado, para um determinado período de tempo (dia, semana ou mês). Esse indicador mede a qualidade do Planejamento, isto é, evidencia que a duração planejada dos serviços se confirma após sua execução.

<u>Cumprimento da Programação das Ordens de Serviço (OS ou WO)</u>: mede a quantidade de "OSs executadas" em relação às "OSs programadas" para um determinado período de tempo (dia, semana ou mês). Esse indicador mede a credibilidade da Programação - confirma que as Ordem de Serviço Programadas (WO), dentro do intervalo de tempo escolhido, estão sendo realmente executadas e a estabilidade do atendimento, a programação, não está sendo perturbada por serviços extras, normalmente de corretivas prioritárias

Mais sobre "Planejamento na Manutenção", você encontra nos livros:

- **"Engenharia de Manutenção Teoria e Prática".** Pereira, Mário Jorge. Ed. Ciência Moderna, http://www.lcm.com.br
- **"PCM Planejamento e Controle da Manutenção".** Viana, Herbert. Ed. QualityMark;
- **"A Organização, O Planejamento e o Controle de Manutenção",** Filho, Gil Branco. Ed. Ciência Moderna, http://www.lcm.com.br

7.2.2 Técnicas Avançadas de Manutenção : TPM, RCM e RBM

Introdução

Resumidamente, vou abordar técnicas de Manutenção, algumas mais direcionadas ao seguimento industrial, como a TPM *Total Productive Maintenance* (Manutenção Produtiva Total). Já a RCM *Reliability Centered Maintenance* (Manutenção Centrada na Confiabilidade), pode ser extendida ao segmento de Serviços (*Facilties*). Através de metodologias, já bem conhecidas, é possível obter altos índices de Disponibilidade e Confiabilidade e a ampliar a vida útil dos ativos e instalações.

TPM [9]: Total Productive Maintenance

É um dos programas (ou técnica) de melhoria contínua incluído na Gestão de Manutenção. Teve início por volta dos anos 50 e apresentou resultados expressivos na economia japonesa na década de 70. A grande ascensão do Japão no cenário mundial chamou a atenção dos outros países, sendo atribuída ao **TPM** uma parcela ao sucesso econômico japonês. Consiste em treinar e envolver a operação nas atividades de cuidados com o equipamento, tornando responsável, juntamente com a manutenção, na conservação das máquinas e utilidades. É um programa que busca remover as fronteiras entre manutenção e operação com objetivo de atingir o aumento de Disponibilidade e Confiabilidade de um sistema (máquina, equipamento ou utilidade).

Outros dois importantes programas de melhoria, citados nos Sistemas da Qualidade, são o "Programa 5S" e a Metodologia KAIZEN. Ambos estão inseridos no TPM:

- Programa 5S: os cincos "S" são: **Seiri (Utilização), Seiton (Ordenação), Seiso (Limpeza), Seiketsu (Asseio) e Shitsuke (Disciplina)**. No TPM, os postos de trabalho têm como premissas a Limpeza e Organização. Mais recentemente, a eliminação de desperdícios e respeito ao meio ambiente foram incluídos.
- KAIZEN: metodologia, também nascida no Japão, que abrange diversas melhorias nos postos de trabalho. Esta prática japonesa de melhoria contínua no desempenho e produtividade de um setor e é extensiva tanto à área fabril quanto a áreas administrativas. Portanto, quando inserida no TPM, traz aumento no rendimento dos equipamentos e/ou utilidades.

RCM, Reliability Centered Maintenance

A RCM, na tradução literal é a "Manutenção Centrada na Confiabilidade". No início da década de 60, com o aumento da complexidade dos sistemas das aeronaves, os custos desta prática de manutenção levaram as empresas a uma análise crítica desta metodologia. Além disso, a nova geração de aeronaves exigia padrões de

9 Mais sobre a TPM, o leitor irá encontrar no livro "Engenharia de Manutenção - Teoria e Prática". No livro "Técnicas Avançadas de Manutenção", para sua apreciação, apresento um Case sobre Treinamento e Implementação da Manutenção Autônoma. Informações no site da Editora Ciência Moderna, https://www.lcm.com.br/site/

confiabilidade mais elevados, em função do número de passageiros transportados e percursos de voo. Então, os fatores como o desgaste, corrosão, fadiga, fenômenos físico-químicos e acidentes, que ocorrem nas partes ou componentes de qualquer equipamento, alteram as suas condições normais. Esses fenômenos e eventos que ocorrem durante o uso podem degradar essas condições o suficiente para que os componentes e equipamentos não mais apresentem o desempenho requerido, atingindo a falha.

O processo de falha em equipamento precisa ser analisado, documentado, corrigido e divulgado para evitar a reocorrência. A manutenção se caracteriza seja por correção/ajuste ou troca do componente danificado. Na **RCM** gerou o conceito de que os equipamentos se tornam menos confiáveis à medida que o tempo de operação, ou idade, aumenta. Assim, a grande preocupação da manutenção era conhecer a idade na qual os itens iriam falhar – vida útil – para estabelecer ações de manutenção que se antecipasse à quebra. Este conceito estabelecia que a confiabilidade estava diretamente relacionada com o tempo de uso. Desta forma, a quantidade dos "modos de falha" foi reduzida.

A metodologia **RCM** foi amplamente utilizada no setor aeronáutico durante muitos anos. Dentro de uma sistemática bastante regulamentada, a manutenção de aeronaves obedecia a um rígido calendário de tarefas de inspeção, trocas e revisões e após, devido aos melhores resultados, migrou para outros segmentos, entre eles o automobilístico.

Em um dos itens relevantes da **RCM** ficou constatado que os vários tipos de falhas não eram evitados, mesmo com o aumento da execução de manutenção (alta frequência de Manutenção Preventiva). Os modos de falha aumentavam na proporção da evolução tecnológica, tornando incertas sobre o comportamento dos componentes. Em razão disso, os projetistas decidiram pela proteção das funções essenciais através de Sistemas Redundantes, conseguindo altos índices de Confiabilidade.

Historicamente, o primeiro programa de manutenção desenvolvido, com base nos conceitos iniciais de Confiabilidade, foi o d foi a fabricante de aviões Boeing. Foram obtidos resultados como alta confiabilidade operacional e um custo de manutenção adequado ao mercado. Mas foi no ano de 1978 que surgiu a denominação ***Reliability Centered Maintenance*** – RCM, consolidando os conceitos desta nova metodologia.

A **RCM** e o **Estudo da Probabilidade de Falha X Tempo (Vida Útil)** têm como objetivo observar qual influência da frequência (alta ou baixa) das revisões, em relação à Confiabilidade de Máquinas, Equipamentos e Utilidades.

Estes estudos são estatísticos, isto é, há a fase de levantamento de dados, após segue construção de planilhas e finalmente os gráficos. Para melhor entendimento do comportamento das falhas em relação ao tempo, foram construídos 6 (seis) gráficos, correspondendo aos modos de falha existentes.

Os gráficos estão demonstrados na página seguinte.

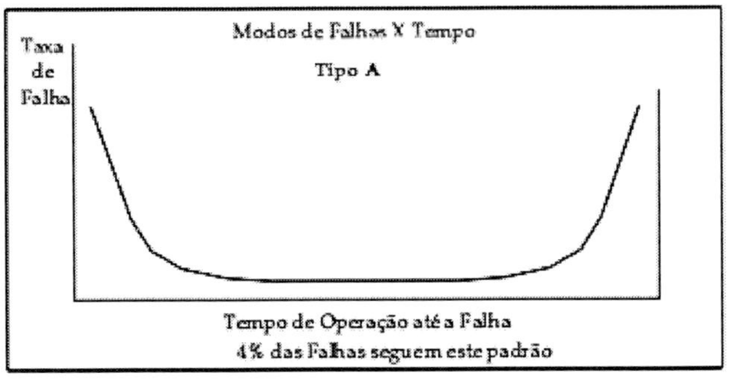

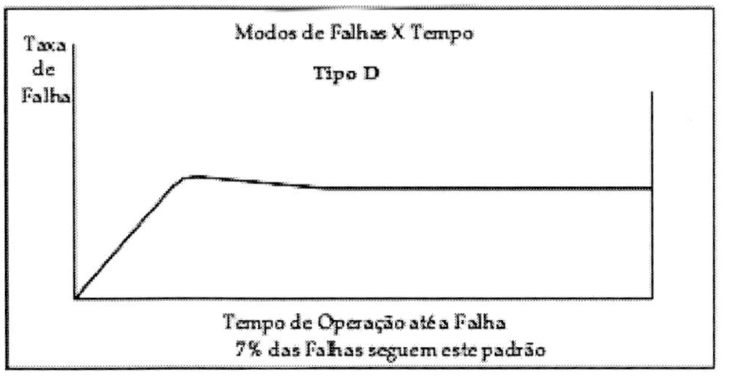

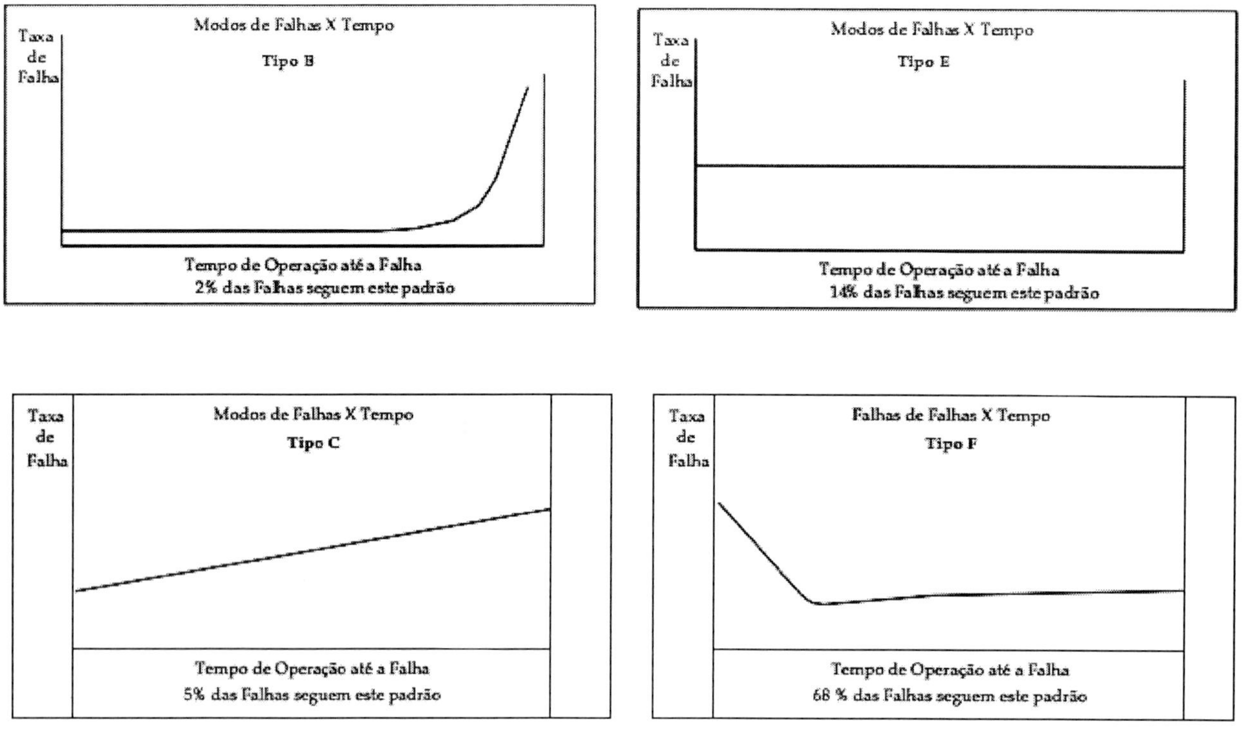

Figura 7.6 Modelos Gráficos dos Modos de Falha X Tempo em Operação (até ocorrer a Falha). Fonte: Universidade Jean Piaget de Angola, Disciplina: Manutenção.

Os gráficos estão divididos em dois grupos:

- Gráficos dos tipos A, B e C: correspondem aos componentes cuja falha são proporcionalmente ao tempo em funcionamento, tais como: fadiga e corrosão/ oxidação. A percentagem destes componentes é relativamente pequena para o tipo de equipamento analisado. O conceito tradicional da "Curva da Banheira" está representado pelos componentes inseridos no comportamento do Tipo A.

- Gráficos dos tipos D, E e F: as falhas dos componentes, inseridas nestes tipos de gráfico, não correspondem ao tempo em operação. Os modos de falhas são diversificados e o tempo de utilização não evidencia mudança significativa da taxa de falha. Exemplo de componentes, com este modo de falha, são os eletrônicos. Eles não apresentam desgaste, simplesmente falham por "queima", no caso dos fusíveis. Grande parte dos equipamentos, em razão no nível de tecnologia atual, engloba a grande maioria dos componentes.

É importante salientar que estes estudos tiveram origem na observação do comportamento de itens de aeronaves. O nível de automação dos nossos processos e a tecnologia aplicada nos levam a deduzir que cada vez mais esses padrões e seus níveis de ocorrência aconteçam nos demais equipamentos e maquinários existentes nas indústrias.

Estudos de Confiabilidade visam identificar os modos de falha, possibilitando a Gestão de Manutenção elaborar um plano de manutenção mais preciso. Em geral, estes são alguns dos itens relevantes para o levantamento dos dados, podendo variar em razão da organização e seus padrões operacionais:

- Seleção do sistema: máquinas ferramentas, equipamento/utilidades;

- Definição das funções (componentes) e de desempenho (confiabilidade);

- Determinação das falhas funcionais (interrompe o funcionamento);

- Análise dos modos e efeitos das falhas;
- Análise do histórico dos reparos (corretivas) e dos manuais técnicos;
- Determinação do plano preventivo – tarefas, frequência, hh necessário etc.

Os resultados esperados, utilizando a metodologia **RCM**, são:

- Melhor entendimento do funcionamento do sistema, o que possibilita uma gestão de manutenção mais eficiente.
- Conhecimento dos modos de falha dos componentes críticos do sistema, o que resulta num plano de manutenção mais enxuto e eficaz.
- Permite a Engenharia de Manutenção planejar reformas, melhorias, automações no sistema, com mais precisão. Na gestão de peças de sobressalentes, irá possibilitar que somente marcas com padrões rígidos de qualidade sejam adquiridas, bem como auxiliam na padronização dos componentes (evitar alto índice de variações de tipos e marcas, facilitando a reposição).
- Permite que a gestão de manutenção, como base nas falhas D, E e F (cuja falha não ocorre por desgaste), desenvolva os sistemas redundantes mais precisos (maquinário em *stand by*), os quais entram em operação, caso o sistema corrente apresente falha e deixe de funcionar.
- Estudos de Confiabilidade permitem que a organização desenvolva um plano de produção mais ajustado, conhecendo suas fraquezas e fortalezas. Assim, desenvolve ações e mecanismos que evitem falhas que ocorrem espontaneamente ou causadas por atos das pessoas (erro operacional, corrigido sempre por treinamento e folhas operacionais no posto de trabalho).

Concluindo, podemos dizer que **RCM** gera maior índice de confiabilidade dos sistemas, mas igualmente maiores percentuais de disponibilidade e demais indicadores de performance. Garante uma significativa redução nos custos de manutenção e permite um melhor planejamento de manutenção preventiva.

1. **RBM: Confiabilidade Centrada na Manutenção**

Tem origem do idioma inglês, ***Reliability Based on Maintenance*** **(RBM**[5]**)**. A incorporação de técnicas preditivas criou a manutenção baseada na condição, isto é, permite o monitoramento das condições reais do equipamento e, desta forma, o mantenedor consegue a identificação prematura de sintomas que podem levar o equipamento até a falha. Esta identificação torna possível a tomada de decisões que podem evitar a falha ou informar o momento ideal de atuação da manutenção.

Esta técnica deve ser aplicada, em combinação com o **TPM** e a **RCM**, para atingir os níveis máximos de desempenho dos sistemas. O monitoramento da condição é obtido através da Análise de Vibração, Termografia, Monitoramento da Corrosão, Análise de Água Industrial, Técnicas de Lubrificação etc.

7.2.3 Métodos de Execução da Manutenção

Introdução

As características técnicas de máquinas, equipamentos e utilidades, bem como sua criticidade na organização irão determinar o método de execução da manutenção. Didaticamente, estão divididos em: **Corretiva, Preventiva, Preditiva e Proativa.** Obviamente, o leitor poderá encontrar outros conceitos e denominações em outras literaturas sobre este tema. Tendo como objetivo a Gestão de *Facilities*, o conteúdo será conceitual, isto é, para sua referência.

10 No livro "Técnicas Avançadas de Manutenção - Teoria e Prática", Ed. Ciência Moderna, o leitor poderá obter mais informações sobre a RCM e a RBM.

2. Manutenção Corretiva (*Run to Failure*)

Consiste no conceito de "manutenção não planejada", portanto intervenção ocorre somente quando o equipamento deixa de funcionar. É denominada RTF (***"Run To Failure"***), traduzindo para o português, algo como: **"Operar até Quebrar"**. É aplicada a sistemas, cuja falha não afeta a continuidade do negócio. Bons exemplos em ambientes industriais são máquinas operatrizes de pequeno porte, que possuem redundâncias em excesso: furadeiras automáticas. No comércio e serviços, podemos citar os condicionadores de ar para conforto térmico (excluo aqui o controle de higienização dos filtros); equipamentos com motorização de baixa potência, pois há sobressalentes em estoque e a reposição é rápida. Enfim, a ideia principal é não aplicar um plano de manutenção em sistemas simples, não é crítico e cujo reparo, é fácil e rápido.

Cuidado! Um planejamento ineficiente de mão-de-obra, excesso de peças em estoque, baixa disponibilidade dos equipamentos, riscos de segurança e queda da qualidade precisam ser evitados.

3. Manutenção Preventiva (*Time Based Maintenance*)

É o método que revolucionou a manutenção. A antecipação da falha proporcionou maior competitividade das organizações. Consiste na aplicação de um programa regular de inspeção, ajustes, limpeza, lubrificação, troca de peças, calibração e reparo seja do componente ou do sistema. Este método é conhecido como manutenção baseada no tempo, sendo aplicada sem considerar as condições do equipamento. Os índices de Disponibilidade e Confiabilidade, tendo um plano preventivo eficaz, são bem próximos de 100%.

O indicador MTBF (Tempo Médio entre Reparo) pode ser utilizado para se definir o período de execução (frequência), juntamente com as recomendações do fabricante. O alerta fica para as falhas aleatórias (por exemplo, em componentes que não sofrem desgaste).

Uma das desvantagens ocorre quando há excesso de preventiva,isto é, são aplicados planos com frequência semanal, mensal e trimestral, sendo que um bom plano efetuado no mês, já seria suficiente. Isso acarreta gastos excessivos (por exemplo, alto valor de HH) devido às muitas paradas, por vezes desnecessárias. Outro cuidado, em relação à preventiva, se refere aos serviços executados "às pressas", podendo gerar danos no equipamento em razão de montagem incorreta. Portanto, aqui vale lembrar que "menos é melhor", isto é, um plano bem enxuto, com tarefas assertivas irá gerar melhores resultados.

4. Manutenção Preditiva (*Maintenance Condition Based*)

Esta metodologia de execução é baseada na condição, isto é, mediante a utilização de técnicas de inspeção, é possível monitorar a evolução do estado do componente ou sistema e atuar no momento mais adequado, utilizando o sobressalente até próximo do final de sua vida útil (na Preventiva, ele é simplesmente substituído num determinado período, com base na recomendação do cliente).

Para exemplificar, seguem o item e o monitoramento da condição:

- <u>Rolamentos</u>: componente amplamente utilizado por diversos equipamentos. A metodologia utilizada é a Análise de Vibração;
- <u>Óleo Lubrificante</u>: presente em Máquinas Ferramentas e Motores, a condição é monitorada através da Análise de Óleo Lubrificante;
- <u>Sistemas Elétricos Diversos</u>: os painéis de controle, de comando, de fusíveis, instalações de média e alta tensão tendem a apresentar "pontos quentes", quando apresentam aquecimento excessivo próximo à falha (curto-circuito). A técnica de Análise Termográfica permite identificar estes pontos com extrema exatidão.

A aplicação da Manutenção Preditiva é possível quando o componente apresenta um "sintoma" que pode caracterizar o seu processo de falha: alteração do nível de vibração, calor excessivo, alto índice de contaminantes no óleo, alteração de espessura, trinca e desgaste, outros.

Outras metodologias de Manutenção Preventiva são: **Emissão Acústica, Ensaios Não Destrutivos, Medidas de Fluxo, Análise de Motores Eléctricos, Detecção de Vazamento, Monitoramento da Corrosão, Análise Visual e de Ruído.**

É um método que implica em aumento dos custos na manutenção. O monitoramento da condição exige instrumentos de alta tecnologia e mão de obra especializada. Para a implementação, gestores necessitam justificar junto alta administração.

Contudo, a aplicação eficaz de um Programa de Manutenção Preditiva pode trazer os seguintes benefícios: disponibilidade máxima das máquinas, planejamento efetivo da mão de obra, reposição de peças do estoque, segurança operacional, qualidade da manutenção e gerenciamento global dos recursos.

A Gestão de *Facilities* poderá adotar técnicas conhecidas para determinar quais sistemas serão cobertos pela Manutenção Preditiva, levando em consideração sua importância para continuidade do negócio da organização, se existem redundâncias, custo do equipamento, impacto ao meio ambiente e segurança. Da mesma forma demonstrará a melhor metodologia a ser adotada, seja a Manutenção Preventiva, baseada em tempo; seja a Manutenção Preditiva, por Monitoramento.

5. Manutenção Proativa

Esta metodologia, ao invés de cuidar dos "sintomas" (falhas), busca identificar as causas básicas das falhas e removê-las. Aplicam-se inúmeras técnicas e ferramentas de análise para alcançar níveis superiores tanto de desempenho quanto de confiabilidade. O método consiste em atuar em todos os estágios da vida do sistema e conta com a utilização balanceada de técnicas de manutenção corretiva, preventiva e preditiva conforme orientado pelos conceitos vistos anteriormente e na Manutenção Centrada na Confiabilidade. Para tal, técnicas de análise de risco são largamente utilizadas, com destaque para **FMEA/FMECA** (*Failure Mode and Effects Analysis* (Análise de Modo de Falhas e Efeitos) /*Failure Mode, Effects and criticallity Analysis* (Análise do Modo de Falhas, Efeitos e Criticidade). O histórico dos reparos (registros, tempos, custos, troca de componentes etc.) é fundamental para elaborar o Gráfico de Pareto. Esta ferramenta estatística é também utilizada nestes estudos.

Para melhor entendermos os conceitos, imaginemos um componente extremamente comum em qualquer elemento de máquina: Rolamento Axial.

- Se apenas for feita a substituição, após a falha, o método praticado foi a **Manutenção Corretiva**. Evidentemente, esta falha pode ocorrer a qualquer momento, gerando uma parada inesperada, afetando a continuidade do negócio. O reparo também tenderá a ser demorado, pela indisponibilidade da equipe de manutenção naquele exato momento, pelo tempo de sua mobilização, pela falta do rolamento para substituição no estoque, ou por outros fatores.

- Se os registros sobre falha no rolamento forem analisados, pode-se definir um período de operação até a substituição, antecipando-se a falha. Neste caso, estaremos empregando a **Manutenção Preventiva**. A parada do equipamento pode ser programada, a equipe e sobressalentes estarão disponíveis desta forma portanto o reparo será mais rápido. No entanto, ao definirmos o prazo para a substituição do rolamento, certamente será colocada uma margem de segurança, o que implica que muitas vezes um rolamento substituído ainda teria mais tempo útil.

- Mas se a condição do rolamento for monitorada, tais como Temperatura e Vibração, poderá ser identificado em que momento o rolamento está prestes a falhar, podendo ser programada uma substituição, com todos os ganhos decorrentes disto, ao fim da vida útil do equipamento (no caso, o componente rolamento). Certamente, teremos um ganho ainda maior. A esta técnica damos o nome de **Manutenção Preditiva**.

- Indo além, os manuais de um dos maiores fabricantes de rolamentos do mundo, a SKF, informam que a eliminação de todas as partículas com diâmetro maior ou igual à espessura do filme de óleo lubrificante estenderia a vida útil dos rolamentos. Neste caso, a utilização de lubrificantes adequados, que reduzam ao máximo o atrito evitando a formação de partículas, aliado a um sistema de filtragem, eliminaria a necessidade de substituição do rolamento. Este é um exemplo de **Manutenção Proativa**.

7.2.4 Análises Preditivas: Vibração, Óleo, Temperatura e Ensaios

A tecnologia de monitoramento da condição consiste no acompanhamento de um sistema ou componente específico, identificando problemas e determinando o tempo em que a ação deverá ser executada. A base da técnica preditiva é que a maioria dos componentes apresenta algum "sintoma" que indica a iminência de uma falha. Os sintomas podem ser: alterações do nível de vibração, calor, alteração de espessura, presença de partículas de desgaste no óleo lubrificante, etc.

Além das vantagens já citadas, temos ainda melhorias significativas em:

- Segurança: a detecção prematura de um defeito elimina as intervenções desnecessárias e os trabalhos extensos, normalmente causados pelas falhas catastróficas.

- Economia de energia: a eliminação das vibrações de alta energia, como por exemplo devido aos desalinhamentos e desbalanceamentos, pode reduzir o consumo de energia das máquinas entre 10 e 15%.

A metodologia de monitoramento (ou manutenção preditiva) é composta de várias tecnologias, as quais, combinadas, podem prever a maioria dos problemas elétricos e mecânicos tanto de equipamentos industriais quanto de utilidades. Embora a sua aplicação seja identificada mais em indústrias de processamento ou de manufatura, não significa que não pode ser aplicada igualmente ao maquinário "não produtivo". As Normas da Qualidade, como a ISO 9001, exigem que os departamentos de manutenção implementem em equipamentos críticos e demonstrem em auditorias por órgãos certificadores. A obrigatoriedade não deve ser encarada como algo ruim, mas é um parâmetro de garantia de que a organização trata seus ativos principais com tecnologias avançadas, garantindo que os prazos serão cumpridos. No ramo automobilístico, os grandes construtores exigem que seus fornecedores de peças tenham um sistema eficiente que garanta a qualidade de produto e serviços, sendo extensivo ao parque industrial.

Em razão deste grau de importância, e para ampliar seus conhecimentos, irei abordar algumas (pois são bem diversificadas) das principais tecnologias preditivas. Nestas tecnologias estão incluídos instrumentos e processamento de parâmetros, que permitem determinar as condições do equipamento e identificar a origem da anormalidade.

As tecnologias de monitoramento a serem abordadas são:

1. A Análise de Vibração.
2. Tribologia e Lubrificação.
3. Termografia e Medição de Temperatura.
4. Ensaios Não Destrutivos.
5. Análise de Motores Eléctricos.
6. Detecção de Vazamento.
7. Observação Visual e de Ruído.

7.2.4.1 A Análise de Vibração

Introdução

A análise de vibração consiste na identificação do nível de vibração de um componente ou sistema, o qual compara seu desempenho em relação aos padrões construtivos e de projeto. Se foi detectada alguma anormalidade, o dispositivo de medição permite relacionar o aspecto da vibração e a causa do problema.

Medidas de Vibração

"A Vibração é a oscilação de um objeto em torno de um ponto de referência". É classificada em: periódica, na qual a vibração apresenta características repetitivas ao longo do tempo; aleatória, ao contrário não apresenta elementos repetitivos. Já na Vibração Mecânica muitos dos fatores ocorrem simultaneamente, sendo identificadas as vibrações periódicas e aleatórias ambas ao mesmo tempo.

A Frequência de Vibração é o número de oscilações ou ciclos por unidade de tempo, e a unidade usualmente utilizada é o **Hertz (Hz).**

A vibração, normalmente, se altera rapidamente e para sua medição e avaliação são utilizadas diversas tecnologias e tipos de instrumentação. As unidades de medida (valores) mais utilizadas são:

- Valor Instantâneo**:** são os valores atuais para qualquer instante. O registro dos valores instantâneos ao longo de um intervalo de tempo fornece um gráfico, o sinal obtido é denominado por "Forma de Onda".
- Valor Efetivo **(rms)**: denominado de valor **rms** (*root mean square*), representa o "valor médio quadrático" de uma função no tempo "**X(t)**" em um período de tempo "**t**".
- Valor de Pico: é o máximo valor de um determinado intervalo de tempo e a metade da Amplitude total.
- Valor Pico-a-Pico **(p-p)**: é o valor máximo de vibração no intervalo de tempo. Representa a Amplitude total.
- Razão de Pico: é a relação entre o Valor de Pico e o Valor Efetivo (valor de pico/valor efetivo). Também é denominado por "fator de crista".

Descolamento, Velocidade e Aceleração

As medidas de vibração normalmente são expressas em valores de deslocamento, velocidade e aceleração.

- Deslocamento**:** representa a medida da oscilação do movimento vibratório, usualmente é utilizado o valor pico-a-pico. Na figura a seguir observa-se que um peso oscila com movimento harmônico simples (vibração senoidal), a uma Amplitude Total de **"2A"** e Frequência "**f**" **(Hz)**, já o Deslocamento de Vibração**X(t)**, é dada pela expressão:

  $X(t) = A.Sen(2\pi ft)$

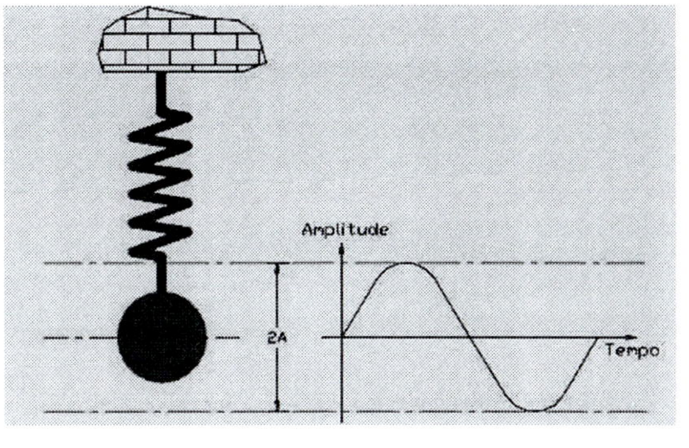

Figura 7.8 Exemplo de um Sistema Vibratório com Movimento Harmônico Simples. Fonte: Universidade Jean Piaget de

Angola, Disciplina: Manutenção.

- Velocidade: é representada pela quantidade de deslocamento na unidade de tempo, usualmente é utilizado o Valor Efetivo (**rms**).
- Aceleração: é representada pela variação da velocidade em determinado período de tempo, usualmente é utilizado o Valor de Pico.

Por esta razão a medida de Aceleração é indicada para frequências altas, e o Deslocamento para baixas frequências. Já a Velocidade possui característica intermediária, entre o deslocamento e a aceleração, sendo aplicada para acompanhamento dos valores de vibração em situações onde ocorrem desbalanceamento, desalinhamento etc., em sistemas rotativos. Sendo assim, os padrões normas para definição de níveis de vibração utilizam como referência a Velocidade, pois é relativamente o mesmo para diferentes rotações do equipamento.

- Espectro de Vibrações: é a denominação do sinal de vibração no domínio da frequência. O sinal de vibração, num determinado período de tempo, é submetido à *Transformada de Fourier* (**FFT**, *Fast Fourier Transform*) para que seja obtido um sinal equivalente sob o domínio da Frequência. A figura a seguir apresenta a forma simplificada da passagem do sinal **X(t) para X(f)**.

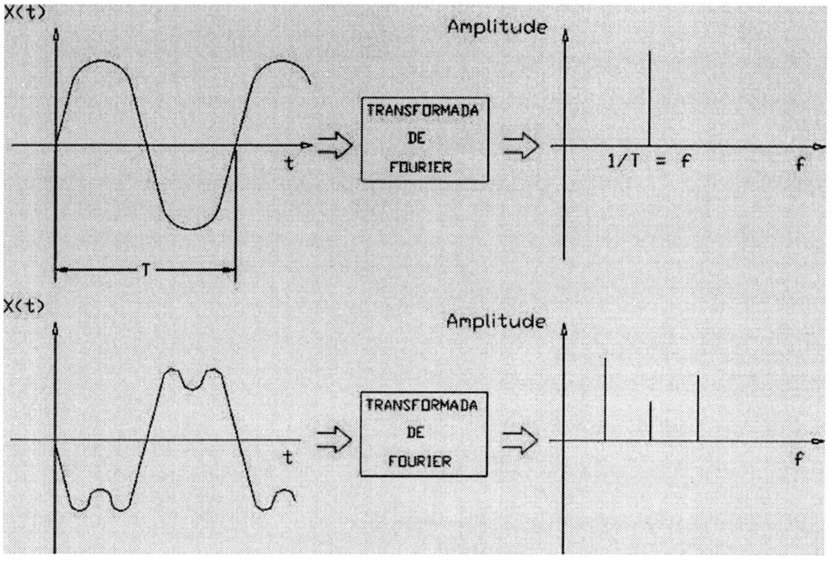

Figura 7.9 Ilustração gráfica de um Espectro de Vibrações. Este tratamento de sinal é feito em instrumentos especiais que utilizam a FFT (Fast Fourier Transform). O tratamento de sinal em aparelhos especiais permite realizar a análise de vibração, relacionando as frequências com as prováveis causas. Fonte: Universidade Jean Piaget de Angola, Disciplina:Manutenção.

Procedimentos para a Medida e Análise de Vibrações

Tanto a Medição quanto a Análise da Vibração são obtidas por meio de instrumentação específica, com equipamento que dispõe de alta tecnologia e com diversos recursos. Estas são as características técnicas envolvidas neste processo:

- Pontos de Medição: o componente mecânico, onde é possível detectar problemas de vibração excessiva, são os Mancais. Conforme determinada direção de medida, também são encontradas diferentes anormalidades. Por exemplo, na direção Radial se verificam as condições do Desbalanceamento, já na direção Axial, o Desalinhamento. Para obter a análise de vibração dos Rolamentos, a opção ideal efetuar a medida na direção radial (área de carga do mancal); caso não seja possível, é admissível a medida fora área de carga, isto é, na direção axial. Em ambos os casos é necessário fixar o transdutor de forma rígida o mais próximo possível do Rolamento.

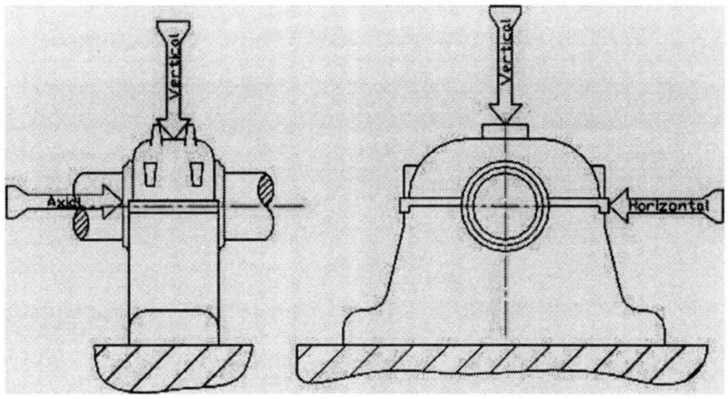

Figura 7.10 Posições para a Medição da Vibração seguem recomendações da Norma ISO 3945 para as posições de medição. Fonte: Universidade Jean Piaget de Angola, Disciplina: Manutenção.

O Transdutor é o instrumento posicionado no ponto de medição e é onde o sinal de vibração é gerado (também é denominado por sensor). Os três tipos básicos de transdutores, comumente utilizados, são: Transdutor de Velocidade, Sensor de Proximidade e Acelerômetro:

- Transdutor de Velocidade: é constituído por uma bobina de arame muito fino, imersa num campo magnético. Funciona através de movimento vibratório, o qual movimenta a bobina num campo magnético estacionário, produzindo uma variação de Voltagem, onde a **Força eletromotriz = Campo Magnético X Comprimento (l) X Velocidade (v)**. Este tipo de transdutor possui melhor resposta em baixas frequências (em comparação com o Acelerômetro). Em razão do material de construção, é sensível ao impacto e pode sofrer desgaste mais facilmente.

- Sensor de Proximidade: é constituído por uma bobina, não condutora e protegida por uma cápsula. Uma corrente de alta-frequência cria um campo eletromagnético em torno da bobina, isto é, não entra em contato com o ponto de medição (portanto, é posicionado próximo à superfície). A variação da distância, devido ao movimento, é detectada com precisão pelo campo magnético. Este tipo de transdutor é o mais adequado para baixas frequências, tem boa resistência ao desgaste, porém é muito sensível ao impacto. A figura 7.21 apresenta a descrição de um sensor de proximidade.

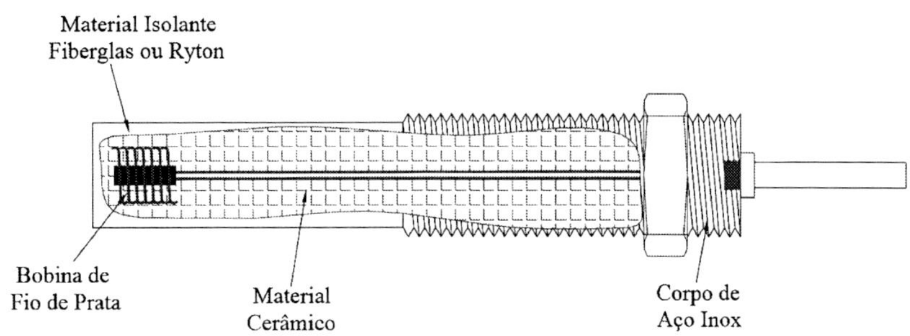

Figura 7.11 Ilustração de um Sensor de Proximidadee componentes.Fonte: Universidade Jean Piaget de Angola, Disciplina: Manutenção.

- Acelerômetro: é constituído de um cristal piezoeléctrico, uma massa/mola com pré-carga e um circuito elétrico necessário para a pré-amplificação do sinal. O movimento vibratório produz uma variação de força sobre o conjunto "massa-mola" **(Força = Massa X Aceleração)** que atua sobre o cristal piezoeléctrico. Este, por sua vez, produz uma variação de tensão: é sinal de vibração. Os acelerómetros são os transdutores mais utilizados na medição de vibração em geral devido à ampla faixa de frequência de sua aplicação. A limitação encontra-se nos sinais de baixa frequência. Os acelerômetros não sofrem desgaste, porém podem ser danificados em caso de impactos severos.

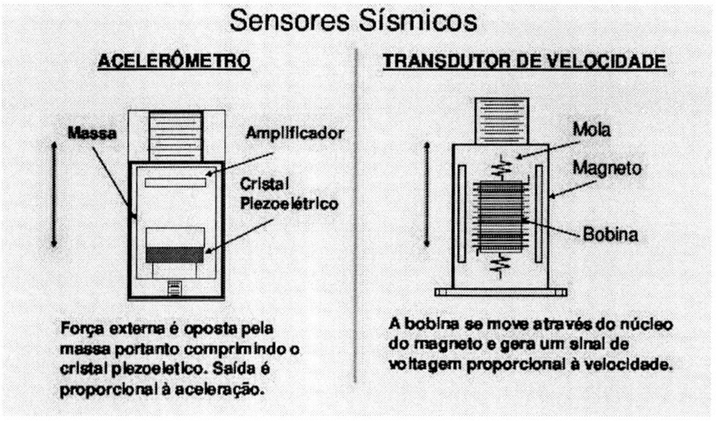

Figura 7.12 Ilustração de Transdutor de Velocidade. A bobina se move através do núcleo do magneto e gera um sinal de voltagem, proporcional à velocidade. Fonte: http://www.pt.slideshare.net / Abreu & Oliveira Automação.

Tipos de Medição e Análise de Vibração

Basicamente existem dois métodos de medição: **Nível Global** e **Análise Espectral.**

- Medição por Nível Global: é o método mais utilizado. Não há necessidade de alto grau de capacitação pessoal e pode ser feito com instrumentos de fácil operação, e onde a leitura dos valores é feita de forma direta. Tem ampla aplicação nos ambientes industriais, em equipamentos como: motores elétricos, bombas de circulação de fluidos, ventiladores e sistemas mecânicos com mancais de uso geral.

Existem normas e especificações que permitem associar o valor do nível global da medida de vibração com as condições do equipamento, as quais definem critérios preliminares para os níveis de normalidade e anormalidade registrados na medição. Este método permite estabelecer a Curva de Tendência (que constitui na aplicação típica da vibração como tecnologia de monitoramento da condição), porém não é suficiente para definir a causa da vibração.

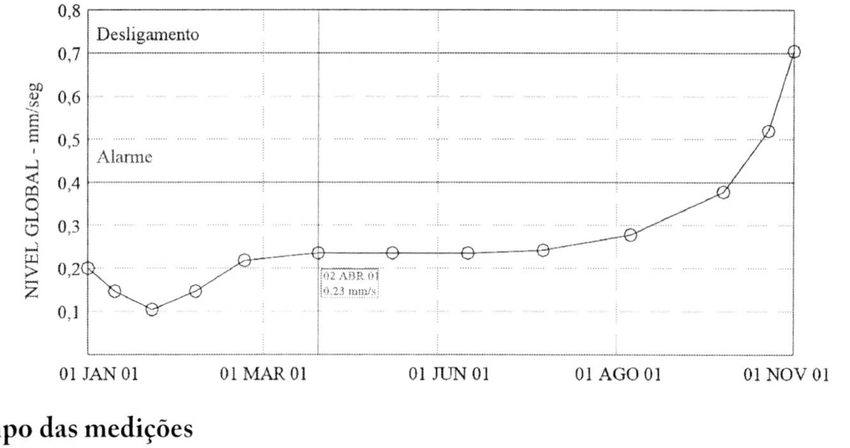

Escala de tempo das medições

Figura 7.13 Gráfico demonstrando a evolução das Medidas de Vibração, pelo Nível Global da Vibração, e na qual apresenta a evolução dos valores do nível global de uma medida de vibração, onde foram estabelecidos os diversos níveis de vibração correspondentes ao valor normal, valor de alarme e valor de desligamento. Fonte: Universidade Jean Piaget de Angola, Disciplina: Manutenção.

Para sua referência, segue tabela contendo Níveis de Vibração, conforme Norma ISO (2372 e 3945). O método da medição por Nível Global possibilita análise da medição obtida (RMS), em relação ao tipo de maquinário.

<table>
<tr><th>Velocidade de Vibração</th><th colspan="4">Classificação do Maquinário</th></tr>
<tr><td>RMS (mm/s)</td><td>Máquinas Pequenas Classe I</td><td>Máquinas Médias Classe II</td><td>Máquinas Grandes Classe III</td><td>Máquinas Grandes Classe IV</td></tr>
<tr><td>0,71</td><td>Excelente</td><td rowspan="2">Excelente</td><td rowspan="3">Excelente</td><td rowspan="4">Excelente</td></tr>
<tr><td>1,12</td><td rowspan="2">Bom</td></tr>
<tr><td>1,80</td><td rowspan="2">Bom</td></tr>
<tr><td>2,80</td><td rowspan="2">Atenção</td><td rowspan="2">Bom</td></tr>
<tr><td>4,50</td><td rowspan="2">Atenção</td><td rowspan="2">Bom</td></tr>
<tr><td>7,10</td><td rowspan="3">Inadmissível</td><td rowspan="2">Atenção</td></tr>
<tr><td>11,20</td><td rowspan="2">Inadmissível</td><td>Atenção</td></tr>
<tr><td>18,00</td><td>Inadmissível</td><td>Inadmissível</td></tr>
</table>

Classe I:	Motores de até 15 kW ou máquinas pequenas equivalentes
Classe II:	Motores de 15 a 75 Kw ou máquinas médias até 30 kW fundação rígida
Classe III:	Máquinas grandes em fundações rígidas
Classe IV:	Máquinas grandes em fundações flexíveis

Tabela 7.1 Fonte:Universidade Jean Piaget de Angola, Disciplina: Manutenção

Análise Espectral ou Medição pelo Espectro de Vibrações: este método exige instrumentos mais sofisticados e técnicos capacitados. A medição é feita no sinal no domínio da frequência, que é obtido aplicando-se a **FFT** (***Fast Fourier Transform – Transformada Rápida de Fourier***) no sinal do tempo. Esta é uma definição relativamente simples, pois os instrumentos existentes já possuem recursos para análises específicas, com tratamento mais sofisticado do sinal.

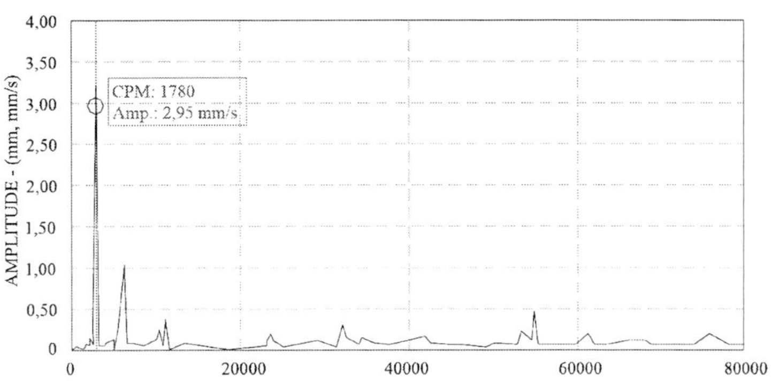

Escala de frequências (cpm)

figura 7.14 O gráfico acima representa uma Medição pelo método da Análise Espectral. Fonte: Universidade Jean Piaget de Angola, Disciplina: Manutenção.

Para sua orientação, segue a **Tabela 7.2** com informações sobre a relação entre algumas das anormalidades em sistemas rotativos X respectivas frequências. Este diagnóstico possibilita, aos técnicos de manutenção, obter informações preliminares sobre as causas de vibrações excessivas ou fora dos padrões do fabricante. Importante citar que para melhor entendimento das informações é necessário conhecimento específico em Análise de Vibração em razão dos termos técnicos.

DIAGNÓSTICO SIMPLIFICADO PARA IDENTIFICAÇÃO DE VIBRAÇÕES ANORMAIS.

Provável Anormalidade	Frequência	Direção	Amplitude	Observações
	Desba	lanceamento		
Desbalanceamento de massa	1x rotação	Radial	Estacionária	Encurvamento do rotor que pode alterar amplitude e fase.
Eixo torto	1x rotação 2x rotação empeno do eixo próximo ao acoplamento	Axial	Estacionária	Pode confundir com desbalanceamento de massa e desalinhamento.
Rotor fora de centro	1x, 1x e 2x a rotação 2x frequência da linha.	Radial	Estacionária	Apresenta flutuação quando existe problema de origem Elétrica.
	Desa	linhamento		
Paralelo	1x e 2x rotação	Radial	Estacionária	A maioria dos desalinhamentos é constituída por uma combinação de ambos. Nos acoplamentos de grande distância das pontas de eixo o valor de 1x rpm é maior.
Angular	1x e 2x rotação	Axial		
Angular e Paralelo	1x e 2x rotação	Axial e Radial		
		Mancais		
Rolamentos	Início entre 30 e 60 kHz. A seguir 1x a frequência tabela 3.	Radial e Axial	Aumenta com avanço do defeito.	Pode ser confundido com outros defeitos.
Deslizamentos	Início na faixa de sub -harmônico da rotação.	Radial	Aumenta com a degradação do mancal.	O uso de sensor de proximidade é o mais indicado.
		Engrenagens		
Erro de Transmissão. Acabamento ruim dos dentes	Frequência de engrenamento e harmônicas	Radial (retos) Radial e Axial (Hélic.)	Função da velocidade, carga e erro de transmissão.	

Desbalanceamento, desalinhamento, dentes defeituosos etc.	1x rotação do eixo. Frequência de e ngrenamento. Faixas laterais.	Radial (rectos) Radial e Axial (Helic.)	1x rotação com faixas laterais dependendo do defeito	Ressonâncias torsionais e laterais em várias freq.; Erros de acabam. ocasionam vibr. 2x ou 3x da freq. de engrenamento.
Folgas Mecânicas				
Mancais, Pedestais não girantes	1x, 2x, pode atingir até 3x 10x	Radial	Estacionária	
Pás, Palhetas e outros elementos girantes.	1x predominante. Atinge até 10x	Radial	Normalmente, e stável em operação contínua. Varia com a partida da máquina.	As variações de amplitude.

Tabela 7.2 Relação entre possíveis anormalidades e a frequência de medição de vibração. Fonte: Universidade Jean Piaget de Angola, Disciplina: Manutenção.

Métodos de Medição da Vibração

Estas são as formas de medição mais conhecidas:

- Medição executada no local: medição instantânea do sistema. Pode ser executada pelos métodos de Nível Global ou por Análise de Espectro; irá depender dos recursos tecnológicos disponíveis.
- Coleta de dados: consiste na determinação de uma rotina de medição, a partir de uma seleção dos sistemas devidamente cadastrados (descrição de todos os pontos de medição). Os dados coletados podem ser anotados manualmente ou gravados nos instrumentos (depois os dados são "descarregados" para um software para geração de gráficos). A fase de análise é feita através da evolução dos níveis de vibração (método de Nível Global ou por Análise Espectral). A partir da evolução da vibração (normal ou anormal) e a experiência dos técnicos, é possível estabelecer os planos de ação requeridos.
- Monitoramento Contínuo: é um método de alto investimento, portanto é destinado aos sistemas críticos, cuja falha coloque em risco a continuidade do negócio ou segurança. Igualmente, por ser feito seja pelo Nível Global ou Análise Espectral. Normalmente os sinais permanecem gravados para obter um histórico das medições. A facilidade para a aquisição de Transdutores e a possibilidade de interface com sistemas computadorizados possibilitam excelentes resultados em relação ao monitoramento da condição.

Principais causas da Vibração Anormal

As Folgas Mecânicas geram vibrações a 1x rpm, 2x rpm, 3x rpm etc. relativas à frequência de rotação do sistema e geralmente são acarretadas devido à base trincada e/ou parafusos soltos/com folga fora da margem de tolerância.

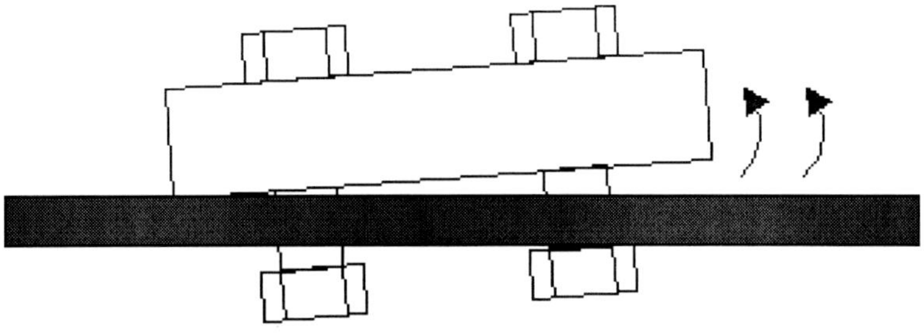

Figura 7.15 Ilustração de uma base, de equipamento, com parafusos soltos gerando folga excessiva. Fonte: http://www.ebah.com.br/

O Desalinhamento é outra grande causa de desgastes prematuros nos componentes de máquinas. Fisicamente corresponde à não linearidade nas linhas de centro de giro de dois eixos acoplados.

Por definição, *é a variação da posição relativa entre os eixos a serem acoplados em relação a uma linha de simetria, que normalmente é a linha de centro de um dos equipamentos.* Em geral devem ser alinhados com valores-limite de 0,001 mm/mm de separação entre os pontos de flexão do acoplamento. Nos acoplamentos de engrenagem, a distância entre os pontos de flexão corresponde ao espaçamento entre os pontos de contado do engrenamento nos "semi acoplamentos". Para rotações elevadas, acima de 3600 rpm, este valor deve ser de 0,0005 mm/mm de separação entre os pontos de **flexão**.

Os modos de Desalinhamento são:

- Desalinhamento Angular: as linhas de centro dos eixos formam um ângulo e se interceptam. Esse tipo de desalinhamento se caracteriza por apresentar alta vibração axial na rotação do eixo, como também pode apresentar altas vibrações nas frequências múltiplas (1x rpm, 2x rpm etc.).

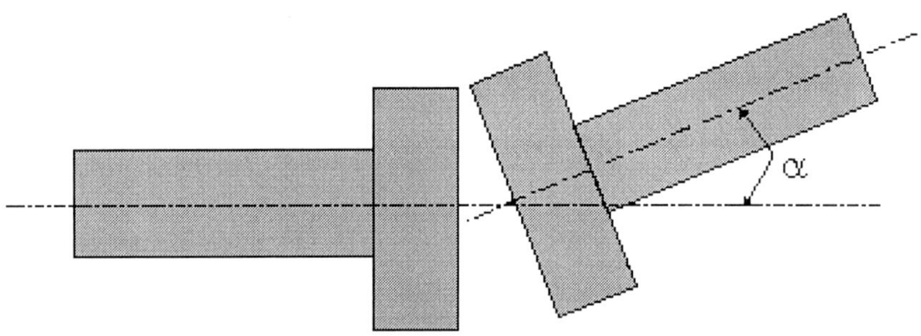

Figura 7.16 Ilustração de Desalinhamento Angular, mostrando dois eixos que se interceptam formando um ângulo. Fonte: http://www.ebah.com.br/

- Desalinhamento Paralelo: Neste caso, as linhas de centro são paralelas e não se interceptam. A vibração dominante aparece na direção radial, sendo que na direção axial poderá apresentar alta vibração exatamente na frequência de rotação.

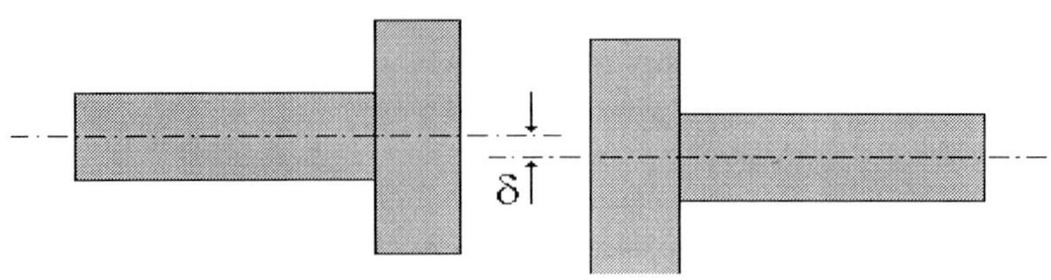

Figura 7.17 Esquema de um desalinhamento paralelo. Fonte: http://www.ebah.com.br/

A situação mais comum é a combinação dos dois tipos (Situação demonstrada na letra "C")

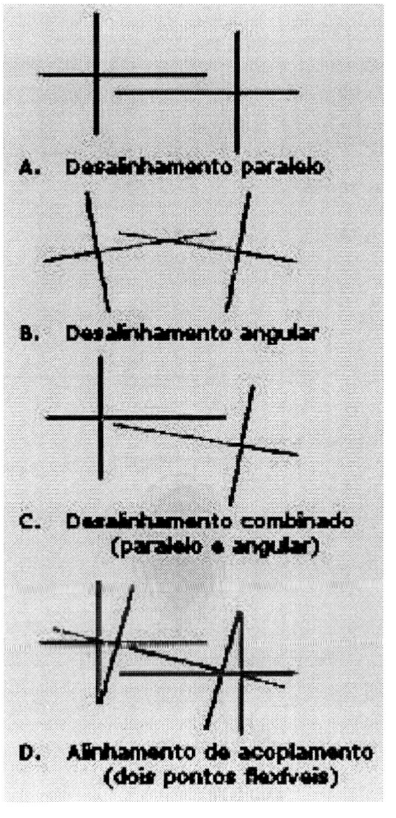

Figura 7.18 Fonte: http://www.april.pt

Os defeitos em Rolamentos contribuem para vibrações anormais, pois são elementos de máquinas bastante estudados em termos de vibração, uma vez que são amplamente utilizados em sistemas rotativos. De uma maneira geral, apresentam quatro modos de falha: estes podem gerar quatro frequências fundamentais características: uma devido a defeito na pista externa, outra na interna, outra nos separadores ou gaiolas e por fim outra devido a defeito nos elementos rolantes (esferas ou roletes).

Falhas em Engrenagens têm início por vibrações produzidas nos dentes de engrenagens. A causa é devida a imperfeições de contato ou ações dinâmicas associadas, as quais produzem frequências anormais, identificadas somente na Análise de Vibração.

Altas Vibrações Devido ao Fluxo Hidrodinâmico se dão pelo fluxo do fluido que passa pelas pás dos rotores tanto de bombas quanto de turbinas. Provocam uma frequência bem característica, que é equivalente ao número de pás multiplicado pela frequência de rotação do mesmo.

Outras causas conhecidas podem ser:

- Falha prematura do rolamento, vedações, eixo e do próprio acoplamento;
- Aumento da temperatura dos mancais;
- Vazamento de óleo nas vedações do mancal;
- Quebra dos parafusos do acoplamento;
- Aquecimento do acoplamento;

- Desgaste excessivo do acoplamento;
- Ruptura do eixo na região do mancal ou do acoplamento;
- Perda de óleo ou graxa pelo acoplamento.

O Desbalanceamento é um fenômeno de não uniformidade de massa em torno de um centro de giro. Na maioria dos casos se detecta uma alta amplitude exatamente na frequência de rotação do sistema analisado, sendo que nas direções radiais a sensibilidade é maior, embora possa ser detectada também nas direções axiais. Como a amplitude de vibração é diretamente proporcional ao grau de desbalanceamento, se dobrarmos o valor da "massa desbalanceadora", automaticamente também dobraremos a amplitude de vibração.

Portanto, o desbalanceamento da massa é causado pelo deslocamento do centro de gravidade do rotor do sistema, em relação ao centro de rotação. Durante a rotação do eixo, a "massa desbalanceada" irá causar forças e vibrações nos Mancais (ou mancais de rolamento). Contudo, as tolerâncias de projeto e montagem admitem determinado valor de desbalanceamento, o qual é denominado por Desbalanceamento Residual.

Os tipos de Desbalanceamento podem ser: estático, que ocorre quando o eixo de rotação da máquina está paralelo ao eixo de distribuição de massa; dinâmico, quando o eixo de distribuição de massa cruza com o eixo de rotação.

Entre as causas do Desbalanceamento, podemos citar: desgaste do rotor; corrosão acentuada de componentes; empenamento do eixo; deformações por altas temperaturas.

Métodos de Alinhamento e Balanceamento

Métodos de Alinhamento

A escolha do método a ser utilizado depende do grau de precisão necessário ao perfeito funcionamento do equipamento e da disponibilidade de pessoal treinado para a aplicação do método.

1. Método da régua e calibre de lâminas: neste método, os desalinhamentos Paralelo e Angular são medidos diretamente nas extremidades do acoplamento. Este método é bastante limitado com relação à precisão, pois até as tolerâncias de fabricação dos componentes do acoplamento influenciam no resultado. Portanto, este método pode ser aplicado em pequenos equipamentos e como método preliminar para o alinhamento da máquina.

2. Método do relógio comparador: é o método de alinhamento mais utilizado na prática. A aplicação correta deste método garante o alinhamento do equipamento dentro dos limites indicados em tabelas específicas.

3. Método do alinhamento a laser: existem vários tipos de sistemas para alinhamento a laser. Os equipamentos podem utilizar três princípios básicos: laser/prisma, duplo laser/duplo detector e laser/separador/duplo detector.

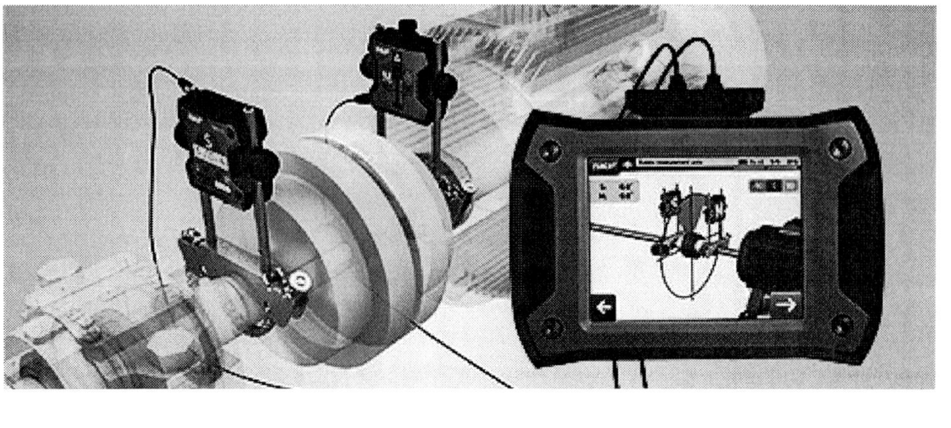

Figura 7.19 Ilustração de alinhamento a laser, por ferramenta TKSA 31. Fonte: http://www.skf.com

1. Alinhamento a Quente: o aquecimento de alguns equipamentos pode alterar as condições do alinhamento a frio. Neste caso, o alinhamento deve ser corrigido, parando o equipamento após o aquecimento. Outra forma de corrigir o desalinhamento a quente é a obtenção de informações do fornecedor do equipamento ou através da experiência com o histórico da manutenção.

Métodos de Balanceamento (as **Normas ISO 1940 e NBR 8008** estabelecem os critérios de qualidade e procedimentos para o balanceamento):

1. Balanceamento Estático: neste tipo de balanceamento a compensação de massas é feita num mesmo plano. É comumente utilizado em rotores em forma de disco e rotores montados externamente aos seus dois mancais. No balanceamento estático a linha de centro do rotor e a linha de centro da rotação devem estar paralelas e excêntricas para que o equipamento esteja balanceado.
2. Balanceamento Dinâmico: neste caso, a compensação das massas é feita em planos distintos. A característica principal do balanceamento dinâmico é que a linha de centro do rotor não é paralela à linha de centro de rotação, podendo ou não interceptarem-se. Existem dois tipos de equipamento para este tipo de balanceamento: um deles é instalado em oficinas onde o rotor é balanceado fora do conjunto; o outro é portátil e próprio para execução desse trabalho no campo, onde as máquinas encontram-se instaladas, evitando a necessidade de desmontá-las, deixando um desbalanceamento residual mínimo.

Para rotores especiais, normalmente com múltiplos estágios, são utilizadas técnicas especiais de balanceamento, assim como para bombas de multe estágio, turbinas a vapor, compressores e outras máquinas rotativas que operam a altas rotações. Normalmente o balanceamento de oficina das máquinas é efetuado em rotações inferiores à rotação da máquina, podendo ser aplicado com sucesso para os rotores rígidos. Aplicações especiais podem necessitar do balanceamento na rotação da máquina. Neste caso, são utilizadas máquinas de balanceamento especiais, com câmaras de vácuo e alta potência para permitir a realização de balanceamento na rotação. Atualmente existem instrumentos que podem fazer o balanceamento em um ou dois planos de forma bastante rápida e precisa. A figura 7.20 apresenta um aparelho típico para o balanceamento de campo.

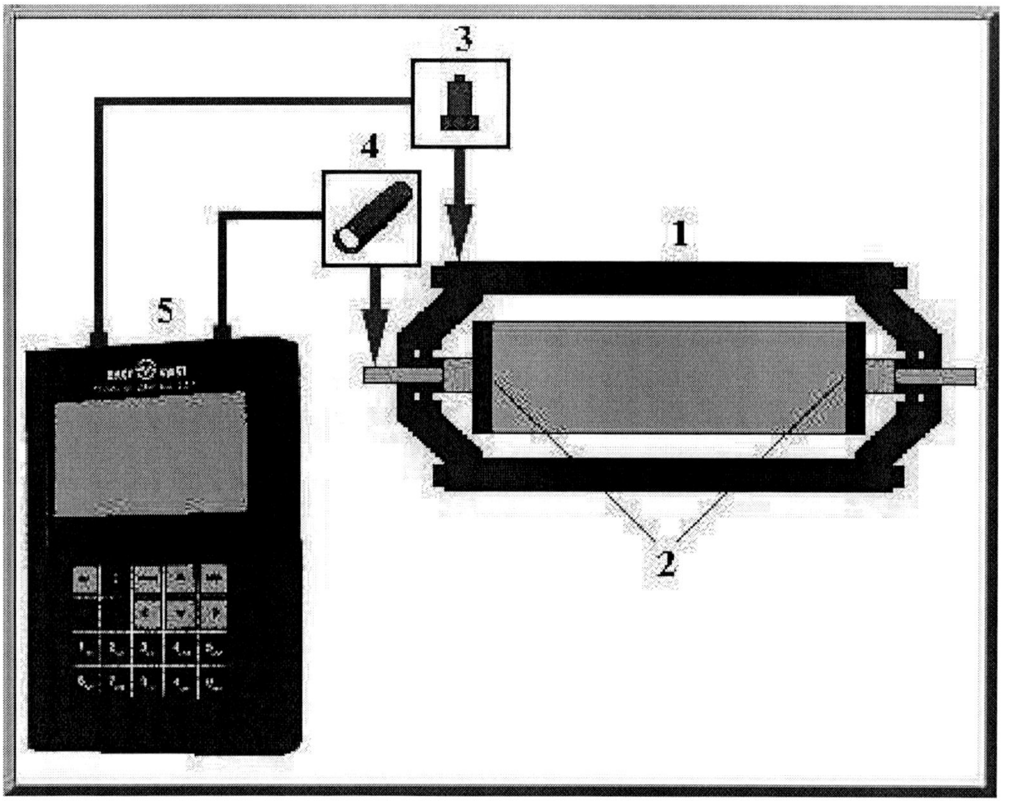

1. Máquina
2. Pontos de Correção
3. Transdutor de Vibração
4. Tacómetro (Estroboscópio)
5. Instrumento de Medição

Figura 7.20 Ilustração de um Instrumento para executar balanceamento de campo. Após obter uma leitura inicial, é adicionada a massa de teste no rotor, efetuando-se uma segunda leitura. Nestes instrumentos, os transdutores medem os níveis de vibração, o tacómetro identifica os ângulos de fase e o analisador elabora o cálculo das massas, para necessária correção. Então, é feita a adição da massa de correção e executa-se uma nova leitura, com objetivo de verificar a necessidade de uma massa de refino. Fonte: Universidade Jean Piaget, Disciplina: Manutenção.

7.2.4.2 A Análise de Óleo

Introdução

O uso da análise de óleo teve início nos anos 1950. A crise do petróleo intensificou o uso da análise de óleo, que passou a cumprir uma nova função na manutenção das máquinas ferramentas, permitindo o monitoramento das condições do óleo lubrificante e identificar a necessidade de troca ou apenas reposição parcial. Neste período foram introduzidas técnicas preditivas que permitiam, através da análise de óleo, diagnosticar problemas nos equipamentos. A legislação ambiental torna ainda mais rigorosas as medidas de controle relacionadas com a utilização do óleo na indústria, sendo necessárias ações, tais como estações de tratamento (ETE), métodos eficazes de descarte e igualmente reaproveitamento dos lubrificantes.

Fundamentos da Análise de Óleo

Este método de monitoramento tem dois objetivos básicos: identificar as condições em que se encontra óleo (viscosidade, contaminantes etc.) e identificar possíveis falhas de desempenho do sistema.

A contaminação ocorre em razão de acúmulo de partículas resultantes do desgaste dos componentes, ou ainda agentes externos. A água é um dos contaminantes mais comuns, pois facilmente entra em contato com a lubrificação. Outro fator se deve à degradação das propriedades, afetando sua principal característica, que é a viscosidade, necessária para evitar o atrito entre as partes em contato. Portanto, o monitoramento reduz as deficiências de lubrificação, protege os mecanismos dos desgastes excessivos ou prematuros, aumenta a confiabilidade do sistema e ainda permite um controle mais eficaz da necessidade de troca de óleo, reduzindo igualmente custos operacionais e de manutenção. Através da avaliação da composição química, quantidade e forma dos contaminantes, foram desenvolvidas técnicas de acompanhamento e análise que permitem definir mecanismos de falha de componentes da máquina.

Para o procedimento da coleta da amostra, certas determinações são necessárias:

- A coleta deve ser feita, mas o sistema deve estar operando;
- Não pode haver contaminação no local de retirada da amostra;
- O recipiente de coleta deve estar higienizado, isto é, isento de contaminação;
- O ponto de coleta, para fins de monitoramento, deve ser sempre o mesmo;
- Deixar escoar um pouco de lubrificante antes da coleta;
- Finalmente, identificar o recipiente devidamente, seguindo padrões existentes.

As análises dos lubrificantes podem ser divididas em quatro grupos: análise físico-química, análise de contaminações, espectrometria e ferrografia.

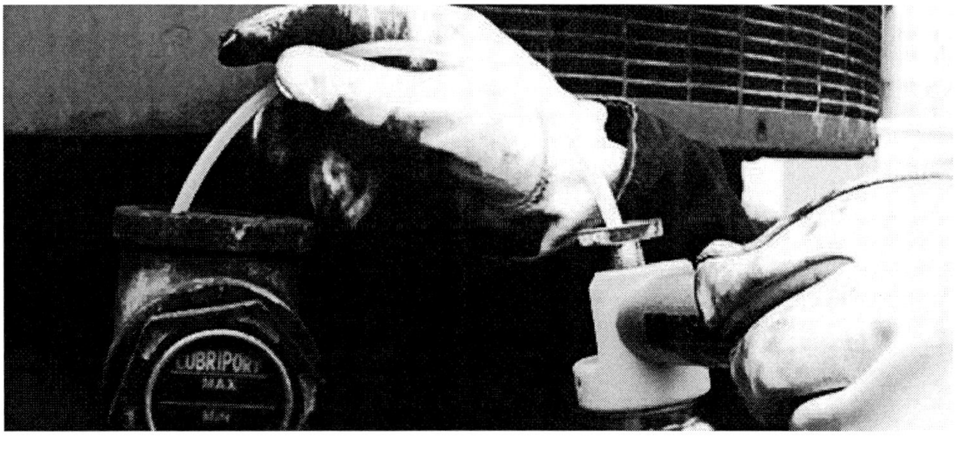

Figura 7.21 Coleta e Exame de Óleo "em Campo". Fonte: http://www.manutencaosuprimentos.com.br

Análise Físico-Química

Pode ser executada de forma pontual, ou seja, medidas isoladas; ou análise periódica, ao longo do tempo, para o acompanhamento das condições do lubrificante. Estes são os principais métodos de análises físico-químicas:

- Viscosidade Cinemática: a viscosidade é a medida de resistência ao escoamento de um fluido, é a principal propriedade dos óleos lubrificantes. A medida é feita a 40°C ou 100°C. As principais normas utilizadas para a definição dos ensaios de viscosidade são: **ASTM D445 e NBR 10441.** A unidade de medida mais utilizada é o **cSt (cm^2/seg).** A viscosidade diminui devido à contaminação por solvente ou óleos de menor viscosidade. A viscosidade aumenta devido à oxidação, presença de insolúveis, água e contaminação por óleos de maior viscosidade. O Índice de Viscosidade é um número adimensional que mede a intensidade de variação da viscosidade em relação à temperatura. Quanto maior o Índice de Viscosidade, menor é a variação da viscosidade em função da temperatura. Os ensaios para determinação deste valor são previstos pelas normas **ASTM D2270 e NBR 14358.**

- Ponto de Fulgor e Ponto de Inflamação: o Ponto de Fulgor representa a temperatura que o óleo deve atingir para que uma chama passada sobre a superfície inflame os vapores. O ensaio é definido pela **ASTM D92,** e o valor é medido em Graus Centígrados. O Ponto de Inflamação representa a temperatura que o óleo deve atingir para que uma chama passada sobre a superfície inflame os vapores formados e sustente a combustão. O ensaio é definido pela **ASTM D92,** e o valor é medido em Graus Centígrados.

- *Total Acid Number* (TAN) e *Total Base Number* (TBN): **o TAN** representa o número de acidez total e este valor indica a quantidade total de substâncias ácidas contidas no óleo. As substâncias ácidas geradas pela oxidação do óleo podem atacar metais e produzir compostos insolúveis. As normas que definem este ensaio são **ASTM D664 e ASTM D974**, a unidade é **mgKOH/g.**

- Corrosão em Lâmina de Cobre: este valor define as características de proteção corrosiva do óleo lubrificante. Este ensaio determina o comportamento do óleo em relação ao cobre e às suas ligas. As normas para este ensaio são **ASTM D130 e NBR 14359.**

Análise de Contaminação

A contaminação do lubrificante ocorre devido à presença de substâncias externas que se infiltram no sistema, seja pelo desgaste do equipamento ou por reações que ocorrem no próprio lubrificante. Os principais ensaios para detectar a presença de contaminantes são:

- Karl Fisher e Destilação: estes ensaios são utilizados para identificar a presença de água. A água provoca a formação de emulsões, falha da lubrificação em condições críticas, precipitação dos aditivos, formação de borra e aumento da corrosão. **As normas ASTM D1744 e a ASTM D95** definem os procedimentos para este ensaio, sendo o valor definido pelo percentual de presença de óleo na amostra.

- Insolúveis em Pentano: este ensaio determina a saturação do lubrificante por presença de insolúveis em pentano. Estes contaminantes são constituídos por partículas metálicas, óxidos resultantes da corrosão, material carbonizado proveniente da degradação do lubrificante e material resinoso oxidado (lacas, vernizes).

A Espectrometria

A espectrometria pode ser feita pelo método da absorção atómica ou de emissão óptica. Em termos gerais, este ensaio identifica todos os elementos químicos presentes no lubrificante. A amostra é introduzida numa câmara de combustão e, após, os materiais são "desintegrados" até o seu nível atómico, conforme mostrado na figura 7.22. Cada elemento químico possui frequências particulares, como impressões digitais, tornando possível a identificação.

Estes tipos de ensaios fornecem informações sobre o desgaste do equipamento, com dados precisos do conteúdo de substâncias metálicas (Fe, Cu, Al etc.), assim como contaminações externas, como por exemplo o silício. Além disso, podem avaliar os aditivos presentes no lubrificante.

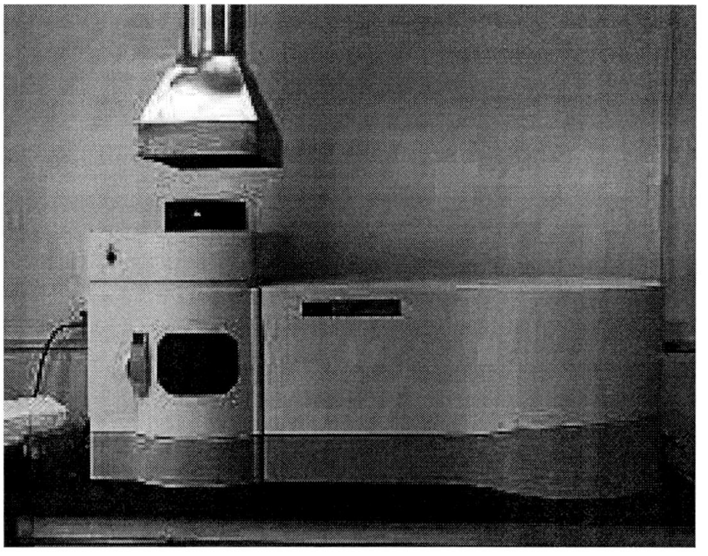

Figura 7.22 Exemplo de Equipamento para Espectrometria (Conforme Norma ASTM D 5185). Fonte: http://www.mgmdiag.com.br

A Ferrografia

Este método de monitoramento da condição de óleo lubrificante foi desenvolvido para aplicações militares pelo *Naval Air Engineering Center* (EUA), com a finalidade de aumentar a confiabilidade no diagnóstico de condições das máquinas. Esta técnica procurava superar as limitações de outras análises na identificação do mecanismo de desgaste dos componentes das máquinas. No ano de 1982, a Ferrografia foi liberada para o uso civil, sendo introduzida no Brasil por volta de 1988.

Os princípios que regem a Ferrografia são de que os sistemas mecânicos em contato por atrito apresentam desgaste e, consequentemente, geram partículas metálicas. O tamanho e quantidade das partículas indicam a severidade do desgaste. A morfologia e o acabamento superficial das partículas indicam o tipo de desgaste.

As Análises Ferrográficas podem ser divididas em dois grupos: Analítica e Quantitativa:

Analítica: permite a observação visual das partículas de desgaste, para que sejam identificados os tipos de desgastes presentes. No ensaio analítico as partículas são classificadas em função das suas características quando observadas no microscópio. Esta classificação pode ser:

- Tipo: esfoliação, abrasão, corrosão etc.;
- Formato: laminares, esferas etc.;
- Natureza: óxidos, polímeros, contaminantes, orgânicas etc.;

Quantitativo: este exame permite a classificação das partículas de acordo com o tamanho e a quantidade. O acompanhamento da evolução destes valores permite avaliar as condições de deteriorização do equipamento. Classificação das Partículas: Large = L: maiores do que 5 microns e Small = S: menores ou iguais a 5 microns. Interpretações: L + S = concentração total de partículas; PLP = (L-S)*(L+S)*100 = modo de desgaste; IS = (L2-S2)/diluição2 = índice de severidade.

Figura 7.23 Exemplo de equipamento Ferrógrafo para Exame Analítico. Fonte:http://www.tecem.com.br

7.2.4.3 Termografia – Análise da Temperatura

Introdução

Tenha a certeza de que ao utilizar a Termografia obterá uma gestão do sistema de manutenção elétrica ou mecânica muito eficiente, obtendo antecipação à falha com precisão. Em eletricidade, a inspeção visual é praticamente ineficaz, isto é, não se consegue identificar defeitos seja em fiação, cabeamento ou componentes elétricos.

Consiste, basicamente, na medição da temperatura, por meio de instrumento específico, a qual identifica a quantidade de calor presente na área, indicando a condição operacional de normal ou anormal. Já no início da década 70 começaram a ser utilizados os sistemas infravermelho, permitindo o monitoramento da temperatura a partir da radiação. Esta técnica permitiu uma ampla utilização da medição da temperatura como método de monitoramento da condição.

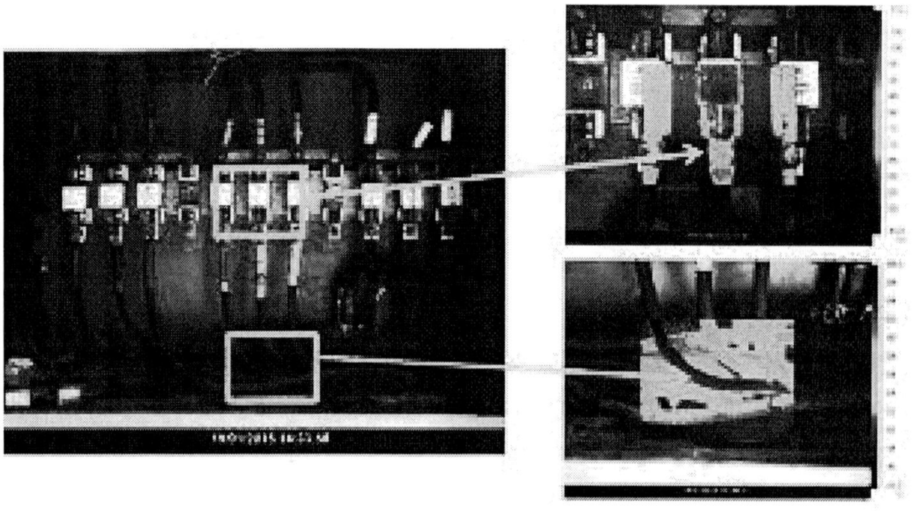

Figura 7.24 Exemplo de Análise Termográfica. À esquerda, a figura nos mostra os componentes com aquecimento excessivo. (Repare que a "olho nu" a anormalidade não aparece). Fonte:http://www.hrengenharia.com

Aplicações da Medição da Temperatura

A medição da temperatura tem uma enorme amplitude de aplicação por ser um método essencial para o diagnóstico de problemas em máquinas, equipamentos, utilidades, instalações elétricas de média e alta-tensão. As variações de temperatura, além dos limites admissíveis, podem indicar sérios problemas, que podem ocasionar paradas de emergência em curto período de tempo com danos para os equipamentos e riscos de segurança para a instalação.

As principais aplicações da análise de temperatura na indústria são:

- Deficiência de lubrificação em mancais;
- Falhas em sistemas de transmissão mecânica;
- Anormalidades em sistemas eléctricos e seus componentes;
- Problemas com revestimentos refratários;
- Acúmulo de materiais em tubulações;
- Falha do isolamento térmico;
- Outros.

Técnicas para a Medição da Temperatura

Os equipamentos utilizados na medição de temperatura são constituídos basicamente dos seguintes componentes: sensor (que pode ser com contato ou sem contato) e dispositivos (para o tratamento do sinal do sensor e outro para indicar temperatura seja pontual ou por imagem). Os instrumentos para medir a temperatura podem ser feitos por duas técnicas: Medição Localizada e Imagem Termográfica.

Medição localizada: permite a identificação de um valor pontual da temperatura por coleta. Os instrumentos para este caso são de fácil utilização. Para aplicação deste método, é muito importante identificar o ponto ideal para o monitoramento. Deve-se ressaltar que o uso isolado deste procedimento não é suficiente, na maioria das vezes, para a detecção e o diagnóstico dos problemas do equipamento de uma forma eficiente que venha a garantir a atuação da manutenção de forma preditiva. A simples medição da temperatura pode não identificar o problema no seu início, não garantindo uma possibilidade de programação de uma intervenção para a manutenção. Apesar de ser fundamental para a proteção dos equipamentos, a medição de temperatura deve ser complementada com outras técnicas de manutenção preditiva. Os instrumentos para a medição localizada da temperatura possuem sensores de contato, e são:

- **Termopares:** este instrumento já existe desde 1821 e utiliza como princípio de funcionamento o efeito *Seebeck*, que está relacionado com a geração de uma diferença de potencial entre dois materiais submetidos a uma variação de temperatura. A faixa de medição destes instrumentos fica entre –200 e 2000 °C, de acordo com o par de materiais utilizados. Variação do erro: +/- 0,5 até +/- 2,5 °C;

- **Termoresistores:** o funcionamento está na propriedade de os condutores alterarem sua resistência elétrica de acordo com a variação da temperatura. São conhecidos como PTC's, ou seja, coeficiente de dilatação térmica positiva. O sensor utiliza um único material, os mais utilizados são a Platina o Níquel e o Cobre. O mais conhecido é o Pt 100, que utiliza a Platina com 100Ω (0°C). A faixa de medição destes instrumentos é de –200 a 850 °C e o erro não supera +/- 1 °C na maior parte da faixa de medição. Este instrumento é superior ao termopar.

- **Termistores:** utilizam a propriedade de os semicondutores variarem a sua resistência com a variação da temperatura. São conhecidos como NTC's, coeficiente de dilatação térmica negativa. Utilizam a mistura de diversos materiais em sua fabricação. A faixa de medição é de –250 a 200 °C e a precisão é de +/- 0,25 °C, podendo sofrer influência do meio onde aplicado. Este instrumento é utilizado em locais que exigem a medição de pequenas variações da temperatura.

Figura 7.25 Exemplo de Medição Localizada. Instrumento conectado e na tela aparece a representação gráfica dos valores elétricos. Fonte: http://www.voltimum.pt

- **Imagem Termográfica**: a Termografia Infravermelho é uma aplicação dos instrumentos de detecção infravermelho para identificação de imagens com diferentes temperaturas **(termogramas)**. Os instrumentos para a geração da imagem termográfica seguem conceitos semelhantes aos utilizados pelos radiômetros. Devido às facilidades de utilização destes instrumentos na detecção de diferenças de temperaturas em grandes superfícies, esta técnica possui vasta aplicação nos ambientes industriais. Estes aparelhos são divididos em dois grupos: detecção de energia de radiação de ondas curtas **(3 a 5 microns)** e aparelhos de detecção de ondas longas **(8 a 15 microns)**. Os aparelhos para a detecção das ondas curtas são mais recomendados devido à variedade de aplicações **(elétricas, mecânicas e estruturais)**. Entretanto, os aparelhos de ondas curtas são mais sensíveis aos raios solares, devendo ser tomadas precauções no uso em ambientes externos. Os aparelhos podem gravar imagens para análises posteriores. A Termografia pode ser utilizada para leituras qualitativas ou quantitativas. A leitura qualitativa permite identificar de forma eficaz a diferença de temperatura entre pontos de um equipamento, podendo ser muito útil para a identificação de vazamentos, entupimentos de tubulações, sobrecarga em circuitos eléctricos, falhas de isolamentos eléctricos, desgaste em revestimentos refratários, deficiência de funcionamento em mancais e transmissões, deficiência de isolamentos térmicos e outras aplicações relacionados com as diferenças de temperatura.

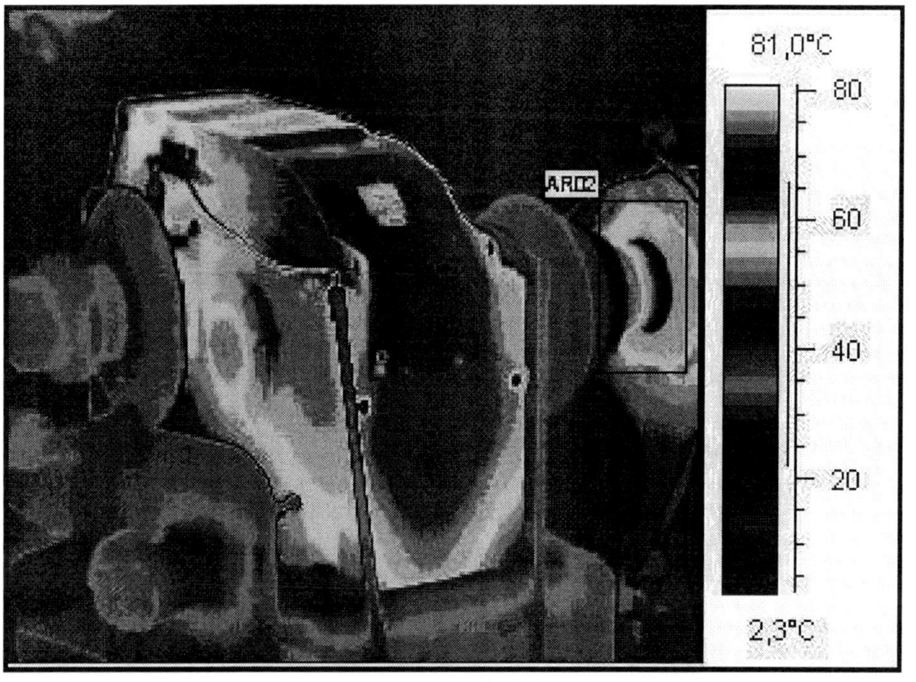

Figura 7.26 Exemplo de Inspeção termográfica aplicada em componente mecânico que permite identificar dano causado por atrito excessivo em razão de erro de ajuste ou de alinhamento, lubrificação deficiente etc. Fonte: http://www.engefaz.com.br

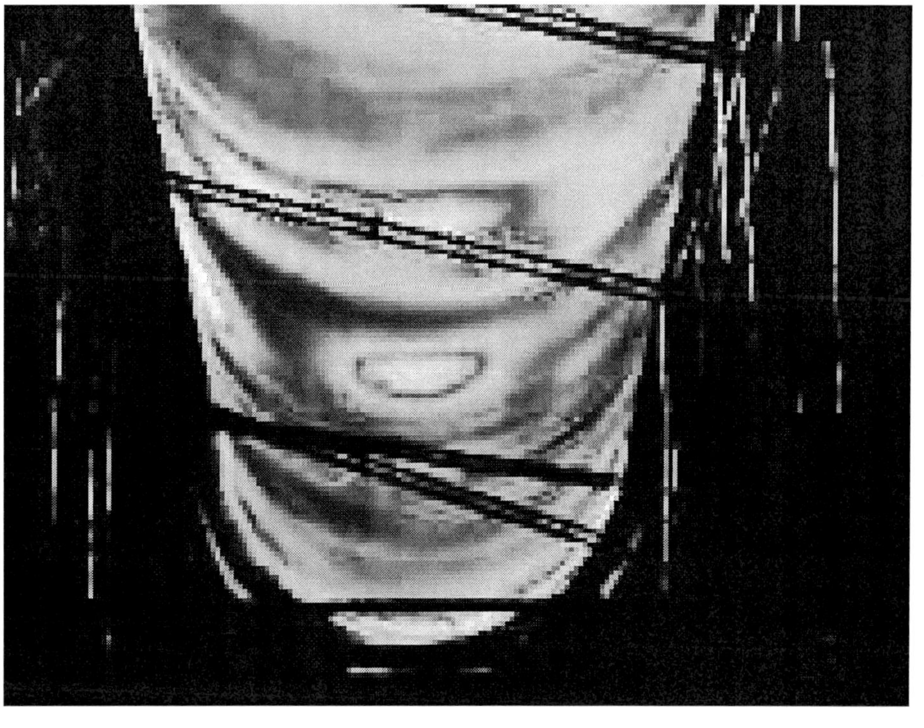

Figura 7.27 Exemplo de Inspeção termográfica para avaliação de revestimento do refratário de um forno. Fonte: http://www.engefaz.com.br

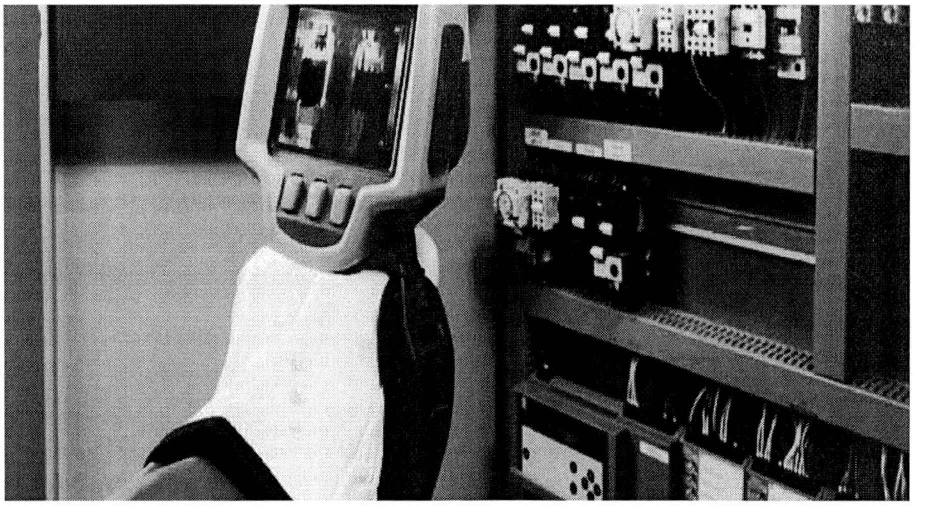

Figura 7.28 Exemplo de Inspeção termográfica, equipamento portátil, para identificação de pontos quentes em instalação elétrica (painel de controle). Fonte: http://www.manutencaoemfoco.com.br

Para a leitura quantitativa, através da termografia, é necessária uma maior precisão na medição. Contudo, há casos em que identificação de pontos, com divergência de temperatura, é feita através de comparação de níveis na própria imagem. Já a obtenção de leituras, com precisão, necessita de perfeito conhecimento das propriedades da região analisada, como por exemplo: potência radiante, reflexão, emissividade, fatores ambientais e limitações do aparelho utilizado.

A utilização da termografia normalmente exige pessoal qualificado. Considerando os elevados custos dos aparelhos utilizados e a constante necessidade de atualização dos equipamentos, na maioria das empresas este serviço é contratado de firmas especializadas. A figura a seguir apresenta um conjunto completo de equipamentos utilizados para a análise termográfica: câmera infravermelho, coletor de dados, radiômetro, programa de análise e cinto para transporte.

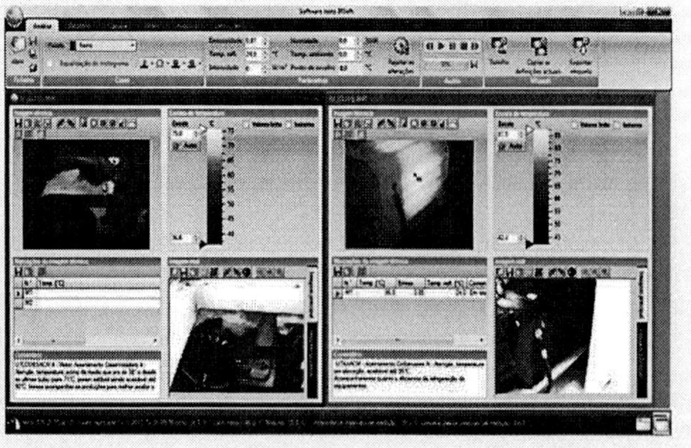

Figura 7.29 Exemplo de conjunto completo de análise termográfica. Na fig. à esq. equipamento de coleta; já na fig. à direita, o software para análise e emissão de relatórios. Fonte: http://www.assertivapreditiva.com.br

Mais sobre equipamentos e relatórios sobre Termografia, acesse o site:
http://www.laborsolutions.combr e http://www.preditiva.eco.br

7.2.4.4 Os Ensaios Não Destrutivos – END

De acordo com a **Associação Brasileira de Ensaios Não Destrutivos,** ABENDE, **os Ensaios Não Destrutivos (END)** são definidos como testes para o controle da qualidade, realizados sobre peças acabadas ou semiacabadas, para a detecção de falta de homogeneidade ou defeitos, através de princípios físicos definidos, sem prejudicar a posterior utilização dos produtos inspecionados.

Constituem uma das principais ferramentas do **Controle da Qualidade** e são utilizados na inspeção de produtos soldados, fundidos, forjados, laminados, entre outros, com vasta aplicação nos sectores petroquímico, nuclear, aeroespacial, siderúrgico, naval, autopeças, transporte rodo-ferroviário etc.

Principais **END's:** inspeção visual, medição da dureza, ensaio de líquido penetrante, ultra-som, radiografia, emissão acústica e teste hidrostático:

- **Inspeção Visual:** é um **END** largamente utilizado para avaliar as condições de um componente ou equipamento durante atividades de fabricação ou manutenção. É de fácil execução, de baixo custo e comumente não requer equipamento especial. Pode ser utilizado no controle de qualidade de peças **(fundidas, forjadas, usinadas etc.)** e na manutenção de equipamentos. É comumente utilizada na inspeção de juntas soldadas e nos processos de recuperação, onde uma rápida detecção e correção de defeitos significam grande economia. É considerado um método primário nos programas de controle de qualidade. A Inspeção Visual requer boa visão, boas condições de iluminação e experiência no reconhecimento de defeitos. Alguns equipamentos auxiliares também podem ser usados, tais como lupas de pequeno aumento, boroscópio, câmeras de televisão etc.

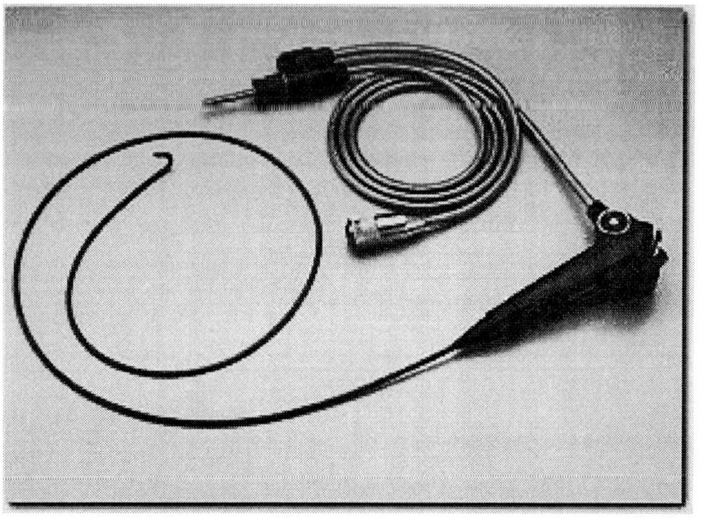

Figura 7.30 Exemplo de instrumento Boroscópio Flexível. Estes equipamentos podem visualizar furações de diâmetro mínimo de 6mm e com profundidades de até 2 metros. Fonte: Não informada.

- **Medição da Dureza**: a dureza é uma propriedade mecânica muito importante para o bom desempenho de inúmeros componentes: engrenagens, eixos, alojamentos, rolamentos, buchas, etc. A medição da dureza é relativamente simples e não exige pessoal especializado. A dureza é utilizada no controle de peças novas e peças em uso; podendo fornecer informações para o controle de qualidade e nos serviços de manutenção dos equipamentos.

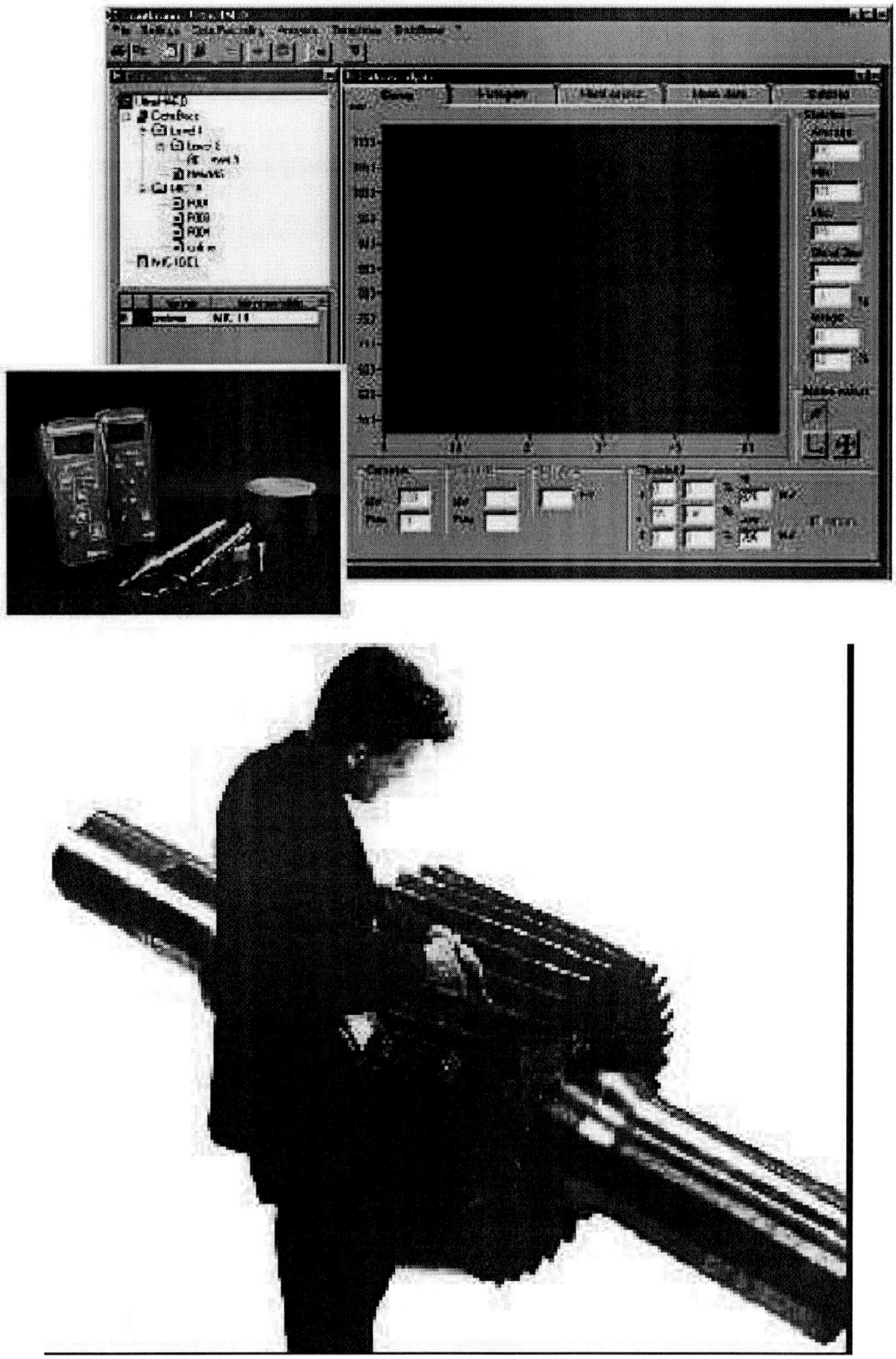

Figura 7.31 Exemplo de Instrumento de Medição Portátil e Software para Medição de Dureza de componente mecânico (engrenagem). Fonte: Não informada.

- **Ensaio de Líquido Penetrante:** é um método de ensaio não destrutivo para a detecção de descontinuidades abertas na superfície de materiais sólidos e não porosos. Esta técnica permite a inspeção de grandes superfícies de forma simples e boa eficiência para a maioria das aplicações industriais. Inicialmente a superfície de teste deve ser submetida a uma limpeza, a seguir o líquido penetrante **(magenta ou fluorescente)** é aplicado através de spray na superfície onde se deseja inspecionar; este líquido tem a propriedade de penetrar nas descontinuidades. Após um determinado tempo de penetração o excesso é removido com um pano e água ou com solvente apropriado. Posteriormente o revelador (normalmente branco) também é aplicado através de spray, sendo que este tem a propriedade de provocar o vazamento do líquido penetrante que ficou dentro das falhas, permitindo a visualização de trincas, descontinuidades e defeitos superficiais. É essencial que antes do teste o material seja cuidadosamente limpo, de outra maneira será impossível que o líquido penetre no defeito. Os defeitos devem ser identificados para que sejam reparados e os resíduos de líquido penetrante e revelador devem ser removidos.

- **Partículas Magnéticas:** o ensaio por partículas magnéticas é utilizado na localização de descontinuidades superficiais e "sub superficiais" de materiais ferromagnéticos. Esta técnica é amplamente utilizada para o controle de áreas soldadas e particularmente em locais sujeitos a elevadas tensões e cargas cíclicas **(fadiga)**. O método consiste em submeter a peça, ou parte desta, a um campo magnético. Na região magnetizada da peça as descontinuidades existentes irão causar um campo de fuga do fluxo magnético. Com a aplicação de partículas magnéticas sobre a superfície da peça ocorre a aglomeração destas no campo de fuga, uma vez que serão atraídas devido ao surgimento de polos magnéticos. A aglomeração indicará o contorno do campo de fuga, fornecendo a visualização da localização e do formato da descontinuidade. A grande vantagem do ensaio por partículas magnéticas está na facilidade de manuseio do equipamento (portátil) e agilidade para a execução do ensaio. O equipamento não coloca em risco o operador e tem a facilidade de detectar defeitos em diferentes direções, bastando variar a direção dos eletrodos que geram o campo magnético. O ensaio pode ser fotografado e a análise deve ser feita por um inspetor experiente.

- **Ultrassom:** o uso da detecção de ondas ultrasônicas apresenta uma grande aplicação para a realização de ensaios não destrutivos. Esta técnica é utilizada para detectar defeitos, medir espessuras ou caracterizar materiais. Dispositivos especiais, chamados transdutores, permitem captar esta onda de alta frequência, refletindo-se cada vez que encontra uma descontinuidade. As principais aplicações estão na inspeção de soldas, avaliação do efeito da corrosão, detecção de defeitos laminares em chapas planas. Este ensaio é muito utilizado nos sectores petroquímico, siderúrgico, naval, aeronáutico e nuclear. Este método pode substituir na maioria das aplicações a utilização da radiografia, com a vantagem de não expor o operador a nenhum tipo de risco. Devido a sua complexidade, o ensaio por ultrasom exige um inspetor de bom nível técnico com treinamento e certificação por entidade especializada. O ultrasom também pode ser utilizado na medição de espessura de chapas onde não é permitida a medição direta, como por exemplo em tubulações, tanques, vigas, etc. A espessura é um importante parâmetro para a manutenção, pois esta medida pode definir a vida útil remanescente de muitos componentes de equipamentos e estruturas. O controle da espessura é importante para a segurança do pessoal e do equipamento. A redução da espessura dos equipamentos pode ocorrer por fatores como: corrosão, erosão, abrasão e outros fatores operacionais. A identificação da redução da espessura pode permitir a tomada de ações para reduzir o processo e também permitir o melhor planejamento da manutenção.

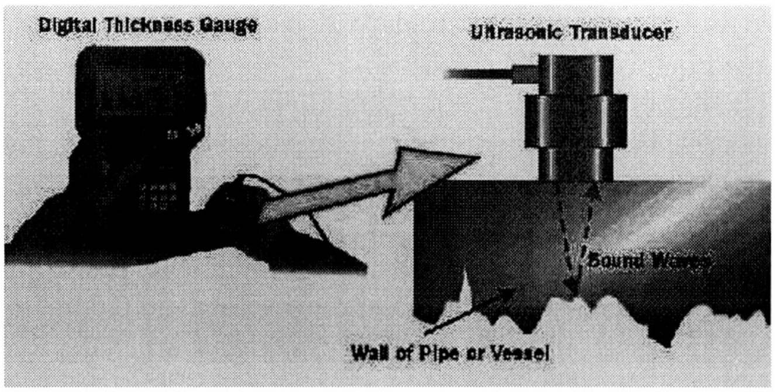

Figura 7.32 Representação do Teste por Ultra-Som no Controle de Espessura. Fonte: Não informada.

Alguns aparelhos são utilizados na detecção de falhas em equipamentos através da "captação de ondas ultrassônicas". Estes instrumentos podem ser utilizados inclusive para a identificação de falha de lubrificação em componentes como rolamentos, efeito corona em subestações elétricas e vazamentos em válvulas e tubulações de difícil acesso.

- **Radiografia:** a denominação Radiação Penetrante teve origem na propriedade de que certas formas de energia radiante possuem de atravessar materiais opacos à luz visível. Podemos distinguir dois tipos de radiação penetrante usadas em radiografia industrial: os Raios X e os Raios Gama. Eles se distinguem da luz visível por possuírem um comprimento de onda extremamente curto, o que lhes dá a capacidade de atravessarem materiais que absorvem ou refletem a luz visível. Por serem de natureza semelhante à luz, os Raios X e Raios Gama possuem uma série de propriedades em comum com a luz, entre as quais podem ser mencionadas: mesma velocidade de propagação (300.000 km/s), deslocam-se em linha reta, não são afetadas por campos eléctricos ou magnéticos, possuem a propriedade de impressionar emulsões fotográficas. Existem outras propriedades comuns entre as radiações penetrantes e a luz visível. Ocorre, no entanto, que vários fenômenos que observamos na luz são muito difíceis de serem detectados. O fenômeno de refração, por exemplo, ocorre nas radiações penetrantes, mas numa escala tão pequena que são necessários instrumentos muito sensíveis para detectá-lo. Isso explica por que a radiação penetrante não pode ser focalizada através de lentes, como acontece com a luz visível. A detecção de defeitos internos dos materiais pode ser feita com excelente precisão através do Raio "X" e do Raio Gama. Dependendo da capacidade da fonte radioativa, estes ensaios podem permitir a visualização de defeitos em materiais de grande espessura. A radiografia permite a produção de imagens que identificam com precisão a localização e o tamanho dos defeitos. Esta imagem fica registrada em um filme fotográfico, que é colocado do lado oposto da peça em relação à fonte de emissão radioativa no momento da execução do teste. Em razão da grande precisão deste ensaio, os custos de reparo podem ser reduzidos em função da redução de tempo na remoção e correção dos defeitos. Porém, os riscos devido à radioatividade e a necessidade de inúmeros cuidados de proteção tornam a aplicação deste ensaio limitada. Além disso, o custo do equipamento é muito elevado e exige pessoal especializado. O uso do Raio X ou Raio Gama é muito comum em instalações fixas de controle de medidas em processos de laminação. No campo do controle de defeitos em peças e juntas soldadas, este ensaio é exigido em equipamentos de alto risco, como por exemplo em instalações nucleares e vasos de pressão.

- **Emissão Acústica**: a emissão acústica é um fenômeno que ocorre quando uma descontinuidade é submetida à solicitação térmica ou mecânica. Uma área contendo defeitos é uma área de concentração de tensões que, uma vez estimulada por um esforço externo, origina uma redistribuição de tensões localizada. Este mecanismo ocorre com a liberação de ondas de tensão na forma de ondas mecânicas transientes. A técnica de **E.A.** consiste em captar esta perturbação no meio, através de transdutores piezoeléctricos distribuídos de forma estacionária sobre a estrutura. Estes receptores passivos, estimulados pelas ondas transientes, transformam a energia mecânica em elétrica, sendo os sinais digitalizados e armazenados para futura análise através de parâmetros estabelecidos. Este método detecta as descontinuidades nos estágios iniciais e permite que toda a superfície do equipamento em teste seja testada em um único ensaio. A inovação desta técnica está na possibilidade de realizar o teste com o equipamento em operação. O ensaio por emissão acústica necessita, então, que o material ou equipamento a ser ensaiado seja solicitado termicamente ou mecanicamente, a fim de ativar as fontes de emissão acústica caracterizada pelas descontinuidades (defeitos). Se o nível de tensão aplicado ao material ou equipamento não for o suficiente para ativar as fontes, o método considera os defeitos não críticos, ou seja, aceitáveis. Entre suas aplicações podemos citar teste em tubulações, tanques, estruturas de fibras de vidro, máquinas rotativas e monitoramento de soldas. A grande vantagem deste ensaio está na possibilidade de analisar equipamentos de grandes dimensões efetuando uma localização preliminar das regiões com defeitos.

Mais sobre "Ensaios Não Destrutivos", acesse o site:
http://www.sende.com.br

- **<u>Teste Hidrostático</u>**: é utilizado para a identificação de defeitos em reservatórios pressurizados. Este teste faz parte de um dos requisitos de segurança para a liberação operacional de equipamentos como caldeiras e vasos de pressão **(Ver NR13 – Caldeiras e Vasos de Pressão).** Para a execução do teste, o recipiente do equipamento a ser testado é completamente preenchido com água. A pressão de teste normalmente não ultrapassa em 1,5 vezes a pressão nominal de operação. Para a pressurização do sistema, normalmente é utilizado um compressor de ar. Após atingir a pressão de teste, o equipamento deve passar por um período de observação para a avaliação da estanqueidade. Este período pode ser de até 24 horas. Durante a avaliação do teste deve ser monitorada a pressão. Caso seja observada a queda da pressão, devem ser identificados os vazamentos e posteriormente efetuado o reparo. O teste deve ser repetido até eliminação de todos os defeitos. A realização do teste de hidrostático deve ser feita com pessoal habilitado e que tenha conhecimento da metodologia do teste e das condições do equipamento.

Mais sobre Teste Hidrostático, acesse o artigo:
http://sulgas.usuarios.rdc.puc-rio.br/RDias-Teste_Hidrostatico.pdf

7.2.4.5 *Análise de Motores Eléctricos*

Introdução

Atualmente existem muitas técnicas de monitoramento destinadas à manutenção de equipamentos eléctricos. Alguns métodos aplicados aos equipamentos mecânicos também são utilizados para equipamentos eléctricos, como por exemplo a análise óleo para transformadores, a termografia em painéis eléctricos e linhas de transmissão e o ultrassom para detecção do efeito corona.

A tecnologia de análise de motores eléctricos foi desenvolvida para atender ao grande número destes equipamentos existentes nas indústrias. Esta análise utiliza alguns parâmetros de monitoramento comuns aos demais equipamentos e outros específicos para os motores eléctricos. A análise pode ser local, através de coleta de dados ou monitoramento contínuo.

A seguir são apresentadas as principais análises aplicadas aos motores eléctricos.

- <u>Temperatura: o</u>s motores eléctricos estão sujeitos a variações de temperatura devido às alterações da carga de trabalho e das condições do ambiente. As causas mais comuns do aquecimento dos motores eléctricos são: sobrecarga, falhas dos mancais, desalinhamento, restrição na ventilação, problemas com alguma fase, temperatura ambiente elevada, número de ciclos excessivo, oscilação na alimentação elétrica e falhas no enrolamento.

- Análise da Corrente (i): esta análise é utilizada para detectar rompimento de barras do rotor e desbalanceamento de corrente. A medição serve como referência para análise do fluxo. A principal dificuldade deste tipo de medição é a necessidade de acessar o painel eléctrico. As leituras devem ser efetuadas por eletricista especializado. Este tipo de acompanhamento consegue identificar apenas 10% de problemas com motores eléctricos.
- Análise de Fluxo: esta análise utiliza uma leitura de referência do fluxo. Permite detectar barras rompidas, falhas no Estator, desbalanceamento de voltagem e variações de rotação. Para a medição, é utilizado um sensor de fluxo montado na parte externa do motor. Existem instrumentos onde a leitura é feita pelo próprio analisador de vibração (coletor de dados). A execução é mais simples em relação à análise da corrente. O ponto de medição deve ser sempre o mesmo. A análise de fluxo possui várias vantagens em relação à análise de corrente: permite identificar todos os problemas de uma análise de corrente, não precisa acessar os painéis eléctricos, não efetua leituras em circuitos energizados, não necessita de um eletricista especializado e normalmente é realizado em conjunto com as medidas de vibração do motor.
- Descarga de Elétrica pelo Eixo: quando o nível de tensão do eixo da máquina atinge determinado valor, pode ocorrer passagem de corrente para a base da máquina. Normalmente a descarga elétrica do eixo para a fundação ocorre através do mancal da máquina. No ponto de passagem da corrente ocorrem microssoldas nas superfícies dos mancais. A superfície apresenta defeitos característicos, tais como: derretimento localizado e riscos longitudinais nas pistas do rolamento. Da mesma forma que a análise de fluxo, o sensor do eixo utiliza o próprio analisador de vibração para a leitura e diagnóstico. O uso deste sensor permite reduzir o número de falhas dos rolamentos.

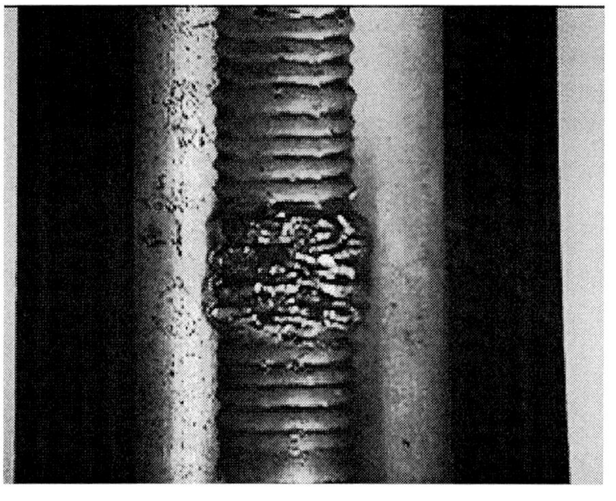

Figura 7.33 Figura que demonstra a evolução do defeito do Rolamento devido à Passagem de Corrente Elétrica. Para eliminar a passagem de corrente elétrica com o motor em funcionamento, devem ser tomadas medidas para o isolamento dos mancais ou aterramento do eixo. Fonte: Não Informada.

7.2.4.6 *Extensiometria: A Análise de Tensões*

A utilização da análise de tensões, no âmbito de manutenção, apresenta algumas limitações devido à grande dificuldade de manuseio e instalação dos sensores. Atualmente o principal tipo de sensor utilizado para este tipo de análise é o Extensômetro (**"*Strain Gage*"**). Esta técnica é muito difundida nos ensaios de protótipos e na confecção das células de carga. A maior utilização deste método de análise, que teria ampla aplicação na manutenção dos equipamentos, depende do desenvolvimento de novas tecnologias para facilitar a sua aplicação.

As principais aplicações da análise de tensões são:

- Análise de esforços em componentes de máquinas e equipamentos;
- Medição de torque em transmissões mecânicas;
- Células de carga para aplicações diversas.
- Pesagem;
- Medição de nível em reservatórios;
- Esforços em laminadores;
- Construção civil (pontes, estradas, túneis etc.).

7.2.5 Gestão da Manutenção

Introdução

Estabelecidas as condições básicas para o funcionamento da manutenção, a fase seguinte é estabelecer a melhor forma de organização física e administrativa. Além do plano hierárquico, o formato operacional segue uma característica organizacional em função de padrões determinados pela unidade matriz, condições geográficas, plano de investimento, entre tantos outros fatores. A liderança juntamente com a alta administração é que determinam como irá funcionar, seus limites de atuação, dimensionamento da equipe etc.

Existem diversos fatores que influenciam a elaboração do organograma, tais como o tamanho da instalação a ser mantida, quantidade de turnos operacionais etc. Uma equipe bem dimensionada irá permitir que o gestor possa fazer uma excelente administração de pessoal e de demais recursos. Outros fatores se destacam e considero relevantes no que se referem ao layout da fábrica, custos operacionais, nível de confiabilidade e disponibilidade requerida para o maquinário e utilidades.

O dimensionamento da carga de trabalho está na mesma proporção da programação de trabalhos de emergência e preventivos. O objetivo básico consiste em obter equipes de trabalho de porte e de estrutura tais que tornem mínimo o custo total da mão de obra e dos tempos de espera e dos deslocamentos. Caso o parque fabril seja extenso, há a necessidade de implementação de uma manutenção descentralizada.

Não existe uma estrutura ideal para a manutenção. Cada situação deve ser adequada às peculiaridades que lhe são próprias tanto do ponto de vista de complexidade dos trabalhos como dos recursos disponíveis.

Qualquer que seja a forma de organização da manutenção, os princípios básicos de administração devem ser aplicados.

Frentes de Ação para uma organização da manutenção eficiente:

Das atividades técnicas e administrativas: é a área de inteligência da manutenção e por esta razão é um conjunto fundamental para a eficiência dos serviços. O escritório, além das funções de gestão e administração (PCM), deve incluir a Engenharia de Manutenção. Seguida de arquivo técnico, ferramentaria, local de armazenagem de ferramentas e materiais. Entre as atividades, podemos destacar:

- Controle do Software de Manutenção;
- Controle das Ordens de Serviço;
- Classificação das prioridades dos serviços;
- Planejar a Manutenção Preventiva e Grandes Paradas;
- Planejar reformas de instalações, equipamentos e utilidades;

- Gerir os sobressalentes: qualidade, padronização e estoque;
- Controle dos Indicadores (MTTR, MTBF, disponibilidade etc.);
- Participar da Aquisição de novas Máquinas e/ou Utilidades;
- Manter a eficiência da manutenção em níveis aceitáveis;
- Gestão de Pessoal;
- Planejar a Qualificação da Equipe (Plano de Treinamento);
- Realizar Estudos Estatísticos (Análise de Falhas, FMEA etc.)
- Análise crítica dos serviços de manutenção e suas causas;
- Gestão da Qualidade (Normas Série ISO, Meio Ambiente etc.)
- Gestão de Contratos;
- Entre outras atividades, a partir do seguimento da Organização.

Sobre a equipe de Engenharia e Projetos, podemos destacar:

- Manter atualizados os desenhos e especificações dos equipamentos;
- Executar projetos de Dispositivos e/ou Ferramental;
- Realizar Estudos de Melhorias das Instalações e Equipamentos (técnicas TPM, KAIZEN etc.);
- Avaliar, em conjunto com SESMET, segurança das máquinas ferramentas (observando a NR17 Ergonomia, NR10, NR13 etc.);
- Realizar Reuniões com Técnicos para divulgação dos resultados;
- Avaliar se os serviços de reparo seguem as Normas Técnicas e padrões estabelecidos pela Organização;
- Elaborar os Planos de Manutenção Preventiva e Preditiva;
- Realizar estudos para padronização de componentes e sobressalentes dos equipamentos e utilidades;
- Entre outras atividades, a partir do seguimento da Organização.

Sobre a equipe de Planejamento (PCM), podemos destacar:

- Planejar todos os serviços, seguindo critérios de prioridade estabelecidos;
- Participar do planejamento da Preventiva e Grande Paradas;
- Contribuir com organização de documentos técnicos;
- Cobrar Ordens de Serviço pendentes, procurando atingir os melhores índices;
- Planejar, programar e coordenar as Ordens de Serviços para os grupos de manutenção, observando conceitos de HH, turnos operacionais etc.;
- Contatar as áreas de Produção e Administração para programar os serviços;

- Entre outras atividades, a partir do seguimento da Organização.

<u>Gestão de Sobressalentes</u>: uma das linhas de atuação para uma manutenção rápida, contribuindo para bons índices de Disponibilidade, é a gestão do estoque de sobressalentes. Está inserido não só o controle da quantidade, mas da qualidade.O ideal é utilizar marcas conhecidas no mercado pela qualidade e vida útil aceitável, aplicando a padronização dos itens. Do contrário, dificulta o reparo, quando há variáveis, tais como, dimensão e posição de montagem, por exemplo. Em tempos passados, os fabricantes forneciam catálogos como única forma de divulgação. Atualmente, com informática abrangendo praticamente todas as nossas ações, os arquivos eletrônicos e acesso aos sites contribuem para a redução de documentos físicos, determinando novos procedimentos para a formação de arquivo de catálogos através do meio electrônico. Contudo, em campo, nada melhor que "o velho e bom" manual para uma consulta, o que dispensa acesso a WIFI e que nem sempre é facilitado.

<u>Controle de Documentação Técnica</u>: os desenhos e detalhamento dos equipamentos e instalações, igualmente, devem ser mantidos em locais acessíveis e organizados, bem ao estilo de uma Biblioteca Técnica. Ao longo do período de operação dos equipamentos sofre alterações, e neste caso é necessário corrigir o original. Em um dado momento, o técnico irá fazer uma consulta durante a manutenção e é imprescindível que a documentação esteja atualizada. Então, os fatores que devem ser considerados para a formação do Arquivo de Desenhos são: documentos originais, livros técnicos, plantas baixas, *layouts*, projetos de ferramental e dispositivos com processos de digitalização, a organização das informações em meio eletrônico são outra boa estratégia administrativa.

<u>O planejamento do treinamento</u>: é outra estratégia de grande importância. O técnico formado em escolas técnicas vem com limitação, cabendo ao gestor de manutenção completar sua formação, encaminhando para treinamentos específicos, principalmente em relação aos equipamentos e utilidades dos quais ele executa a manutenção. O importante na realização do treinamento do pessoal é que sejam atingidos os objetivos para as necessidades da Organização. A capacitação, por exemplo, em NR10 é obrigatória para os profissionais que atuam em eletricidade. Além dos conhecimentos técnicos, o conhecimento em Normas da Qualidade, liderança e gestão de conflitos complementam a qualificação do profissional de manutenção. Em certos casos, o treinamento tenta suprir deficiências do mercado de mão de obra; especializar pessoal em equipamentos específicos do processo industrial; integrar o homem aos procedimentos da empresa; capacitar funcionários para novas funções; qualificar a mão de obra e reduzir as possibilidades de acidentes do trabalho. A abrangência dos cursos inclui também estagiários/*trainees*, os quais poderão passar por uma fase de recuperação de componentes, acompanhado de um curso técnico a respeito, reformas de equipamentos em oficina, instalações de equipamentos, serviços de prevenção da manutenção, para depois passar a níveis de manutenção preventiva e corretiva.

Organização da Manutenção: ênfase *Facilities*

A manutenção das utilidades, instalações e conservação predial está sob responsabilidade da Gestão de Facilities, (outra denominação conhecida: Gestão de Infraestrutura), quando nos referimos a indústrias. Em relação a outros seguimentos (Serviços, Comércio etc.) denominamos por (*Integrated Facilities Services*, IFS), oabordados anteriormente. Lembrando, serviços integrados incluem gerenciamento de atividades de limpeza, jardinagem, segurança, transporte, outros.

Há uma divisão em relação aos tipos de serviços: *hard services* ("serviços pesados"), e *soft services* ("serviços leves") os quais são determinantes para a formação da equipe. No primeiro modo de serviço estão incluídos os serviços de maior complexidade técnica, tais como, manutenção de instalações críticas (Data Center, Grupos Geradores, Centrais de Ar Condicionado, Subestações Elétricas etc.). No segundo, incluem-se serviços mais correntes e de menor complexidade, tais como a limpeza diária e pequenos reparos prediais. Portanto, há uma clara divisão de equipe, cada qual com suas prioridades e nível de exigência, bem como gestores e trabalhadores com conhecimento compatível. A organização de *Facilities*, em termos de prestação de serviço, tem estratégias bem específicas. Em termos gerais, isto é, boa parte dos departamentos está organizada desta forma:

- Serviços de Atendimento ao Cliente (*Hard e/ou Soft Services*): atendem às necessidades primárias dos funcionários de uma organização (os chamados "clientes internos"), que se destinam a facilitar a realização das suas atividades principais e a garantir conforto e facilidades para desempenhar suas funções (mobiliários, rede de telefonia, tomadas elétricas etc.). Outros serviços se destinam a arquivamento e destruição de documentos confidenciais, fornecimento de alimentos, gestão de salas de reuniões, atendimento, recepção, correio, segurança, transporte, asseio de sanitários etc.
- Gestão de Energia: gerenciamento das energias: elétrica, água, óleo, ar condicionado, ar comprimido etc. Tendo como objetivo manter e reduzir os seus custos operacionais de manutenção.
- Serviços de Engenharia e Arquitetura: aplicada à manutenção da edificação e suas instalações, incluindo equipamentos e utilidades. Em determinadas organizações, inclui-se a manutenção de sistemas críticos (Data Center, Subestação Elétrica, Combate a Incêndio etc.). Os serviços em relação à gestão dos espações e layout estão sob responsabilidade de Arquitetos. Ambos profissionais de Engenharia & Arquitetura contribuem para um ambiente funcional e harmônico. A engenharia de manutenção tem como objetivo definir os níveis aceitáveis de parada dos equipamentos, incluindo as falhas admissíveis. Para alcançar estes níveis, a engenharia de manutenção deve estar preparada para a análise dos desvios, utilizando métodos eficientes de análise de falha e solução definitiva.
- A Engenharia de Manutenção, aplicada a *Facilities*: tem atividades similares aos profissionais que atuam em indústrias. A ação de otimizar significa atuar nas falhas repetitivas melhorando projetos e procedimentos de manutenção com objetivo de aumentar o desempenho esperado da Edificação. A otimização deve utilizar as novas tecnologias que normalmente não estavam disponíveis na instalação do equipamento original e cujo desenvolvimento foi estimulado justamente para melhorar o desempenho devido às falhas e seus efeitos. A metodologia e conceitos são os mesmos. Contudo, algumas adequações são necessárias, muito em função da operação da Organização.
- Plano de Continuidade de Negócio: (também podemos dominar como "plano de contingência"). O BCP (*Business Continuity Plan*) deve garantir a continuidade das operações ou a sua recuperação rápida em caso da ocorrência de uma falha ou incidente grave, tais como sinistros relacionados a enchentes, incêndios, *blackouts* elétricos, ente outros. Nas grandes Organizações, o plano de continuidade pode prever a mudança dos seus funcionários para uma instalação alternativa, a partir da qual possam assegurar a continuidade das operações no caso de o edifício principal ficar inoperante. Os planos de continuidade devem ser testados periodicamente, através da realização de simulações, para avaliar a eficiência e realizar os ajustes necessários.

7.2.6 A Análise de Falhas

Introdução

Durante muitos anos, o termo "análise de falha" estava diretamente relacionado com as atividades da mecânica da fratura e análise de falha por corrosão, utilizada principalmente para os equipamentos estáticos. O método a ser utilizado na análise de falha dos equipamentos possui características específicas, tendo diversas aplicações, não estando limitada apenas a uma investigação metalúrgica. Neste caso, a análise de falha está associada diretamente com a determinação dos modos de falha dos componentes da máquina e as suas causas mais prováveis. Boa parte dos fabricantes de equipamentos utiliza métodos de análise de falha para o desenvolvimento dos seus produtos e para obter uma garantia na qualidade, confiabilidade e segurança.

Na maioria das vezes a falha da máquina revela uma reação em cadeia, podendo ser analisada através de um **"Diagrama Causa e Efeito"**[6] (também conhecido como **"diagrama espinha de peixe"**). A extremidade da cadeia é uma deficiência de desempenho; comumente denominada **sintoma** (**defeito** ou simplesmente **problema**).

A atividade, para a solução do sintoma, inicia mediante uma retrospectiva, e desta forma definir os elementos da "reação em cadeia". Posteriormente, se identifica uma conexão entre as causas mais prováveis com base na avaliação da falha, estabelecendo causas originais de um problema existente ou em potencial. Na prática, as atividades de análise de falha e solução final se intercalam, não existindo uma divisão clara entre as duas.

Entretanto, em muitos casos, a solução final é alcançada sem que seja conhecida a sua causa original, pois ocorrem tais deficiências de desempenho sem nenhum modo de falha aparente. O mau funcionamento ou defeitos intermitentes são exemplos típicos desta situação, o que dificulta a análise. Nestes casos, a solução terá sucesso somente se o investigador conhece o sistema com o nível necessário para a análise. Caso não sejam conhecidos os modos de falha, condições operacionais, detalhes dos componentes e características funcionais os esforços podem ser inúteis.

Principais Causas da Falhas em Equipamentos

As falhas podem ser definidas como sendo uma alteração indevida de seu modo funcional, tornando incapaz de realizar satisfatoriamente a função para a qual foi projetado. O processo de falha normalmente ocorre dentro de uma sequência de fatos, que conduzem até a falha final. Durante a evolução da falha, alguns sintomas podem ser identificados através das técnicas de manutenção. Listamos as causas mais prováveis, com base nas práticas adotadas de análise de falhas:

1. Erro de Projeto.
2. Defeito do material de construção do equipamento.
3. Erro na Montagem e/ou na Instalação.
4. Condições de serviço inadequadas, isto é, divergente do projeto.
5. Deficiências na execução da manutenção (Falta de Manutenção Preventiva).
6. Erro operacional (falta de treinamento ou displicência).

As **causas da falha**, de uma maneira geral, são determinadas pela relação entre um ou mais **modos da falha,** os quais representam a aparência, maneira ou forma pela qual um componente da máquina manifesta uma falha.

Portanto, o **modo de falha (MF)** não deve ser confundido com a **causa da falha**. O modo de falha pode ser o resultado de uma longa cadeia de causas e efeitos, terminando em uma falha funcional, isto é, um sintoma, defeito ou deficiência operacional de um equipamento. Vejamos um exemplo.

Seguem modos de falhas evidenciados em um conjunto mecânico de uma máquina ferramenta:

- Há ocorrência de Corrosão **(MF)**, localizada no assento do rolamento;
- Há ocorrência de *Pitting* ou pequenas crateras **(MF)**, na superfície de contato dos dentes das engrenagens;
- Há ocorrência de desgaste (**MF**) entre superfícies metálicas.

No exemplo abordado, a **causa da falha** pode estar relacionada a um sistema de lubrificação deficiente.

---

6 Mais informações sobre o "Diagrama Causa e Efeito" você encontra no Livro "Engenharia de Manutenção e Prática", Ed. Ciência Moderna, http://www.lcm.com.br

Todos estes **modos de falha** podem ocasionar a parada parcial ou total da máquina. A prevenção é obtida durante as fases de especificação e projeto, ou ainda na fase de testes (entrega técnica), onde a falha pode ser evidenciada e corrigida antes que o equipamento entre em operação. Em certos casos, a manutenção atua na análise e correção, numa fase em que a máquina já está operando na fábrica.

A Análise dos Modos e Efeitos das Falhas (FMEA)

FMEA[7] (*Failure Mode and Effect Analysis*), na tradução literal "Análise dos Modos e Efeitos das Falhas". Equipamentos com sistemas semelhantes, normalmente, apresentam também modos de falha similares. Entretanto, é durante a fase de utilização, isto é, características de utilização, que se determinarão a ocorrência e consequências da falha. Um componente que apresenta similaridade de modo de falha se refere aos rolamentos de esferas (componente muito utilizado em grande parte dos equipamentos e utilidades). O modo de falha será frequente, mas a causa da falha e o efeito podem ser diferentes.

Criticidade e Probabilidade de Ocorrência da Falha

Criticidade: a Tabela 7.3 estabelece um meio de quantificar o nível de importância de uma determinada função do sistema em relação à garantia operacional. A classificação é aplicada amplamente pela indústria do ramo automotivo, mas pode ser adaptada de acordo com as condições específicas do sistema analisado e características operacionais da organização.

Classificação	Efeito	Observações
1	Nenhum	A falha não afeta a segurança, meio ambiente, vidas ou operação
2	Muito Baixo	Pequena influência para a função. O reparo da falha pode ser efetuado após a identificação, sem afetar a operação.
3	Baixo	Pequena influência para a função. O reparo é programado e não afeta a operação do sistema.
4	Baixo ou Moderado	Moderada influência para a função. Parte do processo sofre influência da falha, porém o prejuízo pode ser recuperado.
5	Moderado	Moderada influência para a função. Todo o processo operacional é interrompido, porém o prejuízo pode ser recuperado.
6	Moderado ou Alto	Moderada influência para a função. Parte do processo é perdida. O prejuízo não é recuperado.
7	Alto	Alta influência para a função. Parte do processo é perdida. O tempo de reparo é elevado e com prejuízos operacionais.
8	Muito Alto	Alta influência para a função. Todo processo operacional é paralisado. O tempo de reparo é elevado, assim como os prejuízos.

Tabela 7.3 Tabela (para orientação) contendo "Categorias de Criticidade/Severidade". Fonte: Universidade Jean Piaget, Disciplina: Manutenção.

7 Mais informações sobre FMEA (aplicado à Manutenção) você encontra no Livro "Engenharia de Manutenção e Prática", Ed. Ciência Moderna, http://www.lcm.com.br.

Probabilidade de Ocorrência: a tabela 7.4 também tem base nos ambientes da indústria automotiva. Caso existam dados históricos, equipamentos similares, os valores devem ser adequados à tabela. Os valores estatísticos podem ser expressos em horas, dias, ciclos ou conforme outra forma mais adequada de tempo.

Classificação	Probabilidade	Descrição
1	1/10.000	A Probabilidade de ocorrência é remota.
2	1/5.000	Baixa taxa de falha. Similares às ocorrências anteriores, a taxa de falhas é baixa em relação às condições operacionais.
3	1/1.000	Taxa de falha ocasional. Similares às ocorrências anteriores, a taxa de falhas é constante em relação às condições operacionais.
4	1/500	Taxa de falha moderada. Similares às ocorrências anteriores, a taxa de falhas é moderada em relação às condições operacionais.
5	1/100	Taxa de falhas elevada. Similar às ocorrências anteriores, a taxa de falha é elevada e causa problemas.
6	1/20	Taxa de falha muita elevada. Frequentemente causa problemas.

Tabela 7.4 Tabela (para orientação) contendo "Categorias de Probabilidade (Ciclos) de Ocorrência de Falhas". Fonte: Universidade Jean Piaget, Disciplina: Manutenção.

Obtenção da Causa Principal da Falha

Quando os **modos de falha** são conhecidos, a fase seguinte é determinar a **causa da falha**. Assim, se obtém um método de reparo bem mais adequado, evitando as suposições e longos tempos "pensando" na causa da falha. O exemplo da tabela 7.5 contém informações sobre um sistema de água gelada. Nela são identificadas as funções do sistema, as possíveis falhas funcionais, modos de falha e origem da falha.

Função	Falha Funcional	Modo de Falha	Origem da Falha
Fornecer água gelada.	Perda Total de Vazão	Falha no Chiller	
		Falha de Moto Bomba	Ver Tab. 7.6
		Vazamento no sistema	
		Tubulação obstruída	
A Temperatura e Vazão da Água Gelada conforme especificações de processo operacional.		Falha de Válvula	
	Vazão Insuficiente	Cavitação da Bomba	
		Falha de Acionamento	
		Tubulação obstruída	
		Válvula fora de posição	
		Instrumento de medição com defeito	
	Temperatura da Água Alta ou Baixa	Falha da Bomba Centrifuga	
		Falta de Refrigerante no Chiller	
		Problema na Torre de Resfriamento	
		Válvula fora de posição	

Tabela 7.5 Tabela (para orientação) contendo "Análise de Falhas para Sistema de Fornecimento de Água Gelada". Fonte: Universidade Jean Piaget, Disciplina: Manutenção.

Cada linha da coluna **"modo de falha"** (da tabela 7.5) irá corresponder a outras tabelas contendo os principais componentes do equipamento. Para exemplificar, a tabela 7.6 contém apenas informações da Moto Bomba, identificando: Componente, Falha, Modo de Falha e Possível Origem da Falha (portanto, outras tabelas similares a esta devem ser montadas para os demais componentes).

Tabela 7.6: Análise de Falha dos Componentes da Moto Bomba

Componente	Falha Funcional	Modo de Falha	Origem da Falha
Função Estator	Funcional Motor não funciona	Modo de Falha Falha de Isolação Rompimento de Bobina	Origem da Falha Isolação; contaminação; corrente elevada; oscilação de tensão; desbalanceamento de fase; temperatura excessiva.
Rotor	Motor não funciona Motor não gira na rotação correta	Falha de Isolação	Contaminação do Isolamento, corrente elevada; temperatura elevada; desbalanceamento mecânico.
Rolamentos	Motor não funciona	Rolamento danificado	Fadiga; falha de lubrificação; desalinhamento; desbalanceamento mecânico;contaminação do lubrificante; esforço axial elevado, temperatura elevada.
Controle do Motor	Motor não funciona	Falha de contato	Falha no contato; falha do circuito de controle; falha no cabo; perda de potência.
	Motor não gira na rotação correta	Falha do inversor de Frequência	
Alimentação Elétrica	Motor não funciona	Perda de Potência	Falha de alimentação Sistema; corrente elevada; fusível queimado; fio rompido.

Tabela 7.6 Fonte: Universidade Jean Piaget, Disciplina: Manutenção.

O exemplo apresentado é bastante simples e serve como orientação para a elaboração de planilhas mais sofisticadas. O importante é que você entenda a metodologia e consiga elaborar um sistema que permita análises mais precisas, permitindo que a equipe de manutenção execute seu serviço mais rápido. Os históricos de atendimento são excelentes fontes para incrementar as tabelas.

Este tipo de análise é recomendado quando é necessária uma avaliação mais detalhada de problemas de maior importância para a organização ou mesmo para estabelecer procedimentos de manutenção, através de uma metodologia que permite um alto grau de assertividade. Outro fator importante é a participação de pessoal com conhecimentos específicos sobre equipamento, acrescentado as informações e orientações dos manuais do fabricante.

7.2.7 Limpeza e Organização da Oficina (5Ss)

Introdução

Para o sucesso de uma manutenção não basta eficiência técnica e administrativa se a oficina está um caos! A apresentação e organização de ferramentas e materiais demanda tempo, mas é necessária. Uma dica é determinar um período, na semana, para que a equipe se dedique somente à limpeza e organização da oficina. Os programas da qualidade 5Ss e KAIZEN possuem metodologia que auxiliam a implementação de uma rotina saudável que vem ao encontro às necessidades não só das Normas da Qualidade, mas de propiciar um ambiente saudável e agradável para a equipe.

Fui gestor de manutenção em indústria do ramo de medicamentos e cosméticos. Uma das primeiras ações foi justamente a organização da oficina. A desorganização era total, desde materiais "atirados" pelos cantos, paredes sujas, maquinário com pintura desbotada, arquivo técnico desorganizado, área de armazenamento de sobressalentes em total desorganização. Obviamente, havia também conflitos entre alguns membros da equipe, reflexo da total desorganização do departamento. Um dos incentivos que dei à equipe é que ao final do trabalho eu traria o Diretor Industrial para uma visita. Sendo um ambiente de "salas limpas", a equipe de manutenção precisava estar paramentada, o que de certa forma dificultava a ação da equipe. A solução foi a implementação da manutenção descentralizada, onde cada setor da fábrica teve um posto avançado, contendo PC, ferramental, bancadas e algumas peças de reposição mais usuais. Realmente, foi um grande desafio e não tive a oportunidade de incluir nos meus livros. Foi, sem dúvida, um caso bem interessante para divulgar ao caro leitor.

PS. O Diretor foi até a oficina e parabenizou a equipe pelo excelente trabalho!

Bem, vamos a algumas dicas para tornar a oficina apresentável:

1. Mantenha as ferramentas em condições de uso e limpas: as ferramentas elétricas são as mais sensíveis à sujidade, mas as ferramentas manuais também precisam estar em condições, pois são essenciais para serviços gerais. Ao contrário, quando não são conservadas em bom estado de funcionamento, estas apresentam, em primeiro lugar, um risco de segurança e, em segundo, podem afetar a produtividade daqueles que as utilizam. Logo, o custo de ferramentas adequadas e bem conservadas é considerado pequeno em comparação ao custo da perda de produtividade ou de um acidente resultante. Lembrando que o ferramental deve ser substituído em razão de desgaste ou obsolescência.

2. Armazenagem de Ferramentas: o armazenamento deve ser um dos primeiros pontos a ser observado para manter as ferramentas em bom estado. Neste caso, os equipamentos devem ser protegidos da umidade e conservados em um local seco. Uma dica é conservar as embalagens do fabricante, geralmente caixas plásticas resistentes, pois elas auxiliarão também na hora de transportar as ferramentas para outros locais.

3. Bancadas de Teste Eletro-Eletrônico: as tomadas são um dos pontos mais abordados. Isto porque, no geral, os operadores costumam cortar as pontas de tomadas dos cabos das ferramentas elétricas de modo a tentar facilitar a ligação destas em qualquer ponto de energia. Vale ressaltar que este procedimento é perigoso e afeta a segurança tanto do operador quanto de qualquer outra pessoa que esteja próximo ao equipamento. A melhor opção é fazer uso de uma extensão adequada, de modo a compatibilizar a ferramenta com o tipo de tomada que será utilizada. A grande maioria das ferramentas elétricas atuais são bivolt. Um dos transtornos é a falta de padronização entre *plugs* e tomadas, principalmente dos modelos antigos. Recentemente, no Brasil, houve alteração nos modelos, e por esta razão se torna necessário adequar as instalações da edificação.

4. Conservação das Ferramentas Elétricas: a vida útil destes equipamentos depende de como é utilizada, mas limpeza é importante neste contexto:

- Desconectar as ferramentas da energia antes de realizar a limpeza;
- Utilizar um pincel macio para limpar os resíduos de materiais que ficarem sobre o equipamento;

- Quando possível, utilizar um compressor de ar para retirar os resíduos das ferramentas;
- Limpar as entradas e saídas de ar das ferramentas elétricas de modo a mantê-las livres e evitar superaquecimentos em outras ocasiões de uso;
- Utilizar uma flanela limpa para limpar toda a carcaça do equipamento;
- Após a efetuar a limpeza, lubrificar as peças com óleo de máquina, de modo a evitar que estas venham a enferrujar com o tempo.
- Assim como carros ou quaisquer outras máquinas, ferramentas são projetadas para o desgaste e a substituição de peças. Algumas peças devem ser trocadas conforme o tempo estipulado pelo fabricante, como por exemplos os rolamentos, anéis de isolamento, retentores, parafusos de aperto entre outros.

5. Conservação dos Acessórios de Manutenção: além das ferramentas, os acessórios também merecem atenção para a conservação e organização, já que estes também influenciam diretamente no desempenho e vida útil dos equipamentos:

- Manter a chave de mandril sempre presa à furadeira e em bom estado, de modo a evitar problemas com a fixação de brocas;
- Manter serras e brocas afiadas para evitar forçar a ferramenta na execução de um trabalho;
- Verificar o desgaste de parafusos de fixação das ferramentas com os equipamentos para evitar que se soltem durante o uso.

6. Revisão Geral de Ferramentas: por mais que não se utilizem regularmente algumas ferramentas, recomenda-se revisá-las ao menos uma vez no ano, para verificar a lubrificação das peças móveis, ressecamento e rachaduras de cabos e carcaças ou ainda a formação de ferrugem em áreas metálicas. Pequenos cuidados diários podem fazer toda a diferença para manter uma ferramenta elétrica. Observe as instruções no manual do fabricante.

A disposição das ferramentas e materiais (painel ou armário) vai muito de cada indivíduo, seja em sua residência ou no trabalho. Há casos em que cada mecânico possui um carro de ferramentas (ou maleta), o que facilita muito o serviço.

7.3 Operações OPEX & CAPEX

As Organizações utilizam dois tipos distintos para definir seus gastos quando o assunto é finanças empresariais: **OPEX** (*Operational Expenditure*) e **CAPEX** (*Capital Expenditure*). Em resumo, OPEX abrange os gastos recorrentes e contínuos que são necessários para a continuidade das operações, tais como, aluguel, salários, marketing, fornecedores, faturas de energia, salários e benefícios etc. Já CAPEX diz respeito aos investimentos em bens duráveis e de longo prazo, tais como, equipamentos, imóveis, instalações, entre outros itens que são úteis para aumento de rentabilidade, capacidade produtiva etc.

Para sua orientação, segue comparativo:

Característica	OPEX (Despesas Operacionais)	CAPEX (Investimentos em Bens de Capital)
Natureza	Custos recorrentes, necessários para a operação diária	Investimentos de longo prazo, visando o crescimento e a melhoria da empresa
Impacto Financeiro	Afetam o lucro imediato	Geram benefícios a longo prazo, com depreciação a longo do tempo
Contabilidade	Registradas como despesas no demonstrativo do resultado do exercício (DRE)	Registradas como ativos no balanço patrimonial e depreciados
Exemplos	Salários, aluguel, conta de energia, marketing	Aquisição de equipamentos, construção de fábricas, compra de softwares

7.3.1 Sobre o Cálculo do OPEX – Gastos Operacionais

Em relação à Gestão de *Facilities* as despesas e gastos operacionais das atividades inseridas e obviamente para conservação e manutenção de equipamentos, utilidades e instalações da Edificação, estão contidas nos gastos OPEX. Portanto, esses dispêndios estão relacionados com os gastos das atividades rotineiras da empresa, incluindo ainda as despesas tributárias, despesas com funcionários, contas, manutenção de equipamentos e outros. Um detalhe importante diz respeito às estratégias, por exemplo, a Organização pode optar pela locação de determinado maquinário ou empresa terceirizada, ao invés de adquirir um novo equipamento. Esse gasto, por vezes mensal, é considerado gasto OPEX. Então, é importante essa avaliação das despesas operacionais para a se obter uma gestão dos gastos, tendo um demonstrativo contábil assertivo, principalmente das despesas operacionais diárias que ocorrem sem planejamento, em razão de emergências e dessa forma manter a continuidade do negócio.

Para obter o cálculo do OPEX, soma-se as despesas operacionais, por exemplo, dos últimos 12 (doze) meses (em geral, Ano Fiscal) ou outro período de tempo contábil. Depois reunir as informações, tais como:

- Demonstrativo do Resultado do Exercício (DRE): é o relatório contábil detalhado que demonstra as receitas, custos, despesas e o resultado líquido de uma Organização, durante um determinado período (geralmente, é utilizado "Ano Fiscal");

- Balanço Patrimonial: é um relatório financeiro, o qual resume a situação financeira da Organização em um determinado período onde é demonstrado: Ativos (Bens e Direitos), Passivos (Obrigações, como Impostos) e o Patrimônio Líquido (que é a diferença entre os Ativos). O Balanço Patrimonial é o saldo do restante, depois de quitar todas as dívidas, representando assim a "riqueza" da Organização. É um indicador fundamental da, comumente denominada, "saúde financeira". É muito utilizado na avaliação do desempenho financeiro, seja para atrair investidores, obter liberação de empréstimo ou financiamento. Em resumo, revela o que a empresa possui (ativos), o que deve (passivos) e o valor líquido dos seus bens e direitos após deduzir as dívidas;

- Fluxo de Caixa: é uma ferramenta de gestão financeira que acompanha as entradas e saídas de dinheiro de uma empresa, permitindo analisar a situação financeira e planejar decisões. É um registro detalhado de todas as transações financeiras, desde as vendas até as despesas, que auxilia na previsão de recursos disponíveis e na tomada de decisões estratégicas;

- Orçamentação – Planejamento Financeiro: é um plano estratégico de apoio a gestão entre gastos x lucros, ao longo de um determinado período. Ele envolve listar todas as fontes de renda e todas as despesas, permitindo uma visão mais ampla das finanças da Organização. Monitorar os gastos é essencial, quando nos referimos aos indicadores como a Rentabilidade.

Logo, para executar cálculo do OPEX, a Gestão de *Facilities* coleta os dados sobre a gestão das despesas com a operação e manutenção da Edificação. Segue exemplo:

Certa Organização fez o levantamento das despesas a pagar (Orçamento), no valor de R$ 60.000,00. Avaliando o Fluxo de Caixa, tem disponível R$ 25.000,00. A diferença no valor de R$ 35.000,00 estará descrita no Balanço Patrimonial, no campo: "Contas a Pagar".

7.3.2 Sobre o Cálculo do CAPEX – Capital e Investimentos

Outro termo importante no mundo das finanças é o **CAPEX. É importante para uma melhor** compreensão da natureza dos investimentos necessários para crescimento de um negócio. Além disso, é um indicador financeiro quando algum investidor pretende avaliar determinada Organização que conta na Bolsa de Valores.

O CAPEX, como já visto, é definido como as Despesas de Capital ou Investimentos em Bens de Capitais. Esse tipo de custo existe para manter ou até expandir o escopo das operações de uma Organização. É um conceito muito importante no mundo dos negócios, pois, ele avalia o fluxo de caixa sendo utilizado em investimentos nas empresas. Exemplos são vários, tais como a Construção de uma nova unidade fabril ou comercial ou ampliação de frota. Então, podemos afirmar que os investimentos em ativos definem o **CAPEX**.

Um detalhe a ressaltar sobre as despesas serem ou não um investimento (gasto de capital) é se o ativo, recém-adquirido, começa a apresentar as despesas com Depreciação e Amortização. Isso acontece porque segundo os padrões, toda a empresa deve descontar os seus custos fixos com depreciação e amortização durante a vida útil do ativo. Portanto, os investidores analisam criticamente quando determinada Organização tem grande fluxo de Investimento (CAPEX), tendo em vista que dão prioridade a investir, para somente depois avaliarem o retorno desse investimento (*Return on Investment*) – por vezes, correm o risco de não obter este retorno. Essa condição de certa instabilidade financeira, pode barrar novos investidores, deixando os acionistas mais tranquilos, pois sua prioridade como foi o desempenho do Fluxo de Caixa livre, isto é, quanto foi o volume que pode ser destinado para o acionista, sem comprometer as operações da Organização.

Por outro lado, algumas empresas, tais como as do setor de siderurgia, precisam alocar grandes montantes de sua geração de fluxo de caixa apenas para a manutenção das suas operações, impedindo que o capital retorne ao acionista.

Uma das dúvidas mais comuns é identificar o CAPEX nos demonstrativos financeiros. Ele está contido no fluxo de caixa das atividades de Investimento no campo "Demonstração de Fluxo de Caixa e identificados como: Aquisição de Ativo (Imobilizado) e Despesas de Aquisição. Os investimentos necessários dependem do segmento empresarial: Telecomunicações, Fábricas, Centros Comerciais, Serviços Públicos etc. Os investimentos determinados pela Gestão de *Facilities* atuam de acordo com essa característica – podemos citar investimento em um novo Grupo Gerador ou Sistema de Condicionador de Ar.

Tendo em vista que para investir são necessários gastos expressivos, certas particularidades devem ser consideradas, como visto – setor de atuação de seus produtos e/ou serviços. A condição financeira da empresa é fundamental para definir o valor máximo a ser investido. Entende-se como vantajoso esse investimento para alocação de capital por diversas razões, as quais trazem uma "boa saúde" financeira para a Organização, ainda que diminua o fluxo caixa, ele permite um crescimento a longo prazo – exemplo seria o caso da aquisição de um imóvel para uma nova filial, onde é esperado que dê lucro e consiga ter um Retorno do Investimento a contento. No entanto, é preciso estar atento para o prazo desse retorno: se ele demorar para chegar, pode não compensar.

Por fim, esse tipo de alocação de capital também permite uma maior previsibilidade nos negócios, uma vez que a Organização está investindo constantemente para crescer.

Exemplos reais sobre CAPEX, mas considerando o tamanho da Organização. Isto é, a superioridade das empresas pouco intensivas em CAPEX. É através desses recursos livres que o Investidor terá sua remuneração como acionista do negócio.

1. Gerdau (GGBR4) – Gigante do mercado siderúrgico, no ano de 2017 gerou um FCO (Fluxo de Caixa Operacional) R$ 2,07 bilhões e teve Custos de Capital (Investimentos) da ordem de R$ 911 milhões, ou seja, um CAPEX de 44% do FCO.
2. OdontoPrev (ODPV3) – Companhia de planos odontológicos conseguiu gerar um FCO de R$ 289 milhões. Entretanto, investiu R$ 14 milhões em Custos de Capital para manter e expandir o seu negócio. Ou seja, o CAPEX dessa empresa foi de apenas 5% do FCO.

Fonte: **https://www.suno.com.br/artigos/capex**

7.3.3 Definição da Despesa: OPEX ou CAPEX?

Voltando ao tema Gestão de *Facilities*, as despesas devem ser enquadradas em OPEX ou CAPEX. Em certos casos podem ocorrer dúvidas, uma vez que essa definição pode ser subjetiva. Vejamos um caso bem comum, por exemplo, quando ocorre gasto com uma ferramenta de trabalho como um Laptop. Pode ser considerado como um custo operacional, já que é um instrumento de trabalho e relacionado às operações da empresa (portanto, é uma despesa operacional). No entanto, ele é um equipamento novo, isto é, uma despesa de aquisição (portanto, um investimento). Para que não ocorram essas "confusões" no dia a dia, uma análise criteriosa é requerida, padrões devem ser estabelecidos e documentados. Dessa forma, as possíveis dúvidas ficam esclarecidas e os gastos são alocados devidamente. Nesse exemplo do Laptop, na minha opinião, é CAPEX. Seria OPEX se um Laptop em uso fosse para reparo. Via de regra, a diferença pode ser vista na Figura 7.37 a seguir:

Figura 7.37 Fonte: Postagem Linkedin, "Engenharia de Manutenção" Postagem de Luís Fernando Zacheo

Para encerrar, tem a questão das prioridades. Projetos são considerados CAPEX, pois são investimentos mais elevados, em sua maioria. Podemos citar a Gestão de *Facilities* trabalhe num projeto para a implementação de um novo site da Companhia, onde os valores de negócio podem chegar à casa de milhões de dólares (ou reais). Em conjunto com a Alta Administração, podem juntos optar por uma locação de espaço, gerando certa economia, nesse caso essa despesa passa a ser OPEX – despesa operacional que gera uma economia não financeira, mas também de tempo para início da operação do novo site (Cronograma com tempo reduzido).

Essas decisões como vimos, optando pelo OPEX, torna-se possível terceirizar certas operações de *Facilities*, deixando a equipe principal focada no essencial – operações mais críticas para a Companhia. Via de regra, essa estratégia é usual, basta definir um gestor de contratos para monitoramento dos fornecedores que atuam nas operações terceirizadas.

Por outro lado, conforme a companhia cresce e ganha representatividade no mercado onde atua, pode fazer mais sentido optar pelo CAPEX – adquirindo maquinários, aumentando suas instalações e operações para ter o controle total das atividades e gerar sinergias que sejam capazes de aumentar a produtividade e rentabilidade do negócio.

A Gestão de *Facilities*, a partir dos conceitos vistos, deve planejar seus gastos (conservação e/ou novos projetos de espaços, instalações, utilidades e demais ativos da Edificação) e alocar devidamente seguindo os padrões existentes da Organização. De fato, é sujeito a interpretações diversas. No entanto, cada Companhia avalia o estágio e maturidade de seu negócio e avaliar qual tipo de despesas mais adequado a sua realidade de momento: OPEX ou CAPEX.

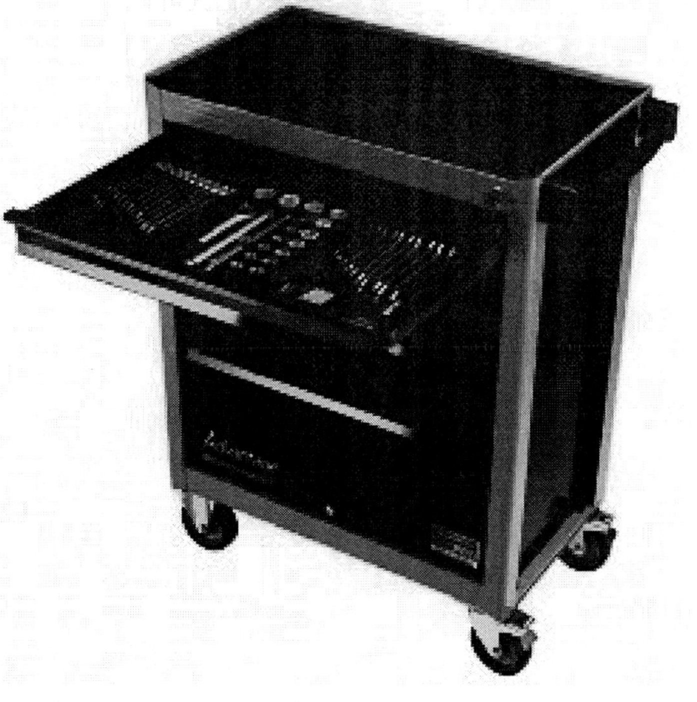

Figura 7.34 Exemplo de Carro de Ferramentas. Fonte: http://www.tramontinapro.com.br, Empresa TRAMONTINA.

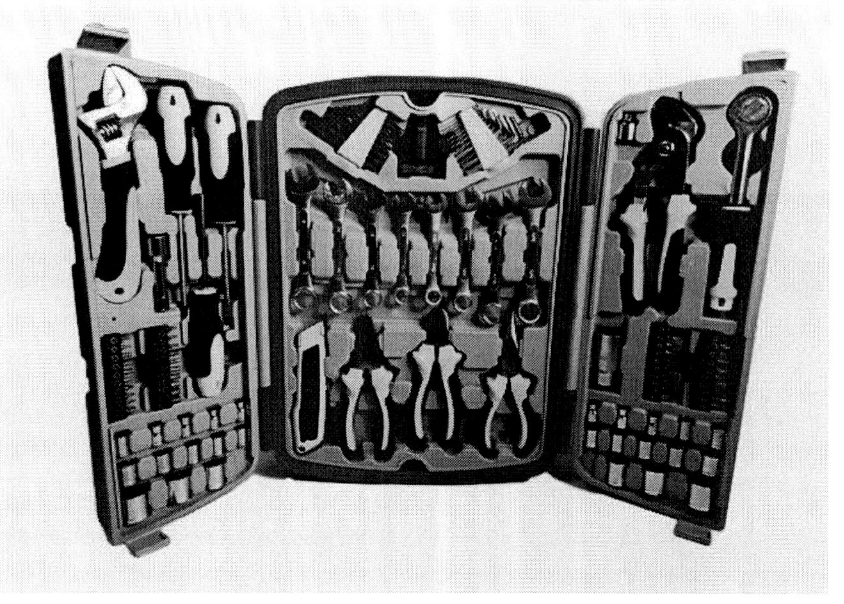

Figura 7.35 Outra opção é o Estojo com Jogo de Ferramentas. Fonte: http://www.demeo.com.br

Figura 7.36 Exemplo de uma Oficina Mecânica com alto nível de Organização e Limpeza. Note os painéis para armazenagem de ferramentas, bem como armários para guarda de materiais e/ou acessórios. Fonte: http://www.demeo.com.br

Em campo, a equipe de Facilities precisa manter o nível de organização e limpeza. A manutenção predial gera grande índice de pó e poeira, mas isso não deve justificar que tenha que permanecer desta forma. O ferramental e materiais devem estar mantidos, bem como o local, que demonstre que a qualidade do serviço está em harmonia com o ambiente. Outro item a considerar é a vestimenta do profissional. O uniforme precisa estar apresentável, sem excesso de sujidade ou rasgado. Lembrar que não é você que o Cliente está vendo, mas a empresa.

1. Armazenagem de Material Manutenção Predial: durante o trabalho em um canteiro de obras a movimentação de materiais é uma das atividades que mais tomam tempo. Por isso, aumentar a produtividade da equipe de trabalho e ao mesmo tempo diminuir a desordem no espaço é importante. Se considerarmos que a mão de obra é responsável por cerca de metade do custo de uma obra, fica ainda mais visível a importância

dessa organização, já que quanto mais produtivo for o time, mais rápida a obra ficará pronta, diminuindo o custo dos trabalhadores.

2. Gestão de Estoque de Materiais para Construção ou Manutenção Predial: há algumas questões que devem ser considerados pelos gestores antes do início dos serviços:

- Quais quantidades materiais serão recebidas antes e/ou durante o trabalho?
- Onde e em que momento da obra serão utilizadas?
- Quando devem chegar ao local?

Antes do início de cada obra é preciso que os gestores coordenem o recebimento e armazenagem dos materiais. Há os padrões operacionais determinados previamente pela Organização, algumas seguindo programas da Qualidade Total em conjunto com normas ambientais. Os espaços determinados devem estar disponíveis próximos ao local de processamento, assim como os equipamentos e ferramentas. Seguem orientações de especialistas em construção civil:

- Fundação e Subsolo: escolha locais do terreno onde não haverá movimentação de terra. Utilize containers de armazenamento. Eles podem ser facilmente removidos.
- Estruturas: assim que o subsolo estiver preparado, utilize-o para estocar materiais básicos na obra; gruas e cremalheiras facilitam o acesso ao subsolo. Tenha uma área exclusiva para o processamento da argamassa; parte dos blocos pode ser alocada diretamente nos andares.
- Revestimentos, Esquadrias ou Materiais Hidráulicos: faça um bom planejamento para evitar que o transporte vertical fique sobrecarregado, reserve a maior parte das áreas de estoque para cerâmicas, louças, portas, janelas etc.
- Areia e Brita: o local de estocagem deve ficar próximo ao portão de acesso aos materiais, se possível diretamente ligado à caçamba do caminhão. Devem ser levantadas baias de cerca de 1,20m de altura sobre um contrapiso de concreto. Detalhe: uma baia para cada granulometria de material. As baias evitam o vazamento do material e sua mistura com outros tipos de pedra.
- Materiais Metálicos: os vergalhões devem ser armazenados sobre um estrado com altura mínima de 7 cm acima do piso, separados e etiquetados de acordo com a bitola. O estoque deve ficar o mais próximo possível da região de corte do canteiro e de preferência protegido do sol e da chuva.
- Blocos de Concreto ou Cerâmicos: a armazenagem destes itens pode ser feita em locais abertos em pilhas de, no máximo, 2m de altura. As peças devem estar próximas do local onde serão utilizadas ou perto da central de transporte vertical. Blocos diferentes devem ficar em pilhas diferentes para garantir que não haverá troca de materiais durante a execução.
- Cimento, Cal, Argamassa e Gesso: todos os ensacados devem ser estocados em local coberto, em pilhas sobre estrados de 30 cm de altura em relação ao piso e a uma distância de 30 cm das paredes. O empilhamento máximo é de 10 sacos de cimento ou gesso, 15 sacos de cal e 20 sacos de argamassa.

Apenas como referência, segue uma proposta para elaborar uma estrutura de Facilities (Manutenção de Infraestrutura), nos moldes de uma companhia multinacional em solo brasileiro.

7.4 *Facilities* Maintenance and Operations

Introdução

As companhias internacionais se referem à equipe de manutenção de infraestrutura como o *Facilities Team,* o qual é responsável pelas atividades de conservação da edificação, espaços, utilidades, equipamentos, sistemas mecânicos e elétricos. Fornecer serviços que permitam a continuidade do negócio, segurança e eficiência nas operações e preservação do meio ambiente. Os perfis e responsabilidades são individualizadas, conforme foi descrito no item 7.1 deste Capítulo.

Portanto, segue para sua análise o formato de uma estrutura de Facilities, na visão de uma empresa multinacional.

7.4.1 Escopo das Atividades do Gerenciamento

- Plano de Inspeção da Edificação (rotinas diárias ou manutenção de rotina)
- Planejamento das Atividades (planejar execução das *WO, Work Orders*)
- Programação de Trabalho;
  - Manutenção de Emergência;
  - Manutenção de Rotina;
  - Manutenção Preventiva;
- Conclusão das Tarefas (*Work Order Concluded*)
- Controle e Emissão dos Relatórios Gerenciais

Facilities Maintenance

- Plano de Manutenção Preventiva
- Manutenção Corretiva
- Manutenção Predial e Pequenos Projetos de melhoria na Edificação

Operação das Utilidades

- Gestão da Operação das Centrais de Utilidades;
- Gestão do Sistema de Monitoramento

Grandes Serviços de Manutenção

- Planejamento
- Documentação: de Projeto e Construção ou Execução
- Gerenciamento do Projeto e Execução

Manutenção Geral

- Manutenção da Planta, exterior (*Site Maintenance*)

- Manutenção dos espaços internos da Planta
- Remoção dos entulhos e demais resíduos
- Manutenção de Equipamentos e Utilidades

Administração

- Gestão os Recursos Humanos
- Escala de Serviços
- Supervisão e Plano de Treinamento
- Fornecimento de Ferramental, Vestuário e EPI
- Recebimento e Distribuição de Materiais (insumos, sobressalentes etc.)
- Gestão de Serviços Terceirizados
- Gestão de Contratos
- Sistema da Qualidade: Controle dos Procedimentos, Padrões internos e/ou Normas Série ISSO

Sistema de Segurança:

- Transportes Verticais (Elevadores), Escadas Rolante etc.
- Energia de Emergência (Gerador) e Iluminação
- Sistemas de Alarmes e Detecção (Gestão de Sinistros)
- Sistemas e/ou Equipamentos de Segurança
- Gestão de Resíduos Perigosos

Gerenciamento dos Sistemas de Energias:

- Manutenção dos Sistemas (elétrico, vapor, gás, ar condicionado, água gelada, água quente etc.)
- Operação e Inspeção
- Auditoria das atividades (certificar que foram concluídas conforme padrões)

7.4.2 Manual de Operação e Manutenção

Manual de Manutenção e Operação

A estrutura do Manual de Manutenção deveria conter, no mínimo:

1. <u>Geral</u>:

- Missão e Objetivos

- Responsabilidade da Administração
- Tipos de Manutenção e Prioridade

Objetivos *(Department's Goals)*

- Estender ao máximo a vida útil dos ativos e aumentar a eficiência (desempenho) *Facitilies Team*
- Reduzir a interrupção das falhas estruturais na edificação
- Aumentar a produtividade da equipe de Operação e Manutenção (eficiência da mão de obra)
- Melhorar os métodos e procedimento das atividades
- Reduzir custos operacionais, manutenção e serviços subcontratados
- Eliminar, no mínimo reduzir, os riscos de incêndio
- Melhorar e manter a qualidade dos serviços
- Gerenciar os serviços, através de auditoria e análise crítica
- Implementar programas de eficiência energética de acordo com padrões e legislação vigentes

2. **Planejamento e Controle (Via Sistema Informatizado):**

- Cadastro de Departamentos, Equipamentos etc.
- Plano de Manutenção e Forma de Controle (KPI)
- Gestão de *Work Orders* (WO)
- Planejamento, Previsão e Programação dos Serviços
- Avaliação de *Performance*
- Inspeção (Tipos, Ciclo e *Checklist)*

O tipo de "Planejamento e do Sistema de Controle" das atividades do *Facilities Team* irá depender de fatores, tais como: dimensão e localização da edificação; disponibilidade de pessoal; capacidade de administração e supervisão. Contudo, podemos citar algumas atividades básicas:

- Controle das Ordens de Serviço (WO)
- Registro das requisições de serviço
- Identificação das prioridades das WO
- Sistema de Gestão (próprio ou corporativo)
- Adequação da Mão de Obra para atividades de Emergência Preventiva
- Flexibilidade do *Facilities Team* diante de ações inesperadas
- Supervisão coordenada com os usuários da Edificação

A Tabela 7.7 demonstra exemplo de Codificação (TAG) para os equipamentos:

A letra "F" à frente da sigla indica que o equipamento e a manutenção estão sob a responsabilidade de *Facilities*

Equip Type – Code	Equipment Type – Name	Specialty
F-AC	AIR COMPRESSOR	General Maintenance
F-ACU	AIR CONDITIONING UNIT	HVAC
F-AD	AIR DRYER	General Maintenance
F-AEDU	AED UNITS	Fire Systems
F-B	BOILER	HVAC
F-BC	BATTERY CABINET	Electrical
F-CH	CHILLER	HVAC
F-JP	JOCKEY PUMP	Fire Systems
F-KE	KITCHEN EQUIPMENT	Electrical
F-KEF	KITCHEN EXHAUST FAN	HVAC

Tabela 7.7

7.4.3 Planos Operacionais

O gerenciamento das operações inclui manutenção, inspeção diária, reparo predial, substituição de funções na edificação (portas giratórias, por exemplo), operação e manutenção de utilidades etc.

A conservação da edificação comercial deveria ser considerada à parte, quando *Facilities Team* é responsável, também, pela conservação da estrutura industrial da organização. Em geral, as utilidades são diferentes. Compressores de Ar são específicos para unidades industriais, já os grupos geradores podem ser comuns a ambas estruturas. Isto significa ter técnicos com diferentes capacitações para que sua performance seja mais acertiva. Adaptações de mão de obra técnica não resultam em bons resultados. Um bom técnico mecânico pode saber muito sobre compressor, mas nunca fez reparo em grupo gerador. As tecnologias avançadas requerem cada vez mais mão de obra especializada. Assim podem executar suas tarefas com a capacitação adequada, obtendo o resultado esperado.

A seguir, exemplo de rotinas diária e diurna de inspeção. O exemplo é utilizado por empresa do seguimento de Tecnologia da Informação. Poderá haver uma rotina de inspeção para equipe que atua à noite.

Atenção: Somente iniciar tarefas após avaliação dos EPI obrigatórios

06:10 AM e 11:00 AM: PORTARIA
Com a lista de medições em mãos, checar e marcar a leitura da água da SABESP (m3) e CPFL (KWH)

06:10h			11:00h	
SABESP		m^3		m^3
CPFL		kW/h		kW/h
Caixa D'água		m^3		m^3

06:30 AM: CHILLER CENTRÍFUGO ADM

Ligar Bomba de água gelada do Chiller Pr. ADM	( ) OK	Qual bomba?	(1,3 ou 2,4)
Ligar e checar o acionamento do Chiller Pr. ADM	( ) OK	Temp. Água Gelada	(___), Ajuste 6° C
Verificar temperatura no Prédio ADM.	( ) OK	Temp. Ajustada	22° C (+ - 1°C)

Verificação:			
Vazamentos na bomba	( ) SIM	( ) NÃO	Obs:
Limpeza e organização do local.	( ) SIM	( ) NÃO	Obs:

06:40 AM: CHILLER DO DATA CENTER

Verificação:			
Vazamentos na bomba	( ) SIM	( ) NÃO	Obs:
Ruído anormal na bomba	( ) SIM	( ) NÃO	Obs:
Níveis das caixas de compensação	( ) OK	( ) NOK	Obs:

Revezamentos dos Chillers (1 Chiller ligado 24h para Data Center)

Equip. / Dias	Segunda	Terça	Quarta	Quinta	Sexta	Sábado	Domingo
Chiller 01							
Chiller 02							

06:50 AM: GRUPO GERADOR

Realizar uma inspeção visual no motor visando anormalidades. Exemplo:

Vazamentos de óleo diesel, água	( ) SIM	( ) NÃO	Obs:
Verificar status da controladora ST2080	( ) SIM	( ) NÃO	Obs:
Alarme ou informação no visor.	( ) SIM	( ) NÃO	Obs:
A controladora ST2080 esta no modo "AUTO"	( ) SIM	( ) NÃO	Obs:
Verificar temperatura do motor e anotar	( ) SIM	( ) NÃO	____________ °C
Registrar possíveis alterações:			

07:00 AM / 02:00 PM, AR COMPRIMIDO

Ligar o sistema de ar comprimido: 07:00 AM

Verificar posicionamento de todas as válvulas.	( ) SIM	( ) NÃO	Obs:
Verificar status da controladora ST2080	( ) SIM	( ) NÃO	Obs:
Alarme ou informação no visor (Descreva na obs.)	( ) SIM	( ) NÃO	Obs:
A controladora ST2080 esta no modo "AUTO"	( ) SIM	( ) NÃO	Obs:
Verificar temperatura do motor e anotar	( ) SIM	( ) NÃO	________ °C (46°C)

02:00 PM

Verificar o regime do ar comprimido	( ) SIM	( ) NÃO	Obs:
Verificar presença de condensado no filtro da tubulação	( ) SIM	( ) NÃO	Obs:
Abrir os expurgadores 2 segundos	( ) OK	( ) NOK	Obs:
A pressão ar do pulmão deve estar em 8 kgf	( ) OK	( ) NOK	Registrar pressão: Kgf/m2

Revezamentos dos compressores as 07:00h

Nome / Dias	Segunda	Terça	Quarta	Quinta	Sexta	Sábado	Domingo
GA 11 (1)	X			X		X	
GA 11 (2)		X			X		X
GA 55 (3)			X				

Nota 01- Quando não houver produção:

Compressores desligados?	( ) SIM	( ) NÃO	Obs:
Fechou o registro de ar da linha da fábrica?	( ) SIM	( ) NÃO	Obs:

Obs: (sempre deixar aberto o registro de ar comprimido da linha do sistema de combate a incêndio do datacenter).

Nota 02- Quando o sistema de Ar Comprimido estiver ligado, garantir que os exaustores estejam ligados:

Exaustores estão ligados junto com sistema ar comprimido?	( ) SIM	( ) NÃO	Obs:

Nota 03- Observar as contenções de dreno dos três compressores + dos filtros coalescentes:

Bombonas estão cheias?	( ) SIM	( ) NÃO	Obs:

Se estiver com suas Bombonas cheias, substituir e destinar o líquido contaminado para área de armazenamento. Anotar tempo gasto no campo Obs. acima.

07:20 AM: UPS (NO BREAK)

Verificar tensão, corrente, potência e temperatura.
Tensão Nominal:

RS		Volts		R		Amps
ST		Volts		S		Amps
RT		Volts		T		Amps
POTÊNCIA		KWh		Temp Sala		°C

PGBT-A	Volts	PGBT-B	Volts	PGBT-C	Volts

Houve indício de queda de energia? Notificar	( ) SIM	( ) NÃO	Obs:

07:30 AM / 11:00 AM / 1:30 PM / 4:00 PM: SUBESTAÇÃO ELÉTRICA

7:30 AM

Verificar se os exaustores estão ligados?	( ) SIM	( ) NÃO	Obs:

Verificar temperaturas:

Transformador	Corrente	Leitura	Corrente	Leitura	Corrente	Leitura	Parâmetros
Trafo A	R		S		T		
Trafo B	R		S		T		
Trafo C	R		S		T		

Verificar Tensão:

QTA-A		Volts	QTA-B		Volts
Verificar status da controladora do gerador no quadro de comando QTA-A e QTA-B			( ) OK	( ) NOK	Obs:
Houve alarme (registrar no campo obs)?			( ) SIM	( ) NÃO	Obs:
A controladora ST2090 está no modo "AUTO"?			( ) SIM	( ) NÃO	Obs:

Verificar Potência (KVA)

PGBT-A	Kva	PGBT-B	Kva	PGBT-C	Kva

Verificação:

Verificar iluminação	( ) SIM	( ) NÃO	Obs:

Verificação de temperatura da sala	( ) SIM	( ) NÃO	Obs: °C
Limpeza e organização do local	( ) SIM	( ) NÃO	Obs:

11:00h

Verificar se os exaustores estão ligados	( ) SIM	( ) NÃO	Obs:

Verificar temperaturas:

Transformador	Corrente	Leitura	Corrente	Leitura	Corrente	Leitura	Parâmetros
Trafo A	R		S		T		
Trafo B	R		S		T		
Trafo C	R		S		T		

Verificar Tensão:

QTA-A		Volts	QTA-B		Volts

Verificar Potência (KVA)

PGBT-A	Kva	PGBT-B	Kva	PGBT-C	Kva

Verificação:

Verificar iluminação	( ) SIM	( ) NÃO	Obs:
Verificação de temperatura da sala	( ) SIM	( ) NÃO	Obs: °C
Limpeza e organização do local	( ) SIM	( ) NÃO	Obs:

1:30 PM

Verificar se os exaustores estão ligados	( ) SIM	( ) NÃO	Obs:

Verificar temperaturas:

Transformador	Corrente	Leitura	Corrente	Leitura	Corrente	Leitura	Parâmetros
Trafo A	R		S		T		
Trafo B	R		S		T		
Trafo C	R		S		T		

Verificar Tensão:

QTA-A		Volts	QTA-B		Volts

Verificar Potência (KVA)

PGBT-A	Kva	PGBT-B	Kva	PGBT-C	Kva

Verificação:

Verificar iluminação	( ) SIM	( ) NÃO	Obs:
Verificação de temperatura da sala	( ) SIM	( ) NÃO	Obs: °C
Limpeza e organização do local	( ) SIM	( ) NÃO	Obs:

4:00 PM

Verificar se os exaustores estão ligados	( ) SIM	( ) NÃO	Obs:

Verificar temperaturas:

Transformador	Corrente	Leitura	Corrente	Leitura	Corrente	Leitura	Parâmetros
Trafo A	R		S		T		
Trafo B	R		S		T		
Trafo C	R		S		T		

Verificar Tensão:

QTA-A		Volts	QTA-B		Volts

Verificar Potência (KVA)

PGBT-A	Kva	PGBT-B	Kva	PGBT-C	Kva

Verificação:

Verificar iluminação	( ) SIM	( ) NÃO	Obs:
Verificação de temperatura da sala	( ) SIM	( ) NÃO	Obs: °C
Limpeza e organização do local	( ) SIM	( ) NÃO	Obs:

8:30 AM / 10:30 AM / 2:30 PM / 4:30 PM DATA CENTER

08:30 AM					10:30 AM		
Local	Leitura	Unid	Parâmetro		Leitura	Unid.	Parâmetro
Corredor 1		°C				%	
Corredor 2		°C				%	
Corredor 3		°C				%	
Corredor 4		°C				%	

2:30 AM					4:30 PM		
Local	Leitura	Unid	Parâmetro		Leitura	Unid.	Parâmetro
Corredor 1		°C				%	
Corredor 2		°C				%	
Corredor 3		°C				%	
Corredor 4		°C				%	

Verificar iluminação	( ) OK	( ) NOK	Obs:
Verificação de filtros	( ) OK	( ) NOK	Obs:

Realizar rodízio dos Fancoils

Nome / Dias	Segunda	Terça	Quarta	Quinta	Sexta	Sábado	Domingo
Fancoils	1 e 4	3 e 6	5 e 2	1 e 4	3 e 6	5 e 2	1 e 4

Se algum Fancoil estiver inoperante, seguir revezamento do dia seguinte, comunicar Supervisão.

Para sua orientação segue um exemplo de **Plano de Manutenção Preventiva** referente ao **Sistema de Fornecimento de Ar Condicionado Central**, HVAC instalado em Empresa do Segmento de Tecnologia da Informação. Os termos técnicos forma mantidos originalmente, uma vez que servem apenas como referência.

PLANO DE MANUTENÇÃO, OPERAÇÃO E CONTROLE
I - CONDICIONADORES DE AR
Periodicidade (P): M – mensal T – trimestral S – semestral A - anual

Item / Descrição do Tarefa / Frequência

1. **GABINETE**
   1.1 Ruídos e vibrações anormais **M**
   1.2 Existência e eliminação de focos de corrosão **T**
   1.3 Fixação das tampas frontais e laterais (vedação) **M**
   1.4 Isolamento térmico interno (trocar se danificado ou com bolor)**M**
   1.5 Limpeza interna, inclusive ventiladores **T**
   1.6 Limpeza externa **M**

2. **COMPRESSOR**
   2.1 Vazamentos de óleo e refrigerante **M**
   2.2 Ruído e/ou temperatura anormal **M**
   2.3 Amortecedores de vibração **M**
   2.4 Verificação do nível de óleo (quando aplicável) **M**
   2.5 Substituição do óleo (quando aplicável) **A**

3. **CIRCUITO FRIGORÍGENO**
   3.1 Verificar Vazamentos **M**
   3.2 Atuação da válvula de expansão **T**

3.3 Fixação e isolamento do bulbo da válvula de expansão **M**
3.4 Atuação da válvula solenoide, se houver **M**
3.5 Estanqueidade e estado de conservação dos registros **M**
3.6 Vibrações e vazamentos em capilares **M**
3.7 Filtro secador, quanto à sua obstrução **M**
3.8 Isolamento das tubulações **M**
3.9 Acumulador de sucção, se houver **T**
3.10 Visor de líquido quanto ao regime de fluxo de refrigerante e indicação de umidade **M**

4. **FILTROS DE AR**
4.1 Limpeza, quando recuperável **M**
4.2 Substituição dos filtros descartáveis **M**
4.3 Eliminação de frestas **M**
4.4 Condições do suporte e fixação **M**

Observação: Não será admitido, em hipótese alguma, o aproveitamento de filtros avariados, mesmo em pequenas proporções.

5. **CONJUNTO VENTILADOR**
5.1 Ruído anormal **M**
5.2 Condições dos rolamentos, eixos e mancais **S**
5.3 Balanceamento dos ventiladores **M**
5.4 Tensão e desgaste das correias **M**
5.5 Alinhamento, fixação e desgaste das polias **T**
5.6 Funcionamento e estado de conservação do motor **T**
5.7 Acoplamento do eixo **T**
5.8 Limpeza interna e externa de ventilador do evaporador, inclusive o rotor e voluta **T**

6. **EVAPORADOR E CONDENSADOR**
6.1 Limpeza das serpentinas e bandejas com produto biodegradável do evaporador **M**
6.2 Verificação de aletas, se danificadas executar conserto **M**
6.3 Verificação do perfeito escoamento do dreno na bandeja e correção imediata, se necessário **M**
6.4 Eliminação de focos de corrosão com posterior pintura, nas molduras e bandejas **M**
6.5 Verificação da impermeabilização da bandeja do evaporador **T**
6.6 Limpeza das serpentinas e bandejas do condensador **T**
6.7 Válvula de segurança do condensador a água **M**

7. **AQUECIMENTO - se houver:**
7.1 Resistências **M**
7.2 Flow-switch **M**
7.3 Bornes e conexões **M**
7.4 Sujeiras, danos e corrosões **M**
7.5 Face de passagem do fluxo do ar **M**
7.6 Termostatos de segurança **M**

8. **UMIDIFICAÇÃO - se houver:**
8.1 Chave-boia **M**
8.2 Boia e nível de água **M**
8.3 Sujeira, danos e corrosões **M**

8.4 Operação da válvula de controle **M**
8.5 Ajuste da gaveta da haste da válvula de controle **T**
8.6 Purga da água do sistema **T**
8.7 Tapamento da caixa d'água de reposição **M**
8.8 Funcionamento dos dispositivos de segurança **M**
8.9 Estado das linhas de distribuição de vapor e condensado **M**

9. **DISPOSITIVOS DE CONTROLE AUTOMÁTICO – se houver**
9.1 Funcionamento do controle microprocessado **M**
9.2 Atuação dos sensores **M**
9.3 Atuação das válvulas de 2 ou 3 vias **M**
9.4 Dispositivos eletrônicos **M**

II – REDE DE DUTOS
1 Limpeza externa dos dutos aparentes T
2 Limpeza das grelhas e difusores T
3 Verificação do isolamento e estanqueidade da rede nas casas de máquinas T
4 Verificação do isolamento e estanqueidade do entreforro A
5 Verificação da estanqueidade e estado de conservação das lonas da conexão flexível M
6 Verificação dos splitters (componente elétrico) A
7 Verificação das venezianas de sobrepressão S
8 * Verificação visual dos dutos internamente e limpeza, se necessário A
9 * Limpeza dos dutos no caso de recomendação do laudo da análise microbiológica S
10 Verificar a presença de água/umidade no int./ ext. dos dutos e acessórios T
11 Danos e corrosão A
12 Vedação das portas de inspeção S

* NOTA – Todas as sujidades sólidas devem ser retiradas após a limpeza, acondicionadas em sacos de material resistente e porosidade adequada, para evitar o espalhamento de partículas inflamáveis.

III – TOMADA DE AR EXTERIOR
1 Verificação e eliminação de sujeira, danos e corrosão **M**
2 Verificação e eliminação de frestas nos filtros e moldura **M**
3 Verificação da fixação do conjunto **M**
4 Limpeza dos filtros, se lavável, ou troca **M**
5 Verificação da regulagem (posição das réguas) para a vazão pré-estabelecida em projeto **M**

IV – CASA DE MÁQUINAS (Centrais de Ar)
1 Limpeza geral da sala e remoção de obstruções no retorno e tomada de ar exterior **M**
2 Verificação da presença de materiais não pertencentes ao sistema, remoção imediata **M**
3 Verificação da estanqueidade e o nível de ruído, com relação aos ambientes contíguos **M**
4 Verificação da iluminação **M**
5 Verificação de ralo entupido com retenção de água no piso **M**
6 Verificação de registros, de retorno, quanto à regulagem, sujeira, frestas, danos e corrosão **M**
7 Verificação de danos paredes e pisos que possam comprometer a sua limpeza **M**
8 Verificação do estado de conservação da pintura dos pisos e paredes **M**

V – QUADROS ELÉTRICOS
1 Limpeza dos quadros e componentes **T**
2 Verificação da fixação dos componentes e terminais **M**

3 Verificação dos contatos, providenciando a limpeza ou substituição **T**
4 Verificação da temperatura dos componentes **M**
5 Substituição de cabos e terminais oxidados **M**
6 Substituição de lâmpadas sinalizadoras queimadas **M**
7 Verificação atuação dos relés de sobrecarga, em relação às correntes nominais dos motores **M**
8 Verificação dos dispositivos de sinalização e alarme, se houver **M**
9 Verificação do conversor de frequência, se aplicável **M**

VI - MEDIÇÕES

1 Temperatura de insuflamento **M**
2 Temperatura do ar de retorno na serpentina **M**
3 Temperatura do ar externo **M**
4 Temperatura do cárter do compressor **M**
5 Temperatura na saída e entrada do condensador (água ou ar) **M**
6 Temperatura de água gelada na entrada e saída do evaporador (cooler) **M**
7 Pressão na entrada e saída do evaporador(cooler) **M**
8 Pressão de descarga **T**
9 Pressão de sucção **T**
10 Temperatura na linha de sucção **T**
11 Temperatura na linha de líquido **T**
12 Superaquecimento e subresfriamento. Os valores nas faixas recomendadas pelo fabricante **T**
13 Vazão de ar no evaporador **S**
14 Vazão de ar na tomada de ar exterior, conferindo com a especificação de projeto **T**
15 Vazão de água ou ar do condensador **S**
16 Tensão nos circuitos de força e comando, com relação à nominal, e desbalanceamento **M**
17 Corrente de trabalho, verificação da corrente nominal e do balanço entre as fases **M**
18 Diferencial de pressão na entrada e saída das bombas, via manômetro **M**

VII - TESTES

1 Isolamento dos motores em geral **A**
2 Termostatos (atuação e regulagem) **M**
3 Pressostatos de alta, baixa, limite de baixa (scroll) e óleo **T**
4 Fluxostatos de água e ar **M**
5 Aquecedores de cárter **M**
6 Termostatos de segurança para aquecimento **M**
8 Relés de sobrecarga **S**
9 Relés temporizador **S**
10 Relés de sequência de fase **S**
11 Acidez do óleo (compressor semi-hermético) **A**

VIII - TUBULAÇÃO HIDRÁULICA

1 Manobra dos registros de gaveta **M**
2 Verificação dos registros tipo globo, vazamentos (após regulagem, o volante deve ser retirado) **M**
3 Limpeza dos filtros angulares, se necessária **M**
4 Verificação da atuação dos fluxostatos **M**
5 Verificação dos pontos de vazamento de água **M**
6 Tratamento dos focos de corrosão, com posterior pintura **S**
7 Pintura da tubulação **M**
8 Verificação do isolamento da tubulação de água gelada **A**
9 Verificação do estado dos mangotes e juntas de expansão **S**

10 Verificação da atuação dos purgadores de ar e água **M**
11 Verificação da atuação das válvulas de retenção **M**

IX – TORRES DE RESFRIAMENTO

1 Funcionamento da válvula de admissão de água **M**
2 Regulagem e atuação do termostato **M**
3 Suporte dos ventiladores e motores **M**
4 Possíveis defeitos nos eixos e mancais **M**
5 Funcionamento do conjunto ventilador, inclusive caixa redutora **M**
6 Nível de óleo no redutor **M**
7 Vazamentos de óleo no redutor **M**
8 Tensão das correias **M**
9 Limpeza externa e interna **T**
10 Dreno e desobstrução, se necessário **M**
11 Purga na bacia, de acordo com as instruções da empresa de tratamento d'água **M**
12 Atuação da bomba dosadora, se for o caso **M**
13 Rolamentos e mancais **T**
14 Alinhamento do motor **T**
15 Bicos pulverizadores e limpeza **T**
16 Enchimento **T**
17 Nível de água (boia) e ladrão **M**
18 Focos de ferrugem e pintura **A**
19 Ruídos e vibrações anormais **M**
20 Dosagem do produto químico **M**
21 Atuação da chave-boia **M**
22 Troca de óleo do redutor **A**
23 Lubrificação dos rolamentos do conjunto ventilador **A**

X – BOMBAS DE ÁGUA

1 Limpeza geral **M**
2 Dreno de água **M**
3 Aperto dos parafusos de fixação **M**
4 Verificação das vibrações e ruídos anormais **M**
5 Verificação das gaxetas e/ou selos mecânicos **M**
6 Verificação do nível de óleo e troca quando for o caso**T**
7 Verificação do acoplamento **M**
8 Verificação e lubrificação de rolamentos, se aplicável **T**
9 Medição da resistência de isolamento do motor **T**
10 Verificação do aquecimento excessivo nos mancais **M**
11 Manobra de registro hidráulico: giro até final de curso, voltando-o à posição original **T**
12 Verificação das pressões de água **T**
12* Pintura anticorrosiva do conjunto, base, as tubulações e demais acessórios **A**

* NOTA – Se necessário, isto é, se houver desgaste da pintura em excesso.

XI – CAIXA DE EXPANSÃO E REPOSIÇÃO ÁGUA GELADA

1 Limpeza geral **S**
2 Registros **T**
3 Boia **T**
4 Estado geral **S**

5 Vedação da tampa **T**

XII – TRATAMENTO QUÍMICO DE ÁGUA

1 Aplicar de produtos químicos antioxidantes, antiencrustantes e biocida na água de condensação **M**
2. Idem, para a água gelada **T**

OBSERVAÇÕES:

1- Os produtos não podem conter cromatos.
2- O tratamento preventivo e o uso de purga deverá evitar a necessidade de limpeza química
3- Deverão ser apresentados, mensalmente, a análise química da água, acompanhada dos parâmetros normais, com parecer do profissional reconhecido pelo Conselho de Classe, devidamente assinado.
4- Os produtos químicos não poderão, em hipótese alguma, serem alocados nas casas de máquinas.
5- Quando do esgotamento da água, esta deverá receber tratamento adequado, antes de lançá-la no esgoto.

XIII – QUALIDADE DO AR

1 Coleta do ar **S**

- Exterior, junto à tomada p/ renovação;
- Interior das casas de máquinas;
- Bocais de insuflamento;
- Ambientes climatizados; e
- Análise quantitativa e qualitativa com parecer de responsável técnico **S**

2 Idem para a água das bandejas de condensador e bioparticulado (poeira no interior dos dutos) **S**

Informações adicionais (mas não limitadas a estas), a ser inseridas nas Planilhas dos Planos de Manutenção do Condicionador de Ar:

DATA DE EXECUÇÃO: ___/__/___
EXECUTADO POR: (Nome e Visto do Técnico de Manutenção)
APROVADO POR: (Visto do Gestor ou Engenheiro de Manutenção)

Considerações Finais:

I. As práticas de manutenção acima devem ser aplicadas em conjunto com as recomendações de manutenção mecânica da NBR 13.971 – Sistemas de Refrigeração, Condicionamento de Ar e Ventilação – Manutenção Programada da ABNT, assim como aos edifícios da Administração Pública Federal o disposto no capítulo Práticas de Manutenção, Anexo 3, itens 2.6.3 e 2.6.4 da Portaria nº 2296/97, de 23 de julho de 1997, Práticas de Projeto, Construção e Manutenção dos Edifícios Públicos Federais, do Ministério da Administração Federal e Reforma do Estado –MARE. O somatório das práticas de manutenção para garantia do ar e manutenção programada visando o bom funcionamento e desempenho térmico dos sistemas, permitirá o correto controle dos ajustes das variáveis de manutenção e controle dos poluentes dos ambientes.

II. Todos os produtos utilizados na limpeza dos componentes dos sistemas de climatização, devem ser biodegradáveis e estarem devidamente registrados no Ministério da Saúde para esse fim.

III. Toda verificação deve ser seguida dos procedimentos necessários para o funcionamento correto do sistema de climatização.

IV. Em casos específicos, com condições ambientais críticas, a periodicidade deve ser reduzida, tendo como exemplo a limpeza dos filtros de ar, serpentinas, etc.

V. As rotinas acima serão executadas de acordo com o tipo de sistema (expansão direta, indireta, condensador a ar ou água).

VI. A observância do uso das casas de máquinas pela unidade para quaisquer outros fins, bens como a existência de portas e janelas de ambientes não condicionados abertas, deverão ser registrados em relatório.

VII. É obrigatório anexar a ordem de serviço ao PMOC, mantendo ambos na Unidade.

1. *Budget Management* (Gerenciamento do Orçamento):

- Preparação do Orçamento
- Controle dos Gastos (Manutenção e Investimento em Projetos)
- Relatórios Financeiros

O Orçamento (*Budget*) é preparado antes do ano vigente, isto é, no ano anterior ao que se irá gastar. É o planejamento dos gastos com despesas, mão de obra e materiais. Custos alocados para cada categoria, incluindo pessoal contratado e terceirizados. Providenciando dados anteriores para a estimativa do ano seguinte. Por esta razão, os gestores participam com áreas financeiras para a elaboração do orçamento departamental. Classificação das Contas para elaboração do *Facilities Anual Budget* pode conter, mas não limitado:

- Administrativo (salário, remuneração, benefícios etc.)
- Gastos Departamentais diversos (materiais de escritório, EPI, uniforme etc.)
- Treinamento
- Gastos com Manutenção Corretiva
- Gastos com Manutenção Preventiva
- Contratação de Serviços
- Mobiliários
- Equipamentos (instrumentação, ferramentas etc.)
- Materiais de Manutenção e Sobressalentes
- Veículo: Movimentação e Transporte
- Viagens
- Contingências

2. Execução das Atividades

- Administração do tempo (controle de horas extras)
- Ferramentas e materiais (sobressalentes ou peças de reposição)
- Gestão de Contratos (Supervisão dos Serviços e Controle de Custos).

Definição das frequências de inspeção diárias (*checklist* contendo as tarefas referentes aos pontos a serem verificados na edificação). Este processo envolve planejamento de pessoal para realizar a inspeção e gestores para providenciar as instruções de execução e padrões dos registros. Após, processar os resultados através de relatórios.

Outra questão importante é definir os recursos necessários para os reparos de acordo com a especialidade do serviço a ser executado, isto é, o grau de dificuldade e complexidade. Gestores devem determinar procedimentos escritos para uma efetiva coordenação destes, para que seja realizado conforme determinações prévias.

No caso de emergências, igualmente procedimentos devem ser desenvolvidos definindo ações requeridas e responsáveis. As situações podem ser: falta de água, falhas elétricas, aquecimento excessivo de utilidades, problema fornecimento de gás, defeito em central de ar condicionado etc. Se a situação emergencial coloca em risco a continuidade do negócio, ações *backup* (por exemplo, acionar equipamentos em posição de *stand by*) são requeridas para que funções críticas possam ser mantidas, no mínimo.

Gestão de Estoques dos materiais é uma das importantes frentes de ação. O inventário seguro da condição do estoque, mantendo peças críticas à disposição dos técnicos e pessoal de operações.

Por último, uma gestão eficaz das empresas subcontratadas, contendo índices de performance bem definidos. Contendo ainda formas de supervisão das atividades, inspeção dos trabalhos executados e mensalmente avaliações do escopo dos serviços em relação aos valores do contrato. Subcontratados por demanda devem ter seus serviços avaliados e pagamentos efetuados somente após aprovação final do usuário final.

3. Gerenciamento da Informação

- Registros (Abertura de WO e registro da execução no Sistema)
- Relatórios Gerenciais (Controle de WO pendentes, Ações Corretivas etc.)
- Indicadores (KPI)
- Cadastro de Equipamentos, de Sobressalentes etc.

4. Segurança e Saúde (ações conjuntas com SESMET)

- Legislação sobre Meio Ambiente
- Sistema de Proteção Individual e Coletiva
- Saúde Ocupacional
- Outros.

5. Plano de Treinamento

- Plano de Treinamento do *Facilities Team*
- (Executar em conjunto com a área de Recursos Humanos)

7.4.4 KPI – Indicadores de Performance

Os indicadores de performance (*KPI, Key Performance Indicators*) são necessários para monitorar os resultados, bem como corrigir tendências negativas de desempenho. Obviamente, metas devem ser definidas para que o departamento seja incentivado a buscar sempre melhorias.

Os indicadores se aplicam, praticamente, a todas as atividades de Manutenção &Operação e podem abranger:

- <u>Qualidade no Atendimento</u>: mede o cumprimento dos prazos que são fornecidos aos clientes, isto é, tempo de resposta.

- Satisfação do Cliente: a "Pesquisa de Satisfação dos Clientes", feita a frequências previamente definidas, é uma ótima ferramenta para melhorar os serviços para corrigir os pontos considerados fracos, identificados na pesquisa.

- Indicadores de Manutenção: medem diretamente o desempenho dos técnicos e gestores. A adoção dos tipos de indicadores segue particularidades do segmento da organização. Contudo, cito o *Backlog* como um dos principais medidores aplicados à *Facitilites*, uma vez que monitora a fila de requisições (WO), ou seja, mede a capacidade de atendimento dos chamados pelo fornecedor.

Um dos indicadores, acredito não ser considerado por diversos seguimentos, diz respeito à "Quantidade WO por Departamento ou Unidade", o qual irá avaliar a eficácia da Manutenção e identificar se há indícios de retrabalhos, isto é, reocorrências. Em muitos casos, serviços são executados mais de uma vez, dando prova da ineficiência ou falta de capacitação da equipe em solucionar um determinado problema.

Em relação à Operação:

- Cumprimento do Plano de Limpeza e Higienização dos locais da Edificação;
- Qualidade dos ambientes em relação à Organização e Limpeza;
- Cumprimento no uso adequado de EPIs;
- Apresentação Pessoal (principalmente para equipe de Recepção e Portaria),
- Índices de Absenteísmo ou de Rotatividade;
- Cumprimento do Plano de Treinamento e/ou Índice de capacitação técnica;
- Controle do consumo de materiais e insumos.

Em relação à Segurança e Saúde:

- Controle de Acidentes de Trabalho;
- Controle de Funcionários afastados em tratamento;
- Índice de faltas por Atestado Médico.

Em relação aos Prestadores de Serviço Fornecedores:

- Avaliação de Performance (por exemplo, o SLA);
- Avaliação dos Gastos com Fornecedores (avaliação dos valores contratuais).

Em relação ao "Serviço de Atendimento ao Cliente" (*Help Desk*):

- Tempo de espera do cliente até ser atendido;
- Duração do tempo em atendimento;
- Quantidade de WO atendidas por turno;
- Percentual de chamadas respondidas, em prazo predeterminado.

Os indicadores mais expressivos para a organização e necessários para monitorar o *Facilities Team* são os aplicados à Manutenção. A organização tem prioridades e sistemas críticos que necessitam de atenção especial. A conservação da estrutura e funcionamento pleno de equipamentos e utilidades irão garantir a continuidade do negócio.

Os especialistas debatem quais são os mais importantes e citam cinco mais expressivos para monitorar a performance da Gestão de *Facilities*, estes então seriam os mais recomendados (ou no mínimo):

1. *Backlog* (acumulo de trabalho num determinado intervalo de tempo).
2. Percentual de Manutenção Corretiva ou Reativa, isto é, após a falha.
3. Percentual Preventiva Realizada (PM) X Programada.
4. Análise de Corretivas Realizadas (Utilizando Gráfico de Pareto).
5. **SLA** (*Service Level Agreement*) ou Acordo de Nível de Serviço.
6. *Downtime (*intervalo de tempo de sistema indisponível).

(1) *Backlog*: um dos principais KPI para a Gestão de Facilities, especialmente se o departamento usa um sistema informatizado para gerenciamento das atividades. O backlog mede todo o trabalho pendente (serviços não atendidos conforme prazo definido), sendo ou não um serviço prioritário que acaba por não ser realizado no prazo. Os gestores devem medir atrasos em horas e converter os dados em semanas (backlog), o que permite a comparação de equipes com números diferentes de técnicos. Uma típica meta para backlog é entre quatro e seis semanas.

O Back Log é a relação entre o tempo total estimado para a realização dos serviços (HHES) e o tempo total disponível na manutenção, por período (HHTD). Ele pode ser calculado como um todo ou subdividido por especialidades:

***BackLog* = HHES / HHTD,**

Onde:

HHES = Homem X Hora Estimado para executar serviços em carteira / total de HH disponíveis para executar os serviços/dia.

HHTD = Homem X Hora Total Disponível em um dia para trabalho na fábrica.
Representa a força de trabalho em mão-de-obra direta.

Exemplo:

Planejador identifica serviços pendentes e constata que existem os seguintes serviços pendentes:

- Manutenção Corretiva programada para conserto de Chiller, sendo necessários 2 mecânicos por 3 horas;
- Manutenção Preventiva no Compressor, sendo necessários 3 mecânicos por 6 horas;
- Manutenção Preditiva no Gerador, sendo necessários 2 eletricistas por 6 horas;
- Automação de Esteira de Montagem, sendo necessários 4 eletricistas por 8 horas e 2 mecânicos por 8 horas).

Portanto, HHES = 2×3 + 3×6 + 2×6 + 4×8 + 2×8 = 84 HH, sendo 40 HH Mecânica e 44 HH Elétrica.

No mesmo dia, o planejador verifica que a equipe de manutenção está composta por 3 eletricistas e 4 mecânicos que trabalharão 8 horas úteis, descontando almoço.

Portanto, HHTD = 3×8 + 4×8 = 56 HH, sendo 24 HH Eletricista e 32 HH Mecânica.
Agora é possível calcular o *Backlog* (total e por especialidade):
Backlog total = 84/56 = 1.5
Backlog mecânicos = 40/32 = 1.25
Backlog eletricistas = 44/24 = 1.83

O valor ideal é igual a "1". Assim o quadro da empresa estaria exatamente dimensionado para atender às necessidades. No entanto, *Backlog* menor do que "1" indica que o quadro está superdimensionado. Por outro lado, um *Backlog* maior do que "1" existem mais serviços para serem executados do que a mão-de-obra disponível. No exemplo, percebe-se que existe ainda maior deficiência de eletricistas do que mecânicos devido ao valor do *Backlog* de eletricistas ser maior. Os valores para *Backlog* devem ser obtidos diariamente e avaliados semanalmente, mas isso fica sempre aos critérios dos gestores que irão determinar períodos, tanto para o cálculo quanto para análises, bem como as metas (*goals* ou *targets*).

(2) Percentual de Manutenção Corretiva: este indicador é importante na medida em que avalia se a companhia está condicionada a uma cultura de "quebra& conserta" ou está migrando para um nível de classe mundial. A transição é imprescindível para o rendimento e confiabilidade dos equipamentos. O reparo na condição reativa é aproximadamente quatro e seis vezes mais caro do que o trabalho planejado e agendado. Os gestores devem manter um percentual entre 20% e 30% de Serviços Corretivos em relação aos serviços totais realizados, em um determinado intervalo de tempo.

Exemplo:

Determinada organização registrou, no período de um mês, o total de 240 h em Manutenção Corretiva. O total de horas da Manutenção foi de 1.200 h. Qual o % de MC?

% MC = (240 h / 1.200 h) X 100 % = 20 %.
% MC = 20 %

O planejador pode elaborar um gráfico e avaliar a evolução ao longo de um 1 ano, definindo uma meta. Ao longo deste período, ao ocorrerem valores acima da meta, ações corretivas por parte de equipe se tornam necessários. Outra forma de avaliação é pelo cálculo de Hora-Homem em Corretiva (HHC) em relaçao ao total de HH em serviços realizados (Corretivas + Serviços Programado).

HHC = Total de HH Corretiva / Total de HH Realizados

(3) Percentual de Preventiva Realizada (PM) X Programada: este é um dos mais importantes indicadores que se destinam a medir a evolução da manutenção pró-ativa. Para ter sucesso na gestão de ativos e de confiabilidade categorias de manutenção, você deve ter um programa de PM (*Preventive Maintenance*) disciplinado que produz resultados. Um programa de PM bem-sucedido inclui todos os equipamentos críticos e este deverão ter seu percentual, de preventiva realizada, o mais próximo de 99%. Evidentemente, ocorrem os contratempos e por razões de mudança de prioridade (em ambientes industriais) ou por indisponiblidade do equipamento, a preventiva não é realizada conforme programado.

Exemplo:

Determinada organização registrou, no período de um mês, o total de 31 WO de Manutenção Preventiva. O total previsto foi de 35 WO. Qual o percentual de PM realizado?

% PM = (31 WO / 35 WO) X 100 % = 88 %
% PM = 88 %

O planejador pode elaborar um gráfico e avaliar a evolução ao longo de um 1 ano, definindo uma meta. No exemplo, caso a meta tenha sido de 95%, o percentual ficou abaixo. Avaliações devem ser feitas. Um dado importante a ser verificado são as justificativas pela não realização da preventiva. Outra forma de avaliação é pelo cálculo de Hora-Homem em Preventiva (HHPM) em relação ao total de HHPM Programado.

HHC = Total de HHPM Realizado / Total de HHPM Programado

Dica do autor: quando atuei em empresa do ramo automotivo, adotamos auditorias das manutenções preventivas. O procedimento era escolher, aleatoriamente, 2 ou 3 WO e acompanhar o técnico ao longo do serviço, para atestar a qualidade e se o plano necessitava de alterações, tanto em relação às tarefas quanto ao tempo estimado.

(4) Análise de Corretivas Realizadas (Utilizando Gráfico de Pareto): outra ferramenta de análise de grande relevância. A finalidade é avaliar os tipos de solicitações (elétrica, mecânica, predial, instalação, ajuste etc.). Os gestores devem publicar gráficos semanais ou mensais para demonstrar as necessidades correções, ajustes e tendências. O Diagrama de Pareto é uma ferramenta da Qualidade utilizada principalmente para priorizar ações. Com ele podemos analisar mais claramente as causas de ocorrência de um problema, por exemplo, e definir o foco de atuação sobre as mais críticas.

Exemplos:
Exemplo 4.1 Uma determinada empresa tem problemas em seu serviço de entrega, causando prejuízos ao faturamento. A figura 7.37 é resultado de uma análise para identificar qual o problema que mais ocorreu. O atraso na entrega parece ter sido a razão pela ineficiência dado ao nº de casos ocorridos. Na coluna da direita está "o número de ocorrência" e à esquerda, o equivalente em percentual. Repare que a linha de tendência deve sempre fechar em 100%.

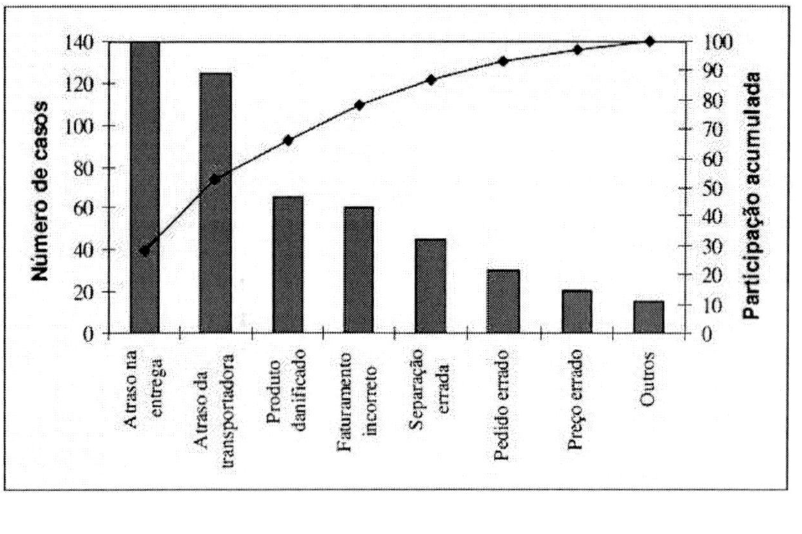

Figura 7.37 Fonte: http://www.blogdaqulaidade.com.br

Exemplo 4.2 Vamos a um exemplo mais técnico. Na Figura 7.38 observamos a disposição das várias causas, levantadas pela equipe, de "parada de máquina". Provavelmente, uma máquina ferramenta do segmento metal mecânico no qual se registrou um total de 72 h no mês de inoperância. A principal causa, num total de 30 ocorrências, está relacionada aos serviços reativos (reparo após a quebra).

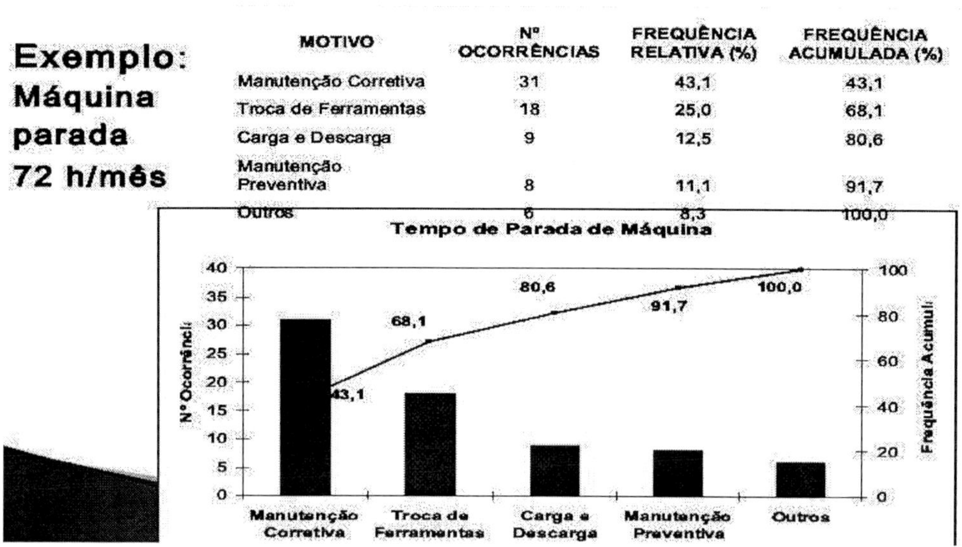

MOTIVO	Nº OCORRÊNCIAS	FREQUÊNCIA RELATIVA (%)	FREQUÊNCIA ACUMULADA (%)
Manutenção Corretiva	31	43,1	43,1
Troca de Ferramentas	18	25,0	68,1
Carga e Descarga	9	12,5	80,6
Manutenção Preventiva	8	11,1	91,7
Outros	6	8,3	100,0

Figura 7.38 Fonte: PPEG, Mestrado em Engenharia de Processos.

A **Lei de Pareto** (também conhecido como **princípio 80-20**) afirma que para muitos fenômenos 80% das consequências advêm de 20% das causas. A lei foi sugerida por Joseph M. Juran, que deu o nome em honra ao economista italiano Vilfredo Pareto que durante seus estudos na área de economia sobre distribuição de renda descobriu que 80% da riqueza estavam concentradas em cerca de 20% da população. É muito comum fazer uso da Estratificação e/ou Folha de verificação antes de dar início à análise de Pareto, assim como também o Diagrama de Ishikawa (Espinha de Peixe) é muito utilizado após o resultado do gráfico, pois com os 6M's de Ishikawa poderemos focar na causa raiz do problema. Nem preciso lembrar (mas vou!), mas o domínio do aplicativo MICROSOFT EXCEL é fundamental para a execução destes estudos.

Mais sobre a ferramenta Gráfico ou Diagrama de Pareto, acesse o site:
https://sites.google.com/site/planejaweb/diagrama-de-pareto

(5) SLA ***Service Level Agreement*****:** é a integração de processos dentro de uma organização, para manter e desenvolver os serviços acordados através de SLA. Na Gestão de Facilities, os serviços desenvolvidos e gerenciados por este indicador são:

- Gestão Predial – Manutenção predial, serviços de conservação dos espaços e equipamentos, manutenção preventiva e corretiva, a limpeza dos espaços corporativos, higienização e conservação, paisagismo, controle de pragas, coleta e destinação dos resíduos.

O **SLA** é uma forma de garantia dos serviços determinada pelo Contratante em relação à Contratada. Não é raro que em determinados contratos sejam previstas multas, no caso de descumprimento de quaisquer serviços ou metas estabelecidas. Isso pode ser visto como uma forma de pressão e desconfortável para a empresa que presta o serviço. Num mercado tão competitivo e com alto grau de exigência, não há como ser diferente. Por outro lado, irá exigir por parte das empresas investir em mão de obra qualificada, treinamento e segurança. Como consequência, passa ter um serviço de excelência e a tendência é o de fechar mais contratos. Atualmente, não há espaço para companhias que fazem um serviço de má qualidade. Outra visão deste processo é o fato de a empresa prestadora de serviço ficar protegida contra quaisquer abusos ou cobranças indevidas de resultados, uma vez que atua em acordo com roteiros e planejamentos preestabelecidos, bem como metas acordadas e dentro de valores aceitáveis e que fique bom para ambas as partes.

É importante deixar claro que o SLA deve ser gerenciado, dando origem ao que chamamos de SLM (*Service Level Management*). Para que essa tarefa seja eficaz, é preciso contar com uma série de indicadores que possibilitam uma relação de transparência entre as empresas, como, por exemplo, os indicadores de disponibilidade (*Service Avaiability*) e os de tempo de resposta (MTBF).

Outro fator importante e que deve ser citado é que o SLA, no seguimento da Tecnologia da Informação, é um documento exigido em qualquer relação contratual e sendo descrito na ABNT NBR ISO-IEC 20000-1, e que deve ser revisto periodicamente para que tenha maior efetividade.

Exemplos de SLA, avaliação e multas:

Exemplo 5.1 Empresas, em comum acordo, determinam um SLA para a 99,5% de disponibilidade de internet ou de infraestrutura virtual de 96%. A avaliação é trimestral e não pode ocorrer um percentual menor do que 80%. Caso apresente dois trimestres abaixo deste índice, a contratada receberá uma carta de advertência.

Exemplo 5.2 Uma empresa que presta serviços de vendas pela Internet, por exemplo, irá determinar um SLA em acordo com a área de Facilities, onde a disponibilidade dos sistemas críticos (sua inoperância determina a não-continuidade do negócio) seja de 100%. Nesta condição, não estão previstas multas contratuais, mas poderá ser determinado um nível de cobrança na qual o gestor do departamento poderá igualmente sofrer as penalidades previstas na CLT, como carta de advertência e, num caso mais extremo, a rescisão de contrato.

Portanto, a garantia de fornecedores de serviços, sobre um acordo de nível de serviço, serve para garantir segurança sobre um contrato e permitir um planejamento adequado, com base em custos, na garantia e no impacto financeiro disso para o negócio se manter competitivo e rentável para os proprietários ou acionistas.

(6) *Downtime*: indicador para controle de indisponibilidade de um sistema, em um determinado período de tempo, isto é, inatividade ou duração da interrupção onde o sistema não fornece ou executa sua função principal. Confiabilidade, disponibilidade, recuperação e indisponibilidade são conceitos relacionados. Em geral, é resultado do sistema deixando de funcionar por causa de um evento não planejado (corretiva) ou por causa da manutenção de rotina (preventiva ou preditiva).

O termo é geralmente aplicado a redes e servidores. Os motivos mais comuns para interrupções não planejadas são acidentes (incêndio, enchentes etc.) e/ou ações não previstas que afetam a continuidade do negócio. O termo é aplicado em ambientes industriais em relação a falhas no equipamento de produção industrial. Algumas instalações medem o tempo de inatividade incorridas durante um turno de trabalho ou durante um período de 12 ou 24 horas. O termo em oposião ao *Downtime* é o *Uptime*.

Como mensurar, financeiramente, o Downtime de uma organização?

O cálculo de custo/tempo, por exemplo, é aplicado na indústria para mensurar períodos de indisponibilidade, número de pessoas ou clientes impactadas entre diversos outros elementos da operação. Além dos fatores mensuráveis em dinheiro, também existem fatores subjetivos que não podem ser transformados em números, como a reputação da marca, retenção de clientes e satisfação dos funcionários. Tudo isso pode ser abalado por interrupções que signifiquem perda de faturamento em vendas, sobrecarga no setor de atendimento e reclamações de usuários que geram perda de confiança sobre a marca e congestionamento de linhas telefônicas que geram grave impacto na operação da organização.

Exemplo 6.1: Na companhia Amazon (*empresa transnacional de comércio electrônico dos Estados Unidos com sede em Seattle, estado de Washington. Foi uma das primeiras companhias com alguma relevância a vender produtos na Internet*) ocorreu uma perda financeira devido a um *downtime* de 49 minutos em 2013 que significou uma perda de $5 milhões em vendas. Isso sem contar os danos intangíveis. O prejuízo, em custo/min, foi na ordem

US$102.000,00/minuto. O resultado das vendas não concretizadas foi um abalo na confiança de seus usuários/ clientes e/ou compras que foram direcionadas para seu concorrente.

Principais Indicadores de Performances Industriais:

- MTBF – *Mean Time Between Failures* (Tempo Médio Entre Falhas).
- MTTR – *Mean Time Between Repair* (Tempo Médio Entre Reparos).
- DISP –Disponibilidade (*Availability*).
- % CTM (Custo Total de Manutenção) em relação ao Faturamento Bruto.

1. **MTBF**: é a média de tempo decorrido entre uma falha e a próxima vez que em ela ocorreu. É obtido pela fórmula:

MTBF=Tempo Total de Funcionamento (h) / número de falhas

Exemplo 1.1 Um equipamento deveria operar corretamente durante 9 horas. Durante esse período, verificam-se 4 falhas. Somando-se todas as falhas, temos 60 minutos (1 hora). Qual o MTBF?

MTBF = (9 – 1) / 4 = 2 horas entre cada falha

2. **MTTR**: é tempo médio dos reparos, isto é, média de tempo que se leva para executar um reparo após a ocorrência da falha. É obtido pela fórmula:

MTTR = Total de Horas em Manutenção / número de falhas

Exemplo 1.2 Utilizando os dados do Exemplo 1.1, calcule o MRTTR.

MTTR = 60 min / 4 falhas = 15 minutos

Conclusão

O equipamento possui uma frequência de quebra a cada 2h. A média de tempo dos consertos é de 15 min (0,25 h). Obviamente, é um simples exemplo e serve como orientação para o caro leitor. Contudo, se estes dois indicadores forem aplicados ao maquinário e utilidades de sua organização, os resultados poderão lhe causar surpresa. Em indústria de produção seriada, os valores devem estar dentro de parâmetros aceitáveis que não colocam em risco a produção. Ao contrário, medidas devem ser tomadas no intuito de aumentar a disponibilidade do equipamento (aumentando a frequência de quebra, maior MTBF) e, quando ocorrer a falha, que o reparo seja rápido (menor MTTR). Há uma vasta literatura e artigos sobre como conduzir os estudos a partir destes indicadores. Cito os livros: "***Engenharia de Manutenção Teoria e Prática***" e "***Técnicas Avançadas de Manutenção***", ambos editados pela Ed. Ciência Moderna.

Para mais informações e consulta a outros autores, acesse o site:
http://www.lcm.com.br

3. **Disponibilidade (DISP)**: o cálculo da disponibilidade envolve os indicadores: **MTTR** e **MTBF** e é obtido a partir da fórmula:

DISP = MTBF/(MTBF + MTTR)

Exemplo 3.1 Em uma análise específica, são obtidas as seguintes informações de um determinado equipamento:

a) Tempo programado para operar = 36 h.

b) Tempo total não operando = 24 h.

c) Tempo em que esteve disponível =12 h.

d) Total de Falhas ocorridas = 4 Falhas.

DISP = (A-B/D) / [(A-B/D) + (B/D)] = (36-24/4) / [(36-24/4) + (24/4)] =
DISP = 3 / 9 = 33%

Conclusão

Da prática sabemos que um percentual de 33%, para Disponibilidade, é péssimo. Medidas urgentes precisariam ser tomadas. Gosto de citar que somente aplicar manutenção preventiva, como única solução, não é recomendável. É preciso avaliar questões de desempenho, tais como se há desgaste e/ou obsolescência de componentes, erro na execução do reparo (por falta de qualificação), difícil acesso a determinados sistemas do equipamento (afeta o MTTR), má qualidade de sobressalentes e se há necessidade de reforma ou automação. Podemos concluir que uma análise, ao nível de uma engenharia de manutenção, é requerida.

4. **Custo Total de Manutenção (R$) / Faturamento Bruto (R$):** este indicador talvez não seja muito conhecido ou aplicado nas organizações industriais, mas isso é apenas minha opinião. Este indicador foi adotado quando atuava em empresa do segmento automotivo. Em meio aos gráficos dos indicadores de desempenho técnico, percebi que referenciar os custos de manutenção (e comparar com outro item financeiro) seria uma informação gerencial, de alto valor para alta administração da companhia. Então, por sugestão do diretor industrial, este indicador foi adotado. A composição que forma o total de gastos em manutenção varia conforme o seguimento da organização. Contudo, os itens como recursos humanos, materiais de consumo, sobressalentes, EPI, terceiros contratados, ferramentas, treinamento, descarte, movimentação e transporte estão entre os eles. O faturamento bruto é obtido junto ao setor financeiro. Então, obtemos a fórmula:

% CTM = [CTM (R$ ou US$) / (Faturamento bruto (R$ ou US$)] X 100%

No site da ABRAMAN, o caro leitor poderá obter os valores para referência e qualificar sua análise e obtenção de parâmetros para definir uma meta para o seu departamento. Acesse o site: **http://www.abraman.org.br**

Finalizando o item 7.1, segue listagem de outros indicadores, para referência:

- MPd – Cumprimento dos planos de Manutenção Preditiva
- CM – Custos de Manutenção
- ABS – Absenteísmo
- MO – Custo de mão de obra
- CM – Custo de materiais
- CEE – Custos Energia Elétrica

- CONEE – Consumo de Energia Elétrica
- CONA – Consumo de Água
- COD – Consumo de Óleo Diesel
- CGN – Consumo de Gás Natural
- CRESL – Controle de Resíduos Líquidos
- CM – Custos de Materiais de Manutenção
- COF – Custo Operacional de Veiculo
- GE – Giro do estoque
- FM – Falta de materiais que afetam os serviços da manutenção
- IMBA – Custo total de manutenção por ativos imobilizados
- Outros.

Dica do Autor

Os indicadores se dividem em: Indicadores de Capacidade (KPI) que estão relacionados à eficiência, na resposta para atender a uma demanda proveniente do processo operacional; Indicadores de Produtividade avaliam eficiência dos recursos humanos e materiais; Indicadores da Qualidade devem estar integrados ao Sistema da Qualidade Total da Organização, devem ser mantidos e atualizados em razão de Auditorias Internas e de Órgãos Certificadores.

Finalmente, cito os Indicadores Estratégicos, os quais são determinados pela alta administração e devem ser observados pelas demais lideranças. Os KPI traduzem o desempenho departamental, espero ter auxiliado e/ou contribuído para ampliar seu conhecimento (caso seja aluno ou iniciante no seguimento de Manutenção).

O leitor poderá obter informações adicionais, sobre indicadores industriais, em:
http://www.citisystems.com.br/indicadores-performance-manutencao-industrial/

7.5 Gestão de *Facilities* e a Inteligência Artificial (IA)

7.5.1 Introdução

Conceitualmente, podemos afirmar que *"A IA na Gestão de Facilities envolve o uso de algoritmos avançados, aprendizado de máquina e análise de dados para: aumentar a eficiência operacional, reduzir os custos operacionais e aumentar a satisfação dos usuários dos espaços gerenciados. Isso inclui desde a manutenção preventiva de equipamentos e utilidades, até a otimização do consumo de energia e a melhoria da segurança patrimonial"* (observando o conceito em https://milagredigital.com).

Com o avanço da Inteligência em diversos setores industriais, a Gestão de *Facilities* está em busca de adaptação a "passos largos". Tendo em vista que as utilidades e demais itens de infraestrutura das edificações se modernizam, se faz necessário seguir essa revolução tecnológica, a qual é impulsionada pela integração de soluções inovadoras. Então, nessa segunda edição do livro não poderia deixar de abordar esse importante tema para os profissionais de *Facilities*.

Obviamente, nem todas as organizações possuem inovações tecnológicas dessa magnitude. E em boa parte do país a Gestão de *Facilities* ainda segue padrões estabelecidos para esses modelos de infraestrutura. Contudo, ter o conhecimento do que está por vir, se torna estratégico. Vejamos um exemplo disso: como clientes, utilizamos as diversas utilidades existentes, com tecnologia bem conhecida, tais como os que vemos em grandes centros comerciais – elevadores, ambientes climatizados, sistemas automatizados para acesso, pagamento de estacionamento etc. No entanto, ao viajarmos para outros países, com alta tecnologia (China, EUA, Japão, Alemanha etc.) ficamos maravilhados com as facilidades existentes para lazer, trabalho, aquisição de produtos, transporte etc.

Mas, quando as utilidades fazem parte de um grande centro tecnológico? Onde há a robótica, isto é, sistemas altamente automatizados. A mídia televisiva ou internet nos mostra, quase que diariamente, robôs autômatos realizando diversas tarefas que nós humanos realizamos – até a edição deste livro, os robôs são fabricados internacionalmente. Isso nos faz pensar na tecnologia do maquinário e utilidades existentes nas instalações desses fabricantes e de como se faz necessário uma gestão eficiente de todos os recursos.

Conceitos como a IA (Inteligência Artificial), RA (Realidade Aumentada) e a IoT (Internet das Coisas) não são mais apenas tendências, são/serão a realidade muito em breve para os brasileiros. Essas tecnologias estão transformando o dia a dia das operações das edificações, promovendo sustentabilidade, segurança e alto desempenho para os usuários. A transformação tecnológica no mundo, não se trata apenas de termos acesso aos sistemas avançados, envolve as pessoas — principalmente os profissionais de *Facilities*, que enfrentam os desafios das rotinas diárias, mas sempre em busca de soluções inovadoras. A capacitação contínua é um dos pilares fundamentais desse processo.

7.5.2 Aplicações da IA na Gestão de *Facilities*

Nas organizações de grande porte, o Setor de *Facilities* (podemos encontrar outras denominações) é responsável pelas atividades e utilidades – não restrito a essas duas. Um dos pilares para manter o bom funcionamento, as tecnologias se tornam uma estratégia considerável para melhorar os resultados. Imaginemos uma edificação onde as modernidades facilitam os usuários, quanto de clientes – podemos citar grandes Shoppings Centers, Hospitais e Hotéis. Talvez, nós como visitantes não consigamos perceber num primeiro momento, mas após algum tempo nos damos conta de como essas novas tecnologias nos possibilitaram uma experiência diferente.

A seguir, vamos abordar algumas aplicações da IA. Atenção! É apenas para sua orientação, caro leitor, então será uma abordagem generalista dessas novas tecnologias.

Manutenção Predial Inteligente

Ainda observamos a Manutenção Predial ser citada como principal atividade de *Facilities*, podemos dizer quase sinônimos. Mas, a conservação das organizações – manutenção, limpeza & higienização, ainda seguem como muito importantes neste contexto.

A Inteligência Artificial aplicada às instalações e utilidades das edificações, irá facilitar esses serviços. Como exemplo, podemos citar a aplicação de Sensores Eletrônicos para monitorar e gerenciar três utilidades críticas, por exemplo: Elevadores, HVAC e Grupos Geradores. Uma das principais funções será de prever falhas – mediante coleta e análise de dados funcionais, gerando automaticamente ações corretivas, podendo ser por alarme ou mensagens aos técnicos de "possível falha em andamento", gerando manutenção imediata ou preventiva. Essa IA irá evitar interrupções indesejadas e obviamente perdas – a manutenção predial atua antes da falha, evitando que usuários e clientes sejam prejudicados de alguma forma. Esses sensores, segundo especialistas ficam instalados em corredores e/ou espaços estratégicos monitorando equipamentos críticos e essenciais ao bom funcionamento das utilidades.

Já em relação às operações de Limpeza & Higienização, a robotização atua em horários de menor movimento e em espaços sem a presença de clientes. A IA define as rotinas, em acordo com a demanda. Proporciona ambiente limpo e redução de custos operacionais. Aqui vem uma questão importante sobre a substituição da mão de obra por maquinário automatizado. Bem, sabemos que com o avanço das tecnologias com IA muitas profissões terão ofertas reduzidas e/ou deixarão de existir. Cabe a nós, entender essas mudanças e buscar qualificação em outras funções. Embora, eu entenda que em certos ambientes a limpeza e/ou higienização feita pelo ser humano ainda existirá por um bom tempo. O caro leitor deve lembrar-se dos atendentes em estacionamento ao ar livre? Hoje, shopping center e demais centros comercias, substituíram por cancelas. Enfim, como dizem "é um caminho sem volta", cabe a nós nos adaptarmos.

Gestão Inteligente de Energia

A gestão de energia elétrica, em Gestão de *Facilities,* faz parte do escopo dos Sistemas Críticos – podemos citar as utilidades Subestação Elétrica, UPS (No Breaks de alta capacidade) e Grupo Gerador. Em geral há uma central de monitoramento, onde as informações de consumo são recebidas. No ambiente de IA, a energia é gerenciada (dispositivos IoT) que capturam continuamente essas informações. Por sua vez, a tecnologia de IA ajusta automaticamente o uso dos recursos, efetuando desligamentos em áreas desocupadas (lembrando que em algumas edificações já existe o "sensor de presença" que capta movimento e a iluminação é acionada). Outra automação importante da IA é a otimização da climatização, resultando em maior conforto térmico, mais eficiência, redução de consumo, tornando a operação do HVAC (aquecimento, ventilação e ar-condicionado) a custos operacionais reduzidos. Cita-se ainda o benefício da Sustentabilidade nesse processo mais tecnológico, uma vez que se pode realizar simulações energéticas complexas para otimizar o consumo, ajuste automático dos sistemas de HVAC baseado em ocupação, condições climáticas, identificação dos desperdícios e ineficiências energéticas em tempo real – o objetivo é que esses sistemas se ajustem automaticamente ao espaço ocupado pelos usuários, (iluminação e o ar-condicionado).

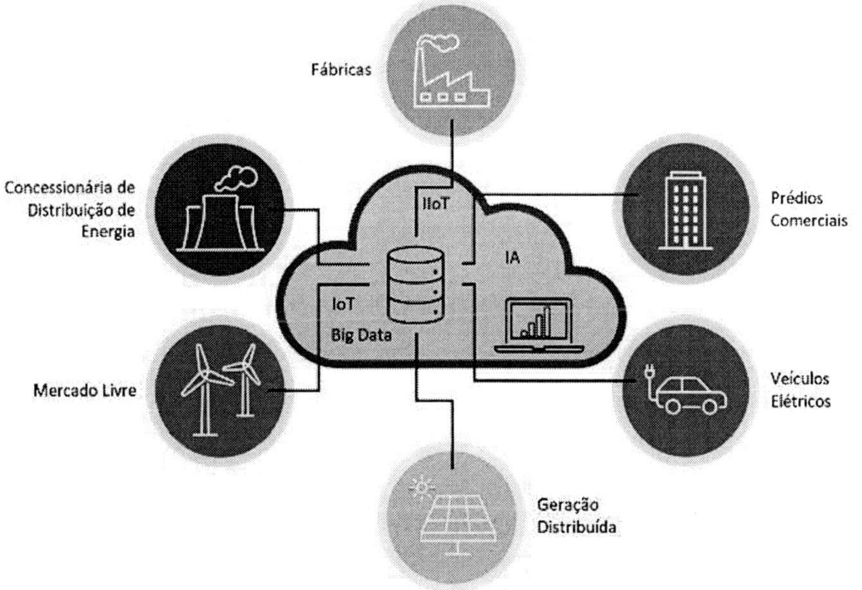

Figura 7.38 A gestão integrada da demanda e qualidade da energia em todas as localidades de presença da Organização permite o controle efetivo do desempenho do sistema elétrico, análises comparativas de consumo entre as unidades e sinergia de projetos de eficiência energética. Fonte: https://efagundes.com/projetos-de-eficiencia-energetica/

Figura 7.39 Lacbot: é um robô com alta tecnologia e inteligência que qualifica as rotinas de inspeção e de monitoramento em subestações de alta tensão (500 kV). Realiza as atividades de forma autônoma ou "teleoperada" a partir de um centro de controle. Dessa maneira, identifica situações anormais e necessidades de intervenções para manutenção. Fonte: https://lactec.com.br/inteligencia-artificial-no-setor-de-energia/

Recepção e Segurança Patrimonial Modernizadas – Câmeras Inteligentes

Já estamos vivenciando o acesso com tecnologias de reconhecimento facial. Antes visto somente em filmes de ficção científica, hoje se tornaram realidade. Clientes têm seu registro fotográfico e através de um monitor o rosto é identificado, comparando como registro fotográfico contido no sistema e seu acesso é liberado. Esse processo de identificação facilita a segurança patrimonial, seja em edificações comerciais ou residenciais. Portas se abrem automaticamente, filas nas recepções são eliminadas, e a segurança é elevada a um novo patamar. As câmeras de segurança estão mais precisas em relação à nitidez, facilitando o reconhecimento facial e andamento do delito. Nos dias atuais, praticamente em todos os locais que acessamos para consumo, possuem vigilância por câmeras. A Gestão de *Facilities* conta com essa tecnologia sendo estratégica na composição dos planos de segurança e de contingência. Portanto – a segurança das instalações alterna entre Reativa e Preventiva, pois as câmeras contam com sensores de movimentos sofisticados que observam tudo em tempo real e preciso. Quando algum delito ou movimento suspeito (algo fora dos padrões usuais) é detectado, enviado automaticamente a central de informações. As equipes de segurança são notificadas imediatamente, evitando situações críticas. Assim, a segurança patrimonial se torna mais ágil e proativa.

Figura 7.40 Ronda online: tecnologia que possibilita vistorias virtuais em tempo real através de câmeras instaladas nos espaços da Organização. A aplicação daIA em vigilância e monitoramento, é uma das importantes soluções que vêm surgindo para auxiliar na proteção da propriedade privada. Fonte: https://www.fortville.com.br/ronda-online-inteligencia-artificial

Monitoramento da Frota Corporativa

A Gestão da Frota Corporativa é um grande desafio para Gestão de *Facilities*. Os problemas que surgem causam grandes transtornos, principalmente relacionados ao mau uso e acidentes de trânsito. Já os veículos de transportes (ônibus, vans etc.) dos colaboradores, além dos problemas já citados somam-se à definição precisa e econômica das rotas e atrasos devido à ocorrência de imprevistos no trajeto. Contudo, sendo um veículo movido à combustão interna os problemas mecânicos também fazem parte do dia a dia e as questões relacionadas à Manutenção de Frota, somam-se ao planejamento – até a edição do livro, as frotas não são totalmente formadas por veículos elétricos ou híbridos. Em relação aos veículos corporativos deverão ser equipados com dispositivos IoT, os quais monitoram suas condições mecânicas e rotas em tempo real. Antes de uma possível falha, a IA sugere a manutenção preventiva necessária. Ao mesmo tempo, as rotas são otimizadas reduzindo custos e aumentando a eficiência operacional – algo similar já é aplicado, como o monitoramento de rota em tempo real, mas com o avanço da IA, essa ferramenta de controle tende a ser mais precisa, podendo inclusive, sugerir rotas alternativas para redução dos custos operacionais.

Gestão Inteligente dos Resíduos – Descarte Sustentável

A Gestão dos Resíduos, gerados a partir dos processos nas Organizações, é importante para a qualidade de vida no trabalho e contribuir para um meio ambiente saudável para sociedade, principalmente para os moradores próximos à Edificação onde está localizada. É um pilar importante quando nos referimos à Sustentabilidade. Outra atividade inserida, diz respeito ao Descarte Correto de Materiais. Atualmente, em grande parte das organizações, esses serviços são manuais, tendo pouca automação. Contudo, com o surgimento da IA é previsto a utilização de sensores inteligentes que identificam os diferentes tipos de resíduos, garantindo a separação correta e local apropriado para descarte e posteriormente remoção para centrais de resíduos e sua destinação – reaproveitamento ou não. Outros benefícios para as Organizações estão relacionados às obrigações tanto para cumprimento da legislação ambiental vigente, quanto normas (NBR ISO 14001 e/ou Certificações ESG), consolidando em totalidade o compromisso com o meio ambiente.

Figura 7.41 As tecnologias de IA do Grupo Urbam (empresa responsável pela coleta seletiva e gestão de resíduos do Rio de Janeiro e Grande Rio). A empresa investiu alto no desenvolvimento de doisaplicativos voltados aos clientes e aos motoristaspara a otimização do tempo e dos custos da operação. Fonte: https://frotacia.com.br/a-inteligencia-artificial-aplicada-na-coleta-de-residuos/

Melhor Planejamento de Eventos

Organizar eventos corporativos se torna mais ágil com ferramentas integradas de IA e IoT. Desde a logística até o monitoramento de espaços, tudo é gerenciado automaticamente, proporcionando uma experiência impecável para os participantes. O resultado é uma melhor experiência de usuários e clientes, ambiente mais confortável (controle automático de temperatura e iluminação), segurança física e patrimonial mais precisa e resolução mais rápida de possíveis imprevistos durante o evento.

Entre as facilidades para gestores do evento, podemos citar o Credenciamento e Controle de Acesso – dois itens críticos quando o evento conta com usuários externos. Eventos corporativos tendem a não necessitar destes serviços. Em geral, são contratadas empresas de eventos que contam com a expertise necessária, aplicativos específicos para este serviço e equipamentos completos sejam para Eventos, Feiras ou Grandes Exposições.

Esse planejamento, num ambiente com IA, eleva o nível do evento fazendo com que a experiência do usuário seja ainda mais atrativa – automação de atividades, tarefas repetitivas, tais como a criação de listas de convidados, a gestão de orçamentos e a organização de agendas. Entre outras facilidades, podemos citar a Análise de Dados de Eventos Passados, o que torna a análise prévia da quantidade de participantes. Com essa informação se pode identificar melhor público-alvo, otimizando a organização da logística do evento, envio de mensagens aos participantes para não esquecer data e horários do evento e gestão de custos envolvidos (orçamentos).

Com a aplicação das ferramentas de IA os organizadores contam com auxílio sofisticado na criação de descrições para o evento, textos, comunicados e até mesmo conteúdo para mídias sociais. Essa personalização da experiência, para os usuários, considera seus interesses e histórico, recomendando atividades interativas ou até mesmo a criação de agendas personalizadas.

Finalmente, cito a utilização do *Chatbot*, o qual oferece suporte aos usuários, tirando dúvidas e demais informações sobre o evento. Desempenha um papel importante na comunicação entre organizadores do evento e usuários. Por meio da evolução da tecnologia IA, surge a oportunidade de aprimorar ainda mais essas interações, tornando-as eficientes, oferecendo uma melhor **experiência e satisfação para os usuários**.

Figura 7.42 Uma das principais vantagens da aplicação da IA em ***Chatbots*** é a capacidade de personalização e adaptabilidade das interações. Através da análise de dados e padrões de comportamento dos usuários, oferecendo uma experiência mais personalizada e adaptada às preferências individuais. Fonte: https://www.pagar.me/blog/inteligencia-artificial-aplicada-em-chatbots

7.5.3 Plataformas Digitais de Gerenciamento Integrado

Este item em especial, exige certo conhecimento em TI, já de antemão, peço desculpas ao caro leitor caso encontre algum equivoco. Aliás, aquele profissional que não buscar conhecimento em informática, seja qual for o setor que atua, tende a ter dificuldade em gerir seus processos. A Inteligência Artificial é uma grande ferramenta e vai exigir dos profissionais de *Facilities* certa expertise para lidar com os novos equipamentos e dispositivos e principalmente os termos em geral, no idioma inglês.

Para implementar a IA se torna crítico existir uma Plataforma de Gerenciamento Integrado. Ela deve oferecer interface com todos os sistemas existentes, visualização das informações em "tempo real" e *Dashboards* (Painel de Controle ou de Gestão) – é uma ferramenta que apresenta informações, indicadores e métricas de forma visual e interativa. As plataformas integradas facilitam as tomadas de decisão, quase sempre urgentes, de forma rápida e assertiva. Tende a aumentar a produtividade, consideravelmente, do *Facilities Team* (Equipe de *Facilities*).

Uma das principais integrações digitais que cito é entre IoT (Internet das Coisas) e Redes 5G, uma vez que torna o monitoramento em "tempo real" mais preciso e abrangente. Gera respostas mais rápidas às mudanças nas condições operacionais da Edificação e possibilita novas automações e controles de forma remota.

Outra integração importante é com a RA (Realidade Aumentada: é uma tecnologia que integra elementos virtuais ao mundo real. Ela pode ser aplicada em dispositivos, tais como, Tablets, "Óculos com RA", entre outros – já é utilizada por técnicos de manutenção) e *Digital Twins* (na tradução livre "gêmeo digital". É uma representação virtual de um objeto ou sistema físico. Ele é atualizado em tempo real com dados do mundo real, permitindo simular o comportamento do objeto e monitorar suas operações). Essas tecnologias ampliam as capacidades de IA, por exemplo, a RA é muito útil na Manutenção, pois permite uma visualização em 3D do equipamento, tornando mais assertiva a tomada de decisão – sobrepõe conteúdo digital a ambientes e objetos do mundo real. Já o *Digital Twins* utilizado em Edificações, possibilita simulações mais avançadas, facilitando as operações de *Facilities*. É uma representação virtual de um objeto ou sistema físico – além da sua utilização em Edificações (Engenharia Civil), pode ser aplicada também, na Indústria Automotiva, da Saúde, Aerospacial etc.

A integração com "Sistemas Legados" (sistemas de TI antigos ou desatualizados, mas que ainda são usados por uma organização, mesmo com a existência de tecnologias mais modernas). Nesse caso, uma avaliação crítica se faz necessária, pois deverá ocorrer dificuldade de integração com novas soluções de IA. Então, considerar uma abordagem gradual de modernização. Segundo especialistas de IA, eles sugerem duas soluções que podem facilitar a integração: *"o uso **API** (Application Programming Interface, Interface de Programação de Aplicações que é um conjunto de regras, ferramentas e protocolos que permitem que diferentes softwares se comuniquem e interajam. É um protocolo que utiliza um determinado programa que possa se comunicar com outro, recebendo informações.) e o **Middleware** (software inserido entre o Sistema Operacional e Aplicativos nele executados. Essencialmente, funciona como uma "camada oculta" de tradução, permitindo a comunicação e gerenciamento de dados para Aplicativos Distribuídos).*

Outro detalhe da integração diz respeito ao Custo Inicial e ROI (***Return on Investment,*** na tradução livre "Retorno sobre o Investimento"). O retorno de investimento é um item muito cobrado pelos investidores e/ ou alta administração da Organização. A Gestão de *Facilities* utiliza os padrões e documentações usuais para detalhar todo o processo de investimento necessário, bem como registros para acompanhar o retorno de investimento.

7.5.4 Aspectos Gerais sobre Implementação da IA

Segundo especialistas (o caro leitor poderá obter diversos artigos sobre o assunto) a implementação segue um roteiro básico e as particularidades irão depender do seguimento da Organização, seus processos, serviços e utilidades envolvidas. Novamente cito as questões envolvendo Investimento Inicial e Retorno de Investimento.

Para evitar despesas desnecessárias, é requerido o monitoramento da Implementação do modelo de IA "em produção" e se necessário, ajustando as configurações. É importante monitorar os resultados continuamente para otimizar ao máximo o desempenho da nova tecnologia – lembrar da comparação Custos Previstos x Custos Reais. Obviamente, o assunto sobre investimento é bem extenso e complexo, mas espero ter gerado senso crítico ao caro leitor, sobre a criticidade dessa fase pré-implementação.

No intuito de reduzir custos desnecessários e obter informações numa escala menor, é aconselhável adotar um padrão muito utilizado em fábricas de manufatura, o Projeto Piloto. É considerado uma das opções mais adotadas, em razão do baixo custo inicial, uma vez que o processo escolhido terá muitas facilidades de mudanças e adaptação às novas tecnologias, se compararmos com uma implementação total na Organização.

Nesta fase, é colocada em prática, em menor escala, as mudanças e instalações dos novos componentes, tais como: hardware, softwares de gestão, câmeras, sensores de monitoramento etc. Na sequência, segue o acompanhamento do novo processo operacional automatizado, onde são observadas além das melhorias, as correções e ajustes – essas ações determinarão o sucesso quando na implementação em maior escala. Outro item a considerar é obter apoio tanto dos operadores, quanto dos usuários. A satisfação com a nova experiência servirá de incentivo às outras inovações que virão.

Outra atividade importante é o investimento em Treinamento. Após a fase de Aquisição, antes e durante o Projeto Piloto, podemos considerar o treinamento da equipe como crítico. O conhecimento da nova tecnologia permite uma experiência menos traumática, pois da prática, sabemos que o ser humano não é adepto às "novidades" (isto é, deixar fazer o usual), principalmente num primeiro momento. Então, a Gestão de *Facilities* precisa entender essa necessidade para evitar transtornos ao longo da operação. Uma inovação, por exemplo, nos serviços de portaria se mal entendida por parte dos operadores, causará "confusão" no atendimento ao cliente, transtornos, mal entendidos etc. Para evitar essa situação, treinar todos os envolvidos trará conformidade ao novo padrão estabelecido.

Por último, mas não menos importante, é que a Cultura de Inovação seja integrada aos processos da Organização, desde a alta administração até os setores operacionais. As novas tecnologias, seja qual for, irão beneficiar os usuários e clientes. A experiência seja manipulando um celular de última geração ou acessando ambientes com Inteligência Artificial trazem bem-estar e satisfação. Outros exemplos, tais como, acesso facilitado ao estacionamento de grandes centros comerciais (acesso e pagamento de ticket) ou utilizando modernas instalações em hotéis são facilidades que atingem a satisfação do Cliente Final.

Outra estratégia a ser considerada, diz respeito às Parcerias com Fornecedores de IA. Nos estudos acadêmicos e de pós-graduação, a disciplina de Inovação comenta sobre buscar parceiros em Universidades – Pesquisa & Desenvolvimento. Obviamente, não sei se poderia ser aplicado à *Facilities*, mas de qualquer forma, estabelecer vínculos com entidades que de alguma forma, podem desenvolver uma solução para uma situação específica na Organização. Outra parceria importante é com empresas Prestadoras de Serviço (Projeto e Instalação) e/ou Consultores em IA. Ambos podem trazer amplos benefícios, principalmente nas fases iniciais – onde sabidamente ocorrem os problemas na implementação.

Tendo como parceiro uma consultoria especializada em IA aplicada à Facilities, fica mais "fácil", por assim dizer, a escolha da operação que terá a inovação. Esse é um dos grandes desafios, entender a Situação Atual e planejar as mudanças necessárias. Por vezes, a maturidade tecnológica da situação atual não está preparada para uma inovação tecnológica como a IA. Um dos problemas a considerar se trata do fato da infraestrutura existente, carecer de reforma predial ou revisão em suas instalações elétricas – caso isso não seja bem avaliado, poderá inviabilizar o planejamento da nova estrutura tecnológica. Dentro dessa análise de viabilidade, é preciso definir/responder alguns questionamentos, tais como:

- Quais as operações "gargalos" na Organização que necessitam se modernizar? Seria a Gestão da Frota, Serviços de Portaria, Economia de Energia, Monitoramento de Espaços etc.

- Qual espaço na Organização irá se beneficiar mais rapidamente, obtendo economia quase que de imediato (Retorno de Investimento atrativo)?
  Seria a Gestão de Energia Elétrica, Controle de Acesso de Clientes, Automação da Segurança Patrimonial (câmeras inteligentes) etc.

- Qual o grande desafio para aquisição e implementação da tecnologia IA?
  Seria o valor do investimento, mão de obra não qualificada, estrutura da edificação muito antiga (necessita reforma predial) etc.

O objetivo aqui foi o de gerar ao caro leitor pensamento crítico. Em hipótese alguma se deve investir em IA sem um bom planejamento (utilizar quaisquer das ferramentas de gestão existentes, por exemplo, a "Gestão de Projetos").

Outra ação importante, no processo de implementação de IA, é a avaliação da Infraestrutura e Dados. A robustez do sistema de TI deve ser compatível com toda a carga de componentes eletrônicos (instrumentação, sensores, coletores de dados etc.), informação & solução da IA. Outro investimento a ser considerado é a Segurança de Dados Corporativos. As práticas de Governança (medidas assertivas de segurança cibernética e garantia da conformidade com a legislação e regulamentação de proteção de dados) agregam e muito para a Confiabilidade do Sistema IA. Então, caso a organização não possua (considero raro a situação da não existência), deve ser implementada e se houver, efetuar uma análise crítica, considerando a nova tecnologia de IA.

Os desafios são grandes para a Gestão de *Facilities*. Contudo, se olharmos para o futuro, entende-se como um "caminho sem volta". Uma das ferramentas da Qualidade que identifico como usual nas Organizações é da Melhoria Contínua – aprendizado, treinamento, busca por novas formas de fazer as atividades, inovar etc. tudo isso de forma contínua. Obviamente, as inovações devem ter o aceite de todos os envolvidos, mas se existe um ambiente inovador, essa tarefa se torna mais fácil. À medida que os bons resultados aparecem, a resistência às inovações se reduz significativamente. Por esta razão, os especialistas indicam *"que as mudanças devem ocorrer de forma gradual, mas com convicção. Eduque seu time para este ambiente inovador com a IA, onde todos participam ativamente, identificam a facilidade na execução de suas tarefas e principalmente sobre a responsabilidade intrínseca no processo"*.

7.5.5 Plano de Continuidade do Negócio – Tecnologia IA

Gostaria de acrescentar ao caro leitor, ainda sobre o tema Inteligência Artificial aplicada a *Facilities*. É uma breve discussão sobre a possibilidade da existência de um Plano de Continuidade do Negócio *(Business Continuity Plan)*. Nas fábricas automotivas em ambiente de Qualidade Total é conhecido como Plano de Contingência. É um item obrigatório e é necessário apresentar para que sejam conhecidas as ações no caso de ocorrer uma situação fora do planejado. É aplicado para situações onde há perda de produção (perda do negócio), por exemplo, quando ocorre falta de Energia Elétrica. Há também necessidade de plano para situações inusitadas como problemas de saúde em boa parte dos colaboradores, e de como isso afetará a conclusão de um lote de produtos a ser finalizado e entregue – em ambos os casos, ocasiona parada do processo produtivo, gerando atrasos nos prazos de entrega e problemas sérios com o Cliente Final. Um Plano de Ação, aos moldes da Ferramenta 5W1H, é requerido e de preferência na coluna Who (Quem) o nome do responsável, pois a indicação de um setor ou departamento ocasiona uma confusão – quem deve fazer a ação? De preferência um nome, jamais designar uma equipe.

Em ambientes de alta tecnologia, não é diferente. Cito alguns exemplos para que o Leitor (profissional de Facilities) analise criticamente se há ou não fundamento.

Situação "1": Recepção e Segurança Modernizadas – Câmeras Inteligentes (Serviços de Portaria com IA) – o acesso é autorizado pela leitura facial. Isso facilita os serviços da Segurança Patrimonial da Organização, seja de um centro comercial ou condomínio residencial. Mas, em caso de falha no sistema? E o pessoal da portaria tem limitação para obter a solução, sendo necessário contatar a empresa responsável pelo sistema. Até a chegada do técnico, como será feito o processo de liberação de acesso?

Situação "2": Gestão Inteligente de Energia – a gestão de energia elétrica faz parte do escopo dos Sistemas Críticos – Utilidades: Subestação Elétrica e Grupo Gerador. Em caso de falha no sistema que gerencia a entrada em operação do Grupo Gerador, quando ocorre a falta de eletricidade (gerada por concessionária), por exemplo, em razão de fortes ventos e/ou tempestades. Essa situação irá causar prejuízo **à** continuidade do negócio da Organização (Hospital, Hotel, Shopping Center etc.). Até que os técnicos de manutenção solucionem o problema do sistema de gestão, quem é o responsável por ligar manualmente o Grupo Gerador?

Diante de situações citadas acima se faz necessário uma solução alternativa (Plano de Contingência ou ainda, conhecido popularmente como Plano "B".). Esse plano deve englobar as aplicações de IA contidas nos processos, cuja gestão é feita por Facilities. Todos os sistemas automatizados necessitam de uma análise crítica para identificar as possíveis situações adversas e dessa forma, descrever um plano de ação abrangente. Provavelmente, boa parte delas terá ação manual, isto é, a solução provisória será feita por um determinado agente que executará uma função, até que o sistema automático retorne a condição.

No caso da situação "1", por exemplo, haverá necessidade de aumento do quadro funcional na portaria. Enquanto o funcionário titular mantém as funções de rotina, o auxiliar fará a identificação de forma tradicional, exigindo identificação e após dar seguimento, seguir com o procedimento de acesso.

Já no caso da situação "2", provavelmente, o Operador de Utilidades deverá ser acionado via fone/rádio comunicador, para efetuar manualmente o "start" do Grupo Gerador, o qual inicia a operação, fornecendo energia elétrica ao setor/área designada para que as operações e iluminação voltem à condição de normalidade.

Espero ter contribuído, pelo menos, para gerar senso crítico para você, profissional da Gestão de *Facilities,* iniciar seu plano de contingência, caso não exista e/ou revisar o atual, atualizando os processos operacionais com IA, seja novas tecnologias implementadas ou que exigam atenção redobrada.

Mais sobre IA aplicada à Facilities:
https://febraffacilities.org.br/inteligencia-artificial
https://www.infrafm.com.br/
https://milagredigital.com/ia-gestao-facilities-guia/

Referências Bibliográficas

Capítulo Um

- ROCK, ZHU. ***Designer's Guide to Ceiling-Based Air Diffusion***, Atlanta: ASHRAE, Inc., 2002.
- Ventilation and Infiltration chapter, ***Fundamentals volume of the ASHRAE Handbook***, ASHRAE, Inc., Atlanta, GA, 2005.
- *MERRIAN–Webster Dictionary, **HVAC Systems**, USA, 2015.*
- ISO. ***Building environment standards***. http://www.iso.org, USA, 2011.
- ASHRAE Handbook. ***Ventilation and Infiltration chapter, Fundamentals volume of the*** ASHRAE, Inc., Atlanta, Georgia, 2005.
- STOECKER, W.F. ***Refrigeration and Air Conditioning***, Edit. McGraw Hill, 1981.
- THREKELD, J.L. ***Thermal Environmental Engineering***, Edit. Prentice Hall Inc.
- California Energy Commission. ***Central Heating Ventilation and Air Conditioning (HVAC),*** http:// www.consumerenergycenter.org/residential, California Energy Commission. 2016.
- TRANE Brasil. ***ASHRAE 90-1-2013 Standard***, Engineers Newsletter Vol. 44.1. Acesso em agosto de 2016.
- JONES LANG LASALLE. ***Padrões de Avaliação e Controle do Ar Ambiente Climatizado***, Engenharia de Operações PMOC. 2011. Acesso em agosto de 2016.
- CARRIER. ***Self Contained,*** Catálogo Técnico da CARRIER.
- CEEETA. ***Tecnologias de Micro Geração e Sistemas Periféricos Parte II: Tecnologias de Aproveitamento de Calor***, CEEETA (Centro de Estudos em Economia da Energia, dos Transportes e do Ambiente), acesso em agosto de 2016.
- ROLLINS, John P. ***Compressed Air and Gas Handbook*** / CAGI, Fifth edition, 1989.
- ISA, Instrument Society of America. ***Quality Standard for Instrument***, AIR, ISA-S7.3 1975 (R1981)
- YORK by Johnson Controls. ***Manual de Instalação, Operação e Manutenção de HVAC***, YORK. Acesso em agosto de 2016.
- RUAS, Álvaro César. ***Conforto Térmico nos Ambientes do Trabalho,*** FUNDACENTRO, 1999.
- ROCHA, Carlos Roberto. Monteiro, Marco Aurélio Guimarães. ***Eficiência Energética em Sistemas de Ar Comprimido.*** PROCEL e Eletrobrás.
- METALPLAN. ***Manual de Ar Comprimido***, 4ª edição, Metalplan, 2010. Acesso em julho de 2016.
- BORTOLIN, Eduardo.
- CSAG e ABIMAQ. ***O Tratamento de Ar Comprimido Como Fator de Redução de Custos na Indústria***, CSAG e ABIMAQ, 2001.
- BENNETT, C.O. and Myers, J.E. ***Fenômenos de Transporte de Quantidade de Movimento Calor e Massa***, Edit. McGraw - Hill do Brasil Ltda., 1978.

- ENERGY. ***Best Management Practice Cooling Tower Management***, *Department of Energy.gov*, 2014.
- MAULBETSCH, John. ***Cooling System Retrofit Costs***, EPA Workshop on Cooling Water Intake Technologies, Maulbetsch Consulting, 2003.
- *ENERGY.* ***Best Management Practice Cooling Tower Management***, *Department of Energy.gov, 2014.*
- *TROVATI, Joubert.* ***Tratamento de Água de Resfriamento.*** *Empresa CORONA, Curso On line, SP, 2004. Acesso em julho de 2016.*
- *UNICAMP.* ***Torres de Resfriamento.*** *Faculdade de Engenharia Mecânica EM 847, Laboratório de Calor e Fluídos. Acesso em julho de 2016.*
- FRANCINE, Giorgia Cortinovis e SONG, Tah Wun,
- ***Funcionamento de uma Torre de Resfriamento de Água***, EPUSP, disponível em http://docplayer.com.br/6871634-Funcionamento-de-uma-torre-de-resfriamento-de-agua.html. Acesso em julho de 2016.
- TROVATI, Joubert. Tratamento de Água para Sistemas de Resfriamento, disponível em http://www.tratamentodeagua.com.br/curso. Acesso em julho de 2016.
- *NETO, Régis.* ***Tratamento de Efluentes Líquidos***, *Workshop Meio Ambiente de CETESB e CIESP, SP, Acesso em julho de 2016.*
- LERIPIO, A. A. ***Gerenciamento de resíduos***. http://www.eps.ufsc.br. Acesso em julho de 2016.
- PENHA, Edmar das Mercês. SOUZA, Andressa Moreira. SANTIAGO, Manuela. CENDON, Bernardo. SILVA, Rosiane, ***Manual de Operação e Manutenção de ETE***, EMBRAPA, 2010. Acesso em junho de 2016.
- GEHAKA. ***Sistema Purificador de Água Purificada.*** Sistema Osmose Reversa API, GEHAKA, 2013. Acesso em agosto 2016.
- RBF. ***Revalidação de Sistemas para Tratamento de Água Purificada para Indústria Farmacêutica.*** RBF http://www.rbfarma.org.br, UPM/LEPEMC/UEM, PR. Acesso em julho de 2016.
- KRAEMER, Maria Elisabeth Pereira. ***A Questão Ambiental e os Resíduos Industriais.*** 2005. Acesso em agosto de 2016.
- WEG NET SOLAR ***Energia Solar como ela é convertida em eletricidade.*** Disponível em www.weg.net/solar/blog/, acesso em março de 2025.
- SOLLED ENERGIA. ***Energia Solar depende de Energia Elétrica.*** Disponível em www.solledenergia.com.br , acesso em março de 2025.

Capítulo Dois

- DUAILIBE, Paulo. ***Subestação: Tipos, Equipamentos e Proteção.*** CENTRO FEDERAL DE TECNOLOGIA Celso Suckow da Fonseca, 1999. Acesso em março de 2016.
- SOUZA, Jorge Luiz. ***Geração, Transmissão e Distribuição de Energia Elétrica.*** UFPR. Acesso em março de 2016.
- MUZY, Gustavo Luís Castro de Oliveira. ***Subestações Elétricas***. UFRJ Escola Politécnica, RJ, 2012. Acesso em março de 2016.

- GCMMEL. *Apostila de Manutenção em Subestação,* GCMMEL Engenharia e Serviços Elétricos Ltda. Acesso em março de 2016.
- LOBOSCO, O. S. e Dias, J. L. P C. ***Seleção e Aplicação de Motores Elétricos***, SIEMENS, Ed. McGRAW HILL, 1988.
- LOPES, P. T. F. ***Notas de Aula do curso de Pós Graduação em Engenharia de Manutenção*** – ABRAMAN/ UNIVIX.
- MILASCH, M. ***Manutenção de Transformadores em Líquido Isolante***, Ed. Edgard Blucher, 1984.
- MORAN, A. V. Manutenção elétrica industrial, Ed. Ícone, 1996.
- CREDER, Hélio. **Instalações Elétricas.** 14ª ed. Rio de Janeiro: Editora LTC, 2006.
- GUEDES, Rodrigo Luiz. ***Sistema de Controle de Subestações, utilizando CLP***. Universidade Federal de Outro Preto, Curso de Engenharia de Controle e Automação, MG, 2009. Acesso em março de 2016.
- GEORGINI, M. ***Automação Aplicada Descrição e Implementação de Sistemas Seqüenciais com CLP.*** 6. ed. São Paulo: Editora Erica 2006.
- PROCEL. ***Manual de Iluminação***. Eletrobrás/PROCEL/PROCEL EDIFICA, 2011. Acesso em março 2016.
- REZENDE, Luiz Fernando. ***Aplicação e tendência de Iluminação comercial e industrial com tecnologia LED,*** Potência FORUM, disponível em http://www.luminariasprojeto.com.br e http://www.acuitybrands.com. Acesso em abril de 2016.
- ARCELOR Brasil CST. ***Técnicas de Inspeção e Testes Elétricas***. ARCELOR Programa de Certificação Operacional, 2005. Acesso em março de 2016.

Capítulo Três

- INPI, Instituto nacional de Propriedade Intelectual, ***Manual de Gestão e Fiscalização de Contratos, AGAS,*** 1ª edição, 2010. Disponível em http://www.inpi.gov.br, acesso em agosto de 2016.
- ROCHA, Hildebrando Fernandes. ***Importância da Manutenção Predial Preventiva.*** CEFETRAN, 2007. Acesso em abril de 2016.
- SAES, Francisco. ***Comissionamento de Edificações.*** NEOVERT. Acesso em abril de 2016.
- CORDOVIL, Luiz Augusto Berger Lopes. ***Edificações Habitacionais-Desempenho***, Estudo da Norma ABNT NBR 15.575, UFRJ, 2013. Acesso em abril de 2016.

Capítulo Quatro

- BRENTANO, T. ***Instalações hidráulicas de combate a incêndios nas edificações***. EDIPUCRS, 2ª ed, RS, 2005.
- PAIVA, J. B. D. de; IRION, C. A. O. ***Notas de aula – Instalações Hidrossanitárias Prediais***. Departamento de Hidráulica e Saneamento da Universidade Federal de Santa Maria, RS, 2003.
- ***Instalações Prediais de Combate a Incêndio.*** Artigo disponível na Internet. Acesso em maio de 2016.
- FRANCISCO, Vanessa Pacola e KALIL, Marli. ***Inspeção de Sistema de Prevenção e Combate a Incêndios.*** COBREAP XVII, SP, 2013. Acesso em mio de 2016.

- VALENTIN, Marcos Vargas. ***Segurança contra Incêndio em Edificações.*** Artigo disponível na Internet, 2013. Acesso em maio de 2016.

Capítulo *Cinco*

- ASHRAE Techincal Committee (TC). ***ASHARAE TC 9.9 Termal Guidelines for Data Processing Environments – Expanded Data Center Casses and Usage Guidance,*** Whitepaper by ASHRAE TC 9.9 Mission Critical Facilities, Technology Spaces and Electronic Equipment, USA, 2011. Acesso em maio de 2016.
- FAZION. ***Monitoramento e Gestão de Data Centers e Ambientes de Missão Crítica,*** Catálogo Técnico sobre a Plataforma DataFaz (DCIM), FAZION. Acesso em maio de 2016.
- NETO, Moacyr Franco. WEBER, Vanderlei Luís. CUNHA, Renata Faraco. NUNES, Robson Lopes. ***Eficiência em ambientes de missão crítica – Data center,*** CLAMPER/Megabarre, Artigo Disponível na Internet. Acesso em julho de 2016.
- ***Eficiência Energética em TI e infraestruturas para data centres e salas de servidores "Online".*** Disponível em: http://www.efficient-datacenter, acesso em julho de 2016.
- GEIST. ***Environmental Monitoring Solutions for the Data Center.*** Catálogo Eletrônico, GEIST GLOBAL em: http://www.geistglobal.com, 2012.
- ***Instalações em Data Centers, concepções de projeto, comissionamento e pontos críticos,*** disponível em http://www.engenhariaearquitetura.com.br/noticias/1313/Instalacoes-em-data-centers.aspx, 2016. Acesso em junho de 2016.
- MILLER, Rich. Data center knowledge. Disponível em: **http://www.datacenterknowledge.com/archives/2012/01/23/google-spent-951-million-on-data-centers-in-4q/**. Acesso em julho de 2016.
- MARIN, Paulo S. ***Data centers: Desvendando cada passo: conceitos, projeto, infraestrutura física e eficiência energética.*** 1. ed. São Paulo: Érica, 2011.
- VERAS, Manoel. Datacenter: Componente central da infraestrutura de TI. Rio de Janeiro: Brasport, 2009.
- DELL. Disponível em: **http://www.dell.com/br/empresa/p/poweredge-4020s/pd**, acesso em julho 2016.
- EXAME.com. Disponível em: **http://exame.abril.com.br/tecnologia/noticias/ibm-vende-data-centers-em**-containers, acesso em julho 2016.
- LAUTAN, Kencana. Disponível em: **http://lautankencana.com/data-center**-solutions, acesso em: julho de 2016.
- Grupo POLICOM. Disponível em: **http://www.grupopolicom.com.br/Arquivo/CATALOGO%20DC%20-%202A%20EDICAO.**pdf, acesso em julho 2016.
- COMPUTERWORLD. Disponível em: **http://computerworld.uol.com.br/tecnologia/2011/05/12/data-center-movel-e-a-novidade-da-ibm-para-o-brasil/**, acesso em julho de 2016.
- IBM. Disponível em: **http://www-03.ibm.com/press/br**. Acesso em julho de 2016.
- EMERSON Network Power. Disponível em: **http://www.emersonnetworkpower.com/en-US/Brands/Liebert/Documents/White,** acesso julho de 2016.
- ACECO TI. Disponível em: **http://www.acecoti.com.br/new/solucoes_infra_energia**, acesso julho de 2016.

- UOL. Disponível em: **http://tecnologia.uol.com.br/**. Acesso em julho 2016.
- Faculdade Vila Matilde. Disponível em: **http://www.faatesp.edu.br/publicacoes/NBR-5419.pdf** Acesso em julho 2016.
- UNICAMP. Disponível em: **http://www.iar.unicamp.br/lab/luz/NRs/nbr_5410**, acesso em julho 2016.
- INFRA ENGENAHRIA. Disponível em **http://www.infraengenharia.com.br**, acesso em julho 2016.
- BICSI advancing information technology systems. Disponível em:
- **http://www.bicsi.org/uploadedfiles/BICSI_002_Sample.pdf** Acesso em julho 2016.
- TECMUNDO. Disponível em: **http://www.tecmundo.com.br/web/1976-o-que-e-fibra-otica,** acesso em julho 2016.
- MERIDIAN TECHNOLGIES. Disponível em: **http://www.meridiantech.com/downloads/Articles/Fiber**, acesso em julho 2016.
- ALDER, Tatiana. ***Pesquisa: Baseado no white paper de Richard Hallalan's entitulado "Data Center Design Decisions and their impact on Power System Infrastructure".*** CUMMINS. Acesso em julho de 2016.
- ZEITTEC. ***Refrigeração Líquida em Data Centers.*** Disponível em https://zeittec.com.br/ , acesso em abril de 2025.
- DEMITRIOU, Dustin. / IBM. ***Equívocos comuns sobre o uso das Diretrizes térmicas da ASHRE.*** Disponível em https://www.datacenterdynamics.com/br, acesso em abril de 2025.

Capítulo *Seis*

- SINDUSCON. ***Principais Normas Técnicas para Edificações.*** SINDUSCON e CBIC, MG, 2013. Acesso em abril em 2016.
- SCHAFFER, Wilgod B.; MEDEIROS, João de Deus. ***Normas ambientais gerais de caráter nacional.*** Artigo disponível na Internet, 2009. Acesso em abril de 2016.
- Secretarias de Biodiversidade e Florestas, Parecer no 005/SBF/MMA/2009 das. ***Mudanças Climáticas e Qualidade Ambiental.*** SMCQ e de Recursos Hídricos e Ambiente Urbano – SRHU, do Ministério do Meio Ambiente, que trata do Código Estadual do Meio Ambiente Santa Catarina (Lei nº 14.675, de 13 de abril de 2009), 2009. Acesso em março 2016.
- Resolução CONAMA Nº 307/2002 – ***Estabelece diretrizes, critérios e procedimentos para a gestão dos resíduos da construção civil.*** 2002. Disponível na Internet. Acesso em março 2016.

Capítulo *Sete*

- PEREIRA, Mário Jorge Pereira. ***Engenharia de Manutenção Teoria e Prática,*** RJ, Ed. Ciência Moderna, 2008.
- KAISER, Harvey H. ***The Facilities Manager's Reference.*** Ed. RS Means Company, Inc. 1989.

- IBC COACHING. ***Competências Comportamentais mais valorizadas***, disponível em http://www.ibccoaching.com.br/portal. Acesso em junho de 2016.
- IBC COACHING. ***Liderança e Motivação***, disponível em http://www.ibccoaching.com.br/portal Acesso em junho de 2016.
- MATESO, Vita. ***Disciplina: Manutenção.*** Universidade Jean Piaget, Trabalhos Técnicos publicados em Seminário de Manutenção, Angola, 1985. Acesso em junho de 2016.
- FRANCIELE, Bruna. ***Técnicas Preditivas de Manutenção.*** Artigo disponibilizado no site: http://www.ebah.com.br. Acesso em junho de 2016.
- QUINELLO, Robson e NICOLLETTI, José Roberto. ***Gestão de Facilidades,*** SP, Ed. NOVATEC, 2006.
- DARONCO, ***José Eduardo. Capex e Opex***. Disponível em https://www.suno.com.br, 04 de abril de 2028, atualizado em 31 de março de 2023. Acesso em abril de 2025.
- MILAGRE DIGITAL. ***IA na Gestão de Facilities: Guia Completo***. Disponível em https://milagredigital.com, acesso em abril de 2025.
- LOURENÇO, Lívia. ***Como a Inteligência Artificial está transformando a Gestão de Facilities.*** Disponível em https://www.jll.com.br/, acesso em abril de 2025.
- AHAMAD, T., Chen, H., & Wang, J. (2020). ***A review on renewable energy and electricity requirement forecasting models for smart grid and buildings.*** Science and Technology for the Built Environment, 26(8), 1036-1046.
- PAPAGEORGIU, D. J., & Manolis, D. S. (2019). ***Artificial Intelligence Applications in the Optimization of Industrial Energy Consumption:*** A Review. Computers & Chemical Engineering, 125, 87-101.
- MOCANU, E., Nguyen, P. H., Gibescu, M., & Slootweg, J. G. (2018). ***Deep learning for estimating building energy consumption.*** Sustainable Energy, Grids and Networks, 6, 91-99.
- WANG, K., Liu, Y., Fan, Y., & Shi, C. (2021). ***Artificial Intelligence for Energy Efficiency and Renewable Energy Integration in Buildings.*** Energy Reports, 7, 1046-1063.
- ZHAO, H., & Magoulès, F. (2012). ***A review on the prediction of building energy consumption.*** Renewable and Sustainable Energy Reviews, 16(6), 3586-3592.
- MAJEWSKI, Anna. ***Inteligência Artificial na Validação de Sistemas Computadorizados***. Disponível em https://tetha.com.br, acesso em abril de 2025.

Impressão e acabamento
Gráfica da Editora Ciência Moderna Ltda.
Tel: (21) 2201-6662